Hartmut Zückert

Allmende und
Allmendaufhebung

Quellen und Forschungen
zur Agrargeschichte

Herausgegeben von

Peter Blickle, David Sabean
und Clemens Zimmermann

Band 47

Allmende und Allmendaufhebung

Vergleichende Studien zum Spätmittelalter
bis zu den Agrarreformen des 18./19. Jahrhunderts

von Hartmut Zückert

 Lucius & Lucius · 2003

Anschrift des Autors:

Dr. Hartmut Zückert
Nietzschestr. 13
50931 Köln

**Gedruckt mit Unterstützung des Förderungs- und Beihilfefonds
Wissenschaft der VG WORT**

Bibliografische Information der Deutschen Bibliothek

Die Deutsche Bibliothek verzeichnet diese Publikation in der Deutschen Nationalbibliografie;
detaillierte bibliografische Daten sind im Internet über http://dnb.ddb.de abrufbar

ISBN 3-8282-0226-8 (Lucius & Lucius)

© Lucius & Lucius Verlagsgesellschaft mbH Stuttgart 2003
   Gerokstr. 51, D-70184 Stuttgart
   www.luciusverlag.com

Druck und Bindung: Ebner & Spiegel, Ulm

Vorwort

Das Zustandekommen dieser Studien habe ich der finanziellen Unterstützung der Deutschen Forschungsgemeinschaft, der Herzog-August-Bibliothek Wolfenbüttel für einen Forschungsaufenthalt, dem Max-Planck-Institut für Geschichte, dessen Arbeitsgruppe „Ostelbische Gutsherrschaft" ich angehörte, und der Verwertungsgesellschaft WORT für den Druckkostenzuschuss zu verdanken. Für die wissenschaftliche Begleitung der Untersuchungen danke ich Prof. Dr. Volker Hunecke (Technische Universität Berlin), Prof. Dr. Rodney Hilton und Prof. Dr. Christopher Dyer (University of Birmingham) - während eines Studienaufenthalts -, Prof. Dr. Jan Peters (Universität Potsdam), besonders aber Prof. Dr. Peter Blickle (Universität Bern), sowie ihm und Prof. Dr. David Sabean (University of California, Los Angeles) als Herausgebern.

H.Z.

Inhalt

EINLEITUNG: Bäuerliche Genossenschaft und Agrarindividualismus   1

1.   Die Allmende im klassischen Gebiet der Landgemeinde:
Südwestdeutschland 1350-1525   14

1.1   Allmendabgrenzungen und -einschränkungen im Landgebiet
der Reichsstadt Memmingen   14
*Allmende unter bürgerlichem Zugriff 14 - Wüstung 19 -
Einigung 26 - Krise 31 - Bauernkrieg 46 - Stadtallmende 50*

1.2   Schafhaltung bei Kloster Kaisheim und seinen Hintersassen   55
Ergebnisse 70

2.   Pacht und Individualisierung von Gemeinnutzungen
am Niederrhein vom 13. bis 16. Jahrhundert   74

2.1   Pacht und Brachbesömmerung   74
*Pacht und Agrarverfassung 74 - Besömmerung 77 - Stadtwirt-
schaft 80 - Schafhaltung 85 - Wald- und Weidewirtschaft 89*

2.2   Walderbengenossenschaften und Allmende   90
*Gemeinde 90 - Walderbengenossenschaften 95 - Grundherr-
schaftlicher Wald 107 - Waldparzellen 112 - Weideallmende 114
- Stadtallmende 123 - Jagd und Fischfang 128 - Rechtsschutz-
sagen 129 - Krise 131 - Ergebnisse 133*

3.   Die spätmittelalterlichen Einhegungen in England
und ihre Vorgeschichte   136

3.1   Allmende und Einhegung   136
*Forschungspositionen 138 - Einhegung der Allmende 144 - Die
Allmendrechte 146*

3.2   Die Vorgeschichte der Einhegungen   158
*Gutswirtschaft und alte Hegungen im 13. Jahrhundert 158 -
Wüstungen und Schafweide im 14. Jahrhundert 168 - Die
englische Landgemeinde 172*

3.3   Gutspacht und Einhegungen im 15. Jahrhundert   176
*Weidewirtschaft, Pacht und Einhegung 176 - St. Albans und
Coventry: Zwei Fallbeispiele 193 - Ergebnisse 204*

ZWISCHENBILANZ: Kommunalisierung versus Privatisierung.
Entwicklungslinien vom Mittelalter in die Frühe Neuzeit   207
Südwestdeutschland 208 - Niederrhein und England 216 -
Abels Agrarkrisentheorie 221

4.   Das Allmendrecht im 18. Jahrhundert
    nach der Rechtsprechung des Reichskammergerichts   229

4.1   Eigentums- und Nutzungsrechte an der Weide   235
    Allmendweide 235 - Weideservitute 244

4.2   Eigentums- und Nutzungsrechte am Wald   249
    Waldallmende 249 - Markgenossenschaften und Märkerschaften
    254 - Beholzungsrechte 259

4.3   Verbundene Gegenstände   271
    Jagd und Fischfang 271 - Gemeinde 280 - Brachanbau 289 -
    Ergebnisse 293

5.   Die Allmendproblematik in der deutschen Agrarreform-
    Diskussion 1750-1850   295

5.1   Die Agrarreform-Diskussion des 18. Jahrhunderts   295
    Agrarkonjunktur und Strukturkrise 295 - Privateigentum 297 -
    Landwirtschaftliche Innovationen 309

5.2   Die Diskussion um die Gemeinheitsteilungen im 19. Jahrhundert   322
    Besinnung auf das Gewordene 322 - Bäuerlicher Landverlust
    329 - Kritik der Teilungsfolgen 335 - Unangetastete Servitute
    349 - Ergebnisse 351

6.   Separationen in brandenburgischen Dörfern   358

6.1   Allmenden in Brandenburg bis ca. 1800   358
    Bis zum Dreißigjährigen Krieg 358 - Im 17./18. Jahrhundert 363

6.2   Teilseparationen aufgrund friderizianischer Verordnungen   376
    Rittergut Dahlem 376 - Erbschulzengut Zehlendorf 379 - Krug-
    und Pfarrland Zehlendorf 385 - Ablösung der Schafhütung in
    Zehlendorf 391 - Bauholzordnung der Gemeinde Zehlendorf 393 -
    Krugland Stolpe 395

6.3   Spezielle Separationen nach der Gemeinheitsteilungs-Ordnung
    von 1821   399

Dienstregulierung für Zehlendorf 399 - Gemarkung Schönow
404 - Feldmark Zehlendorf 410 - Gemeinheide Zehlendorf
417 - Ergebnisse 423

RÜCKBLICK: Agrarrevolution, agrarischer Wandel, Revolution von oben.
    Wege zur Allmendaufhebung   428

Abkürzungen   438
Archivalien   439
Literatur   441

Die Farbtafeln finden sich hinter S. 406:

Tafel 1   Rein-Karte von der Feldmark Stolpe (1822)

Tafel 2   Zweite Rein-Karte der im Teltower Kreis belegenen
               Feldmark Schönow

Tafel 3   Charte von der Feldmark Zehlendorf (1819)

Tafel 4   Rein Charte von der Gemein-Heide Zehlendorf (1827)

Bäuerliche Genossenschaft und Agrarindividualismus

Der moderne Mensch ist Individuum und „Masse Mensch". Der mittelalterliche war weder das eine noch das andere. Der Einzelne stand nicht in erster Linie in Beziehung zur Gesamtgesellschaft, sondern war Teil einer Gemeinschaft. Die Gesellschaft setzte sich aus Gemeinschaften zusammen. Die Erscheinung der Vereinzelung in der Massengesellschaft gab es nicht, aber auch die Individualität bestand nur in eingeschränktem Sinn. Der Einzelne war in eine Gemeinschaft eingebunden, doch bot ihm erst die jeweilige Gemeinschaft Entfaltungsmöglichkeiten, die dem Bindungslosen nicht gegeben waren.

Die moderne Individualität beruht auf dem Privateigentum, auf der freien Verfügbarkeit über private Güter. Im Mittelalter war das Eigentum vielfachen Beschränkungen unterworfen (wenn man von daher den Eigentumsbegriff überhaupt verwenden will), und ein großer Teil der Güter war nicht in Privat-, sondern in Gemeinbesitz. Abgesehen von herrschaftlichen Ansprüchen war die Verfügung über den Privatbesitz eingeschränkt durch Vorbehalte, die die Gemeinschaft machte: Zunftzwänge oder, in der Dorfgemeinde, der Flurzwang. Die Lebensbedingungen erlaubten eine freie Verfügung des Einzelnen über die in seinem Eigentum befindlichen Güter nicht: die Zunftorganisation wollte das Auskommen jedes Einzelnen schützen zugunsten des Bestandes der städtischen Gemeinschaft als Ganzer; der Flurzwang regulierte die Nutzungsbedürfnisse des einzelnen Bauern im Gleichgewicht mit den Ansprüchen aller. Der eine kam ohne den anderen nicht aus, der „gemeine Nutzen" hatte oberste Priorität.

Der Kern der Gemeinschaften waren die gemeinschaftlichen Einrichtungen und das Gemeineigentum. Auf dem Lande waren in Privatbesitz Haus und Hof, Äcker und Wiesen. Das Vieh jedoch wurde auf die Allmendweide getrieben, das Holz wurde im Gemeindewald geschlagen, d.h. Viehhaltung, Bau- und Brennholzgewinnung fanden auf der Allmende statt. Wald und Weideland waren Areale, die sich nach dem Stand der Landwirtschaft im Mittelalter sinnvoll nicht aufteilen ließen. Ihre wirtschaftliche Bedeutung ist aber offensichtlich, bildete doch die Viehzucht die notwendige Ergänzung zum Ackerbau, stützte sich der größte Teil der Energie- und Rohstoffversorgung auf den Holzbestand. Darauf beruhte die gesellschaftliche Bedeutung der Allmenden, denn das Gemeineigentum stiftete jene enge Verflochtenheit der Dorfgenossenschaften, die über die bloße Kooperation hinausgehend die Homogenität des Wirtschaftens und des sozialen Zusammenlebens schuf. Die Allmenden waren die ausgeprägteste Erscheinung der gemeinwirtschaftlichen Ordnung des mittelalterlichen Dorfes und ihr stärkster Zusammenhalt.

Die große Bedeutung des Gemeinschaftlichen war begründet im Stand der Produktivität. Die Landwirtschaft der Vormoderne war gekennzeichnet durch die intensive Bewirtschaftung des Ackers und der Wiesen bei extensiver Bewirtschaftung des Weide- und Waldlandes.[1] Dem entspricht, dass sich Acker und Wiese in Privateigentum, Weide und Wald dagegen in gemeinschaftlichem Eigentum befanden.[2] Mit der Intensivierung der Weide- und Waldwirtschaft wurde die Landwirtschaft revolutioniert, wurde das Gemeineigentum obsolet, wurden alle agrarischen Ressourcen privatisiert - es sollte der Anbruch der Moderne auf dem Lande sein.

Ackerbau und Viehzucht waren eine Einheit. Der Ackerbauer bedurfte der Zugtiere, des Viehs zur fleischlichen Nahrung, der Milch, der Wolle zur Kleidung und nicht zuletzt des Dungs. Er bedurfte nicht weniger des Holzes. Da Landwirtschaft ohne Weide für das Vieh und ohne Holzreservoir nicht möglich war, waren dem Bauern die gemeinschaftlichen Nutzungen nicht weniger wichtig als die private Ackerbewirtschaftung. Das eine war die Bedingung des anderen, und so waren für ihn Privat- und Gemeinwirtschaft eine Einheit.

Bei der niedrigen Produktivität, dem geringen Entwicklungsstand der Produktionsmittel und -verfahren war für den selbstständigen Kleinproduzenten die Kooperation eine Produktivkraft von überragender Bedeutung. Die zusammengefasste, aufeinander abgestimmte, koordinierte Produktion war eine wichtige Bedingung seines individuellen Wirtschaftens.

Da Weide und Wald wegen ihrer extensiven Bewirtschaftung ungeteilt blieben, war Kooperation, in einem geringen oder differenzierten Maße, hier per se erfordert (Gemeindeherde, gemeindliche Holzanweisung). Beim Ackerbau war eine höhere Form der Kooperation gegeben zu dem Zweck, individueller Bewirtschaftung eine höhere Effizienz zu verleihen, Genossenschaft also. Mit der Dreifelderwirtschaft und dem Flurzwang war nicht nur ein für die damalige Zeit optimaler Fruchtwechsel erreicht, sondern auch ein Höchstmaß an Kooperation verlangt. Durch die Abgestimmtheit der Fruchtfolge, Wege- und Wasserrechte und die gemeinsame Brachbeweidung waren individuelle und gemeinschaftliche Bewirtschaftung auf das Engste ineinander verschränkt. Da die Brachweide zum Unterhalt des Viehbestandes nicht hinreichte, war auf die Dauerweide nicht zu verzichten, bedingten sich auch von daher Individual- und Gemeinwirtschaft.[3]

---

[1] Eine Definition von Intensität bei Wilhelm Abel, Geschichte der deutschen Landwirtschaft vom frühen Mittelalter bis zum 19. Jahrhundert, 3. Aufl., Stuttgart 1978, 39.

[2] Zu diesem Zusammenhang Karl Siegfried Bader, Dorfgenossenschaft und Dorfgemeinde. Studien zur Rechtsgeschichte des mittelalterlichen Dorfes 2, Weimar 1962, 126.

[3] Zur Kooperation Abel, Geschichte, 82, 165. - Dem entspricht die Definition heutiger Genossenschaften: „Genossenschaften sind spezielle Kooperationen... Die Analyse der Funktionsbedingungen und Zielsetzung von Genossenschaften muß daher von der allgemeinen Kooperationstheorie her ansetzen. Diese geht vom methodologischen Individualismus aus, d.h., den Ansatzpunkt bilden die Interessen der einzelnen Mitglieder und das entsprechende Verhalten dieser Individuen. Die oberste Entscheidungsgewalt (Legitimation von Entscheidungen) läßt sich so bei Kooperationen im Unterschied zu anderen Organisationen auf die einzelnen Kooperationsteilnehmer zurückführen." Erik Boettcher, Genossenschaf-

Karl Siegfried Bader hat *Genossenschaft* wortgeschichtlich von „noz",
Nutzen und Nießen, abgeleitet; „genoß" ist der Mitnutzende-Mitnießende. Mit den
Genossen teilt man sich die Nutzungsrechte, die in Dorf und Mark zur Verfügung
stehen: Nutzung an Flur und Wald in durch Gebot und Verbot geregelter Form,
Nutzung im Gemenge innerhalb und außerhalb der Zelgen; Teilhabe an Wunn und
Weid, Trieb und Tratt.[4] „Der Einzelne ist in die Gesamtheit der Genossen einbezogen. Ohne im begrenzten Raum seines persönlich-familiären Wirkungsbereiches
- in Hinsicht auf dörfliche Verhältnisse des engen Bereiches von Haus, Hof, Garten
usw. - unmittelbar tangiert zu werden und darin seinen Friedensschutz auch gegenüber Genossenschaft und Genossen zu verlieren, gibt er einen Teil der unlösbar,
wirtschaftlich und sozial mit den 'Nachbarn' verbundenen Möglichkeiten der
Lebensgestaltung an die Genossenschaft ab. Wie er selbst Anteil und Rücksicht
fordern kann, verlangt andererseits die Dorfgenossenschaft von ihm, den gemeinen
Nutzen zu mehren und allen drohenden Schaden zu wenden. In der Genossenschaft
aber geht es, bei Beschlußfassung und nach außen dringender Bestätigung, nicht
ohne ihn, den Genossen. Das ist der Sinn des berühmten, oft zitierten und oft
mythisierten genossenschaftlichen Grundprinzips: 'Einer für Alle, Alle für Einen'!"[5]
    Die Kooperation bestimmte sowohl die Fronhofswirtschaft wie auch die vom
Frondienst weitgehend befreite bäuerliche Landwirtschaft. Denn sie war in dem
Augenblick erfordert, wo man zur Dreifelderwirtschaft mit Gemengelage überging.[6]
Vom Herrenhof aus erfolgte das jährliche Bannen und Öffnen der Fluren, vom Maier
wurden Bannwarte, Hirten oder Waldhüter bestellt und überwacht. Aber schon der
herrschaftliche Meier oder villicus hatte die Doppelfunktion der örtlichen Organe, er
vertrat zugleich die Belange der Dorfgenossenschaft. Mit der Ablösung der Arbeitsrente, der Aufgabe der herrschaftlichen Eigenwirtschaft gingen die agrarorganisato-
rischen, koordinierenden Funktionen auf die Genossenschaft über, die sie durch
eigene Organe (Bauermeister, Heimbürge, Vierer) dirigierte, und mit ihnen das zu-

---

ten. I: Begriff und Aufgaben, in: Handwörterbuch der Wirtschaftswissenschaft (HdWW),
Bd. 3, Stuttgart 1981, 540.
[4] Bader, Studien 2, 6, 11, 268 f. - Laut H. Stradal, Genossenschaft, in: Adalbert Erler/Ek-
kehard Kaufmann (Hg.), Handwörterbuch zur deutschen Rechtsgeschichte (HRG), Bd. 1,
Berlin 1971, 1522, hat das Wort Genosse „seinen Ursprung in an. *naut*, ahd. *noz* = Nutz-
vieh; Genosse ist der Mithirte oder Weidemitbenützer." Das würde auf einen ursprünglichen Zusammenhang von Genossenschaft und Allmende hinweisen.
[5] Bader, ebd. - Entsprechend wiederum die Gegenwartsbeschreibung: „Genossenschaften
sind Zusammenschlüsse von Wirtschaftssubjekten, die durch Leistungen einer gemeinsam
getragenen Unternehmung die Förderung ihrer eigenen Wirtschaften (Haushaltungen oder
Unternehmungen) bezwecken. ... Daraus ergibt sich für Genossenschaften eine spezielle
Entscheidungsstruktur: Auf der einen Seite trifft jedes Mitglied allein und unabhängig von
den anderen Mitgliedern die Entscheidungen in der eigenen Wirtschaft, auf der anderen
Seite treffen in der Genossenschaftsunternehmung alle Mitglieder zusammen die Entscheidungen." Boettcher, Genossenschaften, ebd.
[6] Die Dreifelderwirtschaft ist seit dem 8. Jahrhundert bezeugt, die Gemengelage schon im
Salischen Recht: Abel, Geschichte, 21, 39 f.

nächst auf wirtschaftliche Fragen beschränkte Satzungsrecht. Die alte Bestimmung von Allmende (oder Gemeinmark) gibt noch die Äußerung aus Öhningen im Hegau von 1513 wieder: „dann darum werden sie gmeinmerck gehaissen, das sy gmain vßgemarchet syen vnd haissen ouch allmend, das sy allen menschen gemain syen".[7]

Das weitgehende Ausscheiden der Herrschaft aus dem Produktionsprozess, ihr Rückzug auf den Abgabenbezug (Natural-, Geldabgaben) bewirkte eine Stärkung der Besitzrechte der Bauern. Die Selbstständigkeit der bäuerlichen Wirtschaften, das, bei Fixierung der Grundzinsen, faktische Eigentum am Boden[8] waren die Voraussetzung für die Genossenschaft im vollen Sinne. Eine echte Genossenschaft ist eine von selbstständigen Bauern mit weitgehender Verfügungsgewalt über den Boden (Vererblichkeit, Verkäuflichkeit, Beleihbarkeit).

Damit aber waren Weide und Wald als Zubehör des Ackers nicht Gutsland, sondern genossenschaftlicher Besitz. Mit dem individuellen Eigentum an Acker und Wiese korrespondierte das genossenschaftliche Eigentum an Weide und Wald. Durch die gemeinschaftliche Bewirtschaftung des Weide- und Waldlandes und, indem sich die Genossenschaft als Korporation konstituierte und körperschaftliche Organe bildete, war der Anteil des Einzelnen an der Allmende einer spezifisch individuellen Disposition entzogen und der Regelungshoheit der Gemeinde unterworfen. Der Sachsenspiegel verlangte, „daz daz dorf nicht hirtelos en blibe"; alle Gemeindemitglieder waren verpflichtet, ihre Schafe ausnahmslos dem Gemeindeschäfer vorzutreiben und, unter Androhung der Pfändung, dem Schäfer pünktlich den fälligen Lohn zu zahlen.[9] Der Genossenschaftsbesitz wurde zum Gemeindeeigentum, über das der Einzelne als Gemeindemitglied mitverfügen und an dem er ein Nutzungsrecht entsprechend seinem Genossenschaftsanteil hatte.

Der Begriff „gemein, gemeind" - so wiederum K. S. Bader - findet sich in den Urkunden mit Paarformeln wie „ungedeilet und unverpleczert", „unverdeilet und unverslissen", „gemeinlich und unzerteilet" umschrieben. Er meint zunächst Gemeinland, Allmende. In den Landschaften, wo es das Wort Allmende nicht gab, hieß das Gemeinland auch „gemeine, gemeinde". Wer im Dorf auf der nutzungsberechtigten Hofstatt saß, war „gmeindsmann", er hatte zunächst und vor allem Allmendrecht, hatte teil an innerer (Dorf-) und äußerer Allmende. Diese Gelände gehörten einem Verband, einer juristischen Person, als Eigentum, die nun selbst mit dem Ausdruck Gemeinde bezeichnet wurde.[10]

---

[7] Bader, Studien 2, 58 f., 85; ders., Rechtsformen und Schichten der Liegenschaftsnutzung im mittelalterlichen Dorf. Studien zur Rechtsgeschichte des mittelalterlichen Dorfes 3, Wien-Köln-Graz 1973, 129, 297.

[8] Hans K. Schulze, Grundstrukturen der Verfassung im Mittelalter, Bd. 1, Stuttgart 1985, 145.

[9] Wolfgang Jacobeit, Beiträge zu einer Volkskunde des Schäfers, in: Rheinisch-Westfälische Zeitschrift für Volkskunde 1 (1954), 156.

[10] Karl Siegfried Bader, Das mittelalterliche Dorf als Friedens- und Rechtsbereich. Studien zur Rechtsgeschichte des mittelalterlichen Dorfes 1, 3. Aufl., Köln-Wien 1981, 117; ders., Studien 2, 14-17, 276.

Die Allmende - Weide, Wald und Wege - als Gemeindeeigentum wurde zum Rückgrat der Gemeinde. Auf der Dorfallmende standen die im Eigentum der Gemeinde befindlichen Einrichtungen (Brunnen, Backhaus, Badestube, Schmiede, Hirtenhaus), ihre Betreiber waren Gemeindeangestellte.

Die Gemeinde zog gerichtliche Kompetenzen an sich (Gebot und Verbot).[11] Diese waren eine Funktion der genossenschaftlichen Wirtschaftsweise und des dörflichen Zusammenlebens, die Sanktionsmöglichkeiten in den wirtschaftlichen und nachbarschaftlichen Belangen (Friedenswahrung, Feuerschutz) erforderten. Mit der Auflösung der Villikation gingen diese hofrechtlichen Funktionen weitgehend auf die Gemeinde über. Die Gemeinde neigte dazu, ihre Selbstverwaltung prinzipiell aufzufassen und auf die kirchliche und politische Sphäre zu übertragen (Kommunalismus)[12], wodurch ein hohes Maß an gemeinschaftlich verwirklichten, individuellen Freiheitsrechten erreicht wurde. Dort, wo das Fronhofssystem, wenn auch versteinert, fortbestand, wo die herrschaftliche Eigenwirtschaft nicht zerschlagen wurde, sondern, wenn auch als Pachtwirtschaft, erhalten blieb, konnte die daneben bestehende Genossenschaft mit Beschränkungen ihrer Dispositionsfreiheit zu tun haben, die die volle Entwicklung der Gemeinde behinderten.

Bei der Willensbildung in der Versammlung der Genossen gab es grundsätzlich keine Mehrstimmrechte Einzelner entsprechend ihren Besitzanteilen an der Genossenschaft, vielmehr galt der Satz „Ein Mann, ein Wort".[13] Realiter setzte dies eine beschränkte Bandbreite der Besitzgrößen voraus. Nach unten hin musste eine Wirtschaft in der Lage sein eine Familie zu ernähren, um als Vollerwerbsstelle zu gelten; Bauernwirtschaft war Familienwirtschaft. Soziale Differenzierung war diesem Zusammenschluss kleiner Warenproduzenten inhärent und stellte sich mit der Mobilität des Grundbesitzes ein. Doch schuf die Genossenschaft auch Begrenzungen nach oben, indem bei der Gemengelage Veränderungen der Ackerbestellung (etwa die Besömmerung der Brache) an den Konsens der Genossen gebunden waren; indem eine Erweiterung der Viehwirtschaft durch die Größe des Acker- und Wiesenbesitzes (Durchwinterungsprinzip) beschränkt war. Eine individuelle Umwidmung von Acker und Weide war wegen der Gemengelage nicht möglich. Die Viehzucht war an den Ackerbau gebunden, wenn nicht eine große Allmende allen eine Erweiterung ihres Viehbestandes ermöglichte.

---

[11] Zu Zwing und Bann (Gebot und Verbot) Bader, Studien 2, 95-100.

[12] Peter Blickle, Der Kommunalismus als Gestaltungsprinzip zwischen Mittelalter und Moderne, in: Ders., Studien zur geschichtlichen Bedeutung des deutschen Bauernstandes, Stuttgart-New York 1989, 69-82.

[13] Udo Kornblum, Das Weiterleben der Genossenschaft, in: Gerhard Dilcher/Bernhard Diestelkamp (Hg.), Recht, Gericht, Genossenschaft und Policey. Studien zu Grundbegriffen der germanistischen Rechtstheorie. Symposion für Adalbert Erler, Berlin 1986, 168 f.; das gilt noch für die moderne Genossenschaft, laut § 43 Abs. 3 S. 1 Genossenschaftsgesetz von 1889 in der noch heute gültigen Fassung hat in der Generalversammlung „jeder Genosse ... eine Stimme": ebd.

Die Genossenschaftswirtschaft brachte einen Produktivitätsfortschritt durch Kooperation. Die Genossenschaft war für den selbstständigen Kleinproduzenten die Bedingung seiner Produktionsweise. Die Genossenschaft errichtete aber auch Produktionsschranken. Daher kann man formulieren: die individuelle Wirtschaft konnte sich bei dem gegebenen Entwicklungsstand der Produktionsmittel noch nicht von der Genossenschaft emanzipieren.

Mit einer Intensivierung der Viehwirtschaft - in dem Sinne, dass eine höhere Bodennutzung auf den Weidearealen stattfand - würde auch die Weide privat bewirtschaftet werden. Der Weideanteil würde von der Allmende separiert, auch die Allmendweide auf dem Ackerland aufgehoben werden. Mit der Aufteilung der Allmendweide würde nicht nur das Gemeindeeigentum privatisiert, mit der Abschaffung der gemeinschaftlichen Brachweide auch der Flurzwang mit seiner genossenschaftlich geregelten Frucht-Brach-Folge und damit die genossenschaftliche Kooperation überflüssig und hinderlich. Mit der Allmende würde die Gemeinde schwinden, mit dem Flurzwang sich die Genossenschaft auflösen. Mit der Intensivierung der Viehwirtschaft sollte die Epoche der bäuerlichen Genossenschaft und Gemeinde zu Ende gehen, sich der Agrarindividualismus Bahn brechen.[14] Ansatzpunkt der Umwälzungen würden also die Allmende und die Allmendnutzungen sein.

K. S. Bader betont, ebenso wie die in der gleichen Zeit erschienenen Forschungen des *Konstanzer Arbeitskreises für mittelalterliche Geschichte*, dass Nachbarschaften und Feld-, Weide- und Waldgenossenschaften noch keine politischen Gemeinden waren; dass Gebot und Verbot (Zwing und Bann), also die nachbarschaftliche und genossenschaftliche Satzungshoheit sowie die Zwangsgewalt diese zu vollziehen, sie erst dazu machten. Die Existenz der Genossenschaft war unstrittig die Voraussetzung der Gemeindebildung. Doch stärker als andere leitet Bader, ausgehend von Begriffsuntersuchungen, die Gemeinde aus der Genossenschaft, näherhin aus der Allmendgenossenschaft, ab, die gerichtliche Kompetenzen an sich zog, während sie ihr nach Bosl als Absplitterungen der ehemaligen Landgerichtsgemeinde autogen zugekommen seien.[15]

Unter den Forschungen, die die Allmendproblematik in den Mittelpunkt rücken, hat S. Epperlein Waldstreitigkeiten zwischen Herren und Bauern im Hochmittelalter, zunächst um die Eichelmast, zunehmend stärker um den Holzschlag, zusammengestellt. In den Urkunden treten Dorfgemeinden (communitates, universitates), genossenschaftliche Zusammenschlüsse und bäuerliche Nutzungsverbände - so sein Resümee - vor allem in den Konflikten um die Waldallmende hervor. Dorfgemeinden und Markgenossenschaften erweisen sich dabei als vertrags-

---

[14] Der Ausdruck wurde geprägt von Marc Bloch, La lutte pour l'individualisme agraire dans la France du XVIIIe siècle, in: Annales d'histoire économique et sociale 2 (1930), 329-381 u. 511-556.

[15] Karl Bosl, Eine Geschichte der deutschen Landgemeinde, in: ZAA 9 (1961), 129; ein Resümee von: Theodor Mayer (Hg.), Die Anfänge der Landgemeinde und ihr Wesen, 2 Bde., Sigmaringen 1964; Bosl folgt hier offenbar Steinbachs Beitrag, ebd.

fähige Verhandlungspartner. Die Verwendung der Begriffe „commarchiones"/
„marcgenoten" mache die korporationsfördernde Kraft dieser Prozesse erkennbar.[16]

    D. Wehrenberg hat gezeigt, dass in den Weistümern *Wunn und Weide*
geradezu als Ausdruck des Genossenschaftsrechts, die Allmendberechtigung als ein
Pars pro toto für die Gemeindezugehörigkeit erscheint. Als in der Frühen Neuzeit
immer öfter ein Einzugsgeld für den Erwerb des Gemeinderechts erhoben wurde,
geschah dies hauptsächlich in Hinblick auf die Teilhabe am Allmendnutzen. Denn
die Allmende, zusammen mit der gemeindlichen Holzzuteilung, war der wichtigste
Gemeindenutzen, dem als Pflichten das Mittragen der gemeinen Lasten, die Gemeindedienste, die Teilnahme an der Gemeindeversammlung sowie die Unterwerfung
unter das gemeindliche Gebot und Verbot gegenüberstanden.[17]

    War ursprünglich der Besitz einer Ehofstätte Voraussetzung der Gemeinde-
zugehörigkeit, so im Spätmittelalter nur mehr die Haushäblichkeit.[18] Den sozialen
Hintergrund dieser Veränderung zeigen die Untersuchungen von H. Grees zum
Seldnertum. An die Frage, wer zur Gemeinde gehöre und damit zur Teilhabe an
ihren Nutzungen berechtigt sei, knüpften sich die langwierigsten und erbittertsten
Streitigkeiten in den Dörfern. Den Seldnern gelang es bis zum Ende des Mittelalters
zu vollberechtigten Genossenschaftsmitgliedern aufzusteigen, wenn auch der Vieh-
austrieb nach der Größe der Höfe kontingentiert wurde.[19]

    Das gemeindliche Allmendeigentum wird üblicherweise aus einer *Verdich-*
tung ursprünglich undefinierter Nutzungsrechte hergeleitet. Einen anderen Lösungs-
vorschlag zur Frage der Herkunft des Gemeindeeigentums hat H. Jänichen gemacht.
Aufgrund flurwissenschaftlicher Untersuchungen vertritt er die Meinung, dass die
wenigsten in der Neuzeit vorzufindenden Allmenden auf das Hoch- oder Frühmittel-
alter zurückgingen. Den größten Teil ihres Eigentums hätten die Gemeinden erst
nach der Wüstungsperiode erworben, indem sie von den Grundherren wüste Markungen oder Teile davon als Allmende kauften. Es gab auch Käufe von Allmendland
ohne Bezug zu Wüstungsboden, weiterhin Belehnungen von Gemeinden mit
Allmendland durch Grundherren, Teilungen von Wäldern zwischen Grundherrschaft
und Gemeinde, um die gemeindlichen Nutzungsrechte loszuwerden, schließlich
Schenkungen und Stiftungen, die in Sagen überliefert sind und sich oft verifizieren
lassen.[20]

---

[16] Siegfried Epperlein, Waldnutzung, Waldstreitigkeiten und Waldschutz in Deutschland
im hohen Mittelalter, 2. Hälfte 11. Jahrhundert bis ausgehendes 14. Jahrhundert, Stuttgart
1993, 95 f.
[17] Dietmar Wehrenberg, Die wechselseitigen Beziehungen zwischen Allmendrechten und
Gemeinfronverpflichtungen vornehmlich in Oberdeutschland, Stuttgart 1969, 52-67, 124-
130, bes. 64, 125.
[18] Ebd., 52-59.
[19] Hermann Grees, Ländliche Unterschichten und ländliche Siedlung in Ostschwaben, Tübingen 1975, 24-41. Siehe Bader, Studien 2, 283; ders., Studien 3, 189.
[20] Hans Jänichen, Markung und Allmende und die mittelalterlichen Wüstungsvorgänge im
nördlichen Schwaben, in: Mayer, Landgemeinde 1, 203-222.

Ein anderer Fragenkomplex betrifft die landesherrliche Hoheitsgewalt über Allmendland. Wehrenberg diskutiert ihre Ursprünge im Allmendregal, das in einem Reichsweistum 1291 niedergelegt worden war. Es bestätigte den Landesherren das Recht, soweit sie es gewohnheitsmäßig innehatten, den Anliegern die Vergrößerung der Dorfflur und Rodungen auf Kosten der Allmende zu untersagen und die Restitution von Allmendokkupationen zu verlangen. Es war also ein Hoheitsrecht, ein Schutz- und Aufsichtsrecht hinsichtlich des Allmendlandes. Im Kleinen Kaiserrecht von 1372 wurden diese hoheitlichen Rechte expressis verbis, auch bezüglich der Allmenden, durch den Gemeinen Nutzen definiert: Die Vergabe von Allmendland wurde gestattet, wenn dadurch öffentliche Bedürfnisse befriedigt wurden, etwa zum Straßen- und Wegebau, „want wa man gemeinen nutz tut, da dienet man dem riche". Doch erst im 16./17. Jahrhundert wurde dieser hoheitliche Anspruch des Allmendregals vom frühmodernen Staat stärker geltend gemacht, etwa indem die Gerichtsherren die Sanktion von Allmendfreveln an sich und vom Dorfgericht abzogen.[21]

Dies wird eindrücklich durch H. Oberrauchs Darstellung der Forstgeschichte Tirols bestätigt, wo der Landesfürst ein Allmendregal im Zusammenhang mit dem Forst-, dem Berg- und Salzregal formulierte. Rodungen und Holzschlag der Bauern wurden an den landesherrschaftlichen Konsens gebunden, um die Wälder für die Saline in Hall ausbeuten zu können. Der Holzbedarf nahm mit der Aufnahme des Bergbaus in Gossensaß und Schwaz im 15. Jahrhundert weiter zu. Seit der Waldordnung von 1492 wurden Allmendwälder systematisch für die Zwecke der Saline in Anspruch genommen, indem landesherrliche Beamte nun im Benehmen mit den Gemeinden deren Holzbedarf festsetzten. In der Zeit Kaiser Maximilians wuchsen die Spannungen enorm, vor allem aus einem zweiten Motiv: der Jagd. Auf die außerordentliche Vermehrung des Wildbestandes reagierten die Bauern nach Maximilians Tod mit Abschießen des schädlichen Wilds. In der Landesordnung von 1526 musste die Obrigkeit die Reduzierung des Wildbestandes zusagen, den Bauern Wildschutzmaßnahmen und die niedere Jagd zugestehen.[22]

Auf der Folie der Deutung des Bauernkrieges als Abwehrkampf der Bauern gegen den erstarkenden Landesstaat durch Günther Franz hat K. Hasel die Wald- und Jagdbeschwerden der Voraufstände und des Bauernkrieges dargestellt. Stand in den Marken nach der Befriedigung des Bedarfs der Dorfgenossen der übrigbleibende Teil der Nutzung dem Grundherrn zu, so wehrten sich die Bauern gegen die übermäßige Einschränkung ihrer Nutzung zugunsten der grundherrlichen Mitnutzung.[23] (Allerdings muss das grundherrschaftliche Mitnutzungs- vom landesherrlichen Regalrecht - das die Ausnützung des Bergregals einschloss - unterschieden werden.)

---

[21] Wehrenberg, Wechselseitige Beziehungen, 157-167.

[22] Heinrich Oberrauch, Tirols Wald und Waidwerk. Ein Beitrag zur Forst- und Jagdgeschichte, Innsbruck 1952, bes. 38-43, 49, 55, 83 f., 100.

[23] Karl Hasel, Die Entwicklung von Waldeigentum und Waldnutzung im späten Mittelalter als Ursache für die Entstehung des Bauernkrieges, in: Allgemeine Forst- und Jagdzeitung 138 (1967), 148.

Speziell die Bedeutung des bäuerlichen Fischrechts im Bauernkrieg hat H. Heimpel behandelt. Es stand im Zusammenhang anderer Allmendnutzungen, mit Wald und Weide und insbesondere mit der Jagd. Dabei machte der 4. der Zwölf Artikel eine deutliche Unterscheidung zwischen gemeinen und von der Herrschaft käuflich zu Privateigentum, das respektiert wurde, erworbenen Gewässern. Beklagt wurde die Verschlechterung des gemeinen Rechts am Wasser und am Fisch, die Sperrung der Gewässer und Verleihung der Nutzung gegen Zins. Dagegen sahen die Bauern die Freiheit des Vogels in der Luft und des Fisches im Wasser als ein göttliches Recht an, ein durch die Schöpfung gegebenes Naturrecht. Der hohen Dignität dieses Gemein- und Freiheitsrechts standen die Reklamierung von Fisch und Wild als Herrenspeise und drastische Strafen für Fisch- und Jagdfrevel gegenüber. So begann denn der Aufruhr oft mit einem Fischzug, in manchen Berichten wurde Fischen mit Aufruhr gleichgesetzt.[24]

Der Begründung der an der Wende zum 16. Jahrhundert aufkommenden Holzordnungen, dem bäuerlichen Raubbau am Wald steuern zu müssen, hat P. Blickle die herrschaftliche Waldausbeutung durch großflächigen Holzeinschlag und -verkauf, vor allem aber die Waldnutzungseinschränkungen aufgrund des herrschaftlichen Jagdinteresses, die Belastungen der Bauern durch Jagdfronen und die erheblichen Wildschäden an den Fluren gegenübergestellt. Er zeigt, wie die sich landschaftlich zusammenschließenden Gemeinden nicht selten die Wälder oder auch nur die Jagd von ihren Herrschaften gegen beträchtliche Summen pachteten und damit nicht nur die Belastungen senkten, sondern auch durch eigene Nutzungsordnungen die Wälder in gutem Stand hielten.[25]

Wenn W. Abel das bäuerliche Heimfallsrecht an wüsten Fluren („Was in zehn Jahren nicht gedüngt ist, Busch und Berg, das soll gemeine Weide sein") und den entgegenstehenden Herrenanspruch („Wenn das Holz reicht dem Ritter an den Sporn, hat der Bauer sein Recht verloren") anführt, so stellt er das Allmendthema in den Zusammenhang der wirtschaftlichen Entwicklung; denn die wüsten Fluren wurden als Viehweide genutzt, insbesondere zum Aufbau herrschaftlicher Schäfereien. Widersprüchlich bleibt in Hinblick auf den stark zur Geltung gebrachten herrschaftlichen Anspruch Abels Aussage, der Ausbau der Viehwirtschaft sei nur als Notlösung betrachtet worden, „da anders das Allmendland sowie das massenhaft anfallende Wüstland nicht zu verwerten war."[26]

Ein wirtschaftsgeschichtlicher Ertrag der Arbeit von Jänichen ist die Mitteilung, dass im Württembergischen Herrschaftsschäfereien eingerichtet wurden, deren Weidebezirke aus den Gemarkungen wüst gewordener Weiler gebildet waren. Als gegen Ende des 15. Jahrhunderts der Ackerbau wieder ausgedehnt wurde und

---

[24] Hermann Heimpel, Fischerei und Bauernkrieg, in: Peter Clasen/Peter Scheibert (Hg.), Festschrift Percy Ernst Schramm, Bd. 1, Wiesbaden 1964, 353-372.

[25] Peter Blickle, Wem gehörte der Wald? Konflikte zwischen Bauern und Obrigkeiten um Nutzungs- und Eigentumsansprüche, in: ZWLG 45 (1986), 167-178.

[26] Wilhelm Abel, Die Wüstungen des ausgehenden Mittelalters, 3. Aufl., Stuttgart 1976, 70-72.

der Schaftrieb Schaden an den bäuerlichen Fluren anrichtete, wurden diese Schäfereien z.T. von den Gemeinden erworben.[27]

Wie aber gerade in dieser Zeit die herrschaftliche Schäferei zu Lasten der bäuerlichen Wirtschaft ausgedehnt wurde, hat R. Quietzsch anhand der Bauernkriegsbeschwerden Thüringens und Sachsens gezeigt, die auffällig häufig Klagen über die herrschaftliche Hut und Trift mit Schafherden enthalten. Über die Schäferei, „di ufkommen ist in kurtzen jahren bei mans gedenken", klagte die Gemeinde Apolda 1525, denn sie ging zu einem nicht geringen Anteil über die Gemeindeweiden. Nicht zuletzt kollidierte sie mit der Schafhaltung der Bauern, die Anteil an der Konjunktur für Wolle haben wollten. Eine Einschränkung der Weideflächen brachte in Thüringen auch der Anbau von Waid auf Teilen der Brache, der schon 1446 Beschränkungen unterworfen worden war.[28]

Hauptsächlich werden also in der Forschung zur Allmendthematik als Probleme diskutiert:
- die Frage des herrschaftlichen Obereigentums und damit der Rechtsqualität gemeindlicher Nutzung bzw. Eigentums;
- die These, die bäuerliche Waldverwüstung habe den Erlass von Holzordnungen durch die Territorialherren notwendig gemacht;
- die These, die Bauern hätten die unterbäuerliche Schicht bei der Allmendnutzung benachteiligt; und schließlich
- die aufgeklärte Kritik, die Übernutzung und mangelnde Pflege der Allmenden mache ihre geringe Produktivität aus, weshalb die Aufteilung des Gemeindeeigentums Not getan habe.

Für eine Untersuchung über die Allmenden bietet sich als das klassische Gebiet der Dorfgemeinde der Südwesten des Deutschen Reiches an. Nicht nur hat die bäuerliche Gemeinde in diesem Raum ihre vollste Entfaltung erlangt und dabei das Gemeindeeigentum eine große Bedeutung gehabt, von der Forschung ist das Thema für diese Region auch am gründlichsten und umfassendsten bearbeitet worden. Das große Werk von Karl Siegfried Bader wird auf unabsehbare Zeit Grundlage jeder weiteren Beschäftigung mit dem Gegenstand sein. Da es ihm darum gegangen ist die Rechtsverhältnisse im Dorf zu beschreiben, hat seine Darstellung für den Betrachtungszeitraum vom Hochmittelalter bis zum 18. Jahrhundert - notwendigerweise - etwas Statisches. Dem Interesse, den Wandel in den wirtschaftlichen, sozialen und rechtlichen Verhältnissen durch die Epochen aufzuzeigen, kann er nur in wenigen Bemerkungen entgegenkommen. Erst in Hinsicht auf das Ende der Epoche reflektiert er hier und da Auflösungstendenzen des gemeindlichen Besitzes.

---

[27] Jänichen, Markung, 186-188.
[28] Rudolf Quietzsch, Der Kampf der Bauern um Triftgerechtigkeit in Thüringen und Sachsen um 1525, in: Hermann Strobach (Hg.), Der arm man 1525. Volkskundliche Studien, Berlin 1975, 52-78.

Nun ist der Eindruck der Statik nicht so sehr der Anlage der Studien Baders geschuldet. Tatsächlich begann, nachdem sich im hohen und späten Mittelalter die Gemeindeverhältnisse herausgebildet hatten, die Entwicklung in der Frühen Neuzeit, was das Altsiedelgebiet angeht, zu stagnieren. Strukturell Neues ist wenig hinzuzufügen, vielmehr ist eine Verfestigung festzustellen. Die Allmenden blieben ein ständiges Streitobjekt zwischen Herrschaften und Bauern, ohne dass grundlegende Veränderungen voranschritten. Erst im 18. Jahrhundert kam wieder Bewegung in die Szenerie, bis schließlich die Agrarreformbestrebungen die Aufteilung der Gemeinheiten auf die Tagesordnung setzten und die bürgerliche Gesellschaft das uneingeschränkte Privateigentum als universelle Eigentumsform grundgesetzlich proklamierte. Friedrich Lütge hat, mehr in geistiger als in wirtschaftlicher Hinsicht, die soziale Bewegung des 14./15. Jahrhunderts mit der in der zweiten Hälfte des 18. Jahrhunderts sich anbahnenden Bauernbefreiung verglichen.[29]

Dem Anliegen dieser Untersuchungen, Veränderungen und Entwicklungen bei den Allmenden zu verfolgen, ist für Südwestdeutschland bei dem im Allgemeinen guten Forschungsstand am besten durch Lokalstudien zu entsprechen, die eine Verfolgung des Gangs der Dinge im Detail ermöglichen. Bei der Auswahl wurde eine Typisierung angestrebt, in dem einen Fall klassische Allmendverhältnisse mit Weide und Wald, Viehhaltung und Holzschlag, den gewöhnlichen Problemen von Abgrenzungen und Einschränkungen zwischen Gemeinden und Herrschaften und gemeindeintern. In dem anderen Fall ein Schwerpunkt auf Schafhaltung, der auf eine spezielle Marktausrichtung hinweist.

Um unterschiedliche Entwicklungsstadien zu greifen, scheint der Vergleich des Südwestens mit der Region der fortschrittlichsten Agrarverfassung in Deutschland, dem Niederrhein, wo sich schon im Spätmittelalter die Pacht durchsetzte, die meisten Aufschlüsse zu geben. Für diesen Raum sind die Allmenden noch nicht umfassend untersucht worden. Es stellt sich die Frage, wie sich die Gemeinnutzungen unter stark kommerzialisierten Bedingungen, deren Ausdruck die Pacht ist, gestalteten: ob die Pachthöfe eine Dominanz in der Allmendnutzung erlangen konnten; ob es auch hier zur Entstehung von Gemeindeeigentum kam; oder ob die Gemeinnutzungen Individualisierungsprozessen unterlagen?

In dieser Perspektive drängt sich der Vergleich mit dem Land der Agrarrevolution auf: Was in Deutschland seit dem Beginn des 19. Jahrhunderts in einem Reformakt nachgeholt wurde, war in England bereits in der Frühen Neuzeit schrittweise zum Durchbruch gekommen. Die im Spätmittelalter eingeleitete enclosure-Bewegung kam in den folgenden Jahrhunderten auf dem Hintergrund des kommerziellen Aufschwungs voll zur Entfaltung. Waren die Motive für die Einhegungen auch vielfältigerer Art, so wurde doch die Schafzucht für die Tuchproduktion prägend. Der erhöhte Viehauftrieb auf den commons war der Ausgangspunkt, in manchen Regionen ganze Dörfer in Schafweide zu verwandeln. Die agrarische

---

[29] Friedrich Lütge, Geschichte der deutschen Agrarverfassung vom frühen Mittelalter bis zum 19. Jahrhundert, 2. Aufl., Stuttgart 1967, 204 f.

Produktion erhielt einen völlig neuen Charakter, indem die genossenschaftliche Bewirtschaftung beseitigt wurde und an ihre Stelle der dominant marktorientiert wirtschaftende Pächter trat. England als das Land mit der am Ende des Mittelalters fortgeschrittensten Agrarentwicklung in Europa kann als Messlatte für Deutschland dienen: welchen Grad des strukturellen Wandels die deutsche Landwirtschaft im Vergleich aufwies, inwieweit die unterschiedliche Entwicklung bereits im Mittelalter angelegt war und welche Rolle im Besonderen den Allmenden dabei zukam?

Ist für das Mittelalter der Vergleich exemplarisch und typisierend ausgewählter Regionen der methodische Weg, zu einerseits differenzierten wie andererseits verallgemeinerbaren Aussagen über die Allmendentwicklung zu kommen, so wird ein Überblick über die Gegebenheiten im deutschen Raum durch die Publizistik des 18. Jahrhunderts ermöglicht. Von allgemeinen Begriffen ausgehend, die die Jurisprudenz dieser Zeit gebildet hat, kann eine Übersicht über das Allmendrecht im Allgemeinen und in seinen regionalen Besonderheiten gewonnen werden. In den Reichskammergerichts-Entscheiden zur Reichweite der policeygesetzgeberischen Eingriffsmöglichkeiten in die Allmendberechtigungen, vor allem durch Holzordnungen, wird die seit dem 16. Jahrhundert datierende Verfassungsentwicklung rechtsbegrifflich klärend zum Abschluss gebracht. Insofern kommt die Thematik hierin exemplarisch für die Frühe Neuzeit zur Sprache. Die nach der Jahrhundertmitte anlaufende Agrarreformdebatte, die sich mehr noch als an der Beseitigung der feudalen Abhängigkeiten bezüglich der Aufhebung der Gemeinheiten echauffierte, bietet einen überregionalen Zugriff auf den Reformprozess und auf die Motive der Reformer.

Während im Mittelalter Oberdeutschland das dominierende Innovationszentrum gewesen war, verlagerte sich der landwirtschaftliche Fortschritt, was Erntegeräte, Spanntierhaltung und bäuerliche Arbeitsteilung angeht, seit dem 16. Jahrhundert nach Niederdeutschland.[30] So ist es kein Zufall, dass auch die Gemeinheitsteilungen zunächst in Norddeutschland zur Ausführung kamen und dass vor allem die Preußischen Reformen prägend wurden. So muss die Darstellung dorthin verlagert werden. Um ihr aber hinsichtlich der praktischen Durchführung der preußischen Gemeinheitsteilungsgesetze die nötige Tiefenschärfe zu geben, scheint es wiederum nützlich sie durch Lokalstudien näher zu beleuchten.

Die vorliegende Arbeit will keine Überblicksdarstellung sein. Ihr Anliegen ist es jedoch Grundlinien der Allmendentwicklung herauszuarbeiten. Dabei soll die übliche regionale Begrenzung der Behandlung des Allmendthemas überwunden werden. Dieses Ziel sucht sie, um nicht zu sehr im Allgemeinen stecken zu bleiben, durch die Auswahl von vergleichenden Studien zu erreichen. Die Einzelstudien sind der Fragestellung folgend repräsentativ ausgewählt und Forschungsstand und Quellenlage entsprechend angelegt. Der Forschungsstand ist für Südwestdeutschland ein anderer als für den Niederrhein oder für Brandenburg, die Quellenlage im 18.

---

[30] Günter Wiegelmann, Innovationszentren in der ländlichen Sachkultur Mitteleuropas, in: Dieter Harmening u.a. (Hg.), Volkskultur und Geschichte, Berlin 1970, 120-136.

Jahrhundert von anderer Art als im 15. Jahrhundert. Die Ergebnisse werden in einer Zwischenbilanz und im Schlussabschnitt zusammenzuführen gesucht.

Die Entwicklung der Allmendverhältnisse in Deutschland ist nur zu verstehen, wenn die Betrachtung einen europäischen Problemhorizont hat. An diesem stehen, als Aufhebung der Allmendnutzungen und -rechte, prominent die englischen Einhegungen. Sie hatten ihre Anfänge bereits im ausgehenden Mittelalter und wurden vorbildhaft für Europa mit den parliamentary enclosures nach 1750. Während die Bedeutung letzterer gut bekannt und in wenigen Strichen nachzuzeichnen ist, sind die Bedingtheiten der spätmittelalterlichen Einhegungen näher zu betrachten. Man erhält auf diese Weise Vergleichskriterien, mit denen die Verhältnisse am Niederrhein erst verständlich werden.

Die in der deutschen Forschung, anders als etwa in der englischen, dominante rechts- und verfassungsgeschichtliche Behandlung der Allmendproblematik prägt auf weite Strecken auch diese Studien. Ihr Anliegen ist jedoch Entwicklung nachzuzeichnen, was einen wirtschaftsgeschichtlichen Ansatz nahelegt. Für diesen steht Wilhelm Abel, dessen Zugänge aber noch wenig auf Gegenstände wie Landgemeinde oder Allmende bezogen worden sind. Beide, die verfassungsgeschichtliche und die wirtschaftsgeschichtliche Methode, stärker zusammenzuführen, scheint nötig zu sein.

Allmenden und Allmendnutzungen waren Merkmale einer Produktivitätsstufe, auf der der Gemeinschaftlichkeit der landwirtschaftlichen Produktion ein hoher Rang zukam und entsprechend der Einzelne sich stark über die Gemeinschaft definierte, seine Persönlichkeit[31] in diesem Rahmen entfaltete. Mit dem Erreichen einer qualitativ höheren Stufe der Produktivität entfielen diese Gemeinschaftsbindungen im Wirtschaftlichen wie im Gesellschaftlichen und der Einzelne definierte sich neu als Privateigentümer. Damit war auch die lokale Gemeinschaft nicht mehr der Rahmen der Entfaltung seiner Individualität.

---

[31] Zur Differenz von Individualität und Persönlichkeit vgl. die Bemerkungen von Aaron J. Gurjewitsch, Das Individuum im europäischen Mittelalter, München 1994, 24-28.

1. Die Allmende im klassischen Gebiet der Land-
gemeinde: Südwestdeutschland 1350-1525

1.1 Allmendabgrenzungen und -einschränkungen
im Landgebiet der Reichsstadt Memmingen

Allmende unter bürgerlichem Zugriff

Im September 1397 erschien vor Bürgermeister und Rat der Reichsstadt Memmingen Jos Stüdlin „von der geburschaft wegen gemainlich dez dorfs ze Dikrisshusen,
der vogt er were," und klagte im Namen der Gemeinde gegen Peter Bachächtin, der
sie daran hindere nach Herkommen ihr Vieh in die Wälder um Dickenreishausen zu
treiben. Bachächtin bestritt den Leuten nicht, ihr Vieh „uff etlich tratt und waid" der
Wälder zu treiben, „aber nit umb und uber", und verlangte eine Kundschaft. Also
wurden einige Ratsmitglieder losgeschickt die Kundschaft einzuholen. Nach ihrem
Bericht wurde dahin erkannt, dass „die geburschaft gemainlich des vorgn[annten]
dorfs ze Dickrisshusen ir fieh die tratt und waide in die holtzer umb Husen allenthalben billichen triben sulln" und Bachächtin sie daran nicht hindern dürfe.[1]

1394 hatte Jos Stüdlin von Peter Bachächtin den halben Teil an Ehaften,
Hirtenstab und Gericht zu Dickenreishausen gekauft. 1398 sollte Stüdlin den Meierhof, 1401 noch Kirchensatz und Lehenschaft der Kirche sowie den Groß- und Kleinzehnten erwerben.[2] Jos Stüdlin war Sohn des Stadtammanns Heinrich Stüdlin[3] und
bekleidete später zwischen 1425 und 1433 selbst das Amt des Stadtammanns.[4] In
der Reisliste von 1415 wurde Stüdlin als Mitglied der Großzunft, Bachächtin als
Mitglied der Metzgerzunft geführt.[5] Die Stüdlins waren an der Großen Ravensburger Handelsgesellschaft beteiligt.[6]

Im August 1404 klagte Stüdlin erneut im Namen der Gemeinde Dickenreishausen gegen „Bachächtin d[en] mezger" in gleicher Sache. Bachächtin beteuerte,
nicht gegen das Urteil von 1397 verstoßen zu wollen; jedoch besäße die Bauerschaft
viele Mähder in und um Dickenreishausen und auch Waldmähder, die sie öhmdeten,

---

[1] StiAMM 37/8, 7.9.1397.

[2] Peter Blickle, Memmingen, München 1967, 200.

[3] StiAMM 36/2, 19.6.1394.

[4] StaBMM 2,62.

[5] StaAMM 266/2, fol. 98.

[6] Raimund Eirich, Memmingens Wirtschaft und Patriziat von 1347 bis 1551. Eine wirt-
schafts- und sozialgeschichtliche Untersuchung über das Memminger Patriziat während
der Zunftverfassung, Weißenhorn 1971, 251 f.

14

an denen sie ihn aber nicht teilhaben lassen wollten, obwohl er ein Gut dort habe. Dem entgegnete Stüdlin, „es wär die gantz geburschaft ze Dikerißhusen mit seinem gůten willen und gunst von gemains nuz wegen überain worden", die Brühle und Mähder so lange nicht zu öhmden, bis sie ackerten und säten, damit sie dann Futter für ihre Pferde hätten; sie ließen jedem Gut davon zukommen, was ihm zustünde, „und wenn des vorgen[annten] Bachächtins gůt daselb besetzt wurd, so wollten sy im sin anzal darzu auch gern volgen laßen ane geväird." Das Urteil lautete, dass es mit den Mähdern, Brühlen, mit Weide und Tratt bleiben sollte wie von altem Herkommen.[7]

Offenbar waren die Wiesen und Waldwiesen in genossenschaftlicher Nutzung. Der Metzger Bachächtin besaß ein Bauerngut in Dickenreishausen, allem Anschein nach um dort die Wiesen abmähen zu können. Am Hof selbst hatte er kein Interesse und ließ ihn unbesetzt. Bachächtin hatte 1397 - möglicherweise in Ausnutzung seines noch halben Rechts am Hirtenstab[8] - die Waldweide der Gemeinde einzuschränken versucht und war damit gescheitert. Der neuerliche Konflikt von 1404 erstand daraus, dass die Gemeinde nun im Gegenzug ihm genossenschaftliche Anteile verweigerte, solange sein Gut nicht besetzt sei.

Die Fronten verhärteten sich, indem, wie im nächsten Jahr nun Bachächtin gegen Stüdlin (der sich jetzt als „vogt und herr" der Bauerschaft bezeichnete) klagte, die Bauern

> etwie vil meder in dem dorf und umb das dorf ze Dickerrishusen von newen dingen ufgefangen und in zugeaignet hetten und auch etlichu waltmeder, dero ainer gantzen gemaind daselben zugehörte und da auch von alter ein rechtu tratt und waid gewesen war und hüt zu tag sein solt armen und reichen, und wölten im doch nit gunnen und gestatten, daz sein also ufzefahen, daz sein recht aigen wär.

Stüdlin versicherte, dass die Umzäunung der Wiesen auf Gemeindebeschluss erfolgt sei. Bachächtin aber habe „kein fich weder ros noch rind ze Dickerrishusen, wan sein gut onbesetzt wär", und nur wenn er es besetzen würde, würde man seinem Gut wie anderen Gütern auch einen Anteil zukommen lassen. Das Urteil lautete, dass zum einen die Bauerschaft keine Wiese einzäunen dürfte, die von alters her Tratt und Weide gewesen war, dass zum anderen Bachächtin, wenn sein Gut besetzt werde, sein Vieh darauf treiben könne „und das niessen mit grasen und mit mägen [mähen] zu aller siner notdurft als ander tratt und waid ungevarlich".[9]

Das letzte Urteil in dieser Sache vom April 1406 berichtet, dass Bachächtin einige „wißflecken" in seinem Wald bei Dickenreishausen zur Mahd machen wollte,

---

[7] StiAMM 37/8, 9.8.1404.

[8] Der Inhaber des Hirtenstabs bestellte den Hirten und wachte über die Weide des Dorfs. In Unterholzgünz hatte dieses Recht der Inhaber des Maierhofs inne - ein Rest der Fronhofsverfassung: StiAMM 61/9, 15.9.1415; Franz Ludwig Baumann, Geschichte des Allgäus, Bd. 2, Kempten 1889, 639.

[9] StiAMM 37/8, 23.5.1405.

die Gemeinde ihm das aber nicht zugestand und ihr Vieh dahinein trieb, obwohl „das sein aigen gut wär". Dem „metzgen Josen Studlin" und den Bauern wirft er vor, weitere Wiesen eingezäunt zu haben „und auch waltmeder, dero recht gemain und ain gemain tratt sein sollten armen und reichen daselben". Stüdlin entgegnete, „was er und die egenant gebawrschaft ze Dickerißhusen durch gemains nutz willen getan hetten oder täten, das daz billich craft hett und das der Bachächtü vorgen[annnt] sy daran weder engen noch irren noch sy des gewenden möcht." Stüdlin teilte mit, dass er eine Wiese in dem Wald „mit der gebawrschaft gunst und willen" eingehegt habe. Das Gericht entschied, dass der Bauerschaft die eingezäunten Brühle und Öhmden „und Jos Stüdlin besunder by sine metzgen mad" im Wald, da er sie mit Zustimmung der Bauerschaft einhegte, belassen blieben. Erst wenn Bachächtin sein Gut besetze, könne er seinen Anteil an den Wiesen der Bauerschaft und Stüdlins resp. die Tratt und Weide in Anspruch nehmen.[10]

Nicht nur Bachächtin, sondern auch der als Kaufmann sich betätigende Stüdlin betrieb eine Metzgerei und benötigte Futter für sein aufgekauftes Vieh. Mit Bachächtin hatte sich ein Metzger offensichtlich allein zu dem Zweck in dem Dorf eingekauft die dortigen Wiesen, die zum guten Teil einen zweiten Schnitt (Öhmde und Brühle) zuließen, für seinen Futterbedarf zu nutzen. Durch die Sperrung von Teilen des Waldes, der Waldwiesen, sahen die sich Bauern in ihren Allmendrechten beeinträchtigt. Denn insgesamt wurde das Wiesenland ausgedehnt, wurden neue Wiesen angelegt und Waldwiesen, die bisher nur beweidet worden waren, gemäht. Auch bei den Bauern nahm die Viehhaltung zu. Eine wachsende Nachfrage nach tierischen Produkten führt zu einer Intensivierung der Graslandnutzung, vorangetrieben von bürgerlichen Gewerbetreibenden und den Bauern zugleich, weshalb es zu diesem Nutzungskonflikt kam.

Festgehalten sei: 1. In Allmendnutzung stehende Weideflächen behielten nach ihrer Umwandlung in Wiesen ihren Allmendcharakter, indem sie genossenschaftlich gemäht und die Mahd anteilsmäßig verteilt wurde; sie gingen nicht in Privatnutzung über. 2. Bachächtin konnte seinem Eigentumsanspruch dagegen nicht Geltung verschaffen. Das Besitzrecht war in der Verkaufsurkunde von 1394 derart beschrieben, dass Bachächtin an Stüdlin sein Halbteil abtrete „zu rechtem aigen und für recht aigen, mein recht und meinen thail, das ist [...]".[11] Der Erwerb von Herrschaftsrechten, wie Hirtenstab, zu *rechtem Eigen* berührte also nicht die herkömmlichen Allmendrechte. 3. Die Gemeinde vermochte (wohl unter Ausnutzung der Konkurrenz zwischen den beiden Ortsherren) das genossenschaftliche Entscheidungsrecht über die Nutzung der Allmendgründe als Maßstab der Rechtsprechung durchzusetzen. Selbst Stüdlin legitimierte seine Einhegung mit dem Konsens der Gemeinde; im Urteil ist seine Metzgerwiese ausdrücklich unter die Gemeindewiesen subsumiert. Das heißt, dass der Gemeindebeschluss Vorrang vor dem Willen des Ortsherrn hatte. Damit waren den bürgerlichen Nutzungsansprüchen an Allmendland

---

[10] StiAMM 37/8, 5.4.1406.
[11] StiAMM 36/2, 19.6.1394.

16

starke Fesseln angelegt. Eine private Nutzung in größerem Ausmaß war faktisch ausgeschlossen, solange die Gemeinde handlungsfähig war.

Bachächtin hatte seine Attacke auch mit unzureichenden Mitteln vorgetragen. Man weiß nicht, wann er die Dorfherrschaft über Dickenreishausen erworben hatte. Jedenfalls veräußerte er die Hälfte seiner Rechte wieder, bevor er den Versuch unternahm seine Stellung auszunutzen. Für Stüdlin war die Metzgerei wohl nur ein Teil seiner Geschäfte. Er hatte kein so hartnäckiges Interesse an der Aneignung des Wiesenlandes. Die kommerzielle Attacke aber zerfaserte, es war nicht genug Schubkraft dahinter.

Memminger Bürger hatten sich im 14. Jahrhundert nicht zuletzt aus Interesse an Waldungen und Wiesen in Dickenreishausen eingekauft. Dabei kursierten die Höfe und Grundstücke unter den Bürgern (und dem Unterhospital). So verkaufte 1364 Ruf der jung Godel, ein Memminger Bürger, dem Unterhospital seine zwei Güter in Dickenreishausen samt Zubehör, nämlich den Wald bei der Hetzlenburg, die Wiese und den Wald genannt Gailenwank sowie drei weitere Wiesen, die Lehen des Ritters von Eisenburg waren. 1379 verkauften die Erben des Memmingers Haintz Springer einem anderen Bürger, Haintz Häslin, ihr Gut in Dickenreishausen mit dem darauf ansässigen Leibeigenen und dem dazugehörigen Wald. Dieses Gut mit Wald wurde 1394 einem anderen Memminger weiterveräußert, wobei der Kaufpreis von 82 lb h auf 76 lb h gefallen war.[12]

Ausgekauft worden sind die Rechte und Güter der benachbarten Ritter von Eisenburg und des Klosters Rot, das seine sechs Höfe und sechs Gütlein 1400 an den Memminger Bürger Heinrich Kuntzelmann veräußerte. Nach und nach brachten

---

[12] StiAMM 36/2, 2.11.1364, 14.9.1379, 24.2.1394. - Weitere Belege für Verkäufe im Memminger Landgebiet zwischen 1350 und 1400 von Höfen mit Waldanteilen: StiAMM 76/10, 1357 o.D.; 33/2, 7.9.1392; von Wiesengrundstücken: 64/5, 22.7.1351; 128/1, 13.4.1368; 15/1, 19.3.1372; 128/1, 16.10.1385; 54/5, 6.4.1396; von Wald mit Wiese: 28/2, 28.6.1365; 33/2, 9.12.1400. In der Hälfte der Fälle wickelten Bürger die Geschäfte untereinander ab, sonst waren das Spital oder Bauern beteiligt, nur 1351 ein Adliger als Verkäufer. D.h. diese Liegenschaften waren Mitte des 14. Jahrhunderts bereits mobilisiert. Es heißt weiterhin, dass die Pest keine einschneidende Wirkung auf den bürgerlichen Güterkauf hatte und die Finanzschwäche der Feudalgewalten, vor allem des niederen Adels, vor der Pest nicht geringer war als danach. So auch Rolf Kießling, Die Stadt und ihr Land. Umlandpolitik, Bürgerbesitz und Wirtschaftsgefüge in Ostschwaben vom 14. bis ins 16. Jahrhundert, Köln-Wien 1989, 113 u. 355 in Bezug auf Nördlingen und Memmingen, der zur Erklärung die Kapitalkraft des Bürgertums anführt. Bei der Auswertung seiner Graphik muss aber ein Überlieferungsmangel in Rechnung gestellt und von einem stärkeren bürgerlichen Ankauf vor 1350 ausgegangen werden, da, wie gesagt, der bereits ausgekaufte Adel in den Urkunden der zweiten Hälfte des 14. Jahrhunderts gar nicht mehr erscheint. Zur Krisis des ritterschaftlichen Besitzes seit dem ausgehenden 13. Jahrhundert und zum Verhältnis dieser „Feudalkrisis" zur Agrarkrise Wilhelm Abel, Agrarkrisen und Agrarkonjunktur. Eine Geschichte der Land- und Ernährungswirtschaft Mitteleuropas seit dem hohen Mittelalter, 3. Aufl., Hamburg-Berlin 1978, 44-46.

dann die Stüdlin fast die ganze Ortschaft in ihren Besitz, bis sie diesen 1472 geschlossen dem Memminger Unterhospital übereigneten.[13]

Wie eingeengt bürgerliche Erwerbsmöglichkeiten bald waren, zeigt eine Begebenheit Mitte des 15. Jahrhunderts. 1457 klagte der Memminger Bürger Conrad Knod vor dem Stadtgericht gegen das Unterhospital. Sein Bruder Hans Knod in Steinheim wollte ihm seine „reutmad", die Lehen des Spitals war, verkaufen, um seine Schulden dadurch zu decken, was ihm aber verboten wurde. Der Spitalpfleger antwortete zur Begründung, „Hanns Knod were der dürftigen und spitals libaygen und sy beschlussen in mit tür und mit tor", daher „er nit gewalt het, das er das verkaufte gern, wiem er wölt". Wolle er sie verkaufen, müsse er sie dem Spital zurückgeben, „damit das es bey des spitals gütern und zu der genosschaft blib". Das Gericht erlegte Hans Knod den Nachweis „mit lüten oder briefen" auf, dass er seine Wiese frei veräußern durfte. Da er diesen nicht erbrachte, entschied das Gericht, dass die Wiese nicht verkauft werden durfte, „anderst denn das es in der genosschaft belyben sollte".[14]

Die Genossenschaft (nicht die der proportional im Erwerb Gleichgestellten) ist hier die Einheit der unter gleiches Herrschaftsrecht Gestellten. Bei der Rigidität des Herrschaftsrechts Leibeigenschaft wird diese zur Einheit der hermetischen Abgeschlossenheit. Es handelt sich um eine reaktionäre Wende, die eine Entwicklung der Besitzverhältnisse verhindern sollte, um die feudalen Eigentumsverhältnisse zu zementieren.

Interessant ist, dass das Unterspital das Verkaufsverbot nicht mit der Grundherrschaft, sondern mit der Leibherrschaft begründete. Die Grundherrschaft konnte ein Rückfallrecht an Liegenschaften, die von ihrem Besitzer aufgegeben wurden, hier offenbar nicht begründen. Es scheint, als ob erst die Leibherrschaft eine ausreichend starke Herrschaftsgewalt darstellte, die die Mobilität des Grundbesitzes zu stoppen in der Lage war. Die Grundherrschaft hatte demnach diese Kontrollmacht nicht, oder sie war ihr mit der Zeit verloren gegangen, weshalb das Eindringen bürgerlicher Anleger möglich geworden war. Die Lehenshoheit des Adels und der Klöster über den bürgerlichen Besitz erscheint in den Kaufbriefen als nur formell, faktisch wurden die Höfe, Grundstücke, Herrschaftsrechte frei gehandelt. Dieser eingeschlagene Weg des freien Grundbesitzhandels, von dem die Allmendareale erfasst worden waren, wurde nicht weitergegangen. Die Grundbesitzmobilität wurde zum Stillstand gebracht, um die Ressourcen der Ausbeutung der wiedererstarkten Feudalherrschaften zu unterwerfen.

Ursache dafür war die von Blickle dargestellte Konsolidierung der oberschwäbischen Klosterterritorien, die Schaffung einheitlicher Untertanenverbände

---

[13] Hans Eschenlohr, Von ehemaligen Memminger Wäldern, in: Memminger Geschichtsblätter 16 (1930), 10.

[14] StiAMM Fol.Bd. 47, fol. 8-9. - 1448 war der gesamte Besitz der Ritter von Eisenburg in Steinheim an das Unterhospital übergegangen, das damit Ortsherr war und zusammen mit weiteren Erwerbungen den allergrößten Teil des Grundeigentums hatte: Blickle, Memmingen, 214.

durch Unterwerfung der Bauern unter die Leibeigenschaft. Dieser Vorgang zwang auch die Städte zur Schaffung von Territorien, um ihre Unabhängigkeit und ihre Versorgung sicherzustellen, im Fall Memmingens gegen Ottobeuren und Kempten. Daher wurden die von Bürgern gehaltenen Feudalrechte dem vom Stadtrat kontrollierten Unterhospital übertragen.[15] Einschnitte in die einheitliche Feudalherrschaft des Spitals wurden, wie man sieht, auch in Kleinigkeiten verhindert.

Auffallend an dem Vorgang in Dickenreishausen ist, dass es mitten in der Wüstungsperiode zu einem Konflikt um die Grünlandnutzung kam. Sicherlich spielte dabei eine Rolle, dass gute Wiesen, das wichtigste Futterreservoir, allezeit rar gewesen sind. Darüber hinaus aber kann er als Anzeichen einer höheren Wertigkeit der Viehwirtschaft in dieser Periode, zumindestens in Stadtnähe, gelten.

Wüstung

Einem Urteilsbrief des Memminger Rats von 1425 ist die Angabe der Frau Anna von Uttenried, Priorin des Klosters St. Elisabeth in Memmingen, zu entnehmen: „Wie das si ain gute zů Bronnen hetten, das vor ziten ain dorfe gewesen und etwas ergangen und wüst gelegen sie".[16] Das an der Iller gelegene Dorf war im 14. Jahrhundert noch eine eigene Pfarrei gewesen[17] und hat seit dem Ende des 13. Jahrhunderts dem Elisabethkloster gehört, das es von den Herren von Kronburg und den Grafen von Landau erworben hatte. 1390 im Städtekrieg wurde Brunnen mit seiner Kirche von den Memmingern zerstört.[18]

Es wurde 1414 wieder mit drei Bauern aus dem benachbarten Westerhart auf sechs Jahre besetzt.[19] Sie verpflichteten sich 24 Jauchert Acker anzubauen, neun Malter Korngülten und 3 lb Heugeld zu geben.

> Und mag ach unser yeglich järlich in der ebenten zit sechs fuder holtz füren und hawen uß dem Tanschorren ane d[er] obgen[ann]ten frowen schaden und widersprechen. [...]
> Darzu sullen wir die wisen daselben baid[er] syt gemain mitainander niessen ohngenomen der vier tagwerck wißmades, die sie selb järlich hayment. Und züdem sullen wir ouch die owen da niessen, doch das wir kain holtz an das wasser geben sullen.

---

[15] Vgl. Peter Blickle, Zur Territorialpolitik der oberschwäbischen Reichsstädte, in: Erich Maschke/Jürgen Sydow (Hg.), Stadt und Umland, Stuttgart 1974, 54-71.

[16] StiAMM 74/3, 20.7.1425.

[17] Blickle, Memmingen, 206, Fn 139.

[18] Eschenlohr, Wälder, 15 f.

[19] „[...] bestanden und empfangen haben iren hof ze Prunnen gelegen mit allen nutzen, rechtu und zugehörden an acker, an wissen, an holtz, an veld ob erd und unter erde, besuchtz und unbesuchtz, nichtz ußgnomen [...]": StiAMM 75/1, 24.2.1414.

Man bemerkt in diesem knapp gefassten Text die besondere Rolle der Wald- und der Wiesennutzung in Brunnen.

1424 wurde das Gut an zwei andere Beständer verliehen, an die Brüder Hans und Conz Schiess, und zwar als Erblehen mit allen Nutzen und Rechten, nichts ausgenommen,[20] „deme allain des holtzes genant der Tanschorre", der mit Marksteinen gekennzeichnet war. Der umfangreiche und detaillierte Brieftext gibt für die Nutzung des dem Kloster reservierten Tannschoren (also eines Tannenwaldes) besondere Bestimmungen. Zunächst war es der Wunsch des Klosters, dass die Brüder Schiess in dem ehemaligen Dorf Huber ansiedelten, so viele sie wollten, wofür sie zum Bau von Häusern Zimmerholz im Tannschoren schlagen konnten. Ansonsten aber durften sie daraus „gar nichtzit hawen, nehmen, hingeben in kain wege ane geverde". Wenn die Schwestern „dehains jares holze uß dem vorgeschriben Tanschoren an das wasser geben oder verkoffen wölten", war den Brüdern Schiess ein Vorkaufsrecht eingeräumt. Im Übrigen aber mussten die Bauern dem Kloster „stege und wege untz an das wasser geben und lassen, doch zu rechten ziten als das von alter herkomen ist ane geuerde". Weiterhin sollte das Kloster „uff unser waide" jährlich im Sommer vier Rinder halten können.

Dem Elisabethkloster war also neben der Wiederbesiedlung des Dorfes zuvörderst an einer kommerziellen Nutzung des Tannschoren gelegen. Im übrigen hatte es das Gut verliehen mit allem, was dazu gehörte, „es sie an hofstetten, holz, holzmarken, veld, äckern, wisen, angern, garte, brülen, awen, werden, wunne, waid, tratte, egerden, gemainden, stegen, wegen, wasser, wasserlaitinen, besuchtem, unbesuchtem, funden, unfunden", und damit das Nutzungsrecht an der gesamten Gemarkung abgetreten, sofern Vorbehalte nicht ausdrücklich benannt wurden. Es musste sich daher das Recht der Wegenutzung zum Abtransport des Holzes an die Iller ausdrücklich ausbedingen.

Während der Zeit, in der der Ort Brunnen wüst gewesen war, hatten die Bauern der benachbarten Dörfer ihr Vieh dorthin auf die Weide getrieben. Nach der Neubesetzung suchte die Priorin des Elisabethklosters den Gemarkungsgrenzen wieder Geltung zu verschaffen. 1425 klagte sie vor dem Memminger Rat gegen die Bauern von Westerhart, die ein Weiderecht vor und nach dem Heuschnitt, „lenger denne yemant verdenken muge", reklamierten. Doch konnte die Priorin urkundlich Kirchensatz, Vogtei, Zwing und Bann nachweisen und infolgedessen die Weiderechte der Brunner bestätigt bekommen.[21]

1431 klagte das Elisabethkloster gegen das Memminger Spital „als irer armer lüten wegen zu Volknazhofen", dem anderen Nachbardorf, in gleicher Sache und erreichte die Festlegung der Trieb-und-Tratt-Grenze zwischen Volkratshofen und Brunnen.[22]

---

[20] StiAMM 75/1, 25.7.1424.
[21] StiAMM 74/3, 20.7.1425.
[22] StiAMM 74/3, 22.6.1431.

Im gleichen Jahr kam es zum Urteilsspruch des Memminger Stadtgerichts in einem Rechtsstreit zwischen dem Pfleger des Elisabethklosters

> als von desselben gotzhuses armer lüten wegen ze Brunnen, die och mit im vor gericht zegegen stunden uf ain, und Conrat Helbling, zu disen ziten amman zu Buchßhain, und Haintz Widenman und Herman Hirt daselben zu Buchßhain uf die andern sitten,

in dem es um die Nutzung aneinander stoßender Wiesen ging. Die Buxheimer wurden verpflichtet die Bannung der Brunner Wiesen zu beachten.[23]

Mit der Wiederbesiedlung der Wüstung mussten die Weidegrenzen gegen die Nachbardörfer wiederhergestellt werden. Wüste Einzelhöfe oder Fluren erfuhren einen Nutzungswandel von Acker zu Wiese, Weide oder Wald.

1351 verkaufte Friedrich von Rothenstein zu Woringen dem Memminger Bürgermeister Wernher von Kempten eine Wiese in Sontheim, genannt das Berigen Feld, „das wilent acker waren, und nu ain wis ist", wie ausdrücklich erwähnt wird.[24]

1428 gab es einen Rechtsstreit zwischen dem Unterspital und dem Memminger Bürger Diepolt Zwicker, der behauptete, einen gewissen Schönwald auf dem Gut zum Hetzels (später zum Wuchers genannt, bei Dietratsried) erworben zu haben, und der das Spital am Holzschlag dort hinderte. Die Pfleger ließen erwidern, „das das vorgeschriben gütlein zum Hetzels mit holtze und velde zu rechtem aigen an das vorgeschriben spitale erkouft worden sie, daruff ain holtze gewachsen sie, genant der Schönwalde." Der Hofmeister Hans Stetter habe diesen seit 22 Jahren für das Spital verwaltet, was dieser auch beeidete, woraufhin das Spital Recht bekam. Das Spital hatte 1365 von Hans der Ammann und Ruff der Müller von Dietratsried „unser gütly ze dem Hetzels gelegen, holtz un wismad, was wir da habent, mit allen nutzen und rechten [...] ze rechtem aigen un für recht aigen" erworben. Zu dieser Einöde hatte schon damals „vil holtz" gehört, wie das Spital im gleichen Jahr verlautete. 1428 war sie ganz mit Wald überwachsen.[25]

Soweit es um die Abgrenzung gegen Nachbarn zu tun war, gingen das Elisabethkloster und die Bauern in Brunnen konform. Das blieb nicht so. 1448 verklagte die Piorin die Bestände ihres Brunner Gutes, Hans Schiess und Hans Küchlin, wegen Entfremdung von Gütern und unerlaubtem Holzschlag.[26] Der Vorwurf der Entfremdung richtete sich gegen Küchlin, der aber behauptete die fragliche Wiese seinen Söhnen übertragen zu haben. Hinsichtlich des Holzschlags lautete die Klage,

---

[23] StiAMM 74/3, 3.11.1431.

[24] StiAMM 64/5, 22.7.1351. - Die Ritter von Rothenstein waren Inhaber zweier Burglehen der Herzöge von Österreich in Woringen: Blickle, Memmingen, 195.

[25] StiAMM 28/2, 28.6.1365; ebd., 8.1.1428; Hans Eschenlohr, Die Anfänge einer geordneten Forstwirtschaft im Hoheitsgebiet der freien Reichsstadt Memmingen, in: Forstwissenschaftliches Centralblatt 1921, 311.

[26] StiAMM 74/3, 30.5.1448.

Küchlin hätte Holz aus dem Tannschoren „uff märckt gefürt", und schon vor Jahren hätten Schiess und Küchlin viel Holz im Tannschoren geschlagen und verkauft und den Wald „so hart damit geödet". Küchlin versicherte, er habe nur Zimmerholz für seinen eigenen Bedarf verbraucht und im Tannschoren nicht mehr gerodet, als nach dem Leihebrief erlaubt sei. Vor Zeiten hätten sie 300 Scheite gemacht und verkauft, um Dachziegel für ein „hailigen hüslin" zu erwerben, das sie auf dem Gut gebaut haben. Sie hätten der Priorin 8 fl Schadensersatz angeboten.

Die Priorin wies dies aber zurück, da der Schaden ihrer Meinung nach 30 fl betrug. Auch lägen heute noch sieben geschlagene Bäume auf dem Boden. Die beiden Bauern antworteten, sie wollten diese Hölzer noch auf dem Gut verzimmern. Schließlich beklagte die Priorin, Schiess habe durch Ansengen ein Jungholz verbrannt, das mehr als 60 fl wert gewesen sei. Schiess gab vor, dass das Holz durch Flugfeuer verbrannt sei, doch sei er deswegen bereits „vertädingt" worden. Das Urteil lautete, Schiess müsse nachweisen, dass ein *Täding* geschehen sei. Die anderen Punkte wurden vertagt, bis eine Kundschaft erfolgt sei. Die Kundschaft stellte die Grenzen des Tannschoren fest und urteilte die Klagepunkte zugunsten der Bauern. Erfolglos appellierte die Priorin bei Bürgermeister und Rat von Memmingen gegen das Urteil.[27]

Worum ging es dem Elisabethkloster? Die Priorin beklagte sich darüber, dass die Bauern Herrschaftsrechte des Klosters ignorierten. Sie nahmen Besitzwechsel bei einer Wiese vor, ohne die Herrschaft zu fragen, sie schlugen Holz im Wald, wie sie wollten, und verkauften es gar. Wie den Leihebriefen zu entnehmen ist, legte das Kloster großen Wert auf sein Eigentum am Wald, der kommerziell genutzt werden sollte. Es hatte allerdings, selbst bei Eigentumsvorbehalt, den Bauern Allmendrechte einzuräumen, nämlich die Holznutzung zum Eigenbedarf. Herrschaftliches Eigentum war eingeschränkt, insoweit den Bauern die Selbstversorgung sichergestellt werden musste. Die Klage des Klosters scheiterte, weil die Rechtsgründe im Einzelnen nicht genügend fundiert waren.

Die Nutzungsabgrenzung gegen Nachbarn und gegen die eigenen Bauern setzte sich fort, wohl in dem Maße, wie die Nutzungsdichte zunahm und Kollisionen unvermeidlich wurden. 1462 stritten das Elisabethkloster und Kloster Ochsenhausen um die „Nunnen Aw" diesseits der Iller, die „Undre Aw" jenseits der Iller und etliche „griese" an der Iller bei Brunnen. Es wurde so entschieden, dass St. Elisabeth die Auen zugesprochen bekam, Ochsenhausen die Kiesgruben.[28]

1479 klagte die Priorin gegen ihre Brunner Bauern; nach der Teilung des Gutes im selben Jahr waren es jetzt vier.[29] Das Kloster beanspruchte ein Drittel einer Aue bei Brunnen, „daran engten und irten" es die Bauern. Diese antworteten, dem

---

[27] StiAMM Fol.Bd. 48, fol. 16-18, 4.11.1448; ebd., fol. 19-22; StiAMM 9/7, 11.11.1449. - Täding = Schiedsverfahren, vgl. Bader, Studien 3, 250; allgemein D. Werkmüller, Taiding, in: HRG 5, 113-114.

[28] StiAMM 74/3, 27.1.1462.

[29] StiAMM Fol.Bd. 48, fol. 30 f.

Kloster stehe nur ein Viertel zu „und och nit anderst, dann daz inen das von liebi und gütz willens und gar kains rechten wegen vergonst und gelaussen worden sye". Das Kloster konnte seinen Anspruch aber durch Zeugen untermauern.[30] Mit dieser gönnerhaften Formulierung behaupteten die Bauern ein Eigentum an der gesamten Aue, während sie dem Kloster nur eine gewohnheitsmäßige Nutzung einräumten.

Nach ihrer gerichtlichen Niederlage, und da sie sie wohl brauchten, mussten die Bauern im nächsten Jahr das dem Kloster zugesprochene Drittel der Aue für eine jährliche Gült von 30 ß h und drei Hühner auf zehn Jahre in Bestand nehmen:[31]

> Iren dryttaile recht und gerechtikait, als und wie wytt denne das jetzo undermarcket und ufgezaichnet ist, an der ow zu Brunnen gelegen, da deme die andern tail uns mit aigenschaft zugehören, also und in solichermäss, das wir dieselben iren drittaile recht und gerechtikait die obbestimbte zehen jär, und nit lenger, in guten eren unverendert innhaben, nutzen und niezzen, söllen und mugen.

Beachtlich an diesem Zitat ist die Unterscheidung von *Eigenschaft* und *Inhaben* sowie von *Recht und Gerechtigkeit* und *Nutzen und Nießen*. Es gibt also eine juristische Unterscheidung von Eigentum und Besitz sowie Definitionen derselben als rechtliche bzw. tatsächliche Herrschaft über eine Sache, Verfügungsgewalt einerseits und Nutzungsrecht andererseits, so dass hier eine Rezeption des römischen Rechts durch das Memminger Stadtgericht vorliegt.[32] Zwei Drittel der Aue gehören den Bauern als gemeinsames Eigentum; ein Drittel ist Eigentum des Klosters und kommt gegen eine Zinszahlung in den Besitz der Bauern. Die Unterscheidung von Allmende und Allmendrechten, d.h. von Gemeineigentum und gemeinschaftlichen Nutzungsrechten am herrschaftlichen Eigentum hat man hier dicht beieinander.

Wenig später kam es zu einer erheblichen Besitzverschlechterung der Bauern von Brunnen. 1503 verkauften Ulrich Schiess und seine Frau Anna Balzerin dem Elisabethkloster für 220 lb h ihren Halbteil an dem Hof in Brunnen, den sie vom Kloster zu Erbrecht hatten; ausgenommen des Grieses an der Iller, um das sie mit Hans v. Königsegg in Streit lagen und das sie, falls es ihnen zugesprochen würde, bis zu ihrem Tode nutzen dürften. Das Kloster verlieh im gleichen Zuge Schiess und seiner Frau diesen halben Anteil wieder auf Lebenszeit - ausgenommen das Holz, genannt die Hoffstatt. 1506 ließen sich auch Jörg und Christian Küchlin auf den Verkauf der Erbgerechtigkeit an ihrem Gut in Brunnen für 340 lb h an das Elisabethkloster ein und erhielten es auf Lebenszeit zurück - mit Ausnahme des Tannschoren, wie nochmals ausdrücklich vermerkt wird. Die Gülten stiegen von 2 Malter Roggen, 1 Malter Hafer und 16 ß h Heugeld ganz erheblich auf 6 ½ Malter

---

[30] StiAMM 74/3, 12.2.1479.
[31] StiAMM 75/1, 16.6.1480.
[32] Eine solche Gegenüberstellung findet sich nicht in der Paarformelsammlung bei Bader, Studien 3, 7-9.

Korn, 4 lb h Heugeld, 200 Eier und 6 Hühner. Sie wurden als Eigenleute bezeichnet.[33]

1508 ging es noch einmal um eine Illeraue, als Hans von Königsegg zu Aulendorf und Marstetten gegen die „purrschaft zu Brunnen", die dem Elisabethkloster „zugehören", klagte. Er „vermaint, das dieselb spennig ow, als ain zugehörd Maurstetten, sin aygenthumb were und sin sollte, und die von Brunnen dargegen irs fürgebens auch vermainten, das sie gemelte aw in besizung und bruch weren." Das Urteil erging dahin, „das dieselb vor und yezgemelt ow mit aller irer zugehord und dienstbarkeit mit holz, wunn, wayd, trib und tratt hinfüro den obgenanten von Brunnen" für einen jährlichen Zins von 2 lb 10 ß h, der dem Königsegg zu zahlen ist, „zugehoren" solle und sie denen von Mooshausen (auf der anderen Illerseite) den Trieb darüber gestatten mussten.[34] Das *Eigentum* des v. Königsegg wird also bestätigt, ebenso der *Besitz* der Brunner Bauerschaft, für den ein Zins festgelegt wird. Auch der Begriff der *Dienstbarkeit* (Servitut) als Nutzungsrecht auf fremdem Grund und Boden tritt hier auf. Ein Allmendrecht der Nachbargemeinde - die minimale Form desselben, das Übertriebsrecht - wird vorbehalten.

Schließlich kam es 1521 vor dem Memminger Stadtgericht zu einem Prozess zwischen Michel Löhlin von Brunnen und dem Elisabethkloster erneut wegen des Tannschoren.[35] Löhlin klagte unter Vorlage seines Bestandbriefes, dass das Kloster ihm Zimmerholz „nach notturft" zum Hausbau in Brunnen aus dem Tannschoren zu geben schuldig sei. Als er sich aber zur Vollendung seines Hauses Holz von den Pflegern ausbat, hatten sie ihm dieses zu schlagen nicht gestattet. Strittig war offenbar, in welchem Maß dieser Holzschlag gestattet sein sollte. Es wurde eine Kundschaft eingesetzt. Das Kloster verlangte an die Zeugen u.a. als Fragen zu richten: Wenn Holz geschlagen wurde, „wer inen dasselb erlaubt und geben hab, die frowen selbs oder ir pfleger oder holtzwart, oder wer es sonst gethan hab"? „Item ob inen dasselb holtz also auf ir gebett auß gnaden, oder auß gerechtigkait, oder umb gelt geben worden sey"? Die Antworten der acht Zeugen zeigen die Praxis der vorangegangenen Jahrzehnte.

Jörg Schwegler, 57 Jahre alt, aus Volkratshofen weiß, dass Benntz Schmid selig vor ungefähr 40 Jahren Holz zum Bau eines Hauses genommen hat:

> Item er zeig hab gehört, das Bennz Schmid gesagt, er hett das zimmerholz an die frawen oder ire pfleger erfordert, die hetten im dasselbig gespert und nit geben wollen, hett er es selbs gehauwen, ob dann auß kraft deß alten bestandbriefs oder auß gerechtigkait beschehen, sey im nit wissend.

---

[33] StiAMM Fol.Bd. 48, 30.1.1503, 16.3. u. 1.7.1506.

[34] StiAMM 74/3, 20.10.1508. Bei den häufigen Ausdrücken *Wunn und Weid, Trieb und Tratt* bedeuten *Weid* den Graswuchs und *Wunn* das Laub im Wald und an den Hecken, *Tratt* die Weide auf dem Acker- und Wiesengelände und *Trieb* die auf der Allmende: Baumann, Allgäu 2, 660.

[35] StiAMM 75/3, 1521. Im RP vom 11.1.1520 ist ein Streit des Elisabethklosters um Holzrechte zu Brunnen erwähnt: Kießling, Stadt, 288.

Christoffel Schmid, 70 Jahre, aus Volkratshofen hat von den Brunnern Hans und Klaus Küchlin vor Zeiten gehört, sie hätten „brief und sigl", dass die Schwestern Zimmerholz geben müssten.

Christoph Küchlin von Westerhart, 50 Jahre, gibt an, sein Vater Klaus Küchlin habe vor ungefähr 40 Jahren zu seinem Hausbau Holz bei den Klosterpflegern „mit güte erfordert, die haben aber ime dasselbig nit geben wollen", daraufhin habe er es im Tannschoren gehauen, „das were ime von niemand gespert worden". Der Zeuge hat auch gesehen, dass Bennz Schmid Holz im Tannschoren für drei oder vier Häuser und Stadel geschlagen hat, und Schmid habe gesagt, sie hätten „guot brief und sigel, das sie macht und gewaldt hetten, holtz zu hewsern nach aller notturft zu hawen".

Michel Küchlin dann, 72, Bürger zu Memmingen[36], berichtet, sein Vater Klaus Küchlin hätte vor 45 Jahren ungefähr 55 Sägbäume und des Weiteren Holzlatten für sein Haus geholt. „Sein vatter hab die frawen und ire pfleger umb sollich holtz ersucht und gepetten, darein haben sie sich weder verwilligt noch ime das gesperrt, sonder das beschehen lassen". Er habe „solches auß gerechtigkait laut deß bestandbriefs in dem Tannschorn gehauwen".

Auf das sibend antwurt zeug gar aigentlich und vleissig erfragt, er sey personnlich darbey und mit gewessen, namlich bey dem hauwen und hinfuren deß holtz, er hab die segbaum obbestimpt aus dem Tanschorn auf dem wasser gen Buchßhain an die segmulin gefurt, pretter darauß zu schneiden, nachgend dieselben pretter wider von der muli auf und zu der hofstatt deß haws gefurt, auch bey solchem baw vom anfangs biß zum end gewesen.

Nach den Plädoyers Löhlins und der Klosterpfleger urteilte das Gericht, dass die Pfleger nicht allein Zimmerholz, sondern auch Bretter, Latten und anderes nötiges Holz aus dem Tannschoren zu geben hätten.

Anlass des Prozesses war der Versuch des Klosters gewesen den bäuerlichen Holzeinschlag möglichst zu begrenzen. Schon seit mindestens vier Jahrzehnten, wie die Kundschaft offenbart, wurde die förmliche Zustimmung zum Holzschlag verweigert. Die Bauern hielten die Formalia des Ausbittens des ihnen zustehenden Holzes ein, während die Klosterpfleger den Respekt vor der Förmlichkeit der Prozedur in Verfall gerieten ließen, indem sie weder zustimmten noch der Verweigerung Nachdruck verliehen. Den Sinn dieser Haltung enthüllen die Fragen an die Zeugen: man beginnt an der (in der Frühen Neuzeit oft gehörten) Legende zu stricken, die Holzvergabe geschehe lediglich aus *Gnade* und sei daher letztlich in das Belieben der Herrschaft gestellt.

In Brunnen lassen sich die Interessenkollisionen wegen der Allmendnutzung, die aus der stufenweisen Nutzungsabgrenzung gegen die Nachbardörfer und zwischen den Herrschaftsparteien entstanden, über ein dreiviertel Jahrhundert verfolgen. Stellt

---

[36] Brunner Bauern bewirtschafteten auch Wiesen oder Äcker in der Memminger Stadtmark, so Hans Schiss 1450/51 und Utz Schieß 1521: Kießling, Stadt, 301.

man den Brunner Herrschaftskonflikt 1448-1521 gegen den vorgängigen Dicken-reishauser 1397-1406, so tritt eine veränderte Konstellation auf: nicht der wirtschaftlich engagierte Bürger, sondern die feudale Klosterherrschaft war es, die im Memminger Landgebiet um Holz- bzw. Viehfutterressourcen stritt. Bachächtin hatte Feudalrechte inklusive eines Hofes in Dickenreishausen erworben, nicht um den Hof bewirtschaften zu lassen, sondern als Einfallstor zur kommerziellen Nutzung der Wiesen. Differierend dazu übte das Elisabethkloster feudale Herrschaft über Brunnen aus, sein kommerzielles Interesse am Wald war kein anderes als das der Ottobeurer, Ochsenhausener oder anderer Klosterherrschaften. Dabei war das Elisabethkloster eine feudal verbrämte bürgerliche Institution, als Pfleger werden bereits 1424/25 und 1448 Mitglieder des Memminger Rats genannt[37], das Kloster war in korporativer bürgerlicher Verwaltung. Aber kennzeichnend war eben, dass die Reichsstadt das Landgebiet mittels feudaler Institutionen beherrschte.

Bachächtin war an der Stärke der Gemeinde gescheitert. Der bürgerliche Besitz insgesamt auf dem Lande scheiterte an gesamtgesellschaftlichen feudalen Zwängen, der Entstehung der Territorialstaatlichkeit, die den Bürgern nur die Alternative des Übertritts in den Landadel oder der Aufgabe ihres Besitzes ließen. Der interne Effekt im städtischen Einflussbereich war, dass die Herrschaftsgewalt an die Stelle der Geldmacht trat. Damit war die Produktion auf ihre traditionelle Form festgelegt. Produktivitätssteigerungen durch Herauslösen von Teilproduktionen aus Ackerbau und Viehzucht, etwa eine Spezialisierung auf Grünfuttererzeugung, die sich in Dickenreishausen andeutete, stießen auf die Vorbehalte der Grundherrschaft, die die Höfe als Ganze erhalten wissen wollte und jedem Hof seinen Allmendanteil zusicherte. In den Beziehungen zwischen Herrschaft und Bauern schälte sich etwas heraus, was man eine *feudal-genossenschaftliche Lösung* nennen könnte, ein Arrangement zwischen Feudalherrschaft und Genossenschaft hinsichtlich der verfügbaren Ressourcen der Allmende. In Rechtsstreitigkeiten wurde eine für beide Seiten verträgliche Interessenabgrenzung erreicht, nicht viel anders wie - oft im Streit - die Festlegung der Trieb-und-Tratt-Grenzen mit den Nachbardörfern und ihren Herrschaften. Diese unspektakuläre Entwicklung schuf in diesem Jahrhundert ein summa summarum allseitig auskömmliches Verhältnis.

Aus diesem Blickwinkel seien im Folgenden einige Vorgänge um die All-mende im 15. Jahrhundert betrachtet.

Einigung

Von einer gewissen Ungleichzeitigkeit bei der Ressourcenausbeutung innerhalb einer Region muss ausgegangen werden. Dörfer mit großem Waldareal boten großzügige-re Nutzungsmöglichkeiten als benachbarte mit geringen Beständen. Als der Ravens-

---

[37] StiAMM 75/1, 25.7.1424; ebd., 74/3, 20.7.1425 und 30.5.1448. Vgl. Blickle, Memmingen, 186 f., zum Unterspital ab 1365.

burger Bürger Rudolf Möttelin (wohl der wichtigste unter den Gründern der Großen Ravensburger Handelsgesellschaft[38]) 1417 das Dorf Woringen samt Gericht, Gülten und *Holzungen* dem Marschall von Pappenheim abkaufte, scheint er besonders den Wald im Auge gehabt zu haben. Er ließ sich vertraglich einen Zugang zur Iller zusichern: „Das holtz soll weg und steg han an die Ihler."[39] Um Memmingen herum werden im 15./16. Jahrhundert viele Bannhölzer erwähnt, aus denen man durch Bannung wertvolles Handels- und Floßholz zu erzielen suchte.[40]

In den fünfziger und sechziger Jahren des 15. Jahrhunderts ließ Rudolf Möttelin d. J. im Woringer Wald Einöden anlegen. 1452 bestand die Witwe Ursula Brestlin zu rechtem Erblehen die Einöde Frohnhart, die Möttelin ihr hatte ausmarken lassen. Sie zahlte die ersten sechs Jahre 6 lb h Memminger Währung, danach 12 lb h, und musste zwei Tage Dienst leisten, einen Tag mähen, einen schneiden. Sie konnte das Gut verkaufen, versetzen und damit tun und lassen, was sie wollte, jedoch hatte Möttelin ein Vorkaufsrecht zu einem Preis, den andere zahlen würden. Sie hatte Trieb und Tratt. Möttelin konnte, wenn er wollte, das zugehörige Holz verkaufen. Wenn das Holz geschlagen und weggeführt wäre, könnte sie den Boden nutzen und nießen. Möttelin konnte Weiher anlegen.[41] Möttelin hatte also vor, von dem Platz mehrfach zu profitieren: Holz zu schlagen und zu verkaufen, den Boden kultivieren zu lassen, um Gülten und Dienste einzuziehen, sowie Fischzucht.

Die Bauern erwarben auch Eigentum in der Einöde. Denn 1517 ist von einer zwei Tagwerk großen „aigen mad" die Rede, die die Gebrüder Michel und Hans die Fronharder, zu Fronhart gesessen, dem Hans Hornung von Hitzenhofen „bestandsweis hingelassen und verliehen" haben auf vier Jahre gegen eine Summe von 6 lb h.[42]

1456 wurde die Einöde Ober-Steinbühl eingerichtet mit zwei Beständern, Hans Scheberlin, einem Kemptener Gotteshauszinser, und Conrat Greßlin, Leibeigenem des Grafen von Montfort, zu ähnlichen Konditionen. Sie durften die durchfließende Buxach nutzen und nießen, wie sie wollten, jedoch ohne Schaden des Weihers, den Möttelin anlegen wollte. In den nächsten zwei Jahren durften die Bauern zwei Jauchert Wald schlagen. Das Übrige konnte Möttelin innerhalb von elf Jahren selbst abholzen, verleihen oder verkaufen. Den Boden konnten sie nutzen. Was nach elf Jahren noch stand, sollten sie „innhaben und niessen". Sie konnten Holz nach ihrer Notdurft schlagen.[43] Rücksichtslose Holzeinschläge waren geplant, an denen auch die Bauern beteiligt wurden. Die Weiher sind tatsächlich angelegt worden, wie aus späteren Bestandsbriefen hervorgeht.[44]

---

[38] Eirich, Patriziat, 247.
[39] Eschenlohr, Wälder, 11.
[40] Felix von Hornstein, Wald und Mensch. Theorie und Praxis der Waldgeschichte, untersucht und dargestellt am Beispiel des Alpenvorlandes Deutschlands, Österreichs und der Schweiz, Ravensburg 1958, 157.
[41] StiAMM 82/6, 23.-26.2.1452.
[42] StiAMM 76/8, 22.10.1517.
[43] StiAMM 82/1, 24.7.1456.
[44] Vgl. StiAMM Fol.Bd. 51.

Zehn Jahre später wurden drei weitere Einöden vergeben, Illerbeurersteig, Molzen und Enzers,[45] wobei allein das Interesse an den Gülten - 9 bzw. 16 lb h, sechs Hühner, 100 Eier, eine Henne und zwei Diensttage - das Motiv war, vom Wald ist keine Rede. Zu Enzers heißt es, es werde aus dem Woringer Trieb-und-Tratt-Bezirk ausgeschieden, und zwar so, dass die Woringer Wiesen in der Nutzung des Dorfes blieben. Die Bestimmung zeigt, dass der Raum eng wurde. Der Bestandsbrief enthält eine interessante Ausführung zum Wasser:[46]

> Wir mügen ouch das wasser der Buchßach und die andern bächlin, so darin gand darneben, zu dem obgenannten guoten pruchen zü wässern und anderm, wie wir dez darzu notdurftig werden ungevärlich, wir, unser erben und nachkommen, mugen ouch in dem gemelten wasser vischen, deßglichen der obgenannt unser herr der Möttelin und sin erben ouch in masse alz vor.

Eine der wenigen Bestimmungen, die Bauern ausdrücklich Fischrechte geben.

Insgesamt zeigt sich bei der Anlage der Einöden ein Überschuss an Wald, Wiese und Wasser, der kommerziell erschlossen wurde, wobei aber auch den Bauern, für ihre Verhältnisse, großzügige Verwertungsmöglichkeiten dieses Reservoirs eingeräumt wurden. Möttelin erscheint als ein Grundherr wie andere auch, der Gülten und gemessene Dienste einzog, aber auch als einer, der Wald- und Wasservorkommen zum Holzverkauf im großen Stil und zu geschäftsmäßiger Fischzucht zu nutzen wusste.

1516 erwarb die Stadt Memmingen das Dorf Woringen von den Möttelin-Erben und verkaufte es 1547 an ihr Unterhospital weiter - jedoch mit Ausnahme der Holzmarken und Weiher, die bei der Stadt blieben. Die Woringer Wälder waren immer noch beträchtlich, eine Vermessung Mitte des 16. Jahrhunderts ergab 950 Jauchert.[47] Doch nicht mehr Profit, sondern Selbstversorgung der Stadt war jetzt das Motiv des Erwerbs von Waldbesitz.

Dass bäuerlicher Holzverkauf nicht unüblich war, zeigt ein Vergleichsbrief für Hans Kaiser im Weiler Priemen (oder Fischers), den er gemeinsam mit seinen vier Söhnen bewirtschaftete. Das Unterhospital verklagte ihn 1475 wegen ausstehender Gült und, weil er das Gut nicht so gehalten habe, wie es der Bestandsbrief verlangte. Sie hatten ein Haus abgebrochen, eine Marktanne umgehauen, „öch das holtz, das zu demselben gut gehört, wyter und mer undertriben, dann sie ze tun macht gehept haben".[48] Das Unterhospital wollte Kaiser des Gutes entsetzen. Das Memminger Gericht bewog beide jedoch zu einem Vergleich durch Schiedsleute, die auf sofortiger Bezahlung der Gült, Neubau des Hauses in Jahresfrist, Setzen eines Marksteins entschieden sowie, dass die Kaisers in dem Wald

---

[45] StiAMM 82/8, 10.11. und 17.11.1466; 82/3, 24.11.1466.
[46] Ebd. 82/8, 17.11.1466.
[47] Eschenlohr, Wälder, 11 f.
[48] StiAMM 77/4, 22.6.1475.

wol mügen holtz höwen und nehmen, sovil si uff dem obgeschriben hof und gut zum Vischers zu zimern, brennen und zünen bedürfen. Und öch järlich und ains yeden jars besonder vierzehen kläfter schyter darzu, [...] und dieselben schyter in der statt Memmingen und sunst niendert verköffen.

14 Klafter entsprechen der Menge, die das Unterhospital zu dieser Zeit in anderen Dörfern den Bauern zum Eigenbedarf zuwies.[49] Die gleiche Menge konnte Kaiser zusätzlich verkaufen, womit sich Memmingen eine Versorgungsquelle sicherte. Zum Vergleich: Der Leihebrief für Hans Kaiser von 1451 hatte der Unterspital-Herrschaft eingeräumt, zwei Fuder Holz zu schlagen *ohne alles Widersprechen*.[50]

Dieser Leihebrief zeigt wiederum die Bestimmung, dass der Grundherr[51] das gesamte Areal mit allem Zubehör an *Äckern, Wiesen, Holz, Wasser, Weide, Tratt* und in diesem Fall auch an *Fischenzen* abtrat. Herrschaftliche Nutzungen, also die zwei Fuder Holz und der *unentgeltliche* Auftrieb zweier Rinder, mussten ausdrücklich vermerkt werden. Über das hinaus, was festgelegt war, hatte der Grundherr keine Nutzungsmöglichkeit mehr. Da über den Holzeinschlag nichts bemerkt ist (etwa eine Klausel *nach Notdurft*), konnten die Kaisers den Wald ebenso wirtschaftlich nutzen wie Acker, Wiese und Weide. Doch behielt der Grundherr eine Aufsicht. Wenn das Zubehör des Gutes, sei es an Gebäuden, sei es an Waldbestand oder anderem, geschädigt und der Wert des Gutes, in Rücksicht auf eine spätere Weiterverleihung, gemindert würde, konnte er einschreiten. Diese Grenze war der Holznutzung der Bauern gesetzt, wobei das konkrete Maß im gegebenen Falle zu bestimmen war.

Zur gleichen Zeit begannen an anderer Stelle Konflikte zwischen Herrschaft und Gemeinde um Allmendweide und -wald. Hans Besserer, Memminger Bürger und Herr von Boos[52], geriet mit der „ganzen baurschaft" von Boos in Streitigkeiten um einen zugewachsenen Weiher, von dem beide Teile behaupteten, dass er ihnen allein gehöre, und um den Wald genannt Gerthardt, dem Besserer etliches Holz entnommen hatte, wozu ihm die Bauerschaft das Recht absprach, da der Wald der Gemeinde gehöre. Die Parteien wurden 1470 durch den Schiedsspruch dreier Memminger Bürger verglichen.[53]

Der Weiher sollte „zu ewigen zeiten" der „ganzen gmaindt zu Booß" gehören, den sie mit ihrem Vieh „nach aller ihrer nothurft" nutzen könnte. Jedoch hatte die Gemeinde Besserer einen jährlichen Zins von 2 lb h zu geben und sie durfte keinen wässerigen Weiher aus dem verwachsenen machen. Was aber sonst des Weihers halber von der Gemeinde „mit dem mehrern" beschlossen werde, sollte in Anwesenheit des herrschaftlichen Ammanns von Boos geschehen.

---

[49] Eschenlohr, Wälder, 17.
[50] StiAMM 77/1, 31.10.1451.
[51] 1451 der Memminger Bürger Hans Tettenhuser, 1459 erwarb das Spital das Gut: Blickle, Memmingen, 206.
[52] Vgl. Blickle, Memmingen, 335.
[53] HStAM KL Memmingen Kreuzherren 1, fol. 71-75.

Aus dem Gerthardt sollte Besserer kein Holz mehr nehmen oder verkaufen, sondern er sollte „ewiglich" der ganzen Gemeinde Boos gehören. Nur wenn die Herrschaft in Boos haushäblich werden würde, könnte sie Holz zum Eigenbedarf dem Gerthardt entnehmen. Wenn die Vierer des Dorfs Holz aus dem Gerthardt der Gemeinde austeilten, sollte immer der herrschaftliche Ammann hinzugezogen werden und dem Bauern, Seldner und Huber sein rechtmäßiger Anteil gegeben werden. Die Gemeinde durfte ohne herrschaftliche Zustimmung kein Holz aus dem Gerthardt verkaufen.

Anlass des Streits waren Eingriffe Besserers in Weide- und Holznutzungsgewohnheiten der Gemeinde gewesen, die abgewehrt wurden. Der Schiedsspruch legte nun die Eigentums- und Nutzungsverhältnisse fest. Am Weiher erhielten die Bauern ein Weiderecht auf Dauer zuerkannt, sie mussten jedoch einen Zins als Anerkenntnis des herrschaftlichen Eigentums entrichten. Dagegen wurde der Wald als Gemeindewald bestätigt, die Holzzuteilung lag in Händen der Gemeindeorgane, aber es wurde ein herrschaftliches Aufsichtsrecht festgeschrieben. Diese Bestimmung erscheint unverdächtig, aber nicht selbstverständlich, denn lange Zeit war es ohne dem gegangen. Die Nutzung wurde aber auf den Hausbedarf beschränkt, eine kommerzielle Verwertung ausgeschlossen, für die Herrschaft, aber auch für die Gemeinde, deren Eigentum der Wald war. Es begann die Dekommerzialisierung des Gemeindewaldes.[54]

Dieser Konflikt - es ist die Rede von Streitigkeiten in Worten und Werken - ließ sich durch einen Kompromiß lösen. Aber es zeigen sich Anzeichen der heraufziehenden Krise.

Versucht man einen Gesamteindruck hinsichtlich der Allmenden für das 15. Jahrhundert zu formulieren, muss man von einem ausreichenden Reservoir an Wald und Weide sprechen, allerdings lokal unterschiedlich. Die Grundherren nutzten den Wald planmäßig, ob in beschränkterem Maße bei einem kleineren Wald wie dem Tannschoren oder in großem Stil mit erheblichen Einschlägen wie in den Woringer Waldungen. Die Bauern waren, wo ausreichende Waldbestände vorhanden waren, am Holzgeschäft beteiligt. Nun fanden im Laufe des Jahrhunderts Zustände, dass große Strecken Wald- und Wiesenlandes öd lagen, ein Ende. Die Situation veränderte sich überall in dem Augenblick, in dem Nutzungsinteressen konkurrierten.

Damit soll nichts über einen Holzmangel ausgesagt werden, den Radkau noch für das 18. Jahrhundert bestreitet.[55] Für das Spätmittelalter ist das schwer zu beurteilen. Örtlich ist es zu einem echten Holzmangel gekommen, wie noch zu sehen sein wird. Insgesamt jedoch, da ist Radkau unbedingt Recht zu geben, handelt es

---

[54] Es gab um Boos reichlich Buchenholzungen. 1554 wurde der Ohrwang, ein großer Buchenwald, für 7000 Gulden gegen Stockräumung an die Stadt Ulm verkauft. „Nach dem damaligen Geldwert war dieser Abtrieb ungeheuer": Hornstein, Wald und Mensch, 158.

[55] Joachim Radkau, Holzverknappung und Krisenbewußtsein im 18. Jahrhundert, in: GG 9 (1983), 515 f.

sich nicht vorrangig um ein Ressourcen-, sondern um ein Verwertungsproblem. Ressourcenknappheit verhindert Ökonomie nicht, sondern stellt zu allen Zeiten eine stetige Bedingung es Wirtschaftens dar (ökonomisch im Sinne von sparsam).

Wo der Überfluss ein Ende hatte, wo Nutzungen aneinander stießen, wurden Abgrenzungen nötig, und diese scheinen im 15. Jahrhundert ohne überwältigende Probleme machbar gewesen zu sein. Die Grundherren reservierten sich Bannwälder (Tannschoren, Woringer Wald), die Bauern wurden zu einem sparsamen Umgang mit den verbliebenen Gemeindewäldern genötigt. Mit der Zeit schied der Bauer als Holzverkäufer aus, er wurde auf die Holznutzung zum Eigenbedarf beschränkt.

Grasland wurde zunehmend erschlossen, gute Areale in Wiesen umgewandelt, entlegene Waldwiesen abgemäht, die Trieb-und-Tratt-Bezirke gegeneinander abgegrenzt. Es war eine bäuerliche Viehwirtschaft, aber die Grundherrschaft versäumte es nicht, sich den Auftrieb von zwei oder drei Rindern im Bestandbrief einräumen zu lassen.

Das Korsett geschlossener Grundherrschaften und Gemeinden wurde immer enger, die Verteilungsmasse immer geringer, der Abgrenzungs- und Regelungsbedarf immer höher, die Nutzungs- und Verwertungsinteressen kollidierten immer stärker. Wenn die Wirtschaft weiter expandierte, jedoch die gegenseitigen Restriktionen benachbarter Territorien und zwischen Herrschaft und Bauern zunahmen, Anteile am Sozialprodukt über Einschränkungen des Markts gesichert wurden, musste es zur Krise kommen. Zu einer Verteilungskrise, die sich entsprechend den zunehmenden seigneuralen Verkrustungen als antifeudale Krise entlud.

Krise

Gegen Ende des 15. Jahrhunderts tritt im Memminger Gebiet eine neue Quellengattung auf, die der Ordnungen, Gebote und Verbote - allerlei Regelungen, aufgeschrieben in sog. *Denkbüchern*. Die zunehmende Schriftlichkeit hatte offensichtlich den Grund, dass man viel mehr Dinge, die sich bisher herkömmlich gestalteten, geregelt haben wollte, aber auch regeln musste, da neue Umstände es erforderten. Man schrieb jetzt alles - oder doch vieles - auf, um einen Überblick über die Verhältnisse zu bekommen und um besser in das dörfliche Leben hineinregieren zu können. Zunehmende Verwaltungstätigkeit verfolgte den Zweck rationeller Ausnutzung der vorhandenen Ressourcen. Man notierte auf einmal, welche Organe in welcher Gemeinde gewählt wurden, auch mit wem sie in welchem Jahr besetzt wurden und welche Eide geschworen werden mussten, in denen die Verpflichtung auf die Obrigkeit ihren Platz bekam.

Man sieht diesen Ordnungen, die es auszuwerten gilt, ihren kritischen Charakter auf den ersten Blick nicht an. Sie notierten Gewohntes, Herkömmliches und (das hat die Einschätzung der Weistümer so schwierig gemacht) fügten herrschaftliche Prärogative ein. Sie sind Dokumente eines sich verstärkenden Aufsichts- und Eingriffsgebarens der Obrigkeiten in Regelungen, die bisher von den Gemeinden autonom getroffen worden waren. Auf Details ist zu achten und auf den Ton und darauf, ob sich eine Entwicklung feststellen lässt. (Daher folgt die Darstellung der Chronologie.)

Das Denkbuch des Unterhospitals, angelegt 1466, notiert für den 11. November 1487: „hant amman und gantzen gemain von Stainhaim ain bader gedinget".[56] Wir erfahren die Modalitäten: Der Bader soll als jährlichen Lohn von jedem Mann ein Viertel Roggen erhalten, für jede Frau, Kind, Knecht und Magd ein Viertel Hafer, dazu für das Bart scheren eine „schergarb". Sodann soll jeder Bauer eine Fahrt ins Holz für ihn tun. Wer eine offene Hochzeit feiern wolle, auf die eingeladen wird, soll dem Bader 5 ß h geben, „darvon sol im der bader baden und wer im da zü lieb kompt" (also die Gäste). Es soll „der bader bad hann, wan eß der gemain allerfügklichest ist und auch lantz läuflich". Es soll 40 oder 50 Kübel bereithalten. Außerdem wird bestimmt: „Item so wiert der bader der herrschaft geben von der erhäftin der badstuben funfzechen schilling heller und zway hiener". Diese Abgabe war nicht unproblematisch (wie man noch sehen wird).

Anlass für das herrschaftliche Interesse an der Angelegenheit war anscheinend, dass sich die Gemeinde beim Spital für den Bau der Badstube 40 lb h geliehen hatte und Gerichtsammann, Vierer und ganze Gemeinde sich verpflichteten jährlich 2 lb h Zinsen zu geben, bis sie das Kapital abgelöst hätten.[57]

In dieser Zeit ist das herrschaftliche Bestreben, stärker den Holzverkauf der Bauern einzuschränken. Beispielsweise ließen die Vöhlin in den Bestandbrief für Ulrich Samer und Elisabetha Lougingerin im Weiler Arlesried, zu dem auch eine Holzmark gehörte, hineinschreiben, sie gestatteten ihm Holz „us unsern wäldern" zu nehmen „zu siner aigen notturft" zum Brennen, Zäunen und Zimmern, „ouch drei clauffter scheytter und nitt mer ungeuärlichs holtzs, weder das besst noch das ringest, gen marckt zufieren", wie ihm das von ihren Amtleuten oder Holzwarten gezeigt würde.[58]

Für 1492 verzeichnet das Denkbuch des Unterspitals eine Gemeindeholzordnung für Dickenreishausen:[59]

> Ist die herrschaft und aman und die vier des dorf Dickerlishussen ains worden von bessers nutz wegen und hannd ain ordnung gemacht von der gemeiner heltzer wegen, so sy hannd, und ist das die mainung, das sy den holzen schoren gantz hayen und nütz darin hauent, ist in verbotten an 3 lb h one erlaupnuss ainer oberkait, da hiet sich ain jeder, wan man will das gelt nehmen one gnad.

Es ist eine gemeinsam von Herrschaft und Gemeindeorganen beschlossene Ordnung zum *besseren Nutzen*, und man entscheidet einen Gemeindewald zu hegen, ein Bußgeld wird festgelegt. Beachtenswert sind die letzten beiden Bemerkungen: danach

---

[56] StiAMM Fol.Bd. 56 a, fol. 69-71.
[57] StiAMM 61/1, 1487.
[58] StiAMM 58/3, 10.11.1490; vgl. Blickle, Memmingen, 190 f.
[59] StiAMM Fol.Bd. 56 a, fol. 43-45.

scheint sich die Obrigkeit allein die Erlaubnis zu reservieren, wann die Hegung aufgehoben wird; und seltsam sind die drohenden Worte am Schluss.

Die anderen Waldstücke wurden freigegeben, „also das ain jeder darin hawen sol und sich darmit behelfen". Das Jungholz wurde geschützt. Jeder sollte die Scheite nach einem einheitlichen Maß machen, das man ihnen noch angeben werde, ebenso wie die Größe der Klafter. Die Scheite sollten bis Ende Mai gemacht sein, und wer bis dahin seine Zahl nicht fertig hätte, sollte keine mehr machen dürfen. Keiner sollte seine Scheite heimführen, „bis der hoffmaister oder die amptlüt das besuchent". Danach sollten die Scheite innerhalb von vier Wochen nach Hause gebracht werden, und wenn das nicht geschah,

> so ist das die büs, das der hoffmaister sol sin wägen darnach schicken und das holtz haim in das gotzhus fieren, und komet, der da ist, der sol gar nütz darwider reden, und das alles sol gehalten werden und verbotten sin, wie dan ob stant geschriben.

Eine gewisse Ordnung in den Holzschlag zu bringen, wird wohl notwendig gewesen sein. Doch das Kloster riss die Ordnungstätigkeit an sich und legte sie in die Hände seiner Amtsleute. Die Art der Buße für die Nichteinhaltung der Frist ist allerdings unverhältnismäßig und verrät die nicht ausgesprochene Begehrlichkeit.

Weiter wurde bestimmt, das „in der gemain" geschlagene Holz aufzuschichten, damit das Vieh dort weiden könne. Wer das unterließ, so dass das Vieh durch Äste und anderes Holz Schaden nahm, den sollten Ammann und Vierer der Herrschaft melden, die ihn bestrafen würde. „In allen gemainden, so dan das dorf hant", sollte es „jederman im dorf erlaupt sin" Holz zu lesen, ohne jedoch grünes abzuschlagen.

> Item das holtz, das dan uff der gemaind gemachet wurt, es sy gelessen oder sunst da gemachet, das soll uff den güttern verbrennt werden und nit gen märck gefiert werden, wan aber ainer es gen marckt fiertin, den soll man darumm straffen nach gestalt der sach.

Die Ordnung hat einen deutlich obrigkeitlichen Ton. In der Sache nahm sie offenbar notwendige Regelungen vor. Gemeindliche Rechte scheinen nicht verletzt worden zu sein. Zwei Einfallstore für herrschaftliche Eingriffe werden sichtbar: Zum einen die Aufsicht durch die Amtleute, die außer der Betonung des Obrigkeitlichen zunächst nichts bewirkte, was die Vierer nicht selbst regeln konnten, die aber die Voraussetzung für das Zweite war. Ein materieller Vorteil erwuchs der Herrschaft nur über die Bußen, und man war wohl entschlossen da durchzugreifen - *ohne Gnade*; diese mehrfach gebrauchten Worte sind deutlich genug. Üblich in Weistümern und Dorfordnungen war die genaue und abgestufte Festlegung der Geldbußen. Die Herrschaft ließ es hier an mehreren Stellen offen, wie hoch sie zu strafen beliebe. Anscheinend sind dies die neu erlassenen Bestimmungen, die nicht herkömmlich waren: die Holzabfuhr bei Fristversäumnis, die Strafe bei eventueller Schädigung des Viehs und die Bestrafung des Holzverkaufs. Bei diesen neu erlassenen, nicht den herkömmlichen gemeindlichen Selbstregulierungen entsprechenden Bestimmungen waren Reibereien vorprogrammiert.

1498 fand sich der Hofmeister des Unterhospitals auf einer Gemeindeversammlung in Steinheim ein, in der das Holz zur Diskussion stand:[60] „hant ain herrschaft mit ain gemaind und aman und fierer des dorf Stainhaim ain furnemen getann", ob es besser sei, Holz aus den „gemainden und heltzer der gemaind" weiterhin in die Stadt oder anderswohin zu bringen, oder ob man es nur im Dorf zum Verbrennen in den Häusern brauchen sollte. Jeder ist auf seinen Eid befragt worden. „Also ist der aman mit samt den fierer und gantze gemaind ainhelklich ains worden", es besser beim Dorf und den Häusern zu lassen. „Uff söllichs so hant ain aman und fier des dorf verboten und verbiet jetz an 3 lb h, das niemend kain holtz verfier dan zu den herbergen". Als weitere Bestimmungen wurden getroffen, dass keine Tanne im Gemeindewald ohne Erlaubnis geschlagen werden und dass niemand Hag- und Zaunholz wegführen sollte.

Eine Gemeinde nach der anderen verzichtete darauf Holz von ihrer Allmende weiterhin zu verkaufen. Wenn hier ausdrücklich Brenn- und Zaunholz einbezogen wurde, war es das Zeichen einer bereits prekären Versorgungslage.

Die Prozedur in Steinheim unterscheidet sich jedoch gründlich von der Dickenreishausener. Zunächst die Beschlussfassung: Der Hofmeister war anwesend und nahm an der Beratung teil. Den Beschluss fassten jedoch die drei Gemeindeorgane, Ammann, Vierer und Gemeindeversammlung. Danach verkündeten Ammann und Vierer das Verbot und nannten die Buße. Die Vierer übten die Aufsicht aus, der Ammann die Gerichtsbarkeit. Die genaue Wiedergabe der Prozedur hatte den Sinn die Kompetenzen im Rechtsakt festzuschreiben. Die unterspitalische Herrschaft stand hier viel mehr außen vor, die Gerichtsautonomie der Steinheimer Gemeinde war vollkommener.

Rund um Memmingen bestand ein Freier Pirsch-Bezirk, Booser Hart genannt[61], einer von mehreren in Schwaben, die erst 1802 aufgehoben wurden. Jagdberechtigt waren alle in diesem Bezirk Wohnenden, und zwar ohne Unterschied, also auch gemeine Bürger und Bauern.[62] Ins Licht der Geschichte (und der wissenschaftlichen Diskussion über seine Ursprünge[63]) tritt die Memminger Freie Pirsch erst durch

---

[60] StiAMM Fol.Bd. 56 a, fol. 153.

[61] „Der Hart" ist nach Hornstein, Wald und Mensch, 111, ein Rechtsbegriff, der das Recht gemeinsamer Nutzung durch die Hartgenossen ausdrückt. Harte finden sich in frühbesiedelten Gebieten, fehlen in Gebieten der späten Siedlung.

[62] Ludwig Mayr, Die freie Birsch von Memmingen, gen. Booser Hart, in: Memminger Geschichtsblätter 3 (1914), 37. - In der Bottwarer Freipürsch waren 1554/60 drei Adelssitze und sieben Dorfgemeinden pürschberechtigt. Die gemeinen Bürger Rottweils waren in der Rottweiler Freien Pürsch jagd- und fischberechtigt, den Einwohnern Ehingens war Ende des 15. Jahrhunderts die Jagdausübung in der Pürsch an der Donau gestattet: Rudolf Kieß, Zur Frage der Freien Pürsch, in: ZWLG 22 (1963), 60 f., 65 f., 76.

[63] Siehe Blickle, Memmingen, 256 f. u. Kartenbeilage 4.

einen Urteilsspruch Kaiser Maximilians von 1489, mit dem Versuche des Herzogs von Bayern, eine Hoheit über den Pirschbezirk zu erlangen, zurückgewiesen wurden, da er „uon alter her nye kain vorst, sonder albegen eine freye pierß" gewesen sei.[64] Fortan reklamierte der Kaiser die forstliche Obrigkeit über den Booser Hart für sich.

Der Obrist-Jägermeister der kaiserlichen Markgrafschaft Burgau entdeckte nun, dass „die pawrn" Memmingens im Booser Hart „jagen, hetzen und schiessen". Ein bevollmächtigter Anwalt der Bürgerschaft wurde für den 4. Mai 1500 vor die kaiserlichen Räte nach Augsburg befohlen.[65] Infolgedessen trafen sich noch im gleichen Jahr die anrainenden Obrigkeiten um eine Jagdordnung zu beschließen.

Sie gedachten dabei ihrer „Armen lewt vnnd hindersessen[,] So Inen vnd Iren Gotzhewsern gericht vnnd voper sein", dass nämlich die[66]

> arme lewt vnnd hindersassen sollen Irer samsal vnnd Vbung des Waidwerckshalb nie In abfall vnnd armut kumen[,] aller Jarlich Ire Gulten zu Jeder gepurlicher Zeit dester stattlicher richten vnd by Iren Innhabennden guttern Beleiben mugen.

Daher beschlossen sie,

> das niemannd der Irn[,] weder gerichtslewt hindersassen noch der ald die[,] So Inen oder den Irenn zuersprechen stehen[,] vff Obuermelltem Bosserhard gar kain Waidwerck tryben noch vben sollen dann allain vßgenomen Voglen mit dem Kloben vnnd Krambar Oder der glich Vogel mit dem netz, die mag man am Selben Ennd wol vahenn. Doch so mogen die obuermellten Herrschafften desgleichen die von Memmingen vnangesehen sollicher Veraynugung daselbs zu zimblichen Zeiten wol Jagen vnd sunst mit dem Waidwerck nit annderst[,] dann Obstat[,] kurtzwyl haben für Ains.

Niemand der Ihren, also die Bauern, sollte mit der Büchse pirschen noch auf Rebhühner oder Wachteln gehen. Jeder „gepuwrsmann" sollte den andern, den er beim Jagen ertappte, anzeigen. Er erhielt dafür die Hälfte der Buße, die auf vier Gulden bemessen wurde, die andere Hälfte die Herrschaft des Übertreters.

Kaiser Maximilian bestätigte 1502 den Anrainern die Befugnis eine Jagdordnung zu beschließen, denn das Gebiet sei „bißher ain freyer vnd gemainer pursch gewesen, vnd deshalben das waidwerckh darum durch vnordnung vnnd mißbrauch gantz In abnemen gelait vnd gestelt sein soll".[67]

Kurz darauf trafen sich die Anrainer zu einer neuen Pirschkonferenz, auf der die Jagdverbote konkretisiert wurden:[68]

> Zu dem so soll kain vnnser gepuwr, oder Hinderseß[,] dem oder denen wir zebieten vnnd zu verbieten haben, weder Buchssen noch armprost, vff dem Bosserhard mit Im tragen noch bey Im finden lassen. [...] Auch soll kain

---

[64] StiAMM 84/1, 16.6.1489; vgl. Blickle, Memmingen, 256, Anm. 443.

[65] StaAMM 372/1, 15.4.1500.

[66] Zit. nach dem Druck StaBMM 15,118, Anhang Nr. 1.

[67] StaBMM 15,118, Anhang Nr. 2.

[68] Ebd., Nr. 3.

gepawr oder hinderseß Ainichen hund mit Inen vffs Bosserhard füren oder komen lassen dann mit angehencktem Brigel.

Übertreter wollte die jeweilige Herrschaft „one alle gnad an leyb oder an gut, Oder ob die getat so verächtlich vnnd mutwillig wer, am leben straufflich ansehen." Für ihre eigene Jagd vereinbarten die Beteiligten Schonzeiten.

Die Verbote hatten offenkundig eine geringe Wirkung und mussten 1509, 1511 und 1516 erneuert und verschärft werden. 1509 wurde den „Armen lewten, vnndertanen, vnd verwannten" das Büchsen- und Armbrusttragen bei auf 10 fl erhöhter Buße nochmals verboten mit der Bemerkung, es hätten „all herrschafften obbestympt, hierInn das waidwerek, vff dem Bosserhard, mit Jagen vnd dem Armbrust zu schiessn selbs vorbehalten". Bürgermeister und Rat von Memmingen sollten kontrollieren, dass illegal erlegtes Wildbret in der Stadt nicht verkauft werde.[69] 1511 musste abermals festgestellt werden, dass das Schießen und Pirschen „Jetzo vilfältigklich auff den holtzern[,] wasser vnnd Lannd mit den büchsen getriben würdt". Jetzt wurde festgesetzt diejenigen, die die Buße nicht bezahlen würden, bis zur erfolgten Zahlung aus dem Herrschaftsgebiet auszuweisen.[70]

1509 ließ der Rat den Bauern in Hitzenhofen und Volkratshofen das Schießen mit den Büchsen auf Wildbret verbieten, 1517 wurde erneut der Stadtammann angewiesen, er solle die von Volkratshofen und anderswo, die jagten, aufschreiben „und das waidwerek by den baurn abstellen."[71]

Die Jagd in der Freien Pirsch um Memmingen stand bis 1500 den Bauern frei. Danach sollte ihnen nur noch der Vogelfang mit dem Netz mit Ausnahme von Wachteln und Rebhühnern gestattet sein. Der Ausschluss der Bauern erfolgte auf dem Verordnungswege. Die Legitimation gab der Kaiser, um dessen Genehmigung man „Suplicacionsweys" eingekommen war.[72] Aber auch danach versäumte man es nicht, auf die Schonung des Wildes als Verbotsgrund hinzuweisen. Das Pirschen des gemeinen Mannes wollte kein Ende nehmen, „das dann", bemerkten die Herrschaften 1511, „mereklich wider kayserliche Mayestatt vnnsern allergnedigisten Herrn, Auch alle oberkaiten vnnd sunnderlich dem gemainen menschen sorgklich ist".[73] Selbst hier, wo der Ausschluss der Bauern der Obrigkeiten „lust[,] kurtzweil vnd nutz" wegen (so Kaiser Maximilian)[74] offen eingestanden wird, sucht man doch ein Gemeinwohlpostulat zu behaupten. Es sind die Anfänge der Policeygesetzgebung, die in gleichem Maße, wie sie den Untertanen von der Mitwirkung ausschließt und über ihn verfügt, nichts als sein Wohl im Auge zu haben vorgibt.

Kaiser Maximilian nahm seine Forstobrigkeit wahr, ließ Reiher, Enten und anderes Wildbret hegen, verbot sie zu jagen oder zu beschädigen.[75] Den Bürgern war

---

[69] Ebd., Nr. 5.
[70] Ebd., Nr. 6; vgl. Mayr, Birsch, 42.
[71] StaAMM RP 25.6.1509 u. 22.5.1517.
[72] StaBMM 15,118, Anhang Nr. 3.
[73] Ebd., Nr. 6.
[74] Ebd., Nr. 2.
[75] StaAMM 1/2, 18.6.1518.

ebenso wie den Bauern nur noch der Vogelfang mit den genannten Ausnahmen und unter Einhaltung der Schonzeit freigegeben.[76] Ansonsten übte die Stadt ihr Jagdrecht in der Freien Pürsch korporativ aus, indem sie jährlich organisierte Jagden veranstaltete. 1518 wurden die Zunftmeister gebeten „von gemainer statt wegen zu jagen". 1519 und 1520 wurde beschlossen, dass die Großzunft (Patrizier) eine Jagd veranstalte „und darzu, was sie aus der gemaind bedürfen, beruffen". Ebenso 1521, die Bürgerzunft (oder Großzunft) solle jagen „und ain beystand aus den zünften nehmen".[77]

Zeugnisse bäuerlichen Jagens und Fischens sind rar. Von 1512 ist ein Vorfall überliefert, dass Jos Sättelin von Eisenburg gegen die Witwe Barbara Neerin vor Ammann und Gericht zu Amendingen klagte, weil sie im Bach Krebse gefangen hätte. Es wäre bekannt, „das der bach und andere ban wasser zu Amendingen und in der herrschaft zu Eisenburg oberkaiten verpotten wären, das nyemandts darin weder vischen noch krepsen solt, by ainem pfunt pfennig buß." Barabara Neerin war dabei erwischt worden und sie gab auch zu, „sy wär auf ain zyt in das wasser gegangen, hette darin ungefarlich ain kreps oder sechs gefangen", hoffte auf Strafverschonung.[78]

Im Jahr 1513 hat „in biwessen" des unterspitalischen Hofmeisters „ain gmaind zu Hitzennhoffen sammentlich ain fürnemen gethan" wegen des Viehausschlags:[79] „Ersten, sol yeder pur sonder alle jar nit mer dann 16 rinder hoptvich usschlahen", dabei kein unter dreijähriges Rind. „Zum andern, so soll yeder gepur under inen kain schwain usschlahen niendert hin." Keiner soll Pferde halten, die nicht gehütet werden. Unter dem dritten Punkt heißt es: „Es soll ach yeder pur under inen nymer usschlahen dann 6 roß". Viertens „soll yeder pur on ainer herrschaft und gmaind wissen und willen kainerlay gärten weder hanf noch krautgärten umzeunen noch machen" außerhalb seines Hausgartens. Die übrigen Bestimmungen beziehen sich auf die pünktliche Bezahlung des Hirtenlohns und die Regelung der Brache. Man gönnte Ackerteilen in allen drei Öschen abwechselnd eine sechs Jahre lange Brache. Diese Egerten sollte der Bauer bis St. Jakob (Getreideernte) mit seinem eigenen Vieh abweiden, „darnach soll es ain gemains waid sein". „Diese artikel alle sament und

---

[76] StaAMM RP 8.3.1512: Vogelfangverbot bis Johannis Sonnenwende (24.6.).

[77] StaAMM RP 10.12.1518, 29.8.1519, 16.5.1520, 21.1.1521. Die letzten drei Jagden standen in Zusammenhang mit Differenzen mit benachbarten Adligen, die die Freie Pirsch in der Nähe ihrer Herrensitze untersagen wollten: Jakob Friederich Unold, Geschichte der Stadt Memmingen, Memmingen 1826, 131. Unold spricht von zwei jährlichen Hauptjagden: ebd., 167.

[78] StiAMM 43/4, 28.2.1512. Der Vorfall ist möglicherweise im Zusammenhang mit der Klage Christoph Sättelins im November 1513 vor dem Rat wegen Holz- und Fischereirechten zu sehen; im Juni 1514 lag er mit der Gemeinde Amendingen im Streit um Holz: Kießling, Stadt, 328.

[79] StiAMM Fol.Bd. 56 a, fol. 139 f.

yeder insonder hat ain herrschaft verboten, welcher die übergat, ist 10 ß h onn alle gnad, so oft es beschieht, der herrschaft verfallen."

Es war ein Mangel an Weideland eingetreten, dem man mit dem Verbot von Abzäunungen und der Begrenzung des Viehauftriebs begegnen wollte. Die Schweinehaltung wurde völlig auf den Stall verwiesen, ebenso die Jungrindaufzucht. Bemerkenswert ist die Festlegung von Höchststückzahlen bei Rindern und Pferden. Nun musste ein Bauer mit 16 ausgewachsenen Rindern und sechs Pferden schon einen recht großen Betrieb haben. Die Bestimmungen scheinen aber einer Tierhaltung, die nur der Aufzucht zum baldigen Verkauf diente, entgegenwirken zu wollen. Hitzenhofen scheint ziemlich schlechten Ackerboden und daher ein Übergewicht an Viehhaltung gehabt zu haben. Besser bemittelte Bauern konnten nicht im Getreideanbau, sondern nur im Ausbau der Viehzucht sowie in der Anlegung von Sonderkulturen höhere Einkommensmöglichkeiten sehen. Dies ist ein Beispiel dafür, dass Knappheit nicht Ressourcenmangel zur Ursache haben muss. Indem sich das ökonomische Schwergewicht auf die Weidewirtschaft verlegte, trat eine Knappheit ein, also aufgrund einer wirtschaftlichen Expansion. Der schob die Genossenschaft, in der der kleine Bauer ebenso viel zu sagen hatte wie der große, einen Riegel vor.

Das Überschreiten einer gewissen Betriebsgröße war unter diesen Umständen kurz- oder mittelfristig, etwa durch höheren Kapitaleinsatz, der sich wegen guter Absatzchancen bald amortisiert hätte, nicht möglich. Die eigentumsrechtliche Natur der Allmende schloss das aus. Als Gemeindeeigentum musste der Gemeinnutz, d.h. die angemessene Berücksichtigung jedes Berechtigten, der Maßstab sein. Die Genossenschaft als Zwangsgenossenschaft band große und kleine Bauern aneinander. Eine gewisse Mediokrität war darin angelegt. Die fortschreitende soziale Differenzierung wurde dadurch abgebremst. Die Begrenzung des Produktionsumfangs und der Gartenkulturen beschränkte die Marktorientierung der Landwirtschaft.

Die Ordnungshoheit lag in Hitzenhofen bei der Gemeindeversammlung. Die Verkündung erfolgte jedoch durch die Herrschaft, die auch eine Strafgewalt hatte. Abzäunungen von der Allmende waren künftig ohne Zuziehung der Herrschaft nicht möglich. Sie erhöhte durch den Erlass dieser Ordnung ihre Regelungsbefugnis. - Innerhalb der Region zeigen sich also recht unterschiedliche Einwirkungsmöglichkeiten der Herrschaft auf die gemeindliche Verwaltung.

Laut einem Bestandsbrief von 1515 verlieh das Unterhospital der Margarete Geblinin den bisher von ihrem verstorbenen Ehemann Jörg Groper bewirtschafteten Hof in Holzgünz „von ainem jar zu dem andern". „Und des holtz halben, so dann in ermelten hoff vormals gehört hat, sol sy hinfüro ganz und gar müssig stand." Stattdessen würden ihr jährlich 12 Klafter Holz durch den Hofmeister zugewiesen werden.[80] Schlechte Besitzrechte wurden genutzt, um den zu einem Hof gehörenden Privatwald zur Herrschaft zu ziehen. Für die Bäuerin war es ein Abstieg vom Waldbesitz zur Holzzuteilung. Die war auch noch zu knapp bemessen. Als 1518 Toni

---

[80] StiAMM Fol.Bd. 41, 2.6.1515.

Gropper den Hof von seiner Mutter erbte, wurde ihm ein Anrecht auf 15 Klafter Holz jährlich (die anderwärts zur Selbstversorgung nötige Menge) eingeräumt.[81]

1516 wurde das Weistum von Memmingerberg aufgezeichnet. Es hat den Titel: „Der von Berg ordnung und gepott" und beginnt: „Die vier und etlich auß der gemaind zu Perg zaygen an, die nachvolgenden gepott seyen vor jarn zu Perg gehalten worden".[82] Die Bestimmungen beziehen sich auf die Allmende und die Befugnisse der Gemeindeorgane. Die Hälfte der Allmendregelungen sind Baumschutz- und Gesundheitsschutzvorschriften: keine Frucht tragenden Bäume umzuhauen, „wa sy an der gemaind stand"; kein krankes Vieh ins Dorf oder auf die Weide zu bringen; kein totes Vieh auf die Allmende, ins Dorf oder ins Feld legen, sondern auf den Schindanger bringen; nichts in den Brunnen werfen oder darin waschen.

Die andere Hälfte beinhaltet Nutzungsregelungen. „Item kayner soll von der gemaind gar nichtzit entziehen, noch darauf graben noch ergen, noch darauf legen on der vier wissen und willen, bey 1 fl". Zu den Allmendweiden heißt es: „Item kainer soll in das espan treyben noch schlagen bei 1 lb. Desgleichen soll kainer auf die andern vichwayden treyben noch schlagen bey 10 ß, und sonst auf kain andere gemaind bey 5 ß h".[83] Das ist wohl so zu verstehen, dass kein Vieh ohne Erlaubnis der Gemeinde bzw. über die von der Gemeinde festgesetzte Quote hinaus auf die Allmende gebracht werden durfte. Entsprechend wird die folgende Bestimmung zu verstehen sein: „Item kainer soll kaynerlay holtz ab der gemaind hawen bey 10 ß h". Schließlich wird für den Gemeindedienst festgelegt: „Item wann man an ainer gemaind werkt, wer dann gepotten wird und der nit kumpt, so geit 1 bawr 1 ß und ain söldner 6 h buß".

Diese Bestimmungen sind sehr allgemein gehalten und werden überall so gegolten haben, so dass man sich fragt, welchen Sinn die Aufzeichnung gehabt haben soll. Auffallend ist, dass sie sich nur auf Allmendangelegenheiten beziehen, während andere sonst übliche Gegenstände fehlen. Feuerschutzbestimmungen wurden erst später aufgenommen.[84] Die einzige Vorschrift, die herausfällt, und zugleich die einzige, die die Herrschaft ins Spiel bringt, verbietet jemanden zur Miete aufzunehmen oder länger als eine Nacht zu beherbergen „one der oberkait wissen und willen". Sie scheint daher die soweit einzige originär obrigkeitliche Vorschrift zu sein. So kann die schriftliche Fixierung der Allmendregelungen, der Akt der Weisung durch die Vierer und die älteren Gemeindemitglieder nur den Zweck gehabt haben, diesen Vorschriften durch ihre Förmlichkeit mehr Gewicht zu geben. Das wäre ein Hinweis darauf, dass gerade in diesem Bereich in der vorangegangenen Zeit Übertretungen zugenommen hätten. Was problemlos funktioniert, muss nicht besonders niedergelegt werden.

---

[81] Ebd., 1518 o.D.

[82] StaAMM 92/1; ediert von Julius Miedel, Ein altes Weistum von Berg und Hart, in: Memminger Geschichtsblätter 16 (1930), 20-22 u. 32.

[83] Ergen = ackern: Miedel, Weistum, 21; espan = Platz, der zur Viehweide dient: Hermann Fischer, Schwäbisches Wörterbuch, Bd. 2, Tübingen 1908, 875.

[84] Miedel, Weistum, 22, 32.

Die anschließenden Artikel verzeichnen die Kompetenzen der Gemeindeorgane und der Herrschaft. „Sonst sollen die vier macht haben zuverbieten, was sy
zu yeden zeyten erkennen not sein und wie sich gut ansicht, dem soll auch yeder-
menicklich gehorsam sein bey derselben buß und ains rats grössern straff." Die
Gebotsgewalt der Vierer wird nicht nur bestätigt, sondern auch durch den Stadtrat
bekräftigt.

> Und wöllicher under der gemaind den vierer, indem das sye mit im schaffen,
> nicht gehorsam sein wölten, sonder für rat oder den grossen zunftmayster als
> iren obman begerten, denen soll söllichs nicht abgeschlagen sein, doch
> wöllicher in söllichem auch unrecht behielt, der soll von yeden unrecht 10 ß
> h buß geben.

Der Rat und die Großzunft, der Memmingerberg gehörte, fungierten als Beschwer-
deinstanz über den Gemeindevorstehern. Doch wurde ihnen durch diesen Artikel
nochmals der Rücken gestärkt, denn wer ungerechtfertigt Beschwerde führte, wurde
zusätzlich bestraft. Die Wirksamkeit ihrer Gebotsgewalt sollte möglichst nicht
beeinträchtigt werden, andernfalls wäre das Funktionieren des Gemeindelebens wohl
in Frage gestellt gewesen.

> Und was auch zu yeden zeyten straffgelts gefelt, das söllen die vier ein-
> nemen und einpringen und der gemaind zu nutz anlegen, es sey an hiertenlon
> oder in anderweg, da man des bedarf, und söllen dasselbig, auch was sye
> sonst in die gemaind schlagen und anlegen, getrewlich einziehen, niemands
> nichts schencken, sonder aufmercken und järlich der gemaind verrechnen.

Die Bußgelder zogen die Vierer ein, sie hatten die Kompetenz zur Verhängung von
Ordnungsstrafen. Die Bußgelder flossen in die Gemeindekasse, die, wie üblich, die
Gemeindevorsteher verwalteten und für die sie der Gemeinde rechenschaftspflichtig
waren.

Die Autonomie der Gemeinde Memmingerberg wurde nur durch eine Vorbe-
haltsklausel getrübt: „Doch so soll ain ersamen rat und grossen zunftmayster, under
den die von Perg von alter gehörn, in den stücken allen und yeden allwegen vorbehalten sein, minderung, merung, enderung oder verkerung zuthun." Die Zunahme
obrigkeitlicher Eingriffe ist in der Fassung des Weistums von 1581 spürbar.[85]

Nachdem die Stadt Memmingen 1516 Woringen von den Möttelin-Erben erworben hatte, erließ der Rat 1519 ein Dorfrecht, bestehend aus Eidesformeln, Gebot
und Verbot, Frevelkatalog und Gerichtsordnung - „aus den alten Registern getzogen

---

[85] Siehe ebd. - Dem 1516er Text ist von anderer Hand der dem Großzunftmeister von Vierer und Gemeinde zu leistende Eid angefügt, der nur eine allgemeine Untertänigkeit formulierte; danach sollten sie gerichtsbar, botbar, vogtbar, reisbar, sowie getreu, gehorsam
und gewärtig sein, Nutzen und Frommen der Stadt fördern und Schaden abwenden und
davor warnen: Ebd., 32.

vnnd gebessert", wie der Titel besagt.[86] Die Gebots- und Verbotsordnung beginnt mit den Worten: „Der Wald ist verboten." Pauschal wird der Wald „oben vnd vnnden" gesperrt. Der zweite Artikel verbietet Holz aus dem Ort zu verkaufen oder wegzugeben ohne besondere Erlaubnis der Pfleger. Aus dem Folgenden wird die Art und Weise der Holzversorgung deutlich: Niemand soll sein Holz, das ihm von der Herrschaft verordnet wurde, anders schlagen, als wann und wie es ihm von ihrem Büttel gezeigt worden ist, und nicht mehr, als ihm vergönnt wurde. Er soll es nicht eher heimführen, als es von der Herrschaft besichtigt und gestattet wurde.

Die nächsten Artikel verbieten Frucht tragende Bäume zu schlagen und Stroh oder Mist aus dem Ort zu verkaufen. Danach kommen eine Feuerschutzordnung und diverse Vorschriften, von denen hier interessiert: Niemand darf in der Buxach fischen. Auf den Einödhöfen soll keiner mehr Vieh austreiben, „dann sein anzal ist". Niemand darf auf der „gemaind" bauen, sie einzäunen oder einziehen ohne Erlaubnis der Herrschaft. Schließlich wird die Gebotsgewalt von Ammann, Vierer und Büttel festgelegt.

Die Reihenfolge der Bestimmungen macht die Priorität des Waldes klar. Zunächst einmal wurde er völlig der Verfügungsgewalt der Gemeinde entzogen. Dann wurde den Bauern jeglicher Holzverkauf verboten. Damit waren die Voraussetzungen geschaffen den bäuerlichen Holzverbrauch streng auf den Eigenbedarf zu limitieren. Um das durchzusetzen reservierte sich die Herrschaft die Holzzuteilung.

Was die Weide angeht, so hatte sich die zu erwartende Kollision zwischen Dorfbewohnern und Einödbauern 1466 bereits angedeutet. Das Fischen in der Buxach war damals noch ausdrücklich gestattet gewesen.[87]

Ohne Zweifel zeichnete die Dorfordnung Gewohnheitsrecht auf. Jedoch ist sie stark herrschaftlich durchsetzt, sei es durch Bestimmungen, die herrschaftliche Interessen zur Geltung brachten, sei es durch die Auflage einer besonderen herrschaftlichen Erlaubnis, sei es durch den pauschalen Vorbehalt Änderungen und Zusätze erlassen zu können.

Die Gebotsgewalt mit Bußandrohung von Ammann, Vierer und Büttel wurde auch hier durch die Ankündigung höherer herrschaftlicher Strafe gestärkt. Alle drei scheinen gemeindliche Organe gewesen zu sein, wiewohl der Büttel auch Anordnungen der Pfleger ausführen musste. Der Ammann war von der Herrschaft gesetzt,[88] was aber offenbar seine Gemeindebindung nicht beeinträchtigte. Denn es war vorgeschrieben, dass Ammann, Vierer und Büttel „ainhelliglich" in Gemeindeangelegenheiten gebieten sollten und keiner ohne Zustimmung der anderen davon abweichen sollte, „Es werde dann in Ir aller beywesen mit dem merer entschlagen". Abgesehen davon hatte jeder in seinen Amtsangelegenheiten ein eigenes Gebotsrecht. Sodann gebot ein späterer Zusatz, dass weder Ammann, Vierer noch jemand anders

---

[86] Ediert von J. Groß, Ein altes Dorfrecht aus dem Allgäu, in: Allgäuer Geschichtsfreund 4 (1891), 49-61; Zitate hiernach; vgl. StiAMM Fol.Bd. 51, fol. 7-23.

[87] S.o. S. 27 f.

[88] Groß, Dorfrecht, 51.

„kain mers hinderrückh vnd vnwissend der Herrschafft in ainer gemaint machen sol".

Die Frage, ob die Holznutzungsrestriktionen in großer Sorge der Herrschaft um den zur Neige gehenden Waldbestand erlassen wurden oder, weil sie nur selbst die Holzvorräte in Anspruch nehmen wollte, ist hier klar zu beantworten: Woringen wurde vom Rat wegen seiner großen Wälder gekauft um die Holzversorgung der Stadt zu sichern. Man gab in Auftrag zu prüfen, ob sich der Kauf lohnte. Der Bericht bezog sich ausschließlich auf den Waldbestand. Er fiel nicht günstig aus, der Wald sei groß und weit, aber jung und klein, es gäbe kaum Sägbäume darin. Dennoch entschloss man sich zum Kauf für 15 250 fl, der nur über eine Erhöhung des Weinumgeldes um 3 d pro Viertel auf zwanzig Jahre finanzierbar war.[89] Gegen diese Erhöhung gab es Widerspruch, zuerst auf der Kaufleutestube, später im Großen Rat. Der Rat führte zur Rechtfertigung an: „Auch der gemaind ain grosser vortail aus dem holtz entspring; kauf jetzo ain klafter um 14 ß, müst es sonst um 20 ß h kaufen."[90]

Dazu ist zweierlei zu bemerken: 1. Aus der bäuerlicher Sicht wurden ihre Nutzungsgewohnheiten vom herrschaftlichen Interesse beschränkt. Daran ist deswegen nicht zu deuteln, weil die Bauern keinen Einfluss darauf hatten, was derjenige, der ihr Dorf kaufte, damit für Absichten verband, noch es ihre Sorge sein konnte, wie die Herrschaft - hier eine reiche Stadt - ihre Versorgung mit welchen Gütern auch immer sicherstellte. Nachdem die Stadt im Februar 1516 das Dorf gekauft hatte, gewährte der Rat den Woringern im gleichen Jahr ein Darlehen von 60 fl für den Kauf einer Holzung von den Marschällen von Pappenheim mit der Bedingung den Ertrag in der Stadt zu verkaufen.[91] Vom offensichtlich lukrativen Holzgeschäft aus ihrer eigenen Gemarkung waren sie ausgeschlossen. 2. Das hohe Maß, in dem das Moment der Selbstversorgung sich Bahn brach, ist nicht allein mit der Knappheit oder dem Bedürfnis nach Sicherheit der Versorgung erklärlich. Waldpflegerische Maßnahmen zur Sicherung des Nachwachsens der Bestände konnten ebenso der Selbstversorgung wie auch der kommerziellen Kalkulation dienlich sein. Der Holzverbrauch in der Stadt wird sich nicht wesentlich von dem früherer Jahrzehnte unterschieden haben. Nur versuchten die Städte immer mehr sich aus eigenem Feudalbesitz zu versorgen, statt die Produkte, ob Getreide, ob Holz, auf dem freien Markt zu erwerben. Das hatte seinen Grund in der zunehmenden Einschränkung des Marktes durch die Territorialstaaten, die mit Hilfe von Marktzwängen und Ausfuhrverboten die städtische Marktbeherrschung brachen. Diese Territorialisierung mussten sie nachvollziehen.

Für die Bauern, auf ihren beschränkten Gemeindewald verwiesen, konnte die Lage am Ende kritisch werden. 1519 teilt das unterspitalische Denkbuch mit, dass „ainer gemaindt zu Stainhaim holtz zu kaufen geben worden" sei für 40 lb h. Bür-

---

[89] StaAMM RP 15.9.1515, 12.9.1516.
[90] StaAMM RP 26.10.1519; vgl. ebd. 28.1.1516.
[91] Kießling, Stadt, 511 f.

gen, Gewährleistende und Selbstschuldner waren der Wirt Christoph Wespach, Jos Hennchel und Matthis Fackler. Das Holz hatte 300 Scheite nach der Länge und 100 Scheite nach der Breite, größtenteils Laubholz.[92] Die Gemeinde musste Holz bei ihrer Herrschaft kaufen, sie musste sich deswegen bei ihr verschulden und drei Gemeindemitglieder hafteten dafür. Die Bauern kauften nicht einzeln Holz, sondern die Gemeinde sorgte auch nach Erschöpfung der gemeindlichen Holzbestände dafür, dass die Versorgung sichergestellt war. Dass man sich deswegen verschuldete, weist darauf hin, dass ein Teil der Gemeinde nicht in der Lage war das nötige Holz zu bezahlen. Die wohlhabenderen Gemeindemitglieder standen für die Gesamtheit ein. Mit der Zeit würde man über Gemeindeeinnahmen und Umlagen das Geld schon aufbringen. Das Spital verfügte über Holzvorräte, während den Bauern diese abhanden gekommen waren.

In Steinheim war die Krise 1519 manifest. Eine Bauernschaft, die sich aus der eigenen Gemarkung nicht mehr mit Brennholz versorgen konnte, war arm dran. Die Situation wurde zunehmend konfliktiv: Anfang 1521 kam es in Woringen zu einem Aufruhr. 1521/22 stritt die Stadt mit ihrem Dorf Frickenhausen um den Viehtrieb und ermahnte die Vierer, die Gemeinde nicht ohne Wissen des Ammanns und der Pfleger zu versammeln, „oder ain rat wird mit Inen annders handeln", entschloss sich aber dann, ihnen nicht zu viel aufzuerlegen. Im März 1522 gab es in Steinheim Unruhe wegen der Bußordnung, auf die der Schwur verweigert wurde, so dass einige Bauern eingesperrt wurden, bis sie und ihre Nachbarn ihren Gehorsam erboten. Im Februar 1523 gab es in Steinheim erneut einen Auflauf, bei dem es um die Gerichtsordnung ging.[93]

Einblick in die krisenhafte Situation geben Beschwerden der Bauern von Dickenreishausen 1523, denen sich die von Steinheim anschlossen.[94] In etwas ungelenken Formulierungen beschwerten sich die Dickenreishauser über die Gemeindeholzordnung von 1492. Wie erinnerlich erfolgte in dieser Ordnung der herrschaftliche Zugriff auf den Wald über die Bußen, die streng einzutreiben angedroht wurde. Damit war in der Praxis ernst gemacht worden, denn die Dickenreishauser beklagten sich, ihnen sei verboten „in gmainden und von holtzern" ohne Erlaubnis der Herrschaft Holz zu schlagen bei Strafe von 5 lb h für jeden Stock. Mehrere zu Dickenreishausen seien „so grob und unleidlich" gestraft worden sind, dass sie 100 oder 150 lb hätten bezahlen müssen.

Weiterhin war ihnen verboten von Äckern, die mit Holz überwachsen waren, dieses zu verkaufen, doch jedem erlaubt, es in der Herberge zu verbrennen. Es ergäbe sich oft, dass ein Bauer Acker mit Holz bewachsen lasse. Wenn er starb und der Hof einem anderen verliehen wurde, erhielt er Wiesen und Äcker etc., aber das Holz und die mit Holz überwachsenen Äcker behielt das Spital ein. Da die Bauern

---

[92] StiAMM Fol.Bd. 57.
[93] Kießling, Stadt, 327, 334.
[94] StAA Kloster Hl. Geist Memmingen Akten 8.

deswegen lieber das Holz von den Höfen verkauften, triebe mancher sein Holz ab, so dass er zu guter letzt Holz kaufen musste.

Ein Artikel verbot Frucht tragende Bäume zu schlagen. Auch hier scheint die Klage die kurze Leihefrist auf Lebenszeit als Missstand zu meinen. Denn die Bauern, von denen etliche Eichen in ihren Gärten und Mähdern hatten, schlugen die Eichen doch und verkauften sie; wenn dann einer Eichenholz brauchte, musste man es ihm aus den Bannhölzern geben und das bei dem ohnehin bestehenden Mangel an Eichenholz.

Schließlich klagten die beiden Gemeinden über das Verbot Stroh aus den Dörfern zu verkaufen. Der Rat kam ihnen hierin etwas entgegen, verfügte ansonsten, dass die Bauern alle Artikel halten sollten, die sie den Pflegern und Hofmeistern geschworen hatten.

Die gute Marktlage für Holz bewog die Bauern ihre Produktion hierauf zu verlagern. Da ihnen der Holzverkauf aus den Allmend- und Bannwäldern abgeschnitten worden war, zogen sie Holz auf ihrem eigenen Besitz, in den Gärten und Wiesen und auf Äckern. Die herrschaftliche Praxis der Verleihung auf Lebensfrist anstelle der Erbleihe und der Abtrennung der Holzbestände von den Höfen bei Neuverleihungen, die für 1503/06 in Brunnen und auch andernorts festzustellen gewesen ist[95], durchkreuzte die bäuerliche Wirtschaftsstrategie und schränkte sie in einem Maße ein, dass letztlich selbst ihr Eigenbedarf nicht mehr gesichert war und Holz zugekauft werden musste. Das Holzgeschäft behielt sich das Spital vor, der freie Markt und ein marktorientiertes Wirtschaftsgebaren der Bauern wurde stranguliert.

Auch bei den anderen Dörfern ist das Heraufziehen der Krise in den vier Jahrzehnten vor 1525 spürbar. Anzeichen waren: Gemeinden verzichteten von sich aus darauf aus der ihnen verfügbaren Gemeindewaldung Holz zu verkaufen, der Eigenbedarf wurde zum Kriterium der Waldnutzung. In der gleichen Zeit wuchs der herrschaftliche Druck. Er richtete sich vor allem auf die Dörfer mit großen Waldmarken, Dickenreishausen und Woringen. Auch hier wurde der bäuerliche Eigenbedarf zum Nutzungskriterium erhoben und damit der Nutzungsumfang begrenzt. Denn alles, was die Bauern nicht verbrauchten, stand der Herrschaft zur Verfügung. Die Aufsicht über den Wald wurde in diesen Dörfern den Gemeindeorganen entzogen und Pflegern oder Amtleuten unterstellt. In Gemeinden mit dürftigem Waldbestand, Steinheim und Memmingerberg, verzichtete die Herrschaft auf Eingriffe in die Selbstverwaltung.

Dass dies Krisenanzeichen waren, wird deutlich, wenn man an die vorherige Periode zurückdenkt. Nicht nur, dass für diese Zeit bäuerlicher Holzverkauf dokumentiert ist. Es hatte ja bereits Konflikte um den Wald gegeben, aber sie hatten ein anderes Aussehen gehabt. In Brunnen hatte es 1448 Übertretungen der Bauern

---

[95] S.o. S. 23. - In Woringen waren 1516 beim Verkauf des Dorfs an die Stadt Memmingen von 20 ganzen, neun halben Höfen und 20 Sölden 39 leibrechtsweise und die übrigen nur auf kurze Zeitpacht ausgegeben: Groß, Dorfrecht, 50 f.

gegeben, die aber nicht gravierend waren und eher einen großzügigen Umgang mit den Nutzungsrechten darstellten. In Boos war 1470 ein Kompromiß zwischen Herrschaft und Bauern möglich gewesen, der den Bauern die Nutzung ließ. Zwei Regeln wurden vereinbart: der Eigenbedarf der Bauern und die formelle herrschaftliche Aufsicht.

Diese beiden erhielten aber in Dickenreishausen und Woringen eine ganz andere Dimension. Denn in Boos hatte die Herrschaft auf den fraglichen Wald völlig verzichtet. Das war aber offensichtlich nicht die obrigkeitliche Intention in Dickenreishausen und Woringen. Sodann blieb in Boos die Holzverteilung in den Händen der Vierer. In Dickenreishausen dagegen wurde neben der Aufsicht die herrschaftliche Strafgewalt akzentuiert, in Woringen wurde gar die Holzmenge und ihre Zuteilung von der Herrschaft festgelegt. Wenn man das Maß der herrschaftlichen Eingriffe vergleicht, wird eine zeitliche Stufenfolge von formeller Aufsicht über den *Gemeindewald* zur Beschränkung auf *Nutzungsrechte* am Wald, über den im übrigen die Herrschaft verfügte, hin zur *Holzzuteilung* durch die Herrschaft, die Mengen und Einschläge festlegte, deutlich. In Brunnen, wo die Wüstung der Herrschaft 1424 ermöglicht hatte, den dortigen Wald zu ihrem Eigentum zu ziehen und den Bauern bei der Wiederbesiedlung von vornherein nur Nutzungsrechte einzuräumen, wurde im Prozess von 1521 eine neue Stufe zu betreten versucht. Während bei Dickenreishausen und Woringen ein Nutzungs*recht* der Bauern zumindest unterstellt war, wollte das Elisabethkloster im Verhältnis der Herrschaft zu ihren Bauern hinsichtlich der Waldnutzung lieber von *Gnade* und *Bitten* sprechen.

Besitzgeschichtlich fand eine Enteignung der Gemeinden statt, die Verfügungsgewalt über den Wald wurde ihnen schrittweise entzogen, die Nutzungsrechte wurden schrittweise eingeschränkt. Verfassungsgeschichtlich wuchs das, was den Gemeinden an Regelungsautonomie verloren ging, der Herrschaft im Bereich der Ordnungskompetenz und der Ordnungsstrafen an Regelungsgewalt zu. Das Weistum wandelte sich zur Policeyordnung.

Was war das Prinzip dieses Wandels? Wie gesehen entschlossen sich auch die anderen Gemeinden zu einer Selbstbeschränkung ihrer Mitglieder durch Verzicht auf den Holzverkauf. Auf Verknappung reagierte die traditionell genossenschaftlich verfasste mittelalterliche Wirtschaft nach dem Prinzip der Eigenbedarfssicherung. Dies ist auch hinsichtlich des Viehausschlags in Hitzenhofen beobachtbar. Es hatte den positiven Sinn, dass sich niemand auf Kosten der anderen an der Allmende oder innerhalb anderer genossenschaftlicher Institutionen bereichern sollte. Solange nun die Herrschaft dieses Prinzip beachtete und den Bauern ihren Holzbedarf einräumte, war ihr Gebaren, das übrige Holz selbst zu verwerten, nicht klagbar.

Das feudal-genossenschaftliche Arrangement des 15. Jahrhunderts, das da lautete: den Bauern der Eigenbedarf, der Herrschaft das Übrige, konnte jedoch die Krise nicht vermeiden. Die Gegensätze mussten zunehmen in dem Maße, wie die gesamtwirtschaftliche Situation schwieriger wurde. Da die Eingriffe der städtischen Institutionen auf ihrer feudalherrschaftlichen Stellung beruhten, verstärkte sich die Betonung des Obrigkeitlichen. Man ging auch zu nur wenig verhüllten Okkupationen über wie beim Ausschluss der Bauern von der Freien Pirsch oder beim Entzug der Fischrechte, etwa in den Woringer Einöden.

Es war der Vorabend des Bauernkriegs.

Bauernkrieg

Es stellt sich die Frage, wie wichtig die Allmenden innerhalb der Gesamtproblematik der Herrschaftsverhältnisse auf dem Lande sowie innerhalb der Stadt-Land-Beziehungen waren. Ob sie von erstrangiger Bedeutung waren oder wenigstens zweitrangig oder ob sie nebensächlich waren. Dies ist verhältnismäßig einfach zu beantworten für die Krise, die im Bauernkrieg eskalierte. Aus den Bauernkriegsbeschwerden lässt sich ersehen, welche Probleme am drückendsten waren.

Die ersten Insubordinationen gab es im Memminger Landgebiet Mitte 1524. Der Memminger Prediger Christoph Schappeler hatte seit 1523 verkündet, es sei keine Todsünde den Zehnten nicht zu geben. Im Juni 1524 weigerten sich die Bauern in Steinheim dem Spital den Korn- und Gerstenzehnt abzuliefern. Der Memminger Rat holte eine Erkundigung beim Schwäbischen Bund ein, wie man dazu stehen solle. Nun richteten die Woringer Bauern eine Anfrage an den Rat, ob sie den Kleinzehnten geben müssten. Die Antworten waren abschlägig. Doch zum Problem wurde die Zehntfrage für den Rat nicht wegen der Bauern, sondern durch die Verweigerungshaltung von Bürgern, woraus der Umschlag der Reformation in eine soziale Bewegung in der Stadt resultierte.[96]

Anfang Februar 1525 hatte die Bauernbewegung in der Baltringer Gegend ein in den Augen des Schwäbischen Bundes bedrohliches Ausmaß angenommen. Am 9.2. kam es zu einem Treffen von Abgesandten des Bundes mit den bei Baltringen in Waffen versammelten Bauern. Man vereinbarte, dass die Bauern ihre jeweiligen Forderungen formulierten und ihren Obrigkeiten vortrügen. Diese Beschwerdeschriften übergab ein Ausschuss der Baltringer dem Bund am 16.2. In der Woche dazwischen intensivierte der Schwäbische Bund seine Rüstungen. Darauf reagierten die Bauern damit ihre Organisation auszubauen, indem sie Hauptleute und Räte wählten, und ihre Bewegung zu einer Zwangsvereinigung umzubilden. Dörfer, die den Anschluss verweigerten, wurden bedroht. Die Zahl der Anhänger wuchs jetzt schnell. Mitte Februar hatten 7-10 000 Bauern zu den Baltringern geschworen.[97]

Am 15. Februar waren die Beschwerden zweier Gemeinden beim Memminger Rat eingegangen. Die Steinheimer begehrten Predigt wie in Memmingen, Austeilung des Sakraments in beiderlei Gestalt, „weiter das man mit dem hofmaister verschaff, das er in ain pletzen holtz eyngeb, wie von alter herkomen ist." Sie

---

[96] Barbara Kroemer, Die Einführung der Reformation in Memmingen. Über die Bedeutung ihrer sozialen, wirtschaftlichen und politischen Faktoren, Memmingen 1981, 93 f.

[97] Claudia Ulbrich, Oberschwaben und Württemberg, in: Horst Buszello/Peter Blickle/Rudolf Endres (Hg.), Der deutsche Bauernkrieg, Paderborn 1984, 106 f.

berichteten, dass etliche Bauern zu ihnen gekommen seien und sie bedroht hätten sich ihnen anzuschließen. Der Rat beschloss, ihr Begehren bezüglich des Holzes abzuschlagen und ihnen sagen zu lassen, die Pfleger würden überall im Wald das Holz, das zu nichts Nutz sei, durch die Gemeinde scheiten lassen und ihnen für einen angemessenen Preis zu kaufen geben, „dan solt man in ain platz eyngeben, so mecht man ain fichwaid darauß machen, dardurch das holtz gemindert wurd vnd nit mer wachsen mecht."[98]

Die von Pleß, von denen der Rat am 13.2. erfahren hatte, dass sie aufrührerisch geworden waren und sich verschworen hatten, sich jedoch nicht dem Bauernhaufen anschließen wollten, forderten „jagen, vischen frei haben", freies Heiraten, Wegfall des Ehrschatzes, keine Steigerung der Gülten bei Hofübergabe und, dass die Besserer beim Grenzumgang ihre Kosten selbst zahlten, und „die badstuben will die gemaind verleichen". Zwar wollten sie sich dem Bauernhaufen nicht anschließen, wollten aber an dem, was die vereinigten Bauern errängen, Teil haben und erwarteten im Übrigen, dass die Gebote und Verbote den kaiserlichen Rechten gemäß sein sollten. Ihr Herr, der Memminger Großkaufmann Wilhelm Besserer, bot an sich dem Rechtsspruch des Rates stellen zu wollen. Diese Erklärung nahmen die Bauern zunächst an und wollten sie in ihrem Dorf vortragen.

Die Bauern von Boos hatten keine Klagen, sondern taten am 20.2. kund, sie hätten bisher eine gute Herrschaft gehabt und wollten auch bei ihr bleiben, wenn man ihnen im Falle eines Überfalls Hilfe leiste. Sie hatten, ebenso wie die von Egelsee, die Drohung der Baltringer erhalten. In Erkheim, das die Keller besaßen, versammelte sich die Gemeinde, ihr Sprecher erklärte die Gülten zu verweigern, „den berg wel er, das in die gemaind hab, vnd das alle heltzer frei sein sollen", woraufhin die Gemeinde einen Ausschuss von sieben Leuten bildete.

Soweit die ersten Stellungnahmen, die aus den Dörfern eingingen. Die Episode der Zehntverweigerung 1524 ist aus der Dynamik der Reformation zu verstehen. Sie wurde in dem Augenblick zur sozialreformatorischen Bewegung, da sich die Kirchenkritik mit materiellen Anliegen verband, und da war der Zehnt der Schnittpunkt. Auffallend ist, dass die Steinheimer hierbei wie auch im Februar 1525 die ersten waren. Ihre Lage war wohl besonders schwierig. Unabhängig davon, wie die Bauern jeweils zu den Nötigungen der Baltringer standen, die Formulierung ihrer Beschwerden wurde dadurch angestoßen (mit Ausnahme von Boos). Alle drei Gemeinden hatten Allmendklagen. Bei Pleß stand freies Fischen und Jagen obenan. Erkheim forderte freien Holzschlag, war also mit herrschaftlichen Reglementierungen nicht einverstanden. Die Forderung der Steinheimer belegt, dass ihre Holznot durch den Entzug von Wäldern entstanden war.[99]

---

[98] Im Folgenden Franz Ludwig Baumann (Hg.), Akten zur Geschichte des deutschen Bauernkrieges aus Oberschwaben, Freiburg i. Br. 1877, Nr. 58 b, 35-39; Kroemer, Reformation, 113 f.

[99] Laut Hornstein, Wald und Mensch, 158, waren die Waldungen um Steinheim und Niederrieden im 16. Jahrhundert teils durch den Weidebetrieb, teils durch die übermäßige Ausbeutung herabgekommen, woran der Iller-Holzhandel schuld gewesen sei.

Der Rat forderte nun am 22. Februar alle Gerichte auf ihre Beschwerden aufzusetzen und einzureichen. Die Gemeinden setzten ihre Beschwerden zwar einzeln auf, reichten sie jedoch nicht gesondert, sondern für alle Gemeinden zusammengefasst in zehn Artikeln ein. Diese „Memminger Eingabe" ist, was ihre weitgehende Übereinstimmung mit den etwa gleichzeitig entstandenen Zwölf Artikeln zeigt, ein artifizielles Produkt.[100] Dennoch macht die partielle Differenz zu den Zwölf Artikeln deutlich, dass sie die Besonderheiten der Memminger Dörfer berücksichtigten.[101]

Wie in den Zwölf Artikeln standen in den Memmingern die reformatorischen Forderungen zu Pfarrerwahl und Zehnt und die Freiheitsforderungen nach Aufhebung der Leibeigenschaft sowie freiem Jagen und Fischen an der Spitze. Dies mindert nicht ihre Repräsentativität in Bezug auf die tatsächlichen materiellen Lasten, sondern gibt ihnen nur eine, durch den Legitimationswechsel auf das göttliche Wort ermöglichte, herausgehobene programmatische Position. Zählt man die Beschwerden gegeneinander aus, so ergibt sich für das Memminger Landgebiet eine etwas geringere Bedeutung der Leibeigenschaft, indem der Todfall nicht genannt wird, und eine etwas stärkere Akzentuierung der Grundherrschaft als insgesamt in Oberschwaben.[102]

Der jeweilige 4. Artikel zu Jagd und Fischfang ist fast identisch, ausgenommen die Wildschadensklage, die bei den Memmingern fehlt, zu der die Adelsuntertanen Oberschwabens wohl besonderen Anlass hatten. Die Memminger Untertanen baten an 8. Stelle, dass ihnen Wald, Äcker, Wiesen und andere „Gerechtigkaiten", die „vor Zeiten" den Gemeinden gehört hatten und etlichen Dörfern entzogen worden waren, wieder ausgehändigt würden. Die oberschwäbischen Bauern machten daraus zwei Artikel. Der 10. entspricht dem Memminger bezüglich Wiesen und Äckern. Aber zusätzlich beschäftigt sich der 5. ausführlich mit dem Entzug der Wälder. Dieser Vorgang scheint also in anderen oberschwäbischen Herrschaften ein noch größeres Ausmaß angenommen zu haben als im Memminger Gebiet.

Das ist zunächst erstaunlich, sollte man doch bei einer Reichsstadt einen viel stärkeren Zugriff wegen ihres großen Holzbedarfs annehmen. Jedoch scheinen die durch den spätmittelalterlichen Tiefstand der Agrarpreise in Schwierigkeiten gekommenen Feudalherrschaften sich des Waldes als Einkommensquelle sehr stark bedient zu haben.

Der Memminger Rat entschloss sich zu einem Vergleich mit seinen Bauern auf der Basis ihrer zehn Forderungen; u.a. wurde die Leibeigenschaft aufgehoben. Die Jagd in der Memminger Freien Pirsch, die als „ains rats forst" bezeichnet wurde, wurde „zur notturft" wieder freigegeben. Der Fischfang in Gewässern, die

---

[100] Baumann, Akten, 38 f.; Ulbrich, Oberschwaben, 110.

[101] Peter Blickle, Nochmals zur Entstehung der Zwölf Artikel im Bauernkrieg, in: Ders. (Hg.), Bauer, Reich und Reformation. Festschrift für Günther Franz zum 80. Geburtstag, Stuttgart 1982, 306.

[102] Günter Franz (Hg.), Quellen zur Geschichte des Bauernkrieges, München 1963, Nr. 40 und 43; Baumann Akten, Nr. 108, 120-126.

„formals frey vnd gemain" gewesen waren, wurde wieder der Allgemeinheit zugänglich gemacht, wiewohl nur zum Hausgebrauch, nicht zum Verkauf gefangen werden sollte. Hinsichtlich der entzogenen Allmenden wurde eine Überprüfung im Einzelnen versprochen. Im 7. Punkt hatten die Memminger Bauern geklagt, etliche Dörfer seien des *großen Frevels* halber beschwert, und begehrten sie beim alten Herkommen zu belassen. In seiner Antwort legte der Rat, gleichermaßen „in den banholtzer vnd der gemainden holtzer", die Strafen auf 1 fl fest und sicherte den Untertanen zu, für Brenn-, Zaun- und Zimmerholz „zu irer notturft zimlich" zu sorgen. Bei den anderen Freveln sollte es bei dem bisherigen Gebrauch bleiben.[103]

Dieser Artikel richtete sich also zum guten Teil gegen die hohen Strafen, mit denen die Obrigkeiten gegen Verletzungen ihrer Holzordnungen vorgingen. Es ist erinnerlich, dass die Herrschaft in den *gebesserten* Weistümern und Holzordnungen Vorbehalte inseriert hatte, über die angedrohten Bußen hinaus unspezifiziert höher zu strafen. Entsprach der fixierte Bußenkatalog dem üblichen Verfahren, so richtete sich die Beschwerde der Bauern gegen diese höheren, ins eigene Ermessen der Obrigkeiten gestellten Strafen. Das war jedoch das entscheidende obrigkeitliche Instrument die Holzverbote durchzusetzen. Mit der Festlegung einer Obergrenze der Strafen nahm der Rat diesem Mittel die Spitze. Die weitere Zusage, die Holzversorgung zu sichern, bewahrte Gemeinden vor der Notwendigkeit des Holzkaufens. Das Prinzip der Zuteilung des Holzes anstelle der früher üblichen Selbstbedienung der Bauern war aber nicht aufgehoben.

Insgesamt bezogen sich drei - oder doch wenigstens 2 ½ - der zehn Memminger Artikel auf Allmendangelegenheiten im weiteren Sinne. Das weist ihre zwar nicht vorrangige, aber doch große Bedeutung für die wirtschaftliche Lage der Bauern im Memminger Landgebiet aus.

Zu Widersetzlichkeiten kam es erst, nachdem die Absicht des Schwäbischen Bundes, eine gewaltsame Lösung zu suchen, erkennbar geworden war und der Memminger Rat mit dem Bund zu paktieren schien.[104] Am 15. März forderten die Dickenreishauser Bauern vom Rat ihnen Spieße zu verkaufen, der daraufhin beschloss, einen Ausgleich mit den Bauern der Ratsdörfer zu suchen und mit Dickenreishausen und Woringen den Anfang zu machen.[105]

Am 24. März beklagte sich der Patrizier Ulrich Zwicker beim Rat, „dan seine bawren gangen ime in sein erkauft holtz", das ihm seit Jahren gehöre, „und *thun und hawen darin, was sy wellen*, über das er sich rechts gegen inen erpotten hab, handeln sy geweltig darüber in dem seinen, und treiben ime seine tagwercker auß sein holtz". Auch die Frickenhauser mussten ermahnt werden, dass sie „ains rats erkauft holtz mießig standen vnd nichtz gweltigclichs hawen vnd on recht

---

[103] Ebd.; StaAMM 341/6, 15.3.1525; Kroemer, Reformation, 118 f.
[104] Am 26.3. beschuldigten Bauern den Memminger Rat, er gebe dem Schwäbischen Bund Geld zur Rüstung: ebd., 121. Der Übergang der oberschwäbischen Bauern zu Gewalttätigkeiten war in diesen Tagen allgemein, am 26.3. ging das erste Schloss in Flammen auf: Ulbrich, Oberschwaben, 119.
[105] Baumann, Akten, 41.

nyemant des seinen entsetzen".[106] Die Bauern trauten den Angeboten ihrer Herrschaften zu einem rechtlichen Austrag nicht mehr. Sie sahen nicht mehr zu, wie die reichen Bürger Holz aus den Wäldern schaffen ließen und bedienten sich jetzt selbst.

Am 17. Mai berichtete der Fischer von Heimertingen, „wie im etlich in sein vischwasser gen", das der Stadt gehörte, und ihn zu erschießen drohten. Der Rat schlug jetzt andere Töne an: man solle dem Ammann und den Vierern sagen, die von Heimertingen sollten Frieden machen oder man werde mit ihnen handeln, „das inen zu schwer wird." Am 2.6. wurden die „hauptlewte" zu Heimertingen aufgefordert sechs Bauern zu sagen, „das sy vnsern fischer zu Stainheim auß seim wasser gangen".[107] Am 21. Juli - die Erhebung war in Oberschwaben endgültig niedergeschlagen - ließ der Rat nach Enderlin Teufel von Westerheim fahnden, der gefischt hatte. Er wurde gefasst und gefoltert. Nach 26 Tagen wurde er entlassen und ihm gesagt, „das er furoan des spitalmaisters wasser muessig gang".[108] Am 7.8. wurde beschlossen mit Gaudenz v. Rechberg zu Kellmünz zu verhandeln, dessen Bauern den städtischen Weiher ausgefischt hatten.[109]

Mitte Juli wollten Gemeinden beim Rat Geld aufnehmen, um die Brandschatzung des Schwäbischen Bundes bezahlen zu können. Den Woringern schlug man das glatt ab, „es gang, wie es inen wel"; denen von Egelsee wollte man 40 fl leihen, „doch das sy die gantz hert vich darumb versetzen, also wa sy die schuld in aim monat nit zalen, das sy die gantzen hert hertreiben vnd darumb verpfend sein sol."[110]

Nichtsdestoweniger hat sich der Memminger Rat an seine Zusagen vom März 1525 gehalten. Die Freiheitsforderungen wurden erfüllt: die Leibeigenschaft war aufgehoben und Jagd und Fischerei offensichtlich freigegeben. Auch die grundherrlichen Abgaben wurden nicht mehr erhöht.[111]

Stadtallmende

Noch einige Ausführungen zur städtischen Allmende. Die mittelalterlichen Städte waren seit ihrer Gründung mit Stadtmarken ausgestattet, die den Bedürfnissen ihrer

---

[106] StaAMM RP 24.3.1525, Hervorhebung im Original; Philip L. Kintner, Memmingens „Ausgetretene". Eine vergessene Nachwirkung des Bauernkrieges 1525-1527, in: Memminger Geschichtsblätter 1969, 11, Anm. 24.

[107] Baumann, Akten, 44 f.; Kroemer, Reformation, 128.

[108] StaAMM RP 21.7., 31.7. u. 25.8.1525; Kintner, Ausgetretene, 12, Anm. 27.

[109] Baumann, Akten, 47.

[110] Ebd., 46.

[111] Peter Blickle, Die Revolution von 1525, 3., erweit. Aufl., München 1993, 256. Jedenfalls hatte sich der Memminger Patrizier Johannes Wilhelm von Sayler von Pfersheim 1753 in seiner Dissertation erneut mit der Freien Pirsch auf dem Booser Hart auseinanderzusetzen: StaBMM 15,118.

Bewohner und der Gewerbe dienten: Gartenbau, Holzversorgung, Wassernutzung für die Handwerke, Weide für Zugtiere, Schlachtvieh und Handelsvieh, daneben Ackerbau. Während beim Dorf die Gemarkung der Wirtschaftsraum ist, von dem die sozialen Verhältnisse im Dorf bestimmt werden, ist es bei der Stadt umgekehrt: die Gegebenheiten innerhalb der Mauern bestimmen ihr Verhältnis zum Außenraum, während der Stadtmark mehr ergänzende Bedeutung zukommt.[112]

Die Memminger Gemarkungsgrenzen reichten bis dicht an die nächsten Dorfsiedlungen heran und waren nach Süden besonders ausgedehnt, wo der Wald bei Dickenreishausen als Stadtwald in das Stadtgebiet einbezogen war. Nach Auseinandersetzungen zwischen der Stadt und den im westlichen Nachbardorf Hart begüterten Herrschaften (Kloster Weingarten, Antonierorden, Ober- und Unterhospital) wurde 1469 in einem Vergleich bestätigt, „daß die burger und einwühner zu Memmingen ihr vieh triben und tratten lassen mügen biß an die Buxach hinab, wie dan die von alter gegangen ist".[113] (Also hatten auch die Einwohner Allmendrechte.)

Es wurden auch zu Anfang des 16. Jahrhunderts Äcker angelegt, jedoch nur auf solchem Gelände, das sich als Weide nicht eignete. 1509 wurde auf dem Berg gegen Dickenreishausen gerodet, denn dort war „mehr Heide als Weide", 1513 ordnete der Rat an ein Areal von 36 Jauchert südlich der Stadt, auf dem größtenteils Heide wachse, so dass das Vieh dort eine ganz schlechte Weide habe, zu roden und den Handwerkern als Acker anzubieten.[114] In der gleichen Sitzung wurde aber beschlossen ein Ried zu kaufen und als Viehweide der Allmende zuzuschlagen.[115] Im Übrigen achtete man darauf, dass die Allmende nicht geschmälert wurde. 1462 wurden zwei Verordnete eingesetzt zu prüfen, „wo der burger gemaind eingefangen ist", damit der Rat dafür sorge, dass „die gemaind das ir allenthalb wider wird und belyb".[116]

Die Stadt hatte drei Viehherden. Sie standen unter der Aufsicht von je zwei Ratsherren als Hirtenmeister, die sie jeweils an denjenigen als Hirten *verliehen*, der ihnen am geeignetsten erschien. Daneben hatte man einen Pferdehirten. Außerdem gab es eine Herde der Bleicher und eine des Spitals.[117] Allein das Spital trieb 18 Pferde, 81 Rinder und 61 Schweine auf die Weide (und hielt außerdem 140 Rinder auf den Dörfern).[118] Die Zunftbürger hielten Vieh sozusagen im Nebenerwerb, nicht nur für den eigenen Bedarf, sondern auch zum Verkauf. Der Rat ordnete an, Schweine, Schafe und Ziegen nicht auf die Gasse zu lassen, sondern entweder im Stall zu behalten oder zur Herde zu geben. Der Rücktrieb des Viehs noch am Tage

[112] Bader, Studien 1, 235.

[113] HStAM KL Memmingen, Kreuzherren 1, fol. 224-226.

[114] StaM RP 11.7.1513; Eschenlohr, Wälder, 9; Hornstein, Wald und Mensch, 157.

[115] StaAMM RP 11.7.1513 u. 17.11.1514; es hatte nach einer späteren Auskunft (ca. 1805) eine Größe von 1100 Jauchert: HStAM MA 8501.

[116] StaAMM Fol.Bd. 4, fol. 147.

[117] StaAMM RP 18.2.1512, 8.7.1513, 26.2.1518. Baumann, Allgäu 2, 56, erwähnt für 1460 noch eine Schafherde.

[118] Unold, Geschichte, 92 (zu 1463).

war eine nicht geringe Beschwerlichkeit für die Stadt. Damit diese Viehhaltung der städtischen Versorgung zugute kam, wurde den Metzgern ein Vorkaufsrecht eingeräumt; erst wenn sie nicht mit ihnen handelseinig würden, war den Bürgern gestattet ihr Vieh an Auswärtige zu veräußern. 1525 schließlich ordnete der Rat an kein fremdes Vieh in der Stadtherde zu halten, sofern es nicht in der Stadt gemetzgert würde. Auf seinem *Eigentum* könne jeder Vieh halten und damit verfahren, wie er wolle.[119]

Die Metzger erhielten einen Teil der Stadtweide für die Schlachtrinder zugeteilt.[120] Der Rat war bestrebt die Fleischpreise niedrig zu halten, während die Metzger mehrfach Preiserhöhungen beantragten wegen des Mangels an Fleisch und Vieh, sprich: der hohen Einkaufspreise. Außerhalb der Stadt waren höhere Preise zu erzielen, und der Rat verbot den Metzgern Vieh, das sie auf der Stadtweide gehalten hatten, in den Dörfern zu metzgern.[121] Andererseits war die Fleischversorgung zu gewährleisten. Als drei Bürger 1518 einen Kredit von 400 fl bei der Stadtkasse für den Kauf von ungarischen Ochsen beantragten, bat der Rat sich aus, wenigstens 40 oder 50 Stück in der Stadt zu schlachten und nicht nur das Beste davon weiterzuverkaufen. In der Folge beklagten sich die Hirtenmeister, die Metzger trieben ihre Schlachtrinder auf die allgemeine Weide, obwohl sie ihre eigene hätten. Nach langen Diskussionen entschied der Rat, die Metzger könnten Ochsen und Rinder, sofern sie in der Stadt geschlachtet und verkauft werden sollten, auch auf die Allmende bringen, jedoch mit eigenen Hirten.[122]

Die doppelte Zielsetzung niedriger Preise und ausreichender Versorgung war nicht in Übereinstimmung zu bringen. Bei der Zweckbestimmung der Allmendnutzung hatte die Versorgung der Stadt Priorität. Allenthalben ist ein Bremsen der Geschäftstätigkeit festzustellen. Nicht ganz mit Erfolg. Denn weder war der Verkauf auf dem Lande zu verhindern noch der in der Stadt zu höheren Preisen, „denn man geit es hinder und vor uns um 7 h und so wirs nit zulassen, so müssen wir das fleisch gar geraten. So man das zulasst, so haben arm leut dest mer flaisch."[123]

1514 wurde im Rat die Frage erörtert, den Stadtweiher in Wiesen umzuwandeln. Die Fischzucht sei nicht sehr rentabel, da man keine eigenen Laichgräben habe und die Besetzung viel koste. Dagegen zeigten alte Einnahmenbücher einen guten Erlös aus dem Heuverkauf, und man habe die Weide vor und nach dem Heuwuchs dazu. Der Weiher sei 1478 in einer Krise als Arbeitsbeschaffungsmaßnahme angelegt worden und sonst zu nichts gut gewesen. Man beschloss die Angelegenheit vor den großen Rat zu bringen, der sich für den Fortbestand des Weihers entschied.[124] Pro Jahr wurden im Stadtweiher 2400 Karpfen und 800 Hechte gefangen, die kontingentiert nur an Bürger verkauft

---

[119] StaAMM RP 20.3.1514, 19.4.1518, 13.2. u. 26.4.1525.

[120] Ebd., 19.6.1514 u. 1.8.1516; Unold, Geschichte, 126 f.

[121] StaAMM RP 2.3.1513, 20.3.1514, 20.8.1515.

[122] Ebd., 23.6. u. 1.9.1518.

[123] Ebd., 11.6.1520. Arm im Sinne von nicht reich; es ist nicht die Unterschicht gemeint.

[124] Ebd., 23.10.1514.

wurden. 1519 kamen die Woringer Fische dazu.[125] 1520 wurde einem Fischhändler die Lizenz mit der nachdrücklichen Auflage erteilt, in zwei Meilen um die Stadt keinen Bachfisch zu kaufen; Weiherfisch möge er kaufen, wo er ihn finde.[126]

Im Ämterbuch der Stadt für die Jahre 1448-1558 ist jährlich neben den Ämterlisten und Amtseiden der Eid der Gemeinde verzeichnet. Ab 1475 wurde dieser durch einen Passus mit der Überschrift „Man soll darauf verruffen" ergänzt. Es wurde ein Verbot des Spielens und der Verunreinigung von Bach, Zwinger und Graben vor allem durch totes Vieh ausgesprochen. 1500 und 1501 nun begann dieser Passus mit dem Satz:[127]

> Verkend min hern, uff dem Dickenreis, noch yender daby, soll nieman weder fallbaum zu den vogelherd, tennenlo, verkolten senden noch ainich ander holtz hawen by vermeydung der straff, so ain ersamer ratt nach gelegenhait der sach und ains yeden ubertretters, deshalb ernstlich furnemen wurden.

Wenn an so prominenter Stelle ein Holzschlagverbot für den Stadtwald angemahnt wurde, zeigt das die prekäre Situation der Holzversorgung.

Die Ausfuhr von Holz wurde mit Zoll belegt, die Einfuhr nicht. Jedem wurde pro Woche höchstens ein Klafter Holz vom Stadtwald gegeben. Man ging dazu über, die Bäume im Wald nicht mehr zu verkaufen, sondern selbst zu schneiden und die Bretter und das Brennholz den Bürgern zu verkaufen.[128] Die Stadt kaufte 1523 und 1525 Holz hinzu, um es an die Bürger, auf einen halben Klafter kontingentiert, kostendeckend, aber unter Marktpreis abzugeben.[129] Diese Maßnahmen deuten bereits auf die akute Krise hin.

Denn am 7. November 1524 ließ der Rat verkünden, dass in Zukunft niemand im *Bürgerholz* mehr Holz hauen oder klauben solle. 14 Tage später wurden Strafandrohungen verkündet für diejenigen, die Holz nicht auf dem Holzmarkt kauften (wo vorgeschriebene Höchstpreise galten) oder auf Gewinn aufkauften. Niemand dürfe mehr ungemessenes Holz kaufen.[130]

Aus den Ratsprotokollen geht hervor, dass die Stadt in den Monaten vor der Revolution in den hier betrachteten Bereichen in eine Versorgungskrise geriet. Bereits im Winter 1523 hatte man Holz zukaufen müssen, wobei das Spital mit einem Bestand bei Hitzenhofen einstand. Die Regulierungsmaßnahmen im November 1524 indizieren diesen Holzmangel, dem durch den Kauf eines Extrapostens im Februar 1525 begegnet werden sollte - das im Preis um 6 ß h oder 37,5 % über dem von Ende 1523 lag. Probleme mit der Fleischversorgung gibt die Anordnung vom April 1525 wieder, auf der Allmende gehaltenes Vieh nur in der Stadt zu schlachten.

---

[125] Ebd., 9.2.1512, 11.10.1514, 23.10.1517, 7.10.1519.
[126] Ebd., 2.1. u. 30.3.1520.
[127] StaAMM Fol.Bd. 1.
[128] StaAMM RP 12.7.1512, 3.4.1514, 30.8.1518, 17.6.1519.
[129] Ebd., 14.12. 1523, 3.2.1525.
[130] Ebd., 7.11. u. 21.11. 1524, vgl. 30.3.1520.

Keine dieser Maßnahmen zielte übrigens auf die unterbürgerliche Schicht, vielmehr hatte der Rat die Bürgerschaft im Auge.

Der innerstädtische Zehntkonflikt Mitte 1524 war sicherlich reformatorisch bestimmt, jedoch zugleich Ausdruck der schwierigen Lage der Bevölkerung. Neben diesen Verweigerungen begannen die Bürger gegen das Fischfangverbot zu verstoßen.

Die Revolutions- und Konterrevolutionswirren brachten endgültig das Marktordnungssystem durcheinander. Am 25. September 1525 ließ der Rat bei Bußgeldandrohung das Gebot verkünden, „das man das holtz, schmaltz, ayer und visch auf den marckt kommen lass".[131]

Die Landwirtschaft im Umland Memmingens hatte, auch in diesem Getreideanbaugebiet mit dem für die Region zentralen Getreidemarkt in der Reichsstadt, eine hinsichtlich Ackerbau und Viehzucht ausgesprochen ausgewogene Struktur, im größten Teil des 15. Jahrhunderts mit einem Ressourcenüberhang von Wald und Weide. Der Zolltarif von 1411 nennt für den Nahmarkt Vieh, Schmalz, Hühner, Obst, Brot, Heu, Stroh, Holz ausdrücklich. Ein Vergleich von 1511 befreite die Bauern aus dem Amt Aichstetten jenseits der Iller für den Marktbesuch in Memmingen vom Zoll an der Fähre bei Marstetten bei Holztransporten aus eigenen Beständen und beim Schweinetrieb. Der Illeraufwärts gelegene Übergang von Lautrach war für Memminger Hintersassen beim Trieb bis zu vier Stück Schlachtvieh zollfrei. Die Fähre bei Buxheim wurde von der Stadt für die Gemeinde- und Schlagrinder benutzt, weiterhin für Karren mit Käse, Leder, Flachs, Hanf sowie höchstens zwei Zentner Schafwolle, sodann Loden und Leinentücher, alles in offener Ladung, also keine Kaufmannsware.[132]

Das dominierende Gewerbe in Memmingen war die Barchent- und Leinenweberei, der gegenüber die Wolltuchherstellung weit zurücktrat. Während die Zahl der Leineweber zwischen 1420 und 1530 von 124 auf 256 zunahm, sank die Zahl der Tucher von 60 auf 41. Andererseits machten Tucher, Gerber, Schuster, Metzger und Zimmerleute 34 % bzw. 30 % aller Zünftigen aus, was die nicht geringe Bedeutung der von Weide- und Waldwirtschaft abhängigen Gewerbe anzeigt. Eine ausgesprochene Spezialisierung der landwirtschaftlichen Produktion wurde am ehesten hinsichtlich des Flachsanbaus angestoßen. Dass dadurch eine Einschränkung der Allmende bewirkt werden konnte, war in der Dorfordnung von Hitzenhofen angesprochen. Doch war dies zweitrangig gegenüber dem Problem des Viehauftriebs. Der Einzugsbereich für die Gewerbepflanzen bzw. das gesponnene Garn war die ganze Region.[133]

---

[131] Ebd., 25.9.1525.
[132] Kießling, Stadt, 426, 432-436.
[133] Ebd., 427, 776.

1.2 Schafhaltung bei Kloster Kaisheim und seinen Hintersassen

Kloster Kaisheim lag im Einzugsbereich der Reichsstadt Nördlingen (der 1362 von Kaiser Karl IV. auch der Schirm über das Kloster übertragen wurde). Neben der Messe begründete das Textilgewerbe die hervorragende Stellung Nördlingens in der oberdeutschen Wirtschaft. Hierbei wurde die aus dem 14. Jahrhundert herreichende Tuchherstellung aus flämischer Wolle in der ersten Hälfte des 15. Jahrhunderts von einem Barchentboom überlagert, der wiederum in der zweiten Hälfte des Jahrhunderts von einer Konjunktur für Tuche abgelöst wurde. Diese wurde ergänzt durch eine stetige Zunahme der Produktion von Loden aus einheimischer Wolle, die um 1500 den gleichen Umfang wie die der Tuche erreichte. 1540 arbeiteten zwischen einem Fünftel und einem Viertel aller Nördlinger Zunfthandwerker in der Lodenherstellung. Hinzu kamen die Ledergewerbe, in denen mehr als ein Sechstel der Meister arbeiteten und die großenteils auf der Schafzucht des Umlandes basierten. Die in der Lodnerordnung von 1453 festgelegte Schaupflicht für Wolle, die außerhalb einer Drei-Meilen-Zone gekauft wurde, wurde 1511 auf vier Meilen ausgedehnt, schloss also Kaisheim und Donauwörth ein. Die Trennung von Tuch- und Lodenwolle erfolgte zu diesem Zeitpunkt nicht mehr nach Herkunftsgebieten, sondern nach Qualität, was für die zunehmende Güte der einheimischen Wolle spricht. Nichtsdestoweniger tendierte die Nachfrage zu einfacherer Ware. Die Konkurrenz der Landstädte, unter ihnen Donauwörth, nahm zu.[134]

Bereits im Kaisheimer Urbar von 1319 werden Wollweber auf dem Land erwähnt. 1361 sind in einer Vermögensaufstellung des Klosters neun Pflüge, 60 Kühe und 800 Schafe verzeichnet.[135] Kaisheim betrieb sowohl Schaf- wie Viehhaltung in größerem Stil. 1443 schritt Lauingen dagegen ein, dass Kaisheim seinen Viehstand auf den Donauweiden der Stadt auf 250 Stück ausgeweitet hatte. Kaisheim klagte vor dem bayerischen Hofgericht, appellierte an das königliche Hofgericht und wurde 1444/45 auf zwei Rechtstagen in Ulm abgewiesen. Die Konkurrenz um die Schafweidegebiete in dieser Zeit wird durch die von Oettingen 1448 erweiterte Schäferei in Baldern und Bruchhausen, die die Weiderechte der Reichsstädte Nördlingen, Dinkelsbühl und Bopfingen und einiger dörflicher Gemeinden berührte, angezeigt, gegen die - und andere Punkte - die Klage vor den Kaiser gebracht wurde.[136]

Kloster Kaisheim, dem im nahe gelegenen Bergstetten ein Schäfereihof gehörte, nahm Weiderechte auf der Gemarkung des Dorfes Baierfeld in Anspruch. Es besaß

---

[134] Kießling, Stadt, 61, 160, 213-215, 224-232, 237 f., 242.
[135] StAA Kaisheim Urk. (St. Bonifaz) 2874.
[136] Kießling, Stadt, 89, 259, 551, 618.

dort einen Hof mit zwei Sölden, während die Grundherrschaft Kloster Heilig Kreuz von Donauwörth innehatte.[137]

Mitte des 15. Jahrhunderts erlangte die Gemeinde Baierfeld am Landgericht Graisbach zwei Urteilsbriefe.[138] 1444 waren vor dem Vogt zu Graisbach im Gericht Fritz Neumair, Fritz Kratzer und Michel Teytel „von wegen der gantzen gemainde des dorfs zu Peurfeld" erschienen und baten den Vogt „des rechten ze fragen": da die von Buchdorf und andere ihrer Nachbarn ihre Felder, Wiesen und Weide „verpannt und verainigt" hätten, ob sie dann von Rechts wegen ihre Felder, Wiesen und Weiden nicht auch bannen und rainen könnten. Es wurde ihnen gestattet.

1455 klagten vor dem Landvogt am Gericht Hans Neumair und Contz Walther in Vertretung der Gemeinde Baierfeld, dass man sich an die Bannung ihrer Felder gemäß dem Brief von 1444 nicht halten wolle. Sie baten eine Buße von 5 Schilling Pfennig, zahlbar an die Herrschaft zu Graisbach, setzen zu dürfen gegen denjenigen, der ihre Bannung und Rainung nicht achte. Auch das wurde gestattet.

Pfingsten 1456 trafen sich Kloster Kaisheim und Kloster Heilig Kreuz für die von Baierfeld vor dem Hofgericht in Neuburg. Die Räte haben „die aynung, so zu Grayspach ausgangen wäre, nachdem und die von Peyerfeldt dieselben aynung on der grundtherren willen undt wissen erlangt hetten, abgeschafft". Stattdessen beschied das Hofgericht, dass Kaisheim und Heilig Kreuz jeder drei oder vier Personen stellen sollten, die „ein kuntschafft sagen, wie es mit der trib herkomen wär", danach sollten beide Äbte eine gütliche Vereinbarung treffen. Die Kundschaft wurde eingeholt, die Vereinbarung erzielt, als sie aber beiden Teilen vorgestellt wurde, wollten sich die von Baierfeld nicht daran halten.[139]

Am 11. Juli 1457 erschienen wiederum Hans Neumair und Chunz Walther aus Baierfeld vor Fridrich Fuchs, dem Landvogt zu Graisbach, und den Urteilern und klagten durch ihren Fürsprecher, dass sie vormals von diesem Gericht „von der gantzen gemain zu Peuerfeldt wegen" eine Einung und einen Gerichtsbrief erlangt hätten, und zitierten daraus: „wer in ir waydt trib on iren willen, der sollte der herrschaft gain Grayspach umb fünf schilling pfennig verfallen sein". Nun hätte Fritz Tengler von Bergstetten - damals noch bei ihnen in Baierfeld gesessen - seine Schafe auf ihre Weide getrieben, sie hätten ihn dreimal und öfter nach Inhalt ihres Briefes gepfändet, sie forderten Schadensersatz.

Als Hans Weissenhorn von Kloster Kaisheim durch seinen Fürsprecher auf das letztjährige Hofgericht verwies, vertraten die beiden Baierfelder den Standpunkt, „sy hieten nichts mit dem von Kaysheim desssmals zu recht, ir clag stundt zu Fritzen Tengler". Tengler antwortete, die Klage komme ihm befremdlich vor, denn „man wise wohl, das kein armer man seinen herrn nichts an seiner gerechtigkeit zu

---

[137] Nach einer Kaisheimer Aufstellung von 1418 waren in Baierfeld elf Zinsleute, in Bergstetten einer (namens Albrecht Schiffer): Johann Knebel, Die Chronik des Klosters Kaisheim (1531), hg. v. Franz Hüttner, Tübingen 1902, 216.

[138] Inseriert in: HStAM RKG 2544, Neuburgisches Hofgerichtsurteil von 1520, fol. 45 f.

[139] StAA KL Kaisheim 173 (Kopialbuch), fol. 270-280; Ausfertigung StAA KU Kaisheim 1311; auch für das Folgende.

verrechten hat". Die Räte hätten die Einung abgeschafft und dem von Kaisheim „sein trib erlaubt in mass".

Die beiden Baierfelder beharrten auf der Einung von Graisbach und führten weiter ins Feld, dass Tengler von Hans Wernt, dem damaligen Vogt von Graisbach, noch nach dem Hofgerichtsabschied geboten wurde, sie bei der Einung zu lassen. Der daraufhin zitierte alte Vogt Wernt gestand ein, er sei seinerzeit in Donauwörth „mit etlichen schosworten an den Tengler kommen" und habe ihm bei der großen Buße geboten nicht auf die Weide von Baierfeld zu treiben, „sunder sy bei der aynigung beleiben zu lassen". Das sei aber mit Scheltworten geschehen, und später sei der Tengler wieder zu ihm gekommen und habe ihn gebeten von seinem Zorn zu lassen, woraufhin er das Gebot wieder aufgehoben und gesprochen habe, „er well nichts unter die rät schaffen", doch solle Tengler sein Recht bescheiden wahrnehmen.

Das Gericht entschied mehrheitlich, die zwei von Baierfeld „hetten die besseren sag und die stund ihn zu". Daraufhin kündigte Tengler an bei Herzog Ludwig und seinem Hofgericht im Oberland Beschwerde einlegen zu wollen.

Am 12. Dezember saßen Ludwigs Räte zu Gericht, sprachen den beiden Baierfeldern ab, dass sie „die bessere sag haben sullen", und bestätigten das vormalige Hofgerichtsurteil.

Dies war der Auftakt zu einem bis zum Bauernkriegsjahr dauernden und bis vor das Reichskammergericht gezogenen Streit, in dem argumentativ die beiden entgegengesetzten Urteile des Landgerichts Graisbach und des bayerischen Hofgerichts Neuburg (Donau) im Mittelpunkt standen. Denn die Graisbacher Entscheidung überließ es dem Willen der Gemeinde Baierfeld, wer auf ihre Weide treiben dürfe, und gab ihr auch die Bußgewalt, während das Hofgericht die Regelungsbefugnis unter Berücksichtigung des Herkommens den Grundherren zuwies. Das erste sah also bei der Gemeinde die Hoheit über die Allmende, das andere brachte die Herrschaft ins Spiel; doch war auch ihr Spruch seitens der Gemeinde zustimmungsbedürftig. Die Rechtsentscheidung lag beim Land- bzw. Hofgericht.

Das Landgericht Graisbach hatten ursprünglich die Grafen von Lechsgemünd-Graisbach innegehabt (die auch die Gründer der Zisterze Kaisheim gewesen waren), bis Bayern 1305 die Grafschaftsrechte und, nach dem Aussterben des Geschlechts, auch die engere Herrschaft Graisbach erwarb.[140]

Am 22. Januar 1470 holte sich „Hans Sattler mitsampt den mereren tail gemain des dorfs zu Peurfeldt" beim Landvogt von Graisbach eine Bestätigung der Gerichtsbriefe von 1444 und 1455.[141] Am 10. April 1470 erschienen die „armen leut zu Peurfelden" vor dem Neuburger Hofgericht und brachten „durch iren redner in angedingten hofrechten" vor, der Abt von Kaisheim habe in Bergstetten eine

---

[140] Dieter Kudorfer, Nördlingen, München 1974, 123 f., 375 f. - Wilhelm Kraft, Gau Sualafeld und Grafschaft Graisbach, in: JbFränkLF 13 (1953), 85-127.
[141] HStAM Pfalz-Neuburg. Klöster und Pfarreien, Urk. 482.

ziemliche Anzahl Schafe, mit denen er ihnen einen großen Schaden „an ir waid und nutzung des genanten dorfs" zufüge. Er belaste sie mit diesem Schaftrieb so sehr, dass sie dem Herzog „als irem vogthern" Dienst, Steuer, Vogtei und anderes und ihrem Herrn von Heilig Kreuz „als dem grundthern" seine Gülten und Zinsen nicht mehr geben könnten, von den Gütern ziehen und sie liegen lassen müssten. Sie baten, den Herrn von Kaisheim gütlich zu weisen, solches „ubertreibens der schaf halben" hinfort abzustellen, und, sollte es gütlich nicht möglich sein, durch rechtlichen Spruch in diesem Sinne zu erkennen.[142]

Der Prior von Kaisheim antwortete, das Kloster habe den Trieb mehr als 200 Jahre lang ruhig besessen „und bey stiller nutzlicher gewer lenger dann landsrecht sey". Er stellte auf das lange Herkommen ab und verlangte ein Rechts-erkenntnis.

Die Baierfelder entgegneten, Kaisheim habe den Schaftrieb „rechtlich nie innen gehabt", und ließen die drei Briefe verlesen, „die waren außgangen vor etlicher vergangen zeit vor dem gericht zu Graispach". Sie erläuterten, dass sie sich selbst vor einiger Zeit Schafe angeschafft hatten, an die 300 Stück, die sie aber wegen des Schadens für ihr anderes Vieh wieder hatten abschaffen müssen. Der Kaisheimer Anwalt behauptete, dass die Schäferei durch die drei Briefe nicht berührt sei, „und das unpillich furnemen der armen leut halben von Peurfeld geschehe nur aus neyd und hass und durch iren aigen mutwillen und aigen gewalt irs furnemen".

Die Baierfelder ergänzten, der von Kaisheim habe seinen eigenen Trieb, der „verraint und verstaint" ist, für Zins verliehen und müsse jetzt mit seinen Schafen auf die Weide von Baierfeld gehen. Auch habe er den Baierfeldern seine Weide, die sie in alter Zeit besucht hätten, verboten. Der Herr von Heilig Kreuz wolle zu ihnen stehen, „als der grundherr zu seinem aigen grund pillichen tun sol". Der Herr zu Kaisheim habe in Baierfeld nichts als einen Hof und zwei dazugehörige Sölden, „dabey zu versten sey, das er kain gerechtigkait do habe, dann was er durch sein aigen furnemen thut".

Die Baierfelder beriefen sich auf ihre Briefe, die sie „nach gewonhait der herschaft zu Graispach als ander ir umbsassen mit recht erlangt" hätten. Kaisheim reklamierte das lange und ungestörte Herkommen.

Die Parteien kamen zu einem neuen Termin am 2. Dezember des Jahres vor das Hofgericht. Es entschied, dass Kaisheim sein Recht mit Eid beschwören soll. Der Prior sollte beeiden, dass Kloster Kaisheim „sollichen schöfftrib in nutz, brauch, besess und gewer ingehabt hab". Sodann solle er 21 Mann stellen, die an der Sache keinen Anteil hatten, und von ihnen sechs nehmen, die schworen, dass bekannt sei und sie wüssten, dass sein Eid kein Meineid ist. So geschah es.[143]

---

[142] StAA KU Kaisheim 1342.
[143] StAA KU Kaisheim 1345. - Im Graisbacher Gerichtsverfahren war der Anspruch auf ein Gut entweder durch Urkunden oder durch Eid zu beweisen. Oft war aber auch eine Kundschaft verlangt: Kraft, Graisbach, 115.

Anlass der erneuten Klage war offensichtlich eine weitere Vermehrung der Kaisheimer Schafe auf der Gemarkung Baierfelds. Die Baierfelder klagten jedoch nicht auf eine Reduzierung der Herde, sondern wiederum prinzipiell auf ihre Regelungshoheit, und zwar mit der Argumentation, dass Kaisheim kein Grundherr in Baierfeld sei und daher keine Gerechtigkeit dort habe. Als Besitzer eines Hofes mit zwei Sölden solle es sich der gemeindlichen Regelung unterwerfen. Eine Gerechtigkeit habe lediglich Heilig Kreuz als Grundherr, die in den Worten der Bauern jedoch eher als Schirmpflicht des Grundherrn gegenüber seinen Hintersassen erscheint.[144] Die Baierfelder stützten sich auf die Graisbacher Urteile, die das Hofgericht jedoch ignorierte und wiederum dem von Kaisheim angeführten Nachweis durch Herkommen folgte. Die Baierfelder waren wiederum abgewiesen.

Schafhaltung war im Kaisheimer Gebiet ein traditioneller Zweig der Landwirtschaft, wurde jedoch mehr in herrschaftlicher Eigenwirtschaft betrieben, während für die Bauern ihre übrige Viehhaltung Vorrang hatte.

Gerichtskundig wurde die Angelegenheit erst wieder 1515.[145] Da klagte Kloster Kaisheim vor dem Hofgericht Neuburg gegen „vierer und die gemainschaft des dorfs zu Peurfelld", dass sie Kaisheim an dem „possess, inhaben, gebrauch, nutz und gewer" seiner Schaftriebgerechtigkeit „auf der von Peurfellden güter" irrten und störten entgegen Urteil und Eid von 1470. Denn letzten Sommer hätten die Baierfelder sich mehrmals unterstanden den Kaisheimer Schafhirten und seine Schafe von ihrer Weide und ihren Gütern „mit aigem gewalt und furnemen zu treiben". Von der Gegenseite erschienen „Erhardt Hochfellder und Hans Posch von Peurfelld, von des erwirdigen und andechtigen herrn Bartholmeen abts und gemainen conuents des Heiligen Creutz gotshaus zu Swebischen Werd, auch der gemainschaft wegen daselbs zu Peurfelld". Sie baten um eine Abschrift der Klage, die sie ihrem Herrn von Heilig Kreuz vorlegen wollten, und um die Vertagung bis zum nächsten Hofgerichtstermin. Der Anwalt Kaisheims wandte ein, dass es keinen Rechtsstreit mit Heilig Kreuz, sondern mit denen von Baierfeld hätte, und verlangte, dass die Baierfelder eine Vollmacht vorwiesen.

Zum nächsten Termin vor dem Hofgericht 1516 erschienen wieder Hochfelder und Posch „als volmechtig anweld" des Klosters Heilig Kreuz sowie der „gantzen gemainschaft" zu Baierfeld. Sie legten eine schriftliche Einrede vor, dass an der Kaisheimer Klage unklar sei, ob es auf den Baierfelder Gütern nur einen Durchtrieb für seine Schafe zu anderen Kaisheimer Grundstücken habe, oder ob es „ain blumen bsuch und waid" und die Macht hätte, auf allem und jedem Baierfelder Grund und Boden zu hüten und weiden, wie, wann und so lange es dem Schäfer gelüste und ganz wie die Baierfelder selbst. Der Kaisheimer Anwalt wusste dies

---

[144] Ungetrübt war das Verhältnis des Klosters Heilig Kreuz zu seinen Untertanen auch nicht, die ihm 1473 und 1477 die Abgaben verweigerten: Maria Zelzer, Geschichte der Stadt Donauwörth, Bd. 1, 2. Aufl., Donauwörth 1979, 394.

[145] Zum Folgenden das Neuburger Hofgerichtsurteil 1520: HStAM RKG 2544.

nicht zu beantworten, zumal das Hofgericht 1470 „der von Peurfelld güter" auch nicht näher bezeichnet habe. Er bat um Vertagung, damit sein Prinzipal „die alten scheffer darumb erforsche". Auch zweifelte er daran, dass die beiden Baierfelder Heilig Kreuz vertreten würden, und verlangte eine ausreichende Vollmacht.

Erstaunlich, nicht nur für den Kaisheimer Anwalt, ist tatsächlich, dass die beiden Bauern außer ihrer Gemeinde auch den Abt von Heilig Kreuz, ihren „grundt- und gülthern", gerichtlich vertraten. Doch lag beim nächsten Termin die Vollmacht des Abtes für „Erharten Hochfelder und Hannsen Boschen bed aus der gemeinschaft Pewrfeldt" vor, dem von Kaisheim „unsere verantwurtung darzuthon, red umb red zu geben" etc.[146] Man könnte den Verzicht des Klosters Heilig Kreuz auf eigene Präsenz in diesem Prozess so deuten, dass es einen Streit mit Kaisheim umgehen wollte und die Baierfelder sich selbst überließ. Das ist wohl nicht so, denn zur gleichen Zeit, im Dezember 1515, protestierte Heilig Kreuz dagegen, dass drei seiner Untertanen, die auf seinen Klostergütern in Baierfeld saßen, von Kaisheim, obwohl es dort nur einen Hof mit zwei Sölden hatte, wegen Grundzinsen vor das geistliche Gericht in Eichstätt gezogen wurden.[147] Es bleibt die Interpretation, dass Heilig Kreuz die alte Baierfelder Position, dass die Allmendnutzung der Regelungshoheit der Gemeinde vorbehalten sei, respektierte.

Wie aus Prozesskostenaufstellungen von 1525 hervorgeht[148], haben die Baierfelder bei jedem Hofgerichtstermin - in vier Jahren 1515-19 pro Jahr vier Termine - „ein doctor von Ingolstadt gehebt, der ine die sach gered und aduociert" und einen Schreiber mithatte. Das allein kostete sie 112 fl, bei Gesamtkosten von schließlich 203 ½ fl. Die Bauern hatten hier sozusagen die modernere Prozessführung. Während Kloster Kaisheim diese dem Klosterrichter überließ, engagierte die Gemeinde ein Mitglied der Ingolstädter Juristenfakultät.[149]

Die Baierfelder Prozessstrategie war diesmal denn auch geschickter. Sie beharrte nicht auf der prinzipiellen gemeindlichen Regelungsbefugnis, sondern ließ sich auf die Kaisheimer Linie, das Herkommen heranzuziehen, ein, verlangte allerdings eine Konkretisierung und schob Kaisheim die Beweisführung dafür zu.

Beim Hofgerichtstermin 1517[150] lieferte Kaisheim die Erläuterung, dass ihr Schäfer die Schafe von Bergstetten aus auf den Feldern und Gründen, die genannt wurden Berckstetter Bach, Stainbühl, Tieffegert, Hermansberg und Hochstrass, „ringsweise" um Baierfeld getrieben und geweidet hätte „und allain das holtzmarck bey dem veld Stainbühl, das auch Stainbühl genannt würdet," wegen der Kräuter,

---

[146] HStAM Pfalz-Neuburg. Beziehungen zu Stiftern, Urk. 928, 24.6.1517; ebd., Urk. 929, 30.11.1519.

[147] StAA Kloster Donauwörth Heilig Kreuz, Akten 1; Josef Roeßner, Baierfeld, Gundelfingen 1990, 36.

[148] HStAM RKG 2544, 25.9. u. 20.10.1525.

[149] Also weit früher als die von Winfried Schulze, Bäuerlicher Widerstand und feudale Herrschaft in der frühen Neuzeit, Stuttgart-Bad Cannstatt 1980, 227-233, herangezogene Anfrage der Stiftkemptischen Untertanen an die gleiche Juristenfakultät von 1667.

[150] Im Folgenden HStAM RKG 2544, Neuburger Hofgerichtsurteil 1520, fol. 6 ff.

die darin wuchsen und den Schafen schädlich wären, allezeit gemieden hätte. Die Baierfelder fochten den Trieb durch die Hochstraß, „so die velder beslossen sein", nicht an, wohl aber den über die anderen Grundstücke, der seitens Kaisheim unbewiesen sei.

Der Kaisheimer Anwalt verlangte nun die Vereidigung beider Parteien und legte seine Darstellung des Streithergangs schriftlich dar: Kaisheim hätte seit mehr als 100 Jahren eine Erbschäferei zu Bergstetten. Nach dem Urteil von 1470 habe Kaisheim den Schaftrieb auf den Feldern von Baierfeld „ingehabt, besessen, gebraucht und genutzt" bis zum „Bairischen Krieg" (Landshuter Erbfolgekrieg) 1504, als die Schäferei in Bergstetten eingegangen sei. Nach dem Krieg wurden dort wieder Schafe gehalten, bis 1510 der Schafstadel in Bergstetten abbrannte. Danach hatte eine Zeit lang keine Schäferei in Bergstetten bestanden, bis vor ungefähr drei Jahren (also 1514) Kaisheim dort wieder Schafe und einen Schäfer zu halten begann. Im vergangenen Sommer (1516) hätten die Baierfelder den Schafhirten und die Schafe Kaisheims von ihrer Weide und ihren Gütern vertrieben, wobei sie „solch abtreiben getan haben on erlaubnus der oberkait, sonder aus aigen gewalt."

Die schriftliche Antwort der Baierfelder lag 1518 vor. Sie räumten noch einmal dem Schäfer von Bergstetten den Durchtrieb durch die Hochstrasse auf die Kaisheimer eigene Weide ein, gestanden Kaisheim aber keine „possession oder gewere" auf den Gütern und Feldern des Dorfes Baierfeld zu. Sie legten Wert darauf, dass sie und ihre Vorfahren jederzeit, wenn sie davon gewusst hatten, den Schafhirten samt den Schafen von ihren „veldern und waide abgetriben und gewert haben". Sie stellten dazu den Beweisantrag. Was die fehlende obrigkeitliche Erlaubnis angehe, hätten sie nichts getan, als wozu sie Fug und Recht hätten, nämlich des Öfteren Schafe in Pfand genommen, nach Graisbach getrieben und „allda der oberhandt geclagt". Der Kaisheimer Anwalt beantragte die Klärung der Streitpunkte durch Befragung von Zeugen. Da sie schlecht alle vor das Hofgericht zu laden seien, wurde der Pfleger und Landvogt zu Graisbach, Balthasar von Gumppenberg, als Kommissar für das Zeugenverhör eingesetzt.

1519 erstattete Gumppenberg seinen Bericht. Beide Parteien hatten Zeugen zu benennen und ihre Fragen zu formulieren gehabt. Kaisheim präsentierte zwölf Zeugen, Baierfeld neun. Sie alle hatten Name, Alter, Wohnort, Beruf, Vermögen, grundherrliche Zugehörigkeit und, ob und wem sie leibeigen seien, anzugeben. Unter den Kaisheimer Zeugen waren elf Schäfer oder Schafknechte, die einmal in Bergstetten gedient hatten, und ein Bauer. Die Baierfelder Zeugen waren ein Bürger, ein Wagner, ein Bauernknecht, ein Seldner, ein ehemaliger Schäfer, ein Bierbrauer und drei Bauern. So bietet sich ein interessanter Einblick in die Sozialgruppe der Schäfer und Schafknechte im Vergleich zur übrigen Bevölkerung.

Da ist Hans Küen, Abzieher zu Donauwörth, 52 Jahre alt, Leibeigener des Abtes von Neresheim, der sein Vermögen auf 30 fl schätzt und ehemals Kaisheimer Schafknecht in Bergstetten war. Oder Hans Paurnfeindt, ein „gemainer schafhirt" zu Mündling, 50 Jahre, niemandem leibeigen, Kaisheimer Hintersasse und Gültmann, 15 fl. Melchior Scheffer, Schäfer zu Wemding, 30 Jahre, denen von Ulm leibeigen;

er hat eine Wiese von Kaisheim, für die er ihnen zinsbar ist und die 40 fl wert ist, außerdem eine „behausung" in der Stadt Wemding, 27 fl wert, „das sey sein vermögen". Das durchschnittliche Vermögen dieser Schäfer und Schafknechte betrug 30 fl. Die einen geben einen Leibherrn an, andere bezeichnen sich ausdrücklich als niemandem leibeigen, dritte machen keine Angaben. Hans Zeysshammer von Hasenbühl, 50 Jahre alt, „kleinhirdt" und früher ein Jahr lang Schafknecht in Bergstetten, „vermöcht nichts, dann was er verdienet", gibt an: Er wäre vor Zeiten dem Gotteshaus Neresheim eigen gewesen, danach vier Jahre nach Harburg gezogen. Er hätte immer gehört, wenn einer vier Jahre daselbst wohnt, so wäre er des Grafen von Öttingen Leibeigener. Darum wisse er nicht, wem er leibeigen sei, aber er gäbe niemandem Leibgeld, und es fordere seither niemand welches. Die Schäfer waren 18 Jahre, fünf bis sechs oder drei Jahre in Bergstetten beschäftigt, die Knechte nur ein Jahr lang.

Nicht zur Gruppe der Schäfer gehörend und noch ärmer waren zwei von den Baierfeldern aufgebotene Zeugen. Michel Schaudi, 70, „pawknecht" von Treuchtlingen, gibt an, „er sey ein armer diener". Und Hans Seywolt von Buchdorf, 76, Wagner, der Äbtissin zu Monheim leibeigen, sagt, „hab kain sein lebenlang narung". Ein wenig besser gestellt waren: Lienhard Frech, 61, Bürger von Monheim, niemandem leibeigen, Vermögen 70 fl. Michel Wechler, 55, Bierbrauer in Traiting, 50 fl. Oder Utz Eberlen, 77, Seldner zu Fünfstetten, bayerischer Hintersasse, Vermögen 150 fl; aber er gehört dieser Schicht schon nicht mehr an.

Von den von Kaisheim aufgebotenen Zeugen sagt Ulrich Ungleich aus, er sei vor 40 Jahren des Abtes von Kaisheim Schafknecht in Bergstetten gewesen und habe dort ein Jahr lang gedient, er habe die Schafe rings um das Dorf getrieben, „niemand hab ine angeredt, geengt und geirrt daran". Gleiches geben drei weitere Zeugen an, deren Aussagen sich auf die Zeit zwischen dem Urteil von 1470 und dem Landshuter Erbfolgekrieg 1504 beziehen.

Lienhard Zeisshamer, der vor neun Jahren (also etwa 1509) ein Jahr lang in Bergstetten diente, hat in die Baierfelder Wiesen und Felder getrieben, ohne dass er angesprochen wurde, bis St. Jakobstag, da hätten „etlich" von Baierfeld die Schafe genommen und nach Graisbach treiben wollen, sie aber auf sein Erbieten, sich in Graisbach dem Verhör stellen zu wollen, wieder herausgegeben. Dann sei ihm aber vom Kaisheimer Abt befohlen worden, weiter dorthin zu treiben, und er sei nicht wieder angesprochen worden. Hans Scheffer, 23 Jahre alt, berichtet, sein Vater sei vor und nach dem Landshuter Erbfolgekrieg 18 Jahre lang dort Schäfer gewesen. Er habe allezeit auf der von Baierfeld Felder und Wiesen, „wo ir gemain vich gangen ist", getrieben ohne Irrung der Baierfelder, aber nach dem Krieg hätten sich Erhard Hochfelder und Hans Posch unterstanden ihm den Trieb zu verwehren. Hans Küen bestätigt „rings herumb" um Baierfeld geweidet zu haben, „doch haben im die von Peurfelld oft tödtlich darumb droet, ine aber nit austriben". Auch ein weiterer der eigenen Zeugen berichtet von Einwänden der Baierfelder. Und fast alle erzählen die Geschichte von dem Schäferknecht, Gilg genannt, jetzt Viehhirt in Fünfstetten, dem die Baierfelder, als er „auf ainen egarten zwischen die haberen gefaren", die Schafe weggenommen und sie „gein Graispach fur die herrschaft getriben haben".

Diese Aussagen mussten für Kaisheim unbefriedigend sein, da die Baierfelder Gemeinde doch darauf abstellte dem Kloster den Schaftrieb jederzeit verwehrt zu haben. Kaisheim benannte vier Zeugen nachträglich. Aber nur Hans Zeysshamer erklärte, er habe vor 22 Jahren (also 1496) „berg und tal, somer und winter gedient, umb und durch das dorf Peurfelld gehüet, niemand hett in umbgeschlagen". Er wisse nicht, „wie das oder jhens hiess, aber seinerzeit hett er allenthalben herumb triben in Peurfellder gemain, niemand hett ims gewört". Hans Paurnfeindt war fünf oder sechs Jahre in Bergstetten in Dienst gewesen, die von Baierfeld hätten ihn nie weggetrieben, „dann das letst jar hetten ine die weiber von Peurfeld umbgeschlagen", seine Herren von Kaisheim hätten ihm befohlen, niemandem ein böses Wort zu sagen, „und wenn sys aufjagten, so sollten sy es geschehen lassen". Auch Thoma Ennghart, der vor zwölf Jahren (1506) Schäfer in Bergstetten war, hat niemand die Weide verwehrt, „dann des Poschen weib hett in ainsmalls austreiben wellen, übl gehandlt", er aber hat ihr gute Worte gegeben.

Hans Cratzer schließlich von Bergstetten, 60 Jahre alt, gab zur Person an: „Er sey ain paursman, dem von Kaishaim zugehörig", niemandem eigen, „er gäb sein gut nit umb dreyhundert guldin", da „er gein Kayshaim rennt und gült gäb, so wer sein hof demselben gotshaus lehenpar". Er berichtet dann, sein Herr von Kaisheim habe ihn anfangs wegen des Zeugnisses vorgefordert und befragt, „und dieweil er im villeicht nit seins gefallens gesagt", hätte er ihn damals nicht stellen wollen, „warumb er in aber ytzo wider fürstell, wiss er nit." Seine Aussage lautet, seit 30 Jahren, solange er in Bergstetten ist, hätte er den Schäfer gesehen nach Baierfeld hineintreiben, „aber die von Peurfelld hetten des von Kaishaim scheffer und schaff bisher allweg austriben."

Die von Baierfeld benannten Zeugen wurden aufgefordert „zu weisen", dass die Baierfelder und ihre Vorfahren allezeit, so sie davon gewusst hatten, die Hirten aus Bergstetten mitsamt den Schafen von ihren Feldern und ihrer Weide vertrieben haben. Während sich die Aussagen der Kaisheimer Zeugen (sie sind im Durchschnitt 43 Jahre alt) auf die Zeit nach 1470 beziehen, präsentieren die Baierfelder möglichst alte Leute (im Durchschnitt 63 Jahre), deren Erinnerung sich auf die Zeit vor 1470 bezieht. Nur einer, Lienhard Frech, gibt an, vor 20 Jahren habe er dreimal gesehen, dass die von Baierfeld des Abts von Kaisheim Schafe vertrieben hätten, „ob sys aber allweg getan haben, wisse er nit."

So lang er denkt, sagt Hans Seywolt, 76 Jahre, haben die von Baierfeld den von Bergstetten auf ihren Feldern „umbgeschlagen", das habe er selbst an die zehn Male gesehen. Michl Schaudi, 70, hat vor 55 Jahren bei seinem Vater in Baierfeld Pferde gehüet, und sie haben den Baierfeldern geholfen die Schäfer und ihre Knechte, „als stark sy gewest", aus den Feldern und Wiesen zu vertreiben. So auch die anderen. Michel Wechler berichtet, er habe oft von seinem Vater und anderen alten Leuten gehört, dass die von Kaisheim weder Fug noch Recht hätten auf ihren Grund und Boden zu treiben. Denn, so Utz Eberlen, die Baierfelder „weren armleut, müssten auch von dem dorf ziehen, wo die von Perckstetten die waid sollten bey ine suchen, könndten auch allsdann ainem fürsten weder raisen noch steuern". Doch die Schäfer würden gerne auf Baierfelder Grund treiben, „dann es het gar schöne griene berglen darinnen".

Utz Eberlen hat vor 64 Jahren als Knabe beim Schäfer Tengler sechs Jahre lang Schafe gehütet (also etwa 1454-60). Er und andere Zeugen kolportieren die Geschichte, dass an einem Ostermontag drei „genannt Knatzer, Neumair und Conntz Wechler aus der gemainschaft zu Peurfelld" (womöglich die damaligen Gemeindevertreter vor Gericht[151]) hinausliefen um einen Schafknecht zu vertreiben, ihn auf Kaisheimer Boden einholten, schlugen und für tot liegen ließen. Hans Seywolt erzählt, als das „geschray" nach Burgdorf kam, seien er und andere hinübergelaufen und hätten den Knecht noch liegen sehen. Man hat ihn dann auf einem Karren nach Bergstetten gebracht. Tatsächlich sei er zwei Jahre später gestorben. Seywolt erzählt weiter, als er danach im Kloster Kaisheim gearbeitet habe, sei Tengler ins Kloster zu Abt Georg dem Älteren (1458-79) gekommen und hätte ihm geklagt, dass die von Baierfeld seinen Knecht geschlagen hätten.[152]

> Da het ain Pertling genannt bruder Hans Knöbel in gegenwürtigkait sein zeugens dem abt geantwort und gesagt, du kotzen münich, sich in deine bücher, und weiter zum Tenngler gesagt, er sollt den weg nichts treiben und den armen leuten von Peurfelld nichts abfretzen, das sy und ire kinder aus der schüssl sollten essen,

sondern er solle treiben von der Salzstatt auf den Hädrich durch das Dorf Baierfeld, ihnen ohne Schaden der Weide, danach vom Dörflein auf den Hertacker, von da auf den Liechtenhag und auf das Buech. Tengler hat später erklärt, er hätte den Hirten empfohlen, nicht in die Felder Baierfelds zu treiben, sie hätten dazu kein Recht. - Die makabre Geschichte von dem halben Totschlag wird als besonders kräftiger Beleg dafür angeführt, dass die Baierfelder allezeit die Schäfer vertrieben hätten.

Nachdem der Kaisheimer Anwalt die Baierfelder Zeugenaussagen beanstandet hatte, da sie sich auf die Zeit vor 1470 bezogen und die Vertreibung der Kaisheimer Schäfer noch kein Beweis eines Rechts sei, verlasen die Baierfelder Vertreter Hochfelder und Posch eine Stellungnahme zum Zeugenverhör:

Der Kaisheimer Anwalt hätte den von ihm bestellten Zeugen drei „weisartickl" vorgelegt, doch sie hätten weder bestätigen können, dass zu Bergstetten eine Erbschäferei sei, noch ob sie seit 50, 60 oder mehr Jahren dort bestehe, noch drittens ein Zeuge die Namen der Orte und Flecken in den Feldern und Wiesen bei Baierfeld benennen können, auf denen Kaisheim die Weide beansprucht. „Es ligen auch vil velder und fleckhen gerings umb das dorf Peurfelld, die anderen

---

[151] S.o. S. 56.
[152] J. Andreas Schmeller, Bayerisches Wörterbuch, Bd. 1, München 1872, 283: Bärtling = Laienbruder in Klöstern; ebd., 1317: Kotzen, Kutzen = grobes Tuch, grobes Kleid; also wohl *Kuttenmönch*.

dörferen zugehörig seinen". So habe keine Weidegerechtigkeit bewiesen werden können, „dann das gemain recht inhelt, das ain yedes ding oder gute aus seiner natur freye ist, und also freye presumirt werden von dinstperkait oder servituten". Weiter wird ausgeführt:

> So nun seruitus oder dinstperkait diser natur widerwertig, so gibt das recht, wo yemand auf frembden güttern wie in disem falle seruitutem vermaint zu haben, so sol dieselbig seruitus angezaigt werden, das sy aufgesetzt, den gütteren aufgelegt, und constituirt sey mit guten mittelen und titteln, gonst und verwilligung der parteyen.

Diese Titel solle Kaisheim vorweisen.

Die naturrechtliche Argumentation war selbstverständlich eine juristische, gelehrte. Aber unverkennbar entsprach sie der Auffassung der Bauern, *dass ein jedes Ding oder Gut von Natur aus frei sei*, in diesem Fall die Allmendweide auf ihren Feldern und Wiesen frei von fremden Belastungen.

Wenn aber Kaisheim seine Weiderechte aus dem Gebrauch ableite, so gestand die Baierfelder Partei ihm keine „gewere oder possession" zu, denn das alte Herkommen „soll sein ruelich, nit interrumpiret, underbrochen sein, und mit wissen und gedulden des widersachers". Nach den Zeugenaussagen hätten die Baierfelder denen von Bergstetten keine „ruliche gewere und possession" gestatten wollen. Den Eid des Priors von 1470 erklärt Baierfeld für unzureichend, da keine Entscheidung in der Hauptsache ergangen sei. Endlich präsentieren sie die Urteilsbriefe von 1444 und 1455, aus denen folgendes hervorgehe:

Die Baierfelder können selbst „in irer gemaine des dorfs" keine Schafe halten, da ihr anderes Vieh, Kühe, Pferde etc., die Weide in ihren Feldern brauche. Kaisheim habe selbst zu Bergstetten keine eigenen Schafe, sondern verleihe seine Schäferei für einen jährlichen Zins an fremde Schäfer. Es wären also die Baierfelder fremden Schäfern unterworfen, die über vier, fünf oder sechs Meilen Wegs mit ihren Schafe herkämen, und hätten deshalb „an ihrer narung des dorfs" Nachteil. Das aber hieße „ainer schäfferey merer nutz zu geben" als „aines gantzen dorfs und dorf menige", das wäre wider die Vernunft und das Recht, denn das Recht lege niemandem etwas auf, das unmöglich zu vollstrecken ist.[153]

Das Urteil des Hofgerichtes lautete: Die Klage Kaisheims gegen Heilig Kreuz und die Gemeinde Baierfeld ist - nicht einbegriffen den Durchtrieb, der von der gegnerischen Partei selbst zugestanden ist - „absoluirt und ledig".

Der Anwalt Kaisheims gab an, er wäre mit diesem Urteil merklich beschwert, und kündigte Appellation an das Kaiserliche Kammergericht an.

Kaisheim hatte diesen Prozess verloren, da die Aussagen der eigenen Zeugen zu wenig eindeutig, auch etwas widersprüchlich, in einem Fall explizit konträr waren. Wenn Kaisheim nun damit vor das Reichskammergericht ging, dann scheint die Schafweide materiell nicht ganz unbedeutend gewesen zu sein. Möglicherweise

---

[153] *Menige* = Gemeinde: Bader, Studien 2, 22.

ging es auch um Fragen der Dorfherrschaft, worauf der vor das geistliche Gericht in Eichstätt gezogene Streit mit Heilig Kreuz um Grundzinsen hindeutet.[154]

Am 20. Mai 1521 wurden im Namen Kaiser Karls V. von Worms aus auf Appellation des Klosters Kaisheim Kloster Heilig Kreuz „und unsern und des reichs getrewen der gemainden des dorfs zu Beurfelden" vor das Kammergericht geladen.[155] Binnen 36 Tagen nach Erhalt des Schreibens hätten sie selbst oder ein bevollmächtigter Anwalt vor dem kaiserlichen Hof, wenn er zu der Zeit „in oberlanden im reich" wäre, zu erscheinen, sonst vor dem kaiserlichen Kammergericht. Der Kammerbote hat das Schreiben am 1. August in Donauwörth zugestellt und am 2. August „verkhund den pauren zu Peuerfeld und inen auch copia behendiget". Die Gemeinde schickte einen Boten zum Reichskammergericht nach Nürnberg, wo am 16. Dezember Heilig Kreuz, „auch wir vierer und die gants gemeinschaft des dorfs Peurfelld", den Kammergerichtsprokurator Doktor Michel Marstaller für den RKG-Prozess bevollmächtigte. Kaisheim bestellte den Doktor der Rechte Jakob Krell.

Bereits am 29. Mai hatte Kaisheim vom Kaiser die mit Strafandrohung verbundene Aufforderung an die Räte in Neuburg, an Kloster Heilig Kreuz und die Gemeinde Baierfeld erwirkt in der Sache stillzuhalten. Gleichwohl musste sich Kaisheim im Februar 1522 beim Kammerichter beschweren, dass „die gemain baurschaft zu Beuerfeld" sich nach Einreichen der Appellation unterstand die Kaisheimer Schäfer am Schaftrieb zu hindern, „auch inen den schaftrib mit gewalt zu wehren". Das sei gegen die „gemainen rechten".

Kaisheim hatte sich am 2. Juni 1522 erneut zu beschweren, dass das kaiserliche Stillhaltegebot verletzt werde. Neulich habe der Schäfer „mit hundert und etlichen schaffen in der von Beurfeldt gemerckh vnd velder, die nit in der haye oder mit fruchten gestanden, getriben vnd darauf gewaydnet". Das hat er auch ein zweites Mal getan, ist von den Baierfeldern gesehen, jedoch nicht geahndet worden. Als er einige Tage später wieder mit etwa 100 Schafen dort weidete, sind einige von Baierfeld gekommen, haben die Schafe in ihr Dorf und dann zum Gericht Graisbach getrieben, wo sie der Pfleger und die Amtleute angenommen haben. Der Schäfer erreichte in Neuburg bei Statthalter Adam von Töring die Freigabe seiner Schafe, musste allerdings ½ fl in Graisbach hinterlegen; außerdem musste er dem Pfleger in Graisbach auf dessen Verlangen einen Hammel schenken. Es ist in Neuburg ein Gerichtstag angesetzt worden, der aber wegen „der sterbenden lewf" verschoben wurde.

In den folgenden Schriftsätzen erscheinen die bekannten Argumente, werden aber auch einige neue Akzente gesetzt.

Krell stellte in seinen Appellationsartikeln darauf ab, dass von den Feldern und Gründen Baierfelds, über die die Schafe ringsum getrieben wurden, „auch ain mercklich anzal mit dem aigenthumb dem gotzhauß Kayßheim zugehören". Sodann

---

[154] S.o. S. 60.
[155] HStAM RKG 2544, für das Folgende.

pochte er auf das Urteil von 1470 und nahm zu dem Eidesbeweis Stellung. Kaisheim habe seine Gerechtigkeit durch Eideshelfer, die „schwuren das stein und pain und nit mainaid wäre", bewiesen. Dieses Eidverfahren hätte dem damaligen bayerischen Landrecht entsprochen, Heilig Kreuz und die Baierfelder hätten dieses Verfahren auch gebilligt.

Der Baierfelder Anwalt erwiderte, Kaisheim habe keine Gerechtigkeit erlangt, da die Baierfelder es immer daran gehindert, gepfändet und - als besonders kräftiges Argument - einmal einen Schäferknecht „biß auf den thod geschlagen" hätten. Kaisheim habe nur einen Hof samt zwei Selden im Dorf, „und obgleich daß gantz dorf ime zugehörig werre, daß doch nit ist, so weren danocht die paurn nit schuldig, den abt on sonder gerechtigkeit irer felder nuzung gebrauchen zu lassen". So sei Kaisheim selbst schuldig, bis zum Austrag der Sache stillzuhalten „und den pauren ire aigen freyen felder onnbeschwert zu lassen".

Bemerkenswert ist, dass der Baierfelder RKG-Anwalt die Argumentation der Gemeinde aufgriff, nach der sie in der Allmendnutzung autonom sei. Nicht einmal die Grundherrschaft könne ohne besonderen Rechtstitel an der Feldnutzung der Bauern, hier der Weide auf den unbestellten Feldern, teilhaben.

Nachdem Kaisheim zuletzt vor dem Neuburger Hofgericht Schiffbruch erlitten hatte, da es eine Weidegerechtigkeit auf den bäuerlichen Äckern nicht belegen konnte, argumentierte sein Anwalt nun, dass Kaisheim in Baierfeld „wißmeder, grundt und poden" habe, auf dem die Bauern ihr Vieh weideten, billigerweise beanspruche Kaisheim einen „gegentrib".

Der Baierfelder Anwalt hielt entgegen, dass Kaisheim nur von einem Hof und zwei Selden „aigen her ist" und es keine Gerechtigkeit habe „auf ander heren gutter" zu treiben. Da „nach satzung gemainer geschribenen recht ein yedes gutt von seiner natur frey sey und auch also geacht wirdt", müsse jemand, der vorgibt, eine Gerechtigkeit, Servitut und Dienstbarkeit zu haben, auf eines anderen Gütern Schafe zu treiben und zu weiden, dies beweisen, was nicht hinreichend geschehen sei.

Schließlich steigerte sich der Baierfelder Anwalt in eine religiös-moralische Argumentation: „Und ob nimmermehr khain geschriben menschlich recht were, so soll doch das gottlich und naturlich recht die von Khaysheim, wen sy anderst recht cristen weren," von ihrem Vorhaben abbringen die armen Bauern, denen für ihr Vieh an dieser Weide gelegen sei und die ihre Frauen und Kinder ernähren müssten, „widder die bruderliche cristenliche lieb" zu „verdriben und undertrucken". Zumal die von Kaisheim dessen nicht bedürften, „sunder mit weltlichen guttern nit allein zu ir notturft, sunder auch zu weltlichem bracht und wollust meher, dan irer profession und bei irem gaystlichem leben fuglich oder nutz ist, begabt sein". Es sei eine „unbruderliche, unkristenliche rechtuertigung, do ein reycher crist widder ein durftigen armen bruder umb sein des armen aigen gutt, davon er dannoch mit schwitzender arbeit ime und seinen kindern khaum das drucken brott eroberen khan," streite, sei es doch „billicher und gottlichem gesetz gemessen, das die von Khaysheim den von Peuerfeld einen schafftrib geben, dan das sy inen ainen nemen."

Diese reformatorisch geprägte Rhetorik wird dem Denken der Bauern nicht ganz entfernt gewesen sein, hatte sie doch einen realen Hintergrund, wie E. Krausen schreibt: „Dem selbstbewußten Aufprunken und Machtstreben der Kaisheimer Äbte, die seit 1482 infuliert waren und ihr Gotteshaus mit erlesenen Kunstwerken von der Meisterhand eines Holbein d. Ält., Gregor Erhart und Adam Krafft schmückten, hielt der innere Klostergeist nicht stand."[156]

Der Streit der Argumente wurde auf den Eigentumsbegriff fokussiert. Der Kaisheimer Anwalt gestand in seiner Replik vom September 1523 der Gegenpartei nicht zu, dass die Gründe, auf denen der Schaftrieb besucht wurde, „der von Pewrfelden seyen oder inen anderer gestalt zugehöre, dann die schlechten nuzung zu niessen," also das darauf wachsende Heu zu gebrauchen und ihren Viehtrieb zu haben. Die Baierfelder Duplik antwortete, es sei nicht notwendig, dass die Baierfelder eine Eigentumsgerechtigkeit an ihren Gütern hätten, um den Kaisheimer Schaftrieb zu verhindern, sondern es reiche, dass ihnen „das utile dominium und die nutzparkait irer felder" gehöre. Was den Kaisheimer Hof in Baierfeld angehe, habe das Kloster deswegen noch kein Weiderecht, „dan was ist viehwaidt anders den ein nutzung, die dem besitzer zugehört und nitt dem lehen oder aygen herren". Auch wenn Kaisheim den Hof, wenn er frei würde, für sich selbst behielte, würde es dennoch keinen Schaftrieb dort einrichten dürfen, wenn er den anderen zu Nachteil und Schaden sei.

Während also der Kaisheimer Anwalt das Eigentum ins Spiel brachte um einen Nutzungsanspruch zu begründen, vertrat der Baierfelder Anwalt die Auffassung, dass mit der Grundleihe das Nutzungsrecht an den Inhaber übergehe und aus dem Obereigentum keine Mitnutzung abzuleiten sei. Weiter, dass die Nutzung nicht zum Nachteil oder Schaden der anderen Grundstücksinhaber sein könne, was bedeutet, dass sie sich den Regelungen der Allgemeinheit unterwerfen muss. - Mit dieser Streitfrage der Wirkungen von Obereigentum und Nutzungseigentum ist ein Grundthema der Allmendstreitigkeiten der Frühen Neuzeit angestimmt, das immer bei der herrschaftlichen Schafweide virulent wird.

Wiewohl im Bauernkrieg, berichtete der Chronist Johann Knebel[157], die Fürsten von Bayern „streng und gesteuft hielten ob irem volck, so grozelt danocht den bauren in der herschaft Grayspach der bauch hart". Der Abt von Kaisheim bot seinen Untertanen Verhandlungen an. Also kamen die von Buchdorf, aus der Baierfelder Pfarre, von Sulzdorf und Gunzenheim „zu Buchdorf auf dem espach zusamen", um sich zu beraten. „Triben vil spiziger wordt", sie wollten sich Graisbach verpflichten (und sich also im schwelenden Landeshoheitsstreit zwischen Kaisheim und Bayern Letzterem unterstellen). Klosteramtleute wurden zu den Bauern geschickt, brachten sie in das Kloster, verhandelten mit ihnen und machten ihnen Zusagen, so dass die Bauern versprachen, sie wollten dem Kloster „gewertig" sein und bleiben und weder zu den Bauern noch nach Graisbach laufen. Sobald sie

---

[156] Edgar Krausen, Die Klöster des Zisterzienserordens in Bayern, München 1953, 62.
[157] Knebel, Chronik, 433-435, 439 f., 462 f.

aber aus dem Kloster kamen, liefen einige nach Graisbach, die anderen zogen heim. Zwei Buchdorfer versuchten in den Nachbarorten einen Haufen gegen Kaisheim zusammenzubringen, jedoch ohne Erfolg.

Am 16. August 1525 erging in Esslingen das kaiserliche Urteil im Streit um den Schaftrieb zwischen Baierfeld und Kloster Heilig Kreuz sowie Kloster Kaisheim.[158] Aus einer am 25. September 1525 in Esslingen datierten Vollmacht des Klosters Heilig Kreuz und der Gemeinde Baierfeld erfahren wir, dass die Sache zwischen ihnen und dem Kloster Kaisheim vor dem kaiserlichen Kammergericht „endtlich endtschiden" und Kaisheim „uns in cost und schaden verdammet" sei.[159]

Kaisheim hatte den Prozess vor dem Reichskammergericht verloren, welche juristischen Argumente letztlich stachen, ist ungewiss. Jedenfalls hatte Kaisheim nicht beweisen können, dass es nicht nur einen Durchtrieb, sondern ein Weiderecht auf den Feldern Baierfelds hatte, was auch nach den langen Streitigkeiten schwer beweisbar war. Entscheidend war wohl, dass Kaisheim von einer grundherrschaftlich schwachen Grundlage aus ein sehr weitgehendes Weiderecht beanspruchte.

Solange das Schafweiderecht auf Gegenseitigkeit beruhte und Herrschaften wie Bauern in der ersten Hälfte des 15. Jahrhunderts ihre Schafe über ein gemeinsames Weideareal benachbarter Gemarkungen getrieben hatten, geschah dies im Rahmen einer Herren wie Bauern einschließenden Allmendnutzung, war Allmende Land, das *alle* nutzten. Als nun die Gemeinden ihre Gemarkungen gegeneinander abgrenzten, verengte sich der Allmendbegriff auf die Gemarkung der einzelnen Gemeinde. Damit stellte sich die Frage der herrschaftlichen Mitnutzung oder Servitut. Im konkreten Fall schloss Kaisheim die anderen Gemeinden von der Mitnutzung seiner eigenen Bergstetter Gemarkung aus, beanspruchte aber gleichwohl Weiderechte auf der Dorfgemarkung. Da Kaisheim aber Dorfherrschaft nicht war, konnte es diesen Anspruch schlecht durchsetzen.

In den Prozessen von 1444 bis 1525 wurden Argumente angeführt, die die grundsätzliche Regelungsbefugnis der Allmendnutzung angingen. Während die Baierfelder von Anfang an mit Rückendeckung ihrer Herrschaft Heilig Kreuz und zuletzt ihr RKG-Anwalt die Regelungsautonomie der Gemeinde vertraten, hob Kaisheim, zunächst mit Erfolg vor dem Neuburger Hofgericht, auf die Satzungshoheit der Grundherrschaft ab. Damit ist die Grundsatzfrage aller herrschaftlichen Allmendkonflikte aufgeworfen. Herrschaft will - und kann - sich nicht auf einen Gemeindegenossen reduzieren lassen. Sie beansprucht an der Allmende einen größeren Anteil gemäß dem, ihrem höheren Stand zustehenden höheren Bedarf. Und sie beansprucht eine Regelungsbefugnis neben und vor der Gemeinde. Die Schwierigkeit bei den unbestimmten Nutzungen und Ansprüchen ist, dieses Herrschaftsgefälle in eine

---

[158] Franz Xaver Buchner, Archivinventare der katholischen Pfarreien in der Diözese Eichstätt, München-Leipzig 1918, 353.
[159] HStAM RKG 2544.

Rechtsform zu gießen. Darum drehen sich die gelehrten Konstruktionen in der Frühen Neuzeit.

Über die grundsätzliche Bedeutung der Landgemeinde in dieser Zeit herrscht kein Zweifel. Bemerkenswert ist aber doch, in welchem Maße sie zu Beginn des 16. Jahrhunderts öffentliche Anerkennung erfährt, mit großer Selbstverständlichkeit an der staatlichen Ordnung teilhat. Dass der gemeine Mann in seinen Angelegenheiten seine zuständige Grundherrschaft vor Gericht mitvertritt, zeigt eine noch geringe Distanz der Stände untereinander. Vor Gericht sind der gemeine Mann und der Feudalherr gleich, nicht nur hinsichtlich des Rechtsschutzes, sondern auch prozessrechtlich. Nicht nur erweist sich der gemeine Mann als sehr kundig und geschickt in Prozessangelegenheiten, auch für die gelehrten Herren der Juristenfakultät ist die prozessuale Beratungstätigkeit für eine Landgemeinde offensichtlich möglich; die Gemeinde ist also von gelehrter Seite als Rechtssubjekt anerkannt.[160] Auch die Anrede des Kaisers an *unsere und des Reichs Getreue der Gemeinde des Dorfs zu Baierfeld*[161] zeigt eine altüberkommene direkte Beziehung des Kaisers zum gemeinen Mann an wie auch eine reichsrechtliche Stellung der Gemeinde.

Ergebnisse

Die Allmende als Gemeindeeigentum und als verbrieftes gemeindliches Nutzungsrecht entstand aus dem Zerfall der Villikationsverfassung. Sie war dort, wo kommerzielle Einflüsse in besonderem Maße wirksam waren, im Umkreis einer größeren Stadt, weiteren Auflösungstendenzen ausgesetzt. An Relikte der Hofverfassung (Meierhof, Hirtenstab) ansetzend wurden im Umland der Reichsstadt Memmingen, zumindest partiell, kommerziell motivierte Anstalten zur Aufhebung der Allmende durch Einhegungen gemacht. Doch war die Gemeinde gefestigt genug, dass sie den nicht mit ausreichender ökonomischer und gesellschaftlicher Macht vorgetragenen Angriff abwehren konnte. Bei allen Auflösungserscheinungen der Grundherrschaft wegen einer beträchtlichen Grundbesitzmobilität waren an der Wende zum 15.

---

[160] Vor ihrer publizistischen Würdigung im 18. Jahrhundert; vgl. Bader, Studien 2, 385-393. - Schon das königliche Kammergericht vor 1495 nahm Klagen von Dorfgemeinden entgegen: ebd., 421. Prozess der Gemeinde Pfuhl (bei Ulm) um einen Auwald 1496, der nach mehreren Instanzen an das RKG gelangte: Ingrid Scheurmann (Hg.), Frieden durch Recht. Das Reichskammergericht von 1495 bis 1806, Mainz 1994, 286. Eine Appellation der *gebursamy* Schönach (bei Überlingen) an das RKG 1509: Bader, Studien 2, 419. Zur ablehnenden Haltung der aufständischen Bauern 1525 gegen ein RKG-Verfahren: Helmut Gabel, „Daß ihr künftig von aller Widersetzlichkeit, Aufruhr und Zusammenrottierung gänzlich abstehet." Deutsche Untertanen und das Reichskammergericht, in: Scheurmann, Frieden, 275.
[161] S.o. S. 66.

Jahrhundert bereits Bestrebungen zur Bildung einer einheitlichen Ortsherrschaft bemerkbar, die eine erneute Stabilisierung anzeigten.

Im Folgenden festigte die Gemeinde in Abgrenzungsprozessen gegen die Herrschaft ihre Hoheit über die Allmende und ihre Nutzungsrechte im Bannwald. Dem kamen Bestrebungen der Ortsherrschaft entgegen, eine Genossenschaft im Sinne eines örtlich einheitlichen Untertanenverbandes zu schaffen, indem konkurrierende Herrschaftsrechte und Nutzungsüberschneidungen mit Nachbargemeinden anderer Herrschaftszugehörigkeit ausgeschlossen wurden.

Mit der Erschöpfung freier Nutzungsreserven im ausgehenden 15. Jahrhundert entstand ein erhöter Regelungsbedarf. Damit wuchs einerseits der Gemeinde weitere Regelungskompetenz zu, die sich in der Aufzeichnung von Weistümern niederschlug. Die Genossenschaft brachte mit der Etablierung des Hausbedarf- und Gemeinnutzpinzips ihre Normen in höherem Maße zur Geltung. Mit der Festlegung von Viehweidebeschränkungen und dem Verbot des Holzverkaufs ließ sie eine weitere Besitzdifferenzierung durch die Ausbeutung der ihrer Verfügung unterstehenden Ressourcen nicht zu, ließ also die ihr eigenen egalisierenden Werte wirksam werden. Die Bauprinzipien der Genossenschaft wurden jetzt expliziert und in einem Willensakt von den Akteuren als Normen etabliert, sie machten, wofür bei ausreichenden Reserven zuvor keine Notwendigkeit bestanden hatte, ihre begrenzende Wirkung für den Einzelnen zugunsten Aller spürbar.

Auf der anderen Seite suchte die Herrschaft, nachdem extensive Holzeinschläge zunehmend weniger möglich waren, ihr Einkommen auf nämlichem Regelungswege zu sichern, indem durch den Erlass von Holzordnungen die Form des Weistums aufgenommen und mit herrschaftlichen Regelungs- und Nutzungsvorbehalten gespickt wurde. Das war zuvörderst bei den Bannwäldern möglich, bei denen die herrschaftliche Verfügungsgewalt unbestreitbar war. Es wurde aber rasch auf Dorfordnungen generell ausgedehnt, da ein gesteigerter Zugriff auf die Ressourcen über eine Stärkung der Gerichtsherrschaft ermöglicht werden sollte. Die gemeindliche und die herrschaftliche Regelungskompetenz traten in Konkurrenz.

In den aus konkurrierenden Nutzungs- und Regelungsansprüchen erwachsenden Differenzen, ob um 1400 mit dem bürgerlichen Einheger, ob ab dem ausgehenden 15. Jahrhundert mit der Herrschaft, erhielten die gemeindlichen Normen eine kritische Ausrichtung im Sinne von Gemeinnutz vor Eigennutz, die sie brauchbar im Konfliktaustrag machte. Indem ihre universelle Geltung formuliert wurde, konnte sie zur Infragestellung von feudaler Herrschaft an sich dienen, wie im Bauernkrieg.[162]

Die am Ende des 15. Jahrhunderts hermetische Beschränkung der bäuerlichen Ökonomie machte sich nicht nur in der Bevormundung der Gemeinde, sondern auch im Entzug individueller Ressourcen, hier privater Waldparzellen, dem Verbot des bäuerlichen Holzhandels zugunsten eines herrschaftlichen Handelsmonopols bemerkbar, ein Vorgang, der im Zusammenhang mit der feudalen Reaktion vor dem Bauernkrieg stand. Holz hatte am Beginn des 16. Jahrhunderts einen Marktwert, der

---

[162] Blickle, Revolution, 223, 241.

offensichtlich höher war als der manch anderer Agrarprodukte, weswegen der Bauer Privatbesitz aufforstete. Die ökonomische Dynamik, die eine Veränderung der Produktionsstruktur gebracht hätte (siehe die Thünenschen Ringe mit stadtnaher Holzwirtschaft[163]), wurde gebrochen, stattdessen die Agrarstruktur zementiert und der Druck auf die Ressourcen erhöht.

Beuteten Bürger und Städte ihr Um- und Hinterland im 14. Jahrhundert ökonomisch aus, so waren sie im 15. je länger je mehr gezwungen, sich dem von den Klöstern vorangetriebenen Territorialisierungsprozess anzuschließen. Die großen Reichsstädte Augsburg und Ulm holten ihr Holz über Lech, Wertach und Iller aus dem Allgäu. Die Orte an diesen Flüssen waren Umschlagplätze für Holz, Wohnsitze von Holzhändlern und Flößern. F. v. Hornstein hat die Überlieferung zusammengestellt:[164] Da war das bescheidene Zinsterzienser-Frauenkloster Gutenzell mit seinen umfangreichen Waldungen zwischen Rot und Iller, dessen Äbtissin in den Ulmer Akten immer wieder als schlecht behandelte Kontrahentin der geschäftstüchtigeren Stadt auftaucht. Oder die geldbedürftigen Herren von Erolzheim, die sich mit Gutenzell um die den Flößern eingeräumten Holzabfuhrwege stritten, denen sie ihre Hochhölzer verkauft hatten. Verträge zwischen geistlichen und weltlichen Nachbarn wurden ab dem 14. Jahrhundert immer wieder, meist in Beendigung langjähriger Streitigkeiten und gegenseitiger Erpressungen, abgeschlossen. So die zwischen Kloster Ochsenhausen und seinen Balzheimer Nachbarn um die Holzwege an die Iller 1457-1491. An diesem Handel waren das Memminger Elisabethkloster in Brunnen oder Rudolf Möttelin in Woringen und verschiedene andere in und um Memmingen beteiligt. Mit Beginn des 16. Jahrhunderts mehren sich die Nachrichten von Holzmangel und -teuerungen, kauften die Stadtobrigkeiten Dörfer mit großen Waldungen, so Memmingen 1516 Woringen.

Monopolstellungen verdrängten den freien Markt, Herrschaft beengte die persönliche und die gemeinschaftliche Freiheit. Die Gesellschaft wurde in eine Enge gedrängt, in der ihr die Luft zum Atmen fehlte.

Die Allmendproblematik war im Memminger Gebiet überwiegend eine der Waldnutzung. Ackerbau und Viehzucht waren der bäuerlichen Ökonomie überlassen, doch die extensive Waldwirtschaft, die in nicht viel mehr als Abholzen und ans Wasser bringen des Bauholzes und Transport des Brennholzes in die Stadt bestand, eignete sich bestens zur herrschaftlichen Eigenwirtschaft. Deswegen hatten sich die Grundherrschaften Bannwälder gesichert, an denen die Gemeinden kein Eigentum, sondern nur Allmendnutzungsrechte hatten.

Eine andere herrschaftliche Domäne blieb die Schafhaltung, die ebenfalls einen geringen Arbeitskräfteeinsatz erforderte, den Schäfer nämlich mit wenigen Schafknechten. Wegen der notwendigen Weite des Weidegebiets aber wäre ein solches Areal als reine Schafweide untergenutzt. Sie fand also als herrschaftliches

---

[163] Abel, Wüstungen, 58.
[164] Hornstein, Wald und Mensch, 95 f., 98, 170 f.

Servitut auf den Allmendweiden statt, auf Acker- und Wiesenweide ebenso wie auf den Dauerweiden der Gemeinde.

Im Kaisheimer Fall suchte ein mächtiges Kloster aus einer nur residualen Herrschaftsposition im Dorf weitgehende wirtschaftliche Vorteile zu ziehen. Auch hier gab es eine Nutzungskonkurrenz, bei der die herrschaftlichen Ansprüche die Entfaltung der bäuerlichen Viehhaltung einzuengen drohten.

Die rückständige Form der Rechtsfindung brachte Kaisheim lange Zeit in eine vorteilhafte Rechtsposition, wiewohl sie sie faktisch nicht ungestört umsetzen konnte. Gegen Ende des 15. Jahrhunderts aber trat hier eine Gemeinde in Erscheinung, die virtuoser mit den modernen Mitteln der Handhabung des Rechts in Gestalt der Rechtsberatung durch eine Juristenfakultät und der neuen Einrichtung des Reichskammergerichts umzugehen wusste als ihr herrschaftlicher Konkurrent.

Auch hinter dieser schwerpunktmäßigen Schafhaltung steckte letztlich keine ausreichend starke kommerzielle Schubkraft durch die städtischen Wollgewerbe, als dass sie in andere als die Bahnen des feudalen Herrschaftskonflikts geführt hätte.

Bleibt die Allmende im spätmittelalterlichen Südwestdeutschland im Spannungsfeld von Herrschaft und Gemeinde und sind die Wirkungen der gewerblichen Wirtschaft nicht nachhaltig genug um dieses Feld umzustrukturieren, so ist nach Verhältnissen zu fragen, in denen das stärker der Fall gewesen sein mag. Will man in Deutschland bleiben, so scheint das Niederrheingebiet mit seiner stärker versachlichten Agrarverfassung Aufschlüsse bieten zu können.

2. Pacht und Individualisierung von Gemeinnutzungen am Niederrhein vom 13. bis 16. Jahrhundert

2.1 Pacht und Brachbesömmerung

Ist der Südwesten die Region der klassischen Ausprägung der Landgemeinde und der Allmende, so erscheint es interessant die Entwicklung der Allmende in einer Region zu betrachten, die, was die Agrarverhältnisse angeht, als die fortschrittlichste in Deutschland gelten kann, dem Niederrhein. Die Fortschrittlichkeit der niederrheinischen Landwirtschaft ist an der frühen Einführung neuer Ackerbaumethoden - wie der (Teil-) Besömmerung der Brache -, der Durchsetzung der Geldrente und der Mobilität des Grundbesitzes ablesbar und fand Ausdruck in der Zeitpacht als besonderer Form der Grundleihe.

Pacht und Agrarverfassung

Im 12. Jahrhundert begannen die Grundherren ihre Salhöfe, statt sie durch einen villicus verwalten zu lassen, zu verpachten. Der bisherige adlige Verwalter übernahm den Fronhof in Pacht, den er, neben dem Einsammeln der Hufenabgaben, zunächst weiter mit Frondiensten der Eigenhörigen betrieb. Im 13. Jahrhundert überließen die ritterbürtigen Pächter die Bewirtschaftung der Salhöfe überall bäuerlichen Baumeistern gegen Abgabe eines Teils der Ernte; ihnen wurde auch das Einsammeln der Hufenabgaben übertragen.[1]

Die ursprüngliche Form der Pacht war der Halbbau. Das Inventar gehörte anfänglich noch dem Herrn, ebenso stellte er in den ersten Jahren das Saatgut, in den folgenden die Hälfte desselben. Er erhielt die Hälfte der Erträge, meist in Naturalien, die aber in Geld umgewechselt werden konnten. Je mehr sich die Umwandlung in Geld durchsetzte, desto üblicher wurde es die Abgabe zu normalisieren. Aus dem Teilbau wurde auf diese Weise die Fixpacht. Daneben haben sich aber in manchen Gegenden sowohl Naturallieferung wie Teilpacht bis ins 19. Jahrhundert gehalten. Die Pachtfristen wurden von sechs auf zwölf und 24 oder mehr Jahre verlängert. Zur Erbpacht ist es gleichwohl nicht gekommen.

Vom Pachtsystem wurden fast alle Fronhöfe erfasst. Nur am Sitz des adligen oder klösterlichen Grundherrn blieb die Eigenwirtschaft erhalten, die freilich

---

[1] Franz Steinbach, Die rheinischen Agrarverhältnisse, in: Franz Petri/Georg Droege (Hg.), Collectanea Franz Steinbach, Bonn 1967, 420-424, auch im Folgenden; seiner Darstellung folgt noch Ennen: Edith Ennen/Walter Janssen, Deutsche Agrargeschichte. Vom Neolithikum bis zur Schwelle des Industriezeitalters, Wiesbaden 1979, 174 f.

über die Größe eines mittleren Bauerngutes nicht hinausreichte. Durch Zukauf von Land, bei Klöstern auch noch durch Schenkungen, wurden die Pachthöfe vergrößert, die zunehmend zur Haupteinnahmequelle der Grundherren wurden. Da der allergrößte Teil des adligen, geistlichen und bürgerlichen Grundeigens, das etwa ein Drittel der Gesamtnutzungsfläche umfasste, verpachtet war, wurde dieses System prägend für die Agrarverhältnisse des Rheinlands. Darin liegt eine Entsprechung zur Entwicklung in England.[2] „Auch die Aufteilung grundherrlicher Marken begegnet uns, wie man überhaupt der Gemeinwirtschaft zu Leibe rückte", gibt Steinbach an.

Die abhängigen Bauernstellen wurden Erbzinsgüter. Im Klevischen war das Leibgewinnsgut die Regel, da die Verpachtung jedoch meist auf drei Leiber erfolgte, war es faktisch eine Erbpacht (der Hüfner galt als Erbgenosse, coheres[3]). Die Dienste wurden am Niederrhein durch Natural- oder Geldabgaben abgelöst, die persönlichen Leistungspflichten verdinglicht. Das Recht des Herrn auf die Fahrhabe des Knechts beim Sterbfall wurde zur Kurmede abgeschwächt, d.h. zur Auswahl eines Stücks Vieh oder eines Kleides, und zu einer Abgabe, die am verlehnten Gut haftete statt an der Person. Damit war die Grundhörigkeit, die Bindung an die Scholle, ohne Sinn. Die Mehrzahl der Bauern war seit dem 13. Jahrhundert frei. Mit der Umwandlung der Naturalabgaben in fixierte Geldzinse schwanden die Einkünfte der Grundherren mehr und mehr. Die Zinsen zu steigern ist den Grundherren nur in den seltensten Fällen geglückt. Im Fehlen irgendwie bedeutsamer grundherrlicher Reaktionsversuche und in der Mobilisierung des Grundbesitzes sieht Steinbach die Gründe dafür, dass das Rheinland vom Bauernkrieg verschont geblieben ist. Die Grundherren konzentrierten sich auf den Ausbau ihrer Pachthöfe.

Unangesehen der stark in Bewegung geratenen landwirtschaftlichen Verhältnisse versteinerte die Agrarverfassung.[4] Nach wie vor tagte das Hofgericht unter Vorsitz des Grundherrn oder seines Stellvertreters, des Schultheißen, mit den Inhabern der Hofgüter als Umstand, um die freiwillige Gerichtsbarkeit auszuüben. Stellenweise hielt der Grundherr die ganze niedere Gerichtsbarkeit in Händen. In sehr vielen Fällen war er Patronatsherr der Pfarrkirche, als der er ein Vorschlagsrecht für die Anstellung des Pfarrers und ein Anrecht auf einen Teil des Zehnten besaß, als Zehntherr zur Haltung des Zuchtviehs für die Kirchspielsgenossen verpflich-

---

[2] Siehe Lütge, Agrarverfassung, 191.

[3] Siehe Th. Ilgen, Zum Siedlungswesen im Klevischen, in: Westdeutsche Zeitschrift für Geschichte und Kunst 29 (1910), 17; Erich Wisplinghoff, Zur Lage der Landwirtschaft und der bäuerlichen Bevölkerung im Klever Land während des späten Mittelalters, in: Edith Ennen/Klaus Fink (Hg.), Soziale und wirtschaftliche Bindungen im Mittelalter am Niederrhein, Kleve 1981, 40 f.

[4] Gegenüber Steinbach, Rheinische Agrarverhältnisse, 423 f., oder Ennen/Janssen, Agrargeschichte, 175, hat Lütge einen anderen - schwerer nachvollziehbaren - Begriff von Versteinerung. Dass sich die Westdeutsche Grundherrschaft einschließlich ihrer Pachtverhältnisse in der frühen Neuzeit im Unterschied zur Nordwestdeutschen Grundherrschaft nicht mehr veränderte, gilt ihm als Versteinerung. Die Pacht hält er für kein ausschlaggebendes Merkmal: Lütge, Agrarverfassung, 89, Anm. 61, u. 191 f.

tet war. Schließlich war der Grundherr vielerorts Gemeindeherr. Die Aufsicht über Feld und Flur, über Weg und Steg, über Maß und Gewicht und viele andere Gemeinschaftseinrichtungen, etwa grundherrliche Bannmühlen, wurde auch außerhalb des Hofverbands vom grundherrlichen Schultheiß gehandhabt.

Die Grundherrschaft war allerdings in ihrem Kern zu einem bloßen Leihe- und Pachtverhältnis geworden. Die grundherrliche Gewalt wurde von seiten der Landesherren zurückgedrängt. In Berg etwa hatte sich bereits im 11. Jahrhundert eine starke Territorialgewalt ausgebildet, die sich auf die Steuerleistung der Untertanen gründete und in Konkurrenz zu den grundherrlichen Ansprüchen stand. Der Landesherr hatte das Gerichtswesen frühzeitig in seine Hand genommen, womit den Grundherren im Zweifelsfalle die Handhabe fehlte, ihre Forderungen zu exekutieren.[5] Im Klevischen begannen sich seit dem Ende des 13. Jahrhunderts die landesherrlichen Ortsgerichte auszubilden, die dem Hofverband einen guten Teil seiner gerichtlichen Befugnisse entzogen und die Hofgerichte allmählich aufzehrten. Selbst die Auspfändung rückständiger Hofeszinsen usurpierten die Dorfrichter, so dass die Hofgerichte zu kleinen Grundbuchämtern herabsanken.[6] „Wo wir auch hinsehen, begegnet uns seit dem späten Mittelalter im Rheinland das Vordringen der kommunalen Körperschaften gegenüber der Grundherrschaft".[7]

Mit der Zeitpacht ist der Niederrhein Teil des flandrisch-niederländischen Raumes, in dem sie sich im 13. Jahrhundert ausbreitete. Der erste niederrheinische Beleg für bäuerliche Zeitpacht ist die Verpachtung des stadtnahen Hofes Kendenich des Kölner Ursula-Siftes 1237 auf sechs Jahre an den *colonus* Rutger gegen 40 Malter Roggen, 8 Malter Weizen, 56 Malter Hafer und 4 Malter Bohnen, außerdem den Zehnt in Weiler; Schafhaltung ist erwähnt. Bis zur Jahrhundertwende waren weitere neun Haupthöfe in Zeitpacht ausgegeben.[8]

Neben den städtischen Klöstern und Stiften verpachteten Stadtbürger den von ihnen erworbenen Grundbesitz im näheren und weiteren Umland der Stadt. Wiewohl die Pacht eine von der Stadtwirtschaft geprägte Besitzform war, lässt der empirische Befund, wie Irsigler bemerkte, eine sozialgeschichtliche Zuordnung zum Stadtbürgertum nicht zu, da viele, auch frühe, Belege von geistlichen Grundherrschaften stammen.[9] Es würde nun allerdings fehlgehen, eine - womöglich höhere - Rationalität bei der Geistlichkeit zu suchen. Es handelt sich um ein abstrakteres Ver-

---

[5] Franz Steinbach, Beiträge zur Bergischen Agrargeschichte. Vererbung und Mobilität des ländlichen Grundbesitzes im Bergischen Hügelland, in: Collectanea, 390.

[6] Ilgen, Siedlungswesen, 21 f., 24.

[7] Steinbach, Bergische Agrargeschichte, 390.

[8] Franz Irsigler, Die Auflösung der Villikationsverfassung und der Übergang zum Zeitpachtsystem im Nahbereich niederrheinischer Städte während des 13./14. Jahrhunderts, in: Hans Patze (Hg.), Die Grundherrschaft im späten Mittelalter, Sigmaringen 1983, 303; Christian Reinicke, Agrarkonjunktur und technisch-organisatorische Innovationen auf dem Agrarsektor im Spiegel niederrheinischer Pachtverträge 1200-1600, Köln-Wien 1989, 106, 115.

[9] Irsigler, Zeitpachtsystem, 297 f., 303, 306, 310; Ennen/Janssen, Agrargeschichte, 174.

hältnis. Die Zeitpacht ist Ausdruck einer Kommerzialisierung der agrarischen Verhältnisse, bei der der Boden und die Bodenprodukte in hohem Maße Handelsobjekte wurden, die Grundrente anstelle der Feudalrente dominierte. Andere Indikatoren dieser Kommerzialisierung waren die Zunahme der Geldbeziehungen sowie die Mobilisierung des Grundbesitzes und der Einkunftsberechtigungen. Dies wird bei der Analyse der Allmendverhältnisse relevant sein.

Besömmerung

Die früheste Nachricht über die Besömmerung der Brache stammt aus dem 1251 auf neun Jahre abgeschlossenen Halbbauvertrag des Kölner Klosters St. Pantaleon mit dem Bauern Mathias über den vor den Mauern der Stadt gelegenen Hof Sülz: Der Pächter hatte den Stallmist auf die Äcker des Hofes zu bringen. Er sollte die Äcker durch Mergeldüngung verbessern, für jeden gemergelten Acker wurden ihm zwei Schillinge erstattet. Wenn er im Brachfeld vier oder fünf Morgen mit Wicken aus eigenem Saatgut für sich einsäte, sollte er ein bis zwei Morgen mit vom Abt gestelltem Wickensamen für diesen bebauen. Er sollte beide Wickenfelder auf eigene Kosten einzäunen, es sei denn, das Wickenfeld des Pächters und das des Abtes stießen nicht aneinander, dann sollte der Abt die Kosten für die Einzäunung seines Feldes tragen; der Abt stellte das Holz aus dem Süchtelner Kammerforst. Für weiteres Pferdefutter sollte Mathias einen Morgen mit gestelltem Roggen besäen. Schnitter, Zehntsammler und Drescher musste der Abt für seinen Teil bezahlen. Zur Viehhaltung wird ausgeführt: Die Hütekosten der gemeinsamen Schweine, Schafe und Kühe, für die die Hirten des Pächters oder des Abtes sorgten, wurden geteilt. Vieh, das nur dem Abt gehörte, sollte allein auf dessen Kosten auf dem Hof gehalten werden. Gänse, Enten und Hühner ließ der Abt durch einen eigenen Knecht auf dem Hof aufziehen, neben dem Geflügel des Pächters.[10]

Neben der landwirtschaftlichen Bedeutung ist die besitzrechtliche Konsequenz von Interesse. Es handelt sich um eine temporäre Einhegung im dörflichen Feld. Denn offenbar lag der Acker des Pachthofes mit dem der Bauern in Gemenge, was eine Einzäunung des besömmerten Ackers notwendig machte, da ansonsten das Brachfeld beweidet wurde. In späteren Pachtverträgen ist von solchen separaten Zaunbauten keine Rede mehr.[11]

---

[10] Edith Ennen, Kölner Wirtschaft im Früh- und Hochmittelalter, in: Hermann Kellenbenz (Hg.), Zwei Jahrtausende Kölner Wirtschaft, Bd. 1, Köln 1975, 174; Reinicke, Pachtverträge, 113. Selbst in Flandern und den Niederlanden liegen alle Belege über Besömmerung später: Abel, Geschichte, 97.

[11] Franz Irsigler, Intensivwirtschaft, Sonderkulturen und Gartenbau als Elemente der Kulturlandschaftsgestaltung in den Rheinlanden (13.-16. Jahrhundert), in: Annalisa Guarducci (ed.), Agricoltura e trasformazione dell'ambiente. Secoli XIII-XVIII, Prato 1984, 721; ders., Zeitpachtsystem, 307.

Der zweite Beleg ist der öfters zitierte Halbbauvertrag des Kölner Stiftes St. Gereon, 1278 auf sechs Jahre geschlossen, über den Hof Lachem bei Worringen, ebenfalls im heutigen Kölner Stadtgebiet. Der Pächter erhielt für jeden Morgen, den er mergelte, drei Schilling. Er konnte für sich allein in jedem Jahr zwei Morgen im Brachfeld einsäen, was er darüber hinaus besömmerte, teilte er mit den Herren. Die Herren und der Pächter sollten die gleiche Zahl Rinder, Schweine, Schafe und anderes Vieh auf dem Hof haben, der Pächter sollte kein Vieh allein halten, ausgenommen Hühner und Gänse. Die Herren beteiligten sich nicht an den Kosten zur Hütung des Viehs.[12] Die Besömmerung diente, wie schon im Vertrag von 1251, dem Anbau von Viehfutter in erster Linie für den Eigenbedarf des Pächters. Darüber hinaus wurde zum Nutzen der Grundherrschaft und zum Verkauf besömmert.

Vor allem Wicken wurden im Brachfeld angebaut, daneben andere Futtersorten, Erbsen, Getreide und Waid.[13] Wicken waren ein hochwertiges Futter für die in den Städten in Menge gehaltenen Pferde. Der Pächter des Zehnthofes des Aachener Marienstiftes in Düren sollte 1311 Wicken in die Brache säen, dagegen vereinbarte man, auf den Waidanbau in Zukunft zu verzichten. Das Kölner Stift St. Georg ließ den Pächter seines Hofes in Vochem ebenfalls jährlich drei Joch Pferdefutter im Brachfeld einsäen, ferner jeweils acht Morgen mit Mergel düngen.

Im Februar 1316 verpachtete der Kanoniker des Stifts St. Mariengraden in Köln, Heinrich de Pomerio, den Hof Merheim seinem Kolonen Gottschalk aus Ostheim und seiner Frau Hilla auf drei Jahre. Die Kolonen hatten das Land vor anderem Land zu bebauen, das Stroh des Hofes durfte nicht verbrannt werden, auch das Stroh von dem anderen Land, das sie bebauten, war für den Hof zu verwenden. Es gibt eine Reihe weiterer Bestimmungen zur Melioration des Landes: Alljährlich sollten 50 Joch Acker nach der „sturzen" genannten Bauweise bearbeitet werden, d.h. sie sollten tief gepflügt werden. Auf dem Brachfeld säten die Pächter drei Joch mit Pferdefutter ein und fütterten damit, ferner ein Joch mit Roggen. Die Wiesen wurden zur Hälfte auf Kosten des Verpächters eingesät. Der Verpächter entlohnte die Hilfskräfte zum Beladen der Wagen in der Ernte und die Frauen bei der Haferernte.[14]

Aus Anschauung und Erfahrung wusste man von dem positiven Effekt des Futterpflanzenanbaus für die Bodenqualität. Bereits 1349/50 berichtet Konrad von Megenberg, die Bauern sagten, wenn man Wicken grün abmähe, die grünen Stoppeln umpflüge und sie im Acker verfaulen lasse, „daz tung den acker auz der mâzen wol". Diese Erkenntnis wiederholte Konrad Heresbach 1570 in seinen „Rei Rusticae Libri Quatuor". Heresbach, 1496 als Sohn des Besitzers eines Salhofes im Bergischen Land geboren, führte seit 1536 einen mehreren hundert Morgen großen Hof

[12] Druck bei Günther Franz (Hg.), Quellen zur Geschichte des deutschen Bauernstandes im Mittelalter, Darmstadt 1967, 366 f., Nr. 141; Wiedergabe Abel, Geschichte, 99; Ennen, Kölner Wirtschaft, 174, 192.

[13] Im Folgenden Irsigler, Intensivwirtschaft, 721-727, 730; ders., Zeitpachtsystem, 298, 307-309.

[14] Vgl. Anna-Dorothee v. den Brincken, Das Stift Mariengraden zu Köln (Urkunden und Akten 1059-1817), Köln 1969, 26 f.

auf einer Rheininsel nahe Xanten. Er ging bereits zur Fruchtwechselwirtschaft über. Neben Luzerne und Spergel schätzte er die Lupine als Futterpflanze. Bemerkenswert sind seine Ausführungen zur Wiesenkultur, war Heu doch nach wie vor das wichtigste Stallfutter. Er riet (von der landwirtschaftshistorischen Literatur weniger beachtet) zu einer geregelten Feldgraswirtschaft: alte Wiesen, die nicht mehr viel ertrugen, sollte man umpflügen, Hafer einsäen und nach drei oder vier Jahren wieder Gras wachsen lassen, denn Hafer führe zu besonders starkem Graswuchs. „Andere wieder säen in alt werdende Wiesen Bohnen, Rüben oder Rispenhirse, im nächsten Jahr dann Getreide." Zwar wurde Heresbachs lateinisch geschriebenes Buch bereits 1577 ins Englische übersetzt und mehrfach aufgelegt, aber niemals ins Deutsche.[15]

Auf größere Reserve stieß der Anbau von Waid als Gewerbepflanze, weil er den Boden stark beanspruchte. 1248 erlaubte das Kölner Domkapitel den Pächtern seines Hofes Kirchherten nicht, von 16 Morgen mehr als einen mit Waid anzubauen. 1299 und 1311 musste sich Heinrich von Sielsdorf, der vom Kölner Apostelstift den Hof Sielsdorf in Zeitpacht nahm, verpflichten jährlich nicht mehr als vier Joch mit Waid zu bebauen und zum Ausgleich die gleiche Fläche zu mergeln. Der Waidanbau setzte eine gute Bodenqualität voraus und erforderte eine starke Düngung. Vor allem geistliche Herren sprachen vielfach Verbote des Waidanbaus aus, während bürgerliche Pachtherren ein größeres Interesse an gewerbeorientierten Sonderkulturen hatten. Bis zum Ende des 15. Jahrhunderts scheint sich die teilweise Besömmerung der Brache am Niederrhein allgemein durchgesetzt zu haben. Der Anbau von Gewerbepflanzen hatte einen solchen Umfang erreicht, dass die Pächter Teile des Ackers anstelle des Getreidebaus für den Waidanbau abtrennten oder auch an Auswärtige unterverpachteten.

Sonderkulturen - Hackfrüchte, Kohl, Hopfen und Färbepflanzen - zog man nicht zuletzt in den Feldgärten, Flurstücke, die eine Größe von zwei oder drei Hektar haben konnten. Sie lagen außerhalb des Dorfzaunes in der Feldmark oder der Allmende und waren nach Gartenrecht von der Viehhut befreit.[16]

Es blieb, wie in Flandern und Brabant, im Rheinland bei der Teilbesömmerung. 5 %, vielleicht 10 % der Brache wurden besömmert. D.h. das Prinzip der Regenerierung und der Düngung des Bodens durch Beweidung im Brachjahr wurde nicht überwunden. Die Durchwinterung eines größeren Viehbestandes einschließlich der Schafherden wurde durch die Verbesserung der Wiesenkultur, hauptsächlich aber durch die Fütterung mit Hafer erreicht, der am Niederrhein stark angebaut wurde. Kloster Walberberg hatte 1415 bei Einnahmen aus dem Verkauf von Wolle und Fellen von 177 Mark Ausgaben von 58 Mark für verfütterten Hafer.[17]

---

[15] Konrad Heresbach, Vier Bücher über Landwirtschaft, hg. v. Wilhelm Abel, Meisenheim 1970, VI, 80a1; Abel, Geschichte, 170, 175; Franz Irsigler, Die Gestaltung der Kulturlandschaft am Niederrhein unter dem Einfluß städtischer Wirtschaft, in: Hermann Kellenbenz (Hg.), Wirtschaftsentwicklung und Umweltbeeinflussung (14.-20. Jahrhundert), Wiesbaden 1982, 175 Anm. 9.

[16] Abel, Geschichte, 97.

[17] Reinicke, Pachtverträge, 131, 141, 182, 186, 210.

Die Kommerzialisierung der landwirtschaftlichen Produktion gehorchte, sowohl was den Rohstoffbezug als auch den Fertigwarenabsatz angeht, vielfach unmittelbar den Bedürfnissen der stadtgewerblichen Produktion und Versorgung. In Köln war das Textilgewerbe das führende unter den exportorientierten Gewerben, gefolgt vom Metallgewerbe und dem Leder- und Kürschnerhandwerk.[18] Um 1300 befand sich das Wollenamt, die Hauptzunft des Kölner Textilgewerbes in einer lebhaften Aufwärtsentwicklung. Zwischen 1350 und 1370 hatte die Kölner Wolltuchproduktion, nach Irsiglers Schätzung, mit 15-17 000 Tuchen jährlich den höchsten Stand erreicht. Der sog. Weberaufstand 1370/71 erschütterte die Macht der Patrizier. Danach wurde die Zahl der Webstühle für Wolltuch beschränkt, die Tuchproduktion sank auf 10 000 Stück in den 1370ern, 8 000 bis 1390, im 15. Jahrhundert stark auf 4-5 000 Wolltuche ab. In der Feintucherzeugung wurde vor allem flandrische und englische Wolle verarbeitet. Standen unter den Importwaren aus England bis zur Mitte des 14. Jahrhunderts Wolle, Häute und Schaffelle an erster Stelle, so schob sich bis 1400 das Tuch an die Spitze. Gegen Ende des 15. Jahrhunderts war die Zahl der importierten englischen Tuche auf 5000 angestiegen, die von den Gewandschneidern zum Weiterverkauf auf den Frankfurter Messen fertig gemacht wurden. Sie hatten also die reduzierte Zahl der Kölner Tuche ersetzt.

Neben Wolltuch wurde Tirtey hergestellt, ein Mischgewebe aus Wolle minderer Qualität und Leinen, das neben der noch billigeren Leinwand für die ärmere Bevölkerung erschwinglich war. 1372 und 1374 wurden 8000 Tirteytuche jährlich gefertigt, bis Ende des 14. Jahrhunderts sank die Zahl langsam, vom Beginn des 15. Jahrhunderts an rapide auf nur noch 600 Tirteyer um 1450. Der Hauptgrund war der Aufschwung der Baumwoll- und Barchentherstellung seit der Jahrhundertwende, die die Tirteyproduktion ablöste. Tirtey war kein Tuch für den Fernabsatz; während vor den Frankfurter Messen die Tirteyherstellung reduziert wurde, um Arbeitskapazität für die Wolltuchherstellung freizumachen, stieg der Absatz auf dem Kölner Martinimarkt sehr stark an, wenn sich im Herbst die Bauern, Pächter, Krämer und Handwerker aus dem Umland sich mit dem groben, für Winterbekleidung gut geeigneten Tirteyzeug eindeckten.

Während der Wollimport aus England und Flandern überwiegend in den Händen der Kaufleute lag, wurde der Wolleinkauf in der Umgebung und auf den Frankfurter Messen, wo man Nürnberger, oberrheinische und hessische Wolle bekam, immer mehr Sache der Weber selbst. Den Kölner Webern gelang es seit 1230 die Tuchproduktion der umliegenden Städte Deutz, Münstereifel, Düren, Siegburg,

---

[18] Das Folgende nach Franz Irsigler, Kölner Wirtschaft im Spätmittelalter, in: Hermann Kellenbenz (Hg.), Zwei Jahrtausende Kölner Wirtschaft, Bd. 1, Köln 1975, 221, 251 f., 273, 276, 283, 306; und ders., Die wirtschaftliche Stellung der Stadt Köln im 14. und 15. Jahrhundert. Strukturanalyse einer spätmittelalterlichen Exportgewerbe- und Fernhandelsstadt, Wiesbaden 1979, 3, 37, 41-43, 319-323.

Koblenz, Hachenburg und Montabaur in Verlagsabhängigkeit zu bringen. Der Kölner Tuchbezirk reichte bis vor die Tore der großen Tuchstadt Aachen, denn um die Mitte des 15. Jahrhunderts beherrschten die Kölner Verleger den Handel mit Burtscheider Tuch. Das Aachener Textilgewerbe selbst stand dem Kölner kaum nach.[19]

Die Schafzucht in der näheren Umgebung Kölns hatte einen hohen Anteil an der Versorgung der Kölner Wollweberei. „Der Rohwollebedarf des Kölner Wollenweberamtes kurbelt die Schafzucht an".[20] Webermeister versorgten sich selbst mit dem Rohstoff und machten auch ihre Mitmeister vom Verlag abhängig. 1489 wurde Klage beim Rat geführt, dass einige „vurkeuffere" aus dem Wollenamt alle Wolle auf den Höfen in einem Umkreis von vier Meilen (30 km) um Köln aufkauften, so dass die ärmeren Webermeister, die „sulchen groissen verleich" nicht hätten, die Wolle sehr teuer von ihnen kaufen müssten und dadurch aus der Nahrung kämen. Daher wurde die Steuerfreiheit der von eigenen Schafen aus dem Umland oder vom Scheren von Schlachtschafen gewonnenen Wolle festgesetzt.

In der Region war die Wolltuchfabrikation schon früh etabliert. In Deutz existierte bereits am Anfang des 13. Jahrhunderts ein Wollenweberamt, in Wipperfürth gab es 1267 ein Stadtkaufhaus, das hauptsächlich dem Vertrieb der Wolltücher diente, und Kloster Altenberg betrieb schon 1302 die Wollenweberei. Ratinger Schafscheren erfreuten sich eines besonderen Rufs, ihre Erzeugung stand in Verbindung mit der dort lebhaft betriebenen Schafzucht und mit dem Wollverkauf auf dem Ratinger Markt.[21]

Köln und Aachen als große Tuchstädte, die Vielzahl der anderen Tuchproduktionszentren sprechen für eine bedeutende Schafhaltung in der Niederrheinebene, zu der die Schäferei auf den kargeren Böden der angrenzenden Mittelgebirge hinzukam. Der Bedarf war riesig, wenn man bedenkt, dass pro gefertigtem Tuch der Wollertrag von mindestens zwanzig Schafen benötigt wurde.[22]

Die Kölner Textilfärberei, sowohl von Wolle wie auch Leinen und Barchent, hatte einen intensiven Waidanbau am linken Niederrhein im Nahbereich Kölns und im Jülicher Land zur Folge. Der Waid brauchte fruchtbaren Boden mit guter Düngung und wurde auf kleinen Parzellen arbeitsintensiv angebaut. Nach 1441 drückten der Rückgang der Tuchproduktion und die Konkurrenz anderer Farben die Einnahmen der Kölner Waidakzise entscheidend nach unten. Zu erwähnen ist schließlich noch der Hopfenanbau für die Kölner Brauereien.

---

[19] Siehe die Karte bei Franz Irsigler, Stadt und Umland im Spätmittelalter: Zur zentralitätsfördernden Kraft von Fernhandel und Exportgewerbe, in: Emil Meynen (Hg.), Zentralität als Problem der mittelalterlichen Stadtgeschichtsforschung, Köln-Wien 1979, 14.

[20] So Ennen/Janssen, Agrargeschichte, 175.

[21] Th. Ilgen, Die Landzölle im Herzogtum Berg, in: Zeitschrift des Bergischen Geschichtsvereins NF 38 (1905), 237-239.

[22] Vgl. Franz Irsigler, Urbanisierung und sozialer Wandel in Nordwesteuropa im 11. bis 14. Jahrhundert, in: Gerhard Dilcher/Norbert Horn (Hg.), Sozialwissenschaften im Studium des Rechts, Bd. 4, München 1978, 110.

Selbst in Köln, der größten deutschen Stadt im Mittelalter, hatte die Landwirtschaft eine wichtige Funktion. Die Reichsstadt, umgeben vom kurkölnischen Gebiet, hat nie ein städtisches Territorium ausgebildet, hatte aber innerhalb der Bannmeile schon 1239 das Privileg de non evocando, also die Zuständigkeit des Stadtgerichts für alle Straftaten unter Beteiligung Kölner Bürger; Transaktionen von Bürgerbesitz innerhalb der Burgbanngrenze unterlagen wie der innerstädtische Besitz der Schreinspflicht, wurden in Schreinsbüchern verzeichnet. Die Bannmeile ist spätestens im 13. Jahrhundert mit Marksteinen markiert worden. Das Gebiet zwischen der Stadtmauer und der Burgbanngrenze gehörte zum Zuständigkeitsbereich der fünf Kölner Bauerbänke. Mit der Stadterweiterung von 1180 waren die ländlichen Vororte um St. Severin, St. Pantaleon, St. Gereon und des Vogteibezirks Eigelstein eingemeindet worden. Die Bauerbank auf der *Weyerstraße* entstand aus dem grundherrlichen Bauding St. Pantaleons um 1334; die Bauerschaft *Severinstraße* lehnte sich an den Fronhof ihres Stiftes an, sie wurde 1384 gegründet; die *Friesenstraße* schloss 1391 wahrscheinlich an den von St. Gereon an. Die Bauerbänke *Eigelstein* von 1391 und *Schafstraße* waren jüngere Flurgemeinschaften, letztere ohne Ursprung aus einer Grundherrschaft.[23]

Ein innerer Gürtel um die Stadt bis zum Bischofsweg war dem Gartenbau vorbehalten, im äußeren Burgbannbezirk herrschten Ackerbau und Viehzucht vor. In der Stadt selbst gab es etwa 30-40 Bau- und Viehhöfe, deren Land vor der Stadt teils in Eigenwirtschaft, teils durch Pächter bewirtschaftet wurde, außerdem im Burgbann große Pachthöfe und einige Dörfer im Besitz von Kölner Klöstern, Stiften und Bürgern. Sie dominierten in den Bauerbänken, ausgenommen die Bauerbank Eigelstein, die im Wesentlichen ein Zusammenschluss kleinerer Bauern war. Die Bauermeister, zwei bis vier für jede Bauerbank, führten den Vorsitz beim Bauergeding, das meist in der Nähe der zu den einzelnen Schweidbezirken führenden Tore stattfand (Severinstor, Weyertor, Schaafentor oder Hahnenpforte, Friesen- oder Ehrentor, Eigelsteinpforte). Die Bauerbänke erließen Ende des 14. Jahrhunderts ausführliche Flur- und Feldordnungen, wobei die umfänglichsten Regelungen die Weiderechte im jeweiligen Schweidgang, also Weidegebiet, betrafen, besonders die Schaftriften.

Die stadtnahe Schafzucht hatte so zugenommen, dass die Bauerbank St. Gereon 1391 Schafhaltung nur noch bei mehr als 50 Morgen Grundbesitz zuließ. Andere Bauerbänke setzten die Zahl der Schafe auf ein Stück pro Morgen fest. Die Siechen in Melaten konnten auf ihrem Pachthof 100 Stück halten. Im 16. Jahrhundert ging die Schafhaltung zurück. Nun erlaubten die Bauerbänke, Weiderechte für Herden bis zu 225 Schafen an die Pächter der großen Höfe oder an Fleischhauer für ihre Schlachtschafe zu vergeben. Der Burgbann wurde als Weide für Rindvieh und Schweine weniger stark genutzt. Die Weiden für die Mast der von weit heran-

---

[23] Im Folgenen Franz Irsigler, Köln extra muros: 14.-18. Jahrhundert, in: Siedlungsforschung. Archäologie-Geschichte-Geographie 1 (1983), 137-149; vgl. Ennen, Kölner Wirtschaft, 105 f., und den Plan ebd., 123; Reinicke, Pachtverträge, 289.

getriebenen Ochsenherden lagen im Rechtsrheinischen. Nur die Metzger nutzten den Schweidbezirk Eigelstein stärker für die Schweinemast. Was die Nahrungsmittel-versorgung der Stadt angeht - so schätzt Irsigler - dürfte der Burgbannbezirk den Großteil des Obst- und Gemüsebedarfs, etwa ein Fünftel ihres Getreidebedarfs und vielleicht ein Zehntel des Fleischbedarfs gedeckt haben.[24]

Am Umfang der Tuchproduktion gemessen müssten die davon ausgehenden Effekte auf die Veränderung der Landwirtschaft in der zweiten Hälfte des 14. Jahr-hunderts am größten gewesen sein. Spürbar ließen sie, folgt man den Nachrichten über die stadtnahe Schafhaltung, mit dem 16. Jahrhundert nach.

Die Versorgung Kölns mit Vieh - Fleisch und Häuten - und die Bedeutung der verschiedenen Vieharten lässt sich an der Liste der Fleischbankpächter ablesen: 1431 waren von 23 Fleischern elf Schefermenger, sechs Rindermenger, drei Schwijnenmenger und drei Specksnider. Wenige Jahre später, vor 1445, wurden acht Schafenbänke, acht Rinderbänke, fünf Schweinebänke und vier Speckbänke gepachtet. Über die ganze Stadt waren Ställe verteilt. Bei Metzgerhäusern kamen bis zu drei Ställe vor. Schafställe waren in den Außenbezirken häufig. Das Verbot des Rates 1445 Schweine frei auf den Straßen herumlaufen zu lassen, wurde bald dahin abgemildert, dass Bäcker, Brauer und Leute, die außerhalb der alten Römermauer Hof und Land besaßen, davon ausgenommen waren. Die großen Viehhöfe in den äußeren Bezirken der Stadt gehörten fast ausschließlich Leuten aus der wirtschaft-lichen und politischen Führungsschicht, die zusammen mit den geistlichen Grundher-ren die Bauerbänke besetzten. Um 1486/88 hatte der Viehspekulant Derich Wilgen 123 Schweine in seinem „behalt" auf dem Eigelstein untergebracht. Das war Han-delsvieh, das auf dem Kölner Markt auch an Auswärtige weiterverkauft wurde.[25]

Von der Viehhaltung auf Bürgergütern im Umland der Stadt erfährt man meist bei Beraubungen während Fehden: 1383 nahm der Burggraf von Odenkirchen dem Wilhelm van Gynhoven drei Pferde, vier Kühe und sieben Schweine ab; 1461 ließ der Kölner Bürger Heinrich van Keldenich zusammen mit einigen Mitbürgern 14 Schweine in den Bruch von Keldenich treiben; 1468 blieben Thys Cloit auf seinen beiden Höfen in Mauenheim trotz Beraubung neben anderem Vieh noch 31 Schweine. Gegenüber der Stadt, auf der rechten Rheinseite oberhalb Mülheims, gab es ergiebige Schweineweiden. 1462 kaufte der Kölner Fleischhauer Kirstgin van Aich im Auftrag eines „Welschen" 53 Schweine auf, die weiter transportiert werden sollten; 1494 kaufte der jülich-bergische Rentmeister für die herzogliche Hofhaltung beim Mülheimer Kaufmann Johann Haigen 139 „mager fercken". Darüber hinaus wurden Schweine von weither herangetrieben, aus dem Wuppertal, von Dortmund, Waldeck, Münster oder Wesel. 1386 erteilte Köln freies Geleit für alle klevischen

---

[24] Irsigler, Kölner Wirtschaft, 238; Hermann Kellenbenz, Wirtschaftsgeschichte Kölns im 16. und beginnenden 17. Jahrhundert, in: Ders. (Hg.), Zwei Jahrtausende Kölner Wirt-schaft, Bd. 1, Köln 1975, 341, 343.

[25] Irsigler, Kölner Wirtschaft, 243 f.; Ennen, Kölner Wirtschaft, 136; Franz Irsigler, Zum Kölner Viehhandel und Viehmarkt im Spätmittelalter, in: Ekkehard Westermann (Hg.), Internationaler Ochsenhandel (1350-1750), Stuttgart 1979, 225-227, für das Folgende.

Untertanen, die „ossen of verken" nach Köln bringen wollten; 1397 wurden dem Kölner Tilman Vastnacht von Leuten des Herzogs von Berg 70 Ochsen, 44 Schweine, 26 Schafe und neun Hammel genommen. Damit ist der internationale Handel mit Ochsen angesprochen, die jährlich zu Tausenden auf den Kölner Viehmarkt getrieben wurden.

Die Rinder wurden auf den Rheinweiden fett gefüttert. Der erste Beleg, dass Weideland gegen Bezahlung fremdem Vieh zur Verfügung gestellt wurde, stammt von 1294. Eine Anzahl Urkunden des Grafen von Kleve vom Ende des 14. Jahrhunderts, bei denen es um die Verpachtung von Rheinwerthen geht, fordert hohe Geldbeträge. So wurden 1384 11 ½ holländische Morgen Land am Ende eines Werths für 23 Gulden verpachtet, das mindestens das Doppelte dessen war, was gutes Ackerland brachte; weiter sechs Morgen auf dem Klopwerth für 16 alte Schilde und zwei Morgen auf dem Sarburgschen Werth für 2 alte Schilde. Die Viehwirtschaft am Rhein muss um diese Zeit sehr viel lukrativer als der Ackerbau gewesen sein.[26]

Zwischen Rheinebene und Mittelgebirgszone bestanden integrierte ökonomische Relationen, nicht nur im gewerblichen, sondern auch im agrarischen Bereich. Die Klöster reihten sich entlang des Rheins und der unteren Ruhr aneinander und hatten z.T. sehr alte Besitzungen im Bergischen Land.[27] Wie aus erhaltenen Zolltarifen zu ersehen ist, spielte der Viehtransport aus dem Bergischen Land in die Rheinebene eine überragende Rolle. Die von zahllosen Wasserläufen durchschnittenen Weideflächen des Bergischen boten die Grundlage für eine ausgedehnte Viehzucht, der Waldreichtum für die Schweinemast. Für große Mengen Klüppelholz, also Brennholz, war die Stadt Köln der Hauptabnehmer. Das Holz wurde von bergischen Holzführern, d.h. Zwischenhändlern, oder von Bauern und Pächtern an den Rhein gebracht, wo es die Kölner Holzhändler übernahmen. Bergische Köhler brachten Holzkohle auf ihren Karren mit der Deutzer Fähre in die Stadt. Weiter wurden gebrannte Steine, Kalk und Steinkohlen geliefert. Von den Kirchspielsleuten von Kronenberg bezog Köln Steinkohlen, wie aus deren Beschwerde beim Gericht Elberfeld 1514 hervorgeht. Nicht zu vergessen die Versorgung der Stadt mit Käse, Butter, Eiern und Fischen. Alljährlich am zweiten Freitag nach Ostern fand eine amtliche Besprechung zwischen Vertretern Kölns und des Bergischen Landes über die Preise und über etwaige Beschwerden statt.[28]

---

[26] Wisplinghoff, Klever Land, 43.

[27] Franz Petri, Das Bergische Land in der älteren deutschen Siedlungs- und Wirtschaftsgeschichte, in: Ders., Zur Geschichte und Landeskunde der Rheinlande, Westfalens und ihrer westeuropäischen Nachbarländer, Bonn 1973, 857 f.

[28] Ilgen, Landzölle, 232-234 und 240; Kellenbenz, Wirtschaftsgeschichte Kölns, 373.

Für einen Kredit[29], den der Kölner Bürger Johann gen. von den Weissen Frauen dem Kloster Siegburg 1286 gab, ließ er sich die Wolle der Schafe auf den abteilichen Höfen Bergh und Mundorf im nächsten Mai anweisen. Kurz vor 1500 ließ sich der zeitweilige Rektor der Kölner Universität, Peter Rinck, ein Darlehen vom waldeckischen Kloster Flechtdorf in Form von jährlich zu liefernden Hammeln zurückzahlen. Bei der großen Zahl Schafe, die allein im Burgbann gehalten wurde, galt das Interesse neben dem Fleisch der Wolle. Es gab zwar auch einen über die Region hinausreichenden Handel mit Schlachtschafen, der aber die Bedeutung des überregionalen Schweinehandels nicht erreichte.

Bürger hielten auf ihren Landbesitzungen Schafherden. 1280 vermachte Aleidis, Witwe des Aachener Bürgers Wilhelmus de Roza, der Abtei Kamp 300 Schafe. 1284 übertrugen der Kölner Bürger Heinrich Barat und seine Ehefrau Bela der Abtei Altenberg ihren Besitz bei Rommerskirchen und Rheindorf mit ihren Schafherden. Der Burggraf Gerhard von Odenkirchen erbeutete in seiner Fehde gegen Köln 1383 auf dem Hof des Patriziers Gerhard Roitstock in Lövenich 200 Schafe und 75 Lämmer neben 20 Schweinen und fünf Pferden; auf dem Hof der Patrizierin Elisabeth Jude in Ückerath verbrannte er ein Schafhaus mit einer neuen Stallung; Fia von Falkenstein, Klosterfrau zu Mechtern vor Köln, büßte in Sünnersdorf 48 Schafe ein.

Auch Weber und Metzger besaßen eigene Schafherden, auch auf fremdem Grund. Der bedeutende Weber und Tuchverleger Johann von Waldenberg war 1397 Besitzer ansehnlicher Schafherden in Rheindorf (an der Wuppermündung) und in Monheim. Der Kölner Weber Johann van Vischenich hatte 1397 einige Schafe auf dem Hof des Hermann Schorn im bergischen Amt Löwenburg. Der Metzger Johann Schoinhals und der Weber Zilman van Berchem besaßen 1414 Schafe in Stammheim. Der der Kaufleutegaffel Himmelreich angehörende Gerhard vom Kessel hielt 1429 Schafe beim Ritter von Kentenich. Kölner Weber und Kaufleute schlossen regelrechte Weideverträge mit Bauern und adeligen Grundbesitzern der Umgegend ab, wie es auch in flandrischen und englischen Städten zwischen Bürgern und Bauern üblich war. Der Schaftrieb erreichte schon früh ein derartiges Ausmaß, dass vier Orte im Sauerland 1354 ein förmliches Bündnis untereinander eingingen, um „rheinische Schafe" von ihren Gemarkungen fernzuhalten; der Kölner Erzbischof erteilte ihnen einen entsprechenden Freibrief.[30]

Die Pachtverträge und die anderen Quellen von Seiten der Herrschaften geben vor allem Auskunft über den Getreideanbau, während die Viehhaltung und der Gartenbau nur gelegentlich und mehr am Rande berührt werden. Man erfährt zwar, dass die Pächter Rinder, Schafe und Schweine, nicht selten auch Kälber an die Herr-

---

[29] Im Folgenden Ennen, Kölner Wirtschaft, 175; Irsigler, Kölner Wirtschaft, 238; ders., Viehhandel, 227 f. ; ders., Stellung, 42; Reinicke, Pachtverträge, 201 f.

[30] Hermann Rothert, Westfälische Geschichte, Bd. 1, Gütersloh 1949, 435.

schaft abzuliefern hatten, doch lässt das keine Rückschlüsse darauf zu, wieviel Vieh sie hielten.[31] Einige Nachrichten lassen sich zusammenstellen. 1218/25 vereinbarten Kloster Meer und die Leute des Dorfes Turre, dass ihre Schafe in dem beiden je zur Hälfte gehörenden Wald von St. Martinstag bis Ostern weiden sollten.[32] 1254 schloss das Kölner Stift St. Gereon einen Pachtvertrag über Äcker und Weingärten zu Ensen (nördlich Porz) mit Heinrich von Owe auf zwölf Jahre zu Halbbau ab. Heinrich sollte 70 Joch des Pachtlandes mergeln, das Weinland aber mit Stallmist düngen, und zwar jährlich ein Joch, bis der ganze Weingarten gedüngt war. Der Halfe sollte einen Stall für 200 Schafe bauen und darin wenigstens 100 Schafe halten sowie zwölf Kühe.[33] Es wurden also nicht nur erhebliche Investitionen verlangt, sondern auch vorgesehen den Dung der Schafe und Kühe für den Weinbau, der eine gute Düngung verlangte, zu verwenden. Auf dem Hof Drawinkel bei Wesel betrieb der Graf von Kleve laut Heberegister von 1318 eine ausgedehnte Schafzucht.[34]

Einen Überblick über das Produktionsprofil einer Grundherrschaft mit ihren Pachthöfen gibt E. Wisplinghoff anhand der Kellnereirechnungen der Abtei Brauweiler aus den Jahren 1331-52.[35] Neben Getreide und Wein hat die Wollerzeugung nicht geringe Erträge erbracht, wovon später keine Rede mehr war. Der Wein kam von den Moselbesitzungen des Klosters, das andere von sieben oder acht Höfen, von denen fünf in dem Brauweiler benachbarten Ort Freimersdorf lagen; sie wurden zu vier Höfen zusammengelegt, die je 317 Morgen groß waren. Die Höfe waren in Teilbau verpachtet. Das bedeutet, dass sich nur, wenn der Kellner Ausgaben für das Saatgut, die Ernte, die Düngung, das Viehfutter, das Waschen und Scheren der Schafe trug, Rückschlüsse auf die Pachtwirtschaft ziehen lassen. Der Pachthof in Wiesdorf z.B. war etwa 270 Morgen groß, 1337 wurden 87 Morgen mit Roggen, 85 Morgen mit Hafer und elf Morgen Weizen angebaut, wozu noch Gerste, deren Anbaufläche nicht angegeben ist, und fünf Morgen Erbsen kamen. (Wenn die Erbsen in die Brache gesät wurden, wären das etwa 5,5 % der Brachfläche.) Der Kellner trug Ausgaben für die Mergeldüngung, allerdings nur kleiner Parzellen, die hauptsächlich vom Pächter aufzubringen gewesen sein werden.

Der Pächter Heino in Freimersdorf wird 1337 etwa 170 Morgen unter dem Pflug gehabt haben. Zu ihrer Bestellung sind etwa 1800 Arbeitstage erforderlich gewesen. Die Rechnungen enthalten Angaben über ihr Entgelt beim Mähen, Dreschen, für die Arbeiten an Zäunen und Gräben, beim Holzhacken. Es waren kaum mehr als 170 - 180 Arbeitstage im Jahr. (Der Pächter wird also zehn Tagelöhner gebraucht haben.) Die Tagelöhner konnten ihre Familie aber nur ernähren, wenn sie noch ein

---

[31] Erich Wisplinghoff, Untersuchungen zur Lage der Landwirtschaft im Neusser Raum während der frühen Neuzeit, in: RhVjbll 47 (1983), 145 und 173.

[32] Franz, Quellen, 280 f., Nr. 106.

[33] Ennen, Kölner Wirtschaft, 174 f.

[34] Ilgen, Siedlungswesen, 41.

[35] Erich Wisplinghoff, Untersuchungen zur Wirtschafts- und Besitzgeschichte der Benediktinerabtei Brauweiler, in: JbKölnG 43 (1971), 131-191; ders., Brauweiler, in: Rhaban Haacke (Bearb.), Die Benediktinerklöster in Nordrhein-Westfalen, St. Ottilien 1980, 226.

Stück Land besaßen, das sie selbst bewirtschafteten. Tatsächlich treten neben den Inhabern von Höfen früh Besitzer kleiner Landparzellen in großer Verbreitung auf.

Die Rindvieh- und Schweinehaltung war wenig bedeutend, sehr viel wichtiger war die Schafzucht. Der Wollverkauf in Köln brachte teilweise recht hohe, aber stark schwankende Erträge. 1348/49 waren es 264 Mark, die im Wesentlichen von den Freimersdorfer Höfen kamen. 1351/52 wurde die Wolle der letzten beiden Jahre für 706 Mark veräußert. Der Wert der Jahresproduktion entsprach etwa 75 % des Kornertrags eines der großen Freimersdorfer Höfe (oder 15 - 20 % des Freimersdorfer Kornertrags insgesamt). Wir wissen allerdings nicht, ob die Pächter auch Wolle erzeugten. Zwischen 32 und 100 Malter Hafer waren jährlich als Futter für die Schafe bestimmt. Für das Waschen und Scheren der Schafe gab man 1348-52 zwischen acht und elf Mark aus, laut Rechnung von 1530/31 7 ½ Mark, was 18 Arbeitstagen entspricht. Dazu kamen noch Ausgaben für den Schafhirten, für den baulichen Unterhalt der Ställe und für Salz, die aber die Rentabilität nicht wesentlich beeinflussten. (Die Ausgaben für Tagelöhner betrugen nur einen Bruchteil derer für die Feldbestellung, ca. 12 %.) Aus dem Verkauf der Schafe zu St. Martin wurden 1348-52 nur geringe Beträge eingenommen. 1530/31 wurden einem Viehhändler vom Hospitalshof und den Freimersdorfer Höfen 96 Lämmer und 37 Hammel verkauft, einem anderen in Sinthern 26 Lämmer. Der erste lieferte als Entgelt für die ihm überlassenen Schafe u.a. vier Ochsen.

Ein ähnliches Bild gibt die Wirtschaft des Burggrafen von Drachenfels nach den Haushaltsrechnungen von 1395-98. Die Pachthöfe hatten je nach Größe, Bodengüte, Anteilen von Acker-, Wiesen- und Buschland, Wald und Weinbergen unterschiedliche Produktionsschwerpunkte. Die Höfe in Pattern und Bocklemünd, der Mondorfer Hof und der Pachthof vor Schloss Gudenau lieferten Getreide. Auf allen Höfen gab es in gewissem Umfang Viehwirtschaft, auf dem Hof unterhalb der Burg Drachenfels beschäftigte man einen Kuhhirten. Fast überall ist eine mistintensive Stallhaltung mit zeitweisem Weidebetrieb bezeugt. Die Wiesenerträge in Königswinter und in Mondorf, wo man 1318 bei der Heumahd nicht weniger als 14 Mäher beschäftigte, waren beachtlich. Die Schweinezucht konzentrierte sich auf den Hof Gudenau mit seinen Waldweideanteilen am Kottenforst, auf den Hof Mondorf und den Sieglarer Hof, wo die Zuchteber gehalten wurden. In Söven und bei der freien Schäferei des Hofes Giersberg gab es zwei große Schafherden mit eigenen Schäfern.[36]

Meckenheim, Morenhoven und Münchhausen im erzbischöflichen Amt Godesberg gehörten noch 1440 zu den wenigen Höfen, die nicht verpachtet waren, da sie zur Versorgung der nahen Residenz Brühl dienten. Beim Hof Meckenheim waren 290 Morgen Ackerland, fünf Morgen Wiesen und 24 Morgen Wald, neben dem Hofverwalter drei Pflugknechte, zwei Mägde und ein Schäfer; zum Hof Morenhoven gehörten 100 Morgen Acker, 14 Morgen Wiese und zwei Weiher, neben dem Hofverwalter gab es einen Pflugknecht, eine Magd und einen Schäfer als Gesinde;

---

[36] Franz Irsigler, Die Wirtschaftsführung der Burggrafen von Drachenfels im Spätmittelalter, in: Bonner Geschichtsblätter 34 (1982), 98 f.

Münchhausen umfasste 250 Morgen Acker, 40 Morgen Wiesen und Weiden, 350 Morgen Wald und hatte vier Pflugknechte, zwei Mägde sowie drei Hirten für Kühe, Schafe und Schweine. Hinzu kamen jeweils noch Tagelöhner in der Ernte, beim Dreschen sowie Lohn- und Materialkosten bei Bauarbeiten. Die Menge Vieh war in Meckenheim und Morenhoven gleich, nämlich 20 Milchkühe, zwei Mutterschweine, für 25 bzw. 20 Gulden Mastschweine und 300 Schafe, in Münchhausen gab es acht Pferde, 30 Kühe, 20 Rinder, 30 Schweine und ebenfalls 300 Schafe.[37]

Im Pachtvertrag zwischen der Abtei Steinfeld und Reimer Huge über den Hof Hochkirchen bei Düren, 1480 auf zwölf Jahre geschlossen, war u.a. festgesetzt: Reimer pachtete den Hof mit allem Zubehör an Ackerland, Busch und Wiesen, gab an Pacht jährlich 24 Malter Roggen und 24 Malter Hafer, als Zehnt pro Morgen zwei Malter. In die Brache konnte er Rauhfutter einsäen und drei oder vier Morgen Waid, durfte aber niemand anderen säen lassen oder an jemand anderen unterverpachten; das Brachland war zehntfrei. Schafe hielt Reimer *nach Gewohnheit oder beliebig viele*, wofür er dem Kloster jährlich vier Mark zahlte. Er bezog den Lämmerzehnt im Kirchspiel Hochkirchen. Er hielt den Zuchtstier, und er fütterte für die Abtei jährlich sechs Rinder durch den Winter. Reimer zog alle Gefälle der Abtei im Kirchspiel Hochkirchen und in der Umgebung auf seine Kosten und Mühen ein; das, was er dem Gericht oder dem Boten geben musste, um die Leute zu pfänden, erstattete ihm die Abtei.[38] Der Lämmerzehnt verweist auf die bäuerliche Schafzucht, die - allein deswegen, weil er erhoben wurde - nicht unbedeutend gewesen sein kann.

Die Abtei Altenberg verpflichtete 1486 den Pächter des Hofes Langel (nördlich von Köln) bei seinem Abzug die gestellten Faselschafe, also die Zuchttiere, auf dem Hof zurückzulassen. Ähnliche Bestimmungen, die den Bestand der Herde sichern sollten, finden sich in anderen Altenberger Pachturkunden.[39]

Insgesamt wird deutlich, dass in der Pachtwirtschaft der Getreideanbau dominierte, doch die Viehzucht bedeutend war, mit deutlichem Vorrang der Schafhaltung. Zieht man noch die Sonderkulturen und den Gartenbau in Betracht, ergibt sich das Bild einer ziemlich diversifizierten Agrarproduktion. Jedenfalls bestand auch vor 1350 keine Situation, in der der Getreidebau zur Monokultur mit nachteiligen Folgen für den Viehstand und die Düngung ausgedehnt war.

Festzustellen ist eine ausgeprägt kommerzialisierte Landwirtschaft mit gewerbeorientierter Wollerzeugung, Futter- und Gewerbepflanzenproduktion sowie - wie schon von Steinbach bemerkt - Mobilisierung des Grundbesitzes, Geldrente, starke wirtschaftliche und soziale Differenzierung der Landbevölkerung, Zeitpacht und Lohnarbeit.

---

[37] Erich Wisplinghoff, Die Kellnereirechnungen des Amtes Godesberg aus den Jahren 1381-1386, in: Bonner Geschichtsblätter 15 (1961), 189; Reinicke, Pachtverträge, 153-160.

[38] Ingrid Joester (Bearb.), Urkundenbuch der Abtei Steinfeld, Köln-Bonn 1976, Nr. 559, 433-435; Reinicke, Pachtverträge, 220.

[39] Reinicke, Pachtverträge, 200 f.; weitere Angaben über Schafherden ebd., 191, 210, 244, 290.

Schon im 13. Jahrhundert werden Wälder, Wiesen und Weiden bei Besitzübertragungen gesondert erwähnt - zunächst indem sie davon ausgenommen werden. 1276 musste der Abt von Siegburg wegen drückender Schulden die Klostergüter an vier Orten verkaufen; außerdem verlieh er seinem Konvent den Abtshof zu Kirchscheid, behielt sich aber die Wachszinsigen des Jakobsaltars auf dem dortigen Hof, den Wald „Sulsirbruch" und die neu gekauften Wiesen dort vor. Offenbar wollte er die besten oder am besten nutzbaren Teile seines Besitzes behalten. Ein ähnlicher Vorgang 1305. Da Kloster Siegburg seit alten Zeiten bei Lombarden und anderen schwer verschuldet sei, verpachte es den wegen der weiten Entfernung weniger Nutzen bringenden Besitz zu Straelen und Arcen (an der Maas) mit dem Schultheißenamt und allen Einkünften und Rechten sowie den dortigen Hof Westerbroek einem Adligen und seinem Sohn auf Lebenszeit, mit Ausnahme der abteilichen Lehnsleute und des Patronatsrechts der Kirche zu Straelen. Es folgen genaue Bestimmungen über den Wald. Im „vriedeholz" sollten nur Bäume geschlagen werden, wenn im Kammerforst kein zur Reparatur des Hofes geeignetes Holz vorhanden war. Auch im Kammerforst sollte ohne Erlaubnis des Klosters kein Holz geschlagen, verkauft oder entfremdet werden. Wurde mit Erlaubnis Holz verkauft, so erhielt der Pächter die Hälfte des Erlöses, die andere Hälfte das Kloster.[40]

Eine Unzahl von Verkäufen von Wiesen, Wäldern und Waldanteilen ließe sich aufführen, interessant sind noch folgende Beurkundungen zu Weideländereien: 1350 stiftete Franzois, Vogt von Güls, dem Kloster Siegburg zu einem Seelgerät eine Erbrente von einer Mark, die von seinem Besitz, nämlich Weiher und Weiden, fällig wurden. 1361 erhielt der Ritter Johann Wolf von Rheindorf von Kloster Siegburg zu Mannlehen zwei Grundstücke, die zu seinem Hof Polle zu Lohmar gehörten, nämlich zehn Morgen Busch im Aldenforst bei Lohmar und sechs Morgen Weiden.[41]

1398 verpfändeten der Knappe Johann von Birgel und seine Frau Ellenberg zwei Dürener Bürgern „beinde, weyde, wijden ind gehultze [...] mit al eirme zubehoere, ho off deiff, nas off drege" oberhalb des Hofes Bedburg für 400 Mark. 1482 verkaufte Reinhard von Linzenich dem Kloster zum Paradies „alle alsolchen busche, heide, weyeren, ind weide", die er oberhalb Gürzenich besaß, ausgenommen 40 Morgen Busch, die Gerart Thoniß von ihm hat.[42] In beiden Fällen muss es sich um bedeutende Areale gehandelt haben.

Aber auch Weideparzellen wurden gehandelt. 1466 übertrugen Katharina von Honzelar und ihr Sohn Johann an Jacob Kirchoff, Bürger von Rheinberg, ihren Anteil an zwei Morgen Land im Budberger Gericht „nu ter tyt liggende voir eyn

---

[40] Erich Wisplinghoff, Urkunden und Quellen zur Geschichte von Stadt und Abtei Siegburg, Bd. 1: 1065-1399, Siegburg 1964, 275, Nr. 159; 350, Nr. 210.

[41] Ebd., 453, Nr. 354, und 496, Nr. 418.

[42] Walter Kaemmerer, Urkundenbuch der Stadt Düren 748-1500, Bd. 1, Düren 1971, 241, Nr. 196, u. 613, Nr. 400.

weyde", die sie vom Grafen von Moers zu Leibgewinn gehabt hatten; es grenzte an drei Seiten an Weideland anderer Bauern. Offensichtlich wurde Acker als Weide liegen gelassen. 1474 verkaufte Kloster Kamp einem Bürger aus Rheinberg einen halben Morgen Weideland im Hambroick im Gericht Budberg. 1481 schenkte Willhelm von Eyle dem Marienaltar ter Capellen zu einem Erbgedächtnis sieben Morgen Busch und Weideland bei Kirskamp. Von 1494 gibt es einen Lehnsbrief über das Gut ter Vort im Kirchspiel Moers, das nur aus Weide und Broich bestand.[43]

2.2 Walderbengenossenschaften und Allmende

Gemeinde

Der Forschungsstand zu den Allmenden am Niederrhein ist mit dem zum Südwesten nicht zu vergleichen. Zur gleichen Zeit, als K. S. Bader sein großes Werk über die Rechtsgeschichte des mittelalterlichen Dorfes im alemannischen Raum vorlegte, war Franz Steinbach genötigt Existenz und Kompetenzen der rheinischen Landgemeinde an kargem Material nachzuweisen: „Gemeindeordnungen scheinen nur selten schriftlich niedergelegt worden zu sein (...) Die Quellenlage ist daher schlecht. Die überlieferten Weistümer betreffen beinahe ausschließlich gerichtsherrliche, grundherrliche oder markgenossenschaftliche Streitfragen. Für den gemeindlichen Alltag Gültiges ist nur umständlich in ihnen aufzuspüren."[44] Noch 1976 musste Wilfried Krings dem Irrtum begegnen, im Einzelhofgebiet des Klevischen habe es gar keine Allmende gegeben (außerhalb des Hoflandes beginnt sofort die gemeine Mark).[45]

Die rheinische Landgemeinde hatte nach F. Steinbachs Bericht Kompetenzen nicht geringer und ähnlich denen, die K. S. Bader für die südwestdeutsche darstellt. In der Kölner Bucht und ihren gebirgigen Randgebieten hießen die mittelalterlichen Landgemeinden Honschaften, im Klevischen - wie in Westfalen - Burschaften. Sie umfassten in der Regel mehrere Siedlungen; mit zunehmender Bevölkerungskonzentration übernahmen Dörfer die Gemeindefunktionen.[46]

---

[43] Hermann Keussen, Urkundenbuch der Stadt Krefeld und der alten Grafschaft Mörs, Krefeld 1938-1940, Nr. 3316, 3698, 3878, 4531; weitere Belege ebd., Nr. 4161, 4230, 4714, 4826, 4850, 4959, 4969.

[44] Franz Steinbach, Ursprung und Wesen der Landgemeinde nach rheinischen Quellen, in: Collectanea, 570 [Erstdruck 1960]. Nachweise von Ettern am Niederrhein bei Bader, Studien 1 [1. Aufl. 1957], 78 f., 87, 104 f., 113 f., 135, 138, 171, 208, 210, in Anschluss an H. Aubin.

[45] Wilfried Krings, Wertung und Umwertung von Allmenden im Rhein-Maas-Gebiet vom Spätmittelalter bis zur Mitte des 19. Jahrhunderts. Eine historisch-sozialgeographische Studie, Assen 1976, 5 (gegen G. Droege).

[46] Steinbach, Ursprung, 568. - Zur (mangelnden) Forschung über die rheinische Landgemeinde seit Steinbach siehe Helmut Gabel, Ländliche Gesellschaft und lokale Verfas-

Anhand von Honschaftsordnungen des 16. Jahrhunderts stellt Steinbach ihre Aufgaben dar: Die Honschaft wählte ihren Vorsteher, den Honnen, und hielt Honntage, Gemeindeversammlungen, ab, deren Beschlüsse für alle Bewohner der Honschaftsgemarkung verpflichtend waren. Der Honne leitete das Nachbargericht, das im Freien an der für diesen Zweck errichteten Bank stattfand und an dem alle Nachbarn teilzunehmen hatten. Er zog die auferlegten Bußen ein, um sie an das landesherrliche Amt abzuliefern. Die gesamte Nachbarschaft mit dem Honnen zog geschlossen zum Haus eines Gemeindeschuldners um ihn zu pfänden. Der Honne hatte Strafgewalt gegen ungehorsame Honschaftsangehörige, bei deren Ausübung ihm notfalls alle Honschaftsmitglieder helfen mussten. Bei Widerstand gegen die Gemeindeexekution in Fällen der Pfändung, Ahndung von Verstößen gegen die beschworene Gemeindeordnung und von Verbrechen erfolgte die Friedloslegung durch die Gemeinde, die Verweigerung von Feuer, Wasser und Weide.[47]

Alle Gewalt war zwar ausdrücklich der Obrigkeit gewiesen, doch die Friedewahrung war neben wirtschaftlichen Angelegenheiten die eigene Aufgabe der Honschaften. Der Honne war dem Landesherrn vereidigt. Er hatte alle Rügen am ungebotenen Ding des Landgerichts anzuzeigen. Vom landesherrlichen Amtmann wurde er zu polizeilichen Maßnahmen herangezogen. Die Honschaften waren landesherrliche Steuerbezirke, sie hatten die Verteilung der festgesetzten Steuersumme auf die Gemeindemitglieder selbstverantwortlich durchzuführen. - Dabei waren übrigens die Pächter, da Ritter- und geistliche Güter steuerfrei waren, ausgenommen.[48] - Sie nahmen also, unter landesherrlicher Aufsicht, sowohl eigene kommunale Aufgaben als auch landesherrliche Auftragsangelegenheiten wahr. Ihre Zuständigkeit im kommunalen Bereich war von der Landesherrschaft begrenzt, nicht aber inhaltlich bestimmt. „Die Honschaften, auch die kleinsten unter ihnen, waren politische Gemeinden."[49]

Die ältesten urkundlichen Zeugnisse von Nachbarschaftsverbänden aus dem 11./12. Jahrhundert bringen sie in Zusammenhang mit der Zehnterhebung. Abt Radolf von Deutz (um 1025) schloss mit den Leuten der vier Bauerschaften (viciniae, „quae vulgo gebursaf vocantur") des Kirchspiels Anrath einen Vertrag den Zehnt künftig in Geld zu entrichten. In einer Urkunde von 1211 wurde das Procedere festgehalten: Die Leute jeder Bauerschaft schlugen drei der ihren vor, von denen der Abt einen ernannte. Dieser übernahm die Einsammlung der Zehntbeträge in seiner Bauerschaft. Aber nicht jeder einzelne, sondern alle Zehntheber zusammen bürgten

---

sungsentwicklungen zwischen Maas und Niederrhein im 17. und 18. Jahrhundert, in: Jan Peters (Hg.), Gutsherrschaft als soziales Modell, München 1995, 241-246.

[47] Steinbach, Ursprung, 574-576.

[48] Georg von Below, Die landständische Verfassung von Jülich und Berg, Düsseldorf 1885-1891, Teil 3.1, 16, 18, 25.

[49] Steinbach, Ursprung, 574-576 und 591 f.

für die Zahlung des Gesamtbetrages, da das Übereinkommen mit ihnen im Namen des gesamten Volkes („nomine totius plebis") getroffen wurde.[50]

Im 13. Jahrhundert war es in der Grafschaft Kleve „allgemeiner Landesbrauch", wie es 1285 im Kirchspiel Bislich ausdrücklich heißt, die Kirchspielsgemeinde beim Verkauf von Eigengut aufzubieten. Schon in einer Überlieferung von 1226 waren die Kirchspielsleute von Bislich in ihrer Eigenschaft als Gerichtsgemeinde neben die Hiemannen, also die Gerichtsleute des Hofverbands, getreten.[51]

Nachbarschaften waren Teilverbände, die sich zu Weide- und Wassergenossenschaften verbunden hatten. Ein Teil der Einwohner des Kirchspiels Qualburg hatte sich 1326 zu einer Bauerschaftsgemeinheit vereinigt, der daraufhin Graf Dietrich von Kleve eine Allmende zuwies und das Recht verlieh, jedes Jahr zwei Bauermeister zu wählen; mit ihnen sollten sie die Angelegenheiten ihrer Allmende (in orber oirre gemeynte) selbstständig regeln.[52] Die Zuständigkeit der Burgerichte erstreckte sich auf die Ausübung der Feld- und Wegepolizei, ebenfalls konnten sie Beeinträchtigungen von Gemeinheitsbesitz durch Überzäunen und Überbauen ahnden. Honschaften oder Bauerschaften stellten „die kleinsten kommunalen Verbände dar, die sich zur Regelung gemeinschaftlicher Nutzungs- und Verwaltungseinrichtungen und zum Schutz der Feldflur und des Privateigentums gebildet haben."[53] Eine solche war, wie es im 16. Jahrhundert über Keldenich heißt, „ein nachparschaft, ein gemein, ein herligkeit, ein hirtschaft, ein hundschaft und ein hirt."[54] Viele Burschaften und Honschaften sind aus grundherrschaftlichen Hofgenossenschaften hervorgegangen.

Burdinge, eigene Gerichte der Burschaften, sind seit Anfang des 14. Jahrhunderts bezeugt (im benachbarten Westfalen reichen die Belege bis ins 13. Jahrhundert zurück). Manche Burschaften - wie auch viele bergische Honschaften - in Gebieten geringer Siedlungsdichte haben niemals gerichtliche Befugnisse gehabt, sondern sind selbst in Bagatellsachen gerichtlich ganz den Landgerichten unterworfen geblieben.[55]

Aus dem Sachsenspiegel ist zu erfahren, dass die Burschaften unter Leitung von Burmeistern am Anfang des 13. Jahrhunderts in seinem Geltungsbereich die

---

[50] Th. Ilgen, Herzogtum Kleve I. Ämter und Gerichte. Entstehung der Ämterverfassung und Entwicklung des Gerichtswesens vom 12. bis ins 16. Jahrhundert, Bd. 1, Bonn 1925, 539 f. u. 554; Franz, Quellen, 276-279, Nr. 105.

[51] Ilgen, Kleve, Bd. 1, 480 f. - Alle Kirchspielseingesessenen in Hoven („alman" heißt es im Weistum von 1413) mussten die ungebotenen Dinge des Schöffengerichts besuchen: Th. Ilgen, Die Grundlagen der mittelalterlichen Wirtschaftsverfassung am Niederrhein, in: Westdeutsche Zeitschrift für Geschichte und Kunst 32 (1913), 121.

[52] Ilgen, Siedlungswesen, 52 f. u. 81 f.; ders., Kleve, Bd. 1, 541, u. Bd. 2/2, 205; vgl. ders., Grundlagen, 107-109.

[53] Ilgen, Kleve, Bd. 1, 537. Diese Definition übernimmt Steinbach, Ursprung, 576, 585.

[54] Hermann Aubin (Hg.), Die Weistümer des Kurfürstentums Köln, Bd. 2, Bonn 1914, 143.

[55] Steinbach, Ursprung, 581.

normale Form der kommunalen Organisation auf dem Lande gewesen sind. Die Gerichtsbefugnisse des Burmeisters hatten, „vom landrechtlichen Standpunkt aus betrachtet, die Bedeutung eines schiedsrichterlichen Sühneverfahrens, bei dessen Mißlingen die eigentliche Gerichtsgewalt des Landrichters eintritt".[56] Darüber hinaus wurde ihm die Befugnis zugewiesen, auf handhafter Tat ergriffene Frevler abzuurteilen. Das trifft auch auf die rheinischen Burschaften und Honschaften zu. Im Allgemeinen waren den rheinischen Landgemeinden die Befugnisse der Kommunalverwaltung in Verbindung mit einigen polizeigerichtlichen Strafrechten zugefallen.[57]

Waren die Honschaften („communitas ville") kommunale Selbstverwaltungsorgane, so zugleich auch Untergliederungen der gerichtlichen und politischen Organisation des Landes. Dies arbeitet Steinbach an dem von Aubin behandelten „gräflichen Land" heraus.[58] Laut einem Weistum von 1369 stellten die beiden Honschaften Kleinenbroich und Rottes gemeinsam einen Schöffen an der sog. gräflichen Bank; insgesamt waren es acht Schöffen, die von den Honschaften des gräflichen Gerichts kamen. Alle Honschaftsangehörigen, ausdrücklich auch die Kötter, mussten zum Rügegericht der gräflichen Bank erscheinen, die Honnen hatten die Rügen vorzubringen. Ein weiteres Weistum von 1404 hebt hervor, dass Gebot und Verbot des Kölner Erzbischofs als Landesherrn in der „libera iurisdictio" beschränkt seien: Die Honnen waren zugleich landesherrliche Gerichtsboten; alle gerichtlichen Klagen und Ladungen liefen über sie, sie waren für die Festnahme und Bewachung von Verbrechern zuständig. Jedoch waren sie offensichtlich nur innerhalb herkömmlicher Rechtsgrenzen an die Anordnungen des Landesherrn gebunden. Zwar unterhielt der Erzbischof auf seinem Amtssitz Burg Hülchrath noch einen berittenen Gerichtsboten, dieser musste sich aber für die Durchführung der landesherrlichen Gebote und Verbote zuvor mit den Honnen in Verbindung setzen. In der engen Verbundenheit von Landgericht und kommunaler Organisation im „gräflichen Land" aber sieht Steinbach den Nachweis für die Herkunft genossenschaftlicher Rechte und Pflichten der Honschaften aus der alten Gerichtsgemeinde, aus der Mitsprache des Gemeindevolkes am Gericht, erbracht.[59]

Die Gemeinde war vermögens- und damit schuldfähig. Der Lombarde Oliver quittierte 1410, dass „die scheffen, ind vort die gemeyne lude sementlich" des Dorfs Pattern ein Darlehen zurückgezahlt hatten, das sie ehedem „in behoif des gemeynen dorps" beim Dürener Lombardenhaus aufgenommen hatten.[60]

Aber auch sämtliche Gemeinden eines Landes traten diesbezüglich in Erscheinung. Im Dezember 1488 erhielten *Schöffen und ganze Gemeinde der Dörfer, Dingstühle und Gerichte* in der Grafschaft Moers, nämlich zu Moers, Neukirchen, Homberg, Baerl, Eversael, Friemersheim und Kapellen, vom Grafen

---

[56] I. W. Planck, nach Steinbach, Ursprung, 582.
[57] Steinbach, Ursprung, 585 f.
[58] Aubin, Weistümer 1, 48 und 94-98; siehe die Karte ebd.
[59] Steinbach, Ursprung, 589-591.
[60] Kaemmerer, Düren 1, 269, Nr. 217.

von Berg ein Darlehen von 400 fl. Die „gemeynen scheffen der stat, graiffschafft ind landtz van Moerse" vertraten das Land auch, als sie 1491 ihrem Grafen die Gerichtsbarkeit über die Klevischen Güter innerhalb der Grafschaft wiesen; diese sollten auch das „naberrecht" halten, andernfalls sie von ihren Nachbarn gepfändet werden könnten. Weshalb sich die Moerser Gemeinden verschuldeten, wird durch einen entsprechenden Vorgang vom Januar 1491 erhellt. *Schöffen, Geschworene und ganze Gemeinden* des Landes Brüggen und Süchteln, mit den Quartieren Dülken, Dahlen, Bracht und Waldniel, nahmen beim Grafen von Witgenstein ein Darlehen von 2000 fl auf. Dafür entband sie der Graf von Moers eine Zeit lang von der Schatzzahlung und der Brüggener Rentmeister gelobte die Rückzahlung des Darlehens aus dem Mai- und Herbstschatz. Bemerkenswert ist, dass der Graf von Moers die Abzahlung des Darlehens nicht aus der ihm ohnehin zufließenden Schatzzahlung bestritt, sondern *sämtliche Gemeinden* des Amtes - zur größeren Sicherheit - förmlich in die Schuld eintraten. Als Landstand werden die Dorfgemeinden angesprochen, wenn 1493 der Graf von Moers der Ritterschaft, den Städten und den Dörfern des Landes Brüggen ihre alten Rechte und Gewohnheiten bestätigte.[61]

Als Vertreter sämtlicher Untersassen des Landes bzw. Amtes wurden die Heimraden in der Düffel durch Herzog Johann von Kleve 1495 angesprochen. „Die heymraede unss landz ind amptz van Duyffel van wegen unser sementlicher ondersaeten in Duyffel" hatten ihm Beschwerden ihrer „alden gewoenten ind vrijheyden" zur Kenntnis gegeben, die er ihnen durch Landesprivileg bestätigte.[62] Die Düffel war ein alter Deichverband, in dem den Heimraden die Aufsicht über Dämme, Gräben und Wasserleitungen oblag.[63]

Franz Steinbach betont - ebenso wie Karl Siegfried Bader - um den politischen Charakter der Landgemeinde zu erweisen, dass der Schwerpunkt der Gemeindetätigkeit nicht in der Verteilung der Allmendnutzungen lag, sondern stellt ihre gerichtlichen Befugnisse heraus.[64] Dennoch wird bei der Frage nach Ursprung und Wesen der Landgemeinde das Gemeindeeigentum zum Prüfstein.

Seit dem 13. Jahrhundert ist die bäuerliche *communitas ville* mit Gemeindeeigentum in Wohnplätzen, Feldflur und Allmende, mit Zuständigkeit für Rechts- und Friedewahrung im Gemeindegebiet für das Rheinland urkundlich bezeugt.[65] Bader bestimmt die Gemeinde als Friedens- und Rechtsbereich:[66] Die Gesamtheit der Hofstätten bilde das Dorf, und da die Flur zu den Hofstätten gehöre, gehöre sie auch zum Dorf, nicht das Dorf zur Flur oder Mark (wie die Markgenossenschaftstheorie wollte). Aus den Hausfrieden summiere sich der Dorf- (oder Etter-)frieden, der auf die Flur ausgeweitet werde. Steinbach bestreitet nun, dass die Eigentumsrechte der

---

[61] Keussen, Krefeld-Mörs, Nr. 4189, 4293-95, 4299, 4300, 4444.

[62] Ilgen, Kleve, Bd. 2/2, 99-101, Zitate 99.

[63] Ilgen, Kleve, Bd. 1, 77, 150, 157, 165 f., 169 f., 559 Anm. 1.

[64] Steinbach, Ursprung, 591.

[65] Ebd., 592.

[66] Bader, Studien 1, 56; Steinbach, Ursprung, 567.

Gemeinde am Grund und Boden, soweit er nicht Privatbesitz ist, als Ausfluss des erweiterten Haus- und Dorffriedens zu begreifen sei.[67] Diese gemeindlichen Eigentumsrechte verlangen aber eine neue Erklärung, da Steinbach ebenso wie Bader ihre Herleitung aus der Markgenossenschaft mit Gemeineigentum ablehnt.

Steinbach führt eine Urkunde für die Gemeinde Birresborn in der Eifel von 1287 an. Die Gemeinde hatte ein vom Abt von Prüm errichtetes Gebäude zerstört. Die bestellten Schiedsrichter bestätigten das Vorgehen der Gemeinde und erkannten dem Grund- und Gerichtsherrn lediglich das Recht zu auf seinem Salland Gebäude zu errichten, nicht auf dem Grundeigentum der Gemeinde.[68] Die „communitas ville" war 1287 als Eigentümerin des Grund und Bodens anerkannt, soweit dieser nicht „terra salica" der Abtei oder Privatbesitz der Bauern war. Auch im benachbarten Wallersheim gehörte beim Einsetzen der schriftlichen Überlieferung der gesamte Grund und Boden des Gerichtsbezirks in den Wohnplätzen, in der Feldflur und in der Allmende, soweit er nicht Privatbesitz war, der Gemeinde.[69]

Einen Ansatz zur Interpretation bietet Steinbach, dass die 14 Heimbürgen aus den 14 Dörfern des Beltheimer Hochgerichts auf dem Hunsrück 1377 dem Erzbischof von Trier und seinem Stift u.a. wiesen: „den grawen walt, wasser und weide, yglichem dorfe doch der gebruchunge zu syme rechte, als iz herkommen ist".[70] Im Gerichtsbezirk galten nur die politischen Hoheitsrechte und außer privaten Besitzrechten keine Eigentumsrechte, sondern die „gebruchunge", also die herkömmlichen Nutzungsrechte, der Gemeinden an Wald, Wasser und Weide. Die „gebruchunge" waren später unbestrittenes Gemeindeeigentum. Also deutet Steinbach das Gemeindeeigentum als „Verdichtung" der gemeindlichen Nutzungsrechte (wie Bader auch[71]).

Walderbengenossenschaften

Hermann Conrad gibt die folgende Beschreibung der Markgenossenschaft, die die Grundzüge der im Folgenden dargestellten Walderbengenossenschaften beschreibt: Es „galten nur diejenigen als vollberechtigte Markgenossen, die rechtmäßig mit eigenem Herd und Haushalt (eigenes Feuer und eigener Rauch) in der Gemeinde eingesessen waren. Zuweilen wurde das Recht an der Allmende auch von dem Besitz einer alten mit den Rechten der Markgenossenschaft ausgestatteten Hufe abhängig gemacht (sog. Realgemeinde). Daneben bestanden auch Markgenossenschaften, in denen das Recht an der Mark nur den alteingesessenen Familien zukam, neu Hinzuziehende waren ausgeschlossen (sog. Personalgemeinden), oder in denen das

---

[67] Ebd., 573, 575.
[68] Ebd., 573.
[69] Ebd., 588.
[70] Ebd., 576.
[71] Bader, Studien 3, 210 f.

Nutzungsrecht verselbständigt worden war und übertragbar gestaltet wurde (sog. Nutzungsgemeinden). Im Mittelpunkt des genossenschaftlichen Lebens stand die Versammlung der Markgenossen, die zugleich auch genossenschaftliches Gericht war, das Märkerding (Holzgericht, Holting, Heimding). Hier wurden Beschlüsse (...) über die Nutzung der Mark, über die den Markgenossen obliegenden Pflichten und über die Festsetzung von Strafen bei Markfrevel gefaßt und die Wahlen der Markbeamten getätigt. (...) An der Spitze der Markgenossenschaft stand der Obermärker (Mark- oder Märkermeister, Waldgraf, Holzgraf). (...) Daneben gab es noch andere Markbeamte (Förster, Flurschütz). Der Markgenossenschaft stand eine genossenschaftliche Banngewalt zu."[72]

In Kleinenbroich und Rottes war die bäuerliche Allmendnutzung markgenossenschaftlich organisiert. Zusammen mit drei weiteren Honschaften, in die das Kirchspiel Büttgen zerfiel, waren sie holz- und weideberechtigt im Büttger Wald. Während alle Angelegenheiten der Gutsleihe an der gräflichen Bank zu Kleinenbroich verhandelt wurden, war alles, was „houltzland, welde, bussche, beende, bruche ind weyden" betraf, an der Holzbank im Dorf Büttgen vor der Kirche zu richten. Holzgraf der „holtzgemerckden" von Büttgen war der Erzbischof von Köln. Sein Amtmann rief die Gemeinde, „genant die gehoelte", zusammen um zu dingen und zu Gericht zu sitzen. Bei einer Weisung 1408 bat er auch die Ritter, Knechte und anderen Erbgenossen, „die da by ind umb stonden", raten zu helfen. Von den Gerichtsbußen bekam der Holzgraf einen Pfennig und die Kirchmeister in Büttgen zwei Pfennige zur Besserung der Kirche „na raide dess kirspels".[73]

Nicht allen Kirchspielsleuten stand ein Marknutzungsrecht zu, dieses war vielmehr Zubehör bestimmter Höfe. Jede „houltzgewalt" beinhaltete den gleichen Nutzungsanspruch, doch konnten einige Höfe mehrere besitzen. Das Haus Erprath hatte im Büttger Wald 17 Holzgewalten als Zubehör von Höfen in Kleinenbroich und Rottes besessen, wobei in der Honschaft Kleinenbroich sieben Höfe je eine Gewalt hatten und zwei Höfe je zwei Gewalten, in der Honschaft Rottes sechs Höfe je eine Gewalt. Nachdem der Kölner Erzbischof 1405 Erprath gekauft hatte, kam es mit dem Verkäufer zu einem Streit, ob die 17 Holzgewalten in den Kauf eingeschlossen waren; der Erzbischof musste sie 1412 noch eigens erwerben. Laut einem Register von 1719 haben im Büttger Wald 197 Holzgewalten bestanden, wobei 48 auf Kleinenbroich und 29 auf Rottes entfielen; in der Honschaft Kleinenbroich besaßen vier Höfe zwei Holzgewalten und ein Hof drei, in der Honschaft Rottes ein Hof drei Holzgewalten.[74]

Die Kötter als nicht an der Markgenossenschaft beteiligte Gemeindeangehörige besaßen für ihre Holzversorgung zwei aus der allgemeinen Mark ausgeson-

---

[72] Hermann Conrad, Deutsche Rechtsgeschichte. Ein Lehrbuch, Bd. 1, 2. Aufl., Karlsruhe 1962, 200; die Parallelisierung von freier und grundherrlicher Markgenossenschaft muss sicherlich anders gefasst werden.
[73] Steinbach, Ursprung, 589; Aubin, Weistümer 1, 111-116.
[74] Aubin, Weistümer 1, 111 und 114 f. (§ 8).

derte Waldstücke. Laut einem Weistum von 1525 hatten die Kötter den Küster der Pfarrkirche Büttgen zum „austeiler" ernannt. Beim Schlagen des Holzes sollten dem Küster zwei „gabsmänner" aus jeder Honschaft behilflich sein um die Gaben - also die Holzanteile - zu verfertigen und jedem Haus die ihm zukommende Quote zuzuteilen. Dagegen konnte der Küster für seine Mühe ein bestimmtes Stück Wald alle sieben Jahre nutzen. Sollte beim Holzschlag der eine oder andere säumig gewesen sein, stand dem Küster frei dessen Gaben ohne weitere Nachfrage abzuhauen, „weil ihm solches von den Köttern zuerkannt worden".[75]

1549 ist, da den „erben der gemarken Butger waltz" seit etlichen Jahren großer Abbruch und Schaden an ihren Gerechtsamen geschehen sei, des Waldes „gerechtigkeit und alte gewohnheit weder erneuert und verkleirt" worden. Die 42 Paragraphen umfassende Ordnung gibt nähere Auskunft über die Verwaltung des Waldes, über die Kompetenzen des Waldgrafen und der Erben. Die Ordnung wurde mit Bewilligung des Waldgrafen erlassen, jedoch von den Erben beraten und beschlossen.[76]

Ihre Kernbestimmungen sind, dass jedes Jahr vier Holzgedinge, mindestens jedoch eines, abgehalten werden sollen (§§ 1 und 3); dass die Beerbung und der Verkauf des Erbteils an der Holzbank und an keinem anderen Ort geschieht und beurkundet wird (§ 7); dass ein neuer Erbe, ehe er in die Holzbank eingelassen wird, dem Waldgrafen und den Erben einen Eid leistet, treu und hold zu sein und der Mark Gerechtsame verteidigen zu helfen, ihr Bestes zu fördern und Schaden, soviel ihm möglich, zu wenden (§ 8).

Wenn Gericht gehalten wird, soll der Waldgraf durch einen geschworenen Förster oder Erben das Gericht frieden, woraufhin zuerst die Förster, danach sämtliche Erben alles rügen, was sie an Beschädigungen der Mark gesehen und gefunden haben. (§ 2) Auf dem jährlichen Geding aber werden „die alte vorster abgedankt" und neue eingesetzt und vereidet, „also das dat vorsterampt alle jair umbgain" soll unter den Erben. (§ 3)

Die Bußen zieht der Waldgraf ein, den Erben steht die Entschädigung zu. Schlägt jemand Holz, das „die erven nit geschart" (also mit der Scharaxt angeschlagen) haben, so hat er dem Waldgrafen 15 Mark Brabantisch von einem jeden Holz zu zahlen. (§ 22) Da aber durch solchen unzulässigen Holzschlag „allein die rechte erben und ire gerechtigkeit mirklich verkurtz und inen das ire entzogen wird", muss den Erben für ihren Schaden fünf Mark Brabantisch gezahlt werden. (§ 23) Entsprechend heißt es, wer Jungholz durch Holzhau „auszurotten von den erven bruchhaftig befunden wurde", habe dem Waldgrafen einen Gulden Buße zu geben und daneben den Erben für ihren Schaden zwei Gulden. (§ 26) Ebenso beim verbotenen Plaggen hauen (also dem Abhub des Heidebodens zur Verbesserung des Ackers). (§ 28)

---

[75] Steinbach, Ursprung, 591; Aubin, Weistümer 1, 116-118.
[76] Aubin, Weistümer 1, 118-124.

Beim Kardinalvergehen des nächtlichen Holzschlags soll, vorbehaltlich der Buße durch den Waldgrafen, des Missetäters „erschaift ane iniche inrede erfallen sin und bliven". (§ 24) Wenn aber Unerben, die an der Mark nicht berechtigt sind, Holz hauen oder holen, soll sie der Waldgraf an Leib und Gut strafen und sie mit Ernst anhalten, den Erben für ihren Schaden zehn Goldgulden zu geben. (§ 25) Festzuhalten ist, dass die Bußfälligkeit von den Erben festgestellt wird, wie auch die Bußenhöhe in diesem Weistum durch die Erben fixiert wird. Die Strafgewalt des Waldgrafen erstreckt sich nur auf Nichterben, die dem Zugriff der Genossenschaft entzogen sind.

Bei unerlaubtem Viehtrieb tritt das Pfändungsrecht ein. Niemand darf Vieh in die Mark treiben oder gehen lassen, der nicht dazu „in heiden, waißer und weiden" berechtigt ist. (§ 29) Treibt jemand verbotenerweise Ochsen, Pferde, Kühe, Rinder, Schafe oder Schweine in die Wälder oder Schonungen, sind diese von den Förstern oder Erben zu „schutzen" und nicht eher herauszugeben, bevor nicht eine Buße gezahlt wurde, die zur Hälfte dem „schutzer" für seine Arbeit, zur anderen Hälfte „zo behoif der erven" gegeben wird. (§§ 30, 31) Ebenso wenn zur Eckernmast ungebrannte oder fremde Schweine oder Vieh in den Wald getrieben werden. (§ 33) Wenn aber ein Schaden durch Nichterben verursacht wurde, mögen sie „nach gefallen der erven" gestraft werden, jedoch nicht unmäßig oder unbillig. (§ 32)

Aufschlussreich ist, wem die Vollstreckung zufällt. Alle Bußen des Waldgrafen sollen die Förster und Kirchmeister von einem Holzgeding zum andern erheben und auspfänden und dem Waldgrafen und den Kirchmeistern den ihnen gebührenden Anteil geben. (§ 35) (Die Kirchmeister scheinen Organe der Kirchspielsgemeinde zu sein.[77]) Verweigert jemand die Buße oder das Pfand, sollen Förster und Kirchmeister den Herrn des Orts, in dem der Verbrecher sitzt, bitten ihnen den Landboten zur Verfügung zu stellen, solchen Widerstrebenden zu pfänden, „damit der waltgraf und die gemark by irer gerectichteit muege gehalten und gehandhabt werden". (§ 36) Außerdem sollen der Waldgraf und die gemeinen Erben ihn als mutwilligen Rechtsbrecher „mit pfendung an siner erbschaif" suspendieren, so dass er seine Einkünfte daraus nicht nutzen kann, bevor den Erben die Bußen bezahlt sind. (§ 38) Die Erbenbußen, die die Förster einfordern, werden mit Rat zweier vom Adel und zweier von den Erben - „wilche alle van den semptlichen erven dairzu verordnet werden sullen" - zum Nutzen und Profit des Waldes und der Erben verwandt und angelegt. (§ 37)

Die Gerechtsame am Wald wurden von dem Waldgrafen und den gemeinen Erben zusammen gewiesen, der Waldgraf hatte die Hoheit über den Wald, die Erben das Eigentum. Die Hoheit des Waldgrafen schlug sich im Vorsitz im Holzgeding und im Anrecht auf die Bußen bzw. eines Teils daran nieder. Im Übrigen aber befand sich die Mark in Selbstverwaltung der Erben, und zwar hinsichtlich der Errichtung der Ordnung, der Feststellung der Bußfälligkeit, der Eintreibung der Bußen, der Pfändung, der Suspendierung des Erbes und der Verwendung der den Erben

---

[77] S.o. S. 96, Weistum von 1408, § 2.

zustehenden Bußen. Die Exekutivgewalt wurde im nötigen Fall dem Ortsherrn des bußfälligen Erben entlehnt, der Landbote wurde den Förstern zur Vollstreckung zur Verfügung gestellt, d.h. der Arm der Gewalt blieb der Erbengenossenschaft untergeordnet. Nur in dem Falle, dass Nichterben (Ungenossen) Holzfrevel begingen, kam dem Waldgrafen die Strafgewalt zu. Anders lagen die Dinge beim Vieheintrieb durch Fremde; hier straften die Erben nach ihrem Gefallen. Es war also allein die Frage der Vollstreckungsmöglichkeit gegenüber Nichterben, die sich bei gepfändetem Vieh leichter beantwortete, und keine Hoheitsfrage, die dem Waldgrafen im Falle von Holzfreveln von Ungenossen eine eigene Strafgewalt gab. Seine Kompetenz war möglichst beschränkt.

Die Selbstverwaltung betraf selbstredend auch die wirtschaftlichen Angelegenheiten. Sie wurde dadurch dokumentiert, dass die Scharaxt - zusammen mit diesem Weistum und einem Buch, in das alle Sollstätten und ihre Inhaber als Berechtigte an der Mark eingetragen waren - in der Kirche aufbewahrt wurde. (§ 39)[78] Die Erben einigen sich beim Holzgeding auf den Tag, wann man Holz ausgeben will. (§ 12) Es wird mit der Scharaxt angeschlagen und mit Loszetteln ausgegeben. (§ 18) Die durch „kirchenroif" zu Büttgen versammelten Erben im Beisein des Waldgrafen oder seines Stellvertreters einigen sich auf die Dauer der Eckernmast. (§ 40) Dem Waldgrafen stehen so viele Schweine in der Eckernmast zu, wie auf eine Holzgewalt kommen. (§ 34) Braucht der Waldgraf für die Brücke oder die Pferdekrippen Bauholz, hat er diesen Bedarf ebenso wie ein Erbe, der auf seiner Hofstatt einen notwendigen Bau vornehmen muss, an der Holzbank anzuzeigen. (§ 11)

Ebenso wie keine Markengerechtsame an Unerben verkauft (§ 6), so wenig soll Fremden Holz angewiesen werden können (§ 10). Pächter und Halfen werden nicht als Erben anerkannt (§ 5), vielmehr sollen ihre Herrschaften als Prinzipalerben an den Versammlungen und den Holzgedingen teilnehmen (§ 41).

Steinbachs Argument, die Honnen seien als politische Organe u.a. daran zu erkennen, dass sie mit markgenossenschaftlichen Angelegenheiten wenig zu tun hatten[79], ist insofern nicht treffend, als auch die Markgenossenschaft ihre Organe mit Gerichts- und Vollstreckungsgewalt ausstattete.

„Neben dem Sprengel des Landgerichts stellt am Niederrhein die Mark den ältesten grösseren genossenschaftlichen Verband dar," registrierte Th. Ilgen.[80] Die Markgenossenschaft, die sich hier räumlich auf das Kirchspiel erstreckt, geht auf die Kirchspielsgemeinde zurück; die Anzeichen dafür sind vielfache: das Holzgeding vor der Kirche; die Aufbewahrung von Scharaxt, Weistum und Erbenverzeichnis in der Kirche; die Kirchmeister mit Bußgewalt; der Kirchenruf bei Genossenschaftszusammenkünften.[81] Während bei zunehmender Siedlungsdichte die Gemeindefunktionen

---

[78] Die Sollstatt war der Teil eines versplissenen Gutes, meist die Hofstatt, an dem die Berechtigung haftete: Aubin, Weistümer 1, 119, Anm. 1.
[79] S. o., Steinbach, Ursprung, 591.
[80] Ilgen, Siedlungswesen, 45.
[81] Die Kirchspiele fungierten auch als Hebebezirke für den Schatz: Aubin, Weistümer 1, 8, Anm. 3.

auf die Honschaften übergingen, kam es zu keiner Abmarkung des markgenossenschaftlichen Waldes nach Honschaftsbezirken. Denn zur gleichen Zeit fand ein Prozess statt, in dessen Verlauf die Holzgewalten eine vom Hof losgelöste Existenz annahmen.

Auch die Kirchspiele von Hoeningen und dem benachbarten Nettesheim bildeten laut einer Urkunde von 1195 Markgenossenschaften, nicht nur zur gemeinsamen Wald- und Weidenutzung, sondern auch zu gemeinsamen Anlagen des Verkehrs und der Wirtschaft. Berechtigt waren die Kirchspielsgenossen (parochiae resp. parochiani), soweit sie im Besitz von Holzgewalten waren. Ihnen trat im fraglichen Vorgang die Abtei Knechtsteden gegenüber, die im Kirchspiel Nettesheim den neu angelegten Hövelerhof besaß. Als jüngerer Kirchspielsgenosse war er an der gemeinen Mark nicht berechtigt und die Markgenossen von Nettesheim verweigerten ihm die Teilnahme. Er erwarb nun vom Hof Ikoven des Kölner Domkapitels gegen einen Zins an die Pfarrkirche drei Holzgewalten in den Hoeninger Büschen und wurde in die Hoeninger Weide- und Waldgenossenschaft (communitas pascue ... et lignorum) aufgenommen.[82]

Die Pfarreingesessenen von Hoeningen, die Holz im Wald schlagen durften, wurden „geholzede" genannt. Dieser Ausdruck kommt um diese Zeit auch anderwärts am Niederrhein vor. In einer Brauweiler Urkunde über die Ville 1196 heißen sie „geholzen", denen „potestates, que holtzgewelde teutonice ac vulgariter exprimuntur" zustanden. Die Heisterbacher Leute in Meckenheim werden um 1240 als „geholen" tituliert.[83]

Die Hoeninger Nachricht von 1195 lässt bereits zwischen waldberechtigten und -nichtberechtigten Kirchspielsgenossen unterscheiden. Die Zahl der Berechtigten war zu diesem Zeitpunkt noch so groß, dass sie die meisten Pfarrinsassen ausgemacht haben wird. Aber nicht nur waren einige schon ohne Anteil an der Mark, sondern auch unter den Markgenossen bestanden bereits Unterschiede, indem die Markenanteile in einem gewissen Verhältnis zum Umfang der Güter zu stehen scheinen. Die großen Höfe des Klerus und des Adels besaßen eine Mehrzahl von Holzgewalten, so der Ikoverhof, der drei Holzgewalten abgeben konnte.[84] Die Holzgewalten waren 1195, wenn auch nur mit Zustimmung der Markgenossen, veräußerlich. Sie waren als Nutzungsanteile an der Mark definiert und nicht voneinander abgegrenzt.

Die Abtei Gladbach einigte sich 1243 mit ihren Pfarrgenossen, nachdem diese sich über die Verwüstung ihres Gemeindewaldes durch übermäßigen Holzschlag beklagt hatten, den Wald in besondere Lose nach Maßgabe der berechtigten

---

[82] Aubin, Weistümer 1, 154-157; Epperlein, Waldnutzung, 40.
[83] Ilgen, Grundlagen, 41 f.
[84] Stift Mariengraden in Köln erwarb 1264 käuflich die *holzgawalt* des Hofes in Frixheim an den Nettesheimer Büschen, um sie an den früheren Eigentümer als Erbleihe zurückzugeben: Bader, Studien 3, 35; vgl. Aubin, Weistümer 1, 165.

Hufen zu teilen. Niemand durfte seinen Anteil verkaufen, niemand dort roden. Wer in der Parzelle eines anderen Eichen schlug, wurde gebußt. Untersagt wurde, die einzelnen Waldstücke mit Gräben, Zäunen oder Lehmmauern zu umgeben, weil sie allen Pfarrgenossen zur gemeinsamen Weide offen stehen sollten.[85] Sie erhielten also einen Sonderbesitz, der allerdings mit der Gemeinweide belastet war und unter gemeinsamer Verwaltung stand.

Desgleichen beschloss Kloster Kamp gemeinsam mit den Markgenossen (commarchiones) der Mark Wadenhart nach rücksichtslosem Holzeinschlag 1303 die Aufteilung des Waldes. Übereinstimmung gab es darüber, dass keiner der Markgenossen seine Waldparzelle mit Gräben oder Zäunen abgrenzen durfte, damit weiterhin allen die Viehweide offen stehe.[86]

Auch für den Nettesheimer Wald geben Urkunden um 1300 die Holzgewalten als Parzellen an, die, zu etwa fünf Morgen Fläche ausgemessen, den einzelnen Beerbten zugeteilt worden waren. Die Holzgewalten wurden mehr und mehr zu einem Objekt des Güterverkehrs. Eine Ammassierung von Holzgewalten in der Hand weniger Besitzer wurde erleichtert, aber auch der Erwerb von Holzgewalten durch Ungenossen. In der Holzordnung der Hoeninger Büsche von 1546 nehmen die „Meistbeerbten" bereits eine Vorzugsstellung vor den gemeinen Beerbten ein. Hundert Jahre später erließen die Großbeerbten von Nettesheim allein die Holzordnung und führten die Verwaltung des Waldes.[87]

Den Wert des Holzes erhellt, dass Kloster Kamp in den 1270er Jahren mehrere Holzgewalten (silvestres potestates) gegen die Weggabe vergleichsweise großer Flächen Ackerland erwarb.[88] Holzgewalten als Privatbesitz wurden besteuert.[89]

1323 verkaufte Kloster Schwarzrheindorf zur Begleichung seiner Schulden beim Siegburger Juden Meyger dem Kloster Siegburg sechs Holzgewalten im nahe gelegenen Wald zu Geistingen, die ihm vor dem Schultheiß und den Miterben des Waldes erblich übertragen wurden. 1324 schenkten ein Siegburger Bürger und seine Frau dem Kloster Siegburg das Geld zum Ankauf von sechs Holzgewalten im Wald von Geistingen. Das Kloster sollte auf Lebenszeit der beiden jedes Jahr das Holz von drei Holzgewalten auf eigene Kosten zu deren Haus in Siegburg liefern, die anderen drei Holzgewalten wurden der Küche des Kellneramtes zugewiesen. Nach dem Tod der Eheleute gingen vier Holzgewalten an die Küche und je eine an die Krankenstube und an das Hospital. 1364 verkaufte der Adlige Walrave vom Stein dem Kloster Siegburg seinen Hof in Hennef mit Häusern, Hofreite, Baumgarten, Garten, Acker-

---

[85] Epperlein, Waldnutzung, 42.

[86] Ebd., 39.

[87] Wie Anm. 82.

[88] Wilhelm Janssen, Zisterziensische Wirtschaftsführung am Niederrhein: Das Kloster Kamp und seine Grangien im 12.-13. Jahrhundert, in: Walter Janssen/Dietrich Lohrmann (Hg.), Villa-Curtis-Grangia. Landwirtschaft zwischen Loire und Rhein von der Römerzeit zum Hochmittelalter, München 1983, 219.

[89] Below, Landständische Verfassung 3.1, 31.

land und Wiesen, insgesamt 155 Morgen, und zwei Holzgewalten, eine im Geistinger Wald und eine in der Happerschosser Gemarkung.[90]

Weimann hat für Walderbengenossenschaften folgende Regeln angegeben: „Zur Entstehung der Walderbengenossenschaft war es nötig, dass zwei Vorbedingungen erfüllt wurden. Es mussten die Nutzungsberechtigungen zu Realrechten geworden sein, die in ihrem Umfange nach dem dinglichen Substrat, deren Pertinenz sie waren, bemessen wurden. Als eine solche reale Grundlage stellte sich für den Niederrhein bereits im 8. Jahrh. die Hufe oder deren Teile dar. Sodann mussten diese Pertinenzen von dem Substrat der Hufe gelöst und als fungible Rechte zum Gegenstand von Tausch, Verkauf, Verpfändung gemacht werden können."[91]

Die Hoeninger Holzordnung 1546 haben „adel und vort gemeine gehulzden" untereinander vereinbart und durch Eid bekräftigt.[92] Das jährliche Holzgeding wurde in der Kirche zu Hoeningen gehalten, wobei keiner „in den rat gaen" sollte, der dem Busch nicht Huld und Eid geleistet hat. (§ 2) Auf dem Holzgeding wurden die vier Rollen des Waldes vorgebracht, von denen der Herr von Millendonck, der Herr von Berg und die Kapitelsherren zu Aachen jeder eine Buschrolle und die „ander erven" eine weitere haben; die Erbenrolle wird in der Kirche zu Hoeningen zusammen mit dem Waldeisen verwahrt, wozu die Walderben den einen und der Herr von Berg den anderen Schlüssel haben. (§ 19) In diese Rollen wird eingetragen, wer durch Erbschaft, Heirat oder Kauf ein Walderbe erlangt hat. (§ 4) Die Buschrolle wird von einem der Holzgrafen verlesen. (§ 3) Neue Holzgrafen, von denen drei in Hoeningen und einer in der Warden wohnhaft sein sollen, und der Buschhüter werden von Adel und gemeinen „gehulzden", so es vonnöten ist, „bis uf widerroef" beim Holzgeding ernannt. (§ 1) Hervorzuheben ist, dass die Gemeinschaft der am Wald Berechtigten, unter denen, wie üblich, der Adel besonders genannt wird, das Gericht stellt, die Waldordnung erlässt und die Genossenschaftsorgane, Holzgrafen und Waldhüter, bestellt.

Der Buschhüter hat die Aufsicht über den Wald. Er teilt gemeinsam mit den Holzgrafen das Holz zu (§ 7), rügt die Waldfrevel (§ 18) und hat polizeiliche Befugnisse: Es haben, heißt es, Adel und gemeine *gehulzden* „an dem landhern erworben" dem Buschhüter die Macht gegeben, Auswärtige, die im Wald freveln, zu pfänden, was sie bei sich haben, und nach Hoeningen zu bringen.[93] Kann er nicht pfänden, soll er die auswärtigen und die einheimischen „ungehulzden", die bußfällig geworden sind, „kummeren, gleich ein gerichtzbot tun mag". Wenn ein Auswärtiger aus dem „komber" (also Arrest[94]) ginge, bevor er Bürgen gestellt oder seine Buße abgetragen

---

[90] Wisplinghoff, Siegburg, 381-382, Nr. 256-257, und 502, Nr. 429.

[91] Karl Weimann, Die Mark- und Walderbengenossenschaften des Niederrheins, Breslau 1911, 63 f.

[92] Aubin, Weistümer 1, 158-160.

[93] „Die Erben - und das wiederholt sich in zahllosen Weistümern - durften nur gerügt, die Unerben gepfändet werden." Weimann, Walderbengenossenschaften, 101.

[94] *Kummer* im Sinne von Arrest vgl. Ilgen, Kleve, Bd. 2/2, 145 u. 157. - Entsprechendes galt im bürgerlichen Schuldrecht. Der Bürger konnte einen auswärtigen Schuldner „be-

hat, soll der Buschhüter ihm dahin, wo er ansässig ist, nachfolgen und ihn „dar beilagen vor einem, der den kommer gebrochen hat". In diesem allem sollen die Erben ihm helfen, solches gemäß dem Recht zu verfolgen. (§ 17)

Die Problematik, frevelnde Ungenossen zivil- und strafrechtlich zu verfolgen, ist im Hoeninger Wald bemerkenswerterweise so gelöst, dass dem markgenossenschaftlichen Waldhüter die Kompetenz eines landesherrlichen Gerichtsboten übertragen ist; sie beinhaltet einen Bußfälligen, der nicht gepfändet werden kann, mit Arrest zu belegen und sogar einen Flüchtigen an seinen Heimatort, also unter eine andere Herrschaft, zu verfolgen, wobei der Waldhüter von Hoeninger Genossen unterstützt wird. Dies geht noch einmal weit über die Büttger Regelungen hinaus.

Der Herr von Millendonck, der Herr von Berg „und ander erven von den meisten" setzen den Tag an, an dem das Holz angewiesen wird. (§ 6) In der wirtschaftlichen Verwaltung - nicht im Gerichtlichen - haben die Meistbeerbten eine Vorzugsstellung. Niemandem, der kein Erbe am Wald hat, soll Holz gegeben werden; aber jeder kann das Holz, das ihm von seinem Erbe angewiesen wurde, einem anderen weitergeben bzw. verkaufen. (§§ 14, 20) Eine Herde Schafe im Wald wird mit zehn Mark gebüßt, ein Pferd, eine Kuh oder ein Kalb mit zwei Mark. (§ 16) Das Holzraffen steht den gemeinen Erben und den Unerben zu, aber auf einen Tag in der Woche beschränkt. (§ 21)

Am Niederrhein sind Mitglieder der Markgenossenschaften nicht, wie Bader für den Südwesten gezeigt hat, ganze Dorfgemeinden, sondern einzelne berechtigte Höfe, bäuerliche oder herrschaftliche. Auch scheint der Zusammenhang mit dem Kirchspiel nichts mit der Pfarrorganisation zu tun zu haben, sondern mit einem vom Hochmittelalter her weiträumigeren politischen Verband.[95]

Weitere Markgenossenschaften hat Ilgen beschrieben. Der Flamersheimer Wald[96] ist im Jahr 1782 noch über 13 000 Morgen groß gewesen. Als Herren des Waldes

---

kümmern", d.h. ohne Förmlichkeiten ihn und seine Habe, etwa auch Vieh, in einen vorläufigen Arrest setzen. Das Gericht griff erst nachträglich ein. Bürgern gegenüber war das „Bekümmern" nur anwendbar, wenn sie die Stadt verlassen hatten, um sich in betrügerischer Weise ihren Verpflichtungen zu entziehen: Erich Wisplinghoff, Geschichte der Stadt Neuss von den mittelalterlichen Anfängen bis zum Jahre 1794, Neuss 1975, 490 f. - Conrad, Rechtsgeschichte 1, 388 f., allgemein zum „Arrestverfahren gegen den flüchtigen Schuldner. Dieses erfaßte Person und Vermögen des Schuldners. (...) Die außergerichtliche Pfändung durch den Gläubiger wurde zwar, vor allem in den Städten, eingeschränkt, hat sich aber während des ganzen Mittelalters erhalten können." - Vgl. G. Buchda, Kummer, in: HRG 2, 1257-1263.
[95] Bader, Studien 2, 123, 125, 144 f., 148, 154, 174, 177, 182, 185. Den Ausdruck *gemarcde ind gemeynde* in Bezug auf den Büttger Wald versteht Bader fälschlich als Dorfallmende; später identifiziert er das *Buitger kirspel* wie auch die *gemeinde des kirspels* Nettesheim mit Aubin als Wirtschaftseinheit: Bader, Studien 2, 124, 186; Aubin, Weistümer 1, 96, 169.
[96] Ilgen, Grundlagen, 40-45.

traten im Mittelalter das Stift Köln-Mariengraden und die Herren von Tomberg auf, deren gleichnamige Burg im östlichen Teil des Waldes lag. Köln-Mariengraden besaß eine Villikation in Flamersheim mit zwölf Kurmedsgütern und einen Hof in Palmersheim, die von einem Stiftsschultheißen verwaltet und seit dem 14. Jahrhundert an Kanoniker in Pacht gegeben wurden. Die Herren von Tomberg waren die Vögte der Besitzungen von Köln-Mariengraden und führten den Vorsitz im Flamersheimer Schöffengericht. Neben diesem Schöffengericht bestand noch ein besonderes Hofgericht für den Stiftshof in Flamersheim.

Über die Forstsachen des Flamersheimer Waldes wurde am Pütz (apud puteum) in Palmersheim verhandelt und Urteil gesprochen. Das Waldgericht setzte sich aus dem Schultheißen des Stiftshofes, den sieben Schöffen des Flamersheimer Gerichts und den Erben und Anerben des Waldes zusammen.

Erben des Flamersheimer Waldes waren die eingesessenen Nachbarn in Flamersheim, Palmersheim, Kirchheim, Hockenbroich und Overkastenholz. Sie hatten ursprünglich ein Kirchspiel ausgemacht, dessen Pfarrkirche zu Kirchheim gestanden hatte, und bildeten ein besonderes Gericht. Jährlich umzogen die Kirchspielseingesessenen die Grenzen des Waldes in einer Prozession. Sie konnten Bau-, Nutz- und Brennholz schlagen, bis ins 16. Jahrhundert hinein nicht nur für den eigenen Bedarf, sondern ebenso wohl zum freien Verkauf, und hatten das Mastrecht. In Flamersheim wurden 1782 81 Erben, in Palmersheim 38 und in Kirchheim mit Hockenbroich und Overkastenholz 97 gezählt.

Die Anerben waren Nutznießer des Waldes. Sie wohnten, wie sich aus dem Verzeichnis von 1782 ersehen lässt, in einem eingrenzbaren Bezirk, in dem es in jedem älteren Ort Berechtigte gab. Aber nicht die gesamten Gemeinden waren berechtigt, sondern in jedem Dorf gab es nur eine bestimmte Zahl von Anerben. Das Verzeichnis nennt in Kuchenheim 33, in Oberdrees 29, in Niederdrees 11, in Odendorf 16, in Schweinheim 24, dagegen in den vom Wald entfernter gelegenen Ortschaften nur einzelne. Anerben waren auch Ritter, die Grafen von Jülich, die Herren von Blankenheim, die Klöster Schweinheim und Mariental als Inhaber von Herrenhöfen. Gegenüber den Erben waren die Anerben in der Nutzung des Waldes etwas beschränkt, der Unterschied ist jedoch im Weistum von 1564 schon verwischt; so konnten die Anerben ebenfalls Holz verkaufen.

Forstkornverzeichnisse, die vor 1400 erstellt worden sind, zeigen, dass die Anerben dem Stift Mariengraden und den Herren von Tomberg Haferabgaben zu leisten hatten. Die verschiedene Höhe des Forstkorns lässt auf den Umfang der Berechtigung schließen. Wurden Hofeslehen halbiert oder in vier Teile geteilt, dann zahlte jeder Teil dasselbe Forstkorn, das vorher für das ganze Lehen festgesetzt war. Die Teillehen erhielten anscheinend das gleiche Anrecht auf den Wald, das die ganzen Lehen hatten.

Neben den Erben und Anerben hatten auch die Waldsassen und Kötter Anteil am Wald.

Oberherr (superior) der Lintorfer Mark[97] war das Stift Kaiserswerth, das zwei Fronhöfe in der Mark besaß; im Unterschied zu den Mitherrren (condomini), Inhabern weiterer drei in ihr befindlicher Herrenhöfe, die seit dem 16. Jahrhundert auch Sielherren genannt wurden. Kaiserswerth, vertreten durch seinen Kellner, hatte den Vorsitz in der Holzbank inne (Holzgrafschaft). Beisitzer des Holzgerichts waren die Erben, nicht dagegen die Sielherren, die nur stehend an ihm teilnahmen. Erben waren die Inhaber von abhängigen Gütern, die sie zu Erbnutzung besaßen. Von den Brüchten erhielten Kaiserswerth und seine Mitherren ein Drittel, die Erben zwei Drittel.

Die Inhaber der Herrenhöfe hatten die Sielgerechtigkeit, ein Mastvorzugsrecht, nach dem sie von jedem Hof 30 Schweine und einen Eber zur Mast in den Markwald treiben konnten.[98] Die Erben hatten nur das Heimzuchtsrecht, d.h. sie durften nur so viele Schweine zur Mast auftreiben, wie sie bis zum Margaretentag (13. Juli) in der eigenen Wirtschaft großgezogen hatten. Dass sich unter den Mastschweinen keine fremden befanden, musste von den Erben auf Verlangen beschworen werden. Das Heimzuchtsrecht hatten auch die Halbwinner (Pächter) auf den Fronhöfen. Die Holzzuweisung an die Erben erfolgte durch den Holzgrafen.

Nach den „Rechten und Gewohnheiten" der Mark Wesel[99], die am Anfang des 16. Jahrhunderts aufgezeichnet wurden, waren die Salhöfe und die Hüfner in den Kirchspielen Wesel, Hamminkeln und Drevenack Erbgenossen der Weseler Mark, außerdem noch welche in drei anderen Kirchspielen. Nach einem Register von 1418 waren es 135. Von ihnen unterschieden wurden die Kötter als Markgenossen. Die Salhöfe („Schultenhöfe") konnten 30 Schweine und einen Eber zur Mast eintreiben, die Hüfner („Gemeinhöfe") 12 Schweine, die Katstätten und die Feuerstellen in der Stadt Wesel 1 Schwein. Hinzu kam die Heimzucht der Bauleute der Salhöfe und der Hufen sowie der Hausleute. Außerdem Nutz- und Brennholz. In den 1560er Jahren waren die Berechtigungen folgendermaßen normiert:

	Schweine	Schafe	Heisterfuhren
Schultenhof	9	200	6
Gemeinhof	6	150	3
Kötter	3	50	2

Die Landesherren von Kleve erließen seit Beginn des 15. Jahrhunderts Waldordnungen für die Marken ihres Landes. Die erste war die für die Holzmarken im Lande Dinslaken von 1406.[100] Sie setzte fest, „dat men die marken all toeslan sal". Es durfte nur noch Brenn- und Zaunholz zum Eigenbedarf entnommen werden, und zwar vom Grafen zu seinem Haus Dinslaken, von den Erbgenossen und den

[97] Ebd., 46.
[98] Vgl. Weimann, Walderbengenossenschaften, 106-112.
[99] Ilgen, Siedlungswesen, 37-39; vgl. ders., Kleve, Bd. 1, 226, 228; Bd. 2/2, 364.
[100] Ders., Kleve, Bd. 1, 209; Bd. 2/2, 7.

Markgenossen, die in den Marken „geseten ind geervet" und „gerechtiget" waren, zu ihren Gütern. Zu keinem anderen Zweck sollte Holz aus dem Wald gebracht werden. Der Landesherr nahm hier eine Verordnungskompetenz in Anspruch, indem er das Eigenbedarfsprinzip festschrieb. (Im Reichswald behielt er sich 1438 den Holzverkauf vor[101]). In den Holzgerichten hatte er bzw. sein Amtmann als Waldgraf den Vorsitz. Im Übrigen blieb die Autonomie der Holzgerichte unberührt. Sie wurde ausdrücklich bestätigt für die Bestrafung von Ungenossen: holte jemand, der weder Erbgenosse noch Markgenosse war, Holz aus den Marken, sollte man dies richten „in den holting na der marken koere"[102], und die Bußen sollte man pfänden an allen Orten, wie es dort Landesgewohnheit war.

Im Klevischen war es, vor allem auf der linken Rheinseite, schon früh zu einer Aufteilung der großen Markwaldungen gekommen. So besaß der Hof Mehr der Stiftspropstei Xanten einen „Markensondern". In den ca. 1420 aufgezeichneten „Alten Gewohnheiten" des Hofes Mehr[103] heißt es: zum ersten sollte der „praift of syn stadhelder geyn holt houwen noch doen houwen in den Elssholte"; es sei denn, dass er auf dem Hof zimmern wollte, dann mochte er Zimmerholz zu diesem Zweck schlagen lassen. Er durfte kein Holz verkaufen oder weggeben, er hatte auch an den Eckern kein Recht. Die Bußgelder für ungerechten Hau gebührten dem Propst. Die sollte er dafür haben, dass er den Förstern und dem Boten in dem Jahr, in dem sie Förster oder Bote waren, die Pacht von ihren Gütern erließ.

Nur diejenigen, die im Elsholz berechtigt waren, durften Eichen- oder Buchenholz schlagen. (2.) Alle Erbgenossen oder ihre Hausleute, die auf den Gütern wohnten, konnten zweimal im Jahr Weichholz für Zäune schlagen. Sie sollten nichts hauen um es zu verkaufen oder wegzugeben. (3.) Wenn jemand, der nicht berechtigt war, Holz schlug, sollten ihn die Erbgenossen darauf ansprechen und dafür nehmen, was ihnen mit Recht gebürte. (4.) Die Geschworenen hatten zweimal im Jahr am Margareten- (13.7.) und am Lambertstag (17.9.) sowie, wenn der Propst sie zu einer anderen Zeit bat, den Hofestag zu halten. (5.) Wenn der Propst den Boten mit einer Botschaft außerhalb des Kirchspiels sandte, sollte er ihm ein Pferd, einen „bokeler" und ein Schwert geben. (6.) Die Buße war fixiert. (7.)

Die „alten Gewohnheiten" des Hofes Mehr handelten fast ausschließlich vom Elsholz. Daran hatten die Erbgenossen ältere Rechte als der Grundherr. Sie wählten die Förster und den Boten aus ihrer Mitte. Der Propst musste sogar auf die Pachteinnahmen von deren Höfen verzichten. Als Entschädigung erhielt er die Bußen aus dem Wald. Die Erbgenossen hatten die Bußgewalt.

Bei der Nutzung des markgenossenschaftlichen Waldes waren nach dem Holzschlag und der Schweinemast der Viehtrieb und die Schaftrift zu regeln. 1393/ 1400 einigte sich der Graf von der Mark mit den Markgenossen der Speldorfer und

---

[101] Vgl. Ders., Kleve, Bd. 2/1, 322.

[102] Die Stadtrechtsbriefe für Emmerich 1233 und Duisburg 1290 sprechen von „wilkoer sive buerkor, plebiscita que vulgariter kuiren appellantur": Ilgen, Kleve, Bd. 1, 550.

[103] Ders., Kleve, Bd. 2/2, 409 f.; ders., Siedlungswesen, 40 f.

Saarner Mark bei Mülheim an der Ruhr über den Schweineauftrieb; um diese Mark stritten auch die Herren von Lymburg-Styrum mit der Stadt Duisburg.[104] Das Weistum von Giesenkirchen (bei Liedberg) von 1518 setzte Waldschutzmaßnahmen fest: Sobald der „erffholtzgreue und die eruen" das Holz in den „broecheren ind holtzgewass" zugeteilt hatten und jeder Erbe sein Teil zur gewöhnlichen Zeit gehauen hatte, sollten die Erben den Hau von Stund an die nächsten zwei Jahre für alle Tiere, Kühe, Ochsen, Schweine und Schafe „fryen" und zumachen, doch konnten die „naeberen" ihre Pferde darein gehen lassen; so sollte nacheinander jeder Hau zwei Jahre lang „gefryt" sein.[105] 1536 drangen einige der am Graet Bosch - einer Markgenossenschaft - beteiligten 14 Kirchspiele darauf, „dat men een afteeckninghe doen soude, waer dat ieder kerspel de schaep weyden ende koeren soude". Dem waren Auseinandersetzungen vorausgegangen, weil sich verschiedene nicht an diesbezüglich getroffene Vereinbarungen gehalten hatten.[106]

Grundherrschaftlicher Wald

Die Schenkungsurkunden nennen grundherrschaftlichen Wald: Das Kölner Stift St. Ursula erhielt bei seiner Gründung 922 vom Kölner Erzbischof Anteil am Sonderbusch zwischen Longerich und Rondorf zum Eintrieb von 200 Schweinen und aus dem Wald Husholz bei Köln, an dem auch St. Severin Eigentum hatte, täglich zwei Fuhren Holz bei Bedarf. 927 und 945 erhielt es weitere Waldanteile für 70 Schweine. St. Caecilien erhielt 929 vom Erzbischof u.a. zwei Sonderforsten zu Bocklemünd. St. Gereon hatte bei seinem Eickhof großen Waldbesitz. St. Martin erhielt vom Erzbischof 1083 zwei Hufen mit dem beiliegenden den Forst bei Stammheim. St. Pantaleon gehörten zwei, dem Erzbischof und dem Kloster des Hl. Heribert in Deutz je ein Viertel des Königsforsts.[107]

Mit dem Chorbusch hat Aubin einen grundherrschaftlichen Wald beschrieben, wobei der Unterschied zu den Hoeninger und den Nettesheimer Büschen - wie auch dem Büttger Wald - als freie Walderben- und ehemals Markgenossenschaften deutlich wird. Das Kölner Domkapitel besaß den Chorbusch als Zubehör seiner Villikation Worringen. Berechtigt zu Holzschlag, Viehweide und Eckernmast waren im Chorbusch der Worringer Fronhof und die abhängigen Lehen, die in Worringen, Thenhofen, Roggendorf und Dormagen lagen. Andere Herrenhöfe in diesen Orten und ihre abhängigen Lehen hatten nicht daran teil. In Worringen beispielsweise waren der Krapelshof des Kunibertstifts, der Heilige Geisthof und der Caecilienhof

---

[104] Nachdem 1499 ein Holzgeding die Vorrechte des Obermärkers der Speldorfer Mark, Graf Johann v. Limburg, scharf von den Hofberechtigungen der *markenbeerbten* abgegrenzt hatte, gelangte der Streit um die Nutzungsrechte später vor das RKG: Bader, Studien 3, 297.
[105] Reinicke, Pachtverträge, 196, 287 Anm. 188.
[106] Krings, Wertung, 32.
[107] Ennen, Kölner Wirtschaft, 101-106; Kellenbenz, Wirtschaftsgeschichte Kölns, 346 f.

am Chorbusch nicht beteiligt und allein auf die Dorfallmende angewiesen, die ihnen wohl Viehweide, aber wenig Holz und keine Eckern bot.[108]

Die Berechtigung am Chorbusch war Zubehör der Lehen und jedes Lehen hatte den gleichen Nutzungsanteil. Ebenso wie die ehemals lassitischen Lehen kraft Gewohnheit zum Erbeigentum geworden waren, beanspruchten die Lehenleute das Waldnutzungsrecht als Erbe, das sie durch Weisung im Hofgericht verteidigen konnten. Sie traten als Genossenschaft dem Grundherrn in der Verwaltung des Waldes an die Seite.

Der Anteil an Holzschlag und Waldweide richtete sich demgemäß nach der Zahl der Lehen, die der einzelne Hofgenosse besaß. Denn seit dem 13. Jahrhundert war der Grundbesitz in den freien Güterverkehr gezogen und es ergab sich eine Differenzierung des Grundbesitzes, bei der einige Höfe mehrere Lehen erwarben, andere hingegen zerstückelt wurden. Insbesondere Geistlichkeit und Adel nutzten die Mobilisierung des Grundbesitzes um ihre Höfe zu vergrößern. Das Domkapitel hatte neben dem Fronhof noch vier weitere herrschaftliche Höfe in Worringen geschaffen, indem es 16 der 72 Lehen einzog, die den Hofverband bildeten. Ebenso haben andere geistliche Herrschaften mehrere Lehen zu ihren Höfen gezogen. Die Waldnutzungsanteile wurden mit übertragen. Nun wurde aber auch Grundbesitz aus anderen Hofverbänden erworben, die keine Nutzungsrechte am Chorbusch hatten. Im Ergebnis hatte der 265 Morgen große Fronhof des Domkapitels vier Lehen inne, der 266 Morgen große Schierenhof nur 1 ½ Lehen. Auch der Thenhof von Mariengarten Köln, 280 Morgen groß, hatte 3 ½ Lehen erworben.

Spätestens im 15., wahrscheinlich schon im 13. Jahrhundert, wurde der domkapitularische Fronhof in Worringen verpachtet.[109] Seine Rechte am Chorbusch aber behielt sich, wie eine Ordnung von 1602 zeigt, das Domkapitel vor. Es durfte bei voller Eckernmast 15 Schweine auftreiben lassen, über die festgesetzten Holzlieferungen hinaus konnte es weiteres Holz aus dem Busch beziehen.

Die Verfügungsgewalt über grundherrliche Wälder konnte verschiedene Entwicklungen nehmen. Teilweise setzten die Lehenleute entsprechend dem Erbeigentum an den Hofeslehen ein Eigentumsrecht am Walde durch. So im benachbarten Stommelerbusch, wo die Hofgenossen der Grundherrin, dem Kölner Cäcilienstift als Besitzerin des Fronhofes Stommeln, im 15. Jahrhundert nur noch eine auf den Fronhof radizierte Nutzung und einige besonders festgelegte Vorteile zugestanden; „gleich einer freien Markgenossenschaft" führten sie die Verwaltung des Waldes selber.[110] Auch in Gohr, wo das Weistum den Domdechanten als Erbgrundherrn des Waldes bezeichnet, scheinen sie sich von der Leitung des Grundherrn emanzipiert zu haben, denn 1605 erließen die Beerbten auf Aufforderung des Landesherrn eine neue

---

[108] Hermann Aubin, Vier Holzordnungen des Chorbusches, in: Beiträge zur Geschichte des Niederrheins 25 (1912), 202-206; auch für das Folgende.

[109] Vgl. ders., Weistümer 1, 262.

[110] Ders., Agrargeschichte, in: Ders. u.a., Geschichte des Rheinlandes von der älteren Zeit bis zur Gegenwart, Bd. 2, Bonn 1922, 130.

Buschordnung. Das Domkapitel aber hatte seine Rechte am Chorbusch zu wahren gewusst. Zwar erkannte es die erbliche Berechtigung der Lehenleute ihres Fronhofes Worringen an und ließ sie an der Verwaltung teilnehmen, übte aber stets ein ausschließliches Verordnungsrecht aus. Es behielt sich in der Holzordnung von 1690 ausdrücklich die volle Freiheit im Holzverbrauch vor und war so imstande, 1743/47 unter Verzicht auf die Lehnspachten die Waldrechte der Lehnsleute abzulösen und den Wald gänzlich in eigene Nutzung zu nehmen.

An den Chorbusch grenzte der Hausbusch des Hauses Hackenbroich an, ebenfalls ein Fronhofswald, in dem im 16. Jahrhundert elf Erben berechtigt waren. 1532 wurde ein Vertrag geschlossen, der den Chorbusch und den Hausbusch wechselseitig den Worringer und den Hackenbroicher Lehensleuten öffnete. Laut einem Brandregister von 1604 wurden bei vollem Ecker aus Worringen 189, aus Hackenbroich 94 Schweine aufgebrannt, d.h. es kamen bei den Worringern zwei Schweine auf ein Lehen. Der Bestand an Rindvieh, der zur Weide kam, ist nur für die drei Orte der Herrschaft Hackenbroich von 1761 bekannt. Es trieben das Dorf Hackenbroich 181 Stück, Hackhausen 34 und Delhoven 207 in den Wald.

Der Vertrag von 1532 war nach „irtumb, zweitracht, spen und gebrechen", die sich seit langer Zeit zwischen den Lehenleuten des Domkapitels in Worringen und Dormagen und den Untertanen des Grafen Gumprecht von Neuenahr in Hackenbroich, Hackhausen und Delhoven über den Auftrieb des Viehs und den Holzschlag im Chorbusch ergeben hatten, vom Kölner Erzbischof vermittelt worden.[111] Hauptanlass für „gezenk, zweitracht und unwil dieser spen und irtumb halber" waren die Wege in den Chorbusch, der mit dem Hackenbroicher Busch ein zusammenhängendes Waldgebiet bildete; damit „fruntschaft und gute naberschaft" hergestellt würden, öffnete der Herr von Hackenbroich mit diesem Vertrag den Worringern im Winterhalbjahr die Wege. (§§ 7, 8)

Der Unterschied dieser grundherrlichen zu den markgenossenschaftlichen Waldungen wird schon in den Formulierungen deutlich. Es ist die Rede von „unsers dumstifts Goirbusch". Das Domkapitel war es, das dem Grafen Gumprecht aus Gunst und Freundschaft bewilligte, das dritte Schwein zur Eckernmast in den Chorbusch zu treiben (§ 6), und das den Hackenbroichern bestimmte Holznutzungen im Chorbusch vergönnte (§ 9). Ohne Erlaubnis des Domkapitels durfte niemand Holz in „irem Goirbusch" schlagen. (§ 2) Wer eine der Vorschriften übertrat, war dem Domkapitel zur Bußzahlung verfallen.

Dennoch lagen die Aufsicht über den Wald, polizeiliche Maßnahmen gegen Übertreter und die Eintreibung der Bußen bei den Untertanen selbst. Dies kommt für den Fall zur Sprache, dass jemand bei Viehtrieb oder Holzschlag einen Verstoß begangen hätte und in die Herrschaft Hackenbroich geflohen wäre; den- oder diejenigen sollten die Worringer Untertanen verfolgen, es dem Schultheißen zu Hackenbroich anzeigen, und es sollte ihnen unverzüglich die Buße bezahlt werden. (§ 5)

---

[111] Ders., Chorbusch, 207-210.

Die wirtschaftliche Verwaltung des Chorbusches leitete der Schultheiß von Worringen. Wer Vieh auftreiben wollte, sollte zuvor vor dem Schultheiß erscheinen um anzuzeigen und zu beeiden, dass es sein eigenes war, ebenso wenn er abgegangenes Vieh ersetzen wollte. (§ 1) Jedoch handelte der Schultheiß gemeinsam mit den Lehenleuten: „Unsers dumstifts scholtissen und lehenluyden" zu Worringen und Dormagen, hieß es, sollte der Herr von Hackenbroich behilflich sein. (§ 6) Plätze im Chorbusch wurden den Hackenbroichern durch Schultheiß und Lehenleute von Worringen angewiesen. (§ 11)[112] Die Zeit des Viehauftriebs in den Wald beschloss das Domkapitel unmittelbar mit seinen Lehenleuten. (§ 1)

Im Unterschied zu den markgenossenschaftlichen Holzgewalten blieb die Nutzungsberechtigung im grundherrlichen Wald Zubehör des Hofeslehens. Daher galt der Vorbehalt, dass jeder nur das Hornvieh in den Chorbusch treiben durfte, das sein eigenes war und das er gewintert hatte. (§ 1) Selbst trockenes Holz, Ginster und Dornen durften nur zum Eigenbedarf gehauen werden und keineswegs zum Verkauf. (§ 3)

Den Hintergrund dieses Vertragsschlusses zeigt eine Beschwerdeschrift der Hackenbroicher Untertanen gegen die Worringer. Die Hackenbroicher beklagten, dass die Worringer sie bei den Domherren, als sie den Wald besichtigten, für Schäden verantwortlich gemacht hatten, die in Wirklichkeit den Worringern selbst anzulasten wären. Sie führten nun eine Reihe von Vergehen auf, die die Worringer begangen hätten.[113]

Vor allem den Worringer Förstern und Schöffen wurden Willkürlichkeiten beim Holzschlag vorgeworfen. Einmal hatten die Worringer Förster mit den Stommeler Förstern Karten gespielt und die Worringer das Spiel verloren, und da sie kein Geld hatten, hätten sie Wilhelm, dem Wirt zu Dormagen, eine Eiche verkauft, womit sie das Gelage bezahlten. (3.) Überhaupt würden Eichen, auch anderes Holz teilweise in großen Mengen, nach außerhalb verkauft, und ungewöhnliche Einschläge gemacht, etwa im Sommer, so dass die Viehtrift beeinträchtigt würde (5.); und die Einschläge wären so stark, dass man in sieben oder acht Jahren mehr schlug, als seit Menschen Gedenken in 14 oder 15 Jahren. (6.) Aber auch die Lehenleute würden sich nach Belieben bedienen. Zwei Worringer Lehenleute, Zymmer Jan und Heyn Heysen, wollten ein Haus bauen, und Heyn beklagte sich, dass er nicht genug Holz hätte; da sprach Jan: da lass mich für sorgen, ich soll wohl Holz kriegen, ich bin ein Lehenmann, ich will hauen in der Domherren und Lehenleute Wald so viel, dass wir genug haben. (7.) - Bemerkenswert, dass sie, da sie ihre Lehen vom Domkapitel hatten, den Wald als den ihren betrachteten.

---

[112] Der Schultheiß wurde vom Domkapitel eingesetzt. Eine Verbundenheit des Schultheißen mit der Gemeinde tritt jedoch hervor, als 1691 Schultheiß und Schöffen die Wahl und Präsentation neuer Schöffen in Anspruch nehmen, was der Amtsherr des Domkapitels dagegen für sein Recht erklärt: Ders., Weistümer 1, 262 f.
[113] HStAD Oranien-Moers Akten 59, p. 42-43.

Den Hackenbroichern und ihren Nachbarn aus Delhoven und Hackhausen wurde vorgeworfen die Eichen zu verstümmeln; dabei kämen Auswärtige aus den umliegenden Dörfern, aus sechs oder sieben Kirchspielen, jeden Tag in den Wald, um Unterholz zu schlagen. (4.) Frauen aber, die Reisig sammelten, würden bedroht. (10.)

Kein markgenossenschaftlicher, sondern ein grundherrschaftlicher, wenn auch großer Wald, war dieser noch zu Beginn des 16. Jahrhunderts erstaunlich offen. Nicht nur bedienten sich die Lehensbauern unbeschränkt im Wald zum Eigenbedarf wie zum Verkauf, sondern anscheinend kam jedermann aus der weiteren Umgebung hierher, um Brennholz zu schlagen. Jetzt war die Grenze erreicht, eine Ordnung und eine bessere Aufsicht taten not.

In einem Weistum von circa 1450 ist ausgeführt, dass der Wald, der Hamborner Holz genannt wurde, mit allen seinen Rechten und Zubehören zu zwei Teilen dem Herrenhof der Abtei Hamborn gehörte, der dritte Teil den (Lehen-)Höfen der Abtei, die darin Gemeinschaft hatten. Den Vorsitz im Gericht des Waldes behielt sich die Abtei vor. Die Teilung der Waldnutzung wurde 1486 in einem im Holznotgericht abgegebenen Weistum bestätigt. Darin sagten die Hofleute, sie hielten das Koster Hamborn für „erfgenaemen" im Hamborner Holz und niemand anderen mehr. Das Holz sei in drei Teile geteilt, zwei Teile gehörten dem Gotteshaus Hamborn und der dritte Teil den Höfen, Hofgeschworenen und Erbgenamen.[114]

Nach einem Verzeichnis der im Kirchspiel Hamborn Ansässigen vom Anfang des 14. Jahrhunderts machten bei weitem die Mehrzahl unter diesen die Vogteileute des Grafen von Kleve aus, die die zum Hofe Hamborn gehörigen Güter der Abtei bebauten. Sie versahen die Ämter von Geschworenen dieses Hofes und später die des öffentlichen Gerichts in Hamborn. Der Wald war zu Anfang des 18. Jahrhunderts 503 Morgen groß.[115]

Die Formulierungen zeigen, dass die Hofleute erbliche Gerechtsame am Wald erworben hatten, an dessen Verwaltung sie als Geschworene im Holzgericht mitwirkten. Mit einem Drittel der Waldnutzung war bei der Größe des Waldes ihr Bedarf befriedigt. Inzwischen trat aber eine weitere Teilung ein.

Von 1440 ab sind Behandigungsbriefe für sogenannte Hausleute erhalten, die offenbar auf dem Land des Herrenhofes neu angesetzt wurden (der also nicht geschlossen verpachtet wurde). Die Behandigung erfolgte direkt durch Abt und Konvent des Klosters und nicht im Hofgericht, in dem die Behandigung der Hufen des Hofverbandes und sonstige die Güter betreffende rechtliche Fragen vollzogen wurden. Die Hausleute hatten keinen Anteil an der Verfassung des Hamborner Hofes, blieben außerhalb der eigentlichen Hoforganisation, die durch die Hofgeschworenen genossenschaftlich zusammengeschlossen war. In der Holzsprache vom September 1557 nun wurde der Eichelertrag auf 75 Schweine abgeschätzt, wovon der dritte

---

[114] Ilgen, Kleve, Bd. 2/2, 384, 390, 392.
[115] Ebd., Bd. 1, 534.

Nutzungsteil, also 25 Schweine, den Hofgeschworenen zugeschrieben wurde. 50 Schweine kamen dem „Prinzipalerbgrundherrn", dem Abt von Hamborn zu, doch da er sie - heißt es weiter - mit seinen Hausleuten teilte, bekamen die Hausleute einen Anteil von 25 Schweinen. Es war also zu einer Dreiteilung der Waldnutzung gekommen zwischen Kloster, Hofleuten und Hausleuten.[116]

Waldparzellen

Neben der Teilhabe an der Markgenossenschaft und der Berechtigung im grundherrschaftlichen Wald gab es auch Waldparzellen bei den Pacht- und einzelnen Bauernhöfen. Zu den Pachthöfen gehörte oft Waldbesitz, über den sich in den Verträgen Bestimmungen finden. 1408 wurde dem Pächter des Hofes Traar bei Uerdingen zwar erlaubt Bauholz, doch mit Ausnahme von Eichenholz, zu schlagen. 1455 und 1547 war auf demselben Hof das Hauen nur noch erlaubt, wenn das Holz für die Instandsetzung des Hofes oder der Kapelle bestimmt war. In Niederamern (Amern-St. Anton) wurde 1408 und 1430 der Holzschlag auf den unbedingt notwendigen Bedarf des Hofes beschränkt. 1420 beschränkte die Abtei Steinfeld für ihren Hof Wüstweiler (bei Niederzier) den jährlichen Holzhau auf ein Zehntel der Büsche. In den nächsten Pachtvertrag wurde 1447 die Bestimmung aufgenommen, in den letzten 20 Jahren vor Ablauf der 60jährigen Pachtzeit die Büsche nicht alle gleichzeitig zu hauen, damit sie nicht ärger zurückgelassen würden, als sie vorgefunden wurden. Nur für den Eigenbedarf ließ der Verpächter 1485 Holzhau auf dem Hof Königshof zu in Verbindung mit der Verpflichtung, weitere Büsche zu pflanzen und Nutzholz aufzuziehen.[117]

Nachrichten des 12. Jahrhunderts zufolge teilten sich das Cassiusstift in Bonn und das Stift Köln-Mariengraden die Grundherrschaft in Meckenheim. Jedes dieser Stifte hatte dort einen Lehenhof mit einer jeweils gleichen Zahl von 21 zugehörigen Lehenhufen. Der Lehenhof von Köln-Mariengraden und seine Hoflehen gehörten zu den Erbberechtigten des Kottenforsts mit Holz- und Mastgerechtigkeit, der des Cassiusstiftes und sein Hofverband nicht. Weder durften sie Bau- oder Brennholz schlagen noch ihre Schweine zur Mast hineintreiben. Der Fronhof des Cassiusstiftes hatte Anteil am sog. Jungholz und war mit einer Schar (30 Schweine und ein Eber) sowie einem Wehrwagen Holz im Ersdorfer Wald berechtigt. Über die Lehen des Cassiusstiftes heißt es in einer Urkunde von 1361: „eyn gans leyn, dat helt of haldyn sall 30 morghin artlants ind 12 morghin busch." Jedem Hoflehen von 30 Morgen Ackerland war also eine Waldparzelle von 12 Morgen beigegeben. Dass es sich hier nicht um Zuschläge aus dem Gemeindewald handelt, schreibt Ilgen, bewiesen die Lagebezeichnungen.[118]

---

[116] Ebd., Bd. 2/2, 385 f.
[117] Reinicke, Pachtverträge, 157.
[118] Ilgen, Grundlagen, 32, 36 (Zitat Anm. 101), 39, 91, 105.

Im Einzelhofgebiet des Klevischen gehörten zu einer Hufe nicht nur Gehöft, Garten, Ackerland und Wiesen, sondern gewöhnlich auch Bruchland und Waldparzellen. Beispielsweise bestand, nach einem Verzeichnis aus der zweiten Hälfte des 15. Jahrhunderts, die Hufe zu Wyckeren aus zwölf Maltersaat Ackerland, drei holländischen Morgen mit Holzbestand und anderthalb Morgen Bruchland.[119]

Die Grundherren konnten über dieses Holz als Bestandteil des Lehengutes ein Aufsichtsrecht geltend machen, wobei sich ihre Aufmerksamkeit besonders auf das wertvolle Hartholz richtete. Ein Schiedsspruch des Grafen Rainald von Geldern aus dem Jahr 1326 stellte den Grundsatz auf, dass der Inhaber eines Leibgewinnsgutes auf diesem ohne Zustimmung des Grundherrn kein Eichenholz schlagen dürfe, sondern nur Brennholz zum täglichen Gebrauch. Die klevische Güterordnung von 1431 schrieb ebenfalls vor von den Leibgewinnsgütern kein Eichen- oder Eschenholz zu entfernen; es sei denn, dass man es zum Zimmern auf den Höfen notwendig bedürfte, was aber nicht ohne Konsens des Rentmeisters oder Schlüters geschehen sollte, der das Holz anwies. Die Hüfner sollten für jede Eiche oder Esche, die gefällt wurde, zwei junge Bäume pflanzen.[120]

1469 legte der Amtmann von Ringenberg, Otto von Willich, „twist ind schillinge" zwischen dem Kloster Marienthal und Gerijt Telge wegen des Gutes in Telge bei. Gerijt hatte auf dem Gut Holz geschlagen, das er nicht hätte hauen dürfen vermöge der Briefe, die die Klosterherren davon hatten. Otto verglich beide gütlich dahingehend: Da Gerijt auf dem Gute ein Holz gehauen hatte, so sollten die Herren dafür nun die zwei besten Hölzer, die derzeit auf dem Gut zu Telge stehen, hauen und sie für sich verwenden, während Gerijt die Zweige von den zwei Bäumen behalten könnte.[121] Sorge um den Holzbestand stand hinter diesem grundherrlichen Vorbehalt nicht.

Von der Allmende abgezweigte Waldparzellen waren die sog. Anschüsse. Krings hat auf einer 1740 angefertigten Vermessungskarte der Töniser Heide im kurkölnischen Amt Kempen bemerkt, dass diese Allmende allseitig von einem schmalen Waldstreifen gesäumt und von Einzelhöfen umgeben war. Der Waldstreifen bestand aus einzelnen Anschüssen, die von den jeweils nächstgelegenen Höfen auf dem Rand der Allmende angelegt worden waren. Der Baumbestand war individueller Besitz der einzelnen Hofinhaber, während die Weidegerechtsame auf dem bepflanzten Areal als Allmendnutzungsrecht erhalten blieben.[122]

Noch Anfang des 18. Jahrhunderts berief man sich bei der Anlegung eines neuen Heideanschusses auf ein landesherrliches Privileg von 1379. Darin erlaubte der Kölner Erzbischof Friedrich von Saarwerden, dass jeder im Land Kempen Bäume pflanzen konnte auf der Gemeinde vor seinem Hof und Gut, wo er wohnte, und

---

[119] Ders., Siedlungswesen, 15 u. 27.
[120] Ebd., 15 f.; ders., Kleve, Bd. 2/2, 22 f. (§ 9).
[121] Ebd., Bd. 2/1, 421.
[122] Krings, Wertung, 15 f.

sie zu seinem Nutzen und Vorteil gebrauchen sollte. Im Klevischen und in Brabant gab es offenbar eine ähnliche Praxis.[123]

Weideallmende

„Im Klevischen gab es keine alten grossen Bauerschaftsallmenden, welche den süddeutschen Dorfallmenden entsprächen. In den Territorien von Kurköln, Jülich und Berg werden seit der zweiten Hälfte des 12. Jhs. Kirchspielsallmenden urkundlich erwähnt."[124] Ein Beispiel einer Kirchspielsallmende im Klevischen ist die von Hönnepel.[125]

Der Hof in Hönnepel gehörte, vermutlich seit karolingischer Zeit, der Abtei Denain. In der ersten Hälfte des 12. Jahrhunderts erwarb das Zisterzienserkloster Kamp sechs Hufengüter und eine Anzahl Morgen Land zu Eigen. Den Platz, auf dem die Abtei ihre Hofstatt errichtete, erwarb sie erst durch Tausch. Er gehörte vorher zum Gemeindeeigen Hönnepels (de comuni Honepolensium) und der benachbarten Ansiedlung Niedermörmter, weshalb der einen vier, der anderen fünf Morgen als Entschädigung für das abgetretene Land zugewiesen wurden. Abt Dietrich von Kamp (1137-77) hob in dem Memoriale, das er über die Erwerbung der Besitzungen in Hönnepel aufsetzen ließ, ausdrücklich hervor, dass dieses Tauschgeschäft um die Hofstatt durch die Bauersleute vor den Richtern des Landes vollzogen worden sei.

Im Jahr 1206 lagen die Pfarreingesessenen von Hönnepel (parrochiani in Hunepule) mit Kloster Kamp im Streit, dem sie die Nutzung der gemeinen Weide verweigerten. Kamp klagte aus seinem Besitzrecht verdrängt worden zu sein. Die Kirchspielseingesessenen bestritten der Abtei Kamp die Teilhaberschaft an der Weide, von der sie behaupteten, sie sei ihr und des Kirchspiels (parrochie) Gemeindeeigentum. Dekan Bernhard von Xanten entschied, dass Kamp vor Weiterführung des Prozesses in seinem Besitz wiederhergestellt werde, worauf sich die Pfarrgenossen ohne Widerrede entfernten.

Die Zwistigkeiten wegen der gemeinen Weide lebten 1289 wieder auf. Inzwischen hatte die Abtei Denain ihren Besitz in Hönnepel an das Stift Xanten abgestoßen. Kloster Kamp prozessierte gegen Ritter Wessel von Boetzelar, Gottfried von Hönnepel und die „homines ville de Honepol", die zur Xantener Kirche gehörten. Beide Seiten einigten sich, ihren Streit wegen des Anteils der Abtei Kamp an der gemeinen Weide durch den Spruch von Schiedsrichtern beilegen zu lassen (der nicht überliefert ist).[126]

Zu Beginn des 12. Jahrhunderts hatten also die neu erworbenen Güter der Abtei Kamp keinen Anteil am Gemeineigen der Hönnepeler gehabt, und auch zu Be-

---

[123] Ebd., 75; Weimann, Walderbengenossenschaften, 97 f.

[124] Ilgen, Kleve, Bd. 1, 538.

[125] Ebd., Bd. 1, 130-132; ders., Siedlungswesen, 53 f.

[126] Ders., Kleve, Bd. 2/1, 9 u. 16.

ginn des 13. bestritten sie ihr die Teilhabe. Die Kirchspielseingesessenen allgemein traten auf den Plan, um die Rechte der Gemeinheit zu vertreten.

Die Bedeutung des Wald-, Bruch- und Ödlandes als Grundlage einer gewinnbringenden Viehwirtschaft erklärt wohl das in dem Privileg des Kölner Erzbischofs von 1224 für Kloster Kamp über seine am Niederrhein gelegenen Höfe Hönnepel, Hanselaer und Götterswick enthaltene Verbot, die dem Kloster oder seinen Grangien benachbarten gemeinen Gründe zu bebauen oder zu besiedeln. Um 1310 wurden auf den Weiden des Hofes Hönnepel 1200-1300 Schafe gehalten, von denen jährlich 1200 Pfund Wolle und 500 Schafskäse gewonnen wurden. Gleichwohl warf der Getreidebau den Hauptteil der Einnahmen ab. Der Hof wurde zu diesem Zeitpunkt nur noch partiell im Eigenbau bewirtschaftet, seit 1297 waren ca. 100 ha seines Landes gegen ein Drittel des Ertrages verpachtet.[127]

Die Wichtigkeit der Schafzucht sorgte dafür, dass die Allmendstreitigkeiten nicht aufhörten. 1414 warf Stift Xanten dem damaligen Herrn der Herrlichkeit Hönnepel, Johann von Alpen, vor, dass er die Gemeindeweide von Hönnepel zu großem verderblichem Schaden der „gemeynre erfgenamen ind kaetsteden" mit großen Mengen Schafen und anderem Vieh übertreibe, die sein Gesinde zum Teil von außen hereinnehme.[128]

Im 12. und bis ins 13. Jahrhundert gehörte die Allmendweide der Kirchspielsgenossenschaft, wie auch die Walderbengenossenschaft (Hoeningen 1195)[129] das Kirchspiel als Rahmen hatte. Und wie bei den Walderben ausgangs des 12. Jahrhunderts Holzgewalten mit Eigentumsqualität festzustellen sind, hatte das Kirchspiel Mitte des 12. Jahrhunderts Eigentumsansprüche an die Allmende, auf der ein neuer Siedler, und sei es ein Kloster, Grundstücke nur gegen Tausch erwerben konnte. Das gemeindliche Eigentum an der Allmende war zu diesem Zeitpunkt bereits so verfestigt, dass der neue Klosterhof von der Kirchspielsgenossenschaft keineswegs zur Weide zugelassen wurde. Anders als beim Wald kam es zu keiner Privatisierung der Besitzrechte an der Weide.

Innerhalb der Kirchspiele und Bauerschaften waren die Hofverbände gemeinschaftlich zur Weide berechtigt, wie ja auch die Nutzung einer Waldmark für sie meist einheitlich geregelt war.

Weitere Zeugnisse aus dem 12. und 13. Jahrhundert belegen Gemeindeeigen, dessen Konstituierung nicht ohne Konflikte vonstatten ging. Nach einer Urkunde von 1152 hatten „entartete Bauern" (degentes ... pagenses) an dem zum Hof Hemmerde der Abtei Siegburg gehörenden Wald Eigentumsrechte (proprium ... ius) geltend gemacht und die gemeinsame Waldnutzung beansprucht. Sie nahmen mehrfach schädliche Holzschläge vor und, als das Kloster protestierte, fällten sie „um ihrem Zorn Genüge zu tun" alle Bäume. Erzbischof Arnold I. von Köln ordnete eine Wasserprobe an, die zugunsten des Klosters ausfiel. Hof und Wald wurden ihm „auf

---

[127] Janssen, Zisterziensische Wirtschaftsführung, 219-221.

[128] Ilgen, Kleve, Bd. 2/2, 336; zur Lokalisierung vgl. die Karte ebd.

[129] S.o. S. 100.

ewig" zugesprochen und jeder Versuch, Waldanteile zu usurpieren, nachdrücklich verurteilt.[130]

Nach Urkunden von 1169 und 1201 besaß der dem Kloster St. Laurenz zu Meer gehörende Hof daselbst, der zwei Hufen und elf Morgen groß war, das Schutzrecht und die Gerichtsbarkeit über den Gemeindewald in villa Turre. Der Klosterhof ist in der Waldmark (silva communio) berechtigt Bau- und Brennholz zu schlagen und bei üppiger Eichelernte 30 ausgewachsene, für die Zubereitung von Schinken geeignete Schweine und einen Eber zur Mast eintreiben. Die Leute (homines) von Turre mussten dem Kloster für die Waldnutzung eine Abgabe in Hafer, Holzkorn genannt, entrichten. Ähnliche Rechte hatte der abteiliche Hof in Wagenheim über den Gemeindewald zu Bürrich; der Abteihof in Seist besaß den dritten Teil der Gewalt und Gerichtsbarkeit über den Wald Isele. In zwei Wäldern mit den Bezeichnungen „Buchforst" und „Eichforst" behielt sich Kloster Meer das ausschließliche Recht Holz zu fällen und Schweine zu weiden vor.[131] 1218/25 wurde die Teilung des Waldes zwischen dem Kloster Meer und dem Dorf Turre vorgenommen. Das Kloster kam mit den hominibus villae überein den Wald, der beiden je zur Hälfte gehörte, betreffend der Eichel- und Holznutzung zu teilen, während Wege, Pfade und Weide, einschließlich der Schafweide, gemeinsam bleiben sollten. Es war zum Streit wegen Beschwerungen seitens der Mönche gekommen, der dadurch ausgeschlossen werden sollte.[132] Hiermit wurde die Scheidung in einen grundherrlichen Eigentums- und einen Gemeindeeigentumswald vorgenommen. Die gegenseitige Weide war nur noch Servitut am jeweils anderenteiligen Eigentum.

Über das Verfügungsrecht der Gemeinde hinsichtlich ihrer Allmende geben spätmittelalterliche Urkunden Auskunft: 1451 gestattete der Graf von Moers dem Kirchspiel zu Neukirchen zwei Morgen Broich von der Gemeinheit bei dem Boenencamp zu nehmen, um darauf ein Wohnhaus für den Priester des neuen Katharinenaltars zu bauen und einen Garten anzulegen.[133] 1465 einigten sich die gemeinen Schöffen der Stadt Gladbach und die gemeinen Geschworenen des Kirchspiels Gladbach mit dem Kloster Neuwerk auf einen Landtausch um durch das Klostergebiet einen gemeinen Weg und Straße zu bauen, wofür das Kloster ein Stück Broich erhielt; Beratungen mit der Stadt- und Landgemeinde waren vorausgegangen und die Genehmigungen der Amtleute des Herzogs von Jülich-Berg und des Junkers von Blankenheim eingeholt worden.[134] Dies waren Besitzveränderungen, die durch Tausch am Gesamtumfang der Allmende nichts änderten oder wieder gemeinnützigen Zwecken zugeführt wurden und mit Konsens der Herrschaft geschahen. Anders lag folgender Vorgang: Pastor, Kirchmeister und Gemeinde zu Pulheim vererbpachteten 1508 der Abtei Brauweiler für 1 ½ Sümmer Roggen jährlich sechs Morgen

---

[130] Epperlein, Waldnutzung, 43 f.

[131] Keussen, Krefeld-Mörs, Nr. 39 u. 53; Epperlein, Waldnutzung, 41.

[132] Franz, Quellen, 280 f., Nr. 106.

[133] Keussen, Krefeld-Mörs, Nr. 2683.

[134] Ernst Brasse, Urkunden und Regesten zur Geschichte der Stadt und Abtei Gladbach, 1. Teil, Mönchengladbach 1914, 286 f., Nr. 452.

Haide, die in den Hof zu Merkenich gehörten.[135] Die Gemeinde hatte Eigentum an der Heide, das Veräußerung - wenn auch an die eigene Herrschaft - einschloss.

Vom Allmendeigentum zu unterscheiden sind die Allmendnutzungen. 1393 überließ Graf Adolf von Kleve seinen auf der Saarbrücker und Alpener Ward ansässigen neun Bauern und fünf Köttern seine Weide auf der Saarbrücker Ward, genannt *die gemeynte*, zur Nutzung mit ihrem Vieh gegen eine jährliche Rente von acht alten Goldschilden.[136] 1511 übergab der Graf von Moers den *gemeinen Nachbarn* zu Werthusen die Weidenwerder daselbst als Leibgewinnsgüter.[137] Die Gemeinde erwarb Allmendland durch Zinsleihe.

„Want die menslige gedechtnisse vergenclich ind vellich is, ind die dinck, die man in der tzyt bedryfft, mit der tzyt vergaint, id en sy dan sache, dat die mit levendigem getzuge geewiget werden" - so beginnt das Weistum des Hofes zu Mauenheim von 1286 -, darum hätten die Johanniter von Köln, Hiemannen und Geschworenen des Hofes in Mauenheim, „genant der vroenehoff", um alle Zweiungen, die entstehen könnten, zu vermeiden, diesen Brief anfertigen lassen und darin die Rechte des Hofes und der Güter beschrieben. Die lateinische Niederschrift dieses Weistums 1286, des ältesten im Gebiet des Kurfürstentums Köln, geht auf eine ältere, mündlich überlieferte Weisung zurück; der deutsche Text stammt aus dem Jahr 1398.[138]

Das Weistum bestimmte zunächst, dass die Hiemannen[139] und Erbgenossen, die die Güter des Hofes besaßen, alle Jahre an drei genannten Terminen auf dem Hof das Gericht besuchen sollten, dem der Vogt des Hofes, d.i. der Propst des Kunibertstiftes Köln, vorsaß. (§ 1) Dort sollte der geschworene Bote des Hofes rügen: die „hoevereede" sowie die unrechten und ungewöhnlichen Wege (§ 2); ebenso die ungewöhnlichen Schafe, die man nannte ungerechte Schweid (§ 3). Nach Hofrecht sollte der Fronhof 100 Schafe mit einem besonderen Hirten haben und er sollte einen Widder, einen Stier und einen Eber halten. (§ 4) Jeder abhängige Hof konnte 40 Schafe haben, die mit dem gemeinen Hirten ausgingen; es wurde jedoch erlaubt, dass jeder für seine Schafe einen eigenen Hirten hielt. Wurde jemand wegen Übertretung solchen Rechts vom Boten gerügt, musste er dem Vogt oder dem Schultheiß für jede Rüge eine Buße zahlen. (§ 5) Es folgen Bestimmungen über Zins, Zehnt, Pacht, Gült, Kurmede, Handgeld und Besitzwechsel. (§§ 6-18)

---

[135] HStAD Brauweiler Urkunden 121 a, 1508 Mai 30.

[136] HStAD Kleve-Mark Urkunden 301, 1393 April 20.

[137] Keussen, Krefeld-Mörs, Nr. 4905.

[138] Aubin, Weistümer 1, 215-224.

[139] Hyen oder hyemannen sind die Hofesgeschworenen. Die Bezeichnung greift seit der Mitte des 13. bis in die ersten Jahrzehnte des 15. Jahrhunderts am Niederrhein von Köln bis ins Geldernsche Platz: Ilgen, Kleve, Bd. 1, 456. Ilgen fährt fort: „Ich möchte den Etymologen von Fach zur Diskussion stellen, ob das Wort nicht von der Holzschlagberechtigung im Wald abgeleitet werden kann. Den Hufenbesitzern stand ja im Gegensatz zu den Köttern, denen nur das Sammeln von Abfallholz im Wald gestattet war, die Berechtigung zum Holzschlag zu."

Die Allmendangelegenheiten wurden also, da die Weiderechte des Fronhofs berührt waren, wie die anderen Sachen des Hofrechts vor den Hofgeschworenen verhandelt und die Bußen der Herrschaft entrichtet. Der Bote rügte zuerst Wege und Weide, dann wurden die Abgaben und die Besitzwechsel behandelt. Besonderen Raum nahm bereits im 13. Jahrhundert die Schafweide ein. Der Fronhof war seit 1223 einem Chorherrn von St. Kunibert verpachtet, der das Schultheißenamt wahrnahm und einen Halfen ansetzte. Überliefert ist der Pachtvertrag von 1254 für „Hermannus dictus de Mauenheim", der als „pauper" bezeichnet wird - also ein Bauern aus Mauenheim - über den Fronhof, Zehnt und Wald in Weiler auf zwölf Jahre; er wurde u.a. zur Mergeldüngung von vier Morgen im Jahr verpflichtet, die Düngung einer größeren Fläche wurde ihm entschädigt.[140] Diesem Hof wurden, wie gesagt, 100 Schafe zugestanden, jedem zum Hofverband gehörenden Bauernhof 40 Schafe. Zu den Pflichten des (ehemaligen) Fronhofes gehörte weiterhin, die Zuchttiere für die Hofgenossenschaft zu halten.

Landgerichtliche Straf- und Zivilgerichtsbarkeit zum einen und Rügegerichtsbarkeit in Lehen- und Flursachen zum anderen wiesen die Schöffen der Herrlichkeit Berzdorf 1454.[141] Der Propst des Gereonstiftes in Köln war Gewaltherr (§ 1), und sieben Schöffen von sieben bezeichneten Schöffenlehen besetzten das Gericht (§ 2). Der Herr hatte die Strafgerichtsbarkeit „na scheffenwisdom". (§ 3) Daneben traten dreimal im Jahr an ungebotenen Dingtagen alle Untersassen der Herrlichkeit zusammen um zu rügen, damit der Herr strafe, auf dass des Herrn Hoheit gewahrt, die Güter nicht versplissen würden und einem jeden Recht geschehe. (§ 18) Zu Beginn wurde das Weistum verlesen, sodann gerügt, wer Zins und Pacht nicht bezahlt hatte. (§ 6)

Es folgen die Allmendrechte, und zwar zuvörderst die Wasserrechte. Der Bach, der von Godorf herabfloss, sollte seinen freien Fluss durch das Dorf haben „iderman zo nutz und behulp". (§ 9) War der Fluss verstopft, sollte ihn jeder, soweit sich sein Grundstück erstreckte, räumen. (§ 11) Ein anderes Wasser, das von Brühl durch das Dorf floss, „sal disen dorf zo nutz" gelassen werden von Samstagmittag bis Sonntagmittag. (§ 12) Eines jeden Kuh und Rind konnte „in der gemeiner bach" ober- und unterhalb des Dorfes weiden. (§ 13) Sodann wurde die Breite der Straße, die nach Godorf führte, festgelegt, von der nichts abgeackert werden durfte, „zo nutz und urber der gemeiner vezuicht, zo behulp dem armen als dem richen". (§ 14) Es wurden im Dorf vier Schäfereien auf vier herrschaftlichen Höfen gewiesen. (§ 15) Bei einem fünften Hof wurde die Zahl der Schafe auf 100 fixiert. (§ 16) Schließlich sollten die Nachbarn am Kaninchenberg, wo der Herr ein Kaninchengehege hatte, die Weide mit ihrem Vieh haben. (§ 23)

Den größten Regelungsbedarf beim Rügegericht hatten in Berzdorf die Wasser- und Weideangelegenheiten. Die Bußen entsprachen in der Höhe denen bei unterlassener Zins- und Pachtzahlung und gingen an den Herrn; wo keine Bußen-

---

[140] Reinicke, Pachtverträge, 107.
[141] Aubin, Weistümer 2, 102-107.

höhe bestimmt war, „mach unser gnediger her straifen nae scheffenwisdom", wie es heißt. (§ 12)

Die Weide-, Wasser- und Waldnutzung war innerhalb des Hofverbandes zwischen dem Fronhof, den Bauerngütern sowie den Köttern auszugleichen. „Die Paffrather Gemeindeweide gehörte zweifellos dem Grundherrn bzw. dem Hofverbande".[142] Der Fronhof, spätestens seit 1404 verpachtet, hatte neben beträchtlichem Eigenland an Acker noch Wald und Buschgerechtigkeit. Das Weistum von 1454 bestimmte, „der hoif mag hauenn einnn scheiffer vnd dat dorp ouch einenn". Beim Auftrieb auf die Brache hatte der Schäfer des Grundherrn das Vorrecht: „vnnd deß hoiffs hyrde sal vurdryven vnd des dorps hyrdenn na". Um zu besömmern musste eine *Befreiung* von der Gemeindeweide eingeholt werden: „der in die brääch seget, der soll die befreyen undt ob er das nit thete, geschehe ihm dan einig schaden, den soll man ihme nit richten". Den Hüfnern waren die Kötter in Beziehung auf Wald und Weide gleichberechtigt. Sie hatten laut Weistum einen eigenen Kuhhirten, durften im Sommer nicht mehr Vieh halten, als sie winters durchfüttern konnten. Die Kötter zusammen stellten einen Schöffen zum Hofding neben den sechs Schöffen der Hüfner. Übrigens war der Verkauf von Düngemitteln vom Pfarrhof geradezu verpönt: „Neinich [pastoer] noch prester, dei dei wedenhove nit en besserde, en sal van dei wedenhoven ruvoder, stro, heu, mist noch einiche sachen, dar men dei wedenhove med besseren mochte, verkoufen, id en worde dan gevrad op der wedenhoven. Wer einich cristen mensche, dei dat kofte, dei wer meineidich, gelich vorss. is van der doefe".

In Godorf stehen - wie anderwärts vielfach - die Weiderechte in dem nach 1466 ergangenen Weistum obenan.[143] Nach der Bestimmung der Aufgabe der Geschworenen, den Nonnen von Kloster Sion in Köln ihres Hofes Gerechtigkeit wahren zu helfen und dafür zu sorgen, dass ein jeder bei seiner Gerechtigkeit gehandhabt werde (§ 1), wurden zunächst die Schäfereirechte geklärt: die Geschworenen wiesen den Nonnen „eine frei schieferei, was und wieviel der halfman des winters foderen kan, soll und mag er auch halten des somers." (§ 2) Die Halfen zweier Pachthöfe anderer Herrschaften am Ort durften jeder nicht mehr als 30 Schafe halten, damit die Äbtissin von Sion „ihrenthalben an der weiden keinen schaden leide". (§ 3) Zum Vierten sollten die Geschworenen unrechte Wege, Stege und Steine rügen; dann folgen die Leiherechte.

Es wurde nicht nur die Schaftrift der nicht zum Sioner Hofverband gehörigen, am Ort ansässigen Pachthöfe beschränkt, sondern durch das Prinzip, im Sommer nicht mehr Schafe halten zu dürfen, als im Winter gefüttert werden können, auch die Weideanteile des Fronhofes beschränkt. Die Weide als Zubehör des Acker- und Wiesenbesitzes aufgefasst, wurde der Pachthof dem genossenschaftlichen Prinzip unterworfen.

---

[142] Steinbach, Bergische Agrargeschichte, 368-371, Zitat 369; Ilgen, Siedlungswesen, 46 f.; Reinicke, Pachtverträge, 174, 182 f., 206, 212.
[143] Aubin, Weistümer 2, 33-36.

An anderen Orten hatten die Gemeinderechte Vorrang vor dem herrschaftlichen Interesse an der Schäferei. Die „vriheit" des Dorfes Frixheim 1515 beinhaltet
neben anderem, dass der herrschaftliche Hof keine Schaftrift haben sollte, „dan mit
willen der naehberen". (§ 13) Der Fronhof war wohl bereits 1438 eingegangen.[144]

„Schultheiß, scheffen und gemeine nachpaurschaft" verpflichteten Kloster
Walberberg um 1530, Eichenholz für die Wege und Stege und als Bauholz zu liefern
(§ 4), bestimmten drei gemeine Wege (§ 5) und wiesen je eine „gemeine schiferei"
auf dem Schmidtbongart und zu Krenckell, d.i. der Hof Krawinkel, der auch als
Schäferei bezeichnet wurde. Der Walberberger Fronhof gehörte dem Kölner
Domstift.[145]

Das Weistum von Grimlinghausen, 1546 durch „scheffen und gemein
naebern" bestätigt, regelt, noch bevor es den beiden Ortsherren die Gerichtsrechte
weist, auf Zehnt und Kirchenbau eingeht, die Allmendrechte. Zunächst die Grenzen
(§ 1), dann die Wasserrechte des Kirchspiels an der Erft (§ 2) und zum Dritten die
gemeine Gasse und zwei Höfen je eine Schaftriftgerechtigkeit mit dem Zusatz, was
an Vieh nicht ausgewintert werde, sollte auch nicht gesommert werden, „es sei dann
mit gutem vorwißen und willen gemeiner nachparn." (§ 3)[146]

Auch im Weistum von Anstel 1549 findet sich, nachdem dem Kölner
Domküster zwei Schäfereien von zwei Herrenhöfen gewiesen worden sind (§ 4), die
Bestimmung, dass nur Vieh, das gewintert wurde, auch gesömmert werden konnte (§
14).[147]

Allerorten in der Rheinebene im Gebiet des Kurfürstentums Köln ist im späteren Mittelalter von Schafhaltung die Rede, vor allem auf den großen Pachthöfen.
Das Thema hat in vielen Weistümern eine Vorrangstellung, Anzeichen der Dominanz dieses landwirtschaftlichen Produktionszweiges. Inwieweit hat dies die Agrarverfassung in Hinsicht auf die Allmende verändert? Eine gerichtliche Vorrangstellung, die die herrschaftlichen Pachthöfe erlangt hätten, ist nirgendwo erkennbar. Sie
übernahmen die Schaftriftgerechtigkeiten der Fronhöfe und erlangten dadurch eine
wirtschaftliche Vorzugsstellung. Zwar hatte der Pachthof einen eigenen Hirten neben
dem Gemeindehirten. Auch ist in Hinblick auf den Fronhof häufig von der *freien
Schäferei* die Rede. Wenn dies ursprünglich einen numerisch unbeschränkten Auftrieb auf die Allmende gemeint hat, so findet sich dieses Recht in den Weistümern ab
dem 15. Jahrhundert eingeschränkt. In Godorf wird freie Schäferei mit der Durchwinterung definiert, wie überhaupt das Prinzip der Durchwinterung seit der Mitte
des 15. Jahrhunderts durchgängig, auch für die bäuerlichen Höfe, galt. Andernorts
wurden Viehzahlen festgelegt sowohl für die Bauernhöfe als auch für den Pachthof.
(Das Weistum von Mayen 1605 besagt, „dasz nemblich eine freie schefferei 300

---

[144] Ebd. 1, 175-177.
[145] Ebd. 2, 20 f. u. 172-176.
[146] Ebd. 1, 298-302.
[147] Ebd. 1, 171-175.

schaf" beinhalten solle.[148]) Der Pachthof musste sich also bei der Schaftrift gemeindlichen Beschränkungen unterwerfen.

Der Pachthof nahm traditionelle Aufgaben für die Hofgenossenschaft wahr. Der Fronhof, wie in Mauenheim, oder der Pfarrhof mussten die Zuchttiere halten; das Weistum von Boisheim (bei Viersen) von 1454 bestimmte: „Item so sall eyn pastoer op dem wedem haue eyn vaselrynt end eynen beeren tzo behoeff der gemeynden reyel ende quyck." In vielen Weistümern wurde dem Fronhof auferlegt, die Bauern auf seinem Brachfeld Lehm graben zu lassen - „in einem jechlichen bröchlichen felde ein offen leimkule" zu halten, so in Mondorf 1505 - als Dünger für die bäuerlichen Äcker.[149]

Der Pachthof hatte Teil an der Allmende. Auf dem Hof Merheim wurden alljährlich für den Verpächter zwei Ochsen und drei Schweine gehalten, die dort geweidet und gehütet wurden und im Winter vom Pächter Futter erhielten. Das Schlagen des Holzes, *brughuls* genannt, bezahlte der Verpächter, der Pächter hatte es auf den Hof Merheim und von dort nach Deutz oder Mülheim an den Rhein zu liefern. Der Hof hatte also Eigenwald. Das *zunhuls* zum Umzäunen aber erhielt der Pächter von der Allmende (*communitas*), auch *bruggergewalt* genannt, wie die anderen Bauern sicherlich auch.[150]

Weistümer, wie das von Paffrath 1454, legen nahe, dass das Hofesland, sofern es nicht in größeren Blöcken lag, der gemeindlichen Brachweide unterlag, worauf bei der Besömmerung Rücksicht genommen werden musste. Das Weistum des Hofes Muggenhausen (zwischen Bonn und Zülpich) bezeichnete es um 1550 als „alten Brauch", dass „gheiner in die Braeche sehen sal es sy dan mit Erlaup des Herren und der gantzen Gemeynden". Daher drohten Strafen demjenigen, der eigenmächtig Früchte in die Brache säte: „wer Linsen in das Brachveld säet, der ist dem Vogt 1 Pfd. Gelts verfallen".[151] Von der Formulierung her sind diese aber auch als Hinweise auf bäuerliche Besömmerungen zu verstehen.

Der Halfe übernahm zwar sämtliche wirtschaftliche Befugnisse des Fronhofes, die Gerichtsrechte wurden aber weiterhin von der nicht ortsansässigen Grundherrschaft wahrgenommen. Die Stellung der Geschworenen bzw. der Schöffen im Gericht erscheint keineswegs als schwach. Die Schöffen hielten nicht nur die ungebotenen Dinge des Hofgerichts ab, sondern traten auch zu den landgerichtlichen gebotenen Dingen zusammen, um in straf- und zivilrechtlichen Fällen zu urteilen. Eine Vorrangstellung in Allmendangelegenheiten erlangten die Pachthöfe allein auf wirtschaftlichem Wege durch die Vergrößerung ihres Ackeranteils, der ihnen größere Weideanteile mitbrachte. Zu ihrer ökonomischen Stärkung werden die Erträge aus der Schafzucht nicht unerheblich beigetragen haben.

---

[148] Reinicke, Pachtverträge, 193, 204 f.
[149] Ebd., 177, 189.
[150] Brincken, Mariengraden, 26 f.; Irsigler, Zeitpachtsystem, 304; s.o. S. 78.
[151] Abel, Geschichte, 97.

In manchen Weistümern verpflichteten sich die Geschworenen und Schöffen in erster Linie, die Rechte und Einkünfte der Herrschaft zu sichern, so in Berzdorf. In anderen stand die Sorge um die Allmendangelegenheiten ganz im Vordergrund des Hofrechts. Das handelt von den Wegerechten, der Schaftrift, den Weiderechten auf der Landstraße und am Fluss, der Regelung der Brachweide, der Limitierung der Viehzahlen des Fronhofes im Verhältnis zu den Bauern, Rechten des Lehmgrabens und den Wasserrechten am Bach, *zu jedermanns Nutzen und Behelf, den Armen wie den Reichen.* Über die Regulierung der Gemeindeweide erfährt man nur am Rande etwas, da die Weisungen den Zweck haben die Rechte und Pflichten des Fronhofes im Verhältnis zu denen der zugehörigen Bauern zu bestimmen.

Die Landesherren beanspruchten die Herrschaft über alles unkultivierte Land aufgrund von „iurisdictio et dominium, quod in vulgari wiltban dicitur". Nachdem die Grafen von Kleve und von Geldern im 11. Jahrhundert als königliche Beauftragte die Verwaltung der ausgedehnten Reichsforsten am unteren Niederrhein übertragen bekommen hatten, ist nach dem Niedergang der Reichsgewalt die Hoheit über die Forsten faktisch auf sie übergegangen. Sie wurde ausgeweitet zu einem Herrschaftsanspruch auf alles unerschlossene, näherhin alles unvermessene, unparzellierte Wald-, Heide- und Bruchland. Laut einem Vertrag zwischen den Grafen von Geldern und dem Marienstift in Utrecht 1225 stand es außer Frage, dass das *desertum* und die *communitas*, Wüst- und Gemeinland, dem Grafen unterworfen waren.[152]

In der späteren Zeit nahmen die Landesherren ein Aufsichtsrecht über die Allmenden in Anspruch. 1460 schrieb Herzog Johann von Kleve seinem Amtmann in der Hetter, ihm sei zu Ohren gekommen, dass seine Untersassen in der Burschaft Esserden ihre „gemeynte" zu Schanden machten, indem sie ihre Gänse und Schweine in unangemessener Zahl darauf trieben. Er wies den Amtmann an nach „guetduncken der nabueren, die dairop gerechtiget sijn," eine Ordnung aufzustellen zu „gemeynen beste" und eine angemessene Buße zu seinen Gunsten festzusetzen, damit sie eingehalten werde bis zu seinem Widerruf.[153] Die landesherrliche Hoheit, aus der sich ein Ordnungsrecht - im Sinne der guten Policey - ableiten ließ, stand nicht in Widerspruch zur Selbstverwaltung der Gemeinde.

Die Gemeinden hatten das Recht - mit Konsens des Landesherrn -, Allmendland zu gemeindlichem Nutzen zu verkaufen. 1520 erlaubte der Landesherr der Gemeinde Grefrath den Verkauf von 100 holländischen Morgen für Kirchenbauzwecke.[154] D.h. die Allmende war Gemeindeeigentum, als solche wie anderes Eigentum veräußerbar, hier allerdings Gemeindezwecken dienend.

---

[152] Wilhelm Janssen, Niederrheinische Territorialbildung. Voraussetzungen, Wege, Probleme, in: Ennen/Fink, Bindungen, 104.
[153] Ilgen, Kleve, Bd. 2/2, 58.
[154] Krings, Wertung, 29.

Wie Stadtrechte anfangs gegen den Stadtherrn erkämpft, später aber von ihm verliehen wurden, so stellt es sich auch für die Verleihung der Stadtallmende dar. 1163 erbat das bei Wesel gelegene Kloster Oberndorf den Schutz des Grafen von Kleve gegen „böse Widersacher", die seine seit ältesten Zeiten ausgeübte richterliche Gewalt im Weseler- und im Demmerwald einschränken und die Mönche als „Fremde" verdrängen wollten. In einer Urkunde von 1233 ist zu erfahren, wer die Widersacher des Klosters waren. Es wird von fortgesetzten Streitigkeiten der „cives villae Wiselensis" berichtet, die die Rechte des Kosterhofes verletzten, eigenmächtig im Klosterwald Holz schlugen und deshalb wiederholt exkommuniziert worden waren. In einem Vergleich verzichteten die *cives* von Wesel auf alle Rechte in den genannten Wäldern und wurden von der Exkommunikation gelöst. Wesel erhielt 1241 Stadtrecht. 1379 erscheinen Weseler Bürger als Erbgenossen in der Weseler Mark, als die Zahl der einzutreibenden Schweine kontingentiert und der Holzschlag auf den persönlichen Bedarf beschränkt wurde. In der Liste der für den Austrieb in den Weselerwald gebrannten Schweine von 1418 gehörten den Bürgern 1329 von 3950 Tieren.[155]

1227 gestattete König Heinrich VII. dem Marienstift in Aachen die Schweinemast in den königlichen und städtischen Wäldern. 1270 bestätigte Graf Wilhelm IV. von Jülich als Vorsitzender des Vogtgerichts Aachen den Reichswald Atsch als städtische Allmende und versprach in diesem Zusammenhang Gewalt abzustellen. 1278 wurde er von Bürgern Aachens erschlagen, die ihre Nutzungsrechte in den umliegenden Wäldern mehrfach, teilweise in Auseinandersetzung mit Dorfgemeinden, nachdrücklich verteidigten oder entsprechende Ansprüche anmeldeten. Die Stadt bestellte eigene Förster, die für Holzschlag und Schweinemast zuständig und Bürgermeister, Rat und Schöffen verantwortlich waren. Den neben ihnen tätigen Förstern der Grafen von Jülich blieben als Aufgabenbereiche die Jagd, die Imkerei und die Holzversorgung der Bergwerke.[156]

Das älteste Zeugnis einer Gemeinheit im Besitz einer Stadtgemeinde ist die von Xanten, die in einer Urkunde von 1234 genannt wird. Den klevischen Städten wurde bei ihrer Gründung eine Allmende meist neu verliehen, so Kleve 1242, Grieth 1255 oder Dinslaken 1273.[157] Kleve erhielt bei der Stadtrechtsverleihung 1242 die freie Nutzung von Wasser und Weide; als Gegenleistung war die Zahlung der Bede beim Ritterschlag der Grafensöhne und zur Aussteuer seiner Töchter festgesetzt.[158] Die Bürger von Gerresheim im Bergischen einigten sich 1273 mit den Pfarrgenossen von Bilk dahingehend, dass sie anstelle ihrer erblichen Gewalt in der ganzen Bilker

---

[155] Epperlein, Waldnutzung, 48 f.; vgl. o. S. 105.

[156] Ebd., 47.

[157] Ilgen, Siedlungswesen, 44.

[158] Friedrich Wilhelm Oediger (Hg.), Grafschaft Kleve, 2. Das Einkünfteverzeichnis des Grafen Dietrich IX. von 1319, Düsseldorf 1982, Teil 1, 51 Anm. 71.

Mark, die in Baum- und Grasweide sowie in Reisig holen bestand, einen abgegrenzten Teil zu ihrer ausschließlichen Nutzung erhielten.[159] Duisburg wurde 1279 das „ius silvarum" in einem bei der Stadt gelegenen Wald bestätigt, nachdem sie bereits 1129 das Recht des abgabefreien Steinbruchs zum Hausbau bekommen hatte.[160] Sonsbeck erhielt 1320 die Hälfte der Weide, die bisher der Kirchspielsgemeinde Winnekendonk („universi parochiani parochie de W.") gehört hatte. 1359 überließ der Graf von Kleve der neuen Stadt Uedem eine „heyde", auf der sie mit ihren Schweinen weiden möge und „mist winnen", also Plaggen hauen.[161]

Zum guten Teil waren dies nur Allmendnutzungsrechte, die allerdings mit der Zeit festgeschrieben wurden. Nach Widerspruch der Weseler Bürger gegen eine Aufsiedlung ihrer Weide versprach der Graf von Kleve 1335 weder das Flürener Bruch, auch genannt „die Vieweide", noch zwei andere Brüche noch die Fenne noch anderes Land im Kirchspiel Wesel außerhalb des Waldes zu roden oder aufzuteilen.[162] 1336 versprach der Graf von Jülich den Dürenern, noch nach Hofsrecht, ihre *Gerechtigkeit am Wald* (der Wehrmeisterei) unverbrüchlich zu halten. Dazu gehörte: das Recht Buchenholz abzuschlagen so hoch, wie sie von der Erde aus reichen könnten; Eichenholz zum Bau nach Bedarf vom Waldgrafen zu erhalten; Fischrecht in der Rur; sowie der Schweinetrieb. 1349 gebot er seinem Wehrmeister die Dürener Bürger „irs reichtz in dem walde ind in deme wasser, ind an ire gemeinden" gebrauchen zu lassen.[163] 1351 erneuerte der Graf von Kleve der Stadt Orsoy ihr Weiderecht in der Grafschaft Moers. 1462 schlichtete der Erzbischof von Köln einen Streit zwischen den Städten Linn und Uerdingen über das kurze Bruch, das beide teilen sollten. Und 1488 gestattete der Graf von Moers, wie seine Vorfahren schon, der Stadt Sittard den Gebrauch zweier Brüche und einer Heide, und dass sie bis zu 3000 Quadratruten davon in Erbpacht geben durften.[164]

Gegebenenfalls kauften die Städte Allmendland hinzu, so 1357 Bürgermeister, Schöffen, Rat und die gemeinen Bürger der Stadt Grieth die „ghemeynte" mit Namen Molenblek von Graf Johann von Kleve. Oder sie nahmen Geländestrecken in Erbpacht um sie in Weiden zu verwandeln, wie Büderich 1365.[165] Die Bürger von Kleve schufen sich durch Rodung eine Feldmark oberhalb der Stadt und erwarben 1370 von ihrem Landesherrn einen Teil des Reichwaldes als Stadtwald. Außerdem besaßen sie das Recht, in einem anderen Teil des landesherrlichen Reichswaldes Vieh zu weiden und Plaggen zu stechen. Insgesamt gingen die Nutzungsberechtigungen weit über das eigentliche Stadtgebiet, das verhältnismäßig klein war, hinaus.[166]

---

[159] Erich Wisplinghoff, Wirtschaft und Gesellschaft am Niederrhein. Dokumente aus 9 Jahrhunderten, Düsseldorf 1974, 42, Nr. 89.
[160] Epperlein, Waldnutzung, 46 f.
[161] Oediger, Kleve, Teil 2, 61, 97.
[162] Ebd., Teil 1, 44 Anm. 64, 46; Teil 2, 141.
[163] Kaemmerer, Düren 1, 81 Nr. 79 und 99 Nr. 94.
[164] Keussen, Krefeld-Mörs, Nr. 469, 3096, 4170.
[165] Ilgen, Kleve, Bd. 2/1, 108; ders., Siedlungswesen, 44.
[166] Krings, Wertung, 21 f.

Die ältesten Stadtrechtsurkunden von Neuss - noch vor der Bestätigung der städtischen Privilegien und guten Gewohnheiten 1255 - betreffen die Allmenden. Im Juli 1248 verordnete der Kölner Erzbischof, dass die Orte, „que vulgariter gemeynde appellantur", im Bruch bei Kaarst ungeteilt bleiben sollten. Und am 4. August desselben Jahres bestätigte er der Stadt den Mitgenuss der Gemeinweide bei Neuss, Büderich und Kaarst. Der Viehhandel entwickelte sich nämlich zu einem bedeutenden Wirtschaftszweig der Stadt, bereits 1211 wird ein Viehmarkt verbunden mit dem Jahrmarkt erwähnt.[167]

Die Stadt teilte ihr Weiderecht mit den Nachbarorten Büderich, Kaarst und Büttgen, was Zwistigkeiten unvermeidlich machte und Schiedssprüche der Erzbischöfe im August 1248 und 1335 erforderte. Nachdem sich die Stadt und die *gemeinen Leute* von Büttgen wegen der „gemeynre weyden van Butge" über einander beklagt hatten, wurden der Stadt 1335 *ihre Gemeinde, ihr Herkommen und ihre Besitzungen* bestätigt; die Bürger beschworen, dass auf „die gemeynde, die Butger gemeynde heist," ihre Vorfahren seit der Zeit, der niemand, der jetzt lebe, gedenken könne, ihr Vieh getrieben hatten.[168] Das Weistum der drei Achten von 1340 nennt als „ghemende van Nusse" das Cloplack und den Strytforst (dem Namen nach ein Wäldchen) an der Rheinseite. Im Alleinbesitz der Stadt war auch das Neusser Bruch, für das 1346 im Rat das Verbot des Torf- und Grasstechens und des Erdgrabens beschlossen wurde, das die Weide leicht unbrachbar machen konnte. Die Bestimmungen lassen nochmals die Wichtigkeit erkennen, die man der Erhaltung der Gemeinweide beimaß: Den Zuwiderhandelnden wurden empfindliche Geldstrafen angedroht; die Bürgermeister, zwei Schöffen und zwei Ratsherren sollten die Einhaltung der Bestimmungen überwachen; wenn seitens ertappter Übertreter Gewalt angewendet würde, waren alle Bürger verpflichtet dem entgegenzutreten; wer einen Übeltäter dabei tötete, blieb straffrei.[169]

Die Möglichkeiten der Viehhaltung erweiterten sich bis zum 15. Jahrhundert beträchtlich, indem sich der Rhein von der Stadt wegverlagerte und durch die Anschwemmungen gutes Weideland entstand. Die alten Allmenden wurden nur noch für die Jungviehhaltung genutzt und mit Großvieh nur betrieben, wenn die Rheinweiden wegen Hochwasser unbrauchbar waren. Schließlich wurde 1526 regelrecht angeordnet das Vieh der Stadt jedes Jahr acht oder 14 Tage lang in das Neusser Bruch zu treiben, damit eine Verjährung des dortigen Weiderechts verhütet werde.[170] Für die Verpachtung der Kuhweide nahm die Stadt 1509 442 Mark ein (das waren 5 % der Gesamteinnahmen, in einem schlechten Jahr). Die Morgensprache des Rats 1536 verbot das freie Austreiben von Kühen und Schweinen entlang den Stadtgräben, Wegen und den mit Getreide bestellten Ländereien. Kein Bürger sollte eine Kuh halten, der nicht wenigstens drei Morgen eigenes oder Pachtland besaß. Als Grund wurde

---

[167] Friedrich Lau, Neuss, Bonn 1911, 17*, 179* (Anm. 4); 42 f. (II Nr. 7, 8 u. 9).

[168] Ebd., 159*; 63 f. (II Nr. 35).

[169] Ebd., 109*, 159* f.; 2 (I Nr. 1), 72 (II Nr. 49); Wisplinghoff, Neuss, 542.

[170] Lau, Neuss, 110*, 159* f.; 197 (II Nr. 135 § 14).

angegeben, es solle verhindert werden, dass landlose Viehbesitzer auf fremden Feldern oder Wiesen Gras oder Kraut zum Unterhalt ihres Viehs im Winter schnitten. Schlecht war die Stadt mit Holzbeständen ausgestattet. 1490 kaufte die Stadt vom Grafen von Neuenahr einen Morgen Busch bei Selikum. 1501/02 fuhren die Bürgermeister mit anderen Amtsinhabern in den Mühlenbusch um Bauholz zu beschaffen. 1522 kaufte die Stadt ein größeres Stück Wald zwischen Gerresheim und Ratingen.[171]

Die Weidewirtschaft begünstigte Handel und Gewerbe von Neuss. Mit der Viehzucht - laut Stadtrechnung zahlten Neusser Bürger 1554 Weidegeld für 650 Kühe - verband sich ein Viehhandel, besonders nach Köln. Von den Neusser Exportgewerben war die Wollweberei am wichtigsten. Eine gewisse Rolle spielte die Gerberei. In Zollbescheinigungen vom Anfang des 15. Jahrhunderts werden Quantitäten von 213, 400 und 333 Häuten und Fellen genannt. Neuss war vom 13. bis 16. Jahrhundert zugleich Agrar-, Gewerbe- und Handelsstadt.[172]

Alle Patrizierfamilien besaßen im 14. Jahrhundert Höfe in den umliegenden Ämtern Linn, Hülchrath und Liedberg. Christine Mönch erhielt 1353 in einer von ihrer Mutter vorgenommenen Erbteilung 89 Morgen Land in mehreren größeren Grundstücken in der Umgebung der Stadt, ferner vier Holzgewalten im Büttger Busch und den dritten Teil des von ihrem Onkel stammenden Besitzes in Hamme. Cilie Kannengießer vermachte ihrem Sohn Johann 1496 neben wertvollem Hausgerät 100 Schafe, die vor der Stadt gehalten wurden. Peter von Impel, Kuchenbäcker und Weinhändler, verpachtete 1496 den Vetscheriehof im Burgbann mit 75 Morgen Land, wobei er Wert darauf legte, dass der Pächter Schafe hielt.[173]

Die Stadt hatte neben den Weiden noch bedeutenden Besitz an Ackerländereien, die in Pacht gegeben wurden. Die Einwohner betrieben, wie ein Chronist um 1475 bemerkte, fast alle Ackerbau, Viehzucht und Gartenbau.[174] Abgesehen von landwirtschaftlichem Nebenerwerb stand der Agrarsektor jedoch im Dienst von Handel und Gewerbe.

Zum Streitobjekt wurde die Allmende im 17. und 18. Jahrhundert. 1616 kam es zu Einhegungskonflikten, als der Rat einen Teil der Gemeindeweide verpachtete. Vierundzwanziger (die Gemeindevertreter) und Gemeinde zögerten nicht mehrmals die neu um das Pachtland gezogenen Zäune abzureißen. Der Widerstand regte sich noch 1624. 1657 nahm der Rat erneut Verpachtungen vor, diesmal opponierte die Gemeinde noch nachdrücklicher, wieder mit Niederreißen der Zäune und Treiben des Viehs über das Pachtland, was erst ein Ende fand, als der Kurfürst 1659 mit Geldstrafen, Haft in Kaiserswerth und Ausweisungen dagegen vorging. Aber diese Vorgänge waren ein Zeichen des Niedergangs der Stadt und der Reagrarisierung. Der Rat sah in den Verpachtungen ein Mittel, die Einnahmen der Stadtkasse zu verbes-

---

[171] Wisplinghoff, Neuss, 3, 542, 603, 612.
[172] Lau, Neuss, 174*, 178* f.
[173] Wisplinghoff, Neuss, 214, 248, 258.
[174] Lau, Neuss, 162*, 178*

sern, und die Bürger waren bei dem Rückgang von Gewerbe und Handel stärker auf die agrarischen Ressourcen angewiesen. In der gleichen Zeit gab es Auseinandersetzungen mit Berg um die Rheinanlandungen mit wiederholten Zerstörungen von Uferbefestigungen und Weidenanpflanzungen, Wegtreiben von Vieh und Verhaftungen von Bürgern, weswegen man sich 1604 vor dem Reichskammergericht traf und 1640 ein kaiserliches Mandat gegen den Herzog von Berg erging. Wieder 1783 wurden auf Geheiß der Vierundzwanziger vom Rat auf Gemeindeland neu angelegte Weidenpflanzungen zerstört, die die allgemeine Nutzung einschränkten.[175]

Überlastet wurden städtische Allmenden im 16. Jahrhundert durch das Handelsvieh, das vor dem Verkauf auf dem Viehmarkt gerne auf Uferweiden fett gefüttert wurde. Die Dürener Feldordnung 1578 verpflichtete Metzger und Bürger sämtliche Schafe, die sie auf den städtischen Weiden an der Rur weiden ließen, vor dem Verkauf zunächst auf dem städtischen Wochenmarkt feilzubieten. Das Recht zur Viehhaltung wurde auf die Dürener Bürger beschränkt, nur die Einwohner des nahen Ortes Distelrath und der Halfe von Meisenheim durften ihre Schafe auf die städtische Weide treiben und nur zum Waschen, sonst nicht. Das Vieh war vom städtischen Hirten zu beaufsichtigen, sog. Winkelweiden, d.h. Weide mit eigenen Hirten, waren den Bürgern nicht gestattet. Auch der Amtsbrief der Fleischer von Neuss 1598 verpflichtete sie keine Ochsen, Kühe oder andere Rinder auf die Weide zu treiben, die sie nicht für die Bürgerschaft binnen 14 Tagen schlachten wollten.[176]

Die Gocher Heide war der Stadt Goch 1341 vom Herzog von Geldern als Allmende verliehen worden. Die benachbarten Kirchspiele, die in der zweiten Hälfte des 13. Jahrhunderts bis unmittelbar an die Stadtfeldmark herangereicht hatten, blieben dort weiterhin weideberechtigt.[177] Die Gocher Heide war Teil des Reichswaldes gewesen; dass der Wald zur Heide degradierte, war Folge der starken Schafhaltung, die ihrerseits mit der Wolltucherzeugung der Stadt zusammenhing, die offenbar im 13. Jahrhundert einsetzte und um 1400 ihren Höhepunkt erreichte. Mitte des 15. Jahrhunderts hieß es, dass der städtische Erwerb sehr kranke und abgehe.[178]

1470 trafen sich Vertreter Kleves und der Stadt Goch um den Viehtrieb von Klever Untersassen auf der Gocher Heide gütlich zu besprechen. Es waren Irrungen mit Pfändung eines Teils der Klever Schafe durch die von Goch vorgefallen, denn die Gocher beklagten sich, dass die Klevischen Schafe in dem „Valsch" gehütet wurden, was sich nach ihrer Meinung nicht gehörte, da das ein besonderer Platz allein zur Weide der Kühe wäre. Wenn man Schafe auf diesen Plätzen weiden ließe, so wollten die Kühe dort nicht weiden, weshalb auch die Gocher ihre eigenen Schafe nicht in den Valsch gehen ließen. Die von Goch sprachen auch an, dass ein Klever Hüfner fünf Viertel Schafe auf die Heide treibe und ein Kötter dreieinhalb Viertel, was ihnen zu viel schiene, und sie diese Zahl gerne vermindert hätten. Schließlich

[175] Wisplinghoff, Neuss, 158-162, 168, 584.
[176] Reinicke, Pachtverträge, 213, 288.
[177] Ilgen, Kleve, Bd. 1, 196; Bd. 2/2, 350.
[178] Krings, Wertung, 22 u. 30.

beklagten sich die Gocher, dass die Klevischen beim Plaggenhau die Heide mit großen, breiten Hacken entblößten, was der Viehweide verderblich wäre. Man einigte sich auf die Verwendung solcher Hacken zu verzichten und allein mit den Sichten „mystheyde" zu gewinnen.[179]

Also eine Überweidung der immerhin 3100 holländische Morgen großen Gocher Heide mit Schafen, und zwar von seiten der Bauern und Kötter. Die bäuerliche Schafhaltung konnte sich ja zu beträchtlichen Herden summieren. Außerdem ein Verderb des Weidegrunds durch den bäuerlichen Plaggenhau, bei dem die Vegetationsdecke samt der obersten Bodenschicht abgetragen wurde; mit der Sichte, einer Kurzstielsense, auf die man sich einigte, wurde die Krautschicht entfernt.[180] Sicherlich hatte die Stadt wegen der vitalen Bedeutung der Heide für ihre Tuchindustrie ein erhöhtes Interesse an einer Schonung des Weidegrundes.

Auch städtische Allmende bot Nutzungen zur Verbesserung des Ackerbaus. So führt ein Weistum von 1454, das sich auf eine zur Stadt Uerdingen gehörende Allmende, das Lange Bruch, bezieht, unter den Nutzungen auch das „myrgel graven" auf.[181]

Jagd und Fischfang

Von der Niederwildjagd war zumindest die Hasenjagd im 14. Jahrhundert im Klevischen jedermann frei. In einem Bestallungsbrief trug der Graf von Kleve seinem Amtmann für die Ämter Dinslaken, Wesel und Schermbeck 1365 auf seinen Wald und Wildbann zu hüten und bewahren, dass niemand darin haue oder jage ohne Willen und Geheiß des Grafen - „uytgenomen hassen iagen."[182] Ebenso war im Duisburger Wald die Niederjagd auf Hasen frei.[183] Beliebt war in der Kölner Bevölkerung die Jagd auf die Kaninchen in den beiden Gräben vor der Mauer, gegen die der Rat immer wieder mit Verboten einzuschreiten versuchte.[184]

Die Städte hatten korporative Fischereigerechtsame, so die Stadt Wesel, der der Herzog von Kleve 1497 anlässlich eines Streits mit dem Karthäuserkloster auf

---

[179] Ilgen, Kleve, Bd. 2/2, 355.

[180] Krings, Wertung, 70, Anm. 79. - Die Plaggendüngung beschreibt Heresbach, der einen Hof bei Marienbaum (auf der gegenüberliegenden Seite der Gocher Heide) bewirtschaftete, folgendermaßen: „Auf sandigen Heidegründen tragen die Leute Erdklumpen und Heideplaggen auf Haufen zusammen, bestreuen diese mit Mist und Dung, lassen sie modern und, nachdem die Grasplanken weich und faul geworden sind, streuen sie sie auf mageres Land; vor allem aber schaffen sie sie dort, wo man Schafherden hält, in die Schafställe, nachdem die Grasstücke aus dem Boden mit Sichel und Hacke herausgelöst worden sind." Heresbach, Landwirtschaft, 34b f.; Krings, Wertung, 16 f.

[181] Ebd., 17 f.

[182] Ilgen, Kleve, Bd. 2/1, 141.

[183] „Auf Hasen und andere Tiere" sagt Weimann, Walderbengenossenschaften, 59.

[184] Irsigler, extra muros, 148.

der Graft seine althergekommenen und gewohnten Fischereirechte im Rhein und in der Lippe bestätigte.[185]

Neuss übte das Fischereirecht in den Stadtgräben, in einem Teil der Erft und im Rhein aus, auch wenn es ihr 1373 vom Kölner Erzbischof noch bestritten worden war. Die Fischerei wurde verpachtet. Was die Jagd angeht, wurde es in einer Rechtsweisung der Stadt Neuss für Xanten aus dem 15. Jahrhundert als Privileg bezeichnet, dass die Neusser Bürger in ihrem „boerban" und Amt alles Wild und Wildbret fangen und schießen können, und zwar Hasen, Kaninchen, Feldhühner, Enten „ind anders, groet ind klein," nach ihrem Willen und Wohlgefallen.[186] 1636 verbot der Rat den Bürgern das Fischen und Jagen an Sonn- und Feiertagen sowie „bei jetzt anwachsenden Fruchten" das Schießen im Feld, damit kein Schaden angerichtet werde. Noch 1790 bekundete der Erzbischof, „dass jeder der dasigen Bürger die Jagd und Fischerei nach Belieben ausübet", was den Müßiggang und den Widerwillen zur Arbeit fördere, weshalb künftig die Jagd in der Neusser Wildbahn öffentlich verpachtet werden solle, jedoch nur an Einheimische.[187]

Rechtsschutzsagen

Zwischen Sittard und Roermond erstreckte sich ein großes Wald- und Sumpfgebiet, der Echterwald. Eine alte Straße führt mitten durch den Wald von Echt nach Waldfeucht. Sie geht am Echterbroeck vorbei über eine Brücke, von der die Leute erzählten: Einstmals wollte Pippin von Heristal (König Pippin) den Heiligen Wiro im Kloster Odilienberg besuchen. Im Bruch kam er vom Weg ab und in Lebensgefahr. Einwohner von Echt halfen ihm und brachten ihn wieder auf den rechten Weg. Als Belohnung erhielten sie von ihm den Echterwald. Pippin ließ zum Andenken an diese Begebenheit eine Steinbrücke an dieser Stelle über den Bach erbauen. Sie hieß von da ab die Pippins- oder Pepelsbrücke. Manche behaupteten, sie sei aus Kupfer oder Gold gewesen.[188]

Nach einer Urkunde von 1276 befand sich das Gericht über die Holzfrevel in Echt. Der Herr von Montfort, dem Echt gehörte, übte es als Richter oder Waldgraf aus. Bestraft wurde, wer unbefugt Holz schlug. Die Pfänder, die den Leuten dabei abgenommen wurden, also Äxte und Beile, wurden in den Hof Echt gebracht. Als holzberechtigt wurden diejenigen erklärt, deren Hofstätten länger als 50 Jahre bestanden, Erblaten genannt, zu deren Feststellung ältere und glaubwürdige Leute

---

[185] Ilgen, Kleve, Bd. 2/1, 485 f.
[186] Lau, Neuss, 163*; 180 (II Nr. 125 § 23).
[187] Ebd., 301 (II Nr. 210 § 16), 354 f. (II Nr. 249 § 106).
[188] Werner Freiherr von Negri, Die Waldgenossen des Waldes Havert im Jahre 1277, in: Zeitschrift des Aachener Geschichtsvereins 58 (1937), 149.

befragt wurden. Aufgeführt wurden Salhöfe mit ihren abhängigen Bauern, insgesamt etwa 400. Sie wohnten großenteils im Kirchspiel Waldfeucht.[189]

Sogar in der „Cleernis van der gemeynte van Echt" von 1477 wurde König Pippin als Stifter des Echter Bosch benannt. Laut dieser Nutzungsordnung setzte sich der Kreis der Nutzungsberechtigten aus den Einwohnern von Echt und den dazugehörigen Siedlungen zusammen, die als „geerfde" bezeichnet wurden, sowie den „buitenlandse geerfden", auswärtigen Märkern. Sie kamen zu „geerfdendagen" zusammen, auf denen die gemeinschaftlichen Angelegenheiten, wie etwa die Umlegung des Schatzes, geregelt wurden und eben Nutzungsfragen. Unter diesen stand klar die Schweinemast im Vordergrund, indem die Zahl der einzutreibenden Schweine jedes Jahr neu festgesetzt werden musste. Dabei wurde unterschieden zwischen den gespannfähigen Bauern und den Köttern, die halb so viele Schweine eintreiben durften wie die Bauern. Weiterhin gehörten zu den Nutzungsberechtigten die Bewohner der ostwärts vom Echter Bosch gelegenen Siedlungen, die eine andere territoriale Zugehörigkeit als Echt hatten. Zu einem nicht näher bestimmbaren Zeitpunkt, vielleicht im 13. Jahrhundert, war ein Drittel der Nutzungen des Echter Bosch an die Geldernsche Landesherrschaft abgetreten worden. Die Motive dafür waren offenbar, dass den Beerbten das alleinige Eigentum bestritten worden war und sie auf diese Weise den Landesherrn zur Verteidigung ihrer Rechte zu verpflichten suchten. - Die Berufung auf einen königlichen Stiftungsakt kann als Versuch gedeutet werden, dem Eigentumsanspruch eine Legitimation zu verleihen.[190]

Von der Bürge oder dem schwarzen Wald bei Arnoldsweiler weiß die Legende zu erzählen, sie sei von Kaiser Karl dem heiligen Arnold zum Besten der umliegenden Dörfer geschenkt worden. Nach einem alten Verzeichnis zählte man 20 Orte zu den Berechtigten in der Bürge, während die Buschordnung von 1562 nicht weniger als 45 beteiligte Orte aufführte. Damals bedeckte die Bürge noch ein Gebiet von fast 8000 Morgen, und 2310 Hausgesessene nutzten den Wald.[191]

Ein Chronist aus dem 17. Jahrhundert berichtet, dass in 14 Kirchspielen Südlimburgs der katholische Geistliche gehalten war, während des Gottesdienstes für das Seelenheil des Königs Sanderbout zu beten. Vergaß er das einmal, mahnten ihn die Anwesenden durch Trampeln mit den Holzschuhen das Versäumte nachzuholen. Denn nach der Überlieferung hatte König Sanderbout (Zwentibold) den 14 Kirchspielen den Wald „Graet" geschenkt, die spätere „Graet Heyde". Als Gegenleistung war die Gebetsverpflichtung zu erfüllen. (König Zwentibold hatte 895-900 das Teilreich Lotharingien regiert.) Noch in den 30er Jahren des 20. Jahrhunderts wusste ein alter Mann aus dem Dorf Schalbruch zu berichten, Sanderbout sei in dem Berg von Born an der Maas in einem dreifachen Sarg begraben, einem goldenen, einem silbernen und einem eisernen. Sanderbout habe den Bauern die

---

[189] Ebd., 151-154.
[190] Krings, Wertung, 9-10, 32, 67 Anm. 2.
[191] Weimann, Walderbengenossenschaften, 5.

Graetheide geschenkt. In seiner Jugend habe er noch erlebt, dass in den Kirchen für Sanderbout, den guten König, gebetet wurde.[192]

Pippin, Karl der Große, Zwentibold, karolingische Könige sollen den Bauern die großen Waldmarken geschenkt haben, also Herrscher einer Zeit, als es noch eine unmittelbare Beziehung des Königs zum gemeinen Volk gab. Der vermeintliche königliche Schenkungsakt schließt dazwischentretende Feudalgewalten aus, die einen Anspruch auf die Mark geltend machten. Kein Zweifel auch, dass die Berufung auf die legendären Könige dem Anspruch auf die Mark eine Dignität verlieh, durch die sie zum unantastbaren Eigentum der bäuerlichen Berechtigten erhoben wurde. Auch die Größe der Mark, die Vielzahl der Nutzungsbeteiligten, Gemeinden und Kirchspiele, eben ihr Charakter als Markgenossenschaft schien etwas Besonderes zu bedeuten, ein altes bäuerliches Gemeineigentum.[193]

Krise

Zu Ausgang des 15. Jahrhunderts mehren sich am Niederrhein, wie im Südwesten, die Krisenzeichen. In diesem Kontext nahmen die Probleme um die Allmenden zu.

Im Oktober 1472 wandten sich die *Gemeiner* des Burger Waldes von Burg Eicks an Herzog Gerhard und Herzogin Sophia von Jülich mit der Bitte um Beihilfe, da das herzogliche Verbot, Eicheln abzuschlagen oder zu lesen, von einigen Dörfern übertreten werde; der Herzog gab Anweisung die Überführten zu pfänden.[194]

1489 legten Kommissare des Herzogs von Kleve „twist, schelingh ind gebrecken" zwischen den Kirchspielsleuten von Wardt und den Inhabern der zwei halben Höfe zu Huerden wegen „der gemeinten und weide" zu Wardt bei, die sie gemeinsam nutzten. Der Entscheid lautete, dass jeder Hausmann von Wardt und gleichfalls jeder halbe Hof zu Huerden vier Pferde und vier Kühe auf die Gemeinde treiben könnte, ein Kätner von Wardt drei Kühe. Stärker sollten sie die Gemeinde künftig nicht gebrauchen, noch daran „gerechtiget" sein.[195]

Zu dieser Zeit war bereits eine allgemeine gesellschaftliche Krise am Niederrhein manifest. 1486 beklagte sich die Äbtissin des Klosters Sterkrade beim Herzog von Kleve über Schwierigkeiten die Renten, Gülten, Pächte und Schulden ihrer Untersassen in Klevischen Landen einzutreiben; auch dass ihr Holz und ihre Büsche täglich abgehauen und weggeführt würden, wodurch ihr großer Schaden zugefügt

---

[192] Krings, Wertung, 1, 67 Anm. 4, 90 (Karte); Weimann, Walderbengenossenschaften, 5.

[193] In der Vorderpfalz wurden die in den Heingereiden verwalteten Waldrechte der Bauernschaft erklärt durch eine Sage von der testamentarischen Stiftung dieser Rechte durch den Merowingerkönig Dagobert, der dadurch seinen Dank ausdrückte für die kriegerische Hilfe der Bauern in schwerer Bedrängnis. Ähnlich soll die Verlosung der Osingäcker im mittelfränkischen Landkreis Uffenheim in die karolingische Zeit zurückgehen: Karl-S. Kramer, Grundriß einer rechtlichen Volkskunde, Göttingen 1974, 42.

[194] HStAD Jülich-Berg I Nr. 1356, Bl. 9 u. 17.

[195] Ilgen, Kleve, Bd. 2/1, 463 f.

werde, ohne dass von seiten des Herzogs Gebote und Verbote mit Strafen und Bußen darauf gesetzt würden. Der Herzog befahl seinen Drosten und Richtern im Lande Dinslaken, den Dienern und Amtleuten des Klosters bei der Erhebung der Einkünfte und der Eintreibung der Außenstände mit unverzüglicher Pfändung beizustehen und ihnen das gebührende Recht widerfahren zu lassen. Sie sollten in den Kirchen verkünden lassen, dass alle diejenigen, die dem Kloster Holz abhauten oder Fische aus seinen Gewässern fingen, eine Buße zu zahlen hätten.[196] Es ging um offene Insubordination der Klosteruntertanen.

Die Stimmung im Lande erhellt eine Verlautbarung des Klever Herzogs von 1489, dass Gestalten mit vermummten und verdeckten Gesichtern durch die Lande ritten und viel Bosheit verbreiteten. Er befahl den Amtleuten ihrem Durchzug entgegenzutreten und erließ ein Vermummungsverbot.[197]

1495 entschied der Herzog von Kleve seit einiger Zeit dauernde „twyst ind schellinge" zwischen der Freiheit Ruhrort und Heinrich von Diepenbroich, seinem dortigen Amtmann, wegen der „gemeynten" und der Anlandungen der Ruhr. - Ruhrort war eine 1391 auf dem Areal der Burgfreiheit angesetzte städtische Niederlassung. - Der Entscheid lautete, dass Diepenbroich die Kämpe, die er eingezäunt hatte, erblich behalten sollte. Auch konnte er vier Kühe oder Rinder auf die Gemeinde treiben lassen. Die Freiheit Ruhrort sollte fortan zu ewigen Tagen als ihre Gemeinden alles „lant ind sant" außerhalb der Kämpe bis an den Ort heran behalten zu ihrem „schoensten nut ind urber", vorbehaltlich des jährlichen Zinses an den Herzog.[198] Es handelt sich um Einhegungen zum Schaden der Gemeinweide durch Diepenbroich, die er aber nicht als Amtmann, sondern zu seinem und seiner Erben Privatnutzen vorgenommen hatte.

1501 unterrichtete der Klever Amtmann in der Liemersch seinen Herzog, dass sich dort täglich Händel, Zwietracht und Meuterei begäben. Der Herzog wies ihn an diejenigen, die „handel, uploep, moyterie" oder anderes anzettelten, gefangen zu setzen und für ihre Missetaten zu bestrafen, und er befreite den Amtmann, wie das bei den übrigen Amtleuten schon meistens geschehen sei, von etwaigen Strafen bei unberechtigter Verhaftung oder bei der Verletzung von Übeltätern bei deren Ergreifung.[199]

1507 meldete der Waldgraf des Hochwaldes, dass er beim Schutz des Waldes zu Handgemenge mit Gewalttätern genötigt werde. Seiner Bitte entsprechend sagte der Herzog zu, im Falle er oder seine Diener in Ausübung ihres Amtes jemanden festnehmen, pfänden oder greifen wollten und es dabei geschähe, dass derjenige verwundet, gelähmt oder totgeschlagen würde, sie nicht zur Verantwortung gezogen würden.[200]

---

[196] Ebd., Bd. 2/2, 87 f.
[197] Ebd., Bd. 2/2, 96.
[198] Ebd., Bd. 2/1, 475 f.; vgl. Bd. 1, 318 f.
[199] Ebd., Bd. 2/1, 496.
[200] Ebd., Bd. 2/1, 509.

Im Juni 1525 wurde dem Waldgrafen von Monreberg befohlen den Wald-
freveln der Bürger von Sonsbeck zu steuern, die mit schweren Wagen in den Wald
fuhren, ihn vom Holz entblößten. Wenn jemand mit solchem Wagen angetroffen
werde, sollte dieser in Stücke geschlagen, die Spindel herausgenommen und die Leute nach Monreberg ins Gefängnis gebracht werden. 1530 wurde der Befehl wiederholt, da die Sonsbecker immer noch mit den Wagen in den Hochwald fuhren und
Holz schlugen.[201]

Die Stadtleute nahmen ein Jagdrecht auf Niederwild in Anspruch. Täglich,
hieß es 1529, zogen Bürger und Bürgerskinder mit Büchse und Bogen aus, um auf
Hasen, Kaninchen, Feldhühner u.a. zu schießen, was der Herzog für sein Wildbret
hielt.[202]

1531 zeigte sich der Herzog nicht wenig befremdet, dass sein Richter in
Kleve das Schafhüten, Plaggen mähen und Holz hauen im Kermisdahl, Alten Brand
und Kreuzberg nicht bestrafe.[203]

Auf dem Tage zu Werl am 16. September 1533 vereinbarten Herzog Johann
von Kleve und Erzbischof Hermann von Köln für ihre beiden Länder gemeinsame
Maßnahmen des Einschreitens gegen durchziehende herrenlose Fußknechte, über die
Behandlung der beiderseitigen Feinde, von Totschlägern und von fremden Personen
überhaupt, ferner ein Verfahren gegen das anmaßliche Treiben der Schützengesell-
schaften besonders in den Städten und einen vereinfachten Gerichtsverkehr zwischen
den beiderseitigen Untertanen, schließlich bei der Ausführung all dessen ein fried-
fertiges gegenseitiges Zusammenarbeiten der Amtleute. In der Einleitung zu diesen
Vereinbarungen wird ausdrücklich zurückgegriffen auf den Neusser Vertrag von
1525, der mit Bischof Friedrich von Münster geschlossen worden war, um einem
Übergreifen der „emporung des gemeinen ufrurigen mans gegen der oberigkeit in
obern duitschen landen" auf die Fürstentümer am Niederrhein entgegenzuarbeiten.[204]

Ergebnisse

Im Niederrheingebiet waren mit der Mergelung des Bodens, der Teilbesömmerung
der Brache, der Schafzucht eine Bodenverbesserung und höhere Erträge wie auch
durch eine bessere Fütterung ein höherer Viehstand ermöglicht. Diese Verbesserungen waren mit der Pachtwirtschaft, ihrer höheren Kapitalkraft und ihrer dominanten
Marktorientierung verbunden, finden sich aber auch bei Bauernwirtschaften. Infolge
der stärkeren Kommerzialisierung waren bei der Auflösung der Villikationen die
Herrenhöfe nicht zerschlagen, vielmehr verpachtet, die Pachthöfe durch Zukauf bäuerlichen Landes noch vermehrt worden. Der Niederrhein gehörte zur niederländi-

---

[201] Ebd., Bd. 2/2, 114 u. 121.
[202] Ebd., Bd. 2/2, 120.
[203] Ebd., Bd. 2/2, 124.
[204] Ebd., Bd. 2/2, 127 f.

schen Region und setzte sich mit seiner fortschrittlichen Agrikultur wie seinen modernen Besitzverhältnissen vom übrigen Mitteleuropa ab. Die wirtschaftliche Dynamik hob ähnlich wie in den Niederlanden die Wirkungen der spätmittelalterlichen Agrarkrise weitgehend auf, der Anfall von Wüstungen blieb unbedeutend, gewerbliche Sonderkulturen als Erwerbsquellen kompensierten die Stagnation der Getreidepreise.[205]

Aber es blieb bei der Teil-Besömmerung der Brache. Man hat bei den frühen Pachtverträgen nicht den Eindruck, als wenn eine Beschränkung der Besömmerung vorgeschrieben worden wäre. Vielmehr hat sie faktisch 5 %, hier und da bis 10 %, des Brachfeldes nicht überschritten. Das lag offenbar nicht an falschen Vorbehalten gegenüber einer möglichen Auslaugung des Bodens. Die Landwirte hatten die Erfahrung gemacht, dass Futterpflanzen den Boden verbesserten; und hinsichtlich Gewerbepflanzen wie Waid, bei denen solche Vorbehalte zu Recht bestanden, war Mergelung vorgeschrieben. Auch andere Methoden der Intensivierung der Viehwirtschaft, vor allem Wiesenkultur, Koppelwirtschaft mit Wechsel von Acker- und Wiesenbau bzw. Weide wurden praktiziert, setzten sich aber nicht breit durch. Daher konnten diese Verbesserungen, ohne erhebliche Einschnitte zu verursachen, in das tradierte System der Dreifelderwirtschaft mit Ackerweide eingepasst werden. Es fand eine Verbesserung, keine Umwälzung der Bewirtschaftungsform statt. Die agrarische Produktion war ausdifferenziert, neben dem Getreideanbau war der Futter- und Gewerbepflanzenanbau ausgeprägt, die Viehhaltung kam auch im 13. Jahrhundert nicht zu kurz. Die vollständige Aufhebung der Brache war auch in anderen westeuropäischen Ländern erst eine spätere Erscheinung.

Die Gemeinden am Niederrhein hatten Weideallmenden, die sie autonom verwalteten, wie im Südwesten auch. Die Existenz der großen Pachthöfe beeinträchtigte die Autonomie nicht, da sie vielfach von der Allmende getrennten Besitz an Weide- und Bruchland sowie Wald hatten. Die Privilegien des Fronhofes, etwa der freien Schäferei, wurden für den Pachthof auf ein bestimmtes Maß fixiert, wenn nicht die Weidebezirke separiert wurden. Anderenfalls schuf der Durchwinterungsmaßstab den großen Höfen ein wirtschaftliches Übergewicht im Dorf.

Holzschlag und Waldweide befriedigten Bauern und Pächter entweder im grundherrschaftlichen Wald oder im Markgenossenschaftswald. Als Relikt der Villikationen waren die Waldnutzungsanteile auf bestimmte Höfe radiziert. Da später angelegte Hofstellen von der Nutzung nicht ausgeschlossen waren, setzte sich im grundherrschaftlichen Wald faktisch ein gemeindliches Nutzungsrecht durch, das auch zur Verdrängung des Grundherrn aus der Verwaltung führen konnte. Im markgenossenschaftlichen Wald verwandelten sich mit der geldwirtschaftlichen Durchdringung die Einzelberechtigungen in ein individuelles Eigentum an Waldparzellen, das unabhängig vom Hof verkauft werden konnte, belastet mit der gemeinschaftlichen Waldweide. Die starke Differenzierung innerhalb der Bauernschaft infolge der

[205] Abel, Geschichte, 113; Franz Petri, Zeitalter der Glaubenskämpfe (1500-1648), in: Ders./Georg Droege (Hg.), Rheinische Geschichte, Bd. 2, Düsseldorf 1976, 14 f.

großen Grundbesitzmobilität rückte einige Großbauern, aus deren Reihen die Pächter rekrutiert wurden, näher an den Halfen heran als an den Kleinbauern. Innerhalb der Gemeinde und der Walderbengenossenschaft kam es zu einer Oligarchisierung[206], die immer dort unausweichlich ist, wo ein hoher Grad von Autonomie mit einem starken ökonomischen Gefälle gepaart ist. Infolgedessen konnten die Großbeerbten oder Meistbeerbten zwar nicht die gerichtliche, jedoch die wirtschaftliche Verwaltung des Markwaldes an sich ziehen.

Während die auf die Viehwirtschaft abzielenden agrikulturellen Verbesserungen zu keiner Veränderung des Allmendweiderechts führten, war dies bei den Walderbengenossenschaften anders. Das Gesamteigentum der Markgenossenschaft schwand, sie verwandelte sich in eine Eigentümergenossenschaft - durch gemeinschaftliche Nutzungsrechte eingeschränktes Privateigentum, vergleichbar den Allmendrechten am Ackerland.

Das für den Niederrhein konstatierte widersprüchliche Bild einer versteinerten Agrarverfassung einerseits, moderner Grundbesitzverhältnisse andererseits erklärt sich wohl aus der früh einsetzenden kommerziellen Durchdringung des Landes, die in der alten Verfassung vorhandene individuelle Elemente konservierte. Das tat der Gemeindeautonomie keinen Abbruch, lösten sich die Bauern doch stärker aus der feudalherrschaftlichen Unterordnung als im Südwesten. Aber es führte dazu, dass die Gemeinde die ihr innewohnende egalisierende Tendenz weniger zur Geltung bringen konnte.

Der erreichte Grad der Diversifizierung der agrarischen Produktion, der Modifizierung der Anbaumethoden und der Spezialisierung der Viehzucht, insbesondere der Schafhaltung, reichte offensichtlich aus, den erhöhten Konsumbedarf an Fleisch, Milchprodukten und anderen tierischen Erzeugnissen sowie die gewerbliche Nachfrage nach tierischen und pflanzlichen Rohstoffen, Wolle und Färbemitteln, zu befriedigen. Entscheidend aber war, dass die diesbezügliche Aufwärtsentwicklung der mittelalterlichen Landwirtschaft spätestens ab der zweiten Hälfte des 16. Jahrhunderts stagnierte.

Um die Kardinalfrage beim Übergang zu einer modernen Landwirtschaft, die Intensivierung der Viehzucht, zu beantworten, hätte es einer entsprechend starken Nachfrage nach tierischen Erzeugnissen bedurft. Das bekannte Beispiel dafür ist England, wo die spätmittelalterlichen Entwicklungen nur der Auftakt zu folgenreichen Veränderungen der Eigentumsform der Weideflächen war. Hier war es die schwergewichtige, Wolle verarbeitende Industrie, die einen unbegrenzten Bedarf nach dem Produkt des Weideviehs hatte. Um also die Linie weiterzuziehen und den Durchbruch zu grundlegenden Änderungen der Allmendverhältnisse zu markieren, ist es notwendig das englische Beispiel, und zwar in seiner frühen Phase, näher zu betrachten.

---

[206] Vgl. Dieter Scheler, Zur dörflichen Sozialstruktur am Niederrhein im späten Mittelalter, in: Tel Aviver Jahrbuch für deutsche Geschichte 22 (1993), 231-252.

3. Die spätmittelalterlichen Einhegungen in England und ihre Vorgeschichte

3.1 Allmende und Einhegung

Im Mittelpunkt der Gesellschaftskritik, die Thomas More seiner Schilderung der Insel Utopia voranstellte, steht die berühmte Passage über die Schafe, die Menschen fressen. Als Grund für die öffentliche Unsicherheit, die Vielzahl der Diebstähle, gibt der Redner die große Menge der Menschen an, die entwurzelt durch das Land vagabundieren. Zum Teil seien dies die entlassenen Gefolgschaften des Adels. In höherem Maße aber sei etwas anderes dafür verantwortlich zu machen, die Schafe:[1]

> Eigentlich gelten sie als recht zahm und genügsam; jetzt aber haben sie, wie man hört, auf einmal angefangen so gefräßig und wild zu werden, dass sie sogar Menschen fressen, Felder, Gehöfte, Dörfer verwüsten und entvölkern. Überall da nämlich, wo in eurem Reiche die besonders feine Wolle gezüchtet wird, da lassen sich hohe und niedrige Adlige und manchmal sogar Äbte, heilige Männer, nicht mehr an den Erträgnissen und Renten genügen, die ihren Vorgängern herkömmlich aus ihren Besitzungen zuwuchsen; nicht genug damit, dass sie faul und üppig dahinleben, der Allgemeinheit nichts nützen, eher schaden, so nehmen sie auch noch das schöne Ackerland weg, zäunen alles als Weiden ein, reißen die Häuser nieder, zerstören die Dörfer, lassen nur die Kirche als Schafstall stehen und - gerade als ob bei euch die Wildgehege und Parks nicht schon genug Schaden stifteten! - verwandeln diese trefflichen Leute alle Siedlungen und alles angebaute Land in Einöden. Damit also ein einziger Prasser, unersättlich und wie ein wahrer Fluch seines Landes, ein paar tausend Morgen zusammenhängendes Ackerland mit einem einzigen Zaun einfrieden kann, werden Bauern von Haus und Hof vertrieben: durch listige Ränke oder gewaltsame Unterdrückung macht man sie wehrlos oder bewegt sie durch ermüdende Plackereien zum Verkaufen.

Am Ende des ersten Buches äußert der Redner die Überzeugung, dass die Missstände in Staat und Gesellschaft nur beseitigt werden könnten, wenn der Besitz gleichmäßig verteilt und das Privateigentum abgeschafft werde. Die Darstellung Utopias bringt er auf den Nenner, dass, weil dort alles Eigentum Gemeingut ist, nicht der Privatvorteil, sondern die Interessen der Allgemeinheit Vorrang haben und es keinem für seine persönlichen Bedürfnisse an etwas fehlt.[2]

---

[1] Thomas Morus, Utopia, übersetzt von Gerhard Ritter, Stuttgart 1964, 28 f. [überarbeitet].
[2] Ebd., 53 f. u. 142.

In der Tat gibt More hier nicht nur eine treffende Beschreibung der Ein-
hegungsvorgänge, er hat den Prozess, der zu seiner Zeit in Gang kam, begriffen: die
Durchsetzung des Privateigentums gegen den Gemeinbesitz bei den Einhegungen,
durch die nicht nur die gemeindlichen Nutzungsrechte am Boden, sondern auch die
Schranken, die die gemeindliche Ökonomie der Akkumultaion des Landbesitzes
setzte, beseitigt wurden. Die Freisetzung der Landbevölkerung vom Bodenbesitz war
die Folge und das Landstreicher- und Bettlerunwesen der sich ergebende Missstand.

1516 erging ein Act of Parliament gegen die Einhegungen (7 Hen. VIII, c.
1), in dem sich ganz ähnliche Klagen wie in der im selben Jahr veröffentlichten
„Utopia" finden, und ein fast wörtlicher Anklang an dieses Gesetz ist Mores Forderung die Gehöfte und Dörfer von denen wieder aufbauen zu lassen, die sie zerstört
haben, oder an die abzutreten, die bereit sind sie wieder aufzubauen.[3]

„The comon and public body of the Realme" verfalle, wie man täglich sehe,
- hatte bereits 1484 der Lordkanzler bei der Eröffnung des Parlaments geklagt -
wegen der Hegungen und der Parks, der Vertreibung der Bauern und dem Verfall der
Stellen. 1488/89 wurden erste Gesetze gegen die Einhegungen erlassen, das eine bezüglich der Isle of Wight, deren Verteidigungsfähigkeit wegen der Entvölkerung als
gefährdet angesehen wurde (4 Hen. VII, c. 16), das andere allgemein für das Königreich (4 Hen. VII, c. 19). Darin hieß es: „Denn wo in manchen Orten 200 Personen
wohnten und von ihrer rechtmäßigen Arbeit lebten, sind jetzt 2 oder 3 Hirten ansässig und der Rest bleibt unangebaut, der Ackerbau, der einer der höchsten Güter
des Königreichs ist, ist stark in Verfall, Kirchen zerstört".[4]

Der Unmut im Volk, der in der Publizistik Widerhall fand, bewog die Regierung die Anti-enclosure-Gesetzgebung 1515/16 wiederaufzunehmen (6 Hen. VIII, c.
5; 7 Hen. VIII, c. 1) und 1517/18 17 Untersuchungskommissionen in 35 Grafschaften zu entsenden, um die seit 1488 vorgenommenen Einhegungen rückgängig zu
machen.

Erste Nachrichten über Einhegungen gibt es schon von Beginn des 15. Jahrhunderts an, zuerst in zwei Petitionen aus Nottinghamshire und Cambridgeshire an
das Parlament vom Jahre 1414. In der einen beklagten sich die Kronpächter von
Darlton und Ragnal, dass Richard Stanhope sie durch gewaltsame Einhegungen der
Äcker, Wiesen und Weiden ihrer Weidegelegenheit beraubt habe. Im anderen Fall
klagte Thomas Paunfeld von Chesterton für sich und seine Nachbarn, dass der Prior
und die Kanoniker von Barnwell die Grundherrschaft als Eigentum und sie selbst als
Leibeigene beanspruchten, womit sie dem Beispiel vieler Mönche, welche Güter
unter dem König hielten, folgten, die die Bauern vertrieben, die Haushaltungen zerstörten und dadurch die Grundherrschaft öde und leer machten. Die Petition spricht
von einer früheren Beschwerde, die dem letzten Parlament Heinrichs IV. (1399-
1413) vorgelegt worden sei, und von einer daraufhin eingesetzten Untersuchungskommission, die über die Zerstörung des Herrenhauses in Chesterton berichtete, wo

---

[3] Ebd., 30 u. 150 (Anm. 16 u. 20).
[4] E. F. Gay, Zur Geschichte der Einhegungen in England, Phil. Diss. Berlin 1902, 28.

nur ein Schafstall, eine Scheune, ein Schweinestall und daneben einige Häuser, in denen die Tiere untergebracht wurden, übrig geblieben waren.[5]

1459 unterbreitete der Priester John Rous dem Parlament in Coventry eine Petition. Er berichtete, dass er die Angelegenheit bereits mehreren Parlamenten ans Herz gelegt habe, seine Bemühungen aber fruchtlos geblieben seien. Rous zählte nun 54 Orte innerhalb eines Kreises von 13 Meilen um seine Kapelle in Guy's Cliff bei Warwick auf, die ganz oder teilweise entvölkert seien. Die Klage, mitgeteilt in seiner „Historia Regum Angliae" (ca. 1486), enthält sämtliche Topoi, die der späteren Anti-enclosure-Literatur eigen waren: die Vertreibung der Ackerbauern, die dem Elend und dem Verbrechen anheim fielen, die Einhegung des Ortes, die Umwandlung der Ackerfluren in Weideland um größeren Gewinn zu erzielen, der Verfall der Häuser der Bauern, die Versperrung der Landwege, die durch das eingehegte Gebiet geführt hatten, die Zerstörung der Kirchen, die Verkürzung des Zehnten, die Schwächung des Bauernstandes, der Heereskraft des Königreiches und der daraus folgende allgemeine soziale Notstand.[6]

Auch spätere Berichte verweisen auf das 15. Jahrhundert. Clement Armstrong behauptete in seinem „Treatise concerning the Staple" (1536), die Ausbreitung der Schafzucht habe in 60 Jahren 400 oder 500 Dörfer im mittleren Teil des Königreiches zerstört. Seit 100 Jahren sei auf diese Weise eine Vernichtung des Ackerbaus vor sich gegangen, ohne dass dies damals jemand bemerkt oder beachtet hätte. Tyndale meinte 1528, seitdem die Engländer ihren rechtmäßigen König Richard II. erschlagen hätten (1399), seien ihre Flecken und Dörfer um den dritten Teil vermindert worden.[7]

Das tatsächliche Ausmaß der spätmittelalterlichen Einhegungen ist diesen Äußerungen nicht zu entnehmen, auch nicht den Berichten der Einhegungskommissionen von 1517-19, die ungenau und lückenhaft sind. Doch zeigen die Kommissionsberichte wie auch die anderen Mitteilungen, dass sich die Einhegungen in den Midlands konzentrierten.

Forschungspositionen

Die Einhegungen des Acker- und Weidelandes in England seit dem Spätmittelalter bedeuteten einen grundsätzlichen Bruch mit der überkommenen Wirtschaftsweise und die Einleitung moderner Produktionsformen. In dieser Perspektive sind sie von der englischen Forschung positiv bewertet worden, denn die Dreifelderwirtschaft (common field system) und die damit verbundenen gemeinschaftlichen Regelungen erscheinen als rückständig, die individuelle Bewirtschaftung dagegen als fortschritt-

---

[5] Ebd., 24 f.
[6] Ebd., 25-27.
[7] Ebd., 34 f.

lich. Slicher van Bath nennt das „die Emanzipation des individuellen Landwirts von der Kontrolle der Gemeinde".[8] Die sozialen Nachteile der Aufhebung der Allmendrechte werden bedauert, letztlich aber als unvermeidlich angesehen. Joan Thirsk stellt die (hypothetische) Frage, ob die negativen Begleitumstände hätten vermieden werden können: „War es möglich eine Methode der Einhegung zu ersinnen, die jedermann angemessen für den Verlust gemeinschaftlicher Rechte entschädigte?"[9]

Die Bedeutung der spätmittelalterlichen Vorgänge wird unterschiedlich bewertet. Während Postan wegen der ökonomischen Depression des Spätmittelalters eine enclosure-Problematik vor der Wende zum 16. Jahrhundert nicht sieht[10], registriert Thirsk bereits nach dem Schwarzen Tod das Bestreben der Grundherren, Schafstriften auf gemeindlichem Ödland anzulegen und Acker in Schafweide umzuwandeln[11]. Die Einfriedung von Teilen des Gemeindelandes war nach Slicher van Bath bereits vor der Mitte des 14. Jahrhunderts im Gange.[12]

Pionierarbeit bei der Erforschung der spätmittelalterlichen Einhegungen leistete Maurice Beresford mit seinem Werk „The Lost Villages of England" 1954.[13] Zuvor hatte er in einem Aufsatz über die Dorfwüstungen in Warwickshire seine Argumentation entwickelt: Die Hauptursache für die Wüstungen sei die Umwandlung von Ackerland in Weide gewesen. Diese Umorientierung von der traditionellen Form des Landbaus zu einer Spezialisierung auf Schafzucht begreift er als Agrarrevolution, wiewohl als Revolution von oben. Denn die großen Landbesitzer, vornehmlich die Grundherren, hätten am ehesten die Macht und den Willen gehabt sie durchzuführen. Beresford will mit der Fiktion aufräumen die verschwundenen Dörfer seien infolge des Schwarzen Todes aufgegeben worden. „Die Seuche, die die Dörfer zerstörte, [...] war nicht die Seuche, die die Ratten brachten," sondern eine, die mittelalterliche Moralisten „pestis avaritiae, die Seuche des Geldraffens," nannten. Er zitiert John Rous, der anprangerte: „Die Wurzel des Übels ist die Habgier. Die Seuche der avarice verpestet diese Zeiten und avarice macht die Menschen blind. Sie sind nicht die Söhne Gottes, sondern Mammons."[14]

Beresford brachte also Wüstungen und Einhegungen in einen ursächlichen Zusammenhang. Und er begründete das Phänomen der Wüstungen nicht demographisch, sondern ökonomisch, und damit auch die Einhegungen nicht in einem Erklä-

---

[8] B. H. Slicher van Bath, The Agrarian History of Western Europe A.D. 500-1850, London 1963, 164.

[9] I. J. Thirsk, Enclosure, in: Encyclopaedia Britannica, vol. 8, Chicago 1964, 361.

[10] M. M. Postan, Medieval Agrarian Society in its Prime: England, in: The Cambridge Economic History of Europe, vol. 1, 2nd ed., Cambridge 1966, 591; ders., The Medieval Economy and Society. An Economic History of Britain in the Middle Ages, Harmondsworth 1975, 76.

[11] Thirsk, Enclosure.

[12] Slicher van Bath, Agrarian History, 165.

[13] M. Beresford, The Lost Villages of England, 6th impr., London 1969.

[14] Ders., The Deserted Villages of Warwickshire, in: Birmingham Archaeological Society. Transactions 66 (1945/46), 51-54.

rungszusammenhang von Bevölkerungs-Land-Relationen, sondern in einem wirtschaftlichen.

Beim Versuch einer Datierung der Wüstungen dienen Beresford als wichtigste Wegmarken die Petitionen aus Nottinghamshire und Cambridgeshire 1414, die von Rous 1459 und vor allem die Äußerung von John Hales, dem Vorsitzenden der 1548 eingesetzten Untersuchungskommission: „die hauptsächliche Zerstörung von Siedlungen und der Verfall von Häusern war vor Beginn der Herrschaft König Heinrichs VII." (1485). Eine Quantifizierung nimmt er anhand der Liste vor, die Rous 1486 aufgestellt, wobei dieser den seinerzeitigen Siedlungsstand mit Steuerlisten aus dem 13. Jahrhundert verglichen hatte, sowie Mitteilungen von William Dugdale, des Antiquars von Warwickshire im 17. Jahrhundert. Danach ergeben sich für Warwickshire bis 1400 sechs wüste Orte, im 15. Jahrhundert 90, zwischen 1485 und 1558 19 und danach bis 1800 fünf. Unter Berücksichtigung aller Zeugnisse kommt Beresford zu dem Schluss, dass der Hauptteil der Entvölkerung zwischen 1440 und 1520 stattfand.[15]

Zum Hintergrund der Einhegungen gibt Beresford folgende Skizze: Eine Lockerung des Grundstücksmarktes; sie ermöglichte es dem kleinen Landwirt Land hinzuzuerwerben, Ackerstreifen zu tauschen, zusammenzulegen und dann einzuhegen - die Zahl der old enclosures mache klar, dass dies das Bestreben vieler Bauern war. Dem Gutsherrn ermöglichte sie, sein Domänenland zu erweitern - die ersten einhegenden Grundherren hatten anscheinend gute Besitztitel; Rous' Vorwürfe lauteten nicht, dass sie das common law gebrochen hätten, sondern ein moralisches Gesetz. Sodann die Gewinnträchtigkeit der Schafzucht, eine steigende Nachfrage nach Wolle, die den Grundherrn an Einhegungen denken ließ. Schließlich ein Arbeitskräftemangel seit der Mitte des 14. Jahrhunderts und hohe Löhne, weshalb ein einzelner Schäfer günstiger kam als die vielen für den Ackerbau benötigten Arbeitskräfte.[16]

Den Trend vom Ackerbau zur Weidewirtschaft belegt Beresford mit veränderten Relationen zwischen Getreide- und Wollpreisen, die aus Erhebungen P. J. Bowdens für den Zeitraum zwischen 1450 und 1552 hervorgehen. Sie zeigen einen relativ stärkeren Anstieg der Wollpreise in den Perioden 1462-86, 1504-18 und 1537-48, die jede in Anti-enclosure-Gesetzgebungen gipfelten.[17]

Slicher van Bath steckt den Zeitraum noch etwas weiter ab. Die Dekrete von 1517, dass die seit 1488 niedergerissenen Siedlungen wieder aufgebaut werden müssten, hätten deshalb wenig Wirkung gehabt, weil die Mehrzahl der Zerstörungen vor diesem Zeitpunkt stattfand. Diese Dörfer sind in den Steuerlisten von 1334 und 1377 überliefert, werden aber in denen von 1485 nicht mehr erwähnt, woraus

---

[15] Ders., Warwickshire, 55 u. 85; ders., Lost Villages, 158 u. 166. Zur Verallgemeinerung dieser Daten durch Beresford vgl. Abel, Agrarkrisen, 90.

[16] Beresford, Warwickshire, 78-82. Zur höheren Rentabilität der Schafhaltung vgl. Wilhelm Abel, Strukturen und Krisen der spätmittelalterlichen Wirtschaft, Stuttgart-New York 1980, 17.

[17] Beresford, Lost Villages, 183; ders., A Review of Historical Research (to 1968), in: M. Beresford/J. G. Hurst (eds.), Deserted Medieval Villages, Guildford 1971, 12-15.

folgere, dass die große Entvölkerung zwischen 1377 und 1485 vonstatten ging. Der Schwarze Tod sei für das Verschwinden der Dörfer nicht verantwortlich gewesen. Slicher sucht die Ursache ebenfalls in den Relationen der Woll- und Getreidepreise. Wie er angibt, zeigten die Getreidepreise von 1379 an einen steilen Abwärtstrend und blieben niedrig bis 1480. Die Wollpreise stiegen bis etwa 1550 stetig an. Die Zeit der größten ländlichen Entvölkerung (1377-1485) fällt fast genau mit dem langen Tiefstand der Getreidepreise (1379-1480) zusammen. Arbeitskräftemangel und hohe Reallöhne würden die großen Grundbesitzer zusätzlich veranlasst haben sich der Schafzucht zuzuwenden.[18]

Laut Abel streckte sich der Wüstungsprozess in England länger hin als auf dem Kontinent, weil die expandierende englische Tuchindustrie die Wolle länger mit hohen Preisen bezahlte. Einer langen Periode des Wüstwerdens folgte in England eine der Wüstlegung durch Auskauf und/oder Vertreibung von Bauern.[19]

Die „Dark Ages" unserer Kenntnisse über die Einhegungen vor 1488 - wie Beresford sich ausdrückt -, für die keine staatlichen Untersuchungen und keine Prozessakten existieren, wurden durch die Arbeiten Rodney Hiltons an grundherr-schaftlichen Quellen erhellt. Hilton veröffentlichte 1957 eine Studie über die „Vor-geschichte" der Einhegungen. Er meinte, Beresford neige dazu das Thema zu dra-matisieren. Indem die Aufmerksamkeit auf den Viehzüchter als Schurken des Stücks gelenkt werde, der für die Zerstörung der Dörfer verantwortlich wäre, seien andere wichtige Aspekte zu wenig erforscht worden. Vor allem wirft Hilton die Frage nach der Desintegration der mittelalterlichen Dorfgemeinschaft auf. Wenn englische bäuerliche Gemeinden im 13. und 14. Jahrhundert imstande waren, den Angriffen der Grundherren erfolgreichen Widerstand entgegenzusetzen, die Bauern im 15. und 16. Jahrhundert sich aber vertreiben ließen, müssten ökonomische und soziale Ver-änderungen die Gemeinde als kohärenten Organismus, worin in der Vergangenheit ihre Stärke gelegen hatte, zerstört haben.[20]

Er untersucht drei Dörfer, die Rous als ganz oder teilweise entvölkert angab und die bis ins 14. Jahrhundert noch große Ackerbaugemeinden gewesen waren. Quellen an der Wende zum 15. Jahrhundert zeigen ein Vorherrschen der Geldrente, eine noch geringe Besitzkonzentration, aber einen Teil der Bauernstellen in herr-schaftlicher Hand. Eine Abwanderung in andere Siedlungen fand statt, als deren Grund vor allem Mittellosigkeit an Ausrüstungen und Geld bei den Kleinbauern er-wähnt wird. Andere Bauern hatten Stücke des frei gewordenen Landes als Zeitlehen übernommen. Diese stückweise Leihe von Land weist Weidewirtschaft aus, z.T. Stücke im offenen Feld, wo Acker in Weide umgewandelt wurde. Die Hälfte des herrschaftlichen Einkommens bestand aus Zahlungen für Weidenutzungen, also

---

[18] Slicher van Bath, Agrarian History, 165 f.
[19] Abel, Agrarkrisen, 90.
[20] R. H. Hilton, A Study in the Pre-history of English Enclosure in the Fifteenth Century, in: ders., The English Peasantry in the Later Middle Ages. The Ford Lectures for 1973 and Related Studies, Oxford 1975, 162 u. 173.

genauso viel, wie aus der Grundleihe erzielt wurde, und zwar auf unkultiviertem Weideland, auf Wiesen, in Hegungen und eben auf Ackerstreifen im offenen Feld. Gerichtsakten zeugen von einer starken Viehhaltung der Bauern. Es gab große Rückstände an seit vielen Jahren nicht eintreibbaren Grundrenten.

1430 hatte ein Bauer ein beträchtliches Gut von 120-150 Morgen erworben, das zu drei Fünftel aus Domänenland bestand; die Einwohnerzahl des Dorfes war auf die Hälfte gesunken. 1437 verpachtete der Grundherr sein Gut (manor) an einen Metzger aus Coventry zu einem Preis, der mehr als doppelt so hoch war wie die bisher daraus erzielten Einnahmen, was darauf schließen lässt, dass dieses Land eingehegt war, denn für anderes wurde nicht so viel gezahlt.

1461 zeigen die Quellen zwei der drei Dörfer größtenteils eingehegt und als Weide oder Wiese verpachtet. Das dritte Dorf, das Mitte des 14. Jahrhunderts eine ungewöhnlich große Domäne Ackerlands sowie eine grundherrliche Herde von 800 Schafen aufwies, befand sich bis zur zweiten Hälfte des 15. Jahrhunderts noch im Ackerbau. Eine Klage von Bauern vor dem königlichen Gericht 1484 zeigt, dass der Grundherr die Einhegungspolitik seiner Nachbarn übernommen und Acker in Weide umgewandelt hatte. 1520 war auch in diesem Dorf die Weidewirtschaft dominierend und nur noch wenig nicht eingehegtes Ackerland übrig.

Es schiene also so gewesen zu sein, dass der Rückgang der Zahl der bäuerlichen Stelleninhaber, die Tendenz zur Akkumulation von Gütern und die Hinwendung zur Weidewirtschaft bei den Bauern selbst die Kohärenz der Ackerbauerngemeinde zerstört hatte. „Solche Voraussetzungen gegeben konnte ein energischer Grundherr diese Tendenzen zu ihrem logischen Schluss führen und selbst der letzte Akkumulateur aller Besitzungen werden, die er dann in Weide verwandeln konnte.“[21]

Damit erscheinen die Einhegungen nicht mehr vorrangig als Reaktion auf eine Konjunktur für Wolle, sondern als Konsequenz langfristiger struktureller Veränderungen. Kategorien (die von Beresford z.T. schon angeführt wurden) wie Verfall der Renten, Domänenpacht, ländliche Lohnarbeit, Grundbesitzkonzentration rücken in den Mittelpunkt der Analyse. Zugleich treten sich zwei unterschiedliche wirtschaftsgeschichtliche Konzeptionen gegenüber: während Postan aufgrund von Bevölkerungs- und Preisindikatoren die Ansicht einer allgemeinen ökonomischen Depression im 15. Jahrhundert vertritt, nimmt Hilton wirtschaftlichen Fortschritt im Rahmen einer zusammengebrochenen seigneuralen Ökonomie an.[22]

Um die langfristigeren Entwicklungslinien zu verfolgen, hat sich Hilton 1959 mit den sog. Alten Einhegungen beschäftigt.[23] Das war Rodungsland aus der Zeit der Binnenkolonisation des 12. und 13. Jahrhunderts, das von Herren oder Bauern individuell kultiviert worden war und in Sonderbesitz gehalten wurde, gleichwohl

---

[21] Ebd., 168.

[22] Ebd., 161.

[23] Ders., Old enclosures in the West Midlands: a hypothesis about their late medieval developement, in: Géographie et Histoire Agraires, Annales de l'Est, Memoire no. 21 (Nancy 1959), 272-283.

nach der Ernte für die Allmendweide zu öffnen war. In den Rodungsgebieten zeigte sich so ein Kern von Gemeinschaftsfeldern umgeben von einem Meer gesonderter Felder in Einzelbesitz. An diesen hatten die Bauern bessere Besitzrechte - geringere Dienste, Geldrenten, langfristige Leihe, Veräußerlichkeit. Bäuerlicher Sonderbesitz war zwischen einem und fünf Morgen groß, Neuländer in Herrenhand hatten Größen von 40 bis 60 Morgen (darin unterschieden sich die old enclosures deutlich von den großen Einhegungen für Schafweide am Ende des 15. und im 16. Jahrhundert, die oft einen Umfang von mehreren hundert Morgen hatten).

Im 14. Jahrhundert wurden auf einmal auch im offenen Feld Zäune errichtet. In Gewannen mit Gemengelage der Ackerstücke stößt man auf Hinweise von konsolidierten Stücken. Dieser Besitz war nicht mehr gleichmäßig über alle Gewanne verteilt, sondern in einem Teil der Feldmark konzentriert. Offensichtlich wurden die old enclosures im offenen Feld nachgeahmt. Zunächst unterlagen diese Einhegungen weiterhin den Allmendrechten. Doch das war bald die Ausnahme. Denn seit jeher war es das Ziel der Grundherren gewesen die Ansprüche auf die Allmendweide auf ihrem Sonderbesitz abzulösen, um ihn ohne Einschränkungen nutzen zu können.

Eingehegtes Land hatte eine bessere Anpassungsfähigkeit an die gestiegene Nachfrage nach Wolle, Fleisch und anderen Agrarprodukten, die von den aufblühenden Industriezentren ausging, als solches, das kollektiven Verbindlichkeiten unterlag. Davon wurden die alten Einhegungen berührt. „Neue Marktbedingungen förderten die Entwicklung von etwas, das teilweise bereits existierte." Und es breitete sich in die Gemeinschaftsfelder aus, deren Auflösung in Gang kam.[24]

„Dieses Buch legt dar, dass die landwirtschaftliche Revolution in England im 16. und 17. Jahrhundert stattfand und nicht im 18. und 19.", lautet der erste Satz in Eric Kerridges „The Agricultural Revolution".[25] Er will zeigen, dass die Innovationen, die gewöhnlich mit den Parlamentseinhegungen zwischen 1750 und 1850 in Verbindung gebracht werden, nicht so entscheidend waren, wie meist angenommen wird, sondern dass bereits zwei Jahrhunderte früher grundlegende Veränderungen in der Landwirtschaft eingetreten waren. Hinzu komme, dass sich das Ausmaß der Einhegungen aufgrund der Parlamentsakte nicht bemessen lässt, da sie in der Regel in allgemeinen Wendungen die Einhegung eines ganzen Kirchspiels vorschrieben und ältere Einhegungen, die es dort schon gab, nicht erwähnten. Nur mit grundherrschaftlichen Quellen ließe sich der Zustand des Landes zu verschiedenen Zeiten bestimmen, ob ein Feld eine alte Einhegung war oder neuerdings eingehegt wurde.[26] Beresford hatte bereits die Einhegungen des Spätmittelalters als Agrarrevolution bezeichnet, in Anbetracht der Untersuchungen R. Hiltons stellt sich die Agrarrevolution als ein stufenweiser Prozess dar, dessen Grundlagen im 15. Jahrhundert gelegt wurden.

---

[24] Ebd., 282.
[25] E. Kerridge, The Agricultural Revolution, London 1967, 15.
[26] Ebd., 20-23.

„Allmendweiden waren eines der grundsätzlichsten Bedürfnisse der alten bäuerlichen Wirtschaft", schicken Hoskins und Stamp ihren „Common Lands of England & Wales" voraus, „ohne die die ganze Wirtschaft sehr schnell zusammengebrochen wäre" - und wollen daran erinnern, dass Gemeindeländereien einst in ganz Britannien verbreitet waren.[27] Im Vergleich zur Zusammenlegung und Einhegung der Ackerstücke barg die Einhegung des gemeindlichen Ödlands größere Gefahren für die Bauern, meint Slicher van Bath, denn sie brauchten das Ödland für ihr Vieh und den Dung des Viehs für ihre Felder.[28] Die Nachfrage nach Weide seit dem Spätmittelalter machte, so Thirsk, die grundlegende Bedeutung des Viehbestands in jeder Form von Landwirtschaft, nicht nur der auf tierische Erzeugung spezialisierten, sondern auch der auf Getreideanbau ausgerichteten, deutlich. Die Bodenerträge konnten nicht ohne eine bessere Düngung gesteigert werden. Um mehr Dung zu erhalten, war es notwendig mehr Tiere zu halten. Daher der allgemeine Druck auf die Weiden.[29]

Eine knappe und präzise Definition von enclosures gibt Joan Thirsk: „Einhegung bedeutete, dass alle Allmendrechte über die Felder oder Allmenden aufgehoben wurden."[30] (Oder wie John Hales es bereits 1548 ausgedrückt hatte: „enclosure is not where a man encloses where no others have common".[31]) Die praktische Maßnahme dies zu bewirken, eine Hecke oder einen Zaun um das Grundstück zu ziehen, gab dem Vorgang lediglich den Namen. „Alle Einhegungen also, ob sie Land in den gemeinschaftlichen Feldern, in den Wiesen oder in den Gemeindeweiden betrafen, entzogen der Gemeinde die Allmendrechte."[32] Es ist grundsätzlich der gleiche Vorgang. Das ist in Bezug auf die Einhegungen nicht genug zu betonen.

Dennoch ist es sinnvoll, zwischen Allmendrechten auf den Äckern und Wiesen und denen auf den Weiden eine Unterscheidung zu treffen. Äcker und Wiesen unterlagen definierten privaten Besitzrechten, die außerhalb der Zeit der Bestellung ruhten, während die Weiden in dauerndem Besitz der Gemeinde waren. Der besitzrechtliche Unterschied hatte Konsequenzen für die Einhegungsbewegung.

Nicht ohne Grund setzt J. Thirsk bei ihrer Darstellung der Einhegungen in der „Agrarian History of England and Wales" an den Allmendweiden an.[33] Die Nachfrage nach Weideland seit dem Spätmittelalter hatte in erster Linie Folgen für das vorhandene, nämlich die Allmenden: Die Bevölkerungsvermehrung zog eine Zu-

---

[27] W. G. Hoskins/L. Dudley Stamp, The Common Lands of England & Wales, London-Glasgow 1963, XV.

[28] Slicher van Bath, Agrarian History, 165.

[29] J. Thirsk, Enclosing and Engrossing, in: The Agrarian History of England and Wales, vol. 4 (1500-1640), ed. by J. Thirsk, Cambridge 1967, 205.

[30] Dies., Tudor Enclosures, in: Dies., The rural economy of England. Collected essays, London 1984, 67; vgl. dies., Enclosing, 200.

[31] Beresford, Lost Villages, 130.

[32] Thirsk, Enclosing, 201.

[33] Ebd., 202-207; sie greift auf das 15. Jahrhundert zurück.

nahme der auf Gemeindeland errichteten Katen und einen beträchtlichen Anstieg der Zahl von Rindern, Schafen, Pferden, Schweinen und Gänsen nach sich, die Weide auf der Allmende suchten. Unzählige Streitigkeiten über die Allmendrechte suchten die Gemeinden durch Beschränkung der Viehzahl, die der einzelne aufzutreiben berechtigt war, zu lösen. Auf der anderen Seite bewogen steigende Preise große Landwirte ihre Herden zu vergrößern, mehr Vieh im Sommer zu halten, als sie im Winter durchfüttern konnten, auch fremdes Vieh auf die Sommerweide zu bringen. Schließlich beeinträchtigten Einhegungen von Acker und Weide den gewohnten Gang der Landwirtschaft für die übrigen Gemeindemitglieder, die das Ödland für das Vieh und den Dung für ihre Felder brauchten. Zusammenfassend beschreibt Thirsk die Szene am Ende des 15. Jahrhunderts: „Die Gewinne aus der Weidewirtschaft brachten die größeren Landwirte dazu die Allmendweiden mit ihren Tieren zu überladen und sich dann auf widerrechtliche und skrupellose Maßnahmen einzulassen, um die Kontrolle über mehr Land zu bekommen und die Gemeindeleute zu vertreiben."[34]

Das Thema der ländlichen Arbeiter wird im gleichen Handbuch hauptsächlich unter dem Allmendaspekt behandelt. Alan Everitt beschreibt den Wandel der wirtschaftlichen Stellung eines landwirtschaftlichen Arbeiters mit eigenem Grundbesitz und unbeschränkten Weiderechten auf dem Gemeindeland hin zur Existenz als Tagelöhner ohne Eigentum außer seinem Lohn und einer Hütte aus Reisig und Lehm, in der er lebte.[35] So wichtig einem Landarbeiter sein eigener kleiner Besitz war, für sein Lebensschicksal entscheidend waren seine Allmendrechte, vorrangig seine Weiderechte auf den Gemeindeweiden. Denn die Basis seiner Wirtschaft war überall die Viehhaltung. In Wald- und Heideregionen waren die Weiderechte oft sehr ausgedehnt. In den dicht besiedelten Ebenen und Tälern dagegen wurden die Hütungsrechte des Arbeiters häufig eingeschränkt oder aufgehoben; ersteres durch gemeindliche Regelungen, letzteres durch die Einhegungen. Die Nutzungsrechte in Büschen, Gehölzen, Unterholz, Steinbrüchen und Kiesgruben der Allmende waren unentbehrlich für Bau und Reparatur der Häuser, für Anfertigung von Zäunen, Toren und Hürden, für Brennmaterial zum Kochen und Heizen. Alle diese Gewohnheitsrechte der ländlichen Arbeiter waren mehr oder weniger sorgfältig durch die Weistümer (village by-laws) und Hofgewohnheiten (manorial customs) geregelt.

Auch marginale Nutzungen konnten ein bescheidener Beitrag zur Lebenserhaltung der armen Leute sein. Sie jagten Hasen und Wildtauben, fingen Fische und sammelten Vogeleier; Haselnüsse und Holzäpfel von den Hecken, Brombeeren, Heidelbeeren und Wacholderbeeren von der Heide und Minze, Thymian, Melisse, Gänserich und andere Wildkräuter auf irgendeinem kleinen Flecken des Ödlands. So ziemlich alles, was lebt, konnte zu etwas Gutem gebraucht werden. Es ist klar, dass eine solche Wirtschaftsweise besonders verletzlich war und mit den Einhegungen buchstäblich die - selbstständige - Existenz auf dem Spiel stand. Diese Erkenntnis

---

[34] Ebd., 210.
[35] A. Everitt, Farm Labourers, in: ebd., 396.

war ein bedeutender Faktor in den Bauernerhebungen der Tudorzeit, und daher kam die heftigste Opposition gegen die Einhegungen von den armen Gemeindeleuten.

Auch die ausgesprochenen Weidegegenden blieben von den landesweiten Veränderungen des späten 15. und frühen 16. Jahrhunderts nicht unberührt, indem viele Grundherren ihre Güter auf Kosten der Gemeindeweiden vergrößerten. Ihre Bauern gehörten zu denen in der Pilgramage of Grace 1536, die unter Berufung auf die Gesetze forderten alle Einhegungen und Einfriedungen seit 1488 niederzureißen.[36] Besonders die Einhegung der Allmenden rief Unmut hervor und führte zu Unruhen und Aufständen. Als bei Ketts Rebellion in Norfolk 1549 die aufständischen Bauern auf Mousehold Heath lagerten, schlachteten sie zwanzigtausend Schafe ab aus Protest gegen die Grundherren, die eine unverantwortlich hohe Zahl Schafe auf den Allmenden weideten. Nicht Einhegung war ihre Beschwerde, sondern Überweidung.[37]

Die englische Geschichtswissenschaft hat sich lange vorwiegend mit der Einhegung des Ackerlandes, der spektakulären Umwandlung von Acker in Schafweide, beschäftigt und die gemeindlichen Weideländer und Waldnutzungsrechte zu wenig beachtet.[38] Unvermeidlich jedoch wurde man auf die Weidewirtschaft als Voraussetzung der spätmittelalterlichen Einhegungen aufmerksam, und es wurde der zentrale Stellenwert der Allmenden in der Genese der enclosures erkennbar. Da es Einhegungen seit dem Hochmittelalter gegeben hatte, erwies es sich als notwendig die Vorgeschichte der Bewegung in die Betrachtung einzubeziehen. Im Folgenden ein Abriss der Geschichte der Allmenden im Kontext der englischen Agrarentwicklung im Mittelalter.

Die Allmendrechte

In den Grundzügen waren die Allmendrechte in England die gleichen wie auf dem Kontinent. Gleichwohl sah sich J. Thirsk 1964 veranlasst (angesichts der in der Literatur unklar verwendeten Ausdrücke „open field" und „manorial waste" auch nötig), diese Grundzüge noch einmal darzulegen.[39] Das System der Gemeinschaftsfelder (common-field system), wie sie es nennt, habe vier Merkmale. Erstens waren Acker und Wiese in Streifen geteilt, von denen jeder Bauer eine Anzahl besaß, die über die Felder verstreut waren. Zweitens waren Acker und Wiese für die gemeind-

---

[36] Beresford, Lost Villages, 40.

[37] G. M. Trevelyan, Kultur- und Sozialgeschichte Englands, Hamburg 1948, 121 f.

[38] Vgl. J. R. Wordie, The Chronology of English Enclosure 1500-1914, in: EconHR 2nd ser. 36 (1983), 483-505, dem J. Chapman, ebd. 37 (1984), 557-559, vorwarf: „he has fallen headlong into the trap which bedevils so much work on enclosure, that of failing to distinguish between the enclosure of open field and the enclosure of common wastes." Die Entgegnung Wordies ebd., 560-562.

[39] Joan Thirsk, The Common Fields, in: Dies., The rural economy of England. Collected essays, London 1984, 35 f.

liche Weide des Viehs aller Allmendgenossen nach der Ernte und in der Brachzeit geöffnet; für den Acker bedeutete das notwendigerweise, dass einige Regeln hinsichtlich der Ernte zu beachten waren, so dass Sommer- und Wintergetreide in getrennten Feldern angebaut wurde. Drittens gab es gemeindliches Weide- und Ödland, auf dem die Bebauer der Ackerstreifen das Recht hatten Vieh zu weiden und Bauholz, Torf, Steine und Kohle, soweit verfügbar, zu holen. Viertens wurde die Ordnung dieser Tätigkeiten durch die Versammlung der Ackerbauern geregelt. Spätestens seit dem 13. Jahrhundert wiesen die Zeugnisse eindeutig auf die Autonomie der Gemeinden bei der Festlegung der Regeln hin. Das älteste Element in diesem System sei aller Wahrscheinlichkeit nach das Allmendrecht am Weide- und Ödland. Es sei ein Residuum ausgedehnterer Rechte, die seit unvordenklichen Zeiten genossen worden waren. Darauf deute die gemeinsame Nutzung von Allmenden durch mehrere Dörfer, in älterer Zeit einer ganzen Hundertschaft oder gar Grafschaft hin, wie Dartmoor für die Männer von Devon oder Sherwood - das bedeutet „Shirewood" - für Nottinghamshire.[40]

Die dörfliche Selbstverwaltung bedurfte der Bestätigung ihrer Weistümer oder Dorfordnungen (by-laws) durch die grundherrschaftlichen Gerichte (manorial courts). Wenn es zwei Grundherrschaften am Ort gab, konnte das Weistum an beiden Gerichten verkündet werden oder nur an dem, dem die Dorfherrschaft zukam. Das bedeutet, dass sich die Bauern beider Grundherrschaften bei der Aufstellung der Dorfordnung beraten mussten. Bei mehreren Grundherrschaften im Dorf konnte es auch eine Dorfversammlung sein, auf der alle Bauern und Grundherren anwesend oder vertreten waren. Wenn sich mehrere Dörfer eine Allmende teilten, wurden die Entscheidungen am Gericht des Oberherrn getroffen.[41]

Nicht alle vier Merkmale - Streifenflur, Allmendrechte über Acker und Wiese, Allmendrechte über Weide- und Ödland und Aufsicht ausübende Versammlungen - waren immer zusammen gegeben. Voll entwickelt war das System in den Ackerbauzonen mit ihrer Zwei- oder Dreifelderwirtschaft. Dörfer mit mehr oder weniger Feldern hatten in der Regel überwiegend Weidewirtschaft. Hier waren es eher die offenen Weiden als die Äcker und Wiesen, die die Einwohner als Wirtschaftsgemeinschaft zusammenbanden. Ihre Felder waren im Vergleich zur Weidefläche klein und Getreide wurde hauptsächlich zur Selbstversorgung angebaut. Daher gab es keine Notwendigkeit die Allmendrechte auf dem Brachfeld genau zu beachten. Das erklärt, warum in den Weidegebieten die Einhegung ein schmerzloser und friedlicher Vorgang war, da es leicht möglich war innerhalb einer Gruppe eine Übereinkunft über die Aufhebung der Allmendrechte auf dem Acker zu treffen.[42]

---

[40] Dies., Field Systems of the East Midlands, in: A. R. H. Baker/R. A. Butlin (eds.), Studies of Field Systems in the British Isles, Cambridge 1973, 246.

[41] Eric Kerridge, Agrarian Problems in the Sixteenth Century and After, London 1969, 19, 22; Thirsk, Field Systems, 232.

[42] Thirsk, Common Fields, 55 f.; Angus J. L. Winchester, Landscape and Society in Medieval Cumbria, Edinburgh 1987, 62.

Mit der Ausdehnung des Ackerlandes auf Kosten des Weide- und Ödlandes (resp. mit der Zunahme der Viehzahlen auf der Weidefläche - wäre für das Spätmittelalter zu ergänzen) wurde ein Teil, später das ganze gemeindliche Ödland (common waste) in eine geregelte Gemeindeweide (common pasture) verwandelt, wo die Viehzahl begrenzt und das Grasen auf bestimmte Abschnitte des Jahres beschränkt wurde, wenn andere Weide wie die Stoppelfelder und die Nachmahd nicht zur Verfügung stand.[43]

Die Dorfordnungen geben Auskunft über die Termine, wann die Felder und Wiesen geschlossen und wieder geöffnet wurden, über die Art und Zahl des Viehs, an welchen Plätzen es zu halten war. Sie sind in wenigen Dokumenten seit dem 12. Jahrhundert, langsam zunehmend im 13., 14. und 15. Jahrhundert überliefert, die informativsten und vollständigsten aus dem 16.-18. Jahrhundert. Die Dorfordnungen enthalten nirgends eine klare Darlegung aller Regeln des Anbaus und der Beweidung der Äcker, Wiesen und Gemeindeweiden. Sie variierten bloß das Thema, ohne die grundsätzlichen Bestimmungen zu kodifizieren. Auch wenn man kein vollständiges Bild des Gangs der Landwirtschaft erhält, sehe man doch genug um die charakteristische Wirtschaft der Gemeinden in den Midlands zu erkennen.[44]

Die Bauern hielten in drei benannten Felder eine Fruchtfolge von Wintergetreide, Sommergetreide und Brache oder Hülsenfrüchten ein und weideten ihr Vieh und ihre Schafe gemeinschaftlich auf der Brache und den Gemeindeweiden. Die Dorfordnungen schrieben die Termine vor, wann das Vieh in das gemeinschaftliche Feld und in die Wiesen hineinzulassen und wann es herauszunehmen war. Sie verlangten die Errichtung von Zäunen und von geeigneten Anpflockvorrichtungen. Sie legten Plätze fest, an denen den Tieren einzeln zu grasen erlaubt war, und andere Plätze, wo alles Vieh unter der Obhut des Dorfhirten und alle Schafe in der Dorfherde eingepfercht zu sein hatten. Schweine waren mit Nasenringen zu versehen um zu verhindern, dass sie den Acker oder das Gras umwühlten. Gänse waren auf den Gemeinschaftsfeldern nicht zugelassen.[45]

Die Viehhöchstzahlen für die Allmendweide wurden nach verschiedenen Prinzipien bemessen, in manchen Dörfern auf den Hufenbesitz bezogen, in anderen auf das Leihe- oder das Siedlungsrecht. Öfters gab es verschiedene Höchstzahlen für verschiedene Stücke der Gemeindeweide im selben Dorf. Die Viehzahlen mussten gelegentlich revidiert werden, aber im Allgemeinen wurde Überweidung durch die spätestens seit dem 14. Jahrhundert landläufige Konvention vermieden, dass niemand im Sommer mehr Tiere in der Dorfschaft halten sollte als im Winter.[46]

Nicht alle Allmendweiderechte wurden in gleichem Maße von den Allmendberechtigten geteilt. Abgesehen von den Unterschieden bei den Viehzahlen von Grundherren, Hufenbauern und Kätnern wurden manche Ländereien gemeinschaft-

---

[43] Thirsk, Tudor Enclosures, 77.
[44] Dies., Field Systems, 246 f.
[45] Ebd., 247 f.
[46] Ebd., 248 f.

lich nur von Freibauern oder nur von Lehenbauern und einige nur von den Inhabern bestimmter Höfe geteilt. Grundherrliche Vorrechte bestanden mancherorts bei der Schafweide.[47] Während in den Midlands die Schafweiderechte der Gemeinde als Ganzer zukamen und von allen ihren Mitgliedern gemeinsam ausgeübt wurden, bestand in East Anglia das grundherrliche Vorrecht auf den Schafdung. Bei mehreren Grundherrschaften im Dorf wurde für jede Gutsherde eine eigene Schaftrift ausgemarkt, bestehend in Acker und Heide, Guts- wie Bauernland. Einige Triften schlossen auch Weidekoppeln ein, deren Besitzer der Gutsherde zu bestimmten Zeiten des Jahres Zugang zu gewähren hatten. In Elveden (Suffolk) beispielsweise gab es 1539 elf Triften über 5000 Morgen Acker und Heideland für 3200 Schafe. In manchen Dörfern war die ganze Gemarkung in Triften aufgeteilt, in anderen waren Teile des Feldes für die Viehweide der Gemeinde reserviert. Die Grundherren hatten das Privileg des Einpferchens der Schafherde, so dass der Dung dem Gutsacker zugute kam. Die Bauern hatten ihre Schafe in den gutsherrlichen Pferch zu geben und wurden gebüßt, wenn sie sie auf ihrem eigenen Grund einpferchten.[48]

Schon im Mittelalter entstanden Praktiken, die Brache je nachdem zu verkürzen oder zu verlängern. Erbsen, Bohnen und Wicken wurden in zunehmenden Mengen von der Mitte des 14. Jahrhunderts an angebaut. Manchmal ersetzten sie in der Fruchtfolge das Sommergetreide, manchmal die Brache. Eine andere Maßnahme, die die gemeindliche Feldwirtschaft intakt ließ, aber eine stärkere Viehhaltung ermöglichen, auch den Ackerboden besser düngen sollte, war die Praktik Ackerstücke zeitweilig als Weide liegen zu lassen (leys). Manchmal wurden ganze Blöcke nach gemeindlicher Übereinkunft für ein paar Jahre als Weide genutzt, manchmal einzelne Streifen. Dann hatte der Bauer sein Vieh in Hürden zu sperren oder anzupflocken. Ein früher Hinweis auf den Gebrauch von leys in den Gemeinschaftsfeldern stammt aus Wymeswold (Leicestershire) von 1425. Deutlich war es ein Schritt hin zur Einhegung.[49]

Manchmal nannten die Dorfordnungen die Praxis der jährlichen Neuverteilung der Wiesenstreifen durch das Los. Diese wird in der Literatur oft erwähnt, jedoch werden keine Erklärungen angeboten. Ein Hinweis ist sicherlich, dass Wiese als „common meadow" im 13. und 14. Jahrhundert gewöhnlich in die Akzidenzien eingeschlossen war, zusammen mit den Rechten am gemeindlichen Ödland.[50] (Viel Wiese wurde durch Kultivierung aus Weideland gewonnen, die Intensivierung erforderte eine Individualnutzung, die Gemeinde suchte jedoch ihr Eigentumsrecht zu wahren und eine Privatisierung durch die Neuverteilungen zu verhindern.)

Die Weiderechte einer Bauernstelle in Elford (Staffordshire) sind 1332 folgendermaßen beschrieben: Sie bestanden in Allmendweide auf 200 Morgen Acker in zwei Jahren, nachdem das Getreide geerntet und bevor es wieder eingesät wurde,

---

[47] Ebd., 249.
[48] M. R. Postgate, Field Systems of East Anglia, in: Baker/Butlin, Field Systems, 313-320.
[49] Thirsk, Tudor Enclosures, 77; dies., Field Systems, 261 f.
[50] Baker/Butlin, Field Systems, 173 f., 248, 338, 347, 651.

und im dritten das ganze Jahr hindurch während der Brache; auf 60 Morgen Wiese jedes Jahr, nachdem das Heu geschnitten und eingebracht war bis *Lady Day*; Weide in 30 Morgen Wald, in zwei Jahren von Michaelis (29.9.) bis Martinstag (11.11.) für die Schweine und von St. Martin bis *Lady Day* für alles Vieh, im dritten Jahr bis Michaelis für das Vieh.[51]

Grasland war im Allgemeinen knapp. Ausreichend Wiese, um das Bedürfnis nach Heu zu befriedigen, gab es nur im Schwemmland entlang der großen Ströme. Wiesennachmahd, Stücke ärmlicheren Futters im Flusstal und Weidekoppeln gaben Weideland, aber in vielen Grundherrschaften war die Dauerweide beschränkt auf kleine Koppeln und Obstgärten nahe den Höfen und auf Hecken, Grünwege und Straßenränder.[52] Dagegen gab es in den Waldgegenden reichlich Allmendweide, die sich im Fehlen von Weidebeschränkungen auf manchen Allmenden und in sehr weit gefassten Beschränkungen auf anderen widerspiegelte. In Malham (Yorkshire) waren die Weiderechte pro Hufe festgesetzt auf sechs Ochsen, sechs Kühe mit ihren Jungkühen bis zu drei Jahren, vier Stuten mit ihren Jungpferden bis zu drei Jahren, 200 Schafe, fünf Geißen, eine Sau mit den Jungschweinen von einem Jahr und fünf Gänsen. Zum Vergleich war die Weide in dem Ackerbauerndorf Newsham beschränkt auf ein Pferd, einen Ochsen, eine Kuh und 24 Schafe pro Hufe.[53]

Dörfer, die am Saum von Waldgebieten oder Mooren lagen, konnten dort umfangreiche Allmendrechte zusammen mit anderen Dorfschaften nutzen. Beispielsweise hatten 15 Ortschaften in Lincolnshire, die in ihren Gemarkungen sehr wenig Wiese und keine Gemeindeweide hatten, die ihre Zugtiere auf vereinzelten Grasflecken in den Getreidefeldern anpflockten, ihre Schafe und die Gemeindeherde auf den Stoppel- und Brachfeldern grasten, reichlich Allmendweide in Wildmore Fen.[54] Die beteiligten Gemeinden verabredeten die zur gegenseitigen Allmendnutzung (intercommoning) notwendigen Regelungen untereinander. 1495 trafen sich zwölf „rechtschaffene, geschworene Männer" der Dörfer Norton, Solihull und Yardley am „Kreuz auf Heyters Heide" und „kamen freundlich überein, dass die besagten drei Herrschaften von dieser Zeit fort eine mit der anderen gemeinsam Allmende haben sollten, wie sie von alter Gewohnheit her ihre Altvorderen hatten," und trafen Verabredungen über Viehtrieb und Schweinemast, „einer für den andern ungestört für immer".[55]

Die in den Mooren gelegenen Dörfer hatten ungeteilte Allmendweidegründe. Bei Spalding und Pinchbeck in Lincolnshire sorgten vier Moorhauptleute (fen reeves) für die Einhaltung der Ordnung beider Gemeinden, von denen zwei vom

---

[51] Jean R. Birrell, Medieval Agriculture, in: The Victoria History of the County of Staffordshire, vol. 6, Oxford 1979, 13.
[52] David Roden, Field Systems of the Chiltern Hills and their Environs, in: Baker/Butlin, Field Systems, 327.
[53] Baker/Butlin, Field Systems, 172 f.
[54] Thirsk, Field Systems, 250.
[55] Victor Skipp, Medieval Yardley. The origin and growth of a West Midland community, Chichester 1970, 89.

niederen Adel und den Gemeindemitgliedern gewählt wurden, die anderen beiden vom Prior von Spalding, dem Oberherrn der beiden Dörfer. Sechs Weistümer, das früheste von 1422, sind erhalten. Jeder Gemeindeangehörige hatte einen festgelegten Platz im Moor, wo er seine Allmendrechte ausübte. Niemand konnte seinen Platz einem anderen verkaufen, aber Tausch war erlaubt, solange er der Allgemeinheit bekannt gemacht wurde. Nur die Einwohner der Dorfschaften waren allmendberechtigt. Männer ohne Leiheland hatten Allmendweide für ihr Vieh, aber keine anderen Allmendrechte. Und niemand durfte anderer Leute Tiere ins Moor nehmen. Niemandem war erlaubt Torf, Rohr oder Feuerung von der Allmende zu verkaufen außer an einen Miteinwohner und jeder, der mehr Torf grub, als er wegtragen konnte zwischen 1. Mai und Martinstag, hatte den Überschuß den anderen Allmendgenossen auszuhändigen. Die Weistümer legten die Jahreszeit und in manchen Fällen die Wochentage fest, wann den Allmendgenossen erlaubt war Binsen und Rohr zu holen, zu fischen, Vögel und Niederwild zu jagen und vieles anderes mehr, das unter Aufsicht der Moorhauptleute zu geschehen hatte.[56]

Allmendrechte in der Ackerbauzone der Midlands bestanden im 16. Jahrhundert fast vollständig nur in Weiderechten. Dorfordnungen regelten manchmal die Entnahme von Bauholz und Unterholz, aber viele Gemeinden besaßen nur kleine Holzflecken am Wegesrand oder hatten gar keines zu verteilen. Manche hatten Nutzungsrechte in Wäldern außerhalb ihrer Gemarkung.[57]

Eine Beschreibung der Holz- und Weiderechte im Wald des hohen Mittelalters gibt Jean Birrell - die seit langem erste und in ihrer Detailliertheit für England einzige Darstellung über Allmendrechte.[58] Die Holznutzungsrechte, vom Lateinischen abgeleitet „estovers" genannt, waren nach den drei grundlegenden Nutzungen für Bauholz, Zaunholz und Brennholz in „housebote", „haibote" (oder hedgebote) und „firebote" unterteilt. (Diese ausdifferenzierte Begrifflichkeit zeigt eine hohe Entwicklung der Allmendrechte.) Der Earl of Ferrers verlieh 1262 William de Rolleston zwei Viertelhufen Land in Needwood Forest - wohl Rodungen - mit Zubehör an housebote, haibote und firebote auf alle Zeit „zum Bauen und zur Instandhaltung, zum Zäunen und zum Brennen". Gemeinden, auch wenn sie nicht immer Urkunden vorweisen konnten, hatten Ansprüche in Needwood, so die Bürger von Tutbury auf haibote, die Leute von Uttoxeter auf Zaun- und Feuerholz und die unfreien Bauern von Rolleston auf Brenn- und Zaunholz. Gelegentlich werden sogar „wenbote" (oder wainbote), „cartbote", „ploughbote" genannt, Rechte auf besondere Hölzer zur Herstellung von Geräten und Werkzeugen, Wagen und Karren, Rädern und Achsen,

---

[56] Thirsk, Field Systems, 250-252.
[57] Ebd., 249.
[58] Jean Birrell, Common Rights in the Medieval Forest: Disputes and Conflicts in the Thirteenth Century, in: P&P 117 (1987), 22-49; für das Folgende, wenn nicht anders angegeben.

Jochen, Pflügen etc.; jedoch treten diese Begriffe nur in Gegenden ausgesprochener Holzknappheit auf.

Oft wird die Holzart vorgeschrieben, die für einen bestimmten Zweck zu verwenden ist. Eiche war als Bauholz reserviert. Manchmal wurde Eichenholz gänzlich von estovers, vom Holznutzungsrecht, ausgenommen und musste gekauft werden. Andererseits versorgten Herren oft ihre Leibeigenen mit Bauholz, besonders im späten 14. und 15. Jahrhundert, als viele Höfe verfielen und die Grundherren daran interessiert waren ihren Wiederaufbau zu fördern. Hölzer, die als Bauholz wenig geeignet waren und schneller nachwuchsen, wie Erle, Weide, Hagedorn, waren als Zaun- und Brennmaterial vorgesehen. Manchmal durfte grünes Holz als Brennholz abgeschlagen werden etwa so weit, wie man im Stehen reichen konnte. Häufig war firebote jedoch beschränkt auf totes und windbrüchiges Holz. Was genau „tot" oder „windbrüchig" war, war oft strittig und erforderte genauere Bestimmungen. Die Allmendberechtigten in Ashwood Forest durften „vom Wind gebrochenes" Holz nehmen, nicht „mit Werkzeugen gebrochenes". Die Leute von Brigstock durften nur trockenes Holz schlagen, ohne scharfe Instrumente zu benutzen, und so viel sie mit ihren Händen tragen konnten.

Die Quantitäten, die unter estovers gefasst waren, wurden gewöhnlich als „billig", „ausreichend" oder „angemessen" für eine bestimmte Größe einer Bauernstelle oder des Landes angegeben. Was darunter zu verstehen war, war vermutlich örtlich bekannt und gebräuchlich. Denn weder war der Bedarf noch der Bestand an Holz völlig unveränderlich. Je geringer der Druck auf die Ressourcen, desto geringer war die Notwendigkeit eindeutiger Festlegungen. Allerdings ist im 13. Jahrhundert überall ein Trend zu größerer Genauigkeit zu erkennen vor allem durch die Streitigkeiten, die freie Bauern vor Gericht brachten. Zwei Viertelhüfnern eines Gutes von Burton Abbey wurden drei Karrenladungen Zaunholz und die gleiche Menge Brennholz im Jahr zugewiesen. Ein Achtelhüfner eines anderen Gutes dieser Abtei hatte ebenfalls drei Karrenladungen Zaunholz pro Jahr sowie - wieder weniger präzis - „billig Brennholz für einen Herd, so viel wie einer Achtelhufe in dem genannten Dorf zukommt". Staffordshire - worauf sich das meiste Material bezieht, das Birrell präsentiert - war eine verhältnismäßig gut bewaldete Grafschaft, weswegen die Mengen etwas reichlicher bemessen gewesen sein werden als in Gegenden mit weniger Wald.

Die zweite Hauptgruppe von Allmendrechten im Wald bestand in der Viehweide (common pasture) und der Schweinemast. (Stamper nennt als weitere Kategorie von Weiderechten *agistment*,[59] allerdings nicht als Allmendrecht, sondern als Weiderecht, das an Dritte gegen eine Rentenzahlung vergeben wurde.) Weideland war im 12. und 13. Jahrhundert knapp und die Waldweide eine wertvolle Ergänzung. Die Waldweide konnte, etwa in den königlichen Forsten, sehr ausgedehnt sein. Die Bauern und Einwohner der in den Forsten gelegenen Dörfer hatten die Weide im Forst oder in bestimmten Distrikten des Forstes für alle Arten von Vieh ausgenom-

---

[59] Siehe Paul Stamper, Woods and Parks, in: Grenville Astill/Annie Grant (eds.), The Countryside of Medieval England, Oxford 1988, 133.

men Ziegen. Anderswo standen den Leuten eines Gutsbezirks (manor) die Wälder, die darin gelegen waren, offen. Die wertvollen Weiderechte waren der eigenen Zucht des Allmendberechtigten oder einer nach der Größe seines Grundbesitzes festgesetzten Zahl von Tieren vorbehalten. Im westlichen Wychwood Forst waren Schafe in den königlichen Wäldern auf großen ausgemarkten Triften zugelassen. Von einem Bauern in Spelsbury heißt es, er habe „zahllose Schafe in le Serte", was eine Tradition unbeschränkter Schafweide im dortigen Wald andeutet.[60] Viehauftriebbegrenzungen (stints), die auf Allmendweiden am Ende des 13. Jahrhunderts in Erscheinung traten, sich jedoch erst im folgenden Jahrhundert zu häufen begannen, blieben für Waldweide selten.

Zwar ließ man hier und da die Schweine das ganze Jahr hindurch im Wald fressen, jedoch bestand der Hauptwert des Waldes in der Mastung (pannage). Mastrechte für eine festgelegte Zahl von Schweinen waren wichtige Bestandteile der Leihebriefe der freien Hintersassen; Herden von bis zu 20 und 30 Tieren waren üblich, größere Herden nicht unbekannt. Bäuerliche Schweineherden konnten kumulativ sehr groß sein. Zwischen 200 und 250 Schweine wurden in den 1330er Jahren im Gutsbezirk Alrewas aufgetrieben, mehrere hundert Schweine wurden in der zweiten Hälfte des 13. Jahrhunderts gewöhnlich im Cannock Forst gemästet. Das Recht der Eichel- und Bucheckermast war sehr wertvoll. Wie bei anderen Allmendrechten wurde eine Reihe von Regeln für seine Ausübung entwickelt. Die Saison dauerte gewöhnlich sechs Wochen, von Michaelis (29.9.) bis Martinstag (11.11.), die Tiere wurden, bevor sie in den Wald kamen, sorgfältig identifiziert und gezählt.

Mastgelder wurden allgemein erhoben, wenn nicht durch besondere Verleihungen an freie Hintersassen dann und wann darauf verzichtet wurde. Die normale Zahlung betrug 1 d für jedes ausgewachsene Schwein und ½ d für Jungtiere. Oft waren die Abgaben höher, die Taxe änderte sich von einem Gut und von einer Kategorie von Hofinhabern zur anderen. Der Lord of Wednesbury verlangte von allen seinen Bauern das beste von fünf Schweinen, gab sich andernfalls mit 1 d für ausgewachsene und ¼ d für junge Tiere zufrieden; Gerichtsuntertanen auf dem bischöflichen Gut in Rugeley hatten ihr drittbestes Schwein abzuliefern oder 1 s zu zahlen; der Dechant von Wolverhampton behauptete, dass seine Bauern ihm jedes Jahr zur Mastzeit ihr bestes Schwein schuldeten, ein Begehren, dem sie sich 1275/76 18 Monate lang widersetzten. Für die Allmendberechtigten war das Mastgeld eine schwere und unpopuläre Last, für die Herren eine wertvolle Einkommensquelle.

Die Schweinemast, für die bedeutende Zahlungen wie selbstverständlich verlangt wurden, hatte eine Sonderstellung unter den Allmendrechten. Zahlungen für Allmendrechte an Gutsherren (manorial lords) waren verbreitet, aber keinesfalls allgemein üblich, und sie waren meistens ziemlich gering. Sie waren eher für die Holznutzung als für die Waldweide üblich. Die verbreitete Hühnerabgabe zu Weihnachten mag ihren Ursprung oft in einer Zahlung für Holzrechte gehabt haben. In Spels-

---

[60] Siehe Beryl Schumer, The Evolution of Wychwood to 1400. Pioneers, Frontiers and Forests, Leicester 1984, 44.

bury (Oxfordshire) gab im 13. Jahrhundert jeder Dorfbewohner dem Earl of Warwick als Grundherrn jedes Jahr ein Huhn, bekannt als „Holzhuhn", für das Recht
totes Holz im Wald der Grundherrschaft im Wychwood zu sammeln.[61] Leibeigene
eines Fronhofs von Burton Abbey hatten im frühen 12. Jahrhundert 2 d im Jahr für
ihr Recht auf eine Wagenladung Holz gezahlt oder außerordentliche Pflugdienste
verrichtet.

Allmendrechte galten im 12. und 13. Jahrhundert als alt und herkömmlich
und allen Betroffenen bekannt. Gleichwohl ist im 13. Jahrhundert ein Trend zu größerer Genauigkeit zu bemerken, Nutzungsbeschränkungen scheinen weit verbreitet
gewesen zu sein. Eine Reihe von Regeln und Beschränkungen, durch die die Ausübung der Allmendrechte gelenkt wurde und die offenkundig von der Notwendigkeit
geleitet waren den Wald sorgfältig zu bewirtschaften, um ihn zu erhalten, treten in
den Quellen hervor. Es ist in keiner Weise klar, wann oder wie sie entstanden sind
oder wie sie durchgesetzt wurden. Zeugnisse einer ausdrücklichen Regulierung des
Waldes durch die Gemeinde, etwa durch Weistümer, die im Hofgericht (manor
court) verkündet wurden, sind bis zum Ende des Mittelalters selten. Die Präsentie-
rung von Holzvergehen an diesen Gerichten war gleichwohl üblich. Klar ist jedoch,
dass im 13. Jahrhundert ein hohes Maß grundherrschaftlicher Kontrolle über die
Wälder ausgeübt wurde.

Der Umfang, in dem dem bäuerlichen Holzbedürfnis entsprochen wurde,
variierte beträchtlich, nicht nur zwischen besser und weniger gut bewaldeten
Gegenden, sondern auch entsprechend dem Grad der grundherrlichen Kontrolle.
Versuche, eine Überwachung der Allmendnutzung durch grundherrliche Amtmänner
einzuführen, waren ebenso verbreitet wie umstritten. Wenn Allmendrechte formell
verliehen oder bestätigt wurden, ist oft ausdrücklich festgehalten, dass sie „unter
Aufsicht" wahrgenommen werden sollten; häufig nicht nur „unter Aufsicht",
sondern auch „durch Anweisung" des Amtmanns. Das Recht, die Holznutzung ohne
eine solche Aufsicht zu besitzen, war begehrt. Die Frage der Freiheit von Aufsicht
war ein Hauptgrund der Streitigkeiten in den Forsten in Cheshire im späten 13. und
im 14. Jahrhundert. Das Recht, Bäume für Bauholz ohne Aufsicht zu fällen, bestand
nur selten.

Zeugnis des hohen Grades grundherrschaftlicher Kontrolle ist die große Zahl
der vor den Hofgerichten präsentierten Holzfrevel. Die Häufigkeit der Vergehen
macht deutlich, dass die Allmendrechte den bäuerlichen Holzbedarf nicht abdeckten.
Die wenigsten Vergehen bestanden im Fällen von Bäumen, die große Mehrzahl umfasste Diebstähle von Bündeln, Packpferde- und Karrenladungen Holz. Die Strafen
entsprachen in ihrer Höhe dem Holzpreis der jeweiligen Menge, so dass die Strafen
als verkleidete Gebühren erscheinen, die sich zu nicht geringen herrschaftlichen Einkünften summieren konnten. Die Missetäter reichten von wohlhabenden Bauern bis
zu unterbäuerlichen oder landlosen Männern und Frauen. In Wychwood sind 1245
zahlreiche Beispiele von illegalem Holzschlag aufgezeichnet, bei denen hauptsäch-

---

[61] Siehe Stamper, Woods, 135; Schumer, Wychwood, 41.

lich Männer aus Walcote, North Leigh und Slape die Frevler waren. Nun kehren dieselben Namen sowohl als Frevler wie auch als Pfänder wieder, es ist wahrscheinlich, dass in diesen Gemeinden Leute ihren Lebensunterhalt durch Holzschlag ergänzten, wobei die Buße die Natur einer Lizenzgebühr hatte. 1256 und 1272 wurden die Bauern fast jeder Gemeinde im und um den Wald herum verklagt, mit Karren in die dem König und anderen Herren gehörenden Wälder gefahren zu sein und Holz und Unterholz „nach Oxford und anderen Märkten" gebracht zu haben.[62]

So gab es im 13. Jahrhundert in den Wäldern und Forsten ein Geflecht von Allmendrechten. Die meisten bestanden schon lange, einige waren neu. Manche waren in Schriftstücken genau bezeichnet, aber die meisten durch Herkommen bestimmt. Der Zugang zu Holz und Waldweide zu geringen oder gar keinen Kosten wird für die Lebensfähigkeit vieler Bauernwirtschaften im 13. Jahrhundert unentbehrlich gewesen sein.

Auf der anderen Seite brachten Wälder, in denen Allmendrechte bestanden, den Herren wenige Einkünfte. Der Abt von Croxden klagte 1227, dass einer seiner Wälder, Kinghay, infolge der Allmendnutzung stark verdorben wäre. Ein Weg die Wälder gewinnbringender zu machen war, die Geldbußen für sog. Holzfrevler oder die Mastgelder zu erhöhen. Ein anderer, die Holzbestände zum Nachteil bestehender Allmendrechte auszubeuten. Doch konnten Allmendrechte nicht einfach ignoriert werden, und wenn ein Herr einen Wald einschlagen, einhegen oder in anderer Weise seinen Zustand ändern wollte und derartige Rechte darin bestanden, hatte er in der Regel einen Ausgleich zu schaffen. 1296 verzichteten die Hörigen von Brightwalton (Berkshire) im Hofgericht auf ihr Allmendrecht im Wald des Abts von Battle, Hemele genannt; im Gegenzug gestand ihnen der Abt Allmendrechte im Ostfeld des Dorfes und im Wald der Hörigen, Trendale genannt, zu. In den Chiltern Hills waren Sonder- und Gemeindewälder am Ende des 12. Jahrhundert, in der ausgedehnten Grundherrschaft Wakefield (Yorkshire) im 13. Jahrhundert, klar geschieden.[63] Durch diese Trennung hatte der Herr in seinem Sonderwald freie Hand, der Holzverkauf bot ihm gute Einkommensmöglichkeiten.

Drückender noch als der Bedarf an Holz war am Ende des 13. Jahrhunderts der an Ackerland, dem oft nur durch Rodung der Wälder begegnet werden konnte, woraus die Herren wegen des Zuwachses an Grundabgaben Nutzen zogen. Die Allmendrechte kamen also auf verschiedene Weise unter Druck, die Streitigkeiten deswegen waren zahlreich und manchmal gewaltsam.

Die Allmendrechte waren durch das common law geschützt. Freie Bauern brachten Beeinträchtigungen ihrer Allmendrechte vor Gericht, unfreie waren einbezogen, wenn ihre Herren als Kläger für sich „und ihre Leute" auftraten. Solche Klagen sind seit Ende des 12. Jahrhunderts überliefert. Von 1236 an exkulpierte das *Statute of Merton* Herren, die aufgrund von Rodungen mit Klagen wegen wider-

---

[62] Siehe Schumer, Wychwood, 55; Oliver Rackham, Ancient Woodland, its history, vegetation and uses in England, London 1980, 180 f., 185.
[63] Siehe Stamper, Woods, 133, 135.

rechtlichem Entzug von Allmendweiderechten konfrontiert waren, wenn der Kläger, welcher Verlust ihm auch entstanden war, immer noch angemessen mit Weide versorgt war. Zwei Beispiele illustrieren das Muster der im folgenden Jahrhundert großen Zahl von Streitigkeiten um Allmendweiderechte. Kleinteilige Rodungen im Gutsbezirk Handsacre mit Konsens des Herrn verminderten das Allmendareal. 1299 klagte Philip of Chetwynd, dass ihm Allmendweide durch William von Handsacre und eine Anzahl anderer widerrechtlich entzogen worden sei; das Gericht erklärte, dass John of Melbourne mit Williams Billigung jüngst zwölf Morgen eingehegt habe zu Philips Schaden und dass er seine Weide dort zurückerhalten solle. Robert of Essington wurde 1306 von William, Sohn von John of Norton, beschuldigt ihm widerrechtlich Allmendweide in Wald und Moor in Essington als Zubehör seiner freien Hofstelle in Norton entzogen zu haben; dieser zog die Klage aber zurück, nachdem Robert u.a. angeführt hatte, dass er als Grundherr berechtigt war das Land „zu verbessern".

Die Gerichte scheinen nicht so häufig wegen Verlusts von Holznutzungsrechten angerufen worden zu sein, da die Kläger auf eine so beträchtliche Verödung des Waldes abstellen mussten, dass ihnen ihre Rechte praktisch entzogen würden. Demgemäß brachte 1227 eine Gruppe von Bauern aus Bilston, südlich von Wolverhampton, beim königlichen Gericht in Lichfield an, dass Juliana, Witwe von Roger de Bentley, erblichem Förster im Cannock Forst, den königlichen Wald in Bentley zerstört hätte, wo die Männer von Bilston gewohnheitsmäßig housebote, haibote und anderes Notwendige hatten, sie ferner Bauten im Wald errichtet hätte und sie jetzt hindern würde den Wald zu betreten.

Das *Statute of Westminster* 1285 machte es leichter derartige Fälle anzubringen, indem es den Tatbestand des Besitzentzugs auf *estovers* ausdehnte. Fälle, dass Gruppen von Männern und ganze Gemeinden angeklagt wurden widerrechtlich Holz geschlagen zu haben, wurden nun alltäglich, die Zerstörung von Zäunen war oft Teil der Anschuldigungen. 1311 riss eine Schar von 18 Mann eine Einfriedung nieder, drang ein und fällte drei Bäume. Angeklagt vom Eigentümer, Thomas of Flashbrook, bestritten die Männer jeglichen Verstoß. Sie wären Gemeindeleute aus dem Dorf Norbury; Thomas hätte ihre Allmendweide mit einem Zaun und einem Graben eingehegt, sie hätten deshalb rechtmäßig gehandelt, als sie den Zaun niederwarfen. Thomas dagegen betonte, dass die Einfriedung sein „Sonderbesitz" sei. Ähnlich behaupteten elf Männer, die beschuldigt wurden 1312 in eine Einfriedung in Billington eingebrochen und drei Bäume gefällt zu haben, dass sie die Zäune „rechtmäßig" eingerissen hätten um Zutritt zu ihrer Allmende zu erhalten.

1334 klagte der Bischof von Coventry und Lichfield, dass eine Gruppe von etwa 20 Mann seine Zäune im Cannock Chase niedergerissen und Bäume im Wert von 100 Mark geschlagen und weggeschafft, auch seine Knechte verprügelt hätte; die angegebenen Missetäter waren William Trumwyn, Mitglied eines ansässigen Rittergeschlechts, sowie verschiedene Bauern. Eine Gruppe von 40 bewaffneten Männern aus fünf Dörfern warf 1348 Einhegungen im Forst von Galtres nieder und steckte Hecken in Brand. Derartige Vorkommnisse wurden ziemlich ernst genommen. Das *zweite Statute of Westminster* 1285 bestimmte, wenn Zäune heimlich niedergerissen würden und die benachbarten Dörfer wären nicht in der Lage oder willens die Täter zu benennen, gingen die Instandsetzungen auf ihre Kosten, ebenso die Schadensersatzleistungen. Die Problematik erreichte ihren Höhepunkt, so Birrell, in einer Periode ärgsten Bevölkerungsdrucks und größter Ausweitung des Ackerbaus am Ende des 13. und im frühen 14. Jahrhundert. Spätere Auseinandersetzungen um Allmendrechte, nach dem folgenden demographischen Zusammenbruch, standen in einem anderen Kontext und nahmen andere Formen an.

Die Bevölkerungs- und Siedlungsverdichtung im England des 13. Jahrhunderts ließ keine unerschlossenen Reviere übrig und brachte ein wirtschaftlich wie rechtlich ausdifferenziertes Instrumentarium der Weide- und Waldnutzung hervor. Im Vergleich mit Mitteleuropa fällt eine stark, ob durch Gewohnheitsrecht oder durch verbrieftes Recht, regulierte Allmendnutzung auf. Dies gilt, wie Birrell mehrfach betont, in noch stärkerem Maße für die Weideländer. Es zeigt auch, dass das sog. Ödland (waste) keineswegs unkultiviertes Land war, sondern als weide- und waldwirtschaftlicher Zweig der Landwirtschaft extensiv bewirtschaftetes Areal im Unterschied zu dem intensiv bewirtschafteten Acker- und Wiesenland.

Als weitere Allmendrechte sind noch zu nennen der gemeine Torfstich (common turbary) zur Gewinnung von Brennmaterial, wie ihn beispielsweise die Moordörfer Spalding und Pinchbeck ausübten, und der gemeine Fischfang (common of piscary). Das gemeine Fischen war nicht notwendigerweise an Gemeindeland gebunden, ist aber oft dort zu finden, wo ein Wasserlauf durch Gemeindeland oder an ihm vorbei floss. Gemeine Fischerei ist auf verschiedenen Flüssen Hampshires, wie dem Avon und dem Test bezeugt, obwohl diese Rechte im Laufe der Zeit aufgehoben wurden.[64]

Gemeine Fischrechte bestanden im 13. Jahrhundert in Cumbria, so in der Flussmündung des Eden, wo die Bauern von Burgh by Sands das Recht hatten mit Netzen zu fischen, und zwar kraft ihrer grundherrschaftlichen Zugehörigkeit, oder in der Mündung des Derwent für die Männer von Workington. Der Fischfang war eine Einkommensquelle wohl hauptsächlich für Kätner, so für die neun Kätner von Beetham 1254, die mit ihren Netzen die Fischbestände der Mündung des Kent ausbeuteten, oder die Kätner mit Besitz von Netzen in Watermillock 1472, denen das Ullswater ihren Lebensunterhalt gab. Abseits der Flussmündungen allerdings war die Kontrolle über den Fischfang fest in den Händen der Grundherren. Gutsrechnungen im 13. Jahrhundert geben zu erkennen, dass die Bestände der Seen Derwentwater und Bassenthwaite Lake von Mitgliedern der örtlichen Gemeinde im Bezirk Keswick ausgefischt wurden.[65]

Fischrechte waren umstritten. Im Hofgericht des Abts von Halesowen wurden am 30. April 1270 William de Teonhale und sein Sohn Henry mit je 12 d gebüßt, weil sie innerhalb der Hegung ihres Herrn gefischt hatten. Thomas, Henry

---

[64] L. Ellis Taverner, The Common Lands of Hampshire, London 1957, 5.
[65] Winchester, Landscape, 110 f.

Sigrims Sohn, wurde für denselben Verstoß mit 2 s gebüßt. Die ersteren waren reiche, der letztere ein armer Bauer. Beim Gerichtstag am 24. Juni 1275 wurde Thomas Linacre des Fischens in den Gewässern des Abts beschuldigt und des Äußerns anstößiger Dinge über den Abt und seine Brüder im Kloster.[66] Die Bauern von Sherington brachten 1523 am grundherrschaftlichen Gericht vor, dass sie seit unvordenklicher Zeit das Recht genossen hatten im Ouse zu fischen, kürzlich hätten Anthony Ardes - gentry - zwei Drittel und Katherine Maryot - die Oberherrin - ein Drittel daran als ihr exklusives Recht beansprucht. Es brauchte sieben Jahre bis ein Vergleich zustande kam. 1530 wurden die Bauern unterrichtet, dass sie in Zukunft die Fischerei in dem Wasserlauf, „der Fluss" genannt, allezeit an drei Tagen der Woche zu ihrem Nutzen ausüben könnten, „wie es in vergangenen Zeiten die Untertanen des Herrn gewohnt waren".[67]

Was die Jagd angeht, verhandelte Lord Braose mit seinen Bauern, dass sie ihr Recht aufgaben auf einem Teil seines Landes einschließlich Hookland Park mit Hunden zu jagen. In der Folge des Bauernaufstandes von 1381 verbot ein Gesetz Richards II. die Jagd für Laien, die keine Ländereien oder Leihegüter von 40 s Wert im Jahr besaßen, und für Geistliche, die kein jährliches Einkommen von £ 10 hatten. (Bemerkenswert, dass die Jagd kein Standes-, sondern ein Besitzprivileg war.) Das erste Parlament Heinrichs VII. 1485/86 bemerkte „aufrührerisches" Jagen in Forsten, Parks und Gehegen, das besonders in Kent, Sussex und Surrey verbreitet gewesen sein soll, und erklärte Jagen bei Nacht oder in Vermummung mit geschwärztem Gesicht zum Verbrechen. Ein späteres Gesetz in der Zeit Heinrichs VII. erklärte auf Rotwild zu pirschen oder Netze zum Hirschfang zu haben zur Straftat.[68]

3.2 Die Vorgeschichte der Einhegungen

Gutswirtschaft und alte Hegungen im 13. Jahrhundert

Das allgemeine Fortbestehen der Gutsdomänenwirtschaft im 13. Jahrhundert wurde prägend für die weitere Entwicklung der englischen Landwirtschaft. Wie in Frankreich oder dem westlichen Deutschland hatten sich die Villikationen nach dem 11. Jahrhundert aufzulösen begonnen, das Salland war zur Leihe ausgegeben worden,

---

[66] Zvi Razi, The Struggles between the Abbots of Halesowen and their Tenants in the Thirteenth and Fourteenth Centuries, in: T. H. Aston u.a. (eds.), Social Relations and Ideas. Essays in Honour of R. H. Hilton, Cambridge 1983, 156 u. 159.

[67] A. C. Chibnall, Sherington. Fiefs and Fields of a Buckinghamshire Village, Cambridge 1965, 159.

[68] Stamper, Woods, 145, 147; Roger B. Manning, Village Revolts. Social Protest and Popular Disturbances in England, 1509-1640, Oxford 1988, 285.

die Frondienste abgelöst. Der Trend verzögerte sich jedoch länger als in Frankreich und wurde seit dem 13. Jahrhundert aufgehalten.[69]

Domesday Book (1086) gibt Hinweise, dass Burton Abbey einige seiner Fronhöfe zur Leihe ausgetan hatte. 1126/27 waren neun seiner Fronhöfe in Staffordshire für Geldrente verliehen. Die beiden Fronhöfe nahe der Abtei wurden von dem Mönch Edric gehalten. Abbots Bromley hatten die Männer des Dorfes inne. Die Leihe war auf mehrere Jahre, etwa 16 oder 20, auf Lebenszeit oder auf mehrere Leben befristet. In Abbots Bromley war der Wald von der Leihe ausgenommen. Und in Leigh behielt die Abtei einen Milchhof und einen Schweinehof. Am Ende des 12. und im 13. Jahrhundert wurden nicht mehr nur die in der Nähe der Abtei gelegenen, sondern die meisten Fronhöfe wieder direkt verwaltet.[70] In Warwickshire waren 1279 28% des Landes Gutsland.[71]

Während gewöhnlich die Auflösung der Fronhöfe mit gleichzeitigem kommerziellem Aufschwung in Verbindung gebracht wird, ist Hilton da skeptisch. Im Gegenteil hätte der Anstieg der Preise für Getreide und Vieh im 13. Jahrhundert die Domänenwirtschaft in England intakt gehalten und eine landwirtschaftliche Produktion in großem Maßstab für den Markt unter direkter Kontrolle der großen Grundherren ermöglicht.[72]

Das Domanialland lag in Gemenge mit dem der Bauern, aber die Grundherren bemühten sich frühzeitig um eine Konsolidierung ihrer Domäne. In Eccleshall lag 1298 der bäuerliche Besitz in den Feldern verteilt im Unterschied zu den großen Blöcken der Domäne.[73] In Lockington erhielt Leicester Abbey ihr Domanialland, das ursprünglich verstreut unter den Bauernäckern gelegen hatte, von den Bauern in einer Fläche, zusammen mit einer Weide. Sie erlaubten der Abtei, diese Länder auf Dauer zu separieren, sie mit Zaun und Graben zu umgeben.[74] Nicht immer waren die Grundherren in diesen Bestrebungen erfolgreich. Abt Walter of Loring (1205-22) der Abtei Malmesbury geriet deswegen in einen bitteren Streit mit Einwohnern von Ashley über die Nutzung von Weiden und bestelltem Land zwischen Ashley und Long Newnton gelegen. Loring konnte sich nicht durchsetzen und willigte schließlich ein dieses Land „nach der alten und bewährten Gewohnheit" zu kultivieren.[75]

---

[69] R. H. Hilton, Y eut-il une crise général de la féodalité?, in: Annales E.S.C. 6 (1951), 27.

[70] Birrell, Medieval Agriculture, 18.

[71] Christopher Dyer, Warwickshire Farming 1349 - c. 1520. Preparations for Agricultural Revolution, Oxford 1981, 4.

[72] Rodney Hilton, Kapitalismus - Was soll das bedeuten?, in: Paul Sweezy u.a., Der Übergang vom Feudalismus zum Kapitalismus, Frankfurt am Main 1984, 198. - Hiltons Argumentationsmuster entspricht demjenigen, mit dem das Aufkommen der ostelbischen Gutswirtschaften im 16. Jahrhundert erklärt wird.

[73] Birrell, Medieval Agriculture, 15.

[74] R. H. Hilton, The Economic Development of some Leicestershire Estates in the 14th & 15th Centuries, London 1947, 46, 58.

[75] Ricenda Scott, Medieval Agriculture, in: The Victoria County History of Wiltshire, vol. 4, London 1959, 11.

Die Domänen hatten an der Rodungstätigkeit teil. In Haywood (Stafford-shire) beschreibt eine Aufnahme von 1298 76 Morgen Domanialland als „einstmals Wald" und 28 ½ Morgen als „kürzlich gerodet".[76] Die Benediktinerabtei Eynsham gab 1334 Männern 8 £ und 10 Viertel Weizensaatkorn für die Zustimmung den Charlbury Wald zu roden, wobei den Leuten das Allmendweiderecht auf der Brache zugesichert wurde.[77] Zeugnisse für Einschläge dieser Größenordnung gibt es im 13. Jahrhundert in Fülle. Die Rodungen für Ackerland wurden nicht sogleich in das Feldsystem integriert, sondern, wenigstens zunächst, in einem Stück und in indi-viduellem Besitz gehalten, auch wenn es der Allmendweide nach der Ernte oder der Mahd unterworfen war.

Sonderbesitz erleichterte die Einhegung, für die es bereits im 12. Jahrhun-dert Beispiele gibt. Roger de Quincey gab Leicester Abbey die Erlaubnis eine Wiese in Stanton mit einer Hecke und einer Steinmauer einzufrieden, vorausgesetzt dass seine Tiere ein uneingeschränktes Zugangsrecht hätten. Die Bedeutung des einge-friedeten Domaniallandes im 16. Jahrhundert war nicht nur der spätmittelalterlichen Konsolidierung und Einhegung der offenen Ackerflur geschuldet, sondern auch dem früheren Erwerb solch gesonderter Landstücke. Ein Feld nahe Ansty, das nicht Teil der dörflichen Flur war und von Leicester Abbey in Sonderbesitz gehalten wurde, scheint ihr als Rodung von Simon de Monfort übertragen worden zu sein; es hieß Le Stokking, und im 14. und 15. Jahrhundert befand sich dort offenbar ein Viehhof.[78]

Das eingehegte Domänenland war im 12. und 13. Jahrhundert häufig gemeindlichen Weiderechten unterworfen. Hegungen und Wälder, die den Mönchen von Thame in Wyfold (Oxfordshire) gehörten, wurden 1230 von mehr als 30 Bauern gemeinschaftlich beweidet. Später wurde die freie Weide auf Domänenland allmäh-lich aufgehoben, indem Herren auf die Beweidung des Besitzes anderer verzichteten und Bauern Rechte an der Domänenbrache eintauschten für Allmende an anderen Stellen, in Wäldern oder Feldern.[79]

Der Zugang zu Weideland war für die Gutswirtschaft des 13. Jahrhunderts wichtig. Übertragungen von Weiderechten an Leicester Abbey sind überliefert. Thomas of Lincoln beispielsweise übertrug seine Weiderechte auf der Northinges Wiese der Abtei und ihren freien Bauern. Sein Sohn verlieh der Abtei Allmendweide-rechte auf einer Anzahl verstreuter Plätze in den Feldern von Barkby. Über die Herkunft dieser Wiesen, Weiden oder Weiderechte geben die Grund- und Zinsbücher keine Hinweise. Andere Nachrichten machen aber klar - so Hilton -, dass Wiese, Weide und Wald nicht immer als Zubehör zum Acker erworben wurden. Ebenso wurden Allmendweiderechte und Holznutzungen, statt als Anrechte eines Mitglieds der Dorfgemeinde auf das Ödland, als Teil der Eigenrechte des Herrn verliehen.[80]

---

[76] Birrell, Medieval Agriculture, 8 f.
[77] Frank Emery, The Oxfordshire Landscape, London 1974, 87.
[78] Hilton, Leicestershire Estates, 59 f.
[79] Roden, Field Systems, 334, 353.
[80] Hilton, Leicestershire Estates, 45, 57 f.

Nicht nur Nutzungsrechte wurden verliehen, sondern augenscheinlich auch individuelle und separierte Stücke von Wald und Weide, genau wie von Ackerland. Die Aufnahme der Besitzungen des Bischofs von Coventry und Lichfield von 1298 unterschied sorgfältig zwischen Sonder- und Gemeindeweide. Letztere lag in ausgedehnten Strecken von oft einigen hundert Morgen, erstere bestand gewöhnlich aus viel kleineren Stücken, obgleich es einen neu eingehegten Block von 280 Morgen in Rugeley gab.[81] Sonderbesitz unterlag den Allmendweiderechten, hatte aber den Vorteil von den gemeindlichen Viehauftriebbegrenzungen ausgenommen zu sein. Als das Hofgericht 1245 die Viehhöchstzahlen für Croxton festsetzte, nahm es die separierten Weiden, die zum Gut von Leicester Abbey gehörten, von der Regelung aus.[82]

Einhegungen von Strecken Weidelands für den ausschließlichen Nutzen des herrschaftlichen Viehs sind im 13. Jahrhundert in mehreren Fällen zu finden. 1231 klagte William, Sohn des Alexander von Sherington, ein Freisasse, dass John de Carun ihn seiner Allmendweide auf Land entlang der Olney-Landstraße beraubt habe, indem er ihm durch den Bau eines großen Dammes den Zugang versperrte. John argumentierte, dass niemand dort Allmende habe, da dieses Land seine Domäne sei und er damit tun könne, was er wolle. Die Jury entschied, dass das Land keine Domäne sei, da es niemals gepflügt oder gesät wurde, William in seinen Besitz wiedereinzusetzen und der Damm niederzureißen war.[83]

1274 gab es in Brigmerston (Wiltshire) zwei Weiden in Sonderbesitz, eine für 16 Ochsen und zwei Zugpferde und eine, auf der 1000 Schafe gehalten werden konnten; in Calstone gleichfalls zwei Sonderweiden, eine auf dem Hügel für Schafe und Ochsen und eine, auf der 350 Schafe das Jahr hindurch gehalten werden konnten; und in Rockley drei Sonderweiden, darunter eine für die Pflugochsen des Herrn und eine für 700 seiner Schafe. Abt William of Colerne von Malmesbury (1260-96), nachdem er den Domänenacker in kompakten Blöcken konsolidiert hatte, schritt fort Weideland umzupflügen oder Weiden abzuteilen und einzuhegen, auf denen die Bauern bisher Allmendrechte genossen hatten. Die Allmendweiden bei Malmesbury, Portmansheath und Burntheath wurden ihm von den Dörflern zur Kultivierung überlassen und mit Hecken und Gräben eingehegt.[84]

Schließlich machten die Herren exklusive Besitzrechte an Waldland durch die Einrichtung von Parks (emparking) geltend. Parks waren Jagdreviere, die sich von anderen - *forest*, *chase* und *warren* - dadurch unterschieden, dass sie vollständig eingehegt waren.[85] Parks wurden zum größten Teil von den großen adligen und

---

[81] Birrell, Medieval Agriculture, 16.

[82] R. H. Hilton, Medieval Agrarian History, in: The Victoria History of the County of Leicester, vol. 2, London 1954, 165.

[83] Chibnall, Sherington, 109.

[84] Scott, Medieval Agriculture, 11, 17.

[85] L. M. Cantor, The Medieval Parks of South Staffordshire, in: Birmingham Archaeological Society. Transactions and Proceedings 80 (1962), 1, 4 f.; ders., The Medieval Parks of Leicestershire, in: The Leicestershire Archaeological and Historical Society. Transactions 46 (1970/71), 9 f. - Er definiert *forest* als Gebiet unter königlichem *forest law*; *chase* als

kirchlichen Herren auf ihren zentralen Domänengütern eingerichtet; in South Staffordshire besaß der König die größte Zahl von Parks. Der Park war Teil des Domaniallandes des Grundherrn und bestand typischerweise in einem relativ kleinen Areal von 150 bis 300 Morgen unkultivierten Landes, stets gut bewaldet um dem Rotwild Schutz zu bieten und gewöhnlich Weide enthaltend. Das Land innerhalb des Parks diente einer großen Zahl von Nutzungen, von denen jedoch keine die Jagd auf das Rotwild hindern durfte. Parks konnten zusätzlich mit Fasanen, Rebhühnern und Niederwild besetzt werden und enthielten häufig Fischteiche.

Die meisten Parks entstanden zwischen 1200 und der Mitte des 14. Jahrhunderts, 29 von 39 Parks in South Staffordshire oder 29 von 34 in Leicestershire - also eben in der Rodungsperiode, als es den Herren darum ging sich Wildreservate zu sichern; oft wurden die noch übriggebliebenen Wald- und Weideflächen in Besitz genommen. Domesday Book 1086 nennt 35 Parks, im nächsten Jahrhundert kamen nicht viele hinzu. Vom Beginn des 13. Jahrhunderts an begann ihre Zahl schnell zu steigen und im frühen 14 Jahrhundert gab es vielleicht 3200 Parks, etwa ein Sechstel der Waldfläche Englands.[86]

Parks waren ein wertvolles Reservoir für Bauholz, Vieh wurde geweidet, Pferde gezogen, in einigen Monaten im Jahr Schweine gemästet und oft war Torf bedeutend. So bildeten sie einen integralen und nicht unwichtigen Teil der Gutswirtschaft. Die größten Flächen Grasland in den Chiltern Hills befanden sich in den zahlreichen Parks.[87] Im Needwood Forst, in dem die Bauern der umliegenden Güter Allmendweide hatten, hielten die Earls of Lancaster nicht nur eigenes Vieh, sondern hatten auch 1313/14 bestimmte Areale als Parks abgezäunt und die Weidenutzungen verpachtet, denn die ergiebigen Weiden waren ideal für die Sommermast des Viehs vor Schlachtung und Verkauf.[88] In vielen Fällen sind für die Parks von Leicestershire Einnahmen von Gras, Weide und Schweinemast verzeichnet.[89]

Einige große Parks wie Hatfield (Hertfordshire) 1251 oder Enfield (Middlesex) 1336 hatten Allmendrechte, aber in der Regel war ein Park unter uneingeschränkter Kontrolle seines Besitzers. Wenn sie Parks anlegten, suchten die Herren die bestehenden Allmendrechte aufzuheben. John de Lucy hatte die Weiderechte der benachbarten Freisassen auszukaufen, bevor er nach 1307 im Tal Wythop (Cumbria) einen Park einhegen konnte. Der Abtei Cumbermere und ihren Bauern in

---

Jagdgebiet, das einigen wenigen hohen adligen und kirchlichen Herren in ihren Besitzungen zu schaffen erlaubt war, ähnlich dem Forst und häufig auch so genannt; *free warren* als das Recht Niederwild zu jagen, das in der Mitte des 14. Jahrhunderts alle Herren genossen: ebd., 9 f.

[86] Cantor, Staffordshire, 3; ders., Leicestershire, 12; Rackham, Ancient Woodland, 195; Stamper, Woods, 140.

[87] Cantor, Staffordshire, 5; Roden, Field Systems, 327.

[88] Jean R. Birrell, The Forest Economy of the Honour of Tutbury in the Fourteenth and Fifteenth Centuries, in: University of Birmingham Historical Journal 8 (1962), 118 f.; Birrell, Medieval Agriculture, 11.

[89] Cantor, Leicestershire, 14, 21.

Staffordshire drohte in der Mitte des 13. Jahrhunderts der Verlust ihrer Holzrechte in Tyrley, u.a. wegen der Schaffung von Parks durch die Botillers, die die Allmendnutzer ausschließen wollten. Bestimmte Allmendrechte blieben schließlich erhalten und wurden ausführlich in einer Reihe von Vergleichen zwischen der Abtei und den Botillers beschrieben, aber im Ganzen sahen die Bauern der Abtei ihre Rechte eingeschränkt.[90]

Die Parks, die zu Symbolen des Vorrechts der Herren wurden Land in ihre exklusive Nutzung zu nehmen, forderten Angriffe heraus. In der Folge finden sich in den gerichtlichen Dokumenten Dutzende von Vorfällen, dass Gruppen von Männern Palisaden einrissen, Hirsche töteten und Teiche leerten. Henry de Beaumont klagte, als er um 1330 in den Besitz von Loughborough gekommen war, dass Übeltäter in seinem Park Rotwild jagten, seine Bäume schlugen und wegschafften. Robin Hood mag eine Legende gewesen sein, aber in den 1280ern gab es im Feckenham Forst einen Räuber mit dem sprechenden Namen Geoffrey du Park, dessen Bande zu Zeiten hundert Mann zählte und sich in einem Bollwerk in Gannow (Gloucestershire) festsetzte; typisch war die Anwesenheit eines abtrünnigen Priesters und, dass sich ihr bei einigen Raubzügen Kleinadlige anschlossen. Die Bande mordete, brannte und plünderte auf der Landstraße und in Dörfern, die Reichen genauso wie die Armen.[91]

Die Schafhaltung nahm im 13. Jahrhundert einen bedeutenden Umfang an. Das Lösegeld, das um 1200 für Richard Löwenherz ausgehandelt wurde, war auf der Basis einer Wollabgabe von 50 000 Sack kalkuliert, was den Vliesen von über sechs Millionen Schafen entsprach. In den folgenden Jahrzehnten hatte der Wollexport vor allem nach Flandern einen möglichen Umfang von 30-50 000 Sack pro Jahr.[92] In Wiltshire, das nach der Bevölkerungszahl nur an zehnter Stelle der englischen Grafschaften stand, nach der Steuerleistung aber an vierter, zogen auf den großen weltlichen und geistlichen Grundbesitzungen Herden von mehr als tausend Schafen von Gut zu Gut bei zentraler Organisation des Wollverkaufs. Von 1247 ist überliefert, dass ein Walter le Flendre die Wolle auf dem Gut Fonthill Bishop aufkaufte; sein Name deutet den direkten Verkauf für den ausländischen Markt an.[93]

Die Zisterzienserabteien Coxdon und Dieulacres lieferten - nach einer Liste zu urteilen, die der Florentiner Pegalotti im frühen 14. Jahrhundert über die Wollerzeugung der englischen und schottischen Klöster aufstellte - jährlich Wolle von 7200 bzw. 4800 Schafen; inbegriffen sind darin wohl die Zehntabgaben der bäuerlichen Hintersassen und die Aufkäufe der Abtei bei ihnen. Dabei war Staffordshire nie unter den ersten Wolle produzierenden Grafschaften. Der Bischof von Coventry und Lichfield hielt 1307/08 mehrere hundert Schafe auf jedem seiner Güter, die größte Herde von 700 Stück in Haywood. Hier wurde die Wolle von seinen Gutshöfen in

---

[90] Rackham, Ancient Woodland, 191; Winchester, Landscape, 40; Birrell, Common Rights, 48.
[91] Dyer, Documentary Evidence, 24; Cantor, Leicestershire, 22; Stamper, Woods, 143.
[92] Postan, Medieval Economy, 213 f.
[93] W. G. Hoskins, Economic History, in: The Victoria County History of Wiltshire, vol. 4, London 1959, 1; Scott, Medieval Agriculture, 20.

Staffordshire und Shropshire gesammelt und an Kaufleute aus London verkauft, die die bischöflichen Besitzungen aufsuchten.[94]

Noch bemerkenswerter war die Existenz von bäuerlichen Schafherden, die sich in manchen Grundherrschaften auf über tausend Stück summierten. In sieben Dörfern in Wiltshire, für die es Zahlen gibt, besaßen die Bauern viermal so viele Schafe wie ihre klösterlichen Grundherren, an manchen Orten siebenmal so viele. Die Abtei Shaftesbury hielt auf dem Gut Tisbury nur 250 Schafe, die bäuerliche Herde zählte 1333 Schafe. 1225 besaßen in dem Dorf Martin bei Damerham 77 von 85 Bauern Schafe, zusammen hatten sie 2585 Stück; in Damerham selbst 61 von 122 Bauern zusammen 1265 Schafen. Jeder besaß zwischen zehn und 58 Stück, in Martin scheinen unter ihnen aber einige wohlhabendere Schafzüchter gewesen zu sein. In Alrewas (Staffordshire) wird Besitz von 80, 100 und 160 Schafen genannt, wiewohl Bestände von 10 oder 20 wohl weit eher üblich waren.[95]

Die Erosion der Ödländer schritt sowohl wegen der Ausweitung des Ackerbaus wie auch wegen der Suche nach Weideland für das Vieh fort. Je mehr versucht wurde die Nutzungsintensität dieser Länder zu heben, desto mehr wurden die Heiden, Wälder und Ödländer die Schauplätze von Auseinandersetzungen, da die von der Geldentwertung bedrohten Herren bestrebt waren ihre Einkünfte zu steigern.

Die Reaktion darauf waren das *Statute of Merton* von 1236 und das *Statute of Westminster* von 1285. Das *Statute of Merton* bestimmte, dass Grundherren, die das Ödland verbessern („improve") - d.h. einhegen - wollten, das Recht ihrer Bauern auf ausreichend Weide auf dem Ödland, soweit sie zur Erhaltung ihrer Landwirtschaft notwendig war (*rights appendant*), zu beachten hatten. Weiterhin Möglichkeiten des Zugangs und Ausgangs nicht hindern, auch die Ausübung anderer Allmendrechte wie Holznutzung oder Torfstich nicht verletzen durften. Das *Statute of Westminster* dehnte den Grundsatz der ausreichenden Weide auf Personen aus, die nicht Hintersassen waren, aber das Recht der Nutzung des Ödlandes verliehen bekommen oder gewohnheitsmäßig hatten (*rights appurtenant*). Es hinderte auch die Schaffung von neuen Allmendrechten, außer durch besondere Verleihung durch einen Herrn.[96]

Das *Statute of Merton* wird in der Forschung unterschiedlich beurteilt. Hilton bemerkt, es habe die Rechte der Herren über das Ödland bestätigt, aber auch bestimmt, dass den freien Bauern ausreichend Allmendweide übrig zu lassen war; freilich hätten sich häufiger die Herren wegen ihres Rechts das Land zu verbessern, als die Bauern um ihre Allmendrechte zu schützen, darauf berufen. Thirsk sieht in dem Statut eine erste milde Gesetzgebung gegen Einhegungen; aber seine Unbestimmtheit hätte endlose Kontroversen verursacht, wie viel Land ausreichend für das Vieh der Bauern sei. Birrell stellt eine rechtliche Besserstellung der Herren fest, aber

---

[94] Birrell, Medieval Agriculture, 9, 23.

[95] Hoskins, Economic History, 1; Scott, Medieval Agriculture, 28; Birrell, Medieval Agriculture, 32.

[96] Taverner, Common Lands, 6 f., 111 f., 114, 116.

auch eine bessere Klagemöglichkeit für die Bauern.[97] Christopher Dyer meint, dass sich damit die Waage zugunsten der Herren geneigt habe, denen es mehr Macht über Ödländer, Wälder und Weiden gab, da sie als Überschuss über die unmittelbaren Bedürfnisse der Bauern betrachtet wurden.[98]

(Wie dem auch sei, das *Statute of Merton* scheint mit seiner Formulierung, dass die Grundherren das Ödland und die Wälder in dem Maße mit Beschlag belegen können, wie ausreichend Nutzungen für die Allmendberechtigten übrig bleiben, den Grundsatz der mittelalterlichen Allmendbesitznahme formuliert zu haben, der auch anderwärts im feudalen Europa gültig war.[99] Dass beide Seiten die Bestimmung zu ihrem Vorteil auslegten und die konkrete Festlegung, was als ausreichende Allmendnutzung anzusehen sei, im Einzelfall umstritten war, ist keine Frage. Vielmehr blieb die Klärung von den jeweiligen wirtschaftlichen Umständen und den sozialen Kräfteverhältnissen abhängig.)

Die Problematik, die diese Gesetzgebung motivierte, zeigt sich in folgenden Konflikten: 1221 wurden nicht weniger als vier Einhegungsstreitigkeiten in Yardley vor die - durch das Land reisenden - königlichen Richter in Worcester gebracht.[100] Thomas of Swaneshurst klagte gegen 19 seiner Nachbarn wegen Besitzentzug bei seiner freien Bauernstelle. Er hatte eine Rodung auf dem Ödland gemacht, eine private Einhegung, aber die 19 hatten seine Hecken niedergerissen. Es war schon so viel abgeholzt worden, dass nach Meinung der Bauern ihre Versorgung mit Weide ernstlich bedroht war. Die 19 Beklagten gaben an, dass einige Jahre zuvor eine Jury vor König John in Nottingham festgelegt hatte, wo und innerhalb welcher Grenzen sie Allmende haben sollten. Weil aber hernach Thomas „innerhalb der umgangenen Grenzen" Hecken errichtete, hätten sie diese niedergerissen. Darauf antwortete der Grundherr Ralf de Limesi, der Thomas vertrat, er erkenne vollständig an, dass sie Allmende auf dieser Weide hätten, Recht in Arden sei allerdings, wenn da eine große Weide sei, dass derjenige, dem sie gehört, sehr wohl Hecken und Gräben innerhalb dieser Weide anlegen und Bauten vornehmen könne, „wofern sie nicht in ihrem Aus- oder Eingang oder zu ihrem Schaden seien". Die Bauern entgegneten, der Wall sei in ihrem Ausgang, und sie hätten von der vorgenannten Jury diese Allmende in der Weise zugesprochen bekommen, dass er keine Bauten oder Wälle in irgendeinem Teil dieser Allmende anlegen könne, da die Jury diejenigen, die damals errichtet worden waren, hatte niederreißen lassen.

In den anderen Fällen, die am gleichen Gerichtstag verhandelt wurden, wurden die Bauern beklagt eine Hecke in Yardley zum Schaden von Walters, Richards Sohn, freier Bauernstelle niedergerissen zu haben; und ebenso einen Wall zum Schaden von Richards, Sohn von Edwin, freier Bauernstelle; was sie in gleicher Weise

---

[97] Hilton, Medieval Agrarian History, 180 f.; Thirsk, Enclosure, 361; Birrell, Common Rights, 42-44, s.o. S. 155 f.

[98] Christopher Dyer, Documentary Evidence: Problems and Enquiries, in: Grenville Astill/ Annie Grant (eds.), The Countryside of Medieval England, Oxford 1988, 23 f.

[99] Vgl. das Reichsweistum von 1291, s.o. S. 8.

[100] Skipp, Yardley, 26-28, 34.

rechtfertigten wie im obigen Falle des Thomas of Swaneshurst. Die Grundherren ermutigten die Rodungen, da sie ihnen neue Einnahmen brachten. Und die gingen weiter. 1332 rissen die Männer von Yardley, King's Norton und Solihull, die „seit unerdenklichen Jahren gemeinsame Allmende" mit allem Vieh auf der Weide von Kyngesnorton Wode gehabt hatten, einen Wall ein, der von Roger de Motimer, dem Herrn von King's Norton, zu ihrem Nachteil errichtet worden war. Die Bauern wurden mit einer Strafe von £ 300 belegt, die später auf 20 Mark ermäßigt wurde.

Geoffrey de Campville verklagte 1284 die Männer von Newton Solney, die „vi et armis" nach Clifton Campville gekommen waren, seine Hafersaat von ihrem Vieh, ihren Pferden und Schweinen hatten niedertrampeln lassen und ihm damit einen Schaden von £ 100 zufügten. Die Beklagten entgegneten, das Land gehöre zu ihrer Gemeindeweide in dieser Dorfschaft und riefen eine Jury an, die vom Sheriff von Staffordshire bestellt wurde. Die Richter stellten fest, dass Geoffrey de Campville der Herr des fraglichen Ödlandes war; dass die hörigen Bauern des Richard de Herthull in Newton Solney, und desgleichen viele andere, seit undenklichen Zeiten gewohnt wären auf dem Stück der Heide, wo der Hafer ausgesät wurde, mit allen Arten Vieh Allmende zu haben, und zwar gegen fixierte Dienste, die sie Geoffrey de Campville leisteten. Diese bestanden darin Geoffreys Land in Clifton an einem Tag im Frühjahr mit zwölf Pflügen umzupflügen und sein Getreide an einem Tag im Herbst zu schneiden.[101]

Der Streit flammte im Jahr 1300 wieder auf, als die Männer von Newton mit Schwertern, Pfeil und Bogen bewaffnet 70 Schweine, Ochsen und Kühe, die er durch seinen Knecht hatte pfänden lassen, weil sie seine Getreidesaat abgeweidet hatten, befreiten. 1306 brachte Geoffrey erneut an, dass die Leute bei drei Gelegenheiten „vi et armis" zur Heide von Clifton gekommen waren und sein Getreide, Weizen, Roggen und Hafer, im Wert von £ 300 von ihrem Vieh hatten niedertreten lassen. Da Richard und seine hörigen Bauern ausreichende Weide auf dem Ödland hätten, hätte er Stücke davon verbessert, was rechtmäßig sei. Er hätte das Stück drei Jahre lang ruhig besät und die Früchte geschnitten, ohne von jemandem daran gehindert worden zu sein. Die Beschuldigten, vertreten durch Richard de Herthull, stellten einen Übergriff in Abrede, da sie und ihre Vorfahren für die Dienste, die sie Geoffrey leisteten, Allmendweide an den angegebenen Plätzen hatten. Die Jury stellte fest, dass Geoffrey wiederholt Teile des Ödlandes an verschiedenen Stellen gepflügt und gesät hätte und Richard ihn zusammen mit anderen, die Allmende darauf beanspruchten, in der Vergangenheit immer daran gehindert habe. Zu der Frage, ob Richard und seine Hörigen freien Zugang zu ausreichender Weide hätten, urteilte die Jury, das hätten sie nicht. Geoffreys Klage wurde daher abgewiesen.

Die Argumentation der Konfliktparteien zeigt: die einen sahen es als rechtmäßig an Zäune und Hecken zu zerstören, Saat und Getreide abzuweiden, da das fragliche Land Allmende sei, auf deren Nutzung sie einen Rechtsanspruch hätten;

---

[101] Collections for a History of Staffordshire, vol. 6, part 1, London 1885, 132 f.; ebd., vol. 7, part 1, 74 u. 169. - Birrell, Medieval Agriculture, 7.

dieses Vorgehen war vor Gericht als Mittel anerkannt den Rechtsanspruch aufrecht-zuerhalten, damit er nicht durch Duldung verjähre. Die andere Seite berief sich auf das Recht des Grundherrn den Boden zu verbessern, also auf das *Statute of Merton*. Ausschlaggebend wird die Klausel darin, dass den Berechtigten noch ausreichend Allmendland für ihre Bedürfnisse übrig bleibe.

Die Bauern von Skeffington wurden 1301 vom Abt von Croxton angeklagt bei Nacht seinen Zaun nieder- und Bäume mit den Wurzeln herausgerissen zu haben. Sie wurden vor Gericht vom Prior von Launderten. Er gab an zu seinen Bauern-stellen in diesem Dorf gehöre Allmendweide in der Heide des Dorfes. Der Abt habe den größten Teil der Heide, etwa 80 Morgen, mit einem Zaun eingehegt, umgepflügt und den freien Zugang zur Allmende verhindert; außerhalb der Einhegung gäbe es nicht ausreichend Allmendweide. Daher habe er den Zaun niederlegen lassen, wie es rechtmäßig sei. Alle Beklagten erklärten, nichts gegen den Frieden getan zu haben. Der Abt entgegnete, dass er der Grundherr der Allmende (lord of the soil of the com-mon) sei, dass er einen Flecken von einem halben Morgen dieser Allmende mit einem Zaun und Baumpflanzungen eingehegt habe um einen Schafpferch zu bauen.[102]

Am Ende des 13. Jahrhunderts hatte sich die kultivierte Fläche beträchtlich ausgedehnt, die Bevölkerung zugenommen. Insbesondere aus der zweiten Hälfte des 13. Jahrhunderts gibt es Zeugnisse von Rodungen bedeutenden Ausmaßes durch Herren und Bauern.[103]

Das trifft selbst für den Norden Englands zu. In den Forsten von Cumbria reservierten sich die Herren die oberen Bereiche der Täler, wo es ausgedehnte Weidehänge und in den Talniederungen gut bewässerte Heuwiesen gab. Sie wurden entweder als Sonderweiden geführt, von denen Einnahmen aus der Vergabe der Weidenutzung erzielt wurden, oder es wurden gutsherrliche Viehhöfe angelegt. 1253/54 beispielsweise gab es eine Hegung am Rand des Greystoke Forsts, „die niemand betreten soll ohne die Erlaubnis des Herrn und in der 60 Tiere jährlich gehalten werden sollen." Diese gutswirtschaftliche Ausbeutung der Hochlandweiden und -wiesen in den Forsten von Cumbria durch weltliche oder geistliche Herren war von einer ganz anderen Größenordnung als die kleinteilige Kolonisation. Die Täler des Lake Districts waren dicht bevölkert, neue Siedlungen hatten die Ödlandweide für das Vieh der Gemeinden eingeschränkt und Tieren in größerer Zahl auf die ver-bliebenen Weiden gebracht. Im späteren 13. Jahrhundert sprudelte der so entstande-ne Druck in Streitigkeiten zwischen Nachbarn über und mündete oft in Abmachun-gen, die eine weitere Kolonisierung beschränkten. Z.B. führte Weideknappheit in der Gegend nördlich von Ulverston zu Reibungen zwischen den Einwohnern der Stadt und den Bauern der benachbarten Siedlungen Egton und Scathwaite. 1276 wurde eine Übereinkunft getroffen, die jeder Gemeinde weitere Rodungen verbot.[104]

---

[102] George F. Farnham, Leicestershire Medieval Village Notes, vol. 5, Leicester 1931, 133; Hilton, Medieval Agrarian History, 180. Der Ausgang des Falls ist nicht mitgeteilt.
[103] Birrell, Medieval Agriculture, 6 f.
[104] Winchester, Landscape, 42 f.

Die Gemeinden im Wychwood Forst (Oxfordshire) machten keinen Gebrauch mehr von den Rodungen, die ihnen ein Umgang von 1300 eigentlich ermöglichte. Der wahrscheinliche Grund war der damit verbundene Verlust ihrer Allmendrechte in den königlichen Wäldern.[105]

Die extensive Rodungs- und Kultivierungstätigkeit, die immer stärkere Ausweitung des Getreideanbaus, die ein starkes Anwachsen der Bevölkerung möglich machte, einerseits, die herrschaftlichen Einhegungen der verbliebenen Flächen an Wäldern und Heiden andererseits, führten zu einer Reduzierung des bäuerlichen Weidelandes, die die Viehhaltung beeinträchtigte. Damit aber war die Balance von Ackerbau und Viehzucht gefährdet, da Düngermangel die Ernteerträge minderte. Das Vieh, das kein qualitativ ausreichendes Futter fand, wurde anfälliger für Seuchen, und auf Missernten folgten steigende Todesraten. Möglicherweise ist hierin - so Hilton - die Erklärung für die Bevölkerungskatastrophe des 14. Jahrhunderts zu finden.[106]

Wüstungen und Schafweide im 14. Jahrhundert

E. le Roy Ladurie hat darauf aufmerksam gemacht, dass die englischen Wüstungen eine Sonderstellung innerhalb Europas einzunehmen scheinen. Während die kontinentalen Wüstungen im Kontext des Bevölkerungsrückgangs und der fallenden Getreidepreise seit dem 14. Jahrhundert gesehen werden, werden englische Wüstungen durch die Interpretation M. W. Beresfords mit den Einhegungen nach 1450 durch die Grundherren, die von der Weidewirtschaft zu profitieren suchten, in Verbindung gebracht. Christopher Dyer suchte demgegenüber den Anschluss an die europäische Wüstungsforschung und stellt langfristige Veränderungen in der Landnutzung, der Bevölkerung und der Sozialstruktur als Voraussetzungen für die Einhegungen dar. Er untersuchte zu diesem Zweck Wüstungen in den West Midlands zwischen 1320 und 1520.[107]

Das 14. Jahrhundert war erfüllt von Viehseuchen, Ernteausfällen, Hungersnöten und Pestwellen, die Europa in eine ökonomische Depression stürzten. Nach der großen Hungersnot von 1315-17 und den Viehseuchen der 1320er Jahre findet man in den Gutsarchiven eine zunehmende Zahl von Hinweisen auf Land, das unkultiviert blieb oder unfruchtbar war, auf wegen Armut und Untüchtigkeit der Bauern aufgegebene Bauernhöfe. Bereits 1337 gibt es für Stratford-upon-Avon einen Hinweis auf Weidegrundstücke, „die vormals Ackerland waren". Andererseits wurde in Staffordshire der Mangel an Vieh beklagt, wofür Viehseuchen und Kriegsver-

---

[105] Schumer, Wychwood, 47 f.

[106] Hilton, Crise général, 27, 30.

[107] Christopher Dyer, Deserted Medieval Villages in the West Midlands, in: EconHR 2nd ser. 35 (1982), 19-34, 19. Dyer führt Hiltons Konzeption fort, vgl. Abel, Agrarkrisen, 90; ders., Strukturen, 17.

wüstungen verantwortlich gemacht wurden. Zu erklären ist das möglicherweise durch die vorherige Überausdehnung der Ackerkultur, auch durch Mangel an Betriebsmitteln infolge hoher Rentenforderungen und häufiger Steueranlagen. Die Zeugnisse für Wüstungen werden nach der Pest von 1349 reichhaltig. In Alveston (Warwickshire) waren im September 1350 27 von 83 und in Weston-juxta-Cherington 1355 elf von 26 Bauerngütern „in Händen des Herrn". Eine baldige Erholung wurde durch eine zweite Epidemie 1361/62 gehemmt. Am Ende des 14. Jahrhunderts gab es überall in Staffordshire Land außer Nutzung, altes Ackerland, das als Weide verliehen war, und verfallene Bauernhäuser in den Dörfern. 1398/99 trug eine Kätnerstelle in Yardley (Worcestershire), ehemals William Mullwards, wüstliegend auf der Allmende, nur 8 d im Jahr ein. 1407/08 nahm der Vogt von William Watecroftes Gut in le Lee nichts ein, „weil es auf der Allmende liegt".[108]

Der Bevölkerungseinbruch betraf alle Siedlungen, manche waren jedoch bald wieder aufgefüllt, während andere verschwanden. Oft zog sich der Wüstungsprozess mit nach und nach abnehmender Zahl besetzter Stellen lange bis ins 15. Jahrhundert hin. Die Wüstungen betrafen nicht in erster Linie neu gerodete Plätze oder solche mit schlechten Böden; die meisten von der Wüstung betroffenen Orte hatten Böden durchschnittlicher Qualität. Vielmehr waren Gegenden mit einer hohen Siedlungsdichte besonders stark betroffen, die wüsten Orte waren kleiner als der Durchschnitt, sie waren von geringerer Bedeutung und nicht die Hauptorte ihrer Pfarrei.[109]

Ein lokales Beispiel für das Verhältnis von Wüstung und Schafhaltung hat Hilton mit dem wüsten Dorf Upton in den Cotswolds beschrieben.[110] Upton gehörte zum großen Gutsbezirk von Blockley, der Teil der Besitzungen des Bischofs von Worcester war. Der Gutsbezirk war deckungsgleich mit dem Pfarrbezirk. Charakteristisch für die Ökonomie der Cotswolds war die enge Verbindung von Ackerbau und Schafhaltung. Die Bauern waren in erster Linie Ackerbauern, daneben Schafzüchter. Zum Gut gehörte eine Ackerdomäne, aber am Ende des 13. Jahrhunderts war, besonders in Upton, Schafhaltung vorherrschend. Die Herden des Bischofs zogen über alle seine Besitzungen von Gut zu Gut. In Upton hatte die Domäne Weide für 500 Schafe, aber es gab keine separierte Weide wie in Blockley, sondern die bischöflichen Schafe weideten gemeinsam mit denen der Bauern. Blockley war der Mittelpunkt der bischöflichen Schafwirtschaft, alle Herden wurden zur Schafschur dorthin gebracht.

Im dritten Viertel des 14. Jahrhunderts wurde Upton wüst. Infolge des Bevölkerungsrückgangs, der sicher den ganzen Bezirk betraf, waren die kleinen Gemeinden nicht mehr lebensfähig. Die übrig gebliebenen Familien werden nach

---

[108] Dyer, Deserted Villages, 22 f., ders., Warwickshire Farming, 6 u. 10; Birrell, Medieval Agriculture, 37 f.; Skipp, Yardley, 80.
[109] Dyer, Deserted Villages, 22 f., 33.
[110] R. H. Hilton/P. A. Rahtz, Upton, Gloucestershire, 1959-1964, in: Transactions of the Bristol and Gloucestershire Archaeological Society 85 (1966); der Beitrag von Hilton ebd., 73-86.

Blockley gezogen sein. Der Bischof füllte die Lücke, die durch die schwindende Zahl bäuerlicher Bewohner entstand, mit Schafen. Man findet Hinweise auf eine Zahl von Weideländern, die früher an Bauern verliehen waren, von denen es keine Geldeinnahmen mehr gab, weil sie für die Weide der bischöflichen Schafe, Zugpferde und -ochsen genutzt wurden. Es wurden Ausgaben für den Bau eines großen neuen Schafstalls in Blockley und für den Kauf von Schafen verzeichnet.

Während im 14. Jahrhundert der britische Wollexport von 30 000 Sack pro Jahr auf wenig mehr als ein Drittel dieses Volumens zurückging, stieg der Tuchexport von nur ein paar tausend auf 50 000 Sack jährlich bis zur Mitte des Jahrhunderts an und hielt sich auf diesem Niveau bis ins 15. Jahrhundert. Die Fabrikation von standardisiertem Tuch geriet in den Städten in Verfall und verlagerte sich auf das Land, wo es Wasserkraft zum Betreiben der Walkmühlen gab und wo Dorfweber verlegt wurden.[111] 1341 wurde die Schafzucht als Haupterwerbszweig der Einwohner von Stafford und Newcastle bezeichnet. Was die bäuerliche Schafhaltung angeht, werden 1353 im Gutsbezirk von Stockton (Wiltshire) anlässlich von Feldfreveln Bauern mit 12, 20 und 40 Schafen genannt; 1356 bußte ein Bauer für 50 Schafe, ein zweiter für 40 Schafe, zwei andere hatten ebenfalls 40 Schafe und weitere drei Bauern je 60 Stück.[112]

Bei fallenden Getreidepreisen lohnte die direkte Bewirtschaftung der Gutsdomänen nicht mehr. Bereits im frühen 14. Jahrhundert gibt es Anzeichen für einen Rückzug aus der direkten Bewirtschaftung der Gutsdomänen. Die meisten Herren machten weniger Gebrauch von den bäuerlichen Frondiensten, die schon in der ersten Hälfte des Jahrhunderts auf vielen Gütern in Warwickshire nicht mehr die Hauptverpflichtung der Bauern waren. Flucht, schlechte Verrichtung der Fronarbeit, Leistungsverweigerungen waren in der zweiten Hälfte des Jahrhunderts verbreitet. Um 1400 wurden die Renten fast vollständig in Geld entrichtet, Frondienste in Geld angeschlagen. So war man auf die Beschäftigung von Lohnarbeitern angewiesen, deren Zahl ebenfalls zurückgegangen war. Die Löhne stiegen im Laufe des Jahrhunderts erheblich, es wurde versucht, sie durch die *Ordinance of Labourers*, bezeichnenderweise im Juni 1349 erlassen, und die nachfolgende Lohngesetzgebung niedrig zu halten. Dies wiederum bewirkte eine schlechte Arbeitsmoral. Die Produktivität der Ackerwirtschaft auf den Gütern war gering. Der Abschied von der Gutswirtschaft ging langsam vor sich. Schlecht nutzbares Land wurde stückweise an Bauern verliehen, schließlich auch ganze Güter, beispielsweise eine Domäne an 29 Bauern. Oder das Land wurde für Schafhaltung genutzt, zumal diese wenig arbeitsintensiv, die Arbeitskosten gering waren.[113]

Die zurückgehende Intensität der Domänenwirtschaft zeigt sich in Sherington (Buckinghamshire), wo Weiderechte auf dem Domänenacker, der im 13.

---

[111] Postan, Medieval Economy, 217 f.; Trevelyan, Sozialgeschichte, 45, 91 f.

[112] Birrell, Medieval Agriculture, 10; Scott, Medieval Agriculture, 27.

[113] Birrell, Medieval Agriculture, 19, 42, 44; Dyer, Warwickshire Farming, 8 f., 13-16; Scott, Medieval Agriculture, 39 f.

Jahrhundert eingehegt worden war, gegen Zahlung an verschiedene Bauern vergeben wurden; 1374 aber wurde festgestellt, das Domanialland sei in der Brache nichts wert, ein sicheres Anzeichen, dass es Objekt der Allmendweide geworden war.[114]

Der Bevölkerungsrückgang bewirkte eine vertikale Aufwärtsbewegung in der ländlichen Gesellschaft, indem Kätner in freie Bauernstellen einrückten und landlose Leute Katen übernahmen. Es gab eine große Mobilität, Abgänge und Zugänge in einer Grundherrschaft. Wüste Stellen befanden sich oft nur kurze Zeit in der Hand des Grundherrn und wurden bald wieder übernommen. Offenbar waren aber Landlose oft nicht in der Lage oder willens Kleinstellen zu übernehmen, denn insgesamt sank die Zahl der Kleinbauern, in Barton (Staffordshire) z.B. von knapp der Hälfte auf gut ein Drittel der Bauernstellen im Laufe des Jahrhunderts.[115]

Innerhalb der Bauernschaft kam es zu einer Besitzkonzentration. Charakteristisch war, dass Bauern zu ihrem herkömmlich unteilbaren Hufenbesitz, den sie als ehemalige Hörige bewirtschafteten (customary holdings), grundstücksweise Boden hinzupachteten oder verliehen bekamen. Das war Rodungsland, das von Anfang an zu Geldrente und für kürzere Fristen verliehen worden war, oder Domanialland, das in Teilen verpachtet wurde. Möglich wurde diese Entwicklung, weil infolge der Durchsetzung der Geldrente ein Grundstücksmarkt entstanden war. In Winterbourne Earls (Wiltshire) beispielsweise besaß ein Halb-Hüfner 1363/64 zusätzlich mehrere Parzellen Land und hatte Weide für 70 Schafe auf den Allmenden. Gerade vom Wollverkauf hatten viele Bauern das Geld, zusätzliches Land zu pachten. Die großen Bauernhöfe konnten nur mit Lohnarbeitern betrieben werden. Eine Kopfsteuerliste von 1381 aus Leicestershire weist 28 % Lohnempfänger aus, Pflüger, Arbeiter, Gesinde - kaum weniger als 1524/25.[116]

Die größeren Bauern wurden von einer Entwicklung begünstigt, die für die Grundherren im 14. Jahrhundert den Fall der Renten bedeutete. Dieser langfristige Trend, der sich im 15. Jahrhundert noch ausgeprägter fortsetzte, machte sich zunächst bei dem grundstücksweise verliehenen Land deutlich bemerkbar. Beim Hufenbesitz versuchten die Herren das herkömmliche Abgabenniveau aufrechtzuerhalten. Zunehmend waren diese Renten jedoch nicht eintreibbar, entweder weil die Bauern zu arm waren oder weil sie sich offensichtlich weigerten, die mit feudaler Macht hoch gehaltenen Renten zu zahlen.[117]

---

[114] Chibnall, Sherington, 170.

[115] Scott, Medieval Agriculture, 39; Skipp, Yardley, 65; Birrell, Medieval Agriculture, 39; Dyer, Warwickshire Farming, 6 f.

[116] R. H. Hilton, Kibworth Harcourt: A Merton College Manor in the Thirteenth and Fourteenth Centuries, in: W. G. Hoskins (ed.), Studies in Leicestershire Agrarian History, Leicester 1949, 34-38; ders., Medieval Agrarian History, 185-187; Scott, Medieval Agriculture, 27, 29, 36, 41.

[117] R. H. Hilton, A Rare Evesham Abbey Estate Document, in: Vale of Evesham Historical Society. Research Papers 2 (1969), 6-9; ders., Leicestershire Estates, 95-105; ders., Kibworth Harcourt, 39.

Selbst in der Depression des 14. Jahrhunderts sieht Hilton zukunftsweisende Elemente in Erscheinung treten: die Bildung einer bäuerlichen Oberschicht und die fortgeschrittene Entwicklung der Textilindustrie auf dem Land.[118] (Nicht zuletzt wäre zu nennen das gezwungenermaßen bessere Verhältnis von Acker- zu Weideland.)

Die englische Landgemeinde

Wenn - meinte Hilton - die englischen Bauerngemeinden den Angriffen der Grundherren im 13. und 14. Jahrhundert erfolgreichen Widerstand entgegensetzten, im 15. und 16. Jahrhundert aber die Einhegungen nicht zu verhindern vermochten, hätten ökonomische und soziale Veränderungen die Gemeinde zerstört haben müssen.[119] Daher ist es an dieser Stelle angebracht auf die Grundzüge der englischen Landgemeinde einzugehen.

Das Dorf ging dem Gut voraus. Die Gutsherrschaften, die vom englischen und normannischen Adel geschaffen worden waren, hatten die natürlichen wirtschaftlichen Einheiten, die Dörfer und Weiler, überlagert, ohne ihre Einheit aufzubrechen. Denn in der Mehrzahl der Fälle fiel das Dorf nicht mit einer einzigen Gutsherrschaft zusammen. So alt wie die Gemeinde selbst, und ursprünglich der Hauptzweck kommunaler Organisation, muss das gemeinsame Handeln bei der Urbarmachung von Land und beim Schutz und der Verteidigung von Allmendrechten gewesen sein. Diese Notwendigkeiten bestanden fort und verlangten gemeindliches Handeln das ganze Mittelalter hindurch. Wenn, wie öfters zu lesen ist, große Stücke Land in diesem oder jenem königlichen Forst gerodet und von den benachbarten Dörfern gemeinsam gehalten wurden, ist eine kommunale Organisation die Voraussetzung gewesen. Etwa wenn einer Gemeinde im 13. Jahrhundert in der Grundherrschaft von Yarnfield (Wiltshire) die Freiheit gewährt wurde 50 Morgen Heide zu roden, zu bestellen und einzuhegen. Wenn von der Landgemeinde die Rede ist, in den Quellen *vill* genannt, ist nichts über die Siedlungsform ausgesagt, sie konnte aus einem Dorf oder einer Gruppierung von verstreuten Weilern und Höfen bestehen. Während es in den Ackerbaugegenden seit dem 10. Jahrhundert Belege für die Existenz von abgegrenzten Gemeindegebieten gibt, wurden in Wald- und Hochlandgegenden, beispielsweise im bewaldeten Norden von Worcestershire, erst im 13. Jahrhundert genaue Grenzen zwischen den Gemeinden festgelegt.[120]

Die eng miteinander verflochtene Wirtschaftsweise brachte einen starken Sinn für gemeinschaftliche Bindungen unter den Gemeindeangehörigen hervor, der

---

[118] Hilton, Crise général, 30.

[119] Hilton, Pre-history, 173; s.o. S. 140 f.

[120] C. C. Dyer, Power and Conflict in the Medieval English Village, in: Della Hooke (ed.), Medieval Villages. A Review of Current Work, Oxford 1985, 28 f., 31 f.; Hilton, Medieval Agrarian History, 156; Postan, Medieval Economy, 132; Scott, Medieval Agriculture, 10.

sich in Gewohnheiten ausdrückte. Das Herkommen bestimmte eine ganze Reihe von gemeindlichen Belangen, von der Form der Vererbung und den Besitzrechten der Witwen bis zu praktischen Einzelheiten des Pflügens. Diese Angelegenheiten wurden auf Gemeindeversammlungen (communities of the vill) beraten und beschlossen. Die Bauerngemeinde war keineswegs sozial homogen, dennoch lassen sich soziale Konflikte weniger an einer Linie zwischen Arm und Reich im Dorf verorten, stellten sich vielmehr hauptsächlich als Nachbarstreit dar, der etwa daraus erwuchs, dass Vieh in ein Feld gelaufen war. Daran konnten sich Beleidigungen, Schlägereien u.a.m. entzünden. Die Gemeinden regelten die wirtschaftlichen Angelegenheiten häufig durch die Aufzeichnung von Weistümern oder Gemeindeordnungen (by-laws), die, wie es in den Präambeln heißt, mit Zustimmung aller aufgezeichnet wurden.[121]

Hier überschneiden sich die Angelegenheiten der Gemeinde mit denen des grundherrschaftlichen Gerichts (manorial court), da die Verstöße gegen die gemeindlichen Gewohnheiten im Grundherrschaftsgericht geahndet und die Gemeindeordnungen als Gerichtsurkunden aufgezeichnet wurden. Im grundherrschaftlichen Gericht hatte der herrschaftliche Verwalter den Vorsitz, aber die Geschworenen und anderen Gerichtsleute waren Bauern. Formal wurden die Schöffen vom Gericht berufen, tatsächlich war ihre Wahl eine strikt kommunale Angelegenheit. Üblicherweise findet man unter den Schöffen Namen von Männern, die keine Gutsangehörigen, aber offensichtlich Einwohner des Dorfes waren. In Dörfern mit mehreren Grundherren waren die hauptsächlichen Mittel und Wege der Kontrolle kommunale und nicht grundherrliche, die grundherrliche Gewalt und die wirtschaftlichen Lasten waren viel schwächer als in Dörfern mit nur einem Grundherrn.[122]

Wenn also in den Dokumenten von den Gewohnheiten des Gutes (manorial customs) die Rede ist, handelt es sich meistens um gemeindliches Herkommen. 1425 wurden in einer Gemeindeversammlung in Wymeswold (Leicestershire) auf Initiative des Dorfes Regulierungen der Viehweide auf den Stoppelfeldern und in der Heide aufgezeichnet, in Anwesenheit von zwei Gutsherren und dem Prokurator eines dritten, aber mit der notwendigen gemeinsamen Zustimmung des Dorfes als Ganzem; Bußen bei Übertretung der Vorschriften gingen nicht an den Herrn, sondern an die Kirche, und Schadensersatz wurde dem geleistet, in dessen Getreide Schaden durch streunende Tiere angerichtet wurde.[123]

Die Gemeinde wählte Hirten und Schafhirten, die durch Beiträge der Bauern entlohnt wurden. Aus dem Kreis der hörigen Bauern wurde jährlich der Schultheiß (reeve) gewählt, manchmal durch den Grundherrn oder seinen Vertreter, aber oft durch seine Dorfgenossen. Seine Aufgabe war die Rechnungslegung für alle Einnahmen und Ausgaben des Gutsbetriebs, er trug die Verantwortung für alle Fehlbe-

---

[121] Dyer, Power and Conflict, 29-31; Hilton, Medieval Agrarian History, ebd.; Postan, Medieval Economy, 130.
[122] Dyer, Power and Conflict, 28 f.; Hilton, Medieval Agrarian History, ebd.; Postan, Medieval Economy, 130.
[123] Dyer, Power and Conflict, 29; Hilton, Medieval Agrarian History, ebd.

träge und hatte die Dienste und Abgaben einzufordern. Gelegentlich gab es dafür auch einen *rent-collector*. Außerdem gab es einen *hayward*, der für den Getreide- und sonstigen Fruchtanbau verantwortlich war. Als Entgelt für seine Dienste wurden dem *reeve* in der Regel die Hälfte seiner Abgaben und Dienste erlassen, wenn er ein Halbhüfner war alles, in der Erntezeit erhielt er etwa 2 d pro Tag, außerdem weitere Vergünstigungen. Der *hayward* bekam ähnliche, aber geringere Entschädigungen. Dem Schultheiß übergeordnet war der Vogt (*bailiff*), ein beamteter Verwalter, der für mehrere Gutshöfe zuständig war. Dass als *reeve* ein Höriger genommen wurde, hatte seinen Grund in den dürftigen Verhältnissen, die die Zahl der vollbezahlten Kräfte des Gutsherrn beschränkten, wie auch in der Notwendigkeit intimer lokaler Kenntnisse.[124] (Es hatte wohl auch - wäre anzufügen - seinen Grund im Charakter der Gemeinde als Leistungsgemeinde, der die Bearbeitung der Gutsfelder als kollektive Verbindlichkeit auferlegt und der die Verteilung der Dienste unter die Gemeindemitglieder in Eigenverantwortung überlassen war.)

Im Februar 1276 wurden die Männer des Gutes von Halesowen zu einer Strafe von 10 £ verurteilt „für ihre Weigerung einen *reeve* zum Gebrauch des Abtes zu wählen und für viele Streitigkeiten und Widersetzlichkeiten gegen den Abt und den Konvent".[125] Wenn die Gemeinde die geforderten Lasten nicht tragen wollte, war sie auch nicht mehr bereit den Funktionsträger, der für ihre Eintreibung zuständig war, zu stellen. Das demonstriert die Zwischenstellung des *reeves*. Nach der ersten Hälfte des 14. Jahrhunderts nimmt die Erwähnung des *reeves* ab und an seine Stelle trat der *bailiff*, oft ein Auswärtiger, der, da die Gutsdomäne verpachtet war, nur noch für die Eintreibung der Abgaben zuständig war.[126]

Die Gemeinde war verantwortlich für die Veranlagung und Einsammlung von Pauschalsummen, die dem Herrn zu zahlen waren, wie gemeindlichen Abgaben oder gemeinschaftlichen Bußen. Gemeinden als Ganze zahlten eine Rente für eine Weide, um sie als Allmende zu gebrauchen, oder pachteten die Gutsdomäne. Es kam sogar vor, dass die Gemeinde von Kingsthorpe (Northamptonshire) im frühen 13. Jahrhundert das ganze Gut pachtete einschließlich des Gerichts und damit eine weitestgehende Autonomie wie die privilegierten ländlichen Kommunen auf dem Kontinent erlangte.[127]

In der Gemeinde fanden die Bauern Rückhalt gegen die wirtschaftliche und rechtliche Macht ihres Herrn. Die Gemeinden brachten Klagen gegen ihre Grundherren vor die königlichen Gerichte, verpflichteten Anwälte und brachten die finanziellen Mittel dafür auf.[128] Norfolk war seit dem 12. Jahrhundert bekannt für seine Prozesssucht, sogar „Pflüger" (also Bauern), hieß es, waren an Präzedenzstreitig-

---

[124] Scott, Medieval Agriculture, 33 f.; Hilton, Medieval Agrarian History, 177 f.; Dyer, Power and Conflict, 28; Birrell, Medieval Agriculture, 33.
[125] Razi, Halesowen, 160.
[126] Skipp, Yardley, 70.
[127] Postan, Medieval Economy, 132; Dyer, Power and Conflict, 29.
[128] Hilton, Medieval Agrarian History, 156; Dyer, Power and Conflict, 30; Postan, Medieval Economy, 132 f.

keiten beteiligt; 1455 wurde die Grafschaft im Parlament kritisiert zu viele Rechtsanwälte und Rechtsstreitigkeiten zu haben.[129] Die Gemeinden waren die natürlichen Organisationseinheiten im Aufstand. Froissarts Chronik schildert den Einzug des Bauernheeres 1381 in London: „Sie zogen in Gruppen ein, die aus je ein- bis zweihundert Mann oder je zwanzig bis dreißig, nach der Einwohnerzahl der Ortschaften, aus denen sie kamen, bestanden."[130]

Die Gemeinde war die kleinste Einheit der staatlichen Verwaltung. Sie hatte öffentliche Arbeiten zu übernehmen oder Steuern zu zahlen. Die Dokumente über die Steuererhebungen des 14. Jahrhunderts zeigen, dass die Einheiten der Steuerveranlagung die *vills* waren und dass sie Geschworenenausschüssen von ehrbaren Mitgliedern der Dorfgemeinden, in denen in der Regel der Arme wie der Reiche vertreten war, übertragen wurde. Im Hundertjährigen Krieg waren es die Dorfgemeinden, die die Fußsoldaten für die königliche Armee stellten. Die Friedewahrung und die damit verbundene Ausübung des Kriminalrechts war die Aufgabe der Hundertschaft oder Zehntschaft, die die gemeinsame Verantwortung, oder *frankpledge*, für die Aufrechterhaltung der Ordnung hatte. Diese Verantwortlichkeit war wesentlich nicht grundherrlich. Dort, wo die Grundherren Aufgaben und Nutzen der Hundertschaft an sich gezogen hatten, fanden die *views of frankpledge* oft in den grundherrschaftlichen Gerichten statt. Die Mitglieder der Zehntschaft, die hier erschienen, waren stets nicht nur Grundholden des Herrn. Von der Gemeinde wurde erwartet einen Wächter zu halten und einen Büttel zu wählen sowie Vertreter für die verschiedenen königlichen Gerichte zu bestimmen, an den kirchlichen Gerichten mitzuwirken.[131]

Die Verbindung der Gemeinde mit der Kirche entwickelte sich noch im späteren Mittelalter weiter, indem die Verantwortlichkeit der Kirchenvorsteher als Pfleger für Kirchengebäude, -mobiliar und Friedhof zunahm. Kirchbiere wurden organisiert, also gemeinschaftliche Umtrünke, um Geldmittel einzuwerben. Wenn in Ingatestone (Essex) 1359 die Kirchenvorsteher Gelder für einen neuen Kirchturm gegen einen säumigen Pfarrangehörigen mithilfe des grundherrschaftlichen Gerichts einziehen ließen, wie Dyer anführt,[132] so wird das auf die Baulast der Kirchen-gemeinde zurückzuführen sein.

Später im Mittelalter wird man einer wachsenden Zahl von Konflikten zwischen Individuen und der Gemeinde gewahr, in denen die Interessenunterschiede so groß waren, dass die Probleme nicht leicht gelöst werden konnten. Eine Hauptquelle solcher tiefgreifender Dispute war die Nutzung des Weidelands, da das Ausmaß agrarischer Operationen einzelner Farmer durch Überweidung der Allmenden und Einhegung für exklusive Nutzung die landwirtschaftliche Kooperation zunehmend schwieriger machte.[133]

---

[129] David Dymond, The Norfolk Landscape, London 1985, 146.

[130] R. H. Hilton/H. Fagan, Der englische Bauernaufstand von 1381, Berlin 1953, 96.

[131] Postan, Medieval Economy, 131; Dyer, Power and Conflict, 28 f.

[132] Dyer, Power and Conflict, 29.

[133] Ebd., 31.

3.3 Gutspacht und Einhegungen im 15. Jahrhundert

Weidewirtschaft, Pacht und Einhegung

Die Depression des Spätmittelalters war nicht derartig einschneidend, wo der Schwerpunkt der landwirtschaftlichen Produktion auf der Viehzucht lag. Beispielsweise in Yardley, wo auch im späten 13. Jahrhundert, als die Ausdehnung des Ackerlandes am weitesten fortgeschritten war, wahrscheinlich auf jeden Morgen Feldbau zwei Morgen Gras gekommen waren. Im 15. und frühen 16. Jahrhundert verschob sich die Balance zweifellos noch weiter zugunsten von Gras. Viele Grundstücksbeurkundungen bezogen sich auf Weiden. Zusätzlich zu dem eingehegten Weidegrund gab es eine große Fläche offenen Weidelands.[134]

Die bäuerliche Viehzucht verbesserte sich zusehends im 15. Jahrhundert. In den Besitzungen des Bischofs von Worcester hatten im 14. Jahrhundert nur zwei Drittel der Bauern Viehbesitz gehabt, dabei viel minderwertiges Vieh. Insbesondere die Kleinbauern hatten keine, wenige oder wertlose Tiere besessen. Im 15. Jahrhundert dagegen hielten 90 % der Bauern Vieh. In Bredon und Hampton wurden Kätner darauf beschränkt ein oder zwei Tiere auf der Allmende zu halten, wohl weil einige von ihnen mehr hatten. Sogar Landlose hatten Vieh. In Kempsey wurden 1508 16 Schafe von der Gemeindeweide gestohlen, die einem früheren Knecht gehörten. In Whitstones und Wick wurde 1447 Knechten verboten Vieh auf der Allmende zu halten. Dorfordnungen, die die Allmendnutzung regelten, waren manchmal an „alle Hofinhaber und Einwohner" adressiert, was impliziert, dass auch Nichtbauern Vieh besaßen. Alle Bauern hatten wenigstens ein Pferd als Zugtier, die besser gestellten Ochsen, und ein oder zwei Kühe zur Selbstversorgung. Schweine wurden viel gehalten, in Kempsey zahlten 1394 mehr als die Hälfte der Bauern Mastgeld für wenigstens ein Schwein, in Hartlebury wurde Hufenbauern im frühen 16. Jahrhundert untersagt, mehr als 13 Schweine auf der Allmende zu halten. Während es in Warwickshire vor der Mitte des 14. Jahrhunderts keine Belege gibt, dass irgendein Bauer mehr als zehn Stück Vieh und 100 Schafe besaß, findet man im 15. Jahrhundert Leute mit 60 Stück Vieh, 15 Stück Vieh und sechs Pferden, 26 Ochsen, 300 oder 360 Schafen.[135]

Der Besitz von Schafen war ungleicher verteilt als der anderer Tiere. Manche Bauern eines Dorfs hielten gar keine, während andere eine große Herde hatten. D.h. Schafhaltung war ein eindeutiges Zeichen für Marktorientierung. Kumulativ ergaben sich beträchtliche Schafpopulationen, 3000-4000 Stück in einer Pfarrei, ebensoviel wie der Bischof von Worcester zur selben Zeit auf allen seinen Gütern hielt. Während Getreide häufig nur zur Selbstversorgung angebaut wurde, waren die Pro-

---

[134] Skipp, Yardley, 87 f.

[135] Christopher Dyer, Lords and Peasants in a Changing Society. The Estates of the Bishopric of Worcester, 680-1540, Cambridge 1980, 323-328; ders., Warwickshire Farming, 30.

dukte der Weidewirtschaft hauptsächlich für den Markt bestimmt. Die Landstädte benötigten große Mengen Wolle und Leder für ihre Industrie und ihre Einwohner konsumierten viel Fleisch, auch Käse.[136]

Weistümer oder Dorfordnungen (by-laws) zusammen mit Aufzeichnungen des Hofgerichts über ihre Durchsetzung nahmen in dieser Periode zu. Weistümer waren vor 1400 noch selten, wurden im 15. Jahrhundert häufig, insbesondere nach 1470, als auf den meisten Gütern wenigstens eine Regelung pro Jahr erschien. Während sich die ältesten Weistümer vor allem mit Ernteangelegenheiten beschäftigten, wurden diese in Weistümern nach 1400 kaum noch erwähnt. Stattdessen verlagerte sich der Schwerpunkt auf die Regelung der Weide und auf Vorschriften über die Weidetiere. Verstöße gegen diese Ordnungen wurden vor die grundherrschaftlichen Gerichte gebracht. Ein Strom von Klagen seit der Mitte des 15. Jahrhunderts zeigt ständige Reibereien wegen der Instandsetzung von Ackerzäunen, verlaufenem Vieh, Anbinden von Tieren, die nahe den Feldern weideten, zu frühem Trieb des Viehs in die Stoppelfelder, Nachtweide, versäumtem Ringen der Schweine, der Verpflichtung die Tiere in die Obhut des Gemeindehirten zu geben, Überweidung der Allmende. Anzeichen, wie hoch die Erregung ging, sind die Dispute über die Pfändung streunender Tiere, die zu Klagen über unberechtigte Pfändung führten oder zum Aufbrechen des Pfandstalls um die Tiere freizubekommen. In Kempsey und Whitstones trieben Bauern bei einer Gelegenheit Tiere von der Gemarkung und brachten sie zum bischöflichen Palast nach Worcester.[137]

Zeichen dafür, dass der Grund für diese Ordnungen und Klagen wachsende Viehbestände waren, war die Festlegung von Viehhöchstzahlen. Häufiger als bei anderen Tieren wurde die Zahl der Schafe begrenzt, oft auf 50-60 pro Hufe. Von Einzelnen konnten diese Beschränkungen beträchtlich überschritten werden. So wurde ein Bauer in Stratford angeklagt 360 Schafe auf der Allmende gehalten zu haben; erlaubt waren 50 Schafe sowie acht Kühe und Pferde. Drei Bauern standen 1453 in Long Marston (Warwickshire) vor Gericht, da sie jeder eine Herde von 300 Schafen auf der Allmende hielten.[138]

In Church Eaton (Staffordshire) wurde 1481 verordnet, dass niemand die Allmendweide mit Vieh zum Verkauf überbürden solle. Das war das Hauptproblem. Im Needwood Forst wurde 1420 ein Mann gebüßt für die Überladung der Weide in Yoxall Ward mit 140 Schafen und ein anderer in Barton Ward mit 240 zum Verkauf bestimmten Schafen. Einige Bauern gingen Verbindungen mit Metzgern aus der Stadt ein, denen sie Weiden verpachteten oder deren Tiere sie auf die Allmendweide nahmen, so Richard Henbrooke 1435 in Alveston (Warwickshire), der „unberechtigt und übermäßig die Allmende bedrückt hatte mit verschiedenem Mastvieh für den Markt".[139]

---

[136] Dyer, Changing Society, 328 f.; ders., Warwickshire Farming, 30.
[137] Ders., Changing Society, 329-331.
[138] Ebd., 328; ders., Warwickshire Farming, 31 f.
[139] Birrell, Medieval Agriculture, 46; Dyer, Warwickshire Farming, 31.

Die meisten Weistümer wurden von den führenden Leuten in der Gemeinde initiiert, oft den zwölf Geschworenen, was sie als institutionellen Ausdruck des Gemeindewillens kennzeichnet. Doch gab es Einzelne, die hartnäckig gegen die Vorschriften verstießen. Ein früher Vertreter dieser Art war Thomas Baldwyn von Lower Shuckburgh (Warwickshire). 1387 weigerte sich Baldwyn die Dorfordnung zu respektieren, nach der die Bauern „ihre Ochsen oder Kühe auf ihrer Weide außerhalb des eingesäten Feldes, bis es einen gemeinschaftlichen Beschluss gäbe selbige Weide zu nutzen," nicht weiden sollten; im Gericht wurde betont, dass die Ordnung „zum gemeinen Nutzen" gemacht worden war. Im folgenden Herbst brach Baldwyn die Ordnung und verfiel einer Buße von 20 s. Im Oktober 1392 erklärten die zwölf Geschworenen, dass das Land, genannt Les Inlondes, „Allmende für die Bauern von Nether Shuckburgh" sei; der Verwalter fügte eine Bemerkung in die Gerichtsurkunde ein, dass „alle Bauern diese Dinge durch Eid bekräftigt hatten, außer Thomas Baldwyn". Im nächsten Jahr wurde Baldwyn, der mit einem anderen Bauern wahrscheinlich wegen Weiderechten in Streit lag, zweimal von der Nachbarschaft geschmäht (*hue and cry*). 1395 hielten es die Geschworenen für nötig festzustellen, dass „alle alten Ordnungen, genannt die *bylaws*, die von früheren Gerichten gemacht wurden, Kraft und Bestand haben". 1396 machte Baldwyn erneut Ärger, er hatte das Heu eines Nachbarn weggeschafft. Sein widerspenstiger Lebensweg endete mit seinem Tod im Jahr 1400.[140]

Baldwyn war vielleicht der Prototyp eines Landwirts, der seine wirtschaftlichen Ambitionen immer weniger im Rahmen der traditionellen gemeindlichen und feudalen Beschränkungen realisieren konnte. Die schmale Schicht von Großbauern, die sich in der zweiten Hälfte des 14. Jahrhunderts zu bilden begonnen hatte, gewann an ökonomischer Kraft. Sie profitierte am stärksten in einer Situation, die Postan „das goldene Zeitalter der englischen Bauernschaft" genannt hat.[141] Trotz ihrer Niederlage war mit dem Aufstand der englischen Bauern von 1381 der Versuch der Grundherren gescheitert, dem durch den Bevölkerungsrückgang verursachten Fall der Renten mit feudalen Herrschaftsmitteln entgegenzuwirken. In der Folge standen sie Verweigerungen von Abgaben verhältnismäßig machtlos gegenüber.

Als 1433 der Bischofssitz von Worcester vakant und für knapp zwei Jahre die weltliche Herrschaft von der Krone ausgeübt wurde, wurde die gewöhnliche Antrittssteuer für den neuen Herrn verlangt. Die Summe wurde nicht den einzelnen, sondern den Bauern jeder Grundherrschaft als Gesamtheit auferlegt. Die Verwalter mussten jedoch melden, dass das Geld nicht eintreibbar war. Als Gründe gaben sie zuerst an, dass die Bauern ihre Stellen aufgeben wollten, wenn die Steuer oder ein Teil davon erhoben würde; als Zweites, dass die Bauern sich in großer Armut befänden und zur Aufbringung der Zahlung nicht fähig wären; und drittens, dass wegen der vielen Seuchen der größere Teil der Bauern gestorben sei und große Armut herrsche. Damit ist der Ursachenkomplex beschrieben: Die ökonomische Depression

---

[140] Ders., Changing Society, 329; ders., Warwickshire Farming, 32.
[141] Postan, Medieval Economy, 142.

lässt die Aufrechterhaltung des Niveaus der Feudalrente nicht zu, der Bevölkerungs-rückgang ermöglicht den Bauern auf andere Stellen mit besseren Konditionen auszu-weichen. Tatsächlich ist das englische Spätmittelalter von einer großen Mobilität der bäuerlichen Bevölkerung gekennzeichnet.[142]

In der gleichen Zeit sind in den Quellen Außenstände weiterer Abgaben mit der Begründung versehen: „weil die Bauern sich weigern zu zahlen". Das betrifft Abgaben, die nicht als direkte Gegenleistung für Landnutzung, sondern als Anerkennung der Herrschaft gezahlt werden sollten, etwa die *common fines*, die mit den gerichtlichen Gerechtsamen des Herrn in Verbindung standen und kollektiv veranlagt wurden; oder die jährliche erhobene *tallage*, die ebenso als Anerkennung der bischöflichen Herrschaft gezahlt wurde; oder eine andere kollektive jährliche Forderung „Holzsilber" eine Zahlung für die Nutzung des grundherrlichen Bauhol-zes, die die Bauern möglicherweise für einen Teil ihrer Allmendrechte hielten. Oder die Weigerung betraf Frongelder, die mit Hörigkeit in Verbindung gebracht wurden. Verweigert wurde die höhere Rente, die auf den herkömmlichen Leihegütern (*custo-mary tenure*) lastete, wogegen man nur bereit war die im Vergleich geringere Rente freier Güter zu zahlen. Zahlreiche Gerichtsgebühren und -bußen waren nicht ein-treibbar, wodurch die Gerichtsherrschaft infrage gestellt war.[143] Die Verweigerung außerökonomisch begründeter Renten bedeutete eine Schwächung der Feudalherr-schaft im 15. Jahrhundert, die tendenzielle Reduktion der Feudalrente auf die Grund-rente kam den Bauern als höheres Einkommen zugute.

Während die Gutsdomänen, in den westlichen Midlands mit einer Acker-fläche von je 200-500 Morgen, im 14. Jahrhundert an eine Mehrzahl von Bauern verpachtet worden waren, ging im 15. Jahrhundert der Trend dahin die Domänen en bloc zu verpachten. Bei 75 Domänenpachten zwischen 1365 und 1511 in Warwick-shire lässt sich der Status der Pächter ermitteln: 18 Gutsdomänen wurden an Mit-glieder der Gentry verpachtet, vier an Geistliche und drei an Städter, 19 Domänen an örtliche Bauern. Die übrigen lassen sich nicht identifizieren, was wohl auf ihren nie-drigen sozialen Status schließen lässt, sie also ebenfalls Bauern waren. Zwölf der 75 Domänen wurden nach wie vor an eine Mehrzahl von Bauern, zwischen vier und 20, verpachtet, davon in drei Fällen an die Gesamtheit der Bauern des Gutes. Außerdem muss berücksichtigt werden, dass Geistliche und einige von der Gentry das Land an Bauern unterverpachteten. Während die Pachten zunächst auf Fristen zwischen drei und 20 Jahren bemessen waren, wurden sie später auf 40, 60 oder gar 99 Jahre abgeschlossen. Großbauern (*yeomen*), die bisher nur Teile des Domänenlandes gepachtet hatten, waren nun in der Lage die ganze Domäne in Bausch und Bogen zu übernehmen. Wenn sie benannt wurden, waren es der Schultheiß oder der *rent-collector*, die als Domänenpächter auftraten. Viele von ihnen stiegen bis Ende des

---

[142] C. C. Dyer, A Redistribution of Incomes in Fifteenth-Century England?, in: P&P 39 (1968), 19 f.
[143] Ebd., 22 ff.

Jahrhunderts in die Ränge der Gentry auf, ebenso verschiedene Metzger, die als Viehzüchter Gutsdomänen übernommen hatten.[144]

Obwohl die Schafhaltung auf den großen Besitzungen im Spätmittelalter zurückging und sich nicht vor dem Ende des 15. Jahrhunderts mit der Expansion der hausindustriellen Tuchfertigung wieder erholte, blieb, nachdem die Ackerdomäne verpachtet war, die Weidewirtschaft wegen der relativ geringen Lohnkosten oft in Händen der Grundherren.[145]

Ein Beispiel ist die Grundherrschaft Sherborne in den Cotswolds, die zur Abtei Winchcombe gehörte.[146] Die Abtei hatte Anfang des 14. Jahrhunderts zu den größten Wolle produzierenden Klöstern Englands und Schottlands gehört und etwa 8000 Schafe gehalten. Im 15. Jahrhundert bestand der größere Teil der Einnahmen von Sherborne in Geldabgaben der Bauern, unter den Einkünften der Domäne war die von Heu am wertvollsten. 1464 wurde die Gutsdomäne verpachtet, wobei der Pächter zwei Pachten hielt, die der Domäne mit ihren Äckern, Wiesen und Weiden und die der großen Cowham-Wiese, die allein halb soviel an Pacht eintrug wie die ganze übrige Domäne. (Wiesen brachten, wegen der akuten Knappheit an Tierfutter, allezeit im Mittelalter weit höhere Renten ein als Ackerland.[147]) Der Pächter hatte auch die Renten einzutreiben und war der Abtei für die Schafherden verantwortlich, wenn sie Sherborne aufsuchten. Sherborne war einer der bedeutendsten Schäferei-höfe der Abtei.

Jedes Jahr nach Ostern kam der Abt mit seinen Leuten von Winchcombe nach Sherborne, wo die verstreuten Schafherden zur Schafschur zusammengetrieben wurden. Die Wolle wurde 1436 einem Bernard Lumbard verkauft, einem italieni-schen Wollexporteur. 1468 wurden 1900 Schafe in Sherborne geschoren, 1483 und 1486 2900 Schafe, verhältnismäßig wenig gegenüber 200 Jahre früher. Die Renten-summe, die in Sherborne eingenommen wurde, wurde außer zur Bezahlung der Scherer dazu verwendet die Wolle der Bauern aufzukaufen, die in diesem Dorf 137 Schafe hielten.

Schließlich wurden auch die Herden verpachtet. Mitte des 15. Jahrhunderts hatte ein Thomas Bleke die 2500 Schafe des Bischofs von Worcester gepachtet. Er pachtete die Weiden mehrerer Dörfer, darunter des wüsten Dorfes Upton, hinzu. Die Anzahl der Weidepächter hatte gegenüber früher bedeutend abgenommen, an die Stelle gewöhnlicher Bauern war in Upton ein großer Viehzüchter getreten.[148]

Der Typ der neuen spezialisierten Viehwirtschaft, der sich herausbildete, tritt am Beispiel eines Mitglieds der Gentry in der Mitte des 15. Jahrhunderts hervor. Das Gut Baddesley war charakteristisch für Grundherrschaften der Gentry, indem es

---

[144] Ebd., 14; ders., Warwickshire Farming, 4 f., 17 f.; Hilton, Leicestershire Estates, 90-94; Scott, Medieval Agriculture, 36; Winchester, Landscape, 63.

[145] Hilton, Medieval Agrarian History, 191; Dyer, Warwickshire Farming, 16.

[146] R. H. Hilton, Winchcombe Abbey and the Manor of Sherborne, in: H. P. R. Finberg (ed.), Gloucestershire Studies, Leicester 1957, 89-113.

[147] Vgl. Hilton, Medieval Agrarian History, 149.

[148] Hilton/Rahtz, Upton, 85 f.

eine große Domäne und sehr wenig an Bauern ausgegebenes Land umfasste. Die Domäne bestand 1438 aus konsolidierten Blöcken Land, das bereits mit Hecken und Gräben eingehegt war, offenbar alte Hegungen. Sie war etwa 300 Morgen groß, wobei auf weniger als 30 Morgen Getreide angebaut wurde. John Brome, der Herr auf Baddesley, investierte in den 1440er Jahren beträchtliche Summen in weitere Einhegungen und in die Verbesserung der bestehenden sowie in den Viehbestand. Zwischen 1442 und 1452 nutzte er sein Land als Viehweide. Er kaufte jedes Jahr 70 Stück Rindvieh, hielt sie übers Jahr auf den Weiden von Baddesley und verkaufte sie im Spätsommer oder Herbst mit ca. 30 % Gewinn als Schlachtvieh an Metzger. Später verpachtete Brome seine Domäne grundstücksweise an Bauern. Einzelne von ihnen pachteten so große Stücke, dass man in ihnen Großbauern sehen muss. Es gab offenbar eine starke Viehzucht bei den Bauern, und einige scheinen dieselben Geschäfte gemacht zu haben wie Brome. Beispielsweise wurde 1441 ein John Man beschuldigt „die Gemeindeweide mit fremden Tieren zu bedrücken".[149]

Der Bedarf an Weideland führte nicht nur zur Überlastung der Gemeindeweiden, sondern auch dazu, dass Bauern bei alten Hegungen oder Kämpen, die üblicherweise nach der Ernte für das Gemeindevieh zu öffnen waren, die Öffnung verweigerten, um sie ausschließlich für ihr eigenes Vieh zu nutzen. (Hier wird das Wesen der Einhegung im rechtsgeschichtlichen Sinn deutlich; es geht nicht um die Tatsache der Einzäunung eines Grundstücks, sondern um den Entzug der Allmendnutzung eines Grundstücks.) In Middleton (Warwickshire) wurden 13 derartige Fälle 1395 und 14 Fälle 1396 vor dem grundherrschaftlichen Gericht verhandelt; ähnliche Fälle auch in Cumbria.[150]

Später entstanden neue Einhegungen. In Bressingham und Shelfanger (Norfolk) tun die Gerichtsakten 1416-54 kund, dass Hecken gepflanzt, Zäune errichtet und Gräben gezogen wurden, Allmenden geschmälert, Fußwege versperrt und Straßen verengt wurden. So wurde 1416 Thomas Drew beschuldigt Chyrche Way in Shelfanger mit neu geschaffenen Hecken und Gräben verengt zu haben. 1454 schmälerte John Lancaster Esq. Thweytgrene in Bressingham um sechs Ruten durch die Errichtung einer neuen Hecke. In den Hochlandgemeinden des Lake Districts wurden häufig beträchtliche Blöcke Hügellands von Gruppen von Bauern eingehegt; so wurde 1480 Braithwaite How durch neun Bauern des Dorfes Braithwaite von der Allmende separiert.[151]

Andernorts war die Umwälzung der Landwirtschaft eine Folge der Besitzkonzentration. Brookend in den Cotswolds hatte den Schwarzen Tod nahezu unbeschadet überstanden, bis zwischen 1422 und 1441 Entvölkerung und Verfall der Bauernhäuser den Ort hart trafen, so dass nur drei Hofbesitzer übrig blieben, während die anderen - wohl die Unvermögenden - „bei Nacht mit ihrem Hab und Gut in

[149] C. C. Dyer, A Small Landowner in the Fifteenth Century, in: Midland History 1 (1972), no. 3, 1-14.
[150] Ders., Warwickshire Farming, 25; Winchester, Landscape, 60 f.
[151] Dymond, Landscape, 143 f.; Winchester, Landscape, 52.

ein benachbartes Dorf" weggingen. Die Abtei versuchte vergeblich den Verfall des Dorfes zu verhindern, konnte aber die Umwandlung einer Bauerngemeinde in eine Ansammlung von großbäuerlichen Pächtern nicht verhindern. Sie vereinigten alles Land in ihren Händen, ersetzten Getreide und Ackerland durch Vieh, begleitet von der Einhegung ihrer Weiden.[152]

Der Bedarf an Weideland führte zur Erosion der Drei- (bzw. Mehr-) Felder-Wirtschaft (open-field-system). Streifen in den Feldern wurden nicht angebaut und als Weideland liegen gelassen. Die Gutsgerichte von Blackwell 1435 oder von Hampton Lucy 1459/60 in Warwickshire forderten die Bauern auf dieses Land zu kultivieren und „es mit den Nachbarn einzusäen". Im weiteren Lauf des 15. Jahrhunderts begnügte man sich allerdings damit die Nutzung dieser Grasstreifen (leys) zu regulieren. 1446 wurden Bauern in Alveston ermahnt nur ihre eigenen Grasstreifen zu beweiden. 1498 wurde ihnen verboten ihre Streifen an Fremde von außerhalb der Gutsherrschaft zu verpachten.[153] Die Konsolidierung mehrerer solcher Streifen führte zur Entstehung von Einhegungen mitten im ansonsten offenen Feld.

Die Veränderung in der Landnutzung zwischen der Mitte des 14. und dem Ende des 15. Jahrhunderts hat Dyer für Warwickshire anhand von Grundstücks-übertragungen beziffern können; wobei er in die Ackerbaugebiete im Flusstal des Avon und der südlich davon gelegenen Landschaft Feldon sowie die Waldgebiete des nördlich gelegenenen Arden unterscheidet (in Morgen).[154]

	Acker	Wiese	Weide	Wald
1345-55				
Avontal u. Feldon	2533	118	12	0
	96 %	4 %	0 %	
Arden	1790	209	182	328
	71 %	8 %	7 %	13 %
1496-1500				
Avontal u. Feldon	2850	475	1654	48
	57 %	9 %	33 %	1 %
Arden	1193	299	1319	646
	34 %	9 %	38 %	19 %

Die Angaben 1345/55 für Arden zeigen die old enclosures an Weide und Wald. 1496/1500 war bereits ein Drittel des kultivierten Landes in Warwickshire eingehegte Weide. Die entscheidende Zunahme des Anteils des Graslandes am indi-viduellen Besitz begann in den 1440ern. Zum geringeren Teil war dies der Umwand-

[152] Emery, Landscape, 101.
[153] Dyer, Warwickshire Farming, 11 f.
[154] Ebd., 9-11.

lung von Acker in Weide geschuldet, wie die absoluten Zahlen zeigen, der Großteil waren Einhegungen von Ödland und Gemeindeweiden.

Die Klagen gegen die Verweigerung von Allmendrechten indizieren nicht nur die wachsende Zahl der Einhegungen, sondern auch eine zunehmende Machtlosigkeit der grundherrschaftlichen Gerichte dagegen vorzugehen. Ein typisches Beispiel ist Palmers Kamp, der Roger Palmer, einem Freibauern in Norton-juxta-Kempsey gehörte. 1441 wurde mitgeteilt, dass Palmer den gemeinen Weg, der der Zugang zum Kamp war, mit Hecke und Zaun blockiert hatte, und er wurde bei Strafe von 6 s 8 d angewiesen das Hindernis zu entfernen. 1442 war er dieser Anordnung nicht nachgekommen und die Buße wurde auf 10 s erhöht, im folgenden Jahr auf 20 s. Erneut wurde er 1444 verklagt, danach verschwindet der Fall aus den Akten. Die Höhe der Bußen zeigt an, wie ernst die Bauern die Aushöhlung ihrer Allmendrechte nahmen.[155]

Jedes Jahr zwischen 1440 und 1470 wurden in Kempsey drei oder vier, manchmal sechs Fälle von Weigerungen die Kämpe zu öffnen angebracht, sie wurden weniger häufig nach 1470. Die Gerichte hatten das Problem jedoch nicht besiegt, vielmehr traten allgemeine Dorfordnungen an die Stelle von gesonderten Anklagen. 1477 stellte eine Dorfordnung fest, dass „verschiedene Hofinhaber von Broomhall und Brookend verschiedene Felder in der Allmendzeit in Sonderbesitz halten", und es wurde ihnen verboten sie eingehegt zu lassen. 1479 wurden diejenigen, die mit Getreide bebautes Land in Sonderbesitz hielten, ermahnt es nach der Ernte zu öffnen. 1502 wurde angeordnet, dass „jeder Bauer in der Herrschaft, der Land oder Weide in Sonderbesitz hat, ausgenommen diejenigen, die eine Erlaubnis besitzen, es zur Allmendzeit offen lassen muss"; ähnlich 1503. In Whitstones wurden 1477 vier Bauern gewählt, die die Verstöße gegen die erlassenen Ordnungen registrieren sollten. Sie teilten mit, dass drei Bauern insgesamt 20 Stücke Land eingehegt hielten, meistens Kämpe.[156]

1430 erhielt ein Bauer in Barton (Staffordshire) 80 Morgen mit dem Recht sie einzuhegen, wobei die Rente von 13 s 4 d auf £ 1 stieg. Wegen dieser Wertsteigerung unterstützten oft die Grundherren die Einhegung. 1416 verlieh die Priorin von Wroxall ein Stück Land an John Sanndres mit der Auflage, dass „das Land mit Zäunen und Gräben eingehegt und in Sonderbesitz gehalten werden soll". Nicht eingehegtes Land bedeutete einen Wertverlust. Eine Wiese in Maxstoke (Warwickshire), für die eine Rente von 12 s bezahlt worden wäre, brachte 1457 nichts ein, weil sie „offen und nicht eingehegt ist und niemand sie pachten will".[157] In einer Vielzahl von Fällen, die zum Ausgang des Jahrhunderts vor dem königlichen Gericht wegen Abmeierung von Bauern durch Grundherren verhandelt wurden, ist die Rede davon, dass ein Bauer „große Summen" in Reparaturen, Neubauten und Hecken investiert hatte und er dabei „seine Güter verschwendete und recht betrüblich sich

---

[155] Ders., Changing Society, 332.
[156] Ebd., 332 f.; Dymond, Landscape, 144.
[157] Dyer, Warwickshire Farming, 25 f.; Birrell, Medieval Agriculture, 45.

selbst seiner Mittel beraubte"; dass einen anderen die Abtei „aufrührerisch" hinaus-warf, weil er das Land wegen Nichtbezahlung einer herkömmlichen Gebühr für die Weide seiner Schweine auf dem Ödland des Guts verwirkt hätte.[158]

Von Sambourn (Warwickshire) ist der bemerkenswerte Fall einer umfassenden Einhegung durch Übereinkommen bekannt. Der Ort lag am Rande des Fecken-ham Forsts und hatte außer einem beträchtlichen Areal offenen Feldes alte Hegungen aus der Rodungszeit. Irgendwann zwischen 1445 und 1472 kamen 16 Halbhüfner von Sambourn überein all ihr Land das ganze Jahr über in Sonderbesitz zu halten. Sie konsolidierten ihren Besitz, indem sie die verstreuten Landstreifen zusammen-legten, errichteten Zäune und Tore, die sie in gutem Stand halten wollten. Insgesamt müssen dies um die 240 Morgen gewesen sein. Diese Übereinkunft ist überliefert, da Thomas Beche, der nicht zu den 16 gehörte, 1478 sein Vieh in dem eingehegten Areal weiden ließ. Das grundherrschaftliche Gericht verordnete, um eine Wieder-holung zu vermeiden solle Beche sein eigenes Land ebenfalls einhegen.[159]

Als die Einhegungsbewegung, die meist von Großbauern getragen wurde, zu einer Sache der großen Viehzüchter zu werden begann, fanden sie bereits große Are-ale in Sonderbesitz vor: die Domänen, die Wüstungen und die Parks. Großbauern, Metzger und Kaufleute aus der Stadt wurden Domänenpächter, erwarben später Gutsdomänen und stiegen in die Ränge der Gentry auf, aus der die großen Viehzüch-ter kamen. Domänenpächter waren die Vorreiter der Einhegung im mittleren 15. Jahrhundert. Spezialisierte Viehzucht, die hohe Anfangsinvestitionen in Ställe und Zäune erforderte, dann aber wegen des geringen Umfangs der Löhne wenig Aufwand erforderte, war profitabel und der Wert des Landes stieg durch die Einhegung be-trächtlich. Radbourne war 1386 ein konventionelles Gut, dessen Einkünfte aus der Ackerdomäne, Weiden und bäuerlichen Renten flossen, und wurde auf einen Wert von £ 19 veranschlagt. Nachdem es in eine einzige, 1000 Morgen großen Weide um-gewandelt worden war ohne Acker und ohne Bauern, wurde sein Wert 1449 mit £ 64 angegeben. 1476 wurden darauf 2742 Schafe und 183 Stück Vieh gehalten.[160]

Zu einem guten Teil bestanden diese Besitzungen aus Wüstungen. Ihr Vor-zug war, dass bereits alle Bauern das Land verlassen hatten und es als Weideland zur Verfügung stand. Zunächst waren Wüstungen von Bauern benachbarter Siedlungen als Weide genutzt worden. In Hardwick (Warwickshire) zahlten 1457 die Leute von Lower Tysoe den relativ mäßigen Betrag von 50 s für die Weide. Erst später trat der große Weidepächter auf. In Fulbrook lag 1392 die Hälfte des Bauern-landes in Händen des Grundherrn, 1428 war die Zahl der Haushalte weiter geschrumpft und 1461 wurde ein beträchtlicher Teil des Landes von Fulbrook als eingehegte Weide verpachtet.[161]

---

[158] Charles Montgomery Gray, Copyhold, Equity, and the Common Law, Cambridge (Mass.) 1963, 157, 163 f., 192.

[159] Dyer, Warwickshire Farming, 26.

[160] Ebd., 3, 20 f.; ders., Changing Society, 336; ders., Deserted Villages, 30.

[161] Ders., Warwickshire Farming, 18; ders., Deserted Villages, 23, 29.

Zum Ende des 15. Jahrhunderts gab es eine neue Phase der Anlegung oder Vergrößerung von Parks. Dies waren nicht mehr die alten Wildparks, die im 14. Jahrhundert immer schwerer zu unterhalten gewesen und wie die Gutsdomänen verpachtet worden waren. Es waren viel größere „Lustparks", die beim höheren Adel Mode wurden, nicht mehr vom Herrenhaus getrennt, sondern mit ihm verbunden. Typisch für solche Parks waren Bagworth und Kirby Muxloe, für die 1475 Lord Hastings 2000 Morgen einhegte. Hastings erweiterte 1474 den Park von Ashby-de-la-Zouch, erstmals erwähnt 1337, auf 3000 Morgen. Als Sir Ralph Shirley 1517 den Park von Staunton Harold anlegte, wurden 24 Personen aus ihrem Besitz vertrieben.[162]

Den Anstoß für diese *emparkments* gab auch der Aufschwung der Viehwirtschaft. 1482 brachte der Verkauf der Grasung und der Schweinemast im Donington Park mehr als £ 5 jährlich ein. Der Herzog von Lancaster verpachtete im 15. Jahrhundert die Waldweiden, die sich gewöhnlich in den eingehegten Parks befanden. Während zu Anfang des 14. Jahrhunderts der Holzverkauf die Einnahmen aus der Weide noch überstiegen hatte, wurde er bis zum Beginn des 15. Jahrhunderts unbedeutend. Stattdessen kamen die Forsteinkünfte hauptsächlich aus Weidepachten, Heuverkauf und Schweinemastgeld. Im Laufe des 15. Jahrhunderts stiegen die Ausgaben für die Anlegung von Zäunen, Wegen und Wasserläufen. Viele Meilen Zäune waren notwendig um die Parks einzuhegen. Das Amt eines *parkers* des Königs oder eines anderen großen Landbesitzers wurde eine vielgesuchte Sinekure. 1507 wurde George Hastings Bewahrer der Parks des Earl Shilton und Hinckley, aus denen er zweifellos nicht geringe Revenuen erzielte. Leute wie er unterverpachteten die Weiden. Ansonsten waren herzogliche Verwalter und Angehörige der Gentry die Pächter.[163]

Die starke Beweidung verwandelte sie häufig in Parks im modernen Sinn, nämlich Grasland mit eingestreuten großen Bäumen. Waldbestand trat häufiger in Konzessionen zur Schaffung von Parks als in Aufnahmen von bestehenden Parks hervor.[164]

Große Viehzüchter begannen weiteres Land einzuhegen, das sich noch in Bauernhand befand. Die Aufregung um die Einhegungen resultierte ja aus der Bedrohung der Allmendrechte wegen Einhegung der Allmendweiden oder Einhegung von Streifen in den Gemeinschaftsfeldern und -wiesen. Die Verringerung des Ödlandes und das erneute Bevölkerungswachstum bedeutete, dass die Allmenden unter wachsenden Druck kamen. In Gegenden wie dem westlichen oder nördlichen Norfolk, wo sich Getreide und Schafe seit Jahrhunderten ergänzt hatten, waren die Grundherren vor allem darauf aus ihre Schaftriften zu Lasten der Weide und der Allmendrechte der Bauern auszudehnen, sodann Allmenden und Ödland einzuhegen.

---

[162] Cantor, Leicestershire, 12, 18, 23; Stamper, Woods, 146.

[163] Cantor, Leicestershire, 14; Birrell, Forest Economy, 124-134; dies., Medieval Agriculture, 47.

[164] Rackham, Ancient Woodland, 195.

Die Untersuchungskommission von 1517 listete insgesamt 10 454 Morgen eingehegtes Land hauptsächlich in der westlichen Hälfte von Norfolk auf. Dieses Land war
weniger offenes Feld gewesen als vielmehr Allmendweide, die zunehmend unter die
vollständige Kontrolle der Grundherren oder ihrer Pächter gebracht worden war. Auf
diese Weise konnten die Grundherren die Größe ihrer Herden steigern. Sir Henry
Fermor von East Barsham soll 1521 nicht weniger als 15 500 Schafe in 20 Herden
gehabt haben. 1512 hegte der Herzog von Buckingham Forebridge Waste in Castle
Church (Staffordshire) ein.[165]

Im Jahre 1500 klagten die Freisassen und Lehenbauern von Finedon (Northamptonshire), dass der Gutsherr John Mulsho ihre Allmende eingehegt hatte, dabei
ein Pfad, den sie für Dorfprozessionen benutzt hatten; außerdem züchtete er eine
große Zahl Kaninchen, die ihr Korn venichteten. Mulsho weigerte sich die Hegungen
zu entfernen, obwohl dies vom Königlichen Gericht angeordnet worden war. Ganz
im Gegenteil machte Mulsho weitere Einhegungen, wobei er Ackerland in Weide
verwandelte. Weiter wurde er beschuldigt die Dorfwälder zu plündern, indem er
unmäßige Mengen Holz schlug und sich mit acht bewaffneten Männern gewaltsam
Zutritt zu einem Wald verschaffte, das dem Bauern Henry Selby gehörte. Eine von
der Sternenkammer eingesetzte örtliche Kommission ordnete einen Kompromiss an,
wonach Mulsho bestimmte Einhegungen für einen Teil des Jahres offen halten sollte,
was aber nur weitere Rechtsstreitigkeiten hervorbrachte. Als endlich 1529 der
Sheriff die Beseitigung der Einhegungen anordnete, vollzogen diese die Dörfler in
aufrührerischen Aktionen selbst.[166]

Die Einhegungsaktivitäten des reichen Schafzüchters George Kyngston verursachten viele Reibereien in Illston-on-the-hill (Leicesterschire), einer Grundherrschaft des Christ's Colleges in Cambridge. 1511 verklagte Kyngston einen Bauern,
der in seine Einhegung eingebrochen und Schafe und anderes Vieh dort geweidet hatte. Im nächsten Jahr war er in einen Händel mit dem Pächter der Domäne verwickelt.
Kyngston und seine Anhänger beschuldigten den Pächter unrechtmäßiger Pfändung
von 160 Stück Vieh und des Versuchs, Bauern ihrer Titel auf ihr Land berauben zu
wollen. Der Pächter wiederum beschuldigte Kyngston bestimmte Einhegungen in
Sonderbesitz zu halten, in denen der Pächter und die Hintersassen des Colleges
Allmendweiderechte hatten.[167]

Bauern brachten Allmendstreitigkeiten vor die königlichen Gerichte: Ein
Bauer sah seine Wirtschaft bedroht, da die Grundherrin, die Gräfin von Salisbury,
ihn beständig schikanierte, sein Vieh von der Weide trieb, Pfänder einzog und ihren
Viehtrieb über sein Land nahm. Ein anderer Bauer verklagte seinen Grundherrn,
einen Abt, der Weideland eingehegt hatte, das seit unerdenklichen Zeiten seine und
anderer Hintersassen Allmende gewesen war. Sie wurden dadurch auch gehindert

---

[165] Ann J. Kettle, Agriculture 1500 to 1793, in: The Victoria County History of Staffordshire, vol. 6, Oxford 1979, 51; Dymond, Landscape, 142, 145 f.
[166] Manning, Village Revolts, 44 f.
[167] Hilton, Medieval Agrarian History, 193; Farnham, Leicestershire Notes, vol. 3, 24-26.

einen Marktweg zu benutzen. Schließlich nahmen die Knechte des Herrn drei Stuten des Bauern von der eingehegten Allmende als Pfand und hielten sie fest, bis der Bauer den Anspruch auf das eingehegte Land aufgeben würde. Als Freunde von ihm versuchten die Stuten zu füttern, wurden sie vom Abt ins Gefängnis gesteckt. Kurz darauf hatten die Stuten gefohlt, doch wegen Mangel an Nahrung fraßen die Stuten ihre eigenen Fohlen und starben später an Futtermangel im Pfandstall.[168]

(Es wird immer einmal wieder darauf hingewiesen, dass neben der Schaf- die Viehzucht einen großen Umfang hatte und als Ursache für die Einhegungen nicht unbeachtet bleiben sollte, wiewohl genauere Untersuchungen bislang nicht vorlägen; Abel entdeckte hierin eine Parallele zu Deutschland.[169] Sicherlich wird spezialisierte Viehzucht an vielen Orten das Motiv für Einhegungen gewesen sein. Das wird aber eher im Fahrwasser des Gesamtprozesses zu verorten sein, der durch die Woll-produktion bestimmt war. Denn anders als bei der Milch- und Fleischerzeugung - auch der von Schafen - für den Konsum in Stadt und Land stand hinter der Woll-erzeugung eine Industrie, deren Tuchproduktion auf einen sich ständig erweiternden Maßstab angelegt war und die sich auf die Kleinstädte und Dörfer ausgedehnt hatte. In den ersten drei Jahrzehnten des 16. Jahrhunderts, so Thirsk, schuf die boomende Textilindustrie eine fast unersättliche Nachfrage nach Wolle. Im Fehlen dieser Expansion liegt eben der Grund, warum in Deutschland Einhegungen im Spätmittel-alter über Ansätze nicht hinauskamen.)

Spektakulär war die Umwandlung von Acker in Weide und die Vertreibung der Bauern. 1450 hatte William Merell, der Pächter der Domäne in Atherstone-on-Stour (Warwickshire), vier Stellen, die zuvor von Lehenbauern gehalten worden waren, an sich gebracht. In den 1480er Jahren klagte der Vikar von Quinton dem Präsidenten des Magdalen College in Oxford als Grundherrn, dass das Dorf in den letzten vier Jahren schnell in Verfall geraten und der Zerstörung nahe sei. Er be-schuldigte den Pächter die Bauern zu vertreiben und drang in den Präsidenten, es sei „verdienstvoller einer Gemeinde zu helfen und beizustehen als einem Mann". Eine Petition aus derselben Zeit kritisierte den Unterpächter John Salbrygge, den Kätnern 30 Weidestücke (leys) des Domaniallandes, die sie als Allmendweide nutzten, zu entziehen. Die Gerichtsurkunden aus den 1480ern, in denen verlassene Besitzungen aufgelistet waren, bestätigen den Verfall. Der Vikar hatte gefordert die Pacht Leuten aus dem Dorf zu übertragen. Dies geschah um 1490, sodass das Wüstwerden des Dorfes abgewendet werden konnte.[170]

Im Jahr 1501 wurde die Gutsdomäne in Cotesbach (Leicestershire) durch den Marquis von Dorset, Thomas Grey, als Grundherrn eingehegt. Sie bestand aus etwa 200-220 Morgen Land, zur Hälfte Acker, zur anderen Hälfte Wiese und Weide; der Acker wurde in Weide umgewandelt. Die Einhegung bewirkte den Ver-

---

[168] Gray, Copyhold, 161, 169 f.
[169] Vgl. Slicher van Bath, Agrarian History, 164 Fn. 1; Thirsk, Tudor Enclosures, 79 f.; dies., Enclosing, 209 f.
[170] Dyer, Warwickshire Farming, 22; ders., Deserted Villages, 29.

lust von fünf Bauernwirtschaften und die Vertreibung von 30 Leuten aus ihren Häusern, die verfielen. Denn die Domäne war an diese Bauern verpachtet gewesen bis Dorset sich entschloss sie zurückzunehmen. Das war rechtlich keine Schwierigkeit, doch der Bericht über die Einhegung gibt unmissverständlich zu erkennen, dass sie mit Gewalt durchgesetzt werden musste. Welche Wirkung wird diese Einhegung gehabt haben? Das Domanialland bildete ein Fünftel der ganzen Grundherrschaft. D.h. die traditionelle Landwirtschaft wird intakt geblieben sein, aber ein neues Element mit großer Prägekraft in Gestalt des großen Schafzüchters trat auf den Plan. Dorset hatte in den 1490ern 30 Morgen Acker in der Pfarrei Wicken (Northamptonshire) eingehegt, sodann 1491 300 Morgen Ackerland in Weddington (Warwickshire) eingehegt und in Weide verwandelt, wobei er zehn Bauernhäuser zerstörte und 60 Leute vertrieb, und weitere Einhegungen an anderen Orten vorgenommen. Die Einhegung in Cotesbach fügt sich also in ein größeres Schema der Einhegungsbewegung in der Zeit Heinrichs VII. ein, an der sich Dorset beteiligte.[171]

1509 hegte Thomas Tyringham, ein Angehöriger der Gentry, 77 Morgen Ackerland in Sherington (Buckinghamshire) ein und riss zwei Häuser nieder. 1515 hegte Sir William Barentyne den nördlichen Teil des Bauerndorfes Clare (Oxfordshire) ein „zum gänzlichen Verfall und Verwüstung der besagten Siedlung", wie es im Sternenkammerprozess hieß; wenn sich jemand gegen ihn stellte, drohte Barentyne: „Hurenjunge und falscher geriebener Bube, ich werde dir an den Kragen gehen" und versprach „mit vielen abscheulichen Schwüren" ihm die Ohren abzuschneiden. Die Untersuchungskommission von 1517 offenbarte, dass der vor kurzem gestorbene Thomas Thursby einen Weiler namens Holt Hamlet (Norfolk) mit allen Bauernstellen zerstört und das Ackerland in Schafweide umgewandelt hatte; außerdem hatte er in vier weiteren Dörfern Allmendland eingehegt, Häuser niedergerissen und ihre Bewohner hinausgeworfen. In Low Furness (Cumbria) vertrieb die Abtei Furness Bauern und verwandelte ihre Güter in Weide; ein extremer Fall war Sellergath, ein Dorf von 52 Höfen, die die Abtei 1516 „niederriss".[172]

Einhegungskonflikte folgten. 1448 zerstörte ein Bauer in Hoton (Leicestershire) die Einhegung von Richard Neel und pflügte das Land um; die Neel-Familie war auch in einen hitzigen Rechtsstreit um eingehegte Schafweide im Nachbardorf Keythorpe verwickelt. 1463 brachen in Oadby vier Bauern und ein Kaufmann aus Leicester in die Einhegung von John Brooksby, Herrn auf Frisby-on-the-Wreak, ein und weideten ihr Vieh dort.[173] Um ihre Allmendrechte gegen Einhegungen, die der Gutsherr Sir John Delves Anfang der 1460er Jahre vorgenommen hatte, zu schützen rissen die Einwohner von Uttoxeter die Hecken auf Crakemarsh nieder. Die Hecken wurden danach wieder errichtet und von Delves Knechten geschützt. Sein Erbe, Sir

---

[171] L. A. Parker, The Agrarian Revolution at Cotesbach, 1501-1612, in: W. G. Hoskins (ed.), Studies in Leicestershire Agrarian History, Leicester 1949, 41-49.
[172] Chibnall, Sherington, 173; Emery, Landscape, 106 f.; Dymond, Landscape, 142; Winchester, Landscape, 52.
[173] Hilton, Medieval Agrarian History, 193

188

James Blount, öffnete die Einhegungen wieder, aber dessen Nachfolger, Sir Robert Sheffield, erneuerte die Einhegungen und seine Bauern strengten 1502/03 eine Klage gegen ihn an.[174] 1490 ließen der Gentleman James Huddleston von Estwell und seine Bauern Land von William Brabason, Pächter des Abts von Garendon, mit ihrem Vieh und ihren Schafen abweiden und pflügten Land um, auf das Huddleston Anspruch erhob.[175] Die Fälle der Zerstörungen von Einhegungen, die Farnham für Leicestershire anführt, sind besonders zum Ende des 15. Jahrhunderts hin zahlreich.

Das Dorf Wilstorp (Yorkshire) wurde 1498 durch seinen Grundherrn, der die Gemarkung in einen großen Park verwandeln wollte, entvölkert. Die vertriebenen Bauern verbündeten sich mit einigen von der lokalen Gentry, mit denen ihr Herr seit langem in Fehde lag, und griffen mehrere Male den Park an, rissen die Palisade und die Hecke heraus. Ein Angriff wurde von einer 200 Leute starken Menge geführt, die „100 Walnussbäume und Apfelbäume niederhauten, die 2 oder 3 Jahre zuvor gepflanzt worden waren", eine Äußerung, der zu entnehmen ist, dass der Herr nicht allein eine Hegung für Schafe und Rotwild, sondern auch ein angenehme Landschaft schaffen wollte.[176]

Der Abt von Fountains unterstützte sechs große Anti-Einhegungs-Aufruhre in den Jahren 1497-99 gegen einen benachbarten Adligen, der einen Park auf einem strittigen Ödland angelegt hatte. Nachbarstreitigkeiten lagen auch dem Konflikt zwischen dem Abt von Leicester und den Bauern von Over Haddon (Derbyshire) zugrunde, mit denen er sich wegen Überweidung und Schmälerung eines Ödlandes stritt. Als die Bauern von Over Haddon die Hecken des Abtes einebneten und in seinem Mühlteich fischten, feuerten seine Knechte einen Hagel Pfeile auf sie ab. Die Bauern vergalten dies, indem sie Vieh des Abtes ertränkten.[177]

In vielen Einhegungsaufruhren ist die Gewaltanwendung offensichtlich kalkuliert, kontrolliert ausgeführt und mit gerichtlichem Vorgehen verbunden. Die Bauern lernten, dass Einhegungsstreitigkeiten den örtlichen Gerichten, da sie leicht zu beeinflussen oder einzuschüchtern waren, besser aus den Händen genommen und durch Behauptung von Aufruhr vor die Sternenkammer oder vor andere königliche Gerichte gebracht werden sollten. Oft wurden gemeindliche Geldsammlungen durchgeführt und untereinander verabredet sich auf keine Einzelregelungen einzulassen.[178]

Diese frühen Einhegungsproteste waren nicht sozial polarisiert und richteten sich gewöhnlich gegen Außenseiter jeden Standes, die Einhegungen als landwirtschaftliche Innovationen in Gemeinden mit Selbstverwaltungstradition einführten. Die Gentry war auf beiden Seiten der Einhegungsstreitigkeiten zu finden. Viele Herren unterstützten Einhegungsaufruhre aus paternalistischer Fürsorge für ihre Bauern oder um ihre eigenen Nutzungsrechte zu schützen. Erst die ausgedehnten

---

[174] Kettle, Agriculture, 52.
[175] Hilton, Medieval Agrarian History, 193; Farnham, Leicestershire Notes, vol. 2, 183.
[176] Stamper, Woods, 147.
[177] Manning, Village Revolts, 45 f.
[178] Ebd., 54.

Einhegungszerstörungen der Jahre 1548-52 waren im Wesentlichen antiaristokratisch.[179]

Schließlich eine gut dokumentierte Geschichte von Einhegungen und Einhegungskonflikten in zwei benachbarten Kirchspielen, die diese gesellschaftliche Konstellation zeigt und an der sich eine abschließende Fragestellung aufwerfen lässt.

In den beiden Kirchspielen Edmonton und Enfield (Middlesex) waren die Allmendrechte unter allen Angehörigen der darin gelegenen Grundherrschaften gemeinschaftlich.[180] Das schränkte die Möglichkeiten der Grundherren Einhegungen vorzunehmen erheblich ein. Am Anfang des 15. Jahrhunderts zäunte der Gutsherr von Edmonton, Sir Adam Fraunceys, eine am Fluss Lea gelegene Weide namens Saysmarsh mit Pfosten und Stangen ein in der Absicht sie in Sondereigentum zu halten. Daraufhin beschwerten sich die Bauern von Enfield bei ihrer Grundherrin, der Gräfin von Hereford, die, nachdem sie den Rat eines gelehrten Rechtsbeistands eingeholt hatte, ihre Bauern anwies die Zäune niederzuwerfen. Ebenfalls auf Intervention der Gräfin von Hereford wurde Henry Somer, der Schatzkanzler und Grundherr von Deephams, gerichtlich daran gehindert ein Ackerstück, genannt Polehouse Croft, im großen gemeinschaftlichen Feld The Hyde einzuhegen.

Weitere Nachrichten von Einhegungen gab es, als Sir Ralphe Cromwell Deephams erwarb. Nach dem Rat seiner Pächter John Drayton und John Danyell hatte er das Recht die Weiden, genannt John-at-the-Marsh Fields, die in Sonderbesitz seien, einzuhegen. Als er dies tat, trat ihm sofort die vereinigte Opposition der Grundherren und Bauern der anderen Güter entgegen. Die Herren des geteilten Gutes Edmonton, Sir Thomas Charleton, Sir William Porter und Edward Aske, beriefen eine Versammlung der Herren, der Pächter der verschiedenen Gutsbesitzungen und der Gemeindeangehörigen der Siedlungen, die die Allmendrechte ausübten, am 10. August 1438 ein, die sechs Herren zu Lord Cromwell sandte mit dem Verlangen die Allmendrechte wiederherzustellen. Angesichts dieser Opposition gab Lord Cromwell auf, machte seinen Pächtern Vorwürfe und schwor auf seine Ritterwürde, alle Felder und Weiden wieder für die Allmende zu öffnen.

Sir Richard Charleton, der die Grundherrschaften Edmonton und Deephams in seiner Hand vereinigte, unternahm 1475 einen zweiten Versuch John-at-the-Marsh Fields einzuhegen. Er verfasste eine „blinde" Urkunde, rief jeden Bauern einzeln zu sich und zwang ihn das Dokument zu unterzeichnen, so dass, wie sie vorgaben, niemand wusste, was er unterschrieben hatte. Die Bauern von Enfield, die wiederum ihre Allmende eingehegt sahen, suchten Hilfe weit und breit: bei John Story, Bischof von Chichester und Kanzler der Königin, bei Sir John Elderton, Schatzmeister des königlichen Haushalts, bei Master Hawte, dem Inspektor, und Master Stodall, dem

---

[179] Ebd., 31, 312.
[180] D. O. Pam, The Fight for Common Rights in Enfield and Edmonton, 1400-1600, in: Edmonton Hundred Historical Society, Occasional Papers, New Series 27 (1974), 1-6, 11-13.

190

ersten Anwalt des Herzogtums Lancaster. Sie rieten den Bauern die Weidezäune aufzubrechen und ihre Allmendrechte wiederherzustellen. Daraufhin sammelten sich 300-400 Gemeindeangehörige aus den Kirchspielen, zerschlugen die Tore und Pfosten und ebneten die Hecken und Gräben ein. Nichtsdestotrotz hegte Charleton einige Jahre später dieses Land wieder ein.

Sir Thomas Bouchier wurde 1486 mit Edmonton beliehen und setzte Nicholas Boone als Vogt und Pächter des Guts ein. Das Gut war nun in die Hände eines Mannes gekommen, dessen Familie seit vielen Generationen im Kirchspiel lebte, der daher die örtlichen Verhältnisse und Gewohnheiten genau kannte und der Profit machen wollte. In den folgenden Jahren hegte er 200 Morgen ein. Nun begannen auch andere einzuhegen, „so schnell wie der Vogt es tat"; unter ihnen die Domherren von St. Pauls, der Prior von Holy Trinity Aldgate, die Priorin von Haliwell und Sir John Risley, die weitere 100 Morgen einhegten.

Boone startete einen Angriff auf die Allmendrechte in den Feldern. Er begann bei Churchfield, Darbyscroft, Pecokkes Field, Fullers Croft und Pypers, zusammen etwa 30 Morgen, Gräben zu ziehen und den gemeindlichen Zugang zu den Feldern zu versperren. Die Bauern von Enfield wandten sich daraufhin an Sir Reginald Bray, den Kanzler des Herzogtums Lancaster, der Sir Thomas Bouchier und seine wichtigsten Hintersassen am 20. Juli 1493 in Enfield zu sich bestellte. Es wurde angeordnet, dass sechs Bauern von Edmonton und sechs von Enfield, nach dem Zufallsprinzip ausgewählt, den Besitz und die Allmendnutzung nach dem alten Herkommen feststellen sollten. Die ernannten Bauern trafen sich, konnten aber kein Einvernehmen herstellen, weil die Vertreter von Edmonton sich weigerten die eingehegten Felder ohne Befehl von Sir Thomas Bouchier zu öffnen. Die Einhegungen blieben bestehen. Daraufhin wies Sir Reginald Bray die Hintersassen von Enfield an die Felder gewaltsam zu öffnen; aber Nicholas Boone hegte sie erfolgreich wiederum ein.

Dadurch ermutigt brachte Boone zwei Jahre später weitere zehn Morgen Weide, genannt Calcattes, und zwei Äcker, genannt Rosefields, von 15 Morgen in Sondereigentum. Innerhalb weiterer zwei Jahre unterverpachtete er an Godfrey Askew John-at-the-Marsh Field und Downfield, 30 Morgen groß, und wies ihn an die gemeindlichen Zugänge mit Hecke und Graben zu verschließen. Weiterhin unterverpachtete er zu denselben Bedingungen, also dass die Allmendrechte aufgehoben würden, an Henry Hasebury bestimmte Teile des großen Gemeinschaftsfeldes Estfield, und zwar Oxelese von zehn Morgen, Benecroft von vier Morgen, zwei Weiden, genannt Redlond von acht Morgen und Sonyfield von fünf Morgen, und sechs Ackerstücke, genannt Robyns Crofts, von 20 Morgen. Wieder zwei Jahre später unterverpachtete er an Richard Bennet vier Ackerstücke von zehn Morgen aus einem Feld namens Houndsfield, die dieser daraufhin einhegte. Ein anderer von Boones Pächtern, William Mynt, zog Gräben und lebende Hecken um zwölf Morgen Domaniallland, in dem, wie vorgebracht wurde, immer Allmendrechte bestanden hatten. Auf all diesem Land verloren die Bauern von Enfield ihre Allmendrechte, zwischen 1485 und 1515 insgesamt 300 Morgen, bis 1530 weitere 100 Morgen.

Nicholas Boones Einhegungen waren nach anfänglichem Protest praktisch unangefochten. Die Bauern von Enfield klagten, dass sie sich „in keiner Weise getrauen sich zu beschweren oder für sich Rechtsmittel einzulegen aus Furcht vor Sir Thomas Bouchier und seinem Vogt". Außerdem beschuldigten sie Boone, dass seine Einhegungen nicht nur zum Vorteil des Grundherrn seien, „sondern auch zu seinem eigenen Einzelnutzen und Vorteil, denn er ist selbst ein Mann von großem Besitz".

Die meisten Einhegungen von Ackerland hatten den Zweck der Umwandlung in Weide. Die Untersuchungskommission von 1517 nannte fünf Stücke Acker und ein ganzes Gemeinschaftsfeld, die in Weide verwandelt worden waren. Die Gemeinschaftsfelder wurden nach einer Methode eingehegt, die so gut wie automatisch ablief, nachdem sie sich einmal durchgesetzt hatte. Die Methode wurde den Kommissaren von Richard Fox, einem Bauern von Edmonton, erklärt: Edmonton und Enfield hatten eine Vielzahl von Feldern unregelmäßiger Größe, die gleichwohl gemeinschaftlich und in Dreifelderwirtschaft angebaut wurden. Als ein Gemeinschaftsfeld galt ein solches, „wo drei Mann oder mehr gemeinsam Land besaßen und in dem sie seit jeher ihre Allmende hatten." Wenn nun die Zahl der Besitzer durch Kauf oder auf andere Weise auf nur zwei oder einen vermindert worden war, „dann wird gesagt, dass darin ihre Allmende vergangen ist und sie keine Allmende haben sollen". Beispielsweise unterlag um 1500 ein Feld namens Churchfield, das etwa 16 Morgen groß war, in der offenen Zeit der Allmende; darin hatten der Herr von Edmonton Sir Thomas Bouchier, der Abt von Walden, der Vikar von Edmonton und er selbst, Richard Fox, Land. Der Vogt Nicholas Boone verpachtete den Teil seines Grundherrn an einen Raymond, Händler aus London, und Raymond pachtete den Teil des Abts, den des Vikars und den von Fox, und hegte dann Churchfield ein. Noch 30 Jahre später war dieses Feld in Händen von Raymonds Sohn.

Die zentrale Figur dieser Einhegungen war der Domänenpächter und Vogt Nicholas Boone. Seine erfolgreichen Maßnahmen fielen in die Zeit der großen Einhegungsbewegung nach 1485. Sie unterscheiden sich von den früheren, meist gescheiterten, in Edmonton darin, dass diese Einhegungen von Allmendweide gewesen waren, während Boone hauptsächlich Acker in Weide umwandeln ließ. Bei den Bauern von Edmonton stieß er anscheinend auf keine größere Opposition, da die Allmendweide immer nur unter den Besitzern des jeweiligen Feldes gemeinschaftlich gewesen war und daher kein Verlust eintrat. Der Verlust der Mitweiderechte der Bauern von Enfield auf dem Ackerland in Edmonton war mehr prinzipieller als realer Art.

Auffällig an dieser Geschichte ist, dass die früheren Einhegungen von den Grundherren - wenn auch 1438 schon auf Initiative der Pächter - vorgenommen wurden, wie auch die Rückendeckung, die Boone durch seinen Grundherrn erhielt. Von daher sei noch einmal die Frage aufgeworfen, ob diese ihrem Wesen nach ökonomische Entwicklung ohne die Geburtshilfe der feudalen Herrschaft hätte ins Leben gerufen werden können. Abschließend seien zwei Fälle dargestellt, die ausreichend gut dokumentiert sind, so dass sie eine detailliertere Beschreibung lokaler Einhegungsbewegungen möglich machen. Der eine betrifft eine recht bedeutende Stadt in

England, der andere eine eher unbedeutende, die nie wirklich die städtische Freiheit erlangte. Beide erregten durch spektakuläre Allmendkonflikte landesweite Aufmerksamkeit.

St. Albans und Coventry: Zwei Fallbeispiele

St. Albans war eine der Städte, die im englischen Bauernaufstand von 1381 eine prominente Rolle spielten. 1381 sah den dritten Ausbruch eines Konflikts, der das Verhältnis der Abtei zu den Bewohnern der Stadt und des Landgebiets zwischen der Mitte des 13. und der Mitte des 15. Jahrhunderts prägte. Materiell ging es um zwei Themen, einmal um den Gebrauch von Walkmühlen, zum anderen um Allmendrechte, Jagd und Fischerei. Daran schlossen sich politische Forderungen und ideologische Kundgebungen an. Eine soziale Zuordnung der Themen zu Stadt- oder Landleuten ist nicht immer eindeutig möglich, da die Übergänge zwischen ihnen fließend waren.

Hertfordshire gehörte nicht zu den großen Bezirken der Tuchproduktion und auch beim Rohmaterial, der Wolle, nahm es keinen der vorderen Plätze ein. Weideland war nicht eben reichlich vorhanden. Dennoch wurden vom 13. Jahrhundert an große Schafherden in der Grafschaft gehalten. Die Wolle wurde größtenteils in den Dörfern aufgearbeitet, wo die Walkmühlen der Herrschaft das heimische Gespinst verfertigten. Der Handel mit Wolle befand sich im späten 13. und frühen 14. Jahrhundert in den Händen der Abtei, bei der italienische Kaufleute sie aufkauften. Die Bürger von St. Albans waren im 13. Jahrhundert vor allem Tuchmacher, weniger Wollhändler. Seit dem Beginn des 14. Jahrhunderts erschienen in den Quellen jedoch auch Bürger, die Wolle nach Antwerpen verschifften.[181]

St. Albans war spätestens seit dem Ende des 12. Jahrhunderts das Hauptzentrum der Textilindustrie in Hertfordshire und viele Stadtbewohner waren in der Tuchherstellung beschäftigt. Bei der wachsenden Bedeutung dieses Gewerbes geriet die zunehmende Selbstständigkeit der Stadtleute mit dem im Mühlenrecht begründeten Anspruch des Abts in Kollision, dass das am Ort hergestellte Tuch in der Mühle der Abtei gewalkt werden müsse. Die Tuchmacher aber hatten in ihren Häusern Handmühlen aufgestellt, mit denen sie ihr Tuch selbst walkten. Als sie sich dem Anspruch des Abts widersetzten, ging er 1274 mit Pfändungen gegen sie vor. Die Stadtleute strengten einen Prozess in Westminster an, in dem sie ebenso wie in der Appellation erfolglos waren.[182]

Der zweite Disput kam zu Beginn des 14. Jahrhunderts auf. Im Jahr 1300 gab es einen Streit in Barnet, in dem der Abt gegen einen Hintersassen vorging, der ihm den Graben zugeworfen und die Hecke niedergebrannt hatte; dem Abt wurde

---

[181] A. F. H. Niemeyer, Social and Economic History, in: The Victoria County History of Hertfordshire, vol. 4, London 1914, 173-232.
[182] L. F. Salzmann, Industries: Textile, in: ebd., 248-251.

vorgehalten die Allmendweide eingehegt zu haben. 1313 wurden die Hintersassen in Watford belangt, da sie „gewaltsam" in den Privatgewässern des Abts gefischt hätten. Im gleichen Jahr brachen mehrere Einwohner von St. Albans, die alle als vermögende Männer und führende Leute der Stadt zu identifizieren sind, in eine Hegung des Abts ein und fällten Bauholz im Wert von £ 60, anscheinend eine organisierte Demonstration zur Reklamierung von Gemeinderechten.

Zur Revolte gegen die Abtei kam es 1326, zur selben Zeit, als die Bürger von London eine Krise des Thrones zur Erringung von Privilegien nutzten. Die Leute von St. Albans forderten Stadtrechte und parlamentarische Repräsentation, Allmendrechte „an Feldern, Wäldern, Gewässern, Fischereien und anderen Gütern, wie sie im Domesday Book enthalten war und wie sie sie gewohnheitsmäßig hatten", dann den Besitz von Handmühlen, ebenfalls nach Gewohnheit. Sie belagerten das Kloster, in dem sich der Abt mit einem Kontingent von 200 bewaffneten Männern verschanzte. Über die Forderungen wurden Verhandlungen in London aufgenommen, bei denen die Leute durch sechs vornehme Männer der Stadt und einzelne aus der Nachbarschaft vertreten wurden. Domesday Book wurde herangezogen, das den Anspruch auf den Status einer Stadt klar rechtfertigte, woraufhin die Abtei nachgab. Ein Dokument, das den meisten Forderungen mit Ausnahme der Handmühlen entsprach, wurde ausgefertigt. In St. Albans feierten die Leute ihren Sieg, indem sie „in der Menge rasten wie verrückt geworden, Zweige von den Buchen brachen, sie im Namen der Besitzergreifung rund um die Stadt trugen cum clamore pomposo. Sie rissen die Hecken nieder und zerstörten die Gräben um Barnetwood und Frithwood und Eywodemede für ihre Allmende und fischten von da an in den Gewässern des Abts nach Belieben und jagten Hasen und Kaninchen im Gehege in den nächsten fünf Jahren. Sie stellten Handmühlen auf, 80 an der Zahl, überall in der Stadt."[183]

(Mit dem Anspruch auf die Stadtrechte erhielten die ökonomisch motivierten Forderungen der Leute von St. Albans eine neue Qualität. Damit trat eine besondere Seite der Reklamation von Allmendrechten hervor. Denn mit dem Status einer Stadt war das Allmendrecht, die Verfügung über Gemeindeland, auf das Engste verbunden. Neben der materiellen stand die rechtlich-konstitutive Seite der Allmende für eine autonome Gemeinde: In dem Augenblick, als sich aus Domesday Book der Status einer Stadt ableiten ließ, gab der Abt auch in der Frage des Gemeindelandes nach. Und die Gemeinde trug Buchenzweige - die Buche als Frucht tragender Baum - um die Stadt herum. Die Definierung der Stadtmark wurde förmlich vollzogen. 24 Bürger sollten laut Urkunde die Grenzen der Ortschaft abschreiten, die als Stadt anerkannt wurde.) Die Anerkennung städtischer Freiheit war jedoch nur vorübergehend; bereits 1332 errang der Abt durch Gerichtsbeschluss ihre Aufhebung.

In den 1270ern und 1318-27 war es in der zur Gutsherrschaft von St. Albans gehörenden Ortschaft Park zu ausgedehnten Fronstreiks gekommen (also im Umfeld der Revolten von 1274 und 1326), die fortgesetzte Verweigerungen der Ar-

---

[183] Rosamond Faith, The class-struggle in fourteenth-century England, in: Raphael Samuel (ed.), People's History and Socialist Theory, London 1981, 50-60.

beitsrente nach sich zogen.[184] Während die Bodenpreise im 13. Jahrhundert stabil gewesen waren, fielen sie seit 1315-18, den Jahren der Dürren und Viehseuchen; es war viel von brachliegendem Land die Rede. Seit dieser Zeit etwa wird eingehegtes Ackerland erwähnt, das mit deutlich höherem Wert angegeben wird als Ackerland im offenen Feld. Die leeren Hofstellen wurden nach 1350 nicht dem Domanialland zugeschlagen, vielmehr bemühten sich die Herren um die Wiederbesetzung der Höfe. Die Schafhaltung nahm zu, und zwar in der Weise, dass die Grundherren die Allmendweiden mit ihren Herden überbürdeten oder sie einhegten.

Ein beständiger Gegensatz im 14. Jahrhundert waren Holzschlag und Jagd. Die Abtei besaß das Recht des Freigeheges (free warren) über weite Gebiete in der Freiheit von St. Albans, einem stark bewaldeten Bezirk, wodurch sie die ausschließliche Verfügung über Bauholz und über Wild, einschließlich des Niederwilds, hatte; ein Recht, das in der Mitte des 14. Jahrhunderts alle Herren genossen.[185] Der Streit darum war ein grundsätzlicher, was sich in den Jahr für Jahr wiederkehrenden Gerichtseinträgen äußert, etwa dass jemand im Gehege Schlingen legte um Hasen zu fangen; dass zwei Brüder wiederholt Schlingen und Netze auslegten um Rebhühner, Hasen und Kaninchen zu fangen; dass vier andere in den Gewässern des Herrn Fische mit Netzen fingen; ein weiterer im Gehege Schlingen und andere Vorrichtungen anbrachte usw. Das herrschaftliche Vorrecht wurde negiert.

1381 schlossen sich die Leute von St. Albans der Bauernrevolte an.[186] Sie gingen zum Hauptquartier der Rebellen nach Bow Church und begannen Unterhandlungen wegen ihres Stadtrechts. Neue Grenzen sollten rund um St. Albans festgelegt werden, innerhalb derer die Stadtleute ihre Tiere frei weiden könnten; die Bürger sollten in bestimmten Gewässern frei fischen können und auf bestimmten Ländereien freie Jagd und Vogelfang haben. Sie forderten Handmühlen und die Abschaffung der Beschränkungen von 1332. Die Sekretäre des Königs setzten die Patente wie verlangt auf. Dem Abt von St. Albans wurde befohlen „den Bürgern die Urkunden König Heinrichs über die gemeindliche Weide und das gemeindliche Fischen und andere Güter zu geben."

Nach St. Albans zurückgekehrt trafen sie mit Abgesandten aus 14 Dörfern zusammen. Das Haus des Unterkellerers am Marktplatz wurde niedergerissen, das Gefängnis geöffnet. An einem der nächsten Tage zog die Menge hinaus und zerstörte die Zäune und Tore der Abteiwälder und -gehege. Das ging in Form einer feierlichen Prozession „mit großem Pomp" vonstatten. Auf einer Massenversammlung schworen Stadtleute und Bauern, sich die rechte Hand reichend, einen Treueeid und „ergriffen Besitz von Gehege und gemeindlichen Wäldern und Feldern", indem sie Zweige herumreichten, die sie von den Bäumen gebrochen hatten. Ein lebendes

---

[184] Dies., The 'Great Rumor' of 1377 and Peasant Ideology, in: R. H. Hilton/T. H. Aston (eds.), The English Rising of 1381, Cambridge 1984, 65 f., 68.

[185] Vgl. Cantor, Leicestershire, 10.

[186] Niemeyer, Economic History, 186 f., 197-202, 204, 206 f.; Hilton/Fagan, Bauernaufstand, 111-113, 139-142; Faith, Great Rumor, 65-68; Faith, Class-struggle, 53, 58.

Kaninchen, das einige im Feld nahe der Stadt gefangen hatten, wurde in der Stadt an den Pranger geheftet als Zeichen, dass sie das Freigehege jetzt innehatten. Einen ähnlich rituellen Charakter nahm die Zerstörung der Mühlsteine an, die ein früherer Abt bei den Stadtbewohnern hatte konfiszieren und in den Abteiboden einzementieren lassen.

Nach dem Tod von Wat Tyler wurden die königlichen Briefe annuliert und Knechte des Königs kamen in die Stadt. Nichtsdestoweniger unterzeichnete der Abt eine Urkunde, durch die den Stadtleuten die in Bow Church verlangten Freiheiten gewährt wurden. Die Bürger zogen in einer Prozession um die Stadt mit Wagenladungen voll Brot und Bier, das sie an den Grenzen verzehrten.

Der Aufstand in den Dörfern hatte in erster Linie zum Ziel, in den Besitz der Gerichtsakten zu kommen und sie zu verbrennen. In einem Dorf warfen die Bauern den Graben um die Wiese des Priors zu, die sie als ihre Allmendweide beanspruchten. Die Zugeständnisse des Abts betrafen die Freiheit, die Güter frei zu übergeben, zu verkaufen oder abzutreten, alle Dienste durch Zahlung einer jährlichen Rente abzulösen, sodann freies Fischen und freie Allmendweide an bestimmten Plätzen gegen Zahlung von 3 d pro Kopf. Genau bezeichnete Jagdrechte oder die Befreiung von Arbeiten in den Parks des Abts wurden gewährt.

Nach dem Aufstand kam das Strafgericht. Einige Frevler am Eigentum der Kirche wurden durch dieselben Felder geschleift, durch die die Prozession gegangen war, und an ein Schafott gehängt von Holz, das in denselben Wäldern geschlagen wurde. Dennoch erreichten Wilderei, verbotener Viehtrieb, Hecken niederbrennen und Holzfrevel, die in der Gutsherrschaft Park vor der Bauernrevolte endemisch gewesen waren, erst danach ihren Höhepunkt. Die herrschaftlichen Verbote scheinen praktisch versagt zu haben und die Hintersassen genossen de facto freien Zugang zu den Wäldern, Gehegen und Gewässern, wie sie es 1381 verlangt hatten. Die meisten Rebellen wurden begnadigt und ihre Anführer erscheinen später als Zehntschaftsvorsteher oder hatten Ämter wie das eines Zinseinnehmers inne.

Wie gesagt waren die Forderungen der Stadt- und der Landleute nicht eindeutig voneinander zu trennen, und besonders hinsichtlich der Allmenden und der Jagd ist kein Unterschied auszumachen. Dennoch sollen sie zunächst getrennt betrachtet weren. Bei den Forderungen der Bürger in Bow Church sind Allmendweide sowie Jagd, Vogelfang und Fischen in Abhängigkeit von der Festlegung der Stadtmark formuliert. Der erstere Zusammenhang war schon 1326 hervorgetreten. Die wachsende Rolle des Jagd- und Fischrechts im Laufe des 14. Jahrhunderts ist etwas schwieriger einzuordnen. Rosamond Faith betont den ideologischen Charakter der Reklamierung dieser Rechte.[187] Das soll nicht in Abrede gestellt werden, doch sind vielleicht konkretere Bestimmungen zu finden als die allgemeine Annahme, die gemeinen Leute hätten die Vorstellung eines Anspruchs auf das, was das Land natürlicherweise bereitstellte, gehabt:

---

[187] Faith, Great Rumor, 67.

Nach der Rückkehr von Bow Church ergriffen die Leute von St. Albans Besitz vom Gehege, von den Gemeindewäldern und -feldern. D.h. das äbtische Jagdgehege störte den Bezirk der Stadtmark, mit der Festlegung der Gemarkungsgrenzen mussten die Rechte des Abts innerhalb derselben auf die Gemeinde übergehen, auch das des Freigeheges und damit der Niederwildjagd. Die Negierung des äbtischen Freigeheges hatte in diesem Zusammenhang eine konstitutive Bedeutung; und von daher auch einen Freiheitsaspekt, insofern es um die städtische Freiheit ging.

Solch eine Bedeutung ist bei den ländlichen Allmend- und Jagdansprüchen schwerer feststellbar. Unter ökonomischem Aspekt betrachtet war jedoch der Schaden von entgangenem Wild wohl geringer als der, der dadurch entstand, dass in den Jagdgehegen Allmendnutzungen der Weide und des Holzschlages ausgeschlossen oder beschränkt waren. Nimmt man die Zugeständnisse des Abtes, so sind es genau bezeichnete Plätze, an denen Weide, Jagd und Fischen eingeräumt wurden. Es ging nicht unbedingt um eine allgemeine Freiheit sich dessen zu bedienen, was natürlich vorhanden war, sondern vielleicht eher darum, dies in der eigenen Grundherrschaft, und auch nicht prinzipiell überall, sondern in ausreichendem Maße tun zu können. Die Freiheitsforderung wandte sich gegen unzumutbare Einschränkungen und Ausschließlichkeitsansprüche der Herrschaft. Sie war dem bäuerlichen Haushalt und der dörflichen Gemeinschaft verbunden, für das Sozialsystem konstitutionell.

1434 glomm in St. Albans noch einmal der alte Widerstandsgeist auf. Eine große Menge versammelte sich und beschuldigte die Mönche, der Stadt ihre Rechte hinsichtlich der Grenzen und andere, ihnen zustehende Freiheiten zu entziehen. Ein Tag wurde anberaumt und die Untertanen brachten ihre Supplikation vor. Sie baten um Allmendweide rund um die Stadt in bestimmten Wäldern und an den Landstraßen, ebenso um Wegerechte durch Wälder. Die Räte des Abtes fanden die Petition identisch mit den Forderungen von 1381 und mit dieser Entdeckung schüchterten sie die Untertanen ein, die verblüfft dastanden und nichts mehr sagten.

St. Albans hatte es also nie geschafft, die so sehr mit der Allmendfrage verknüpfte städtische Freiheit wirklich zu erlangen. Der Abt nahm aus seiner herrschaftlichen Stellung heraus Einhegungen vor, die Stadtbewohner opponierten dagegen, konnten sie aber nicht rückgängig machen, solange sie die Stadtherrschaft nicht erschüttern konnten.

Die Einhegungen des 15. Jahrhunderts auf dem Lande verliefen entsprechend der allgemeinen Entwicklung. Im 14. Jahrhundert war Allmendland vor allem für Acker in kleinen Stücken umgepflügt worden. Einiges Weideland war von alters her in Parks eingehegt, in denen die Bauern manchmal Allmendrechte hatten. In etlichen Grundherrschaften lässt sich die Erweiterung eingehegten Weidelands erkennen, so in Little Wymondley zwischen 1424 und 1460 von 60 auf 100 Morgen. „Weide war schwieriger zu handhaben als Acker, weil die Rechte darüber gemeinschaftlich und unbestimmt waren."[188] 1427/28 handelte der Abt von St. Albans mit den Hintersassen in Tyttenhanger, die die gutsherrschaftlichen Wiesen und Weiden

---

[188] Niemeyer, Economic History, 214.

als Zinslehen innehatten, aus, sie ihm gegen einen Ausgleich zu übergeben, und hegte sie als Park ein. Er hatte bereits Tyttenhanger Heath eingehegt, das er zur Hälfte in eine fruchtbare Weide verwandelte. 1448 schloss Sir Ribert Whittingham seine Bauern von 80 Morgen Allmende aus. 1471 riss er in einem entvölkerten Dorf, das in den 1420ern noch 13 Ackerstellen und viele Handwerker gehabt hatte, die Häuser ab, baute an ihrer Stelle ein Herrenhaus, ließ das Land als Weide liegen und hielt es in Sonderbesitz. In Northaw waren 1521 140 Morgen Weide eingehegt, die Bauern hatten im Wald Allmende für ihre Tiere. All dies Beispiele für herrschaftliche Einhegungen von Allmendweide.

Etwas verwundert bemerkt R. Hilton zu den Einhegungskonflikten in Coventry: „Was typische Beschwerden von Bauern der umliegenden Dörfer gewesen sein müssen, wurde von Bürgern und Kleinhändlern einer großen Stadtgemeinde vorgebracht, die so besorgt um ihre Weiderechte waren, als ob sie ihren ganzen Lebensunterhalt vom Boden gehabt hätten."[189] Hilton hat zu Recht betont, dass in den kleinen Städten mit 500 bis 1000 Einwohnern die hauptsächliche Einkommensquelle der kleinen Handwerker, die auch Besitzer von kleinen Stücken Acker und Weide und von Gärten waren, ihr nichtagrarisches Gewerbe war, weshalb diese Städte „funktionell scharf vom Land unterschieden" waren.[190] Nichtsdestoweniger strebten die meisten mittelalterlichen Stadthaushalte eine gewisse Selbstversorgung mit Lebensmitteln an, manche auch einen kleinen Zuerwerb aus landwirtschaftlicher Tätigkeit neben ihrem Gewerbe. In wirtschaftlicher Krisenzeit, wenn der eigentliche Beruf keinen ausreichenden Verdienst bot, konnte der landwirtschaftliche Nebenerwerb subsistenzsichernd sein. Wer nicht einmal ein kleines Stück Land oder Garten besaß, der konnte häufig doch, zumindest als Bürger, ein Stück Vieh auf die städtische Weide treiben.

Coventry „war auf dem Fundament des Wollballens gebaut".[191] In der zweiten Hälfte des 14. Jahrhunderts war die Stadt der Bevölkerungszahl nach die viertgrößte im Königreich und hatte eine bedeutende Tuchindustrie. „Die ausgedehnten Gemeindeländer rund um die Stadt nahmen lange einen hervorragenden Platz in den politischen Angelegenheiten Coventrys ein."[192] *Lammas Day* (1. August), ein Tag mit Volksfestcharakter, an dem die Bürger ihr Vieh nach dem Abräumen des Heus auf die Wiesen trieben, wurde Ende des 15. Jahrhunderts zum Kulminationspunkt sozialer Auseinandersetzungen in der Stadt, wobei besonders „Ill Lammas Day" 1525 vielen in unguter Erinnerung blieb.

Die hochmittelalterliche Ausbauzeit, in der die Allmenden Nutzungsreserve gewesen waren, war zu Ende gegangen, als 1258 der Propstei Coventrys[193],

---

[189] Hilton, Old enclosures, 279.

[190] Rodney Hilton, Towns in English Feudal Society, in: Urban History Yearbook 1982, 7.

[191] Mary Dormer-Harris, Social and Economic History, in: The Victoria County History of Warwickshire, vol. 2, London 1908, 148 f.

[192] R. B. Rose, The Common Lands, in: ebd., vol. 8, London 1969, 199.

[193] Zur Dompropstei Coventry siehe R. H. Hilton, A Medieval Society. The West Midlands at the End of the Thirteenth Century, Cambridge 1983, 35, 189, 223.

nachdem sie große Strecken Land nördlich der Stadt in Sonderbesitz genommen hatte, weitere Hegungen untersagt wurden. Die Allmendrechte der Bewohner wurden dahingehend festgeschrieben, dass sie ausreichende Weide für so viele Tiere haben sollten, wie sie zum Anbau ihrer Felder brauchten.

Die Konkurrenz von gemeinschaftlichen und individuellen Nutzungsinteressen fing im 14. Jahrhundert an zu einem unversöhnlichen Streit zu werden. 1332 widmete die Propstei einen Teil ihrer Ländereien nördlich der Stadt in einen Park um. Die Leute aus der Stadt reklamierten Allmendrechte, sammelten weiterhin ihr Brennholz in dem neuen Park, warfen die Zäune nieder und ließen ihr Vieh darin weiden - eine Übung, von der sie in den nächsten 150 Jahren nicht ablassen sollten.[194]

Die große Bedeutung des Weidelands in dieser Zeit wird dadurch dokumentiert, dass in einer so wichtigen Urkunde wie der *Tripatite Indenture* (Dreiseitiges Abkommen) von 1355, mit der die Bürger von Coventry ihre Stadtrechte gegen ihre Stadtherren, die Königin-Witwe und den Dompropst, durchsetzten, der Propst eine Liste der Weiden und anderen Einhegungen in den vorstädtischen Weilern einfügte, die er das ganze Jahr hindurch in Sonderbesitz zu halten beanspruchte. Er traf, wie aus einer Aufstellung von 1411 hervorgeht, mit benachbarten Herren und Freisassen Übereinkünfte ihre Allmendansprüche an Wäldern, Ödländern, Mooren, Gehölzen, Wiesen, Weiden, Wegen, Pfaden aufzuheben, oft im Austausch für beträchtliche Übertragungen von Land. Ziel war es, die in Sonderbesitz befindlichen Ländereien von allen Formen kommunaler Verpflichtungen zu lösen.[195]

Neben dem Propst als Stadtherrn sahen sich die gemeinen Bürger dann von einer zweiten Seite her mit Übergriffen auf die Allmenden konfrontiert, von den reichen Bürgern. 1374 sammelte sich der Volkshaufe um Einhegungen eines Ralph Hunte niederzureißen, seine Bäume zu fällen und Brennholz wegzutragen. Auch Hegungen des Bürgermeisters sollen niedergeworfen worden sein.

In dieser Zeit begannen die Einhegungen der *Lammas Lands*, der Wiesen, die an Lammas Day für die Allmendweide zu öffnen waren. Der Bürgermeister hatte der *Holy Trinity Guild* gestattet Grundstücke in der Stadtmark das ganze Jahr hindurch in Sonderbesitz zu halten. Die Trinity Guild war eine von zwei Körperschaften, denen die wichtigsten Männer der Stadt angehörten und aus deren Reihen die Bürgermeister hervorgingen. 1384 klagte der Vorsteher der Trinity Guild, die seit „unerdenklichen Jahren" in Sonderbesitz gehaltenen vier Felder würden nun regelmäßig an Lammas aufgebrochen mit dem Ergebnis, dass ihr jährlicher Wert um die Hälfte gemindert sei. Die Gilde hatte die Felder als städtisches Erbzinsgut für £ 10 inne, die dem Propst zukamen. Ihr Recht wurde bestätigt.

---

[194] Mary Dormer-Harris, Life in an Old English Town. A History of Coventry from the Earliest Times Compiled from Official Records, London 1898; für das Folgende bes. 71, 111 f., 207-218, 229.

[195] Hilton, Old enclosures, 278 f.

Dieser Gerichtsentscheid wurde vom gemeinen Volk jedoch nicht akzeptiert. 1414 hielt man es für notwendig zu verfügen, dass Leute, die in Hegungen der Trinity Guild eindrangen, arrestiert und so lange gefangen gehalten werden sollten, bis sie der Gilde Schadensersatz geleistet hätten. Aber die Unzufriedenheit ließ nicht nach, und daher berief der Bürgermeister eine Versammlung von 134 wichtigen Bürgern ein, die die Überlassung der Grundstücke an die Gildenmänner bestätigte.

Interessant an diesem Vorgang ist, dass die vollständige private Verfügung über den Boden unter oligarchischem Deckmantel geschah. Die Holy Trinity Guild war eine privilegierte, oligarchische Korporation, und abgesegnet wurde die Maßnahme von einer oligarchischen Versammlung, die durch die Einberufung durch den Bürgermeister die offizielle Weihe erhielt. Die neue Form des vollen Eigentums wurde mit den traditionellen Mitteln feudaler - beim Propst - und oligarchischer Herrschaft durchgesetzt. Jedoch waren diese Eigentümer institutionelle oder korporative, also juristische, keine natürlichen Personen.

Auch Individuen wurde eine derartige Sondernutzung eingeräumt. Und da geschah es, dass ein John Ray, der einen Vertrag mit den Behörden hatte bestimmte Lammas Lands auf Lebenszeit in Sonderbesitz halten zu können, die bei seinem Tod in die Gemeinschaftsnutzung zurückfallen sollten, dieses Land 1424 verkaufte. Die Stadt beklagte das als Betrug. Es war jedoch eine folgerichtige Entwicklung, denn Besitz, der seine genossenschaftlichen Bindungen abstreifte, indem er die volle Zeit unter ausschließlich individueller Verfügung war, nahm mit der Zeit den Charakter des Privateigentums an. Die Überraschung der Stadtbehörden offenbart, dass man bei dieser einschneidenden Änderung der Nutzungsform doch in überkommenen Begriffen und Vorstellungen dachte.

Der Beschluss von 1414 hatte den Unwillen des Volkes nur noch gesteigert, im folgenden Jahr zerstörte es Gärten vor dem Stadttor, die von bekannten Bürgern und Amtsträgern abgezäunt worden waren. Die anhaltende Unruhe, das Versagen aller Verbote, bewog die Behörden zu einer Kehrtwende ihrer Politik, zu einer aktiveren Ordnung der Allmendangelegenheiten, die für nahezu fünfzig Jahre Ruhe in diese Frage brachte. Die Lammas Lands auf allen Seiten der Stadt wurden 1415 besichtigt und verzeichnet und damit gesichert. 1421 wurden Stuten von den Allmenden ausgeschlossen, 1425 die Zahl der Ochsen, Kühe und anderen Tiere beschränkt, Schafe offenbar nicht zugelassen. 1428 wurde dem Propst versagt weitere Stücke in Sonderbesitz zu nehmen, darunter eine Anzahl einzelner Äcker, einiges Weideland und ein Kaninchengehege.

Kurz darauf aber nahm ein anderer Fall von Allmendeinhegung seinen Anfang, der die Stadt in endlose Gerichtsverfahren verwickeln sollte. John Bristow, Tuchhändler, Bürgermeister von 1428, später Friedensrichter und Vorsteher der Trinity Guild, kaufte eine Besitzung in Whitley südlich der Stadt. Er glaubte, dass, nachdem er das hohe Amt in der Stadt innegehabt hatte, niemand vom gemeinen Volk es wagen würde sich seinem Tun entgegenzustellen - wie es in den Quellen heißt - und begann wenig nach 1428 mit der Einhegung verschiedener Grundstücke, die auf Gemeindegrund von Coventry lagen. Er friedete sie mit Zaun und Graben ein, ließ sie pflügen und mit Getreide einsäen. Die Leute von Coventry aber trieben ihre Viehherde in das Korn und ließen es abweiden. Sie warfen Bristow vor „für seinen eigenen Gewinn Besitz von einem Teil des besagten Gemeindegrunds ergriffen zu haben, so dass bei Fortdauer desselben es sein eigenes Land genannt werden möchte, wo er in Wahrheit nie Recht, Titel oder anderen Besitz hatte." Außerdem trieb Bristow sein Vieh auf die Allmende bis nahe an die Stadt, wo nie ein Herr von Whitley die Weide mit den Bürgern zu teilen beansprucht hatte. Die Städter schafften seine Tiere in den Pfandstall und Bristow gestand sein Unrecht ein. Sein Sohn William jedoch, nachdem er 1455 das Gut übernommen hatte, begann wieder sein Vieh und das seiner Hintersassen auf die Stadtallmende zu treiben und nahm einige Wiesen in Sondereigentum. Dies wurde zwar bemerkt, aber, in einer Zeit der Ruhe um die Allmenden, nicht dagegen vorgegangen.

1469, als William Bristow mit den städtischen Behörden in Streit lag, erinnerten sie sich seiner Übergriffe auf das Gemeindeland. Es wurde angeordnet unrechtmäßige Einhegungen bis zum 1. November zu öffnen. Am 3. Dezember zogen etwa 500 Personen, an der Spitze der Bürgermeister, zu Bristows Feldern und zerstörten die Hecken. Einem Ratsherrn und einem *Chamberlain* wurden die Grundstücke treuhänderisch übergeben. Bristow wartete bis zur Ernteezeit des nächsten Jahres, ging dann bewaffnet gegen die beiden Treuhänder vor, verletzte den einen lebensgefährlich, schaffte Heu und Getreide weg. Wegen dieser Gewalttat kam die Sache vor den Staatsrat (Privy Council). Eine Kommission aus vier Äbten und drei Adligen der Gegend nahm die Gemeindeländer in Augenschein und verhörte 30 ältere Männer. Nach ihrem Spruch 1473 erhielt Bristow seine Grundstücke zurück, musste sie aber nach der Ernte und in der Brache für die Gemeinde öffnen. Weiterhin durfte er sein Vieh zusammen mit den Einwohnern von Coventry auf die Allmende zwischen seinen Besitzungen und der Stadt treiben. Dass, wie es sich versteht, keine Dokumente existierten, die die Rechte der Gemeinde belegten, erwies sich einmal mehr als Nachteil - so Mary Dormer-Harris.

Zu bemerken ist, dass auch die Bristows ihre Übergriffe auf das Gemeindeland aus einer oligarchischen Position heraus unternahmen. John Bristow hatte zwar noch Ämter in der Stadt, und vielleicht ist das der Grund, warum er sich der Gemeinde fügen musste; aber spätestens sein Sohn William war in die Gentry übergewechselt, war Herr über Lehenbauern. Die Stadtbehörden behandelten ihn denn auch als einen Auswärtigen. Der Spruch der Kommission aus geistlichen und adligen Herren bestätigte die Ansprüche des Herrn von Whitley, hielt sich aber ganz an das traditionelle Allmendrecht: Bristow hatte volles Weiderecht, musste aber seine Felder nach der Ernte und in der Brache den anderen Allmendgenossen öffnen.

Der Konflikt um Bristow stand im Kontext sich neuerlich verschärfender Allmendprobleme. Der Propst hegte, wozu er 1423 schon einmal einen Anlauf genommen hatte, Broad Oak Waste („Prior's Waste") ein. Das Volk brach drei Tage nach der Aktion gegen Bristow am 6. Dezember 1469 in Prior's Waste, Whitmore Park und weitere Hegungen und Gärten ein, die dem Konvent und anderen Personen gehörten. Noch im selben Jahr ließ sich der Propst die Einhegung von Prior's Waste und eines Landstücks außerhalb von New Gate durch eine Versammlung vom Bürgermeister ausgewählter 216 Männer billigen. Nicht gebilligt wurde sie vom gemeinen Volk, denn drei Jahre später setzte das Stadtgericht Strafen fest für diejenigen, die in Prior's Waste oder in die Hegung am New Gate einbrechen würden. 1480 nahm die Propstei eine weitere Einhegung vor, Bishopshay.

Der Unmut der Leute ist um so verständlicher, als es im selben Jahr, 1469, nötig geworden war die Allmendbeschränkungen weiter zu verschärfen. Es wurde angeordnet überzählige Tiere zu pfänden und Strafgelder einzutreiben. Die Weide von Schweinen wurde ganz untersagt und eine hohen Buße angesetzt. Dabei sahen die Bürger, dass Bristow, der Propst und andere Viehzüchter große Herden auf die Allmende trieben. Bei der Obrigkeit wurde es als immer ärgerlicher empfunden, dass das Volk an Lammas Day in großer Zahl das Wiesenland überströmte und die Zäune auch von denen beseitigte, die das vermeintliche Recht auf ganzjährige Einhegungen innehatten. Daher wurde 1474 verordnet, dass nur noch eine Anzahl ausgewählter Bürger die *Chamberlains*, wenn sie an diesem Tage ausritten, begleiten dürfte. Es waren insgesamt 54, wobei jedes Stadtviertel vertreten war.

Einen Anwalt ihrer Unzufriedenheit bekam die Bürgerschaft, als Laurence Saunders 1480 zum Chamberlain gewählt wurde, der in den nächsten 15 Jahren als Tribun des Volkes und energischer Verteidiger seiner Allmendrechte auftrat.[196] Die beiden Chamberlains waren die Aufseher über die Gemeindeweide und zogen die Strafgebühren von Eigentümern nicht zugelassener Tiere ein. Saunders nahm seine Aufgabe von Anfang an sehr ernst. Im Sommer 1480 ließ er Schafe als auf der Allmende verbotene Tiere in den Pfandstall treiben, darunter 400 Bristows, 300 des Propstes, 180 und 40 zweier vornehmer Bürger. Der Bürgermeister war mit diesem Vorgehen nicht einverstanden, beschuldigte Saunders Strafgelder exzessiv zu verhängen und forderte, dass er sich seinen Anordnungen füge. Der Bürgermeister lieferte die gepfändeten Schafe jedesmal wieder aus und erließ die Strafen. Da sich die Chamberlains weigerten sich seinen Befehlen zu beugen, wurden sie für eine Woche inhaftiert.

In einer in der Tuchherstellung führenden Stadt mit großer Nachfrage nach Wolle war Schafzucht natürlich lukrativ, und zweifellos waren die Leute, die sie betrieben, mit der Stadtobrigkeit im Bunde. Was den Propst angeht, stellte dieser Viehbeschränkungen überhaupt in Abrede mit dem Argument, er sei (als Stadtherr) der Herr des Grund und Bodens.

Saunders wandte sich nun mit einer Petition an den Prince of Wales. Nach dieser enthielten der Propst, Bristow, die Trinity Guild und mehrere Bürger der Stadtgemeinde die Hälfte des Gemeindelandes vor. Außerdem überbürdeten wenige Begünstigte die Allmende mit Schafen in einer Menge, die ihnen beliebte, während das gemeine Volk die Zahl nicht überschreiten dürfe, die die Behörden festlegten. Die Stadtoberen erreichten mit dem Argument, Saunders wiegele das Volk auf, seine

---

[196] Mary Dormer-Harris, Laurence Saunders, Citizen of Coventry, in: EHR 9 (1894), 633-651.

Abweisung. Tatsächlich wurde nun ständig in die Einhegungen des Propstes, Bristows und des St. John Hospitals eingebrochen. Der Konflikt um die Gemeindeländer stand im Zusammenhang wachsender Schwierigkeiten der Stadtobrigkeit mit verschiedenen Handwerken, hinter denen besonders Gegensätze zwischen den Tuchhändlern und den Webern standen. Nachdem Saunders zum dritten Mal eine Liste eingehegter Gemeindeländer vorgelegt hatte, wurde er 1494 vor die Sternenkammer nach London geladen und verschwand im Fleet Prison.

Einige der großen Tuchhändler orientierten sich längst über die Grenzen der Stadtmark hinaus und hegten Land ein um Parks anzulegen. Der Bericht der Untersuchungskommission von 1517 nennt John Bond von Coventry, Kaufmann vom Stapel, der Little Bromwich als Park abzäunte, und drei Generationen von Smiths, John, Henry und Sir Walter, die den Park von Flethamsted schufen.

Die zugespitzteste Konfrontation um Einhegungen ereignete sich 1525 an „Ill Lammas Day". Sie war der Höhepunkt einer allgemeinen Krise in der Stadt, begleitet von einer Verschwörung von Bürgern mit Plänen für eine Verfassungsreform. Nach einer Getreideteuerung hatte die Stadtregierung angeordnet die gemeindlichen Grundstücke mindestens zur Hälfte mit Getreide anzubauen. Das hieß, dass sie nicht an Lammas Day, sondern erst acht Wochen später geöffnet wurden. Diese Anordnung wurde nicht zurückgenommen, als sich die Getreidepreise wieder erholten. Die Unzufriedenheit machte sich in zunehmendem Niederreißen von Zäunen Luft. 1525 nun versammelte sich, als die Chamberlains zu ihrer Inspektion unterwegs waren, die Menge in der Stadt, verschloss das Stadttor, brach in das Schatzamt ein und bemächtigte sich der *Common Box*, die die Renten für die Hegungen enthielt. Das war offener Aufruhr, den zu unterdrücken der König den Marquis of Dorset mit 2000 Bogenschützen schickte.[197]

Dass seit den Tagen von Laurence Saunders die Gemeindeländer das Aktionsfeld in tiefgreifenden Auseinandersetzungen zwischen städtischer Oligarchie und gemeinen Bürgern war, mag kein Zufall sein. Sicherlich waren in den großen wirtschaftlichen Schwierigkeiten, bei betontem Gegensatz zwischen Tuchhändlern und Webern, die Allmenden den armen Bürgern um so notwendiger; und sicherlich boten sich die Zäune als konkrete Objekte der Aktion an, war Lammas Day ein festes Datum der Protestäußerung. Doch die Frage, die in allen innerstädtischen Konflikten des Mittelalters im Zentrum des Streits stand, ob eine privilegierte Minderheit die Geschäfte der Stadtregierung so führen dürfe, dass sie persönliche materielle Vorteile davon habe, ist auch hier aufgeworfen worden. Die Forderung nach der Änderung der oligarchischen Verfassung scheint sich u.a. daran entzündet zu haben, dass einige Bürger und städtische Institutionen sich das Vorrecht herausnahmen einen Teil des Gemeindelandes, nach Saunders Liste die Hälfte, ihrem privaten Nutzen zu reservieren, so dass die der Gemeinde zur Verfügung stehende Weidefläche zusammenschmolz, und sich weiter zubilligten auf dieser übrigen Fläche den gemeinen

---

[197] Charles Phythian-Adams, Desolation of a City, Coventry and the Urban Crisis of the Late Middle Ages, Cambridge 1979, 58, 134 f., 254 f., 257.

Bürgern auferlegte Viehbeschränkungen für sich selbst als nicht gültig anzunehmen. Das oligarchische Moment trat in unversöhnlichen Widerspruch zum Gemeindeprinzip.

Das volle Privateigentum am agrarisch nutzbaren Grund und Boden setzte sich nicht naturwüchsig in einer rein ökonomischen Bewegung durch, sondern mit Hilfe der obrigkeitlichen Gewalt, von der reichlich Gebrauch gemacht wurde.

Dabei sind die verschiedenen Formen der Allmendaufhebung, *emparkments*, Einhegung von Wiesen, Kultivierung für Ackerbau, Überweidung, auch systematisch unterscheidbar. Die Parks als Einfriedungen von bewaldetem Gelände hatten noch ganz den Charakter feudalherrlicher Reservate; der Ausschluss der Gemeinnutzungsrechte, ob einseitig oder einmütig mit Kompensation erreicht, war Bestandteil dieses herrschaftlichen Bestrebens. Ebenso gehörte die Schmälerung der Allmende durch Kultivierung des Bodens zu den traditionellen Konfliktbereichen der mittelalterlichen Gesellschaft, nicht anders als Probleme der Allmendüberweidung.

Eine tatsächlich moderne Form stellten die ganzjährigen Einhegungen von Wiese oder Acker oder von Ödland dar. Hier ging es um einen erweiterten Eigentumsanspruch, der zuerst von bürgerlichen Individuen und Korporationen vorgebracht wurde.

Ergebnisse

Die entwickeltste Konzeption der Erklärung der spätmittelalterlichen Einhegungen stammt sicherlich von Rodney Hilton, der sie nicht nur als Reaktion auf Preise sehen, sondern als Ergebnis einer sich im 15. Jahrhundert anbahnenden ökonomischen Entwicklung hat verstehen wollen, die sich in der bäuerlichen Ökonomie herausbildete und aus der die Weidepächter am Ende des Jahrhunderts die Konsequenzen zogen. Beleg sind ihm die vielfach nachweisbaren bäuerlichen Einhegungen und das Phänomen, dass die Bauerngemeinde der Zersetzung ihrer Wirtschaftsordnung nichts entgegenzusetzen wusste, weil - so die Interpretation - diese Kräfte aus ihren eigenen Reihen hervorwuchsen.[198]

Diese Konzeption ist überzeugend, doch scheint es nötig zu sein ein Moment in diesem Prozess stärker zu akzentuieren, nämlich das der Herrschaft. Nicht nur gibt es viele Belege, die im 15. Jahrhundert die jeweiligen Grundherren als Einheger zeigen, teils in Fortsetzung alter Bestrebungen das Domanialland von bäuerlicher Mitnutzung freizumachen, teils in Aufnahme neuer Tendenzen, die spezialisierte Viehzucht lukrativ machten. Es scheint auch die Durchsetzung der neuen Ordnung vielfach der Geburtshilfe der alten Machtmittel - z.B. in Coventry - zu bedürfen.

Den Hintergrund der Einhegungsbewegung stellte eine soziale Differenzierung innerhalb des Dorfes im 15. Jahrhundert dar, die Entstehung einer Gruppe von Großbauern, die mit einer großen Viehzahl die Allmende überweideten und der Dorf-

---

[198] Hilton, Pre-history.

gemeinde Probleme machten - dies aber nicht nur in England. Die größeren Bauern hätten nicht derart aus der Dorfgemeinschaft herauswachsen können, wenn sie nicht die noch bestehende Gutsdomäne hätten pachten, also eine ökonomische Position der Herrschaft übernehmen können, und damit eine ökonomische Macht jenseits der sich differenzierenden Mittelbauernschaft. Als sie Pächter wurden, hatten sie schon als Großbauern eine hervorgehobene Stellung im Dorf gehabt, indem sie zugleich das Amt des *reeves* (Schultheiß) oder *rent-collectors* ausübten und so herrschaftliche Funktionen wahrnahmen. Diese Aufgaben waren in die Pacht eingeschlossen, womit diese Amtsinhaber nun stärker Partei eigener und herrschaftlicher Interessen wurden - wie in Edmonton - und die frühere doppelte Verpflichtung auf die Herrschaft und die Gemeinde dahinschwand. Die einhegenden Domänenpächter konnten zweifellos mit Rückendeckung der Herrschaft agieren. Die beobachtete Wirkungslosigkeit der *manorial courts* wird eben daher gekommen sein, dass die Herrschaft die Dorfordnungen (by-laws) nicht mehr sanktionierte.

Mit den spätmittelalterlichen Einhegungen wurde ein Anfang zum Umbau der Gesellschaftsordnung gemacht, indem an die Stelle des Verhältnisses von Feudalherr und Bauer die Relation von Grundherr, Pächter und Landarbeiter trat.[199] Diese grundsätzliche Veränderung ist nur durch ökonomische Basisprozesse erklärbar; doch ist, was den Veränderungsvorgang angeht, zu beachten, dass die Herrschaft ausübende Klasse zwar eine Wandlung durchmachte, ihre Position aber keinesfalls verloren ging.

In England verlor das Hofgericht mit der Aufhebung der Hörigkeit viel von seiner herrschaftlichen Funktion. Es registrierte nach wie vor die Grundbesitzveränderungen, erließ Acker- und Weideregelungen, verhängte Bußen. Die königliche Justiz nahm die Gerichtsbarkeit wahr, die Gemeinde hatte öffentlich-rechtliche Funktionen. Mit der Verpachtung des Gutslandes schwand die ökonomische Präsenz des Herrn vor Ort. Bei diesem Funktionsverlust hatte das Hofgericht der wirtschaftlichen Macht des Einhegers wenig entgegenzusetzen, konnte seine für die Genossenschaft regulierende Funktion im Zweifelsfall nicht mehr erfüllen.

Die Allmende war Gutsland, an dem die Bauern jedoch genau definierte Weiderechte hatten (von Gemeindeeigentum ist nichts zu sehen). Der Wald wurde frühzeitig großenteils als Park dem Gut reserviert oder war königlicher Forst. Die Bauern hatten differenzierte Waldnutzungsrechte, die im Forst weitgehend sein konnten. Der Fortbestand des Hofverbandes, dem das Ödland gehörte, bot der Gemeinde eine schwächere Ausgangsbasis als in Oberdeutschland.

Strukturell glichen diese Verhältnisse denen am Niederrhein. In England war die ökonomische Schubkraft stärker, die schließlich ihre Aufhebung herbeiführen sollte. Eine frühzeitig hochentwickelte Schafzucht, die mit besten Woll-, später Tuchqualitäten den europäischen Feintuchmarkt dominierte; ein Tuchgewerbe, das ab dem 14. Jahrhundert für die Massenerzeugung seine Standorte auf das Land ausweitete; und die geringe Bedeutung des Leinen-, nachher des Barchentgewerbes,

---

[199] Vgl. etwa Trevelyan, Sozialgeschichte, 21.

das in Deutschland immer gleichgewichtig neben dem wollverarbeitenden Gewerbe stand; womit in England der kommerzielle Impuls einseitig auf die Schafwolle wirkte. Dies gab, neben auch zu beobachtenden Intensivierungen des Ackerbaus, der Weidewirtschaft eine hohe Bedeutung, die schließlich als spezialisierte Schafzucht die Allmendbeschränkungen abstreifen wollte.

Konsolidierte Betriebe waren die effizientere Art Landwirtschaft zu treiben. Aber in einer Zeit, als die meisten Menschen darauf rechneten in der Landwirtschaft ihren Lebensunterhalt zu verdienen und als die Idee einer regulierten Gesellschaft, in der niemand auf seinen Vorteil zulasten seines Nachbarn aus sein sollte, als die einzige Anschauung galt, wogen die sozialen Nachteile der Einhegungen schwerer als die wirtschaftlichen Vorteile.[200] Die Einhegungen der gemeindlichen Ödländer stellten einen Angriff auf Ressourcen dar, von denen der Bauer abhängig war, wenn er den Ackerbau aufrechterhalten wollte. Die Entschlossenheit des gemeinen Mannes Allmendrechte standhaft gegen Landbesitzer zu verteidigen, die Ansprüche auf Privateigentum ohne Einschränkung durch irgendwelche Nutzungsrechte geltend machten, ist - so Manning - aufschlussreich hinsichtlich des Gemeinschaftssinns, den es im Dorf gegeben haben muss. Dieser Gemeinschaftssinn war es, der kollektiven sozialen Protest in Form von Einhegungsaufruhr, Zerstörung von Hecken und Wilddieberei verursachte. Er bestand auch in einer Ahnung davon, dass mit der Gemeinschaft die selbstständige Existenz und persönliche Unabhängigkeit bedroht war.[201] Dieses Gefühl sollte in Knittelversen, wie dem folgenden, Ausdruck finden:[202]

> The law imprisons man or woman
> Who steals the goose from off the Common,
> But leaves the greater felon loose
> Who steals the Common from the goose.

---

[200] Thirsk, Enclosing, 206.
[201] Manning, Village Revolts, 4-6; Everitt, Farm Labourers, 406.
[202] Taverner, Common Lands, 8.

Kommunalisierung versus Privatisierung. Entwicklungslinien vom Mittelalter in die Frühe Neuzeit

Der Vergleich ausgewählter Regionen ergibt eine recht unterschiedliche Entwicklung der Allmendverhältnisse im Spätmittelalter: gegenüber der Kommunalisierung der Allmenden in Südwestdeutschland eine Individualisierung der Waldmarken am Niederrhein, in England der Beginn der Einhegungsbewegung und damit die Auflösung der Genossenschaft. Was war der Hintergrund derartig verschiedener Entwicklungen?

In Südwestdeutschland wurden mit der Auflösung der Villikationen auch die Herrenhöfe zerschlagen, ein Gutteil der Funktionen des Dinghofs ging auf die Dorfgemeinde über, was zu ihrer Stärkung wesentlich beitrug. Am Niederrhein wie in England blieben die Herrenhöfe mit ihrer Landausstattung erhalten und wurden als Ganze verpachtet, ebenso bestand das Dinghofsystem in versteinerter Form weiter und erfüllte seine Funktionen, rudimentär oder auch weitgehend. Daher zog die Landgemeinde am Niederrhein, wie Steinbach herausgearbeitet hat, vor allem landgerichtliche Funktionen an sich; erfüllte auch in England staatliche Aufgaben. Als Merkmale der allgemeinen ökonomischen Verhältnisse werden für diese beiden Regionen von Steinbach und Beresford genannt: Vorherrschen der Geldrente, Mobilisierung des Grundbesitzes mit einer ausgeprägten Differenzierung der Besitzgrößen und verbreitete Lohnarbeit. Durch die Pachtwirtschaft, in Verbindung mit einer Zersplitterung der grundherrschaftlichen Leihe, wurden die Feudalbeziehungen ökonomisch stark versachlicht; die Feudalrente schwand, der gegenüber die Grundrente in reinerer Form hervortrat.[1] Da sich die Grundherrschaften am Niederrhein stark auf die profitablen Pachthöfe stützen konnten und sie zu erweitern trachteten, kam es hier zu keiner feudalen Reaktion mit Wiedereinführung der Leibeigenschaft etc.

In England kam die seit jeher starke Orientierung auf die Schafzucht hinzu, die schon frühzeitig beste Wollqualitäten hervorgebracht hatte, die die europäische Feintucherzeugung dominierten. Mit dem Vordringen der Tucherzeugung in die kleinstädtischen ländlichen Zentren entstand ein gewerblicher Anreiz für die agrare Produktion, der diese zu prägen vermochte. Die Spezialisierung auf Schafzucht und die prinzipiell unbeschränkte industrielle Nachfrage nach Wolle führten zu einer Intensivierung der Bodennutzung, die die genossenschaftlichen Bindungen der Allmendweide abstreifte. Diese einseitige Ausrichtung der Textilgewerbe auf die Wollverarbeitung bestand weder im deutschen Südwesten noch am Niederrhein, wo

---

[1] Zu Grundrente und Feudalrente Abel, Agrarkrisen, 20 f., 41; ders., Geschichte, 100 f.

Leinenerzeugung und Baumwollverarbeitung neben der Schafwolle prägend waren. Im Südwesten stand der Ausrichtung Württemberg-Niederschwabens auf die Schafhaltung das oberschwäbische Leinengebiet gegenüber, was die duale Orientierung innerhalb einer Region anzeigt.[2]

Die erhöhte Nachfrage der Städte nach Fleisch, Holz, Wolle oder Flachs im Spätmittelalter[3] konnte in Deutschland im Rahmen der bestehenden Agrarordnung befriedigt werden. Ihr konnte durch regionale Schwerpunkte der Produktion entsprechend Bodenbeschaffenheit und Klima begegnet werden, Schafhaltung und Holzeinschlag in den Mittelgebirgen, Getreide- und Flachsanbau in den Ebenen, Rindviehhaltung in den Flussauen, den Alpen und an den Küsten. Standortgebunden war der Holzverbrauch der Bergwerke und Hütten. So lange die gewerbliche Produktion einer Region im Massengüterbereich diversifiziert war, gingen von ihr keine einseitigen Impulse auf die landwirtschaftliche Erzeugung aus.

Die durch die besondere klimatische Begünstigung der Küsten- und Alpenregionen hervorgebrachte Spezialisierung auf Rindviehzucht für Fleischerzeugung und Molkereiwirtschaft führte im 16. Jahrhundert mit den beginnenden Verkoppelungen bzw. Vereinödungen zu Veränderungen der Agrarordnung im Sinne einer Individualisierung. Wo die Verkoppelung mit einer gehobenen Feldgraswirtschaft einherging, brachte sie eine höhere Bodennutzung als die Dreifelderwirtschaft mit sich. Die Koppelwirtschaft der Ostseeküste mit Rindviehzucht in Schleswig-Holstein und Schafhaltung in Mecklenburg war wie die englischen Einhegungen mit Gutswirtschaft verbunden.[4] Anders als in England ging die Fleisch- und Wollerzeugung nicht an eine heimische Industrie bzw. heimische Verbrauchermärkte, sondern - entsprechend der Bestimmung des Getreideanbaus - in den Export, stützte so die Refeudalisierung.

Südwestdeutschland

Mit der Auflösung der Villikationen hatte sich die Grundherrschaft aus dem Intensivbereich der Landwirtschaft, vom Ackerbau, zurückgezogen, keineswegs aber aus der Landwirtschaft überhaupt. In der Holz- und der Viehwirtschaft, die wenig arbeitsintensiv waren, blieben die Grundherren in größerem oder geringerem Maße engagiert. Den Holzbestand nutzten sie, z.T. massiv, aus. In Weidegebieten blieben Schafherden, hier und da Rinder- oder Schweineherden, in herrschaftlicher Regie. Der Einschlag von Bauholz zur Verflößung über größere Distanzen und die Schafhaltung für die gewerbliche Wollverarbeitung waren für eine großbetriebliche Landwirtschaft prädestiniert. Bei der Schafhaltung kam noch der Gesichtspunkt der gemarkungsüberschreitenden Weidereviere hinzu.

---

[2] Kießling, Stadt, 757.
[3] Abel, Agrarkrisen, 78.
[4] Abel, Geschichte, 44 f., 183; ders., Agrarkrisen, 120.

Herrschaftliche und bäuerliche Wirtschaft waren nun aber, anders als im Fronhofsverband, nicht mehr miteinander verbunden, sondern voneinander geschieden. Entsprechend kam es zu einer Teilung des Allmendareals. Während Ackerweide und Allmendweide in genossenschaftliche Regelungszuständigkeit kamen, blieb der Wald unter herrschaftlicher Hoheit. Die Wälder wurden von den Herrschaften gebannt. Häufig kam es zur Ausweisung von Gemeindewäldern und damit zu einer weitgehenden Trennung der Waldanteile.[5]

Entsprechend der Verselbstständigung der Bauernwirtschaften und der Verbesserung der bäuerlichen Besitzrechte verbesserten sich die gemeindlichen Besitzrechte an der Allmende. Wegen der Ungeteiltheit des Areals war die Allmende stärker gemeindlicher als genossenschaftlicher Besitz, die gemeinschaftliche Verfügungsgewalt war stärker ausgeprägt. Der Acker wurde individuell bearbeitet in genossenschaftlicher Bindung, die Allmende wurde gemeinschaftlich genutzt unter Berücksichtigung der individuellen Anteile.

Die Allmende wurde Gemeindeeigentum, indem sie verkauft, vertauscht, verpachtet, beliehen werden konnte. Bei K. S. Bader finden sich dazu eine Vielzahl von Belegen, von denen hier nur einige, meist die frühesten, angeführt seien: Die alten Verhältnisse der gemeinsamen Verfügungsgewalt von Herrn und Genossenschaft im Dinghofverband gibt ein Schiedsspruch aus dem Freiburger Urkundenbuch von 1258 wieder, „daz die selben almeinde nieman verkaufen sol noch enmag mit rêhte âne gemeinen rat und willen alre der gebiurschefte". Die Verfügungsgewalt gravitierte schon zur Gemeinde, als 1272 Vogt, Meier und andere Vertreter der „villani et incole ville" Kirchen bei Lörrach mit Genehmigung des Bischofs von Basel als Dorfherrn „pro urgenti necessitate ville nostre" zwei dorfeigene Matten („pratis … ad communem usum ville nostre pertinentibus") verkauften. Gemeinden traten in der Folge als Verkäufer von Allmendstücken auch an die eigene Herrschaft auf, ein deutliches Zeichen für Eigentum: Die „geburschaft gemeinlich" von Guol bei Haigerloch verkaufte 1300 den Witthau um 6 lb h an das Frauenkloster Kirchberg. Die zum Kirchspiel Kirchhofen gehörigen Dörfer verkauften 1318 einen Allmendteil an Kloster St. Blasien; den Erlös haben die Gemeinden „in unser aller gemeinen schinbern nuz und fromen bekeret".[6]

Dementsprechend konnte die Gemeinde auch Grund und Boden als Gemeindeeigentum zum Zweck der Allmendnutzung kaufen: Wenn 1287 die „geburschaft gemeinlich" zu Krozingen von Werner v. Staufen mit Wissen des Grafen v. Freiburg als Lehnsherrn das Weiderecht auf den in ihrem Bann liegenden Matten für die beträchtliche Summe von 55 lb d kaufte, so hatte sie fremde Nutzungen abgelöst und die alleinige Verfügungsgewalt erlangt. Das galt auch unbeschadet der Übernahme von Abgabenverpflichtungen, die auf Arealen lasteten, so beim Erwerb des Burgstalls Asenheim als Allmende durch Ammann, Richter und ganze Gemeinde des Dorfes Unlingen 1429 von den Herren v. Hornstein mit den dem Kloster Zwiefalten

---

[5] Bader, Studien 1, 58; ders., Studien 3, 188.
[6] Ders., Studien 2, 126, 431.

zustehenden Lasten. Bei Grundstückstausch mit der Herrschaft trat die Gemeinde als Körperschaft (universitas) und damit als Verfügungsberechtigte auf, so als 1315 die „villani" des Dorfes Nieder-Wöllstadt „suo et eiusdem ville universitatis nomine" Gelände mit der Deutschordenskommende Sachsenhausen bei Frankfurt/Main tauschten.[7]

Die Gemeinde konnte mit Gemeindegründen beliehen werden: 1254/59 besaß die „universitas incolarum" resp. „communitas" von Ebikon ein Erblehen der Fraumünsterabtei Zürich im Riedholz; oder es hatte die Bauernsame Hünenberg einen Wald als Lehnsbesitz des Freiherrn v. Schwarzenberg, den er ihr 1430 zu Eigentum abtrat. Aber die Gemeinde konnte auch ihrerseits ihren Grund und Boden verpachten, so schon 1226 die „universitas" Haßloch in der Pfalz Weidegründe dem Kloster Maulbronn; bzw. verleihen, wie 1404 die drei Geschworenen und die ganze „gepursami" zu Seon im Aargau ihre Allmende unter Rubegg dem Vogt zu Lenzburg, Hans Schultheiß, gegen Zins. Sie konnte ihn sogar zu Erbleihe vergeben, so als 1520 die Gemeinde Hallau bei Schaffhausen vor Gericht einen Erblehenbrief für die Nachbargemeinde Beringen fertigen ließ, wonach diese 26 Jauchert Acker von Hallau in Gemeinbesitz übernahm, die alsbald an die 23 Dorfleute von Beringen zu Teilerblehen gingen.[8]

Gemeinden konnten ihr Eigentum verpfänden, so als 1507 die vier Dörfer Emmlingen ab Egg, Hattingen, Welschingen und Ehingen im Hegau gesamtschuldnerisch vom Dominikanerkloster Konstanz ein Darlehen über 500 fl aufnahmen und dafür gemeindeeigene Grundstücke als Sicherheit versetzten; oder indem 1523 das Dorf Hohenthengen einem Bürger in Schaffhausen für 200 fl einen Zins von 10 fl von der Allmende einräumte.[9]

Es handelte sich - wie auch bei Acker und Wiese - um kein volles Eigentum im römisch-rechtlichen Sinn, da das feudale Obereigentum in Betracht zu ziehen ist. Jedoch fand gegenüber dem Fronhofsystem eine Gewichtsverlagerung statt, indem sich bei der Abgaben-Grundherrschaft die bäuerlichen Besitzrechte und entsprechend der gemeindliche Besitz dem Eigentum annäherten.

Doch es kam nie zu einer vollständigen Scheidung der Sphären. Der Grundherr blieb in der Position des Obermärkers. Er musste den Bauern Holz- und Weidenutzungen im Bannwald, soweit es deren Eigenversorgung erforderte, einräumen; waren aus Sicht der Grundleihe Weide und Wald doch Annex der Ackerwirtschaft. Umgekehrt beanspruchte die Grundherrschaft die Mitnutzung der Acker- und Gemeindeweide für ihren Schaftrieb. Zur Sicherung ihrer Revenuen, um die genossenschaftliche Mitnutzung am Wald einzuschränken und um die eigene Mitnutzung an der Weide zu sichern, entfaltete die Herrschaft eine wachsende Ordnungstätigkeit.

---

[7] Ebd., 431 f. Zahlreiche Beispiele für käuflichen Erwerb von Allmendland bei Jänichen, Markung, 208-211, und bei Rudolf Kieß, Die Rolle der Forsten im Aufbau des württembergischen Territoriums bis ins 16. Jahrhundert, Stuttgart 1958, 107-112.

[8] Bader, Studien 2, 397, 430, 433, 436; vgl. Jänichen, Markung, 211 f.

[9] Bader, Studien 2, 456; ders., Studien 3, 322.

Die systematische Waldwirtschaft, die in Forstordnungen - 1502 Tirol, 1514 Württemberg, 1531 Ansbach[10] - und in der, in der zweiten Hälfte des 16. Jahrhunderts aufkommenden Forstwirtschaftslehre zum Ausdruck kam, die in der Schlagwirtschaft und gelegentlich sogar in der Nadelsaat Gestalt annahm, bedeutete eine Intensivierung der Ressourcenausbeute. Da sie ihre Schranke in der genossenschaftlichen Mitnutzung hatte, stellte die Forstwirtschaft des 16.-18. Jahrhunderts nur einen Zwischenschritt zur rationellen Holzverwertung dar, die erst möglich wurde, als eine ausreichende Futtermittelproduktion die Waldweide überflüssig machte.

Nicht nur nahm die Genossenschaft die mit der Dreifelderwirtschaft verbundene notwendige Regelungstätigkeit wahr, sondern als Gemeinde auch die Verwaltung der Allmenden, ob Allmendweide oder -wald. In ihrem notwendigen ökonomischen Handeln, im Umgang mit der Knappheit der Ressourcen also, machte sie den Gemeinen Nutzen zu ihrem Leitgedanken. Sie wandte diesen Gedanken auch in der Debatte mit der Herrschaft um konkurrierende Nutzungen an Wald und Weide an, wie sie im Weiteren geneigt war, den Gemeinen Nutzen überhaupt zum gesellschaftlichen Prinzip gegen privates Gewinnstreben und herrschaftliche Ansprüche zu wenden.

Im 5. der Zwölf Artikel von 1525 wurde gefordert, dass die Wälder, die sich die Herrschaften angeeignet hätten, der „gantzen gemain" wieder anheim fallen sollten und die Gemeinde frei sein solle, einem jeden „sein noturfft jnß hauß" an Brenn- und Zimmerholz umsonst nehmen zu lassen, doch mit Wissen der von der Gemeinde dazu Gewählten. Und - ungewöhnlich gegenüber den anderen Artikeln - es wurde in einer Marginalie dem schon in dieser Zeit stereotypen herrschaftlichen Vorwurf der bäuerlichen Waldverwüstung, der der Begründung ihrer eigenen Verordnungstätigkeit diente, begegnet: „Hieraufs nitt aufsrayttung des holtz geschehen wirt, angesehen die verordneten".[11] Der Gemeinnutz, das wird hier sehr schön deutlich, baut sich aus der Hausnotdurft[12] der einzelnen Nachbarn auf.[13]

Die Fähigkeit die in ihrer Selbstverwaltung befindlichen Ressourcen zu erhalten, den Gemeinen Nutzen zum praktischen Erfolg werden zu lassen, erwiesen Gemeinden nicht nur in ihren Gemeindewäldern. Das kommunale Prinzip taugte auch dazu im überlokalen Verbund realisiert zu werden, wenn die Gemeinden die ganze Herrschaft betreffende Angelegenheiten (Landschaften) oder für benachbarte Gemeinden nutzbare Ressourcen gemeinsam verwalteten. Im elsässischen Hattgau

---

[10] Abel, Geschichte, 160.
[11] Siehe Blickle, Revolution, 325.
[12] Auf dem Tiroler Landtag von 1520 forderten die Gerichte im Inntal die Holzanzeige zu ihrer Hausnotdurft: Oberrauch, Tirol, 94; der Ausdruck regelmäßig in den Tiroler Holzordnungen ab 1527, ebd., 125-150.
[13] Renate Blickle, Hausnotdurft. Ein Fundamentalrecht in der altständischen Ordnung Bayerns, in: Günter Birtsch (Hg.), Grund- und Freiheitsrechte von der ständischen zur spätbürgerlichen Gesellschaft, Göttingen 1987, 42-64; zum Zusammenhang von Hausnotdurft und Gemeinnutz: Peter Blickle, Unruhen in der ständischen Gesellschaft 1300-1800, München 1988, 104.

verwalteten vier Dorfgemeinden im 14. Jahrhundert schon, und noch um 1800, einen Forst von 2800 ha, den sie als ihre „aigen allmend" bezeichneten. 1469 wurde von ihnen ein Waldbrief erlassen, der 1572 zu einer 76 Artikel umfassenden Forstordnung fortgeschrieben wurde. Danach urteilte ein 20-köpfiges bäuerliches Gericht über Forstfrevel und bestellte die Waldmeister und geschworenen Knechte als Aufsichtspersonal.[14]

So blieb - weniger bei der stark versachlichten Pachtwirtschaft - die herrschaftliche Eigenwirtschaft in Holzeinschlag und Schafhaltung im feudal-genossenschaftlichen Spannungsfeld. Die ökonomische Dynamik wurde durch die feudalherrliche Dominanz konterkariert, die zur Monopolstellung tendierte. Dementsprechend entluden sich wirtschaftliche Schwierigkeiten als Herrschaftskonflikte.

Eine im 15. Jahrhundert wirtschaftlich stabilisierte Bauernschaft mit ausgebildeter Gemeinde, gegen die Nachbardörfer und die eigene Herrschaft abgegrenzte, gewohnheitsrechtlich und gerichtlich definierten Allmendrechten geriet in Südwestdeutschland unter massiven herrschaftlichen Druck. In der Reformatio Sigismundi (um 1440) wurde geklagt, man banne ihnen die Wälder, nehme ihnen die Weide, da sei nirgends Gnade: „nu wun und waid, holz und veld, das ein yecclicher pawman mit seinem vieh gepawen mag, das wirt nu mit dem gut verzinset".[15] Markant waren die Bauernkriegsbeschwerden in Thüringen, wo nicht nur der Holzbedarf der Hüttenindustrie die bäuerliche Holzversorgung gefährdete, sondern auch die grundherrlichen Schafherden die Allmendweiden überlasteten.[16] Wiewohl der Bauernkrieg militärisch als Niederlage der Bauern ausging, scheiterte mit ihm die feudale Reaktion. Nach 1525 stabilisierten sich die ökonomischen und rechtlichen Herrschaftsbeziehungen, wie sie sich bis dahin herausgebildet hatten, festigten sich auch die Gemeinde- und Allmendverhältnisse.

Bauern und Bürger hatten hinsichtlich Jagen und Fischen Allmendrechte, d.h. in den Grenzen ihrer Gemarkung, dies aber nicht mehr überall. 1423 war den Insassen des Dornstetter Waldgedings das Hetzen von Schweinen und Bären gegen Ablieferung der Jägerrechte (vom Bären und Schwein der Kopf und die rechte Vordertatze bzw. den Vorderlauf) an den Markgrafen von Baden sowie das Fangen von Hasen, Hühnern, Füchsen und Eichhörnchen erlaubt. 1557 wurden die Rechte der Stadt Hornberg auf Jagd der Bären und Wildschweine gegen Ablieferung der Jägerrechte an den Württemberger Untervogt bestätigt, die sie seit dem Armen Konrad 1514 reklamiert hatte. Die „arme lüte" dreier Dörfer des Kirchspiels Altensteig im

---

[14] Saarbrücker Arbeitsgruppe, Huldigungseid und Herrschaftstruktur im Hattgau (Elsaß), in: Jahrbuch für westdeutsche Landesgeschichte 6 (1980), 117-155, hier 145-149.

[15] Zit. nach Albrecht Timm, Die Waldnutzung in Nordwestdeutschland im Spiegel der Weistümer. Einleitende Untersuchungen über die Umgestaltung des Stadt-Land-Verhältnisses im Spätmittelalter, Köln 1960, 31; Abel, Wüstungen, 72.

[16] Gerhard Pfeiffer, Ludwigstadt im Bauernkrieg, in: Jürgen Schneider (Hg.), Wirtschaftskräfte und Wirtschaftswege. Festschrift für Hermann Kellenbenz, Bd. 1, Stuttgart 1978, 493-506.

Nagolder Forst hatten 1458 gar den Wildbann, d.h. die hohe Jagd, in ihren Gemarkungen mit Erlaubnis ihres Herrn inne.[17]

Im Hochstift Brixen gehörte die Jagd im Gebiet von Buchenstein und Thurn a. d. Gader den Gemeinden. 1416 bestätigte Herzog Friedl von Tirol den Lechtalern ihre Jagdfreiheit. Die von der Tiroler Landesherrschaft 1523 veranlasste Niederschrift der Freiheiten von Landeck betraf besonders die Jagdrechte der Bauern unter Vorbehalt der kaiserlichen Jagden. Die Landesordnung von 1532 gestand den Tirolern ein Jagdrecht auf Bären, Wölfe und Luchse, jedoch beschränkt auf ihre Güter, zu. Die Öffnung der Gemeinden Brandenberg und Steinberg 1530 enthielt ein Jagdrecht auf Gemsen, ebenso die der vier Gemeinden auf der Malser Heide 1554. 1533 wurden sechs Tiroler Gerichten, teils in Bestätigung alten Rechts oder alter Freiheitsbriefe, unterschiedliche Jagdrechte zugestanden. Ein Salzburger Sonderlandtag im Oktober 1525 gestattete den Bauern die Vogeljagd.[18]

Das Fischen war den Bauern in Tirol in den Flüssen, Seen und Weihern 1525 seit längerem erlaubt.[19] In Württemberg war 1523 in einem Dorf der freie Fischfang in den Bächen im Etter zwar verboten, außerhalb aber ohne Werkzeug mit bloßen Händen erlaubt; wo von der Gemeinde Fischwasser betrieben („bestanden") wurden, musste ein Fischer angestellt werden. Und 1536 verpachtete die Gemeinde Mettenberg die Fischenz in ihrem Weiher für zwölf Jahre dem Spital Biberach.[20] In Lauingen beschäftigte die wittelsbachische Herrschaft 1528 vier Fronfischer, den Bürgern war erlaubt in der Donau und in den Altwassern für den Hausgebrauch zu angeln.[21] Die hohe Zahl der Forderungen nach Freigabe der Fischerei in den Baltringer Lokalbeschwerden 1525 spricht für eine diesbezüglich weitgehende Freiheit im 15. Jahrhundert.[22]

Gegen die Beschränkung des freien Jagens und Fischens hatte der Sachsenspiegel (ca. 1215/35) Genesis 1.26 zitiert: „Do got den menschen geschupf, do gap her im gwalt ubir vische unde vogele unde alle wilde tir."[23] In der gleichen Zeit verlieh der Dichter Freidank der Volksstimmung Ausdruck, als er in seiner „Bescheidenheit" die Habgier der Fürsten geißelte.[24]

In der revolutionären Situation von 1525 trat wiederum zutage, dass die wilden Tiere als Gemeineigentum in einem weiteren und ursprünglichen Sinne angesehen wurden. In den Zwölf Artikeln rangierten nach den Kirchenartikeln an vorde-

---

[17] Kieß, Forsten, 82, 84 f., 96, 101 f.

[18] Peter Blickle, Landschaften im Alten Reich. Die staatliche Funktion des gemeinen Mannes in Oberdeutschland, München 1973, 221, 527; Oberrauch, Tirol, 21 f., 46, 101, 103 f., 165.

[19] Blickle, Landschaften, 208.

[20] Bader, Studien 2, 319, 369; ders., Studien 3, 274.

[21] Kießling, Stadt, 607.

[22] Blickle, Revolution, 64 f.

[23] Nach Chr. Hafke, Jagd- und Fischereirecht, in: HRG, Bd. 2, 283 f.

[24] Conrad, Rechtsgeschichte, 1. Aufl., 1954, 375; Jacob Grimm, Deutsche Rechtsaltertümer, Bd. 1, 4. Aufl., Leipzig 1899, 345. Siehe folgende Seite.

Die fürsten twingent mit gewalt
velt, stein, wasser und walt,
darzuo beide wilt u. zam;
si taeten luft gerne alsam,
der muos uns doch gemeine sîn.
Möhten si uns den sunnen schîn
verbieten, ouch wint u. regen,
man müest in zins mit golde wegen.

rer Stelle die naturrechtlich begründeten Forderungen nach persönlicher Freiheit von Leibeigenschaft (3.) und nach Gemeinfreiheit in Bezug auf Wild, Vögel und Fische (4.), wo wieder Genesis 1.26 zitiert wurde.[25] Thomas Müntzer polemisierte gegen die Aufhebung des Gemeineigentums und gegen das Privateigentum, wenn er den Fürsten und Herren vorwarf, sie „nemen alle creaturen zum aygenthumb. Die visch im wasser, die vogel im lufft, das gewechß auf erden muß alles ir sein".[26]

Ganz nach vorne rückt die Allmendfreiheit auf der Fahne des Werrahaufens, die von den Aufständischen so beschrieben wurde: „daran ein crucifix und geschriben steen sollt: wer es mit dem wort gots halten wolt, der solt zu diesem vendlin tretten, und daneben visch, vogel und holz ouch gemachet sin." Zur Erklärung dieser Symbolik gaben sie an, das Kruzifix solle „bedeuten das ewangelium und handhabung des worts gots", Fisch, Vogel und Holz „solt dardurch zu versten sein, dass solchs alles frei sein sollt."[27] Diese Freiheit brachte mit der Freiheit der Person eine Beschwerdeschrift aus der Vogtei Mittelbiberach in Oberschwaben in Verbindung: es „stat clarlich in iren Freihaitbriefen, das ain jeder Kornölgermensch sei als frei als der Vogel auf dem Zwei." Daher stellte das freie Fischen eine grundsätzliche Bekundung des Freiheitswillens und die Ablehnung der Herrschaft dar. In einigen Fällen war es das eigentliche Zeichen zum Aufstand oder das erste Glied einer Kette weiterer Aktionen, insbesondere zu Angriffen auf Schlösser und Klöster. In kleineren Gemeinden kam es oft außer zum gemeinsamen Fischzug zu keinen weiteren Erhebungen.

Die Symbolik verstärkt hat, dass der Fisch als Herrenspeise deklariert war (ebenso wie das Hochwild); ein Geplünderter erzählte, sie hätten „mein Fischwasser durchfischt und meinen mir hiermit alle meine freiheit genommen zu haben."[28] Das gemeinsame Fischen wurde daher zum Ritual des Verbündnisses. Über die Stühlin-

---

[25] Siehe Blickle, Revolution, 324.

[26] Zit. nach Blickle, Wem?, 178.

[27] Im Folgenden wird referiert Barbara Huber, Die Symbolik des Widerstandes. Studie zu den symbolischen Äußerungen der bäuerlichen Widerstandsbewegungen der Frühen Neuzeit im oberdeutschen und schweizerischen Raum unter Berücksichtigung zeitgenössischer Illustrationen, Lizentiatsarbeit Bern 1988, bes. 87-89, die in einer kursorischen Durchsicht der gedruckten Akten zum Bauernkrieg mehr als 30 Fälle von Fischzügen durch Aufständische gezählt hat.

[28] Vgl. Heimpel, Fischerei, 366; im Folgenden wieder Huber, Symbolik.

ger wird berichtet: „So nun die lupfischen Buren sich zusamen veraidet und verbint, das sie mit- und undereinandern lieb und laid liden, welten ouch der Oberkeit nit also hertiglich verbunden sein, und schussen das Wildprätt ... und vischetend ouch, wo si mochten." Beim Bühler Armen Konrad 1514 war „ein ring gemacht" worden „mit einer kriden: welcher inen welt vischen helfen oder anders, der möchte dorin stupfen." Über die Einnahme des Klosters Aura schrieben die Räte aus Fulda: „und erstlich ein weier ..., so vormach der gemain zustendig, abgelassen und gefischt, dieselbig fisch under sich in der gemain getailt, dardurch sich veraint, das closter eingenommen".

Der Aufstand in Neustadt an der Orla begann nach dem Bericht des Schossers und Amtsverwesers der Herrschaft Schleiz damit, dass „sich die von der Naustadt in entpurung und geweldig vornemen ihres fischens und ander wusterei kegen dem adel unterfangen"; nach dem gemeinsamen Fang wurden die Fische öffentlich vorgeführt, mit Pauken- und Pfeifenbegleitung an einer Stange herumgetragen und bei einem großen Essen verzehrt. Nachdem Aufständische in der Herrschaft Lauenstein einen Hirsch geschossen hatten, erhielt der Vogt von ihnen den hinteren Teil, das Geweih und die Haut des Tieres, das Fleisch aber wurde in die verschiedenen Dörfer zum Verzehr geschickt, was alles den symbolischen Charakter des Vorgangs klarmacht.[29]

Der nüchterne Hintergrund des 4. der Zwölf Artikel war, wie der Blick in die Lokalbeschwerden zeigt, der materielle Verlust für die Bauern durch den Entzug des Fischfangs und durch den Wildschaden.[30] Der Wildbestand und die Schäden, den er an Saaten und Feldfrüchten anrichtete, sollte im Zeitalter der fürstlichen Repräsentation ungeahnte Ausmaße annehmen.[31] Hier gelang es den Untertanen-Landschaften - die Ausdruck des hohen Grades kommunaler Autonomie in Oberdeutschland waren - in der Landvogtei Schwaben vor 1680, in der Grafschaft Hohenberg ab 1730 wie überhaupt in den meisten vorderösterreichischen Kameralherrschaften bis zum Ende des Alten Reiches die Forsten zu pachten; selbst in den Herrschaften Tettnang und Langenargen der Grafen v. Montfort konnte die Landschaft 1739-75 die Jagd pachten.[32]

Die Verfestigung der Gemeinde- und Allmendverhältnisse in der Frühen Neuzeit wurde von innen durch das Anwachsen der unterbäuerlichen Schicht infrage gestellt. Diese Schichtbildung unterschied sich nicht der Form nach, aber in ihrer ökonomischen Dimension von der Kleinbauernschaft des Mittelalters. Im Mittelalter hatte es sich um einen Prozess der Differenzierung der Bauernschaft gehandelt, in der Frühen Neuzeit entstand eine unterbäuerliche oder nichtbäuerliche Schicht.

---

[29] Zu Letzterem vgl. Pfeiffer, Ludwigstadt, 501.
[30] Blickle, Revolution, 62-65.
[31] Hans Wilhelm Eckardt, Herrschaftliche Jagd, bäuerliche Not und bürgerliche Kritik. Zur Geschichte der fürstlichen und adeligen Jagdprivilegien vornehmlich im südwestdeutschen Raum, Göttingen 1976.
[32] Blickle, Landschaften, 553-559.

Die mittelalterlichen Kleinbauern, zunächst ohne Teilhabe an der Ackerflur, aber im Zuge der Besitzmobilisierung Anteile daran erwerbend, hatten entsprechend die Beteiligung an der Allmendnutzung gefordert und in hartnäckigen Auseinandersetzungen auch erreicht, eine Kuh zur Herde treiben zu dürfen. Damit war ein Prinzip geändert worden, wodurch sich die soziale Seite der Entwicklung von der Nachbarschaft zur Gemeinde darstellt: nicht die Ehofstätten (also vollberechtigten Hofstätten) allein, sondern alle, die im Dorf haushäblich waren, Feuer und Rauch hatten, sollten auch am Gemeinland teilhaben. Waren es zunächst nur die Nachbarn gewesen, die Besitzer eigenen Viehs, die den Dorfhirten bestellten, so wurde der Hirte nun von der ganzen Gemeinde bestellt, erst damit zum eigentlichen Gemeindediener. Entsprechend dem wirtschaftlichen Gewicht, dass der größere Hof 20 Rinder auf die Weide schickte, der Viertelsbauer nur zwei Kühe dem Hirten übergab, waren auch die Gemeindeämter verteilt: während der Großbauer eher Dorfschultheiß oder Heimbürge wurde, so der Kleinbauer Dorfknecht, Wächter, Hirte oder Waldhüter. Nicht selten „sind die bezahlten niederen Ämter begehrter als die ehrenamtlichen höheren - ein Ausgleich, der das Leben im Dorf, selbst wenn Fülle oder Not sehr ungleich verteilt sind, erträglich macht und mit dem Grundsatz von gerechter Schadensverteilung vereinbar ist."[33]

Während im Mittelalter Bauern- und Tagelöhnerwirtschaften noch ineinander griffen, sollte die unterbäuerliche Schicht der Frühen Neuzeit ihren Rückhalt in der ländlichen Heimindustrie (Protoindustrialisierung) finden, die ein Sinken des Lohnniveaus, Unterbeschäftigung und soziale Marginalisierung mit sich brachte. Die Häusler siedelten auf Gemeindeland, ihnen wurden geringe Allmendnutzungen eingeräumt, die zum Erhalt ihrer Existenz nicht unwesentlich beitrugen. Doch sollten weder die dörfliche Landwirtschaft noch die Dorfgemeinde eine Unterschicht integrieren können, die wachsend die große Mehrheit der Dorfbevölkerung darstellte. Während der Anteil der bäuerlichen Vollerwerbsbetriebe an der Gesamtzahl der dörflichen Haushalte sank, wurde die Unterschicht mehr und mehr auf Marginalnutzungen der Allmende abgedrängt.

Der zweite Druck auf die Allmenden ging in der Frühen Neuzeit von den genannten herrschaftlichen Nutzungen aus. Die Haupteinnahmequelle des Adels im westlichen Deutschland in der Frühen Neuzeit sei neben den Bezügen aus der Grundherrschaft, so Friedrich Lütge, der durch die Forstordnungen ertragreich gestaltete Wald gewesen.[34] Man müsste ergänzen: und die Schafhaltung.

Niederrhein und England

Die Entwicklung des Ackerbaus, insbesondere die Getreideerzeugung, fand ihre Schranke in dem begrenzten Düngeraufkommen wegen der extensiven Viehwirt-

---

[33] Bader, Studien 1, 52, 58-60; ders., Studien 2, 270 f., 319.
[34] Lütge, Agrarverfassung, 166. Beispiele für Holzverkäufe großen Stils im 16. Jahrhundert bei Blickle, Revolution, 61.

schaft. Voraussetzung die Viehzucht zu heben war eine Steigerung der Futtermittel-erzeugung. Sie konnte auf zwei Wegen erfolgen: zum einen durch eine verbesserte Pflege und eine Düngung des Weidelandes selbst, zum anderen durch einen verbesserten Wiesenbau oder einen Futterpflanzenanbau auf dem Acker, die eine längere Stallhaltung ermöglichten.

Am Niederrhein sind frühzeitig mit dem Auftreten der Pacht Innovationen im Ackerbau bemerkbar mit Bodenverbesserung durch Mergelung und mit Futter-mittelanbau auf der Brache. Dies brachte eine nicht unbedeutende Produktivitäts-steigerung und einen fortgesetzten Erfolg der Pachtwirtschaft, die diese Verbesse-rungen anscheinend vor allem trug. Aber die Mergelung konnte doch immer nur auf kleineren Teilen der Ackerfläche vorgenommen werden und - noch markanter - die Besömmerung der Brache blieb nach den vorliegenden Nachrichten immer eine Teilbesömmerung. Es kam zu einer Verbesserung der Landwirtschaft, nicht zu ihrer Umwälzung.

Die Pachtwirtschaft war ein Element der Individualisierung der Landwirt-schaft, das Ackerland befand sich separiert von dem der Bauern, häufig auch das Weideareal. Die Produktion war dominant marktorientiert und wurde mit Lohn-arbeitern, fest angestelltem Gesinde und Erntearbeitern, betrieben. Die bäuerlich-genossenschaftliche Wirtschaft bestand daneben weiter. Die Pachthöfe wurden er-weitert und neue geschaffen zulasten von Bauernland, die bäuerliche Wirtschaft zu-rückgedrängt, aber nicht zersetzt. Die Gemeinden blieben intakt, daneben existierte der Dinghofverband in versteinerter Form weiter.

Wie die Gemeinden blieben die dörflichen Allmenden intakt, die Gemeinden vermochten kraft ihrer tradierten und hofrechtlich gesicherten Rechte ihre Anteile gegen die Pachthöfe zu sichern. Anders bei den Walderbengenossenschaften. In der Zeit der ersten Pachtverträge liegen auch Nachrichten über den Verkauf von Holz-gewalten und über die Ausweisung von Waldmarken als Parzellen vor. Es war der gleiche Vorgang der kommerziellen Durchdringung und der Individualisierung der Landwirtschaft (der in Südwestdeutschland keine Entsprechung hat, wo die Ge-meinden, nicht einzelne Höfe, Teilhaber der Markgenossenschaften waren[35]). Er führte zu einer Akkumulation von Waldmarkanteilen durch die Besitzer der großen Höfe bzw. ihre Grundherren und zu einer Dominierung der Markgenossenschaft durch die Großbeerbten. Er führte freilich nicht zu einer Auflösung der Walderben-genossenschaften.

Landwirtschaftliche Intensivierungen finden sich abgesehen vom Nieder-rheingebiet meist in der Umgebung von Städten. Ein Nördlinger Ratsbeschluss von 1515, niemand dürfe in den Brachfeldern mehr als einen Morgen Rüben ansäen, ist ein Beleg für Teilbesömmerung in den Bürgeräckern der Stadtflur. Pachtverträge sind für 1324 aus dem Umland von Hildesheim und 1410 aus dem Lübecker Raum überliefert.[36]

---

[35] Bader, Studien 2, 177, 182.
[36] Kießling, Stadt, 186; Abel, Geschichte, 99-101; Franz, Quellen, 430-433.

Die Übernutzung des Waldes, nicht zuletzt durch den Plaggenhieb, führte im nördlichen Westfalen und insbesondere in der Stadtmark von Osnabrück zu einer Verheidung der höher gelegenen Flächen, auf die die Gewandschneider dieser Weberstadt bedeutende Schafherden trieben. Das Weideland für das zahlreiche Großvieh der Bürgerschaft mit einem besonders zahlreichen Pferdebestand reichte nun allerdings nicht mehr aus. Als die Geistlichkeit der Stadt dazu überging, ihre Kämpe in der Stadtfeldmark einzuzäunen und sie dadurch der allgemeinen Stoppelweide nach der Ernte zu entziehen, kam es zu einem Einhegungsaufruhr. Im August 1488 forderte die Volksmenge unter Anführung des Schneiders Lenethun vom Rat die Zerstörung der Zäune. Als sie einen hinhaltenden Bescheid erhielt, stürmte die Menge mit Äxten, Hacken und Feuerbränden zum Tor hinaus, verwüstete vier Tage lang alle Kämpe, verbrannte die Zäune und fischte die Teiche des Klosters Gertrudenberg ab.[37]

In England orientierten sich die Pachtwirtschaften auf eine intensivierte Viehzucht, vor allem auf Schafhaltung. Die Voraussetzung bot das bereits separierte Domänenland. Die Schafhaltung fand zunächst noch auf den eingezogenen wüsten Feldmarken statt, dann aber zu Ende des 15. Jahrhunderts auf eingehegten Arealen, auch in den Bauerndörfern. Das Vorhandensein ausgedehnter Gutsareale war die Voraussetzung, der Hürdenschlag auf Domänengrund mochte der Anreiz der Intensivierung und Einhegung gewesen sein.

R. Hiltons Verdienst ist es, das Herauswachsen der Einhegungsbewegung der großen Viehzüchter aus den bäuerlichen Einhegungen nachgewiesen zu haben. Nachdem eine starke Viehzucht die zunehmende Regulierung der Weiden durch genossenschaftliche Weideordnungen erfordert hatte, wurde ein Punkt erreicht, an dem die Gemeinde die kommerzialisierte Ausweitung der Viehhaltung nicht mehr einzufangen vermochte. Wenn die Bedingungen derart waren, dass der kommerzielle Impuls auch die Mittelbauern bewog sich auf intensivierte Viehzucht umzustellen, so mochte es zu einer Allmendaufhebung durch Konsens kommen, für die es Beispiele gibt.

Im Allgemeinen war jedoch die starke soziale Differenzierung im Dorf kennzeichnend, die sich im Laufe des Spätmittelalters einstellte. Das verbreitete Problem der Dorfgenossenschaften war es Großbauern, die die Allmenden mit ihrem Vieh überweideten, in die Schranken zu weisen. Auf Ressourcenverknappung reagierte die Genossenschaft nach dem Eigenbedarfsprinzip, nicht mehr Vieh auftreiben zu dürfen, als man durch den Winter bringen konnte. Die Weideregelungen wandten sich scharf dagegen die Allmenden mit Schlachtvieh, das im Frühjahr gekauft und im Herbst verkauft wurde oder gar von einem städtischen Viehhändler auf die Weide genommen wurde, zu überlasten. Sie wirkten also dekommerzialisierend, die kommerziellen Anreize negierend. Die marktorientierte Produktion fand in der Genossenschaft eine Schranke.

---

[37] Rothert, Westfälische Geschichte 1, 393, 434 f.

Wenn die Einhegungsbewegung aus der bäuerlichen Wirtschaft herauswuchs, so überschritt sie den Rahmen der bäuerlichen Familienwirtschaft, die in ihrer kommerziellen Orientierung begrenzt war, während der Einheger dominant marktorientiert produzierte. Wenn ein Großer im Dorf seinen Kapazitätsbedarf durch die restriktiven Regeln der Genossenschaft nicht mehr befriedigen konnte, wird er den Schritt zur Einhegung getan haben. Er wird sich dem Flurzwang haben entziehen wollen, um auf konsolidierten Flurstücken und separiertem Weideareal intensivierte, marktorientierte Viehzucht zu treiben.

Nun war die, auch starke, soziale Differenzierung im Dorf eine verbreitete Erscheinung im westlichen Europa. Dennoch wurden die größeren Bauern in ihren Bestrebungen, stärker gewinnorientiert zu wirtschaften, jederzeit von der Genossenschaft eingefangen. Der Großbauer Südwestdeutschlands begründete seine Position nicht außerhalb, sondern an der Spitze der Dorfgemeinde. Eine dominierende Stellung im sozialen Mechanismus gemeindlichen Wirtschaftens und Verwaltens innezuhaben war seine Absicht, keine Außenseiterstellung. In den Kleinbauern und der unterbäuerlichen Schicht des Dorfes fand er sein Arbeitskräftereservoir für die Arbeitsspitzen des Jahres.

In England übernahm der Großbauer die Pacht der grundherrlichen Domäne. Das Vorhandensein herrschaftlichen Großgrundbesitzes wurde ausschlaggebend für die Einhegung als systemsprengender Entwicklung. Als Domänenpächter trat der Großbauer aus der dörflichen Wirtschaftsgemeinschaft heraus, die bei aller Besitzdifferenzierung eine kooperative Einheit bildete. Erst die Verfügung über den unvergleichlich größeren Domänenbesitz gab ihm eine exzeptionelle Stellung.

Zur Domänenpacht hinzutreten musste - das zeigt der Vergleich mit dem Niederrhein - ein starker gewerblicher Impuls zur Spezialisierung auf Viehwirtschaft und zur Intensivierung der Weidewirtschaft, damit sie zur Basis umwälzender, revolutionierender Entwicklungen werden konnte.

Dass die kommerziellen Anreize die jeweilig ganze, auch die bäuerliche Landwirtschaft affizierten, die Einhegungen also keine isolierten Erscheinungen in ihrem ökonomischen Umfeld waren, ist wichtig zu konstatieren. Allerdings sind die *peasant enclosures* nicht geeignet die große Kapitalakkumulation in der Landwirtschaft zu erklären. Bei aller Ansammlung von Grundbesitz und Barvermögen in großbäuerlicher Hand blieb der Abstand zum Großgrundbesitz der Grundherrschaft doch bedeutend. Nur der Großgrundbesitz, das Vorhandensein großer Schafherden und von Einkünften, dass man eine größere Zahl von Arbeitskräften beschäftigen konnte, vermochte der Einhegungsbewegung die notwendige Durchschlagskraft zu geben. Die Akkumulation großer Kapitalien vermag erst den umwälzenden Prozess zu erklären, in dem - worauf Hilton und vor ihm beispielsweise Trevelyan hinwies - an die Stelle der feudalen Beziehung Grundherr - Bauer das kapitalistische Verhältnis Grundherr - Pächter - Landarbeiter trat.

Die Entstehung einer neuen Klassenformation konnte nicht ohne Klassenkampf abgehen. Dabei leisteten die Machtmittel der alten Gesellschaftsformation, sofern ihre herrschaftlichen Inhaber wegen der lockenden Einkünfte daran interessiert waren, Geburtshilfe. Die Vorgänge in Coventry machen deutlich, dass die enclosures und imparkments aus herrschaftlicher resp. oligarchischer Position heraus eingeführt wurden.

So liegt es für die Frage Hiltons, warum die Dorfgemeinden den antifeudalen Kampf 1381 gewinnen konnten, gegen die Einhegungsbewegung aber machtlos waren, nahe eine Antwort nicht nur in der „Desintegration der Ackerbauern-Gemeinschaft" zu suchen. Der Ansatz ist richtig eine Erklärung darin zu suchen, dass eine ökonomische Entwicklung etwas zerstörte, was herrschaftlicher Druck allein nicht vermochte. Deswegen sollte die herrschaftliche Komponente aber nicht ausgeblendet werden. Die Dorfgemeinschaft war zunehmend machtlos gegen den großen Viehzüchter, der durch *engrossing* den größeren Teil der Flur und der Allmende okkupierte.

Notwendig ist es wohl von einer Desintegration der Hofgerichte (manorial courts) zu sprechen. Sie funktionierten traditionell im Zusammenwirken von Herrschaft resp. ihrem Vertreter und der Hofgenossenschaft, wobei die Genossenschaft in der Regelung der täglichen Angelegenheiten durchaus prädominant gewesen zu sein scheint. Sie war aber zur Durchsetzung von Sanktionen im Zweifelsfall auf die herrschaftliche Macht angewiesen. Wenn das grundherrliche Interesse sich nun aber mit dem des Ordnungsstörers verband; wenn, wie es häufig der Fall war, der Schultheiß - zugleich grundherrliches und gemeindliches Organ - als größter Bauer Domänenpächter wurde; dann versagte die Regelungsmacht der Hofgerichte in Gemeinschaftsangelegenheiten.

Dass Gebot und Verbot, Satzungshoheit und Bußkompetenz mit dem *manor court* verbunden geblieben waren, erwies sich in der Situation der Einhegungen als Handikap der englischen Landgemeinde. - Aber abgesehen davon hätte die Gemeinde so oder so die fundamentale ökonomische Umstrukturierung natürlich nicht verhindern können.

Wurde eine Umorientierung der Bodennutzung von der Acker- zur Weidewirtschaft im 15. Jahrhundert zum Vehikel eines eigentumsrechtlichen Umbruchs in Gestalt der Einhegungen, so wurden diese wiederum zur Voraussetzung einer bedeutenden Intensivierung der Bodennutzung ab dem 16. Jahrhundert. Eric Kerridge hat die Agrarrevolution - unter der er Innovationen landwirtschaftlicher Methoden versteht - vom 18. Jahrhundert mit seiner Einführung der Fruchtwechselwirtschaft ins 16. Jahrhundert zurückverlegt. Doch bei den von ihm angeführten Neuerungen wie Wiesenwässerung, mineralische Düngung, Eindeichungen, Trockenlegung von Mooren, handelt es sich um Verbesserungen tradierter Bewirtschaftungsformen, die sich auch in anderen Teilen des westlichen Europa im 16. Jahrhundert finden und insgesamt eine Hebung der Landwirtschaft brachten, insbesondere in den Niederlanden.[38]

Eine der von Kerridge genannten Innovationen dagegen, die systematisch betriebene, gehobene Feldgraswirtschaft, war es, die in England einen qualitativen

---

[38] Abel, Geschichte, 161, 174 f.

Sprung in der Agrarerzeugung brachte. Als die Bevölkerungszahl im 16. Jahrhundert wieder stieg und damit der Getreidepreis, wurde die Düngerleistung der Schafe in den Hegungen systematisch genutzt. Der Wechsel von Weide- und Ackerwirtschaft brachte überragend hohe Erträge und setzte England nicht nur instand die wachsende Bevölkerung zu ernähren, sondern auch noch zur Getreideexportnation zu werden. Vom Acker-Weide-Wechsel wurde der Weg zur Fruchtwechselwirtschaft gefunden. Von daher scheint es angebracht für England von zwei Agrarrevolutionen zu sprechen: einer des 15./16. Jahrhunderts mit Intensivierung der Weidewirtschaft und einer des 17./18. Jahrhunderts mit Futterpflanzenanbau und Fruchtwechselwirtschaft. Die erste brachte eine eigentumsrechtliche Revolution auf dem Lande mit sich, die sich nur schrittweise entsprechend der kommerziellen Durchdringung des Landes auszuweiten vermochte; die zweite aber führte zur Abschaffung der extensiven Viehwirtschaft auf breiter Front und löste endgültig das notorische Düngerproblem, nicht nur in England, sondern in ganz Europa.

Abels Agrarkrisentheorie

In seinem Hauptwerk „Agrarkrisen und Agrarkonjunktur" (und wiederholt in anderen Arbeiten) führt Wilhelm Abel einen Satz aus dem Konstanzer Urbar von 1383 an: „Curia et agri in toto vacabant et fuit pascua pecorum"; er könne als Schlüsselsatz einer Epoche gelten, die - so Abel - „zu den trübsten" in der Geschichte der Landwirtschaft gehöre. Es ist die Epoche, die er als „spätmittelalterliche Agrardepression" betitelt.[39]

Doch schon auf den folgenden Seiten gibt Abel Informationen, die seiner Charakterisierung widersprechen und den Satz in einem anderen Licht erscheinen lassen. Im Wald von Chaux (Jura) hätte zwischen 1370 und 1450 die Zahl der Schweine und des Großviehs in einem Maße zugenommen, dass der Wald mit Vieh übervölkert war. In Deutschland habe es eine Viehhaltung gegeben, die im Verhältnis zum Ackerbau (und zur Bevölkerung) als groß oder gar riesig angesprochen werden müsse; und er verweist auf die verbreitete Beweidung wüster Feldmarken von Nachbardörfern aus.[40]

Der Fleischverzehr sei im Spätmittelalter sehr hoch gewesen, und zwar auch bei den wenig bemittelten Verbraucherschichten.[41] Laut dem Weistum des Dinghofs Sulzmatt im Elsass (1394/1439) sollte beim Hofwechsel den Meiern und Hubern ein Imbiss mit drei Gängen gegeben werden: Rind- und Kalbfleisch, recht gesotten, so viel, dass es von allen Seiten vom Teller herabhänge, dazu eine Brühe mit einer

---

[39] Ders., Agrarkrisen, 75. Ebenso ders., Wüstungen, 54; und ders., Landwirtschaft 1350-1500, in: Hermann Aubin/Wolfgang Zorn (Hg.), Handbuch der deutschen Wirtschafts- und Sozialgeschichte, Bd. 1, Stuttgart 1971, 315.

[40] Ders., Agrarkrisen, 76 f.

[41] Ebd., 78.

Würze und zu dem gesottenen Fleisch eine gelbe Soße; danach Gebratenes, möglichst vom Kalb, dazu ein Lungenmus und eine grüne Soße; zum Abschluss zwei Birnen, die eine roh, die andere gebraten, Nüsse und Käse. Das Weistum von Oberbergheim (Elsass, 1429) bestimmte, dass der Maier den Fronbauern auf dem Felde Brot und Wein, nach der Heimkehr auf den Hof genug zu essen, gesotten und gebraten, gutes helles Roggenbrot und Wein genug geben sollte. Die Landesordnung der Herzöge Ernst und Albrecht von Sachsen von 1482 beklagte, dass Prälaten, Ritter, Bürger und Bauern dem Gesinde, den Werkleuten und den gemeinen Arbeitern zu viel Lohn und zu gute Kost gäben und legte als Höchstsätze fest:[42]

> Es soll auch von niemand anders gehalten werden und man soll denselben Werkleuten allezeit zu ihrem Mittag- und Abendmahl 4 Essen geben. An einem Fleischtag ein Suppen, zwei Fleisch und ein Gemüse. Auf einen Freitag und anderem Tag, da man nicht Fleisch isset, ein Suppen, ein Essen grün oder dürre Fisch, zwei Zugemüse. So man fasten muß fünf Essen: ein Suppen, zweierlei Fisch dürre oder grün, und zwei Gemüse. Zudem morgens und abends Brot. Zwischen den Mahle soll man ihnen nicht mehr denn Käse und Brot und sonst keine gekochte Speis geben, man mag ihnen aber das Mittag- und Abendmahle und sonst über Tag Kofent (dünnes Bier) zu trinken geben.

Dieser große Fleischverzehr - nicht eben ein Grund zur Betrübnis.

Abel erklärt in seinem letzten Werk den Widerspruch so, dass im Spätmittelalter das absolute Sozialprodukt - die Summe aller Leistungen einer Wirtschaftsgesellschaft - fiel, wohingegen das relative Sozialprodukt - pro Kopf der Bevölkerung - stieg.[43] Doch war das nicht nur auf die gestiegene Kaufkraft der Städter zurückzuführen,[44] sondern zeigt sich auch im Verbrauch hochwertiger Nahrungsmittel durch Landarbeiter, Gesinde und Bauern.

Neben der Viehhaltung war die Teichwirtschaft im Spätmittelalter rentabel, Obst fand guten Absatz, der Weinbau erfuhr die größte Ausdehnung, die er je gehabt hat, Handelsgewächse und Gewerbpflanzen (Flachs und Hanf, Waid und Krapp, Hopfen) gewannen größere Beachtung, ebenfalls der Gemüseanbau.[45]

Die Abelsche Argumentation beruht, wie er stets betont, nicht auf der Gesamtbewegung der Preise, sondern auf dem differenzierten Verlauf der Preise für Getreide, für animalische Produkte, für Gewerbeerzeugnisse und der Löhne. Doch für die Abschätzung der landwirtschaftlichen Entwicklung beachtet er die differenzierte Preisbewegung zwischen Getreide auf der einen, tierischen Erzeugnissen und Sonderkulturen auf der anderen Seite nicht besonders. Er beschränkt sich auf den Hinweis, dass die Preise für tierische Produkte mit Verzögerung den sinkenden Ge-

---

[42] Ders., Strukturen, 42-44; ders., Wüstungen, 165.
[43] Ders., Strukturen, 24 f., 131.
[44] Ders., Agrarkrisen, 78; ders., Strukturen, 8, 24.
[45] Ders., Agrarkrisen, 78 f.; ders., Wüstungen, 50-53; ders., Geschichte, 128-132.

treidepreisen folgten. Obwohl er betont, dass die Agrardepression „mit weitem Vorrang eine Krisis des Getreidebaues" war, zieht er aus dem Befund, dass die Preise für animalische Produkte in der Krisenperiode durchgängig höher standen als die Getreidepreise, keine Schlussfolgerungen für die landwirtschaftliche Entwicklung.[46]

Aus dem relativen Hochstand der animalischen Preise Vorteile zu ziehen und die schlechten Getreidepreise zumindest teilweise zu kompensieren, billigt er, wenn überhaupt, nur dem Großbauern zu. Für den Träger der Landwirtschaft, den Mittelbauern, seien die Preise „nicht ohne Bedeutung", die entscheidenden Größen seiner Wirtschaftsrechnung aber die Dienste und Abgaben gewesen; seine Rechnung „balancierte auf der Spitze", er mochte „nur eben das Leben fristen".[47] Da stellt sich nun erneut die Frage nach der Aussagekraft von Preisstatistiken, nach dem Maß der Marktintegration der Bauern. Die Marktintegration der landwirtschaftlichen Erzeugung insgesamt ergibt sich - als Untergrenze - aus dem Anteil der städtischen Bevölkerung, die mit Lebensmitteln und agrarischen Rohstoffen versorgt werden musste, an der Gesamtbevölkerung. Einen großen Anteil am Markt hatte die grundherrliche Vermarktung der bäuerlichen Naturalabgaben und die grundherrliche Eigenerzeugung, soweit sie noch bestand. Die Einbeziehung des Mittelbauern in den Markt sieht Abel hauptsächlich über die Geldabgaben, in geringem Maße über die Sachmittelausgaben (Pflüge, Sicheln, Wagen, Tonnen), kaum über die Lohnausgaben gegeben. Gleichwohl betont er: „Auch der Bauer war vom Markte abhängig geworden. Auch ihn traf der Preisfall der Agrarprodukte, der im 14. Jahrhundert einsetzte."[48] Dies bleibt nur dann nicht widersprüchlich, wenn man nach dem Ausmaß der Verstädterung und der gewerblichen Erzeugung regional differenziert.

In Oberitalien ist eine seit Beginn des 15. Jahrhunderts stetig wachsende Rate agrarischer Investitionen zu registrieren, die, so Carlo M. Cipolla, in die Rede von der spätmittelalterlichen Agrardepression nicht hineinpasse.[49] Ähnlich lassen sich, wie van der Wee für Brabant, Genicot für die Grafschaft Namur und andere Historiker für weitere Teile der Niederlande feststellten, infolge der gewerblich-kommerziellen Aktivitäten dort nur wenig ausgeprägte Erscheinungen einer Agrardepression im 14. und 15. Jahrhundert erkennen.[50] Es ist erstaunlich, dass Abel diese Erscheinungen mit dem Argument abtut, sie seien „mit den Städten verknüpft"; gingen doch von den Städten die kommerziellen Einflüsse aus. Seine eigene Beschreibung an derselben Stelle macht deutlich, dass der Umfang dieser Entwicklungen bedeutend war: „Vom Viehauftrieb auf den wüsten Dorfgemarkungen in Mitteldeutschland über die Schaffarmen des südlichen Englands, die Intensivkulturen der Niederlande und des Rheinlandes bis hin zu den bewässerten Feldern und Wiesen der Lombardischen

---

[46] Ders., Agrarkrisen, 60; ders., Landwirtschaft, 315.
[47] Ders., Agrarkrisen 86 f.; ders., Wüstungen, 163 f.
[48] Ders., Wüstungen, 134-136.
[49] Vgl. ders., Agrarkrisen, 79 f.
[50] Ders., Wüstungen, 35 f., 109, 112.

Ebene zieht sich das Band, das diese Erscheinungen untereinander und mit den Städten verknüpft."[51]

Er will sagen, dass die Agrarpreise nur in den kommerziellen Zentren stabil blieben, während sie in Europa insgesamt fielen. Doch handelte es sich keineswegs um agrarische „Intensitätsinseln" im städtischen Umland,[52] vielmehr waren diese ineinander und in das Netz der europäischen Verkehrswege verflochten. Von den Gewerbelandschaften gingen raumgliedernde Wirkungen aus, die sich von der englisch-niederländischen her gesehen als ein West-Ost-Gefälle der Intensitäten des Landbaus darstellt, das schon im 15. Jahrhundert in einem Getreidepreisgefälle erkennbar ist. Sie machten sich auch im Viehhandel bemerkbar, hinsichtlich einer äußeren europäischen Weidezone, aber auch einer zentrumsnahen Spezialisierung auf Viehzucht an der Nordseeküste. 1492 wurden laut einer Morgensprache des Kölner Rates Ochsen verschiedener Herkunft dort auf den Markt gebracht, „nämlich ungarische, polnische, dänische, russische, eiderstedtische" und hauptsächlich friesische.[53]

Abel wirft selbst die Frage auf - und lässt sie unentschieden -, wo im europäischen Raum die Grenze zu ziehen ist, an der nicht mehr wie in England und anderen Teilen des westlichen, auch mittleren Europa die Wirkungen von Geld, Preisen und Löhnen diejenigen des Bevölkerungsschwundes überlagerten.[54] Die kommerziellen Verflechtungen wurden nach Osten hin geringer, so dass östlich der Elbe nur noch eine Stagnation der Getreidewirtschaft bemerkbar war. Im Spätmittelalter wurden jene Thünenschen Ringe vorgeprägt, die mit dem Preisauftrieb des 16. Jahrhunderts markant den europäischen Agrarraum strukturieren und jetzt auch auf Ostelbien strukturierende Einflüsse ausüben sollten.[55]

Der Grund, weshalb Abel die Epoche des Spätmittelalters für so trübe ansieht, sind die Wüstungen. Es ist Abel recht zu geben, dass nicht ein Übergang zur Viehwirtschaft die Ursache des Wüstungsprozesses gewesen ist, dass vielmehr die historische Abfolge die umgekehrte war; die Ausdehnung der Viehhaltung war eine Folge des Rückgangs des Ackerbaus. Den Wüstungsprozess als das historisch Vorangehende erkennend charakterisiert Abel die Situation so: „Wo sich niemand mehr fand, die Felder zu bestellen, da mochte das Vieh noch Nahrung finden."[56] Aber es ist bezeichnend, dass die vorherrschende Folgeerscheinung der Wüstungen keineswegs die Verwaldung war. Vielmehr ist die reine Weide „so häufig belegt", dass sie „als die breiteste Stufe" des Extensivierungsprozesses anzusprechen sei. Das wird im Konstanzer Urbar zum Ausdruck gebracht oder in der von Abel oft zitierten Chronik der v. Zimmern, die fünf wüste und überwachsene Dörfer den Bürgern von Meßkirch als Weide verpachtet hatten.[57]

---

[51] Ders., Agrarkrisen, 79-81.
[52] Ders., Geschichte, 128.
[53] Ders., Geschichte, 83 f., 126 f.; ders., Agrarkrisen, 77; Irsigler, Viehhandel, 220-225.
[54] Abel, Agrarkrisen, 98.
[55] Ders., Wüstungen 59; ders., Strukturen, 120.
[56] Ders., Agrarkrisen, 77 f.
[57] Ders., Wüstungen, 54 f., 65.

Der Wüstungsprozess hat den Bauern zu einer Änderung seines Wirtschaftsverhaltens bewogen. Durch das Aufgeben der Grenzböden wurden bei gleichem Arbeitsaufwand höhere Erträge auf den fruchtbareren Böden erzielt, „die Ergiebigkeit landwirtschaftlicher Arbeit wuchs natural".[58] Das schlechtere Land wurde für die Viehhaltung frei, die einen geringen Arbeitsaufwand erforderte. Dazu bedurfte es gar nicht eines wie immer gearteten Rentabilitätsbewusstseins. Die Umstellung auf Viehhaltung war zunächst nur ein Notbehelf, da das Wüstland anders nicht zu verwerten war.[59] Doch kam es infolge der Wüstungen zu einem besseren Gleichgewicht von Ackerbau und Viehzucht, das im 13. Jahrhundert durch die Getreidemonokultur und die übermäßige Reduzierung der Weideflächen gestört worden war.

Jedoch ist damit nur das erste Stadium der Entwicklung beschrieben. Im zweiten Schritt folgte eine Spezialisierung auf Viehhaltung und eine Intensivierung der Viehzucht, die sich in England in den Einhegungen auswirkte. Und es kam zu einer Diversifizierung, bei der stärker den landschaftlichen Gegebenheiten entsprochen werden konnte, ob sie Rindviehzucht bei satten, Schafzucht bei kargen Weiden, Wein-, Hopfen-, Obstanbau oder Gewerbepflanzen bei passenden Boden- und klimatischen Voraussetzungen begünstigten.[60] Dieses zweite Stadium wurde überall dort bzw. in dem Maße erreicht, wie die Landwirtschaft in den Markt integriert war. Die relative Stärke der städtischen Wirtschaft regte eine qualitative Verbesserung der Agrarproduktion an: der Wohlstand städtischer Bürgerschaften schuf eine Nachfrage nach höherwertigen Nahrungsmitteln tierischer Art und nach Gartengewächsen, diese und der Bedarf der Industrie an Gewerbepflanzen brachte neue Anbaumethoden (Brachbesömmerung, verbesserte Düngung) hervor.

Abel hat keine Erklärung dafür (ihn „muss erstaunen"), dass im 16. Jahrhundert nicht alle Wüstungen wieder von den Ackerbauern zurückgewonnen wurden; dass bei einem spätmittelalterlichen Wüstungsquotienten von 26 % in der Neuzeit nur 5 % Siedlungen wieder hinzukamen, also etwa ein Fünftel dauerhaft wüst blieben.[61] Der Grund liegt anscheinend in dem neu gewonnenen agrikulturellen Profil.

Das Maß der Einbindung in den Markt, der Kommerzialisierung der Landwirtschaft war ausschlaggebend dafür, dass es nicht nur zu einer Gewichtsverlagerung vom Ackerbau zur Viehzucht kam, sondern auch zu Intensivierungen, ob in der Viehhaltung, ob von ihr ausgehend im Futterpflanzenanbau auf einem Teil des Brachfelds, ob bei den Gartenkulturen oder den Gewerbepflanzen. Dies betraf das kommerzielle Zentrum Europas in den Niederlanden und England, sodann die kommerzialisierten Regionen in Oberitalien oder im westlichen Deutschland. Damit festigte sich ein neues agrikulturelles Produktionsprofil, das verhinderte, dass die Landwirtschaft in der Konjunktur des 16. Jahrhunderts im gleichen Maße wie im 13.

---

[58] Ders., Agrarkrisen, 46; ders., Strukturen, 25, 130.
[59] Ders., Wüstungen, 72, 164.
[60] Ebd., 180; ders., Strukturen, 17, 22 f.
[61] Ders., Geschichte, 162; ders., Landwirtschaft, 177 f.

Jahrhundert in den Mechanismus zurückfiel, auf eine wachsende Bevölkerung mit einer monokulturellen Ausweitung des Getreideanbaus zu reagieren.

So spricht einiges dafür, dass sich nach dem Einbruch des 14. Jahrhunderts in der Erholungsphase des 15. Jahrhunderts jene Strukturveränderungen in der Landwirtschaft mit einer besseren Ausgewogenheit von Ackerbau und Viehzucht und einer Diversifizierung in Garten- und Gewerbekulturen anbahnten, auf deren Grundlage der Aufschwung des 16. Jahrhunderts stattfand.

Abel ist zu Recht skeptisch, die kommerziellen Wirkungen der städtischen Produktion für das Mittelalter zu hoch zu veranschlagen und in ihnen das auslösende Moment für die Agrarkrise zu sehen. In den gewerblichen Hochburgen der Niederlande und Oberitaliens blieben die Krisenerscheinungen, Getreidepreisverfall und Wüstungen, aus. Die Ursachen müssen im ländlichen Bereich selbst, bei den 90 % Landbevölkerung und ihrer Wirtschaftstätigkeit gesucht werden.

Nachdem Kondratieff in den 1920er Jahren in den Konjunkturen des Industriezeitalters lange Wellen beobachtet hatte, konnte Abel 1935 (in der 1. Auflage des Agrarkrisen-Buchs) säkulare Wellen für die Preise der vorindustriellen Zeit aufzeigen.[62] Da die säkulare Agrarpreisbewegung mit der Bevölkerungsbewegung synchron lief, lag für ihn die Erklärung auf der Hand, dass in der von der Landwirtschaft dominierten Wirtschaftsepoche Preise und Löhne von der Relation der Bevölkerungszahl zum verfügbaren Boden bestimmt seien.[63] Daher brauchte er andere volkswirtschaftliche Erklärungen der Ursachen von langen Wellen in Hinsicht auf die vorindustriellen Zyklen nicht zu prüfen.

Mit dem Bevölkerungseinbruch durch die Pestwelle Mitte des 14. Jahrhunderts war für Abel die Erklärung für die spätmittelalterliche Agrardepression gefunden. Eine Analogie ergab sich für die Krise des 17. Jahrhunderts in Mitteleuropa mit dem Dreißigjährigen Krieg. Nicht zu erklären war der Bevölkerungsrückgang ringsum in Europa bzw. die Stagnation in den Niederlanden und England in dem Jahrhundert nach 1650. Abel bezeichnete die Bevölkerungsbewegungen daher als „Rätsel, die sich einer Lösung bisher noch entziehen", ein Diktum, das er auch für den Bevölkerungsrückgang im Spätmittelalter gebrauchte.[64] Da sich keine exogenen Ursachen nennen lassen, gibt Abel übrigens auch keine Erklärungen für den demographischen Aufschwung des 16. oder des 18. Jahrhunderts.

Am Ende seines Agrarkrisen-Buchs, im Kapitel über das Industriezeitalter, referiert Abel Schumpeters Erklärung der Kondratieff-Zyklen: jedem langfristigen Aufschwung gingen Innovationen voraus, die einen sehr starken und umfassenden Wachstumsimpuls für die Gesamtwirtschaft gaben. „Dazwischen lagen die Stockungsspannen, in denen das Neugeschaffene absorbiert, das Veraltete ausgeschie-

---

[62] Sog. Überzyklen von 60-70 Jahren im 15./16. Jahrhundert sind ohne Bedeutung: ders., Strukturen, 67 f.

[63] Ders., Agrarkrisen, 104.

[64] Ebd., 50, 194.

den und der neue Aufschwung vorbereitet wurde."[65] Das nun scheint eine zutreffende Erklärung auch der säkularen Wellen des vorindustriellen Zeitalters zu sein.

Fortschritte agrikultureller Art, behauptete demgegenüber Abel, werde man im späteren Mittelalter im weitaus größten Teil des Kontinents vergeblich suchen. Die entscheidenden Fortschritte sind für ihn an Perioden des langfristigen Preisaufschwungs geknüpft.[66] Andererseits gibt er an, im Spätmittelalter habe sich eine Verschiebung in den Anteilen der Produktionsfaktoren vom Boden zu Arbeit und Kapital vollzogen.[67] Also eine Intensivierung, allerdings weniger in Hinsicht auf die Arbeitsgeräte als vielmehr auf die Bodennutzungssysteme.

Die Veränderungen in der Bodennutzung waren angesichts der Krisenerscheinungen folgerichtig. Die Expansion des Getreideanbaus war am Ende des 13. Jahrhunderts an ihre Grenzen gestoßen. Bei dem auf Getreidemonokultur, Regenerierung der Bodenfruchtbarkeit durch Brache, Düngung durch Brachweide beruhenden Anbausystem musste das Vortreiben des Anbaus auf Grenzböden unproduktiv sein. Es erfolgte ein Rückschlag auf breiter Front, mit der exogenen demographischen Krise als Katalysator, in Gestalt einer Agrardepression. Nachdem die Grenzen der Expansion des Ackerbaus aufgezeigt waren, tat eine Intensivierung Not, die nur durch das Angehen des Düngerproblems erreicht werden konnte, also eine größere Viehhaltung und eine verbesserte Dungverwertung.

Die Ursachen der Agrarkrise und ihrer Überwindung sind in der Form der agrarischen Produktion zu suchen, in der Getreidemonokultur des Hochmittelalters und in der Diversifizierung der Landwirtschaft im Spätmittelalter. Innovationsschübe standen jeweils am Beginn der säkularen agrarischen Zyklen der vorindustriellen Zeit.

Dem Aufschwung des Hochmittelalters gingen Neuerungen voraus wie Wassermühle, Kummet, Hufeisen, Dreschflegel, Pflug und Dreifelderwirtschaft, die allesamt um den Ackerbau und die Verarbeitung des Getreides gruppiert waren.[68] Das entsprach dem dringenden Bedürfnis die Reproduktionsfähigkeit der Bevölkerung zu verbessern. Sie führten zu einer gewaltigen Expansion der Landwirtschaft und dem Aufblühen der Städte. Diese Impulse waren am Ende des 13. Jahrhunderts erschöpft und hatten eine krisenhafte Verzerrung des Verhältnisses von Ackerbau und Viehzucht herbeigeführt.

Die Novationen, die den zweiten Zyklus des 16. Jahrhunderts anstießen, gingen in den Niederlanden vom Futterpflanzenanbau auf der Brache, einer Ausweitung der Rinder- und Schafhaltung und dem Anbau von Gewerbepflanzen aus. In England betrafen sie die Weidewirtschaft, bei der mit den Einhegungen die Grundlage für eine systematische Düngung gelegt wurde.[69] Die Vorgänge in beiden Län-

---

[65] Ebd., 283.
[66] Ebd., 100, 287.
[67] Ders., Strukturen, 25.
[68] Ders., Geschichte, 39 f., 45-47.
[69] Ders., Wüstungen, 36; ders., Geschichte, 97; ders., Strukturen, 16 f.

dern waren mit der gewerblichen Wirtschaft verbunden und im Aufschwung mit der Revolutionierung des Welthandels nach 1492.

Am Beginn des dritten säkularen Zyklus[70] im 18. Jahrhundert, der in die Industrialisierung auslaufen sollte, standen die breite Durchsetzung des Futterpflanzenanbaus, die Fruchtwechselwirtschaft, Gemeinheitsteilungen, die Stallhaltung des Viehs, die die Schranke aufhoben, die der Düngermangel der Steigerung der Getreideerträge gesetzt hatte.

So gesehen ist die Theorie der säkularen Wellen geeignet, das Auftreten von agrarischen Innovationen im vorindustriellen Zeitalter zu erklären.

---

[70] Zu Verschiebungen in der Landnutzung im 17./18. Jahrhundert ders., Agrarkrisen, 190.

4. Das Allmendrecht im 18. Jahrhundert nach der Rechtsprechung des Reichskammergerichts

Der mangelnde landwirtschaftliche Fortschritt in Deutschland in der Frühen Neuzeit ruft gemeinhin die Assoziation des am Alten hängenden Bauern hervor, des erratischen Blocks der Allmendberechtigungen, untergenutzten Weideländer, durch Viehtrieb geschädigten Forsten, des Brachliegens eines Drittels des nutzbaren Ackers wegen der Ackerweide. Da vom Bauern Fortschrittswille nicht erwartet wird, wird auf die Landesherren geschaut. Positiv werden ihre Maßnahmen zum Schutz der Wälder, zur Kultivierung großer Strecken Ödlands, ihre Förderung des Kleeanbaus hervorgehoben. Der „guten Policey" wird zugeschrieben das zu bewegen, was die unbeweglichen Produzenten nicht leisteten, was an überkommenen Vorrechten zu scheitern pflegte. Von daher wird Verständnis dafür aufgebracht, dass im Programm des frühmodernen Staates kein Platz für die Gemeinden mit ihrem hinhaltenden Widerstand gegen Neuerungen war.

Die Rezepte waren ja zur Hand, aufgeklärte Herrscher wie Friedrich der Große, „der sich in seinen Denkwürdigkeiten als schärfster Gegner aller Gemeinheiten bekannte"[1], gossen sie in Dekrete - nur die landwirtschaftlichen Produzenten wollten nicht so recht. Eindrücklich ist das Bild des landwirtschaftlichen Reformers, der auf seinem Brachfeld Kartoffeln, Möhren und Lein anbaut und zusehen muss, wie die dickschädligen Bauern diese mit ihrem Vieh abweiden, ohne dass er bei den Gerichten Rückhalt findet.

Wilhelm Abel schrieb, zu den ärgsten Hindernissen für eine intensivere Landwirtschaft hätten die Triftrechte gehört, „die jedermann, auch den Landesherren (!), untersagten, ʻdie Vieh-Trift wider die eingeführte Gewohnheit den Gemeinden zu entziehen und sich anzueignen. Ingleichen kann sich auch der Gerichtsherr (!) der öffentlichen Hutungen oder anderer gemeinen Güter, die innerhalb eines Gutes oder Dorfs gelegen sind, nicht anmassen'." Er zitiert hier Zedlers Universallexikon, „das sich auf anerkannte Juristen stützte".[2] Es fragt sich, was Abel mit den Ausrufezeichen hinter „Landesherren" und „Gerichtsherr" hat ausdrücken wollen. Sollten sie seiner Meinung nach befugt sein sich die Viehtrift der Gemeinden anzueignen?

Zedlers Artikel zum „Hut-Recht", 1735, ist da allerdings sehr eindeutig und apodiktisch:[3]

Wer sich das Recht der gemeinen Hutung anmassen will, muß Einwohner und Nachbar seyn eines gewissen Orts, sonst kann er desselben nicht ge-

---

[1] Abel, Geschichte, 299-301, hier 301.

[2] Ebd., 300 f., 307; ders., Landwirtschaft 1648-1800, 513.

[3] Johann Heinrich Zedler, Grosses vollständiges Universal-Lexicon Aller Wissenschaften und Künste, Bd. 13, Leipzig-Halle 1735, Art. Hut-Recht, 1297-1309, hier 1298.

nüssen. Ob zwar einer von Adel, der auf einem Dorffe wohnet, oder daselbst ein Schloß hat, der gemeinen Hutung zugleich mit berechtiget ist, so muß er sich doch derselben bescheidentlich nach richterlichen Gutachten und der Beschaffenheit der Trifft gebrauchen, so, daß die Unterthanen oder Nachbarn nicht Schaden darüber leiden. Es wollen einige zwar denen Gerichts-Herren in Ansehung der Iurisdiction hierinnen gar viel verstatten; allein sie können sich nicht mehr Recht anmassen, indem die öffentlichen Trifften denen Gemeinden zuständig sind, und nicht denen Gerichts-Herren. Und von der Iurisdiction über eine Sache kann man auf derselben Eigenthum und daher rührendes Recht nicht argumentieren. Je grösseren favorem die Unterthanen hierinnen haben, desto weniger ist der Landes-Herr befugt, die Vieh-Trifte wieder die eingeführte Gewohnheit entweder gantz u. gar zu entzühen u. sich zu zueignen, oder, wie die Römer gethan, mit Zöllen u. Contributionen zu beschweren. Ingleichen kann sich auch der Gerichts-Herr der öffentlichen Hutungen oder andern gemeinen Güter, die innerhalb seines Guts oder Dorffs gelegen, nicht anmassen; sondern sie gehören der Gemeinde und den Einwohnern des Orts zu, u. er hat nur die Gerichte darüber. Daher kann er auch nicht zum Praeiudiz der Gemeinde sie umreissen, und Aecker daraus machen, oder sie an fremde vermiethen. Das Eigenthum der öffentlichen Trifften stehet der Gemeinde zu, wenn sie in dem Possess derselben ist, und von vielen Jahren her gewohnt gewesen, Vieh darauf zu weyden, und Holz abzutreiben u.s.w.

Was für die Gemeindegüter, gilt folgerichtig auch für das Allmendweiderecht oder die „Hutungs-Dienstbarkeit" auf dem unbebauten Feld:[4]

Ebenmäßig ist der Herr des dienenden Guts nicht berechtiget, einen ungebaueten Platz, darauff ein anderer die Viehtrifft hat, in ein Getraite-Feld, Weinberg oder Teich zu verwandeln, indem er dem andern im geringsten nicht an seinem Dienstbarkeits-Recht praejudicieren kann ... Es ist solchem so genau nachzugehen, daß einer seinen Acker nicht eher, als zu einer gewissen Zeit umreissen und bestellen darff; Ingleichen ist auch, wenn sie sich dies Falls verglichen, verboten zu sommern, das ist, in das Brachfeld Erbsen, Linsen, Wicken, Klee und dergleichen zu säeen,

es sei denn, der Besitzer könne nachweisen, dass noch genug Hutung vorhanden sei. Die Gemeinderechte waren laut Zedler genauestens zu beachten, und er führt hier selbst den Fall an, in dem dies dem landwirtschaftlichen Fortschritt im Wege stehen konnte.

Abel legt dar - Wilhelm Ebel folgend - das Nebeneinander von *altem Recht* (dem das Triftrecht zugehörte) und neuem landesherrlichen Rechtsgebot (hier dem Gemeinheitsteilungsrecht), das zunächst den vom alten Recht freien Raum ausfüllte um es schließlich zu verdrängen. Er bemerkt auch, dass weite und wesentliche Teile

---

[4] Ebd., 1301.

der ländlich-landwirtschaftlichen Zustände im 18. Jahrhundert noch ganz vom alten Recht beherrscht gewesen seien, vom Sieg des neuen Rechts noch nicht die Rede sein könne.[5]

Das Einfallstor des über das Herkommen hinausgreifenden fürstlichen Gebotsrechts war, nach Ebel, die *gute Ordnung und Policey*. Zu den vornehmlichen Aufgaben des mittelalterlichen Herrschers, Frieden und Recht zu wahren, trat schon früh der Gemeinnutz hinzu. Im Kleinen Kaiserrecht 1372 wurde das Veräußerungsverbot von Allmendgründen mit dem Gemeinen Nutzen begründet und mit dem Satz untermauert: „der gemein nutz der frumt dem keiser, darum sal man in nit mindern".[6] An der Wende zur Neuzeit trat an die Stelle von *gemeinem Nutz und Notturft* der Ausdruck *Policey*. „Da jeder nur für sich will leben, nichts zum gemeinen nutz hingeben, da geht zu grund all policei", heißt es in einem Lehrgedicht dieser Zeit. Kaiser Karl V. bezeichnete es bei der Eröffnung des Wormser Reichstages 1521 als sein Ziel, „recht, fride, gut Ordnung und pollizeien" aufzurichten. Noch Seckendorff ordnete in seinem „Fürstenstaat" 1656 alle landesfürstliche Gesetzgebung den drei Zwecken Gerechtigkeit, Friede und Wohlfahrt zu.[7] Neu war diese Staatsaufgabe also nicht. Die vom mittelalterlichen Herrscher um des gemeinen Nutzes willen ausgeübten hoheitliche Rechte begriffen - zumindest hinsichtlich der Allmenden - lediglich ein Schutz- und Aufsichtsrecht in sich.[8] Doch ergab sich aus den zunehmenden Aufgaben des Gemeinwesens eine wachsende Bedeutung der Policeyverordnungen und wurden sie Schrittmacherinnen des fürstlichen Souveränitätsstrebens.

Eine der Wurzeln war das sog. Allmendregal, das die Tiroler Landesfürsten in Anspruch nahmen. 1303 erklärte das Weistum von Pfunds im Oberinntal „alle gemain der herschaft" unterstehend. Aus dem Pfundser Tal wurde Holz zur Saline in Hall getriftet. So verkündete denn auch das „Liber officii salinae Hallis Enni" 1330 pauschal, „dass alle wäld und bach in der grafschaft Tirol der herrschaft sind". Das Allmendregal war das Recht, auf der Allmende Einforstungsbefugnisse zu erteilen, Rodungen zu bewilligen und darauf Zinse zu schlagen. Die Rodung auf der Allmende, insbesondere die Brandrodung, regulierten zwar schon die Nachbarschaften, so das Weistum der Ortschaft Keller bei Bozen bereits 1190: „Wer sich unterfängt den gemeindewald zu verwüsten oder anzuzünden, dem soll die hand abgehauen werden, ohne unterschied des standes". Doch nun wurden Rodungen an die Zustimmung der Landesherrschaft gebunden wegen des Holzbedarfs der Saline. Die Wälder wurden Holzmeistern verliehen; das waren Holzschlagunternehmer, die jede Woche eine bestimmte Holzmenge an die Saline zu liefern hatten. Die Forstgerichtsbarkeit über die

---

[5] Abel, Geschichte, 299 u. 301.

[6] Wehrenberg, Wechselseitige Beziehungen, 162.

[7] Hans Maier, Die ältere deutsche Staats- und Verwaltungslehre (Polizeiwissenschaft). Ein Beitrag zur Geschichte der politischen Wissenschaft in Deutschland, Neuwied-Berlin 1966, 33, 38, 43 f., 118-120, 145, 173, 181 f.

[8] Wehrenberg, Wechselseitige Beziehungen, 161 f.

Amtswälder und in zweiter Instanz über die „gemeinen" Wälder hatte das „Gericht am Stein", dessen Stätte ein am Tor der Saline befindlicher steinerner Sitz war. Zum Bedarf der Saline trat der der Bergwerke hinzu sowie das fürstliche Jagdinteresse. Aufgrund des Jagdmandats von 1414 verlieh der Forstmeister Rodungsbewilligungen und hob die Zinse ein.[9]

Auf die Holzverknappung am Ausgang des 15. Jahrhunderts reagierten die Gemeinden, indem sie Teile des Waldes bannten, also mit einem temporären Schlagverbot belegten. Wenn ein Vermerk 1483 als dem Forstamt zugehörig aufzählte: alle Schwarzwälder, Hochwälder, Auen, Wildbänne, alle „gemainen", „alle pannwald", so meinte letzteres lediglich die Gerichtshoheit. Beschwerden der Bauern erreichten in der Waldordnung für das Ober- und Unterinntal 1492 noch die Festlegung, dass Rodung und Holzeinschlag auf der Allmende mit Wissen und Willen der Gemeinden zu erfolgen hätten. Seitdem aber wurde das Holzreservoir der Allmenden systematisch ausgenutzt, 1502 eigens ein „gemeiner Waldmeister" bestellt „für die gemainen wälder und hölzer so nicht zu unserem pfannhause ze Hall und bergwerk Schwaz gehören". Er beritt in Begleitung von Vertretern des Pfannhausamtes und des Bergwerks die jährlichen Ehehafttädigungen, um den Gemeinden einerseits, Saline und Bergwerk andererseits den jährlichen Holzbedarf anzuweisen. Die Kommission war ermächtigt bei Holzmangel Wälder aus dem gemeindlichen Bann zu entlassen, ein Eingriff, der wiederholten Widerstand fand. Diese landesfürstlichen Ordnungen bis hin zur Holz- und Waldordnung für Tirol von 1541 waren motiviert mit dem Berg- bzw. Salzregal, und insofern mit dem Gemeinwohl: „Da Uns, unseren nachkommen auch land und leuten an dem salzsieden zu Hall und gemeinen bergwerken in diesem lande viel gelegen", sei zur Abwehr von Holzmangel notwendig, alle Wälder mit besserer Ordnung zu „heyen".[10]

Auch mit den in Württemberg in der ersten Hälfte des 16. Jahrhunderts erlassenen Forstordnungen sollte das allgemein gültige Reglement die Entscheidung von Fall zu Fall ablösen. Im Mittelalter regelten Gemeinden Streitigkeiten wegen Weide und Wald untereinander entweder ohne Vermittlung oder durch Schiedsrichter, die gegen Ende des 15. Jahrhunderts häufiger auch herrschaftliche Beamte sein konnten - merkwürdigerweise aber nicht die Forstmeister - und wurden Streitigkeiten zwischen Adligen und Gemeinden vor dem gräflichen Hofgericht entschieden. Ansonsten gab es Regelungen nur in den Dorfordnungen, die Bestimmungen über die Wälder enthielten. In der Ersten Landesordnung von 1495 war vom Wald nur beiläufig die Rede. Den Anstoß zur Ordnung des Forstwesens gab die Bewegung des Armen Konrad; von den 54 Artikeln der Beschwerdeschrift der Landschaft vom 26. Juni 1514 betrafen zwölf Forstwesen und Wildschaden. Im Tübinger Nebenabschied vom 8. Juli 1514 wurde vereinbart, dass der Herzog mit seinen Räten und der Landschaft des Wildbrets und der Forstmeister halber „ain glichmessige ordnung machen

---

[9] Oberrauch, Tirol, 21, 26 f., 31 f., 35 f., 38 f., 41, 43, 47.
[10] Ebd., 22 f., 32, 52 f., 55-57, 64-67, 109.

und ufrichten lassen" sollte.[11] Es ging also auf die Initiative der Bauern zurück eine überlokale und allgemeingültige Ordnung zu erlassen.

Das Wichtigste an der 1526 verfassten und 1533 in erweiterter Form gedruckten Forst- und Holzordnung war nun, dass die Vorschriften zum Schutz der Wälder, das Verbot übermäßigen Holzverkaufs außer Landes und das Verbot der Rodung nicht nur für die herrschaftlichen Wälder gelten sollten, sondern auch für alle „andern welden und gehültzen, sy standen zu den stetten, dorfern, weylern, kirchenhailigen, gemainden oder sonder personen". Die Forstmeister und ihre Knechte sollten auch in diesen Wäldern rügen, die Häue bannen und öffnen, die termingemäße Räumung des Holzes verfügen, das Eichel lesen verbieten dürfen. In Erwartung der Einwände wurde hinzugefügt, dass die Herrschaft nicht in das Eigentum der Untertanen eindringen, sondern nur dem gemeinen Nutzen dienen wolle. Die Reaktion war eine Flut von Bittschriften und Beschwerden aus dem ganzen Land. Die „Supplication Gemeiner Landschaft" wandte sich dagegen, dass die Forstmeister „sich selbs zu herrn in dem unsern" machten. Dies sei ihren „fryhaiten und alten herkomen" nachteilig, „zuvorderst ouch wider den vertrag zu Tubingen uffgericht". Tatsächlich hatte im 15. Jahrhundert die Herrschaft nur über ihre eigenen Wälder verfügt, das Forstrecht hatte keinen Einfluss auf die nicht herrschaftlichen Wälder gegeben. Auch Graf Eberhard unterwarf sich 1486 in einem Streit mit der Gemeinde Hülben dem Schiedsspruch von Keller, Bürgermeister und drei Richtern von Urach.[12]

Die Initiative der landständisch vertretenen Bauern zur Aufstellung umfassender Landesordnungen hat Peter Blickle nachgewiesen. Sie drängten auf eine territoriale Rechtsvereinheitlichung, forderten auch policeyliche Ordnungen (gegen Fluchen, Schwören, Gotteslästern, Tanzen, Spielen, Kleiderluxus, Aufwand bei Hochzeiten, gegen gartende Knechte und Vaganten).Wo sie über die Mittel einer Landschaftskasse verfügte, wie in Kempten, finanzierte die bäuerliche Landschaft selbst Maßnahmen der Armenfürsorge, Anstellung von Ärzten, Aufstellung einer Polizeitruppe gegen Bettler und Vaganten sowie Zuchthäuser. Die Tiroler Bauern formulierten zusammen mit den Städtern und Bergleuten Forderungen zur Wohlfahrt des ganzen Landes, wenn sie 1525 in Anknüpfung an ältere Mandate ein Exportverbot für Vieh und Holz forderten, um den Eigenbedarf und die Versorgung der Bergwerke sicherzustellen, dem die Landesordnung im folgenden Jahr mit Abstrichen nachkam.[13]

Ein entgegengesetzter Fall ist die Policeyordnung von Adelebsen 1550,[14] die neben anderem die Waldnutzung regelte. Sie bestimmte in Punkt 13, niemandem sei der Holzschlag „in unsern holtzern" erlaubt außer mit Genehmigung der herrschaftlichen Förster. Punkt 14 verbot für die Holzungen, „so die dorfschafften vermeinen

---

[11] Kieß, Forsten, 11-14, 113 f.

[12] Ebd.

[13] Blickle, Landschaften, 135, 178, 189-233, 511 f., 525-551.

[14] Karl Kroeschell, Deutsche Rechtsgeschichte 2, Reinbek 1973, 284.

ihr zu sein", den Holzverkauf und beschränkte den Verbrauch auf ihre „Beßerung und Notturfft who Ihnen des will von Nohten sein", ordnete auch an, es solle „eine Uffsicht uffgenommen werden". Die Herrschaft postulierte den Schutz der Gemeindehölzer, die „nicht unnuetzlich verhawen" werden sollten, und die Aufsicht, bei der unbestimmt blieb, wer sie ausüben sollte (die herschaftlichen Förster werden hier jedenfalls nicht erwähnt), zog aber durch die Ausdrucksweise das Eigentum der Dorfschaften an ihrem Wald in Zweifel; deutete vielmehr an, schon „unsere Vor Eltern" hätten nur „auß sonderlicher Gunst" diese ihnen überlassen. Nach dem herrschaftlichen und dem Gemeindewald erstreckte sich Punkt 15 auf die Eigenwälder. Und zwar sollten alle Untersassen, „die da vermeinen zu Ihren Guettern Mezgerhoffe und vorwerke eigen holtzere zu habende", im herrschaftlichen Haus in Adelebsen mit Brief und Siegel ihre „Vermeintte Gerechtigkeit bey verlust derselbigen holtzern" vorweisen „und darselbest unsere Wollmeinung und Gemuhte daruff horen." Nur oberflächlich wird in dieser Policeyordnung die herrschaftliche Aneigungsabsicht gemeindlichen und privaten Eigentums übertüncht.

Die Policeyverordnungen changieren zwischen allgemeinen Erfordernissen und herrschaftlichem Eigeninteresse, sie sind generell zwieschlächtig aufzufassen.

Es liegt für die Frühe Neuzeit keine Überblicksdarstellung zu den Allmenden vor. In erster Linie ist neben Karl Siegfried Baders „Studien zur Rechtsgeschichte des mittelalterlichen Dorfes" auf seinen Beitrag über das Schicksal der Dorfgemeinde im Zeitalter von Naturrecht und Aufklärung zurückzugreifen, in dem er die policeystaatlichen Dorfordnungen in Hinblick auf das Gedankengut der staatsrechtlichen Theorie und auf ihre Durchsetzbarkeit vor Ort reflektiert.[15] Einen aktuellen Überblick über das Thema des Waldes seit dem Spätmittelalter in Oberdeutschland gibt P. Blickle, wobei er die Tendenz von gemeindlichen Nutzungs- zu Eigentumsansprüchen, die im 18. Jahrhundert formuliert werden, aufzeigt.[16] Auch regionale Abhandlungen gibt es für diesen Zeitraum nur wenige. Zu nennen ist die Untersuchung von Rudolf Endres über Franken, der die Einwirkung des absolutistischen Staats auf die Zulassung der unterbäuerlichen Schicht zur Gemeinde und zur Allmende darstellt.[17]

Die Stellungnahme der im Zedler zitierten Juristen zu Trift und Hutung hatte den Hintergrund, dass sich die Gerichte im 18. Jahrhundert in nicht geringem Maße mit den Gemeindeländereien und Allmendberechtigungen auseinanderzusetzen hatten. Der Reichskammergerichts-Assessor Johann Ulrich von Cramer berichtet in sei-

---

[15] Karl Siegfried Bader, Dorf und Dorfgemeinde im Zeitalter von Naturrecht und Aufklärung, in: Wilhelm Wegener (Hg.), Festschrift für Karl Gottfried Hugelmann, Bd. 1, Aalen 1959, 1-36.

[16] Blickle, Wem?, 170-172, 177 f.

[17] Rudolf Endres, Sozialer Wandel in Franken und Bayern auf der Grundlage der Dorfordnungen, in: Ernst Hinrichs/Günter Wiegelmann (Hg.), Sozialer und kultureller Wandel in der ländlichen Welt des 18. Jahrhunderts, Wolfenbüttel 1982, 211-227. - Eigene Arbeitsergebnisse zu Südwestdeutschland: Hartmut Zückert, Die sozialen Grundlagen der Barockkultur in Süddeutschland, Stuttgart-New York 1988, 216-227.

nen „Wetzlarischen Nebenstunden" von einer ganzen Reihe von Prozessen zu dieser Materie, die an dem höchsten Reichsgericht anhängig gemacht worden sind.[18] Die von ihm ausgebreiteten Fälle bieten einen guten Überblick über die juristische und die dahinter liegende wirtschaftliche Problematik der Allmenden in weiten Teilen des Reiches. Die von Cramer - dem wohl bedeutendsten Juristen unter den Schülern des Philosophen und Naturrechtslehrers Christian Wolff[19] - mitgeteilten Urteile und Urteilsbegründungen bieten die Möglichkeit, Auskunft über die Eigentumsqualität der Allmenden und die Allmendnutzungsrechte im 18. Jahrhundert nach der Rechtsprechung dieses höchsten Reichsgerichts zu erhalten. Dabei kann deutlich werden, was die Allmenden so strittig machte, worin die Problematik der Allmendnutzung lag und wie weit sich die Kompetenz der landesherrlichen Policeygesetzgebung eigentlich erstreckte. Bei Cramer werden Begriffe geklärt und Problemlagen systematisiert, die die Allmendthematik seit dem 16. Jahrhundert prägten.

Die Fragestellungen sind in den Artikeln im Zedler angerissen:
- das landes- und gerichtsherrliche Eingriffsrecht in die Allmendhutung; wirtschaftlich stellte sich das Problem der herrschaftlichen Schafweideservitute in Konkurenz zu den bäuerlichen Weidenutzungen;
- damit die Reichweite des Policeyrechts, das sich ja insbesondere in Gestalt von Holzordnungen auf die Wälder erstreckte, bezüglich derer behauptet wurde, es diene der Erhaltung des Holzbestands und dem Schutz vor Waldverwüstung; hinein spielte hier jedoch ohne Zweifel das herrschaftliche Jagdinteresse;
- schließlich mit der Ackerweide die Frage der Eingriffsmöglichkeiten des landesherrlichen Gesetzgebers zur Beförderung der Landeskultur.

4.1 Eigentums- und Nutzungsrechte an der Weide

Allmendweide

Der Freiherr von Dalberg hatte die Schafweide auf der Allmende des Dorfes Wallhausen (bei Kreuznach) von der Gemeinde gepachtet,[20] bestritt aber später den All-

---

[18] Johann Ulrich von Cramer, Wetzlarische Nebenstunden, 128 Teile, Ulm 1755-1773. Einige Fälle zu Eigentum und Nutzung des Waldes referiert Rita Sailer, Untertanenprozesse vor dem Reichskammergericht. Rechtsschutz gegen die Obrigkeit in der zweiten Hälfte des 18. Jahrhunderts, Köln-Weimar-Wien 1999, 155-167.

[19] Dietmar Willoweit, Rechtsgrundlagen der Territorialgewalt. Landesobrigkeit, Herrschaftsrechte und Territorium in der Rechtswissenschaft der Neuzeit, Köln-Wien 1975, 182.

[20] Cramer, Nebenstunden, Teil 1, 60-87. - Bereits 1614/86 hatte es einen Prozess des Fleckens Wallhausen und dem Frh. v. Dalberg vor dem RKG gegeben, bei dem Gemeinderechnungen als Beweismittel dienten. 1714 entlehnte Wallhausen 1000 fl bei der Freifrau, später weitere 3000 fl beim Freiherrn v. Dalberg: Bader, Studien 2, 448, 454.

mendcharakter der fraglichen Heide und erklärte, als die Gemeinde ihr Weistum vorlegte, dies sei von einem früheren Schulmeister oder Gerichtsschreiber zusammengeschmiert worden. Dem konnte das Reichskammergericht (RKG) nicht folgen. Das Weistum pflegte dreimal im Jahr auf ungebotenen Dingtagen in Anwesenheit eines Vertreters der Herrschaft verlesen zu werden und die Gemeinde hatte bei der Huldigung darauf zu schwören. Damit war aller Zweifel ausgeräumt, dass das Weistum als Richtschnur und Maßregel des herrschaftlichen Betragens gegenüber den Untertanen und umgekehrt gelten und „statt eines Gesetzes dienen" müsse. Im Übrigen habe die Herrschaft das „Dominium privatum idque plenum subditorum" dadurch anerkannt, dass sie in einem Pachtbrief von 1735 Bezug nehmend auf die Gemeinde die Formel gebrauchte: „ihre eigenthümliche in Wallhauser-Gemarckung habend- niemand versetzt- noch verpfändete Schaaf-Weyde".

Cramer führt hier den eindeutigen Fall an, dass die Allmende als Gemeindeeigentum ausgewiesen ist. Das Weistum von 1484 hatte Gesetzeskraft. Vor allem aber werden als Merkmale dieses Eigentums genannt, dass es verpachtet, versetzt oder verpfändet und verkauft, mithin von der Gemeinde als Vermögensobjekt behandelt werden konnte. Es war damit jedem anderen privaten Eigentum gleichgestellt.[21]

Die Streitsache war mit diesem RKG-Entscheid nicht erledigt, da der Freiherr von Dalberg ihn nicht beachtete, bis ihm der Termin des Einrückens von Exekutionstruppen angekündigt wurde, es ihm dann aber gelang den Prozessgegenstand auf die Waldungen auszudehnen. Wie aus einer vom juristischen Vertreter der Gemeinde Wallhausen verfassten, gedruckten Streitschrift hervorgeht[22], hatte die Gemeinde durch Ausroden von Wacholderhecken die ihr zuerkannte Heide zur Viehweide herrichten wollen, wie auch eine Anzahl Bäume fällen lassen um die wegen des Prozesses gemachten Schulden bezahlen zu können. Die Herrschaft nahm

---

[21] Ebenso nennt Zedler, Lexicon 13, 1298, als Merkmal des Gemeindeeigentums, dass die Gemeinde berechtigt ist, die „öffentliche Trifft fiscalischer Schulden wegen zu verpfänden oder zu verkauffen".

[22] (Damian Ferdinand Haas), Aus denen Rechten und der Geschicht genommene Erörterung Derer zwischen der Gemeinde Wallhausen, und denen Freyherrn von Dahlberg, an dem Kayserlichen Cammer-Gericht theils entschiedenen, theils noch rechtshängigen Sachen, Worin Von der Gültigkeit eines Weißthums ohne Unterschrifft, und Bedeutung des darin vorkommenden Worts Modtpfennig, so dann dem Eigenthum derer Waldungen, Heyden, und Schaaf-Weyde, Erhebung des Marck- und Stand-Gelds, wie nicht weniger von denen in dem Weißthum beschriebenen gemessenen Frohnden, auch dem darin eingeführten Kälberschultheißen-Amt und der davon abhangenden Besthaupts-Befreyung etc. unter nachstehenden Rubriquen gehandelt wird: In Sachen Schultheiß, Schöffen und Vorstehere der Gemeinde Wallhausen, Wider Weyland Hugo Philipp Eckenbert, Cämmerer von Worms, und Freyherrn von Dahlberg, modò dessen Erben, Wetzlar 1758, bes. 1-10 und 36-39 [HAB]. Zu Haas, der später, 1796, einem republikanisch gesinnten Lesezirkel von RKG-Assessoren und -Prokuratoren angehören sollte, siehe Jürgen Weitzel, Damian Ferdinand Haas (1723-1805) - ein Wetzlarer Prokuratorenleben, Wetzlar 1996, 29.

dies zum Anlass der Gemeinde sowohl das Eigentum am Allmendwald zu bestreiten, als ihr auch die Ausrodung der Hecken als Beeinträchtigung des Vogelfangs zu verbieten.

Der Herr von Dalberg hatte sich hinsichtlich der Heide „auf ein Dominium eminens bezogen, welches ein Landes-Herr über alle, und besonders diejenige Sachen hätte, so niemand eigen seyen, worunter auch die öde und ungebaute Oerter gehörten." Der Vertreter der Gemeinde entgegnete, dass das Dominium eminens „den Unterthanen ihr Eigenthum nicht benehme." Später argumentierte von Dalberg noch, dass die Bauern in der dortigen Gegend auf dem Hunsrück keine Erbzins- oder Pachtleute, sondern Leibeigene seien, die ungemessene Frondienste leisten müssten; „wovon das Eigenthum der Herrschafft und Obrigkeit eines jeden Orts gehörte, die Bauern aber nichts eigenthümliches besäsen." Die Gemeinde führte als Beweise für ihr Allmendeigentum neben dem Weistum an, dass die Heiden von den herrschaftlichen Gütern durch Grenzmale abgesteint waren; die Gemeinde die Sträucher und Hecken alle sechs bis acht Jahre unter sich verteilte und danach wieder hegte sowie die Frevler ordnungsgemäß bestrafte; das wilde Obst, die abgängigen Bäume und die gemeinen Äcker unter sich versteigerte; und von dem Ertrag die gemeinen Ausgaben zur Unterhaltung der Brücken, Tore, Hirtenhäuser, Uhr, Glocken, des Schulmeisters, „Balgentretters" und Waldschützen bestritt. Die gemeinen Waldungen würden in einer vom Gericht zu Wallhausen 1731 errichteten Waldordnung genannt, die der damalige Herr von Dalberg bestätigt hatte. Die Gemeinde betonte, sie habe die Allmenden „wie die Herrschafft ihre Privat-Güther" in Besitz gehabt. Der Erlös aus ihrem Vermögen diente der Bestreitung gemeindlicher Aufgaben und außerordentlicher Gemeindeausgaben.

Dies entspricht der Beschreibung, die F. Steinbach von der Gemeinde Wallersheim (Kurtrier) gibt.[23] Der gesamte Grund und Boden im Gemeindebezirk, soweit er nicht Privatbesitz war, gehörte der Gemeinde. 1628 verpfändete die Gemeinde durch Unterschrift oder Handzeichen ihrer sämtlichen Mitglieder ihrem Zender Leonard als Sicherheit für vorgestreckte Gelder ein Stück Gemeindeland. Im Jahre 1670 verkaufte die Gemeinde mit herrschaftlichem Konsens zwei „Gemeindegäßchen" von ungefähr einem Morgen Größe an einen ihrer Nachbarn. Etwa 1715 wurde ein Stück Land von der Gemeinde als Bauplatz verkauft.

Die Kompetenzen der Gemeinde gehen aus dem 1641 bestätigten „alten Gebrauch" zu Wallersheim hervor. Die Gemeinde wählte alljährlich einen neuen Zender (seit dem späten 17. Jahrhundert Bürgermeister genannt) und einen vierköpfigen Gemeindevorstand, der die laufenden Geschäfte erledigte, in wichtigen Angelegenheiten aber die Gemeindeversammlung einzuberufen hatte. Der Vorstand hatte „Macht und Gewalt (...) zu straffen, was sich unter der Gemeinden strafflig befunden hat." Die Gemeinde war für die Friedewahrung in ihrem Bereich verantwortlich, sie hatte das Recht leichte Ehrverletzungen selbst zu bußen, gröbere entweder zu schlichten oder der Herrenstrafe zu überlassen. An der Pfändung eines Gemeindeschuldners, der

---

[23] Steinbach, Ursprung, 570-573.

dem Zender Widerstand leistete, hatten sämtliche Gemeindemitglieder teilzunehmen. Der Gemeindevorstand setzte das jährliche Rügegericht an. Der „steckendieb" wurde von der Gemeinde selbst gestraft, der grobe Dieb dem Gericht übergeben.

Ein Hauptpunkt des Gemeindebrauchs war die Verteilung der Weide- und Holznutzungen in der Allmende. Der Gemeindevorstand bildete die zu vergebenden Anteile und setzte den Termin für die Verlosung fest. Um die Unparteilichkeit zu gewährleisten nahm er die Verlosung nicht selbst vor, sondern übertrug sie vier Nachbarn.

Wiederholt unterschrieben bzw. „verhandzeichneten" sämtliche Gemeindemitglieder von Wallersheim im 17. und 18. Jahrhundert Anträge an die Regierung in den Gemeindwaldungen Holz zu schlagen und zu brennen, um Holzkohlen verkaufen zu können. Es handelte sich jeweils um Mengen bis zu 400 Klaftern. Der Erlös war für die Reparatur der Gemeindewege, der Kirche und der Schule bestimmt. Die Kirche war eine von der Gemeinde errichtete Filialkapelle der Pfarrkirche Büdesheim. Um den eingestürzten Chor wiederherzustellen musste Holz in den Gemeindewaldungen geschlagen, zur Beschaffung des übrigen Baumaterials und zur Bezahlung der Bauarbeiten war der Verkauf von Holzkohlen notwendig. 1681 errichtete die Gemeinde ein Schulhaus, sie musste den Lehrer besolden. Die Gemeinde hatte noch andere finanzielle Sorgen. Zur Beschaffung von Saatgetreide für die Gemeinde nahmen einige Nachbarn ein privates Darlehen von 500 Talern auf. Nach langen Verhandlungen wurde ihr Antrag von der Regierung genehmigt für die Rückzahlung dieser Anleihe Holzkohlen aus dem Gemeindewald zu verkaufen.[24]

Der Landesherrschaft kam hier ein Aufsichtsrecht über das Gemeindeeigentum und ein Genehmigungsrecht bei Besitzveränderungen zu. Doch das war begrenzt. Als in der zweiten Hälfte des 18. Jahrhunderts der landesherrliche Schultheiß von der Stadt Düren (Herzogtum Jülich) verlangte, für die Verpachtung der „gemeinen Gründe" die Bestätigung des Landesherrn einzuholen, und er dies mit dem Kameralinteresse begründete, antwortete der Magistrat: „Er verstehe nicht, wie der Schultheiß sich eine derartige, bisher noch von keinem Schultheiß bewiesene Anmaßung erlauben könne. In seiner Eigenschaft als Kellner habe er zwar das Recht, die Kameralgefälle einzutreiben, aber keinerlei Gerichtsbarkeit über den Magistrat und seine oekonomische Verwaltung, um so weniger, als es sich hier nicht um einen Verkauf, sondern nur um eine Verpachtung handele." Der Rat setzte seinen Standpunkt durch.[25]

---

[24] Franz Steinbach, Geschichtliche Grundlagen der kommunalen Selbstverwaltung in Deutschland, in: Collectanea, 538.

[25] Ebd. - 1598 gestatteten Vogt, Gericht und ganze Gemeinde zu Bodman ihrem Junker, der ein größeres Stück Allmende käuflich erworben hatte, dieses unter Gartenrecht zu stellen; 1610 wurde der Vertrag rückgängig gemacht und der Gemeinde das Eigentum mit dem *ius pascendi* zurückübertragen: Bader, Studien 3, 76. Die Bürgermeister neben dem Schultheißen und mit Gericht und ganzer Gemeinde des Fleckens Bulach (bei Karlsruhe) verkauften 1668 einen Teil der Allmende an den Markgrafen von Baden. Schultheiß, Bürgermeister, Gericht, Rat und ganze Gemeinde zu Söllingen (bei Pforzheim) traten auf

Die Annahme, dass sämtlicher Grund und Boden in der Dorfmark der Gemeinde oder ihren Mitgliedern gehöre, konnte so weit führen, dass sie versuchte die Herrschaft gänzlich auszubooten. Die Gemeinde Simmern richtete an die Abtei St. Maximin bei Trier das Ansinnen, zwei beträchtliche Wiesen, die der Abteihof in Simmern seit 1628 besaß, seien seinerzeit für 495 fl an die Abtei versetzt worden und sollten nun gegen Rückerstattung des Pfandschillings der Gemeinde abgetreten werden. Tatsächlich forderte die rheingräfliche Kanzlei zu Daun von der Abtei einen Kaufvertrag vorzulegen, was sie nicht konnte. Das RKG verwarf diese Umkehrung der Beweislast, da die Gemeinde nicht ein einziges Beweisstück vorgelegt hatte. [26]

Beim nächsten von Cramer dargestellten Fall hatten Bauermeister und Gemeinde zu Gadenstedt bei der Fürstlich Hildesheimischen Regierung gegen die drei Gevettern von Gadenstedt geklagt,[27] von denen jeder von seinem eigenen Schafhof aus mehrere hundert Schafe auf die Weide der Gemeinde trieb, obwohl es vormals nur einen Stammhof gegeben habe, von dem nicht mehr als 600 Schafe aufgetrieben wurden. Sie erreichten ein Urteil mit einer Begrenzung der Gesamtzahl auf 600. Vor dem Reichskammergericht nun brachten die Gevettern von Gadenstedt 1747 vor, dass sie nach Inhalt des Lehenbriefs mit dem Dorf Gadenstedt, mit Gericht, Zehnt, Huben und Leuten, die dazugehörten, belehnt seien; die Gemeinde habe die Hut und Weide nur aus besonderer Bewilligung der Gevettern. Cramer führt dagegen aus: Wenn den Gevettern das Dorf zu Lehen gegeben worden ist, so könnten sie „dadurch nichts mehr erhalten haben, als was der dominus directus & territorialis selbst gehabt". Da nun „die pascua publica regulariter denen Gemeinden des Orts zuzustehen pflegen, nicht aber dem domino territori aut jurisdictionem, habenti"; so könne man nicht argumentieren: ich habe an diesem Ort die Gerichtsbarkeit, also steht mir das Weiderecht zu. Die Gevettern könnten sich wegen der Belehnung mit Dorf und Gerichtsbarkeit und der übrigen im Lehenbrief genannten Pertinenzien das jus pascendi um so weniger aneignen, „als darinn mit keinem Wort des juris pascendi gedacht worden."

Das entspricht genau der Stellungnahme Zedlers, dass aus der Landes- oder Gerichtsherrschaft kein Eigentumsanspruch auf die Weide abgeleitet werden kann, die öffentliche Weide der Gemeinde zusteht.[28]

---

als Verkäufer eines Waldes. Schultheiß, Gericht und ganze Gemeinde des Fleckens Reichenbach setzten als Pfand für ein von Graf Rud. v. Helfenstein erhaltenes Darlehen über 300 fl eine schon früher der Herrschaft versetzte Holzhalde. Schultheiß, Anwalt, Bürgermeister und Gericht der Gemeinde Gosbach setzten 1728 als Pfand für ein beim Kollegiatstift St. Cyriak aufgenommenes Darlehen von 200 fl alle Gemeindegüter samt Rechten und Gerechtigkeiten: Ebd. 2, 304, 313, 453 f., 457. - 1770 kaufte die Abtei Siegburg in Straelen 12 Morgen Gemeindeländereien und pflanzte dort Tannen: Erich Wisplinghoff, Beiträge zur Wirtschafts- und Besitzgeschichte der Benediktinerabtei Siegburg, in: RhVjbll 33 (1969), 113.

[26] Cramer, Nebenstunden, Teil 117, 65-68.

[27] Ebd., Teil 26, 76-94.

[28] S.o. S. 229 f.

Übrigens hatten die Gevettern von Gadenstedt neben der Schäferei noch eine Kälberzucht aufgezogen. Sie trieben die Kälber nach dem ersten Heuschnitt auf die Wiesen der Bauern - obwohl sie ihnen „nirgendwo das dominium solcher Wiesen" bestritten hatten -, wodurch den Bauern das Nachgras oder Grummet verloren ging. Und nachdem ihnen das verboten worden war, ließen sie die Kälber auf den schmalen Grasstreifen zwischen den Feldern, in denen Roggen bzw. Erbsen und Bohnen wuchsen, weiden - obwohl es ein Unding sei, Vieh in geschlossenen Feldern zu hüten -, schließlich auch in den Knicks, die eben erst mit jungem Holz bepflanzt worden waren.[29]

Nun wirft Cramer die Frage auf: „Ob Guts und Gerichts-Herren bey Untergebung ihrer Güther an Gemeinden, sich des Huth- und Wayd-Rechts damit begeben haben"? Die Herren von und zu der Thann besaßen das Dorf Leuppach im Hochstift Würzburg als Lehen und hatten die Güter zu Erblehen gegen Fruchtgült ausgetan.[30] Sie beanspruchten die Hut- und Trift-Gerechtigkeit für Hornvieh und Schafe im ganzen Leuppacher Bezirk „zu Holtz und Feld" von ihrem nahe des Dorfes gelegenen Hof aus. Der Streit reichte zurück bis ins 16. Jahrhundert. 1634 war die Gemeinde gewalttätig in das Gutshaus eingefallen, wobei dem von Tann sämtliche Urkunden verloren gingen, und hatte 1661 „mit gewehrter Hand" den Viehtrieb vom Gutshof auf ihre Weide verhindert. Die Herren von Thann appellierten an das RKG, wo der Prozess bis 1748 liegen blieb. In der Entscheidung hielt sich das Gericht an die Lehenbriefe, aufgrund derer die Bauern ihre Höfe innehatten und an deren Ende die Generalklausel stand:

> Mit allen und ihr jegliches Zugehörungen, Wiesen, Aeckern, Feldern, Höltzern, Wassern, Wunnen, Wayden, Trifften, Schäfereyen, klein und groß, besucht und unbesucht, gar nichts ausgenommen, mit allen Ehren, Rechten, Freyheiten, Herrlichkeiten und Gewohnheiten, als obgenannte Lehenstücke, alle und jedes insonderheit gebraucht und genossen worden, und herkommen.

Es sei zwar nicht zu bestreiten, „daß Wunn, Wayd eines Dorfs nach denen teutschen Rechten ad Jura Communitatis gerechnet zu werden pflegen." Die von Thann wollten aber der Kommune Leuppach dieses Gemeinderecht gar nicht entziehen, sondern es gehe nur um die Frage „de Jure compascui". Dieses wurde den von Thann als Inhaber der Lehenvogtei zugesprochen, und der Würzburger Regierung als Landesherrschaft die Kommission übertragen eine Weideordnung für die Leuppacher Markung zu erlassen, in der die Anzahl der jeweils aufzutreibenden Rinder und Schafe festzulegen war.

---

[29] Cramer, Nebenstunden, Teil 26, 63-76. Diese Wege und Landstreifen zwischen den Zelgen waren Gemeinland, die als Weidelandreserven begehrt waren: Bader, Studien 3, 187, mit Bezug auf diesen Fall.

[30] Cramer, Nebenstunden, Teil 36, 118-133.

D.h. die Grundherrschaft - die in Bezug auf die ausgetanen Güter die Gerichtsbarkeit hatte - hatte mit der Verleihung der Höfe nicht alle Nutzungsrechte an
der Mark abgegeben. Die Bauerngüter wurden mit definierten Acker- und Wiesen-
teilen und undefiniertem Weide-, Wald- und Wasseranteil ausgegeben. Dem Grundherrn stand an letzterem eine Mitnutzung zu. Deren Umfang musste entweder nach
Herkommen oder durch Vergleich bestimmt werden. Der gutsherrliche Hof befand
sich in diesem Fall zwar „extra pagum", aber doch angrenzend, so dass Zedlers Forderung, der Adlige müsse ein Haus im Dorf haben um als Nachbar an der gemeinen
Hutung mitberechtigt zu sein, nicht so streng genommen werden musste.[31]

Übrigens nahm die Sache nach diesem für die Gemeinde nachteiligen Urteil
schlussendlich - wie die „National-Zeitung der Teutschen" 1796 in einem „Nachtrag
zur Biographie des verewigten Fürsten Ludwig Franz zu Bamberg und Würzburg"
berichtete - einen freundlichen Ausgang.[32] Das Dorf Leupach war durch den seit
1617 geführten RKG-Prozess um die Fronen, Triftgerechtigkeit, Benutzung des
Waldes u.a. in großen Verfall geraten. 1794 kam es endlich zu einem Vergleich,
demzufolge es die strittigen Freiheiten gegen Zahlung einer Summe von 18 000 fl
bar behalten sollte. Dieser Vergleich eröffnete den Nachbarn sehr günstige Aussich-
ten. Sie konnten jetzt Schweine und Schafe halten, einen Pferch auf ihren Feldern
aufschlagen und auf allerlei Art ihre Fluren behüten, die Hölzer und Waldungen
benutzen, was ihnen alles durch das kammergerichtliche Urteil untersagt war. Aber
selbst wenn ihnen jemand diese ungeheure Summe vorgeschossen hätte, wäre die
Gemeinde nicht vermögend genug gewesen neben den Steuern, Erbzinsen, Gülten
und anderen Belastungen die Zinsen von jährlich 900 fl zu bezahlen, geschweige
denn das Kapital abzutragen. Aber „der verklärte Franz Ludwig", der, wenn er half,
gründlich half, schoss der Gemeinde die Summe aus der Kammer unverzinslich vor,
die die Nachbarn in 36 Jahren mit jährlich 500 fl abtragen sollten.

In Hinsicht auf die Schäferei - jeweils Anlass der genannten Streitfälle -
galten rechtliche Besonderheiten. Die Ackerbegüterten der Reichsstadt Frankfurt am
Main verwehrten der dortigen Metzgerzunft die Hammel nach der Ernte über ihre
Äcker in der Frankfurter „Land-Gewehr" zu treiben mit der Begründung, sie seien
keiner Servitut unterworfen und wollten selbst Schafe halten.[33] Damit stellte sich die
Frage, „ob die Schäferey-Gerechtigkeit cum Dominio privato absolute verknüpft
ist"? Das RKG urteile 1743, dass es zwar beim Schafhalten auf Herkommen und
Gewohnheiten eines jeden Orts ankomme, aber „die wenigste Privati dergleichen Gerechtigkeiten tanquam Effectum Dominii privati ihrer hinc inde verstreuten Aecker
hergebracht haben." Um Frankfurt herum und in der Wetterau sei es das Übliche,

---

[31] Die Juristenfakultät Freiburg bestätigte 1794 dem Kloster Maria Hof (Fürstentum Fürstenberg) gegen die Gemeinde Neidingen sein Recht aus dem Stiftungsbrief von 1299 einen
Bestand von 150 Schafen zu halten, jedoch ohne eigene Herde: Clausdieter Schott, Rat
und Spruch der Juristenfakultät Freiburg i. Br., Freiburg im Breisgau 1965, 267, Nr. 384.

[32] National-Zeitung der Teutschen, Gotha, 5.5.1796, 407 f.

[33] Cramer, Nebenstunden, Teil 78, 106-125.

dass „dergleichen Schäfereyen auf Privat-Feldern des Orts Obrigkeit zustehen, und dieselbe pro lubitu darüber disponieren", und also der Magistrat in seiner Acker-gerichtsordnung Entsprechendes verordnen könne.

Wenn Herrschaften und Gemeinden gemeinsame Weidebezirke hatten, gab es häufig Schwierigkeiten, und die Tendenz ging spätestens im 18. Jahrhundert dahin beide zu trennen. Nach Irrungen zwischen dem adeligen Frauenstift Börstel und den fünf Bauerschaften des Kichspiels Berge über Torf und Weide in einem von beiden Seiten genutzten Moor,[34] die seit dem 16. Jahrhundert andauerten, war 1631 ein Vergleich projektiert worden das Moor zu teilen, so dass den fünf Dörfern ein Teil „zum Torfstechen, Sudden und Hayde mähen erblich überlassen" werde, Schafe und Vieh der Bauerschaften und des Stifts aber weiter, wie seit jeher, durcheinander weiden sollten. Wegen weiterer Differenzen wirkte die Osnabrücker Regierung dahin auch die Weide zu trennen, so dass das Stift seinen Bezirk „mit einem Hage, als eigenthümlich umziehen dürffe".

Einem der Dörfer, der Bauerschaft Anten, wurde damit aber die Schaftrift zu einem anderen Moor abgeschnitten, weshalb sie sich dagegen sperrte. Der Osna-brücker Kanzleidirektor setzte 1698 einen Vergleich durch, der vorsah für die Schaf-trift der Gemeinde Anten einen Weg um den Bezirk herum anzulegen. Dieser Weg existierte aber nicht, als begonnen wurde den Graben, der die Grenze zwischen dem bäuerlichen und dem stiftischen Weidebezirk bilden sollte und der zugleich den Antern die Trift abschnitt, auszuheben. Die Anter warfen den Graben wieder zu, da ihre Schafe „nicht fliegen könnten". Die Aktionen eskalierten in Widersetzlichkeiten der Gemeinde gegen die Verhaftung von vier Köttern, Einquartierung einer Kompa-nie Soldaten, nach deren Abzug bewaffnetes Vorgehen der Bauern gegen die Erd-arbeiter am Graben, Arrestierung der Anführer auf der Hauptwache in Osnabrück mit der Drohung sie unter die Soldaten zu stecken - bis die Gemeinde beim RKG klagte, das freilich den Vergleich von 1698 bestätigte. Das RKG musste sich noch-mals mit der Angelegenheit befassen, diesmal weil das Stift den Antern Torf und Weide auf der Grenzscheide bestritt.[35]

Die Trennung einer gemeinsamen Weidenutzung konnte die Form an-nehmen, dass die Gemeinde versuchte die Herrschaft zu verdrängen. Die Gemeinde Kochertürn am Neckar, der von Gemmingen sowie Kurmainz[36] „sind in communione der Kochertürner-Gemarckung gewesen, vermöge deren Sie das Jus compascui darauf gehabt". Als Kurmainz sich 1736 „separiret", kündigte die Gemeinde dem von Gemmingen die Communion mit Berufung auf den Markungsbrief von 1555 auf. Und als von Gemmingen weiter dort hüten ließ, pfändete die Gemeinde eine Anzahl Schafe und Hammel. Vor Gericht argumentierte die Gemeinde, sie hätte so wenig wie Kurmainz gezwungen werden können in der Gemeinschaft zu verbleiben. Das RKG jedoch befand, dass „eine Communion nur omnium consensu" aufgehoben

---

[34] Ebd., Teil 54, 11-75.
[35] Ebd., Teil 50, 111-131.
[36] Ebd., Teil 11, 77-90.

werden könne. Wenn einer der beiden aufsage, der andere aber nicht wolle, „so muß possessio communionis continuirt" werden. Ein Richter muss entscheiden, ob sie aufzuheben ist oder nicht.

Eine ähnliche Bewandnis hatte es wohl mit den Auseinandersetzungen zwischen Bürgermeister, Rat und gesamter Bürgerschaft zu Burgkunstadt im Bambergischen und den Seckendorfffischen Pächtern,[37] denen das RKG 1754 schließlich die „Koppelhuth mit Schaafen und Rindviehe" sowie die „Mitjagd auf hoch- und niederes Wildpreth in der Burgkunstädter Fluhr" zusprach. Die Bürger hatten sich derart heftig gegen den Zutrieb von Schafherden und gegen die adlige Jagd gewehrt, dass von Seckendorff vor dem RKG auf Landfriedensbruch klagte. Bereits im Mai 1669 waren 50 mit Beilen und Äxten bewaffnete Männer im Beisein des Bürgermeisters gegen den Seckendorfffischen Schäfer vorgegangen, hatten 100 Schafe gepfändet, in das „Städtlein" getrieben und gedroht, wenn sie in vier Wochen nicht ausgelöst wären, sie zu Burgkunstadt zu verkaufen. Zwei Tage später wurde der Pächter bei der Hasenjagd nach Sturmläuten von mit Gewehren, Hopfenstangen und Ähnlichem bewaffneten Bürgern angefallen.

Dergleichen wiederholte sich 1686 und erneut 1739 bis 1744, jeweils mit gewaltsamer Vertreibung der Schäfer und Jäger und Pfändung von Schafen und Jagdgarnen sowie mit Auftritt des Bürgermeisters. So pfändeten im September 1740 zwanzig mit Stecken bewehrte Burgkunstädter dem Seckendorfffischen Schäfer zehn Schafe und sagten: „heute hätten sie 10 Stücke weggenommen, wann er wieder käme, würden sie 15 Stücke und endlich den ganzen Haufen wegtreiben, so könnte er nicht mehr hineinhüten. Es trüge einen einhalb Schaaf, welches sie morgen stechen wolten." Und im November 1743 versuchte „eine Rotte Burgkunstädter mit Ober- und Unter-Gewehr", unter ihnen drei Ratsherren, eine Treibjagd zu unterbinden, freilich ohne dass sich die Seckendorfffischen Bedienten beeindrucken ließen, die mit der Jagd fortfuhren.

Nach dem Landfrieden von 1548 und dem Reichsabschied von 1594 wurden auch Bauern des Landfriedensbruchs für fähig gehalten, und es bedurfte dazu nicht unbedingt Kriegswaffen, sondern auch Prügel und Steine erschienen hinlänglich. Um jedoch Städte und Gemeinden wegen dieses Verbrechens zu belangen, musste zuvor eine Zusammenberufung und ein gemeinsamer Beschluss sämtlicher Einwohner stattgefunden haben. Dergleichen sei hier nicht zu erkennen, sondern, so Cramer, „sind solche vor nichts anders als nachbarliche Gebrechen und zweifelhafte Gränz-Huth- und Jagd-Streitigkeiten, wobey es ohne Auflauf, Pfändungen, Schlägen und Thätlichkeiten selten abzugehen pfleget, zu halten." Wenn alle derartige „nachbarliche Bauren-Händel" unter dem Vorwand des Landfriedensbruchs vor das Kaiserliche Kammergericht gelangten, wären diese nicht zu bewältigen.

Von Pfändungen machten also keineswegs nur die Obrigkeiten, sondern auch die Bauern Gebrauch. Die Frage, ob einer Gemeinde ein Pfändungsrecht zustehe, wurde in der Streitsache Bauermeister und Gemeinde der Dorfschaft

---

[37] Ebd., Teil 22, 1-27.

Schwicheldt gegen Abt und Kloster St. Godehard in Hildesheim vom RKG ohne weiteres bejaht.[38] „Dann so ist nach uralten Teutschen Herkommen in solcherley Fällen des Schadenfahrens und Uebertriebs eine mäßige Pfändung allerdings erlaubt." Auf die Dorfweide trieb die Gemeinde bis zu 900 Schafe und 200 Stück Hornvieh, das Kloster 500-600 Schafe, die herrschaftlichen Vorwerke 700 Schafe und der Herr von Oberg 600 Schafe. Die Gemeinde klagte insbesondere das Kloster an seine Herde zu sehr vergrößert zu haben und pfändete 1733 40 Schafe, 1734 20 Schafe, 1735 37 Stück und 1736 80 Stück, von denen sechs einbehalten wurden. Nun verlangten die Rechte allerdings, dass „wann Pfandungen vorgenommen, damit gebührliche Maas gehalten, und nicht alles Vieh, sondern nach Gelegenheit des zugefügten Schadens, allein ein Haupt 2 oder 3 genommen werden". Also hatte die Gemeinde mit allzu starkem Pfänden übertrieben und sich schließlich straffällig gemacht, als sie 1738 zuerst 72 Schafe pfändete und an einem ungesunden Ort hielt, dann 100 Stück, die sie nicht eher freiließ, bis eine militärische Exekution erfolgte.

Weideservitute

Von der eigentlichen Allmendweide, auf der die Gemeinde ein Jus pascendi hat und die Grund- oder Gutsherrschaft ein Jus compascui geltend machen kann, sind die Weideservituten zu unterscheiden, die jemand auf fremden Gründen haben kann.

Die Inhaber der Hofmark Pirkensee hatten nach einem Urteil von 1602 das Recht ihre Schafe über die Gemeindegründe von sechs benachbarten Neuburgischen Dorfschaften zu treiben,[39] allerdings nicht zu nahe an die Dörfer auf die Abendweide - auf der die Bauern ihr Arbeitsvieh, insbesondere die Ochsen, abends ließen -, und nicht mehr als 400 Schafe. 1755 kam es zu einem Prozess, da der Hofmarksinhaber seine Schafherde nicht nur über die Gründe dieser sechs, sondern auch sieben weiterer Ortschaften trieb, und die Gemeinden die Schafe pfändeten, wenn sie auf die Abendweide gingen; der Gutsherr bestritt überdies den Bauern eine eigene Schafhaltung als Schmälerung seines rechtlich zugesprochenen Schaftriebs.

Die erste Instanz bekräftigte das Urteil von 1602, untersagte infolgedessen dem Gutsinhaber den Schaftrieb über die anderen sieben Dörfer und billigte den Bauern zu, im Verhältnis ihres Besitzes an Äckern und Wiesen jeder ein, zwei, drei oder vier Schafe zu halten. Das RKG folgte dem voll und ganz mit der Begründung, dass das Gut Pirkensee nicht mehr als ein jus servitutis pascendi an den fraglichen Orten beanspruchen könne: „wenn ich einem Jus pascendi in fundo meo gebe, so verliehre ich mein dominium daran nicht, sondern kan auch noch weiden", denn

---

[38] Ebd., Teil 23, 119-137; Zedler, Lexicon 13, 1308 dazu: „Ordentlicher Weise wird einem Gemein-Hirten, ob ihm gleich keine Jurisdiction zustehet, in denienigen Sachen, die die Pfändung und den von dem Vieh verursachten Schaden anbetreffen, als einer öffentlichen Person völlig Glauben zu gestellet, und beruht es auf seinem Iurament."
[39] Cramer, Nebenstunden, Teil 23, 102-119.

„jener hat sein Vieh auf meiner Wiese jure Servitutis, ich aber jure Dominii". Die Bauern könnten also selbstverständlich Schafe halten.

Nicht nur Herrschaften, sondern auch Gemeinden konnten Inhaber der Schäfereigerechtigkeit sein, also des Rechts ihre Schafe über sämtliches Weideland, auch das herrschaftliche, innerhalb der Gemarkung zu treiben. Der Gemeinde Eichtersheim (Kraichgau) stand laut einem Anschlagsprotokoll, das die Freiherren von Venningen anlässlich der Teilung ihrer Güter 1700 im Beisein von Schultheißen und Gerichtsleuten ihrer Gemeinden hatten erstellen lassen, „Schäferey und Weidgang" zu. Die Gemeinde verpachtete diese einem Schäfer, der wiederum für den Beitrieb der Schafe von den Gemeindeangehörigen entgolten wurde. Carl Philipp von Venningen, kurpfälzischer Geheimer Rat, Regierungs- und Oberhofgerichtsrat, reklamierte gegenüber dem RKG, ihm als Vorgtherrn, der ein Schloss und ansehnliche Güter in der Gemarkung besaß, müsse die Schäfereigerechtigkeit zustehen und nicht der Gemeinde. Doch RKG-Assessor von Waldenfels tat solche Grundsatzargumentation mit dem Hinweis ab, nach Ansicht der Rechtslehrer gehörten die pascua publica den Gemeinden.[40]

Oder Gemeinden waren Inhaber von Weideservituten. Der Reichsritter Freiherr von Kerpen besaß eine Dorfgemarkung, die in den Kriegen des 17. und beginnenden 18. Jahrhunderts wüst geworden war, so dass „kein Ort Hersingen, noch weniger Hersinger Unterthanen mehr existiren".[41] Die Gemarkung wurde benachbarten Gemeinden gegen eine jährliche Gebühr zur Weide überlassen. Als aber 1708 die von Kerpen, die von Kriegslasten gedrückt in bedauernswerten Umständen gewesen seien, das Weiderecht widerrufen wollten, „wurde die Gemeind Hündlingen so aufgebracht", dass sie mit Hilfe der Deutschordenskommende Saarbrücken allerhand Rechtsstreitigkeiten über den Hersinger Bann anzettelte. Der Landkomtur pfändete den Hündlinger Zehnten und nötigte von Kerpen, einen für ihn sehr nachteiligen Vertrag einzugehen, wonach er für die geringe Summe von 300 Reichstalern der Gemeinde Hündlingen nicht nur die Weide zusprach, sondern auch das Eigentum an zwei Wiesen- und Walddistrikten sowie die Hochgerichtsbarkeit darüber dem Deutschen Orden abtrat. 1722 lehnte sich die ebenfalls im Hersinger Bann weideberechtigte Gemeinde Iphlingen gegen ihre Herrschaft von Kerpen auf und stellte sich unter Lothringischen Schutz.

Begünstigt durch die folgenden Souveränitätsstreitigkeiten seien die Hersinger Waldungen mit unordentlichem Viehtrieb und exzessivem Holzschlag derartig degradiert worden, dass ein Distrikt von 125 Morgen von allem Gehölz entblößt war. Der junge von Kerpen ließ diesen verödeten Waldteil ausstocken und zu Ackerland machen. Die Hündlinger aber trieben ihr Vieh in diese Äcker und argumentierten, dass die Umwidmung von Wald in Acker sie in ihrer vertraglich zugesicherten Weidedienstbarkeit beeinträchtige. Damit stellte sich die Frage: „Ob das Recht einer Dienstbarkeit sich so weit erstrecke, dass durch derselben Ausübung dem Dominio

---

[40] Sailer, Untertanenprozesse, 29 f., 62-65.
[41] Cramer, Nebenstunden, Teil 101, 91-105.

fundi servientis alle Nutzbarkeit benommen werden könne?" Das wäre absurd. Das RKG kassierte erst einmal den Vertrag von 1708. Sodann schien es zwar nicht vollständig erwiesen, dass die Bauern allein für die Ruinierung des Waldes verantwortlich waren, doch ging man von einer prinzipiellen Vermutung zugunsten des Eigentümers aus, „da der Eigenthums-Herr schwerlich selbst seinen Wald degradirt hat". Es wurde entschieden, so lange noch genug Raum zur Ausübung der Weidedienstbarkeit vorhanden sei, könne von Kerpen die Nutzung seines Grundeigentums ändern.

Nichtsdestoweniger konnten die Servituten die Nutzung des Grundeigentums so weit einschränken, dass sich die Frage stellte: „In wie weit dem Eigenthümer eines Walds, worinnen ein Tertius die Waid-Gerechtigkeit per modum Servitutis hergebracht hat, einen Teil davon in die Heege zu legen, und 2) in wie ferne dem Landes-Herrn hierunter eine Forstmäßige Verordnung ergehen zu lassen, zustehe?"[42] Im konkreten Fall hatte die Gemeinde Weiler die Mitweide in einer Waldung der Gemeinde Salzig (Amt Boppard) und bestritt ihr bestimmte Sträucher zu hegen, die die Salziger für Weingartenpfähle benötigten. Die kurtrierische Landesregierung erließ eine Forstverordnung, die die Hege erlaubte. Das RKG bestätigte dies als Instrument „der Conservir- und Beybehaltung der Landes-Notdurfft". Auf der Linie des Schutzes des Eigentums liegt die Begründung, dass dem „Proprietario Sylvae nicht verwehrt werden könne" einen Teil zu hegen, „um den Wald in seinem Esse, und wesentlichen Stand zu erhalten".

Die Problematik des Eigentums, und speziell des Gemeindeeigentums, unter Regelungen des gemeinen Rechts wird an einem Fall vielleicht besonders deutlich, der von herrschaftlich-gemeindlichen Belastungen nicht berührt ist. Im Bistum Basel, führt Cramer aus,[43] soll es eine Gewohnheit gewesen sein, dass auf, in einem Dorfbann gelegenen Wiesen der Dominus proprietarius zwar das Heu mähen und wegführen, nicht aber das Grummet (den zweiten Wiesenschnitt) abmähen dürfe, sondern zu gemeinem Nutzen und gemeiner Weide lassen müsse; es sei denn, die Gemeinde überließe es dem Eigentümer zu einem bestimmten Preis. Nun waren in dem Dorf Cornol einige Wiesen im Eigentum Auswärtiger, nicht in der Gemeinde Eingesessener, denen „von Alters hero" immer das Grummet zu einem mäßigen Preis von der Gemeinde überlassen worden war.

Als es einmal zu Meinungsverschiedenheiten über die Höhe dieser mäßigen Taxe gekommen war, erließ der Land-Meyer 1701 ein Reglement, das die Taxe neu festlegte und das bestimmte, die Auswärtigen sollten jeweils 14 Tage nach Magdalena ankündigen, ob sie das Grummet nehmen wollten oder nicht. 1734 blieb diese Ankündigung aus, die Eingesessenen mähten das Grummet ab um es „zum Profit der Gemeinde zu versteigern". Bei dieser Gelegenheit kam die Gemeinde anscheinend darauf, dass eine solche Versteigerung die für sie günstigere Variante gegenüber der „leydentlichen Tax" war, und erklärte die alte Abmachung mit den Auswärtigen für

---

[42] Ebd., Teil 34, 144-165; Sailer Untertanenprozesse, 163.
[43] Cramer, Nebenstunden, Teil 66, 117-127.

beendet. Das aber wies das RKG zurück. „Die Freyheit ruhet dahero pur und allein, wie vor Alters, auf die Verweigerung und Refusirung der Forensium"; nur wenn die Auswärtigen die mäßige Taxe verweigerten, habe die Gemeinde die Freiheit das Grummet zum eigenen Nutzen zu verwenden. Auch wenn die Gemeinde das Reglement von 1701 aufkündigte, „sie dannoch nichts weiteres gewinnete, als nur, dass die Taxa aufs neue regulirt werden müste".

Es ist aus heutiger Sicht verblüffend, dass ein Vertrag, den die Gemeinde mit den auswärtigen Wieseneigentümern geschlossen hat, unkündbar sein soll, nur weil er von alters her besteht. Die Möglichkeit, einen größeren Gewinn aus dem Grummet zu ziehen oder es einer anderen Verwendung zuzuführen, ist auf alle Zeit verbaut - es sei denn die Auswärtigen verlören das Interesse daran. Mehr als eine Entschädigung für entgangene Nutzung, und das ist die „leydentliche Tax" wohl, ist nicht zu erwarten. Ein solcher, auf langer Gewohnheit beruhender Vertrag ist einseitig nicht kündbar, sondern nur in beiderseitigem Übereinkommen aufzuheben oder zu ändern.

Man kann die Sache aber auch von der anderen Seite her betrachten. Durch den Gerichtsspruch wird das Privateigentum an den Wiesen gestärkt, die Verfügung über die Wiesen und ihre Produkte erweitert, die gemeindliche Einschränkung der freien Verfügung über das Privateigentum zurückgedrängt. Denn war es für den Eigentümer der Wiesen zumutbar, dass er zwar das erste Heu, nicht aber den zweiten Grasschnitt haben sollte, selbst wenn er bereit war, dafür noch einmal zu bezahlen? Diese Stärkung des Privateigentums kam hier allerdings aus keinerlei prinzipiellen Erwägungen zustande, sondern aus der Zufälligkeit des Herkommens. Denn 1677 hatten zwei Eingesessene gegen die Gemeinde geklagt das Grummet von ihren Bergwiesen für sich beanspruchen zu können, wurden aber abgewiesen und dahin erkannt, dass auch die Bergwiesen in den gemeinen Weidgang einbegriffen sein sollten. Aus welcher Ursache immer es herrührte, dass den Auswärtigen ein besserer Anspruch auf das Grummet eingeräumt worden war, ist für das RKG nicht von Interesse, es gilt allein das Herkommen und seine Fixierung in der Entscheidung von 1701.

Das mittelalterliche, gemeine Recht kennt beim Eigentum keine absolute Verfügungsgewalt über eine Sache.[44] Der bäuerliche Acker- und Wiesenbesitz ist durch die Allmendnutzungsansprüche gemeindlich gebunden. Die Allmende an Weide, Wald und Wasser, die eigentumsmäßig am wenigsten definiert ist, unterliegt diversen herrschaftlichen Mitberechtigungen: der bäuerlichen Genossenschaft ist mit Hof und Feld keineswegs auch das Übrige der Gemarkung mit Weide und Wald ausschließlich übertragen, sondern sie muss gewärtig sein, dass der Grundherr hieran eine Mitnutzung beansprucht; eine Gemeinde, die eine gemeinsame Weide mit mitberechtigten Feudalherren aufkündigen will, muss hinnehmen, dass das nur einver-

---

[44] Vgl. Dieter Schwab, Eigentum, in: Otto Brunner/Werner Conze/Reinhart Koselleck (Hg.), Geschichtliche Grundbegriffe. Historisches Lexikon zur politisch-sozialen Sprache in Deutschland, Bd. 2, Stuttgart 1975, 67-83.

nehmlich oder durch Richterspruch möglich ist; mehrere Dorfgemeinden haben auf ihren Gründen das Schafweide-Servitut eines benachbarten Gutsbesitzers zu gestatten, usw.

Der Effekt ist ein gegenseitiger Verdrängungsversuch, das Bestreben Exklusivität in der Verfügung über die Allmendgründe zu erlangen, das freilich keine spezielle Erscheinung des 18. Jahrhunderts ist, sondern seit dem 13. Jahrhundert mit wechselnder Intensität stattfindet. Vonseiten der Bauern wurde versucht den Grundherrn zum bloßen Gemeindenachbarn herabzustufen, der sich den Weideregelungen, etwa Viehauftriebsbegrenzungen, der Gemeinde zu unterwerfen habe. Vonseiten der Herrschaft wurde die ganze Dorfgemarkung zum feudalherrlichen Eigentum erklärt, dessen Weide- oder Holznutzung den Bauern nur aufgrund herrschaftlicher Bewilligung und Gnade überlassen sei, so dass die Weideregelung in herrschaftliche Machtvollkommenheit überging. Die langwährenden Streitigkeiten zwischen den Herrschaftsparteien zeigten die Tendenz die jeweiligen Ansprüche gerichtlich fixieren zu lassen und, wo möglich, eine Teilung der Areale und die eigentumsrechtliche Trennung der Nutzungsbezirke herbeizuführen. Bei der Aufkündigung der Weidegemeinschaft der Gemeinde Kochertürn mit Kurmainz und von Gemmingen wurde denn auch der Begriff der „Separation" gebraucht.

Eine weitergehende Separation, die die Linie Herrschaft-Gemeinde überschritt und die Herstellung der vollen Verfügbarkeit des individuellen Privateigentums anstrebte, war das Einhegungsbegehren der Frankfurter Ackerbegüterten.[45] Sie versuchten der Stadtgemeinde bzw. der von ihr bevorrechtigten Metzgerzunft das Allmendrecht der Brachweide abzusprechen und die Berechtigung auf die städtischen Kornamtsäcker zu beschränken. Absicht war auf den Äckern private Schafpferche aufzustellen und selbst Schafe zu züchten. Damit wäre jegliche gemeindliche Mitnutzung des privaten Feldeigentums beseitigt und die volle Verfügbarkeit hergestellt. Der wirtschaftliche Nutzen wäre dann ein doppelter, einmal am Ackerbau, danach an der Viehzucht. Oder, wie die Ackerbegüterten meinen, sie wären „der gantzen Stadt mit Hergebung der Trifft auf ihren Aeckern, fettes Hammelfleisch zu schaffen, nicht schuldig".

In zwei Dritteln der von Cramer dargestellten Fälle war die Schaftrift der Anlass der Allmendstreitigkeiten. Schafhaltung erforderte nur Anfangsinvestitionen in Stallungen, minimale Lohnkosten für den einen Schäfer, bei großen Herden zusätzlich für wenige Schafknechte, einmal im Jahr für ein oder zwei Wochen Hilfskräfte beim Scheren. Die Einkünfte waren dagegen hoch. Sie war also ideal auch für Grundherren, die ansonsten keine Eigenwirtschaft führten und von den Abgaben lebten. Außerdem stand als Weidegrund die ganze Dorfgemarkung zur Verfügung. Der einzige Versuch eine intensive Viehzucht aufzuziehen, ist bei der Kälberzucht der Gevettern von Gadenstedt erkennbar, die allerdings auch auf die Mitnutzung der bäuerlichen Wiesen spekulierten. An sich hätte der Rückzug der Grundherren von der Eigenwirtschaft, die Feldbestellung oder intensive Viehhaltung erforderte, zu

---

[45] Cramer, Nebenstunden, Teil 78, 119.

einer vollkommenen Übertragung der Dorfmark an die Gemeinden geführt. Die Schaftrift aber warf immer wieder Fragen der Mitberechtigung der Herrschaft auf und wirkte der gemeindlich-herrschaftlichen Separation entgegen.

4.2 Eigentums- und Nutzungsrechte am Wald

Waldallmende

Das Pendant zur Allmendweide ist die Waldallmende, aus der sich die Bauern mit Holz versorgen und die zur Waldweide dient. Das gemeindliche Waldeigentum tritt in Erscheinung, etwa wenn der Pastor von Neunkirchen (Kurtrier) seine Gemeinde vor dem RKG verklagte[46] ihm aus den, gemeinsam mit einem Nachbardorf, „eigenthümlichen Waldungen" das benötigte Brennholz zukommen zu lassen. Er berief sich auf eine Eintragung im Kirchenbuch, wonach ihm die Windfälle in den Waldungen zustanden; die Gemeinde aber habe durch Abhauen und Verkohlen der hochstämmigen Bäume sein Recht auf die Windfälle geschwächt.

Das RKG kassierte diese Regelung: „Da nun einem zeitigen Seelen-Sorger schwehr fallen würde, gleich denenjenigen, welche sich des Strand-Rechtes an-massen, seinen Unterhalt und Seegen in Unglücks-Fällen, worunter die Windfälle zu zehlen sind, allein suchen zu müssen"; daher sei dieser Kirchenbucheintrag nur als ein besonderer Vorteil zu verstehen, der ein Beholzungsrecht, das er „als Membrum communitatis" genieße, nicht ausschließe. Er sei „ex jure comproprietatis" befugt das nötige Holz von den seiner Gemeinde eigentümlichen Waldungen zu verlangen, allerdings auch nicht mehr als den Anteil, der „einem jeden Gemeindsgenossen gehöret". Und Cramer fügt an, dem stehe nicht entgegen, dass Pastoren, „welche schädlich gehauen", gepfändet werden, da diese Pfändungen nur eine Vorkehrung zur Abstellung von Holzfreveln sind, wenn „die Beholtzungs-Gerechtigkeit wegen Waldordnungs widriger Schlagung des Holtzes mißbraucht wird".

Hier sind in einem besonderen Fall die grundsätzlichen Bestimmungen von der Miteigentümerschaft der Gemeindemitglieder am Gemeindeeigentum, der eine Beholzungsgerechtigkeit entspringt, der wirtschaftlichen Nutzung durch die Gemeinde, hier der Köhlerei, und vom gemeindlichen Aufsichts- und Pfändungsrecht zum Schutz ihres Eigentums genannt.[47]

Oder es tritt in Erscheinung, wenn die Gemeinde Nieder-Bessingen vor einer Reichshofratskommission 1713 eingestand aus „sämtlicher Unterthanen Waldungen" zum dortigen Schloss derer von Solms-Braunfels jährlich eine Abgabe von

---

[46] Ebd., Teil 5, 120-130.
[47] Die Gemeindegüter gehörten nicht den Mitgliedern, sondern der *universitas*, so der Jurist U. Huber 1735: Bader, Studien 2, 414.

sechs Karren Holz zu liefern[48] (anscheinend nicht mehr als ein Bauernhof erhielt). Die Sache wurde erneut strittig, als Braunfels die „notdürfftige Beholtzigung" auf eine größere Menge, 25 Klafter oder „willkührlich", festsetzen wollte.

Waldung hatte in Eichtersheim laut Anschlagsprotokoll die Herrschaft keine, vielmehr gehörte der über 1000 Morgen große Wald allein der Gemeinde. Sie war lediglich verpflichtet der Herrschaft das notwendige Brenn- und Bauholz unentgeltlich zukommen zu lassen. Sie hatte Windfälle und Espenschläge zugunsten der Gemeindekasse versteigert und Eichen an die Holländer verkauft. Der sog. gemeine Wald war umsteint, die Marksteine trugen das Dorfwappen. Sie versteuerte ihre „eigenthümlichen Commun-Waldungen" beim Ritterkanton Kraichgau allein.

Eine klare Sache also, wie das RKG umgehend erkannte. Carl Philipp von Venningen stellte dem nun die Grundsatzerwägungen entgegen, er sei vom Kurhaus Pfalz mit dem ganzen Dorf Eichtersheim belehnt, und wer der Herr im Dorf ist, dürfe sämtliche Liegenschaften nutzen, die nicht durch besondere Verleihungen den Bauern überlassen seien. RKG-Assessor von Waldenfels wischte die Bezugnahme auf die Formel „mit allen In- und Zugehörungen" mit der Bemerkung vom Tisch, „kein Bauer würde von dem Eigenthum seines Hauses sicher seyn", wenn derartige allgemeine Ausdrücke in den Lehnsbriefen jeden willkürlichen Anspruch stützen würden.[49]

Nun galt es als juristisches Axiom, „daß die Unterthanen auch in ihren eigenen Waldungen sich Forstmäßig betragen müssen." Das bedeutete, dass „zur Conservation derer Waldungen" den „Gemeinden, wenn sie auch eigenthümliche Waldungen hätten, dennoch mehr nicht als ein gewisses Quantum Holzes zu zweymal im Jahr angewiesen werde", also etwa der vermögende Mann insgesamt sechs Klafter, der mittlere vier und der kleinere zwei Klafter Brennholz zu bekommen hätte.[50]

So bestimmte die Holzordnung des Grafen von Isenburg-Büdingen von 1746,[51] dass jedem in Stadt und Gericht Büdingen Berechtigten jährlich sechs Wagen Holz angewiesen werden sollten. Neben dem „Stadt- und Gerichts-Zeichen" wurde auch eine „Herrschaftliche Wald-Axt" in den „Stadt- und Gerichts-Waldungen" eingeführt. Fortan sollte keine Holzanweisung „weder vom Jäger noch Märcker allein und einseitig, sondern jedesmahls von beyden gemeinschafftlich vorgenommen" werden. Dies ohne Nachteil für die Berechtigten. Jedoch musste einer, wenn er Bauholz brauchte, sich im Oktober auf der Kanzlei melden und u.a. begründen, „ob er den Bau ohnumgänglich nöthig habe?" Stadt und Gericht Büdingen gingen vor das RKG, wo die Gültigkeit der „über die gemeine Waldungen der Stadt und Gericht Büdingen" erlassenen Waldordnung als Recht erkannt wurde;

---

[48] Cramer, Nebenstunden, Teil 25, 1-18.
[49] Sailer, Untertanenprozesse, 30, 32, 35, 48, 50, 56 f. Entsprechend das Urteil gegen von Gadenstedt, s.o. S. 239.
[50] Cramer, Nebenstunden, Teil 14, 158 f.
[51] Ebd., Teil 33, 38-69; Sailer, Untertanenprozesse, 163.

jedoch mit der Bekräftigung, dass „der mit einführende Herrschafftliche Wald-hammer, dem privativen Eigenthum der Unterthanen an den quaestionierten Holzungen ohnabbrüchig zu ewigen Zeiten seyn solle", auch niemand anderes zur Holznutzung zugelassen werden dürfe. Dieser Satz des Urteils wurde dahingehend erklärt, dass ein Landesherr durch Policeyordnungen nicht das Eigentum seiner Untertanen schmälern dürfe; der Graf aber wolle, wie der Ordnung abzulesen sei, seine Bedienten in die Nutzungsgemeinschaft hineinziehen, welchem beizeiten vorzubeugen sei.

Entsprechend wurde geurteilt in Sachen sämtlicher Vorsteher und Unter-tanen des Oberamts Hohensolms gegen den Grafen von Solms-Hohensolms.[52] Hier hatten die Untertanen seit Längerem an Herrschaft, Kanzlei und Dienerschaft „aus den gemeinen Waldungen" das Brennholz abgeben und zuführen müssen. Nun wehrten sie sich gegen die Anweisung des „gemeinen Holzes" durch herrschaftliche Förster, das Anschlagen der herrschaftlichen Waldaxt und die Entrichtung von Anweisegebühren sowie des Zehnten von außer Landes verkauftem Holz. Ihr Affekt war anscheinend so heftig, dass sie als Argument ins Feld führten, sie seien keine Leibeigenen. Cramer führt aus, „daß die Forstliche Herrlichkeit mit der Landes-Hoheit genau verknüpft, und davon ein wesentlicher Teil seye"; und „daß alle unter der Landes-Hoheit gelegene gemeine Waldungen deren Unterthanen der Forstlichen Herrlichkeit unterworffen seyn", sofern sie nicht durch Konvention, Privileg oder rechtmäßige Verjährung davon befreit wurden. Die Untertanen würden für die ge-meinen Waldungen eine Exemtion von der forstlichen Obrigkeit, „ja gar eine eigene Autonomiam silvestrem", behaupten, wenn sie reklamierten, sie hätten die Forstfrev-ler immer selber gebüßt. Keinem Untertanen sei aber erlaubt in seines Landesherrn Territorium „sich einiger Gerichtsbarkeit anzumassen". Cramer wird ganz scharf:

> Und ist demnach sehr verwegen, wenn man Unterthanen die gemeine Waldungen zur Beholzigung und zum Weidgang, auch was Ihnen, als Unterthanen, sonst daraus zustehen kan, zu benutzen, und zu gebrauchen überlässet; Sie hingegen ihre hohe Landes-Herrschafft von der, Ihr cum superioritate territoriali von jeher zugestanden und hergebrachten Forstl. Herrlichkeit verdringen, und selbige nur allein auf das Regale der Wildbann, und Jagden einschränken wollen.

Das Urteil schließt mit dem Satz, der Graf habe den Untertanen „in forstmäßigem Gebrauch und Verkauff gedachter Holzungen" zu keiner begründeten Beschwerde Anlass zu geben.

Um zusammenzufassen: Das Gemeindeeigentum am Wald schloss die wirt-schaftliche Verwertung durch Holz- oder Holzkohlenverkauf und die Beaufsichti-gung durch gemeindlich bestellte Märker, auch die Pfändung von Waldfrevlern ein. Das Eigentum war also unbestritten und geschützt. Im Übrigen aber unterstand das Eigentum am Wald der Landeshoheit resp. der daraus abgeleiteten forstlichen

---

[52] Cramer, Nebenstunden, ebd.; Sailer, Untertanenprozesse, 164 f.

Obrigkeit, die beinhaltete Holzordnungen erlassen, Holz durch landesherrschaftliche Förster anweisen und Holzfrevler büßen zu können. Die Holzordnungen regelten die Menge des zuzuteilenden Holzes, die Höhe der Anweisungsgebühren, einen Zehnten vom Holzverkauf u.v.a.m. Es war eine reine Regelungsbefugnis der Landesherrschaft, die den Erhalt der Waldungen zum Zweck hatte und aus der sie selbst keinerlei materielle Vorteile ziehen sollte. Dass Letzteres der Nebengedanke beim Erlass mancher landesherrlichen Forstordnung war, war den Richtern am RKG bewusst, und sie suchten dem entgegenzuwirken.-

Die klassische Deutung R. Sailers, die Karriere des römisch-rechtlichen Eigentumsbegriffs habe die an tradierten Nutzungsbegriffen orientierten Bauern juristisch zu Verlierern gemacht, scheint durch Cramers Urteilsbegründungen nicht gestützt; etwa auch nicht, dass die Bauern nur selten hätten nachweisen können Holz verkauft und damit ein Verfügungsrecht innezuhaben. Die öffentlichen Weiden sehen die Juristen grundsätzlich als Gemeindeeigentum an, so dass den Herrschaften nur die Mitweide zustand.[53] -

Dies war die eingeführte rechtliche Praxis der Policeygesetzgebung seit dem 16. Jahrhundert. Gemeinden, an denen aus besonderen Umständen diese Rechtsentwicklung vorübergegangen war, fielen aus allen Wolken, wenn sie sich plötzlich in eine andere Epoche der Herrschaftsausübung versetzt sahen. Die Grafschaft Kriechingen[54] im Westen des Reiches war teilweise unter französischer Hoheit, zehn Gemeinden gehörten zum reichsländischen Teil. Lange Zeit hatte sich die Herrschaft nicht mehr auf Schloss Kriechingen aufgehalten, die Grafschaft war Pächtern überlassen worden, „welche bey der so mächtigen Nachbarschaft die Unterthanen mit vieler Nachsicht tractiren mußten." Als nun der Erbherr der Grafschaft, Christian von Wied-Runkel, seine Residenz in Kriechingen selbst bezog,

> so nahm Herr Graf Christian den Anlaß, seine Regiments-Verfassung nach denen neuesten Maasregeln der Landeshoheit der deutschen Reichsständen in forestalibus, politicis, & oeconomicis, auch militaribus einzurichten, welches denen Crichingischen Unterthanen, als eine ihren alten Rechten und Herkommen höchst nachtheilige Neuerung angeschienen.

Zunächst erhob eine Gemeinde Klage beim RKG, dann eine zweite, schließlich erfolgte 1757 „der Aufstand samtlicher Unterthanen und Dorfschaften der Grafschaft Crichingen". Unter den allgemeinen Beschwerden bot die Aufstellung eines Kriechingischen Mannschaftskontingents zu den Oberrheinischen Kreistruppen den Anlass zur Eskalation. Die Weigerung der Kriechinger - die Deputierte nach Wien, Regensburg und Frankfurt schickten, um ihre Sache vorzutragen - konnte nur durch Entsendung von 200 Mann Infanterie und 50 Mann kurpfälzischer Husaren gebrochen werden. Speziell ging es im RKG-Prozess um Waldnutzung, niedere Jagd und Fischerei.

---

[53] Ebd., 156, 158, 470 f. - S.o. S. 229 f., 239, 245.
[54] Cramer, Nebenstunden, Teil 98, 128-156.

Obgleich die Untertanen, wie sie klagten, „von ohndenklicher Zeit in ihrem eigenthümlichen Wald nach Gefallen Holz angewiesen und gefället, auch einer eigenen Wald-Axt sich bedienet, einen eigenen Förster bestellet, und die Waldfrevler gestrafet hätten", verbot der Graf das Holz fällen ohne herrschaftliche Anweisung, bestellte einen eigenen Förster und rechtfertigte dies mit der „Oberaufsicht auf die Commun-Waldungen" aus landesherrlicher forstlicher Obrigkeit, durch die „der Gemeind das Eigenthum des Waldes nicht widersprochen" würde. Der Waldhammer oder die Waldaxt aber sei „ein Signum forestalis jurisdictionis", und also habe die Gemeinde ihre Waldaxt abzugeben. Als der Heimeier der Gemeinde Büdingen die Ablieferung verweigerte, wurde er arrestiert, der Heimeier von Steinbiedersdorf aus dem gleichen Grund gepfändet und die gepfändeten Mobilien wurden versteigert.[55]

Im Grundsatz war dem Grafen Recht zu geben und Cramer legt das Prinzip dar:

> Ein anders ist das dominium privatum Subditorum, ein anders das Imperium Domini Territorialis & forestalis; und eben daher kommet es, daß der Unterthanen Privat-Eigenthum auf vielfache Weise, hauptsächlich auch in Waldsachen beenget und eingeschränket werden mag.

Die landläufige Begründung dafür wird nochmals referiert:

> Je gröser also heut zu Tag der Mangel des Holzes sich aller Orten äussert, je mehr ist der Landesherr dabey zu schützen, wann er gute Waldordnungen einführet, denen Verödungen und Mißbräuch des Abholzens steuret, und danebens keinen Holzhau anderst, als nach vorgängiger Anweisung und Bezeichnüß der Bäumen mit der Waldaxt oder Waldhammer verstattet.

Aber Cramer sieht sich doch bemüßigt, zur anderen Seite hin warnend zu bemerken: „Bey allem deme aber hat auch die Landesväterliche Absicht und Gerechtsame ihre gehörige Schranken"; und dass diese sich nicht „aus ein- oder anderer Neben-Absicht allzuweit erstrecket" und den Gemeinden ihre wohlhergebrachte „und dem gemeinen Nutzen ohnschädliche Befügnisse" aus „bloser Willkühr entzogen" oder die Nutzung der Gemeindewaldung allzu sehr geschmälert werde. Daher wurde geurteilt, dass die gemeindliche Waldaxt weiterhin neben der herrschaftlichen angeschlagen werden und dass „eigene Commun Bann Waldschützen" neben dem herrschaftlichen Förster bestellt werden sollten.

Dieses Urteil ist im Lichte der Vorkommnisse zu sehen, dass die Herrschaft in den Dörfern Bannschützen einsetzte und den Gemeinden ihr Wahlrecht entzog, „und in specie zu Saarwellingen einer Namens Ackermann von Herrschaftswegen aufgestellt worden seye, der bekanntermassen einzig und allein auf den Umsturz des ganzen Dorfes bedacht seye." Die Gemeinde jedoch erachtete die von ihm angezeigten Feldrügen und Strafen für nicht gültig und widersetzte sich ihrer Exekution.

---

[55] Ebd. und Teil 99, 97 f.

Das RKG korrigierte es dahin, dass der Gemeinde das Wahlrecht und der Herrschaft die Bestätigung zustand.[56]

Die doppelte Bestellung von Förstern und Gemeindeschützen, begründet Cramer, sei auch anderwärts üblich, und er zitiert das Württembergische Forstreskript von 1698, wonach einzelne Frevler „von der Commun Waldschützen rugbar" gemacht werden, wenn aber die Gemeindeschützen Rügen versäumten oder die Gemeinde selbst gegen die Forstordnung frevelte, das Forstamt die Strafen einzog. Diese Regelung veranlasst Cramer noch einmal auf den Prozess des Oberamts Solms-Hohensolms zurückzukommen. Es sei nicht zu verbergen, dass dort just das Gegenteil erkannt worden ist, nämlich uneingeschränkt zugunsten der Landeshoheit. Davon rückt Cramer mit Hinweis auf das jeweilige Herkommen ab, und das Urteil bestätigt die „Gemeinde-Rügung".

Es erwies sich also - nur ein Jahr nach dem Solmser Urteil 1762 -, dass der Schutz des Gemeindeeigentums gegen den Missbrauch durch die Landeshoheit institutioneller Garantien bedurfte, die in der Bestellung von Bannschützen aus gemeindlicher Wahl, Anschlagen der gemeindlichen Waldaxt und Rügegerichtsbarkeit der Gemeinde neben den landesherrschaftlichen Aufsichtsorganen bestanden.[57]

Markgenossenschaften und Märkerschaften

Markgenossenschaften nahmen sich teilweise große Freiheiten heraus. Cramer erläutert nochmals, dass Pfändungen unter „den mediatis privatis und zumal Bauers-Leuten sehr gewöhnlich und zuläßig seyen, lehret nicht nur die tägliche Erfahrung", sondern werde auch von den Juristen bestätigt und in fast allen Statuten behandelt. Das gepfändete Vieh wurde entweder an der Haustüre des Pfänders so lange angebunden, bis der Eigentümer sich meldete und es auslöste, oder in den gemeinen Pfandstall oder zum Wirtshaus gebracht. Die Bauern der Markgenossenschaft im Dinninger Bruch im Hochstift Osnabrück nahmen das Pfändungsrecht für sich in Anspruch, während sie es aber gleichzeitig der benachbarten adeligen Witwe Ellerkampf absprachen.[58] Die Markgenossenschaft hatte einen Holzgrafen, drei oder

---

[56] Ebd., Teil 100, 113 f.

[57] Also wohl eher rechtliche Gründe als politische Rücksichtnahme wie Sailer, Untertanenprozesse, 165-167, vermutet. - Kriechingen wurde rechtsgeschichtlich prominent durch ein, wohl den Untertanen erstattetes Gutachten Johann Stephan Pütters zu der 1764 eingeführten Kabinettsjustiz des Grafen von Wied-Runkel, durch die den Untertanen die Appellation an das RKG abgeschnitten werden sollte: Jürgen Weitzel, Der Kampf um die Appellation ans Reichskammergericht. Zur politischen Geschichte der Rechtsmittel in Deutschland, Köln-Wien 1976, 311 f. - Vgl. zu Kriechingen Claudia Ulbrich, Traditionale Bindung, revolutionäre Erfahrung und soziokultureller Wandel. Denting 1790-1796, in: Karl Otmar von Aretin/Karl Härter (Hg.), Revolution und konservatives Beharren. Das alte Reich und die Französische Revolution, Mainz 1990, 111-130.

[58] Cramer, Nebenstunden, Teil 46, 1-53; zum Pfandrecht vgl. o. S. 242 f.

vier Mahlmänner und einen Flurschützen, dessen Aufgabe es war das Schütte- oder Strafgeld bei Pfändungen einzutreiben. Während der Mastzeit liefen die Schweine im Dinniger Bruch frei herum und durften, wenn sie in benachbarte Friedungen einbrachen, zwar zurückgetrieben, aber nicht gepfändet werden; umgekehrt aber pfändeten die Markgenossen Schweine, die in ihre Mast gerieten. Daher erbrachen der Holzgraf, ein Mahlmann und der Schütze den Stall der Witwe Ellerkampf und nahmen die gepfändeten Schweine ohne Entschädigungszahlung heraus. Eine solche „grössere Freyheit" gegenüber anderen sprach die Osnabrücker Regierung der Markgenossenschaft allerdings ab.

Die Markgenossenschaften gerieten unter den Druck der Landesherrschaften. Im Territorium der Fürstabtei Essen lag die Borbecker Mark,[59] an der fünf oder sechs Adelshäuser, ebenso viele Dörfer und die Fürstin mit dem Haus Borbeck beteiligt waren und über die letztere die Landeshoheit ausübte. Die Markgenossen verklagten die Fürstin, weil sie große Mengen Bau- und Brennholz im Markwald nicht nur für sich selbst fällen, sondern auch an Fremde verkaufen ließ. Sie verweigerte den Markgenossen die Mitwirkung bei der Holzanweisung und beim Holzgericht. Juristische Manöver, die den Prozess verzögert hätten, schnitt das RKG ab, da „die gantze Marck indessen ruiniert werden dörffte." Die Fürstin vertrat den Standpunkt, die Forstgerichtsbarkeit gehöre zu den Regalien und sei der Landeshoheit anhängend; die Markgenossen wären am Holtding nur zu dem Zweck beteiligt, Vorschläge zum Besten des Waldes zu machen und die Übertreter anzeigen zu helfen; wenn die adligen Beerbten oder die Markgenossen Holz von der Borbecker Mark haben wollten, müssten sie deswegen bei der Frau Fürstin supplizieren, die es ihnen zugestehen oder abschlagen würde; denn alles hänge von ihr als Landesfürstin und Haupt-Mitbeerbte ab, wie sie es bei der Borbecker Markwaldung einzurichten und zu verordnen für gut befinde.

Cramer kommentiert, dass es „so weit richtig seyn mag, Jurisdictionem forestalem regulariter Superioritati territoriali adnexum esse." Jedoch gebe es bei Markwaldungen viele Ausnahmen und es sei auf das Herkommen zu sehen. Laut Märkerprotokoll von 1670 waren die Markgenossen an der Festsetzung der Waldbußen beteiligt und von diesen Bußgeldern gingen je ein Drittel an die Landesherrschaft, an die ritterbürtigen Mitmärker und an die gemeinen Markgenossen. Die Scharbeile oder Holzäxte wurden in der alten Markkiste unter gemeinschaftlichem Verschluss mit drei Schlüsseln verwahrt. Daraus ergebe sich genugsam, dass die Markgenossen nicht bloße Zuschauer beim Holtding waren, „sondern als Mit-Eigenthümere des Walds an der Administration der Marck, in Ansetzung der Waldbusen, und Anweisung des Holtzes mitparticipiret haben". Was alles mit anderen Beispielen solcher Markwaldungen übereinstimme.

Das Holzfällen betreffend gestanden die Markgenossen der Äbtissin in ihrer Qualität als Landesfürstin gar kein Jus lignandi zu, in ihrer Qualität als Borbecker Mitbeerbte ein gemeinschaftliches Jus lignandi gleich den übrigen adligen Mitbe-

---

[59] Cramer, Nebenstunden, Teil 103, 360-380.

erbten, aber beschränkt auf 18 Fuder jährlich zum Haus Borbeck wie hergebracht; „folglich könne kein illimitatum Jus lignandi, sogar an Fremde, welche keine Marck-Genossene wären, einseitig ex communi Sylvae zu verkauffen statuiret werden" - so sah es auch das RKG.

Ein anderes Problem war immer die Reaktivierung alter, lange nicht in Anspruch genommener Rechte. Der Gutsherr von Oer forderte von seinen drei eigenbehörigen Meierstätten, die an der Essener Mark beteiligt waren,[60] die Ablieferung von je sechs Fudern sogenanntem Schuldholz pro Jahr, wie es in den Meierbriefen stand. Als nun die *Coloni* im Jahr 1732 die 18 Fuder im Essener Markwald geschlagen hatten und ihrem Gutsherrn zuführen wollten, griffen die übrigen Markinteressenten zu und warfen das Holz wieder von den Wagen. Sie bestritten, dass einem auswärts gesessenen Gutsherrn „ein Condominium, vel Jus commune, zu stehe." Aber es war anders: Zwar waren die drei Oerischen Meierstätten Markinteressenten im Essener Wald und hatten alle Rechte wie die anderen Markgenossen an Holz, Weide, Viehtrieb und dergleichen. Das Eigentum an den Meierstätten gehörte nun aber nicht den Eigenbehörigen, sondern ihrem Gutsherrn. „Solchemnach ist dieser eigentlich der wahre Mark-Interessent & Condominus, und kan sich seines Rechts, gleich andern Marck-Interessenten, durch seine Colonos, nach Willkühr, darinnen gebrauchen lassen." So zeige das alte Essener Markprotokoll von 1624, dass die damaligen Gutsherren für ihre Meierstätten beim Holzgericht erschienen. Auch wenn die eigenbehörigen wie die freien Bauern die gleichen Rechte am Markwald hatten, so wurde ihre Leibeigenschaft doch materiell wirksam für den Gutsherrn.

Von den Markgenossenschaften zu unterscheiden sind die Märkerschaften oder Holzgrafschaften, die es - so Cramer - in Westfalen und in der Wetterau gab. Während die Teilhaber an Markgenossenschaften Gemeinden seien und jedes Gemeindemitglied gleichen Anteil am Markwald habe, sind Teilhaber an Märkerschaften nur diejenigen, die Marken oder Waldanteile tatsächlich in Besitz haben; so kann einer 35 ½ Marken besitzen oder elf oder vier oder 2 ½ oder 1 ¼ oder nur ½ und bekommt einen entsprechenden Teil Holz und kann dementsprechend Schweine zur Mast eintreiben. Die Märkerschaft ist ein Condominium, bei dem jeder Märker mit seinem Waldanteil schalten und walten kann, ihn ganz oder in Teilen vererben, versetzen und verkaufen kann, wie und an wen er will. Es gibt Obermärker als Oberaufseher über das „gemeinschafftliche Privat-Eigenthum" an Hölzern, Gütern, Weiden und übrigen gemeinschaftlichen Nutzungen, es werden Märkergedinge als Rügegerichte gehalten, Grenzbegehungen unternommen, „und darnebens Weißthümer und Bauernsprachen über die besitzende Märckergerechtigkeiten errichtet".[61] Kurz, es handelt sich um Privateigentum in genossenschaftlicher Verwaltung.

Stärker als bei Allmenden oder Markgenossenschaften sind die landesherrlichen Befugnisse eingeschränkt. Der Graf von Runkel ließ im Wald der Gemärkerschaft des Kirchspiels Runkel Brennholz für seine Burg schlagen und erklärte, nicht

---

[60] Ebd., Teil 28, 124-135.
[61] Ebd., Teil 3, 117 u. 120; Teil 115, 345 f.

„die Märckerey", sondern er als Obermärker sei der Eigentumsherr des Waldes.[62] Nun hatte die Märkerschaft 1729 bereits das Ansinnen des Grafen abgewehrt eine Holzordnung zu erlassen und das Holz von einem Forstsekretär anweisen zu lassen. Vielmehr hatte sie die Bestätigung erhalten, dass die Anweisung durch den Schützen des Kirchspiels geschieht; „daß aber das Recht der Anweisung ein Dominium des Waldes beweise, braucht keine Ausführung." Mithin könne die Obermärkerei weder ein Dominium noch ein Condominium anzeigen. „Solchemnach geniesset der Herr Graf zu Runckel die Befreyung in dem Märcker-Wald nicht jure Dominii, sondern vielmehr servitutis", und könne nicht mehr als sechs Karren Brennholz von jedem Dienstmann verlangen, aber kein Bauholz.

Märker waren die Inhaber der reichsritterschaftlichen Burgen in Bellersheim in der Wetterauischen Grafschaft Hungen, ihnen gehörten 39 ½ von den 184 Marken des dortigen Waldes.[63] Jedoch mussten sie gegen „Schultheiß, Förster, Marcker-Meister, wie auch sämtliche Gemeind daselbsten" wegen ihrer Markgerechtigkeit klagen, da „die Gemeinde den Wald vor keinen Marck sondern einen Gemeinds-Wald und pro re universitatis halten, und denen Burgern nur ein auf Brennholtz eingeschränktes jus lignandi, jure servitutis, einräumen, sie auch vom Marck-Meister-Amt ausschließen". Sie würden den Wald wie „gemeine Alimenten" zur Bestreitung von Gemeindelasten benutzen, so bei Einquartierungen und Jagdlasten, mit denen die Ritter nichts zu tun hatten, ja selbst den jetzigen Prozess damit bestreiten. Sie würden die Adeligen „nicht einmahl vor Mit-Nachbarn geschweige Inn-Märckere, viel weniger vor die erste Inn-Märcker, passiren lassen". Dieser Klage wurde 1754 stattgegeben, einer der drei Burginhaber musste wieder zum Märkermeister gewählt werden.

Diese faktische Umwandlung des gemeinschaftlichen Privateigentums in Gemeindeeigentum ist um so auffallender, als laut Märkerbuch die Marken ungleich verteilt waren und ein Teilhaber mehr als der andere hatte.

Vergleichbares hat H. Aubin beim Stüttger Busch (Kurköln) beobachtet, in dem es, bei einem Umfang von 2000 Morgen, nach einer Liste von 1557 46 Holzgewalten gab. Im 18. Jahrhundert war der Wald vor allem durch die Viehtrift sehr heruntergekommen, zu welcher sich vier Dörfer für berechtigt erachteten. Zeugen erklärten 1789 die Weidegerechtsame der Gemeinden als unberechtigte Ausdehnung der Rechte einzelner Beerbter. In einer Zeit geringer Viehhaltung habe man auch das Vieh der Nichtbeerbten aufgetrieben, daraus sei eine Gewohnheit entstanden. Die vom Forstamt vorgeschlagene Beschränkung der Weide auf die einzelnen Gemeindegründe wiesen die Gemeinden zurück.[64] Man hat eine Rückbildung der mittelalterlichen Entwicklung vor sich, die von der Nutzung durch alle Anwohner zum individuellen Eigentum an ausgewiesenen Waldanteilen gegangen war. Mit der Degenerierung des Waldes wurde die Holznutzung sekundär, die Weide war aber immer

---

[62] Ebd., Teil 3, 138-148.
[63] Cramer, Nebenstunden, Teil 3, 113-137.
[64] Aubin, Weistümer 1, 145 f.

genossenschaftlich gewesen. Mit dem Nachlassen der kommerziellen Impulse wurde die Nutzung wieder eine gemeindliche.

„Wohl niemals ist ein Revers zum Vorschein gekommen, welcher so offenbar bloß auf Hemmung der Gott geheiligten, und von denen höchsten Reichs-Gerichten administrirten Justiz, abzielet, als gegenwärtiger", musste das RKG acht Jahre später noch einmal auf den Fall Bellersheim zurückkommen.[65] Die Bauern hatten Rückhalt bei der Braunfelsischen Regierung gefunden, die die Bestellung der Märkermeister zur Kompetenz der Landeshoheit erklärte und die reichsritterschaftlichen Burgen ihrer Gerichtsbarkeit unterwerfen wollte.

Ähnlich intervenierte das Fürstliche Haus Nassau-Oranien in den Streit des Reichsritters Voigt von Elspe mit der Gemeinde Frickhofen im Westerwald.[66] Beide hatten Eigentum in der „Gernbacher Gemärck", einem durch Krieg wüst gewordenen Dorf, dessen Gutsleute sich im Dorf Frickhofen häuslich niedergelassen hatten. Frickhofen hatte also seine eigene Gemarkung und bewirtschaftete außerdem die Gernbacher Markung, und zwar Feld und Wald. Aus dem Gernbacher Wald holten sowohl der Obermärker von Voigt wie auch die Markgenossen Holz, wobei die Obermärker-Gerechtigkeit die Einberufung der Rügetage und die Bestellung der Schützen mit Austeilung des Holzes und Festlegung der Zahl der Schweine zur Mastzeit einbegriff. Die Frickhofer Gemeinde aber fällte Holz nach Belieben und fand sich bei den Märkertagen nicht ein.

Was die Äcker anging, war 1695 zwischen von Voigt als Obermärker und den gesamten Untermärkern eine Erbteilung vorgenommen worden, nach der dem von Voigt in jedem der drei Felder ein Ackeranteil zugewiesen wurde, 39, 51 und 53 Morgen. Der Frickhofer Anteil an den Gernbacher Gütern war im Erbteilungsinstrument nicht weiter spezifiziert. Es sei „zu vernehmen, daß gegenwärtig die ganze Gemein Frickhofen in Gemeinschafft diese zugeteilte Güther besitze, und jährlich verlose, daran aber bloß die eingesessene Bauerschafft deren 140 Mann ohngefehr waren, und nicht die Beysassen, Antheil hätten". Streitpunkt war, dass von Voigt seinerzeit 77 Morgen seiner Gernbacher Äcker den Frickhofern verpachtet hatte, inzwischen aber die Grenzzeichen abgegangen waren und die Frickhofer dieses Land mit ihrem eigenen vermengt hatten und hinterzogen. Jetzt, da von Voigt in seine Güter und seine Rechte wieder eingesetzt werden wollte, erklärte Nassau-Oranien die Erbteilung für ungültig, da seine Zustimmung als Frickhofer Landeshoheit nicht vorgelegen habe.

Wie Cramer ausführt, wäre diese Zustimmung aber auch gar nicht notwendig gewesen. Die landesherrliche Oberaufsicht über Kommunwaldungen „kann dennoch nicht jene inter socios vergleichende gute wirtschafftliche Benutzungen eines Gemein-Walds behindern, und derer Mitteilhaber unter sich zum gemeinen Besten betreffende Verfügungen hemmen, oder gar aufheben". Die Markherrlichkeit aber sei ein Ausfluss des Eigentums und nach allen natürlichen und gemeinen Rechten

---

[65] Cramer, Nebenstunden, Teil 30, 52-65.
[66] Ebd., Teil 115, 321-377.

stehe jedem Eigentümer der freie Gebrauch desselben zu. Also könne eine Märkerschaft, wie jede private Gesellschaft, über ihr gemeinschaftliches Privateigentum
rechtsgültige Verträge schließen, auch über eine Teilung oder gar eine Aufhebung
der Gemeinschaft, ohne Einwilligung des Landesherrn.

> Nach der Regel können alle gemeinschafftliche Dinge getheilet, und die Ge-
> meinschafft selbsten aufgehoben werden, ja die Gesetze wollen nicht gerne
> eine ewige Gemeinschafft, eingeführet haben, und ein gemeinschafftliches
> Guth gantz und gar ohnverteilt lassen. Die Ursache davon ist gantz ver-
> nünfftig, dann die Gemeinschafft ist die Gebährerin der Uneinigkeit; so bald
> jemand der Gemeinschafft müde wird, so bald entstehen unzählige Ursachen
> zu Streitigkeiten die denen Sammtherren zu lauter Verderben gereichen
> muß; dergleichen Theilungen verhindern manchen bösen Wirth, seinen Mit-
> eigenthümern zu schaden.

Diese hier 1771 allgemein gültig formulierte Anschauung ist bezogen auf
eine Gemeinschaft von Privateigentümern und hat real die Teilung zwischen einer
Feudalherrschaft und einer Gemeinde zur Grundlage. Bemerkenswert ist, dass die
gemeine Märkerschaft die Erbteilung 1695 nicht benutzt hat, auch unter den Bauern
eine klare Aufteilung des Ackerlandes vorzunehmen. Die Separation zwischen Herrschaft und Gemeinde zog keine Separation innerhalb der Gemeinde nach sich, selbst
beim Ackerland nicht. Die Tendenz war nicht die einer Festigung des Privateigentums, sondern im Gegenteil einer Stärkung des Gemeineigentums in der Form der
periodischen Verlosung der Nutzungsanteile. Der spätere Versuch der Hinterziehung
des ritterlichen Pachtlandes war lediglich die Ausnützung einer temporären
Schwäche der Adelsherrschaft.

Beholzungsrechte

Ebenso wie beim Weideland sind beim Wald vom Allmendeigentum die gemeindlichen Nutzungsrechte am herrschaftlichen Wald zu unterscheiden. „Mit dem
Beholtzigungs-Recht, verhält es sich eben als wie mit dem jure pascendi. Wenn ich
einem jus-pascendi in fundo meo gebe, so verliere ich nicht mein Dominium, sondern
kann auch noch weiden".[67] Wie aber „diese beyde Dinge, nemlich Usus &
Dominium" bei der Waldnutzung nebeneinander bestehen können, diese Frage war
in Sachen Bürgermeister und Rat der Stadt Schmallenberg gegen Kloster Grafschaft
(Kurköln) zu klären.[68] Das Kloster hatte bestimmte Waldungen in Eigentum, in
denen der Stadt ein Jus lignandi an Bau-, Brenn-, Back- und Zaunholz zustand. Die
Stadt machte nun dem Kloster streitig windbrüchiges Holz zu Holzkohlen und Pottasche zu brennen, beanspruchte also ein Jus lignandi illimitatum oder ein Con-

---

[67] Ebd., Teil 5, 38.
[68] Ebd., Teil 35, 12-20.

dominium. Das Kloster hielt dem entgegen, dass es seit langen Jahren in possessione carbonandi sei und dass es an diesem weit entlegenen Gehölze gar keinen Nutzen haben würde, wenn es das überflüssige Holz nicht auf diese Weise versilbern könnte. Das RKG entschied, die Stadt hätte den Beweis erbringen müssen, dass ihr durch das Verkohlen kein Brenn- u.a. Holz übrig bleibe, „oder solches theuer gemacht, oder von weitem abzuhohlen, beschwerlicher gemacht werde".

Als danach 1732 die Stadt Schmallenberg zum großen Teil abbrannte, verweigerte ihr Kloster Grafschaft Bauholz mit Verweis auf den stadteigenen Wald. Dies ließ das RKG nicht durchgehen, da das Beholzungsrecht Bauholz einschloss.

Das Jus lignandi gehe nicht so weit, dass der Eigentümer den Wald nicht mehr selbst nutzen könnte. Jedoch sei umgekehrt diese Nutzung nur so weit möglich, als sie das Beholzungsrecht nicht beeinträchtigte.

Genauso lag der Fall im Streit zwischen Bürgermeister und Rat der Stadt Willebadessen gegen das dortige Jungfrauenkloster (Bistum Paderborn).[69] Auch hier hatte die Stadt laut Rezess von 1559 „ein freyes Holzungs-Recht" hinsichtlich Brenn- und Zaunholz, und zwar nur zur Notdurft, nicht zum Verkauf; und wenn Bauholz von Frucht tragenden Bäumen für die Bürgerhäuser benötigt wurde, war es auf Antrag vom Kloster gratis anzuweisen. Auch hier beanspruchte die Stadt ein Condominium sylvae und wollte das Anweisungsrecht auf Frucht tragendes Holz an sich ziehen. „Soviel ist zwar unlaugbar, daß der Stadt ansehnliche Rechte in dieser Waldung zustehen, als nemlich das Jus lignandi, pascendi, & saginandi: Allein all diese, und noch mehrere Rechten involviren noch weit nicht ein Condominium". Umgekehrt aber wurde das Kalk brennen des Klosters beschränkt und ihm „alles schädliche Niederhauen des Gehöltzes" verboten.

Die Feststellung des Eigentums am Wald bedeutete immer die Beschränkung der Nutzungsrechte auf den Eigenbedarf, während dem Eigentümer die kommerzielle Verwertung durch Verkauf von Holz oder Holzprodukten vorbehalten war. Die Gemeinde Greffendorf[70] pflegte die ansehnlichen, 16 000 Morgen umfassenden Waldungen in der Greffendorfer Markung „unter gedoppelter Gestalt" zu nutzen, nämlich einmal das nötige Brenn- und Bauholz im sog. hohen Wald zu holen, sodann zum anderen in den übrigen Waldungen sich jedes Jahr einen bestimmten Distrikt bezeichnen zu lassen, in dem sie gegen ein geringes Entgelt Holz schlagen und es verkaufen konnte. Als aber die beiden Greffendorfer Herrschaften, das Würzburger Juliushospital und die Herren von Thüngen, sich vor dem RKG über ihre Gerechtsame auseinander gesetzt und ihnen 1738 das Eigentum über die gesamten Waldungen zuerkannt worden war, untersagten sie der Gemeinde das schlagweise Holz hauen und verkaufen. Die Bauern klagten, dass sie von ihrem wenigen Acker ihren Unterhalt nicht bestreiten könnten und ihnen der Holzhandel aus den Schlagwäldern von alters her zugekommen sei. Das RKG aber sah ihren Bedarf an Bau- und

---

[69] Ebd., Teil 66, 1-18; Sailer, Untertanenprozesse, 155-157.
[70] Cramer, Nebenstunden, Teil 14, 157-180; Sailer, Untertanenprozesse, 157-161.

Brennholz gesichert und hielt es für unbillig, dass die Untertanen allein den Gewinn aus den Schlagwäldern ziehen und die Herrschaft davon ausgeschlossen sein sollte.

Beholzungsrechte im „gemeinden Wald" ihrer Nachbargemeinde Bolanden beanspruchten die Gemeinden Rittersheim und Orbis.[71] Im Mittelalter hatten Pfalz-Simmern und Nassau-Saarbrücken umfangreiche, am Donnersberg gelegene Waldungen gemeinsam mit ihren Untertanen und Anliegern genutzt. 1507 war die Teilung des Bannwaldes erfolgt, 1577 die Teilung der Gemeinen Waldungen mit Wissen und Willen der Untertanen in Bolanden und Kirchheim. In ihrer Klage 1726 bestritten Rittersheim und Orbis den Bolandern das Eigentum an ihrem Gemeinde-wald nicht, verlangten aber mit Berufung auf den Vertrag von 1577 als damalige „Ausdörffer" eine Beholzungsgerechtigkeit. Da die Formulierungen darin zweideutig waren, ob Rittersheim und Orbis nicht vielleicht von ihrer Herrschaft zu beholzen waren und die Gemeinden keinen Nachweis beibrachten, zwischen 1577 und 1726 eine Beholzung im „eigenthumlichen gemeinen Wald" Bolandens ausgeübt zu haben, erkannte das RKG auf Verjährung des Anspruchs.

Hinsichtlich des Beholzungsrechts konnten vom Eigentümer nähere Vor-schriften erlassen werden. So schrieb etwa Kloster Schwarzach den badischen Gemeinden Stollhofen, Hügelsheim und Söllingen vor,[72] in dem sog. Baumwald als Brennholz nur das weiche Holz zu nehmen, während es das Hartholz sich selbst zum eigenen Gebrauch und Verkauf vorbehielt, und dass ihnen Bauholz auf Antrag gegen ein Drittel des üblichen Preises angewiesen wurde; alles nur zum Eigenverbrauch der Gemeinde und nur mit Zuziehung eines klösterlichen Forstbedienten. Das wurde vom RKG 1741 bestätigt.

Da schaltete sich Baden-Baden als Landesherrschaft ein und erreichte 1756 eine Erklärung dieses Urteils, durch die ihm das der Forstlichen Herrlichkeit zukommende Anweisungsrecht oder Jus boscandi gesichert wurde. Nunmehr war es der Markgraf, der den drei Gemeinden, mit Kenntnis des Klosters Schwarzach als Eigentumsherrn, in jeder Woche drei Tage bestimmte, an denen sie ihr Brennholz abholen konnten, „wo der klösterl. Forst-Bediente zugegen seyn kann". Aber auch das Kloster durfte sein Brennholz und das zum Verkauf bestimmte nur „im Beysein des Forst-Herrn Bedienten" schlagen lassen.

Dass auch adelige Eigentümer der landesherrlichen Forstobrigkeit unter-worfen sein sollten, mochten die Grafen von Nesselrode-Reichenstein nicht glauben, die 1759 mit der bei Köln stehenden französischen Armee einen Kontrakt über die Lieferung von 2000 Klaftern Holz, zwei Drittel Buche und ein Drittel Eiche, ge-

---

[71] Cramer, Nebenstunden, Teil 22, 99-119.

[72] Ebd., Teil 5, 37-47. Zum Schwarzach-badischen Landeshoheitsstreit siehe Suso Gart-ner, Kloster Schwarzach (Rheinmünster), in: Wolfgang Müller (Hg.), Die Klöster der Ortenau, Offenburg 1978, 263-341; und Zückert, Barockkultur; vgl. Actenmäßige Ge-schichts-Erzehlung In Sachen ... Francisca Sibylla Augusta, verwittibter Frau Marggräfin zu Baaden-Baaden, ... Contra Herrn Abten und Convent des Closters Schwartzach ..., 1748 [HAB].

schlossen hatten.[73] Als die Holzfäller im Nesselrodischen Wald an die Arbeit gingen, bot der Oberförster der Burggräflich-Kirchbergisch Sayn-Hachenburgischen Landesherrschaft die im Wald berechtigten Untertanen auf und ließ ihnen die Äxte abnehmen. Der Nesselrodische Rentmeister protestierte und sagte dabei: „von andern hätte man Holz erkaufft, ja sogar Kohlen ausser Land verkaufft, aber sein Herr sollte nichts hauen, er hätte also die Waldung vor die Bauern erkaufft, und getauscht".

Mit Hilfe von französischen Soldaten wurde für die Erfüllung des Kontraktes gesorgt, doch Hachenburg ging vor das RKG, dem sich die Frage stellte: „Ob daraus, daß Güter als Waldungen originetenus Landesherrschafftlich gewesen, folge, daß die Landes-Herrschafft, mit dem Dominio privato, auch das Dominium eminens & superius abgegeben habe?" Nesselrode behauptete, die von einem Landesherrn auszuübende Aufsicht in Wald- und Forstsachen „möge wohl bey Leibeigenen und Bauren, nicht aber in Herrschafftlichen Waldungen, wie die Nesselrodische seyen," Platz finden, und argumentierte mit der aus dem Eigentum des Waldes entspringenden Gewalt solchen nach Gefallen zu nutzen. Das RKG hielt jedoch dafür, aus dem Eigentum folge nicht, dass dessen Gebrauch nicht „nach einer vom Landesherrn weislich vorgeschriebenen Forst-Ordnung abgemessen seyn müsse". Tatsächlich war die Hachenburgische Forst- und Waldordnung von 1739 „als ein Gesetz vor allen Untersassen und Unterthanen, Abten, Prälaten, Pastoribus, denen von Adel und sonsten" ausgegangen.

Zwei Vorbehalte, auf die der Nesselrodische Rentmeister angespielt hatte, standen der freien Nutzung des Waldeigentums entgegen. Da waren einmal die Hachenburgischen Kupferhütten, für die der Landesherr ein Vorkaufsrecht auf Holz und Holzkohlen aus seinem Territorium beanspruchen konnte; denn neben der Sorge für den Bestand der Wälder galt die Begünstigung von Bergbau und Waldgewerbe als dem Gemeinwohl förderlich und war damit Materie der Policeygesetzgebung.[74] Zum anderen hatten die Hachenburgischen Untertanen des Kirchspiels Flammersfeld, das aus verschiedenen Ortschaften mit 87 Familien bestand, im fraglichen Wald das Jus lignandi, pascendi und saginandi. Durch das Ausschlagen des Waldes konnten sie dort nicht mehr genug Brennholz holen und ging ihnen, da er gehegt werden musste, die Waldweide verloren (es waren Eichen und Buchen gefällt worden). Sie forderten Ersatz und Entschädigung.

Wegen der mitberechtigten Gemeinden schien es daher dem RKG „auch schicklicher zu seyn", wenn der Landesherr die Holzanweisung innehatte, „wodurch die Willkühr des Eigenthümers noch mehr beschränckt wird". Also wurde entschieden, dass der Graf von Nesselrode jede Holzfällung bei der Landesherrschaft anmelden müsse, die ihm jedoch, wenn sie dem Ertrag des Waldes gemäß sei, nicht verweigert werden könne; dass die Anweisung und die Hegung der Schläge durch landesherrliche Förster geschehe; dass Nesselrode der freie Verkauf von Holz und Holzkohlen inner und außer Landes gegen Abgabe des Zehnten gestattet sei, jedoch

---

[73] Cramer, Nebenstunden, Teil 106, 264-306.
[74] H. Rubner, Forst, in: HRG, Bd. 1, 1176.

vorbehaltlich des Hachenburg für seine Berg-, Eisen- und Kupferwerke „freyste-
henden Näher-Kaufs". Art, Umfang und Ort der Beholzung, Mast und Weide aber,
zu denen das Kirchspiel Flammersfeld berechtigt war, waren noch zu spezifizieren.

Beholzungsrechte konnten an Gegenleistungen geknüpft sein. So hatte die
Gemeinde Westheim ein Jus lignandi und pascendi im Bambergischen Herrenwald,[75]
wobei sie jährlich „30 Aecker Brennholz" angewiesen bekam sowie Pferde und Vieh
im Wald hüten konnte, um im Gegenzug mit allen spannfähigen Bauern drei Tage im
Jahr ein zum Bambergischen Amtshaus Ebersberg gehöriges Feld „von etwa hundert
und zehen Aecker" zu pflügen oder zu ernten bzw. stattdessen 16 fl zu bezahlen. So
war es im Ebersberger Urbarbuch von 1511 festgehalten. Streit war, dass Bamberg
die Brennholzanweisung auf zehn Äcker eingeschränkt hatte und das Frongeld auf
40 Reichstaler erhöhen wollte.

In gleicher Weise meinten die Kleinkötter des Dorfes Reelkirchen in der
Grafschaft Lippe-Detmold, die der ansässigen Gutsherrschaft von Bruchhausen
jährlich vier bis sechs Tage Handdienste leisteten, im Gegenzug ein Recht auf das
sog. Sprick- und Fallholz bis zu einem Fuder im Bruchhausischen Wald zu haben.[76]
Unter Sprickholz wurde das abgefallene und verfaulende Leseholz verstanden, unter
Fallholz das windbrüchige und anderes abständige Holz. Als die Frau von Bruch-
hausen ihnen 1710 nur noch das Leseholz gestattete, klagten sie, seit undenklichen
Jahren das benötigte Brennholz aus dem Bruchhausischen Gehölz geholt zu haben.
Salbuch, Kaufkontrakt und Erbregister aber sprachen nur von den Diensten. Von
einem Beholzungsrecht war nirgends die Rede. - Übrigens waren die Großkötter, die
Spanndienste leisteten, an dem Prozess nicht beteiligt, es klagten nur „die sogenannte
kleine zu Reilkirchen befindliche Köttere".

Während das Leseholz niemandem verwehrt wurde, war das windbrüchige
Holz sehr umstritten. Die Gemeinden Burchartsfelden und Albach hatten nach einem
Vergleich von 1606 das Recht in dem sog. Mönchen-Wald des Klosters Arnsburg im
Buseckertal (Hessen-Darmstadt)[77] von windbrüchigen Bäumen die kleinen Äste
abzuschlagen als sog. Urholz, während die Stämme und dicken Äste dem Kloster
gehören sollten. Der Streit ging die nächsten hundert Jahre weiter, da die Gemeinden
auch die arm- und beindicken Äste abschlugen, während das Kloster ihnen nur das
Reisig zugestehen wollte. Aufklärung gab die Hessische Holzordnung, die arm- und
beindicke Äste zum Klafterholz rechnete, das dem Kloster zukam.

Dieses Urholz[78] war Gegenstand langwieriger und harter Auseinandersetzungen zwischen der Deutschordenskommende Schiffenberg und den Gemeinden
Watzenborn und Steinberg.[79] Während die benachbarten Dorfschaften Steinbach und

---

[75] Cramer, Nebenstunden, Teil 66, 127-136.

[76] Ebd., Teil 35, 38-63.

[77] Ebd., Teil 12, 115-127.

[78] „Uhrholz" erwähnt in der Holz- und Waldordnung für Tirol von 1541 im Sinne von
Brennholz, das kostenlos überlassen wird: Oberrauch, Tirol, 116.

[79] Cramer, Nebenstunden, Teil 120, 474-571.

Garbenteich mit eigenen, 450 Morgen großen und für ihre Bedürfnisse hinreichenden Waldungen versehen waren, besaßen Watzenborn und Steinberg gemeinschaftlich nur das knapp 50 Morgen betragende Pohlheimer Wäldchen, waren also auf die Holzversorgung aus dem Schiffenberger Wald angewiesen. Dieser aber war keineswegs Eigentum der Deutschordenskommende, sie besaß darin nur ein Recht auf Brenn- und Bauholzversorgung, freie Mast und Weide, während die Rügegerichtsbarkeit und die Forstgerechtsame der hessischen Landesherrschaft zukamen.

Allerdings hatte der Deutsche Orden im Schmalkaldischen Krieg versucht ein Eigentums- und Jagdrecht am Schiffenberger Wald zu erlangen, was ihm aber schlussendlich versagt blieb. Der Streit mit den Gemeinden Watzenborn und Steinberg geht zurück bis in das Jahr 1492, in dem sie geklagt hatten, vom Komtur zu Schiffenberg an dem von ihren Eltern überkommenen Urholzgebrauch gehindert zu werden. Er war 1564 mit einen Vergleich beigelegt worden, der bestimmte, dass die beiden Gemeinden im Schiffenberger Wald Urholz „1) an Dörr- und 2) Lager-Holz, 3) mit gewöhnlichen Heppen, zu holen" Macht haben sollten.

Der Streit wurde zu Anfang des 18. Jahrhunderts neu angefacht, als die Wahl eines Landkomturs der Ballei Hessen, bei der turnusgemäß ein Katholik zum Zuge kam, auf Damian Hugo von Schönborn fiel, damaligen Freiherrn, späteren Grafen, Bischof und Kardinal von Speyer, der die Landkomturei über 40 Jahre lang führte. Ihm gibt Cramer die Schuld an dem folgenden Geschehen, dem er die letzten vier Teile seiner *Nebenstunden* widmet.[80] Dass der neue Landkomtur „einen außerordentlichen Eifer für die Erweiterung der Teutsch-Ordens-Freyheiten geheget habe, ist Reichskundig". „Von diesem an sich löblichen, aber gar sehr zum Uebertrieb geneigten Verdienst-Eifer getrieben", führte Schönborn eine Visitation der Ballei mit dem Ziel durch verlorene Güter, Rechte und Einkünfte wiederzuerlangen. „Widerstehende Verträge oder Herkommen zu entkräften, trägt man, kraft dieses Verdienst-Eifers, kein Bedencken".

In Schiffenberg wurde ein neuer Hauskomtur eingesetzt, der „einen brutalen jungen Purschen Nahmens Johann Nicklas Huschky zum Förster" machte und dafür sorgte, dass von den gefällten Bäumen kein Urholz mehr abgeschlagen wurde. Als die Gemeindsleute einwandten, ihnen sei dies laut Rezess erlaubt, antwortete ihnen der Förster: „Der Receß seye nichts nütz - Er s.v. thue ihnen was auf ihren Receß." Bei der großen Holzteuerung anfangs des Jahrhunderts war, so Cramer, unter den visitationskommissarischen Erfindungen der „sogenannten T.O. Schädlichkeiten" allein diese, nämlich den Watzenborn-Steinbergischen Urholzgebrauch abzuschaffen, „eine reiche Belohnung dismaliger Visitations-Commißarischen Mühe und Kosten". Die Schönbornsche Prozess- und Wortgewandtheit parodierend, schildert Cramer:

> Gleichwol fanden die armen Leute bey sich und in der Verhältniß des Winters gegen ihren Cörper nicht die mindeste Veränderung, kraft deren sie

---

[80] Der Band mit den Teilen 125-128 erschien postum: Karl S. Bader, Johann Ulrich (Freih. v.) Cramer. Jurist und Cameralist 1706-1772, in: Ders., Ausgewählte Schriften zur Rechts- und Landesgeschichte, Bd. 2, Sigmaringen 1984, 507.

per Clausulam: rebus sic stantibus, des von ihren Voreltern von Anbeginn der Dorfschaften oder doch wenigstens über 300 Jahr hergebrachten Urholz-Gebrauches, welcher sie und ihre Vorfahren gegen Kälte und Frost geschützet hatte, verlustig gehen und sich mit einer leeren Holz-Leese, wobey sie erfrieren sollten, begnügen müsten.

„Diese, nicht in idealischen Deuteleyen, sondern in allzubegreiflichen Empfindungen beruhende Rücksicht, bringet den Proceßscheuen Bauer dahin, daß er", nachdem ihm alles Urholz weggeschleppt worden war, „daßelbe nicht in denen Gerichts-Stuben, sondern nach dem Beyspiel seiner Vorfahren im Walde" suchte. So kam es unter dem Druck des strengen Winters von 1701 zu vielen Holzfreveln.[81]

Prozessstrategie Schiffenbergs war es nun diese Holzfrevel ahnden und die eigentliche Streitfrage nicht zur Sprache kommen zu lassen. Dazu half: die gewalttätige Einschüchterung der Bauern, die nicht zusehen wollten, wie das Urholz verkauft wurde, gemeinschaftlich in den Wald zogen und dort von den bewaffneten Klosterbedienten angegriffen wurden; die Bestechung des hessischen Oberamtsverwalters in Gießen, der aber, als ihm die Vergünstigung - ein Obstgarten - wieder entzogen wurde, zum erklärten Feind der Kommende wurde und die Bauern über den Stand des Prozesses aufklärte; die Einflussnahme auf den leitenden Minister in Darmstadt, so dass die Bauern Schutz bei Landgraf Eberhard Ludwig selbst suchten und auch fanden. Nun zog der Deutsche Orden gegen Hessen-Darmstadt vor das RKG, wo der dem Schiffenberger Komtur persönlich bekannte Assessor Brand die anderen Referenten zu beeinflussen suchte. Einem hessischen Beamten, der damit zunächst nichts anzufangen wusste, hatte „der Vorsteher Jung zu Watzenborn einen großen Brief, auf Pergament geschrieben, und mit drey Siegeln behänget, gezeiget, mit dem Vermelden, daß die Gemeinden bey dessen Einhalt verbleiben wollten." 1721 schließlich, wandten auch die Gemeinden sich an das RKG.[82]

In den Verhandlungen gestand Schiffenberg den Gemeinden als Urholz nur das dürre, am Boden liegende Leseholz, nicht das grüne, an den windbrüchigen Bäumen befindliche zu. Die Bauern zogen den Vergleich von 1564 heran, dessen Bestimmung: „Urholz an dörr- und Lagerholz mit gewöhnlichen Heppen zu holen", nur Sinn mache, wenn die Heppen - also keine Äxte, sondern Handbeile, die nur zum Abhacken dünner Äste geeignet waren[83] - auch zum Einsatz kämen. Außerdem bestimmte die Hessische Holzordnung, dass Äste und Reiser, „welche sich unter das Klafter nicht schicken, zum Urholz und Reißig gehören." Der Prozess ruhte zwischen 1723 und 1748. „Endlich aber triumphirte die gute Sache, und die Gerechtigkeit dieses erhabendsten Reichs-Tribunals erkannte" am 21. Januar 1752 zugunsten der Gemeinden.[84]

---

[81] Cramer, Nebenstunden, Teil 125, 1-76.
[82] Ebd., Teil 126, 153-269.
[83] Wilhelm Crecelius, Oberhessisches Wörterbuch, 1897-1899, 459.
[84] Cramer, Nebenstunden, Teil 127, 305-444.

Der Deutsche Orden reagierte mit einem Restitutionsgesuch, das Cramer als „frivol" bezeichnet, da es keinerlei neue Beweise beibrachte und die Kommende durch unmäßige Waldrodung, Verkauf des Holzes und Anlegung von Äckern Prozessvereitelung betrieb. Denn der Orden konnte darauf rechnen, dass bei dem überlasteten RKG, und da in einer Restitutionssache ein hoher Senat mit zehn Beisitzern erforderlich war, ein Entscheid so bald nicht zustande kommen würde. Und tatsächlich, der Vollzug des „Endurtel von 21ten Jan. 1752, diese Frucht so vieljähriger Wünsche, Seufzer, Erwartungen, Bemühungen und Unkosten, ist auf einmal durch das Einschieben des abscheulichen Mischmasches des Schiffenbergischen Restitutionslibells" 18 Jahre lang vereitelt worden. - Interessant an den von Cramer ausführlich zitierten Akten ist, dass die Gemeinden in den gerichtlichen Handlungen vor dem Vergleich von 1564 ihr Urholzrecht als ihr „Eigentumb" bezeichnet hatten.[85] Hier, in Bezug auf eine Servitut, tritt noch einmal die ältere Verwendung des Eigentumsbegriffs als Verfügungsrecht hervor.[86]

Ein Fall, wie der Zugriff selbst auf den individuellen Privatbesitz der Bauern an Holz möglich war, ist die Klage der sämtlichen Eingesessenen des Amtes Delbrück gegen den Fürstbischof von Paderborn, der „fruchtbare Eichenbäume von ihren Höfen" schlagen und zu fürstlichen Bauwerken verwenden ließ.[87] Während sich die Eingesessenen auf die Privilegien des Landes Delbrück beriefen[88], argumentierte der Bischof, dessen Schriftsatz Cramer zustimmend abdruckt, dass sie ihm im Gegenteil stärker als die Eingesessenen der übrigen Ämter, die größtenteils Freie waren, nicht nur als Landes-, sondern auch als Gutsherrn mit dem Leibeigentum verpflichtet seien.[89] In der Osnabrückischen Eigentumsordnung aber hieß es: „Wofern

---

[85] Ebd., Teil 128, 445-630. Der Streit ging ins Grundsätzliche der Landeshoheit: Willoweit, Rechtsgrundlagen, 241-243. Vgl. die, von Cramer ausführlich erörterten, gedruckten Streitschriften [HAB]:
(Johann Heinrich Feder), Historisch-Diplomatischer Unterricht, und Gründliche Deduction von des Teutschen Ritter-Ordens, und insbesondere der Löblichen Balley Hessen, ... hart angefochtenen Immedietaet, Exemtion und Gerechtsamen, Denen Heßischen Schrifft-Stellern ... entgegen gesetzet, 1751;
(Christoph Ludwig Koch), Beurkundete Nachricht Von dem Teutsch-Ordens-Haus und Commende Schiffenberg ... Worinnen Derselben landsäßige Zustand ... dargethan und die Erforderung eines Commenthurs der Commende Schiffenberg wie auch der Seinigen zu Leistung der Erb- und Landes-Huldigung gerechtfertigt ..., Giesen 1752/55;
(Johann Heinrich Feder), Entdeckter Ungrund derienigen Einwendungen, welche ... von ... Hessen-Cassel und Hessen-Darmstadt ... gegen des Hohen Teutschen Ritter-Ordens ... Land-Commende bey Marburg und Commende Schiffenberg wohlhergebrachten Immedietaet, Exemtion und Gerechtsamen, fürgebracht worden ..., Frankfurt am Mayn 1753
[86] Sailer, Untertanenprozesse, 471.
[87] Cramer, Nebenstunden, Teil 117, 68-92.
[88] Ausführlich beschreibt Haxthausen, Agrarverfassung, 74 f., die Gerichtsverfassung des Landes Delbrück.
[89] Über die westfälische Eigenbehörigkeit urteilte der Freiherr vom Stein als Oberkammerpräsident von Minden-Ravensberg in seinem Generalbericht von 1801: „Nach der absolu-

auch der Gutsherr ein Stück Holtz nöthig hat, so bleibet demselben frey, solches vom Erbe (das ist: von seines Eigenbehörigen Praedio) hauen zu lassen." Umgekehrt verbot er ihnen, ebenfalls in seiner Eigenschaft als Grund- und Leibherr, den Verkauf von Eichen- und Buchenholz. In seiner Eigenschaft als Landesherr sodann machte er ihnen Vorschriften über den Eigenverbrauch von fruchtbarem Holz; bevor sie eine Eiche oder Buche umschlugen, mussten sie die unentbehrliche Notdurft oder die eventuelle Unfruchtbarkeit des Baumes dem Gutsherrn anzeigen und seine Erlaubnis einholen.

Aus landesherrlicher Macht wurde eine „bessere Holzpflege" vorgeschrieben und der Eigenverbrauch der Untertanen limitiert, aus guts- und leibherrlicher Macht der Verkauf verboten und diese selben Stämme zu fürstlichen Baumaßnahmen bei Schloss Neuhaus und anderen Kameralgebäuden unentgeltlich eingezogen. Bei 101 vollen und 80 halben Meiereien - d.h. spannfähigen bzw. zu zweit ein Gespann stellenden - im Amt Delbrück war das nicht unerheblich. Nicht nur der Zugriff auf den Privatbesitz, sondern auch auf die von der Genossenschaft immer besonders geschützten, weil zur Schweinemast so wichtigen Eichen und Buchen, ist erstaunlich.[90]

In allen Konflikten um die Waldallmende erscheint die Waldweide nur am Rande, obwohl sie für die Bauern kaum von geringerer Bedeutung war als die Hutung auf den Grasweiden. Doch aus Sicht der Feudalherren war die Holznutzung interessant und die Waldweide nur insofern von Belang, als sie die Bäume schädigte, etwa durch die Ziegen oder bei einer Zerstörung der Schonungen. Beim Holzschlag kam es zu Kollisionen, da beide Herrschaftsseiten hieran ein vitales Interesse hatten, Streitigkeiten um die Waldweide waren eine Folgeerscheinung. Der Blick der Herrschaften auf den Wald war der moderne, heute gewohnte, nämlich den Wald als Holzreservoir anzusehen. Der traditionelle Blick der Bauern sah mindestens zwei Nutzungen, Holz und Weide. Bei der chronischen Futtermittelknappheit war letztere unentbehrlich. Erst ihre Behebung durch die Agrarrevolution machte die seit dem 16. Jahrhundert von den Forsttheoretikern angestrebte ausschließliche Holzwirtschaft möglich.

Die Motivation der Landesherren Holzordnungen zu erlassen, war der Schutz vor Waldverwüstung. Dabei konnte man unter Verwüstung durchaus

---

ten Leibeigenschaft ist die Eigenbehörigkeit das drückendste Verhältnis des Bauern zum Gutsherrn und das nachteiligste für menschliches Glück, Sittlichkeit, Wohlstand und Ge-werbefleiß." Eine wirtschaftliche Härte stellte der Sterbfall und der Gewinnkauf (Besitz-wechselabgabe) dar. August Wilhelm Rehberg beschrieb rückblickend: „Die Eigenbehöri-gen waren im Bistume (Münster) wie in ganz Westfalen mehrenteils sehr wohlhabend, und dadurch, ungeachtet einer oft herabwürdigenden Abhängigkeit von den Gutsherren, im hohen Grade selbständig." Gerhard Ritter, Freiherr vom Stein. Eine politische Biogra-phie, Frankfurt am Main 1983, 71 u. 546.

[90] Eichen wurden in Nordwestdeutschland auf das bäuerliche Eigen gepflanzt, da die Eichelmast im Wald den Bauern mehr und mehr von den Landesherren entzogen worden war: Timm, Waldnutzung, 67.

Verschiedenes verstehen. „Das Dorf Saarwellingen ist eines der schönsten Crichingi-schen Dorfschaften, massen der Umfang von dessen Bann und Markung bey 7 Stund betragen solle."[91] Durch die französischen Okkupationen zwischen 1688 und 1714 kamen alle herrschaftlichen Gerechtsame in größte Unordnung, „die Waldungen in Verwüstung, und der Unterthan in eine Verwilderung", so dass die Landesherrschaft 1718 beim RKG ein Mandat zu ihrem Schutz erwirkte. Nach und nach wurden die verschiedensten Gerechtsame durch gütlichen Vergleich geregelt, so 1736 über das Bau- und Brennholz. Dabei hatte die Gemeinde Saarwellingen „ihres Anspruchs an einen eigenthümlichen Antheil Waldungen sich begeben", dagegen Beholzung und Weide im nunmehr herrschaftlichen Wald zugesagt bekommen.

1754 begann der Graf mit der Schlagwirtschaft in den Waldungen, wobei jeweils ein Schlag oder eine „Couppe" völlig abgeholzt und anschließend geschont wurde. Die Bauern protestierten wegen des Ausfalls der Viehweide. Nun war das Recht der Landesherrschaft, kraft forstlicher Obrigkeit einen forstmäßigen Holz-schlag anzuordnen, nicht zu bestreiten. Also kam es, zumal beide Seiten den Wald als sehr verdorben bezeichneten, auf die Frage an, ob das Vorhaben, die Saarwellin-ger Waldungen in Schläge einzuteilen und diese innerhalb von 20 Jahren einen nach dem anderen abzuholzen, mehr schädlich als nützlich, auch was hinsichtlich der Weide dabei zu berücksichtigen sei. Beide Seiten zogen Forstsachverständige heran, die allerdings geteilter Meinung waren.

Die zwei von der Landesherrschaft befragten Nassau-Saarbrückischen Förster hielten die Anlegung der Schläge für hoch notwendig, da bei dem starken Holzschlag und der großen Konsumtion an Brennholz die ruinierten Waldungen sonst nicht hochgebracht werden könnten, plädierten allerdings für einen 30-jährigen Turnus. Die von der Gemeinde zur Begutachtung bestellten Forstleute hielten die Schläge eher für schädlich,

> weilen allhier kein altes überständiges grobes Gehölz vorhanden seye, wel-ches zur Conservation der Waldungen abgehauen werden müste, vielmehr seye der Wald mit schönem jungen Gehölz versehen, welches, wenn es offen gelassen würde, viel besser zu groben Bäumen anwachsen könnte, als durch zugeschlagene Couppen.

Hier liegen zwei verschiedene Auffassungen von Forstwirtschaft vor, die noch etwas deutlicher werden, wenn man sich die einzelnen Beschwerden der Gemeinde be-trachtet: Der Graf hätte einem Gouvier von Saarlouis überlassen so viele Bäume in den Saarwellinger Waldungen zu schlagen, „also daß innerhalb 2 Jahr kaum mehr ein Baum in besagten Waldungen angetroffen worden"; 1757 seien 30 junge Buchenstangen und 500 junge Buchen-Bohnenstangen an einen königlich-französi-schen Unternehmer in Saarlouis verkauft worden; es sei ihnen untersagt worden das alte Stockholz auszugraben „und die Aeste, so weit solche vom Boden an mit der Axt zu erreichen seyen, zu hauen, so doch vormals vergünstiget gewesen". Der Graf

---

[91] Cramer, Nebenstunden, Teil 100, 38-67; Sailer, Untertanenprozesse, 163 f.

antwortete, die Untersuchung werde zeigen, ob das forstmäßige Hauen den Schaden verursache oder nicht vielmehr der Viehtrieb in die Schläge.

Vom kommerziellen Gesichtspunkt aus war es günstiger ganze Schläge abzuholzen und als Schonungen wieder aufzuforsten. Die Bauern nutzten den Wald anders. Aus ihrer Sicht hieß Waldpflege das abständige Holz zu schlagen und auszuroden, junge Bäume zu schonen und zu starken Bäumen anwachsen zu lassen. Nicht der Kahlschlag, noch dazu von jungen Bäumen, sondern das gezielte Schlagen ausgewählten und als geringwertig angesehenen Holzes, wozu auch die niedrigen Äste zählten, die der Viehtrift hinderlich waren. Ebenso sorgfältig wurden natürlich wertvolle Bauhölzer ausgesucht. Der Kahlschlag war in ihren Augen nichts anderes als Waldverwüstung. Beide gegensätzlichen Nutzungszwecke bewirkten eine Interessenkollision jenseits der Frage, wer welchen Anteil an der Nutzung haben sollte.[92]

Das RKG ordnete eine Kommission an, die eine Lösung erarbeiten sollte. Vorläufig, da „doch die Muthmassung vor den Lands- und Eigenthums-Herrn derer Waldungen stehet, daß er seine eigenthümliche Waldungen nicht muthwillig in Ruin setzen wolle," wurde die Hegung des bestehenden Schlags gebilligt um das Gemeindevieh von diesem Waldstück fernzuhalten, auch der „höchstschädliche Viehtrieb der Enten" dahinein untersagt.

Nun sahen sich aber auch die anderen Gemeinden, die keinen Eigentumswald hatten, durch allzu starke Schlagwirtschaft in den herrschaftlichen Wäldern in ihrer Weideberechtigung beeinträchtigt und trieben ihr Vieh in die Schonungen. Zur Rechtfertigung antwortete die Gemeinde Kriechingen, „der Wald-Raum seye nach der Zeugen Aussag kein rechter Hau". Und die Gemeinde Steinbiedersdorf führte aus, laut Bannbuch von 1667 stehe ihr im Herrenwald, Bannbusch genannt, gegen eine Anerkennungsgebühr von jährlich drei Franken Eckerich, Mast und Weide zu. Man habe durch den Viehtrieb also nur seine Rechte zu erhalten gesucht „und nach Zeugniß derer Forstverständigen seye solch stark Holz der Enden, daß es vor keine Hauerey zu halten seye."[93] Die starken Bäume dieses Waldes waren im Sinne der bäuerlichen Waldwirtschaft als Schlagwald nicht geeignet, sondern dienten (sicherlich viele Buchen und Eichen) zur Viehmast und wohl als Bauholz. Prinzipiell kannten auch die Bauern Schlagwirtschaft zum Zweck des Holzverkaufs, jedoch den wichtigeren Nutzungen nachgeordnet.[94]

Durchgängig unterstützte das RKG die Schlagwirtschaft als moderne Form der forstmäßigen Holzwirtschaft und die Bauern mussten schon nachweisen können, dass sie dadurch in ihrer Holzversorgung und der Viehweide nachhaltig beeinträch-

---

[92] Die Formen der bäuerlichen Waldwirtschaft und die diversen Verwendungsarten von Hölzern schildern Joachim Radkau/Ingrid Schäfer, Holz. Ein Naturstoff in der Technikgeschichte, Reinbek 1987, 29-35. Auf die in den inkompatiblen Vorstellungen von Waldwirtschaft angelegten Konflikte hat aufmerksam gemacht Werner Troßbach, Der Schatten der Aufklärung. Bauern, Bürger und Illuminaten in der Grafschaft Wied-Neuwied, Fulda 1991, 60.
[93] Cramer, Nebenstunden, Teil 100, 67-120.
[94] S.o. S. 260 f.

tigt wurden. Die Vermutung forstgemäßen Betragens zugunsten des Eigentümers war im Einzelfall zweifelhaft. So wies das RKG auf Beschwerde der Gemeinde Enzheim den Prälaten von Wadgassen (Zweibrücken)[95] an, die Wälder „wieder zu einer Forstmäßigen Cultur" zu bringen, und schrieb im Einzelnen vor, keinen Wald mehr für Äcker und Wiesen auszustocken, alle öden und wüsten Walddistrikte wieder aufzuforsten, keinerlei Holz mehr zu verkaufen oder zum Kalk und Pottasche brennen zu verwenden, bis alle Waldungen „in Forstmäßigen Stande gesetzet" seien und der Gemeinde das Bau- und Brennholz nicht mehr entzogen werde; auch durch die Gemeindsleute Buchen und Eichen anpflanzen und hegen zu lassen sowie, wo es sich ohne Beeinträchtigung der Weide tun ließe, die Wälder distriktweise zu hegen und das Brennholz schlagweise anzuweisen. Im Übrigen müsse geprüft werden, ob es dem Kloster zukomme zwei Drittel Schafe auf dem Enzheimer Bann zu halten.

Die Waldeigentümer hatten nirgendwo freie Hand. In Gemeindewäldern und mediaten Eigenwäldern stand der Landesherrschaft ein Holzanweisungsrecht zu, in Markgenossenschaften beanspruchten Feudalherren oft ein Beholzungsrecht, an den herrschaftlichen Eigenwäldern hatten die Bauern häufig ein Holzversorgungs- und Weiderecht. Die landesherrliche Forstobrigkeit schuf nicht unbedingt mehr Klarheit, war doch das Bestreben daraus materiellen Profit zu ziehen offenkundig, auch dem RKG. Markgenossenschaften und Märkerschaften waren bestrebt ihre Obermärker loszuwerden. Nur in der Situation, dass ein herrschaftlicher Wald, in dem eine Gemeinde das Recht auf Holzversorgung und Weide hatte, nicht Eigentum des Landesherrn, sondern eines mediaten Grundherrn war, konnte sich die forstliche Obrigkeit günstig für die Bauern in Gestalt eines landesherrlichen Schutzes ihrer Gerechtsame auswirken. Das Eigentum war nichtsdestoweniger unantastbar, der Eigentümer konnte seinen Wald mit Gewinn ausbeuten durch Holzverkauf, Köhlerei u.a. Allein, er musste die Mitnutzungsrechte beachten und er durfte den Wald nicht verwüsten.

Es wird heute bezweifelt, dass das lange von Forsthistorikern aus den fürstlichen Policeyordnungen übernommene Motiv, den Wald vor Verwüstung schützen zu wollen, stimmte. Rationelle Holzwirtschaft bedeutete häufig schonungslose Abholzerei. Finanzschwache Barockfürsten scheuten sich nicht die Möglichkeiten, die der Holzhandel bot, ausgiebig zu nutzen. Auf der anderen Seite pachteten bäuerliche Untertanenschaften gelegentlich große landesherrliche Waldungen für hohe Summen aus dem Motiv, Wildschaden abzuwenden, und verwalteten sie erfolgreich selbst.[96] Radkau/Schäfer sehen in der Ausweitung des Holzmarktes im 18. Jahrhundert den eigentlichen Grund für die Holzverknappungsdiskussion, also eine Kommerzialisierung, die den traditionellen, vorwiegend auf Lokalinteressen bezogenen Rahmen sprengte. Förderlicher für den Waldschutz halten sie gesicherte Rechte der Bauern am Wald, da nur diese das Eigeninteresse der Genossenschaft am Schutz des Waldes gestärkt hätten.[97] Die landesherrlichen Prärogative wirkten dem eher entgegen.

---

[95] Cramer, Nebenstunden, Teil 12, 127-129 u. 139-144.

[96] Blickle, Wem, 174-177.

[97] Radkau/Schäfer, Holz, 64 u. 151; Radkau, Holzverknappung, 515 f.

4.3 Verbundene Gegenstände

Jagd und Fischfang

Mit den Allmenden eng verknüpft waren Jagd und Fischfang. Denn beide fanden auf denselben Arealen statt wie Holzschlag und Weide, auf der offenen Gemarkung, während Äcker, Wiesen und Gärten gegen Vieh und Wild eingezäunt waren. Dass ein adliger oder fürstlicher Eigentümer eines Waldes die Allmendnutzungsrechte, die Bauern darin hatten, in Abstimmung mit seinem Jagdrecht regelte, wurde vor dem RKG nicht strittig. In Allmenden als Eigentum von Gemeinden jedoch beanspruchte der gemeine Mann häufig ein Recht auf niedere Jagd und auf Fischfang in den durchfließenden Gewässern. So wehrte sich Burgkunstadt nicht nur gegen den Zutrieb von Schafen, sondern auch gegen die Seckendorffische Jagd auf Hasen und Feldhühner in der Stadtflur, und die Bürger versuchten 1743 gemeinschaftlich, mit Ober- und Untergewehr bewaffnet, eine Treibjagd zu verhindern. Burgkunstadt reklamierte die Stadtflur als Gemeindeland, das RKG jedoch erkannte auf eine Koppelhut, also eine gemeinsame Hutung, mit Rindern und Schafen sowie auf eine Seckendorffische „Mitjagd" auf hohes und niederes Wild in der Burgkunstädter Flur. Seckendorff wurde lediglich auferlegt die Jagd pfleglich zu gebrauchen, ohne Schaden an den Feldfrüchten.[98]

In Hinsicht auf die Landesherrschaft bildeten beide, Allmende und Jagd, eine juristische Einheit. Cramer zieht J. J. Becks, des bedeutendsten deutschen Forstjuristen des 18. Jahrhunderts[99], „Tractatus de jurisdictione forestali" heran, wonach „die Forsteyliche Obrigkeit als ein totum Integrale 2 Stücke in sich 1mo den Bannum ferinum, den Wildbann, und 2do das Jus foresti, das Forst-Recht, oder Wald-Gerechtigkeit in Aufsicht- und Erhaltung der Wälder und Gehöltz begreiffe".[100] Demgemäß waren, wie Cramer in der Streitsache Oberamt Hohensolms gegen den Grafen von Solms-Hohensolms ausführt, alle Gemeindewaldungen der Forsteilichen Herrlichkeit unterworfen, „woferne sie nicht entweder durch eine ausdrückliche Convention, oder durch ein besonderes Privilegium, oder wenigstens durch eine rechtmäßige Verjährung, davon ausgenommen und befreyet worden." Und er kritisiert (in dem schon angeführten Zitat[101]), dass die Untertanen, indem sie Holzanweisung und forstliche Bußen-Gerichtsbarkeit an sich zogen, die Forstliche Herrlichkeit auf das Regal des Wildbanns und der Jagd einschränken wollten. D.h. Wildbann und Jagd in gemeindlichen Wäldern wurden der Landesherrschaft zuerkannt.

Der Zusammenhang von Allmendnutzung und Jagd wurde in der Isenburg-Büdingischen Holzordnung auch ganz praktisch benannt, indem die Holzanweisung

---

[98] Cramer, Nebenstunden, Teil 22, 1-27; s.o. S. 243.

[99] Rubner, Forst, 1176.

[100] Cramer, Nebenstunden, Teil 106, 292.

[101] S.o. S. 251.

in den Stadt- und Gerichtswaldungen vom herrschaftlichen „Jäger" vorgenommen wurde, der neben den von den Berechtigten bestellten „Märcker" trat; die Anweisung des Winterholzes sollte gleich nach dem Ende der Hirschbrunft geschehen.[102] Die Prozesssache Kloster Schwarzach gegen drei badische Gemeinden behandelt Cramer unter der Überschrift „Von rechtlicher Vereinbahrung des Wald-Eigenthums, Beholtzigungs-Rechts und der Herrschaftlichen Wildbahn wie auch Forstlichen Herrlichkeit" und stellt fest, dass das klösterliche Waldeigentum wie auch das gemeindliche Beholzungsrecht nur ohne Abbruch des Anweisungsrechts „wie der Wildbahn" des Oberforstherrn wahrgenommen werden konnte.[103] Natürlich bezog sich die Forstobrigkeit hauptsächlich auf den Wald, jedoch nicht ausschließlich, denn in der Frage, wie viele Schafe Neuburgische Bauern je nach Besitz halten durften, wies das RKG sie an „sich des Schaafhaltens Forst-Ordnungsmäßig inmittels zu gebrauchen" und meinte die Neuburgische Forstordnung von 1690.[104]

Der bedeutendste Jagdprozess des deutschen Reiches war der sämtlicher Untertanen von Stadt und Landschaft Hohenzollern-Hechingen gegen ihren Landesherrn um die sog. freie Pirsch.[105] Das RKG stellte prinzipielle Reflexionen an: „Die Regalität der Jagd bey denen Deutschen ist zwar denen Römischen Gesetzen, nach welchen ferae bestiae res nullius sind, quae cedunt primo occupanti zuwider, wohingegen nach unserer Reichs-Verfassung dieselbe denen Landes-Herren zustehen." Alle Juristen, auch die Kritiker der Regalität, stimmten darin überein, „daß denen Bauren in Deutschland keine Jagd-Gerechtigkeit zustehe." Ein wenig vorsichtiger formuliert heißt es etwas später, die Rechtslehrer seien darin übereinstimmend, „daß in zweifelhaften Fällen für den Landes-Herrn allezeit die Vermuthung und Regul seye, daß nemlich solcher in seinem Territorio die Jagd- und Wildbanns-Gerechtigkeit besitze".[106] Die in diesem Prozess aufgeworfene Frage war, ob die freie Pirsch den Hohenzollerischen Untertanen „vermög Libertatis naturalis zustehen solle"; sie waren aber 1732/33 vom RKG für leibeigen erklärt worden.

Das Gericht hielt sich bei seiner Entscheidung allerdings an Gesetz und Gewohnheit. Die freie Pirsch widersprach der Landesordnung von 1557, die die Jagd auf Hasen, Füchse, Haselhühner, Rebhühner und Wachteln verboten hatte. Der Graf hatte die Landesordnung 1601 vom RKG bestätigen lassen. 1605 begann eine Gemeinde die freie Pirsch zu reklamieren. In der Generalrebellion von 1618 gaben die Untertanen dann u.a. vor eine freie Pirsch aufgrund eines „Kayserl. freye Bürsch Privilegium" zu haben. 1636 erging ein allgemeines Jagdverbot an die Stadt Hechin-

---

[102] Cramer, Nebenstunden, Teil 33, 56-69.

[103] Ebd., Teil 5, 40; s.o. S. 261.

[104] Ebd., Teil 23, 116 u. 119; s.o. S. 244 f.

[105] Ebd., Teil 96, 1-32; im Folgenden. Vgl. dazu ebd., Teil 53, 120-136.

[106] Schon 1526 hatte der Erzbischof von Salzburg sein Vorrecht der Jagd und des Fischens aus der landesfürstlichen Obrigkeit abgeleitet, gestützt auf das herkömmliche Bannrecht: „Dieweil die gejaid und vischereyen ain anhang vnser landtsfürstlichen obrigkhait vnd von alter ye vnd alweg vber aller menschen gedechtnus in dem pan gewesen ... so behalten wir als herr vnd landtsfürst vns die nochmals vor." Blickle, Landschaften, 530.

gen und sämtliche Untertanen im Lande. Und 1650 hieß es in dem, von einer kaiserlichen Kommission über den während des Dreißigjährigen Krieges ganz zerrütteten Hohenzollerischen Staat erstatteten Bericht, dass Wälder und Wildbret in merklichen Abgang geraten seien, „ja bereits offentlich und ohne Scheu dahin gekommen seye, daß man aus dem Forst eine freye Bürsch gemacht, das Wildpret aller Orten auftriebe und nicht nur an fremde, sondern auch sogar nach Hof selbst verkaufte." 1679 schaffte der Schwäbische Kreis die freie Pirsch in Schwaben generell ab.

Im Jahre 1700 begann der von den Hohenzollerischen Untertanen angestrengte Prozess vor dem RKG. Im Urteil von 1768 wurden sie „ein für allemal, ab und zur Ruhe verwiesen". Der Fürst, erwartete das RKG, werde von selbst geneigt sein allen Wildschaden von den Gütern der Untertanen abzuwenden und, wenn dergleichen dennoch geschehe, „solche durch unpartheyische, von dem Jagd- und Forst-Amte nicht dependirende Commissarien, jedesmalen besichtigten" und festgestellten Schaden ersetzen zu lassen, damit nicht nötig sei, hiergegen mit weiteren Verordnungen vorzugehen.

In dem angefügten Beschluss des Schwäbischen Kreises von 1697 wird die Abschaffung der freien Pirsch-Bezirke neben anderem damit begründet, dass sich die Leute nicht nur ihrer eigenen Obrigkeit gegenüber in allerhand Fällen widerspenstig und trotzig zeigten, sondern auch in gebannte Forste anderer Fürsten und Stände eindrangen, den Jägern an Leib und Leben, auch den Herrschaften mit Feuer und Gewalt drohten; so in den Württembergischen, Zollerischen und anderen Forsten, aus denen „unter freyem Bürsch-Praetext, das Wildpret ohne Scheu um ein spott Geld da und dort verkauft wird".

Aber es werden auch die Gründe aufgeführt, die für eine Erhaltung der freien Pirsch sprechen würden: „1mo Weilen sich solche tam in jure gentium quam Naturali fundirt" und, seit über Menschengedenken praktiziert, eine „uralte Libertät" sei. Da zweitens den Bürgern und Untertanen bei einer Umwandlung der Pirschbezirke in Forsten die Freiheit, in ihren eigenen Wäldern nach Gefallen Holz zu fällen, Eicheln zu sammeln und vieles andere, „so die Forst-Herren ihnen extensive zu attribuiren pflegen", gehemmt würde. Dann drittens in Äckern und Feldern durch das Wild großer Schaden entstehen müsste. Am allermeisten aber viertens bei Abschaffung der freien Pirsch ein gemeiner Aufstand und eine Revolte der Pirschgenossen zu besorgen wäre, zumal in diesen kriegerischen Zeiten die Bürger und Untertanen in Waffen geübt seien.

Nun waren die freien Pirsch-Bezirke nichts weniger als der Beleg dafür, dass es ein Jagdrecht für gemeine Bürger und Bauern gegeben hat. Im Falle Hohenzollern-Hechingen ging es dem RKG darum, dass sich ein solcher in der Grafschaft geschichtlich nicht nachweisen ließe.

Beim Fall Kriechingen wirft Cramer denn auch die Frage auf: „Ob der Satz, daß kein Possessorium derer Unterthanen puncto Regalium, insonderheit puncto Juris venandi, bey denen Reichs-Gerichten noch heut zu Tag, in Gebrauch seye?"[107]

---

[107] Cramer, Nebenstunden, Teil 98, 128-156.

Jagd und Fischfang hatten an diesem Prozess einen großen Anteil. Die Gemeinde Büdingen suchte um Schutz nach „in possessione vel quasi I. Sylvae, Juriumque inde dependentium; II. Juris venandi der kleinen Jagd; und III. Juris piscandi". Den Beweis, dass die Gemeinde an der kleinen Jagd und dem Fischen eine „alte Gerecht-same" habe, sah das RKG in einem herrschaftlichen Konferenzprotokoll von 1613. Danach hatte die Gemeinde auf die Frage der Herrschaft, wieso sie sich das Jagen und Fischen aus eigener Gewalt anmaße, zur Antwort gegeben, dass sie ein solches Recht seit undenklichen Jahren hergebracht und in Übung gehabt hätte. Es habe aber nirgendwo dargetan werden können, dass die Ortsherrschaft ein Verbot des Jagens und Fischens damals oder später je aussprach.

Der Graf zu Kriechingen führte dagegen die juristischen Grundsätze ins Feld, dass auch die kleine Jagd zu den Regalien zu rechnen „und besonders gemeine Bauersleute mit keiner Praescriptione immemoriali gegen den Landesherrn zu hören" seien. Cramer bemerkt, diese hier angeführten „und von denen Rechts-Lehrern pro und contra ventilirte Meynungen" seien allzu gut bekannt, es habe aber die eigene Erfahrung in der Zollern-Hechingischen Pirsch-Sache überzeugend gelehrt, dass dabei „auf die besondere Local-Verfassung jeden Landes, und das Jus Subditorum ab immemoriali tempore quaesitum" das Augenmerk allerdings zu richten sei. In vielen Provinzen sei den Bauern das Jagdrecht auszuüben erlaubt.[108] Dem Landes-, Forst- und Jagdherrn bliebe unbenommen eine nötige Forst-, Holz-, Fischerei- und Jagdordnung ergehen zu lassen. Also wurde die Gemeinde bei der kleinen Jagd „auf ihrem Bann" und der Fischerei „in ihrem gemeinen Bach" geschützt.

Wie schon in der Frage der Aufsicht über den Gemeindewald und der gemeindlichen Rüge von Holzfrevlern[109] setzte dieses Urteil den Akzent derart, dass es der ganzen Konstruktion der Forstlichen Obrigkeit entgegengesetzt war. Auch in Fällen, in denen zugunsten der Landesherren geurteilt wurde, hatte sich das RKG, zwar ausgehend von den Grundsätzen der juristischen Lehre, doch am Herkommen orientiert (Hohenzollern-Hechingen) oder doch wenigstens auf die Möglichkeit einer „rechtmäßigen Verjährung" hingewiesen (Hohensolms). Nun stellte aber die Lehre von der forstlichen Obrigkeit der Landesherrschaft darauf ab sich nicht wie im Mittelalter nach dem Herkommen zu richten (das Recht zu weisen), sondern bestimmte Befugnisse zu postulieren (Recht zu setzen). Eben das ist das Wesen der Policey-gesetzgebung.[110] Diese Postulate nur in Zweifelsfällen - subsidiär - gelten zu lassen, ansonsten aber doch wieder nach dem Herkommen zu gehen, zog der Lehre den Zahn.

Man hat gesehen wie Wolff-Schüler Cramer zunächst energisch für eine um-fassende Befugnis der „hohen Landesherrschaft" eingetreten war, durch die Urteils-praxis dann aber dahin kam, auf die konkreten Eigentumsrechte der Untertanen zu

---

[108] Dem Tiroler Gericht Ehrenberg wurde seine Jagd- und Fischereifreiheit von 1416 bis 1795 regelmäßig bestätigt: Oberrauch, Tirol, 104, 146 f.
[109] S.o. S. 253 f.
[110] Kroeschell, Rechtsgeschichte 2, 283.

sehen und sie zu schützen. Landeshoheitliche Rechte kann der Territorialherr - diesen Standpunkt nahm Cramer ein - nur in Anspruch nehmen, wenn sie ihm nach den jeweiligen örtlichen Verhältnissen auch tatsächlich zustehen. Zur gleichen Zeit wie Cramer erklärte Johann Jacob Moser einzig und allein die sich auf den jeweiligen Ort beziehenden, historisch verifizierbaren Rechte als interessierend. Aus dem örtlichen Herkommen seien die positiv-rechtlichen Grundlagen zu ermitteln, die der Entscheidung des Juristen zugrunde zu legen sind. Die Landesherrschaft stellte sich im 18. wie schon im 16. Jahrhundert als eine Addition einzelner actus superioritatis dar.[111]

Entsprechend fiel das Urteil in Sachen der Kriechingischen Gemeinde Steinbiedersdorf aus, die um „I. Die Gerechtigkeit zu Fischen in der Nied, II. Das Beholzungs-Recht" geklagt hatte.[112] Das Fischfangrecht der Gemeinde wurde durch ein Weistum von 1392 erwiesen, aus dem deutlich hervorgehe, „daß das durch den Bann lauffende Wasser ein gemein Wasser seye, dahin jedermann mit Recht gehen und fischen könne." Aus Zeugenaussagen ging hervor, dass die Bauern allezeit gefischt hatten und auf Verbote antworteten, dass „sie so viel Recht dazu hätten als ihre Herrschaft." Also wurde dem Landes- und Forstherrn der „mit Genuß des gemeinen Fisch-Wassers der Nied" sowie die Errichtung einer Forst-, Holz- und Fischereiordnung zugesprochen.

Die III. Beschwerde betraf die „anmuthende Jagdfrohnen". Die Gemeinde berief sich „a) auf die natürliche Freyheit: massen sie dem Landesherrn mit keiner Leibeigenschaft zugethan seyen". Und b) auf das Weistum von 1392, nach dem sie selbst das Recht zu jagen gehabt hatten mit der Bedingung, „wo in dem Bann ein Wildfang gefangen würde, laufende oder fliegende," die Hälfte davon nach Hofe zu Kriechingen abzuliefern. Obgleich zu a) nicht klar sei, ob die Gemeindsleute leibeigen seien, befand das RKG, habe der Landesherr nach Meinung der Rechtslehrer einen Anspruch auf Jagdfronen kraft der Landeshoheit. Wenn auch b) der Gemeinde aufgrund des Weistums ein Jagdrecht zustehe, so könne doch vom Recht zu jagen nicht auf eine Befreiung von Jagdfronen geschlossen werden.

Konnten Burgkunstadt und die Kriechingischen Gemeinden niedere Jagd und Fischfang als Allmendrechte beanspruchen, so gingen die Forderungen der Hohenzollern-Hechinger Untertanen nach einem allgemeinen Jagdrecht in der ganzen Grafschaft nicht nur räumlich weiter, sondern wurden auch prinzipieller begründet. Darauf deutet schon die Behauptung eines angeblichen kaiserlichen Privilegs der freien Pirsch, das sich nicht vorweisen ließ, hin, sondern auch die Reklamierung einer natürlichen Freiheit, die für Cramer in Widerspruch zur persönlichen Unfreiheit steht. Auf der Konferenz des Schwäbischen Kreises hatten offenbar die Städte mit dem Naturrecht argumentiert. Immerhin zeigt Cramers Reflexion, die Regalität der Jagd sei mit dem Römischen Recht nicht vereinbar, dass diese Anschauungen nicht nur im Volk, sondern auch bei den Juristen verbreitet waren.

---

[111] Willoweit, Rechtsgrundlagen, 173, 177, 179, 183 f., 209, 351, 353.
[112] Cramer, Nebenstunden, Teil 99, 87-109.

In den verschiedenen Artikeln bei Zedler kommt das immer wieder zur Sprache. Die Sache wird zunächst genauso wie von Cramer behandelt: Das Forstrecht beinhaltet die Aufsicht über die Wälder sowie das Jagdrecht.[113] Daher ist bei Gemeindewäldern, die im Jagdrevier des Landesherrn liegen, darauf zu achten, dass „nicht durch gäntzliche Verödung solcher Höltzer der Wildfuhr und Jägerey Schaden geschehe." Es wird nicht gestattet, dass sie „verhauen" oder mit Grund und Boden unter die Nachbarn geteilt werden. Zur Aufsicht sind von den Gemeinden ein oder mehrere Holzknechte zu bestellen, die von herrschaftlichen Beamten auf die Waldordnungen verpflichtet werden. Wenn die Gemeinden über ihren Eigenbedarf an Brenn- und Bauholz hinaus Holz verkaufen wollen, müssen sie es bei den Forstbeamten beantragen, die entscheiden, ob dieser Holzschlag „ohne Beschädigung der Wildbahne und Trifft-Gerechtigkeit geschehen möge." In Waldungen, wo das Wild gehegt werden soll, darf kein Vieh getrieben werden.[114] Die Auswirkungen der landesherrlichen Jagd auf die Allmendnutzung treten hier besonders deutlich hervor.

Im Artikel über die Jagd heißt es aber: „Ob ein Landes-Fürst das unbeschränckte Jagen denen Unterthanen zu verbieten befugt sey, wird unter denen Rechts-Gelehrten gestritten." Die Kritiker gründen sich auf die von Gott dem Menschen verliehene allgemeine Herrschaft über alle Geschöpfe und auf das Römische Recht, wonach ein jeder das gleiche Recht habe sich zu eigen zu machen, was noch niemandem gehört. Das Gegenargument lautet, dass die allgemeine Herrschaft über die Geschöpfe durch eine Beschränkung des Eigentums nicht aufgehoben werde; dies werde in einem Lande durch die die Gemeinschaft vertretende hohe Obrigkeit wahrgenommen. Dem gemeinen Wesen sei daran gelegen unvermeidlichen Missbräuchen, die aus der unumschränkten Jagdfreiheit erwachsen „und an Orten, wo gantzen Gemeinen das Jagd-Recht zustehet, würcklich verspühret werden," zuvorzukommen.[115]

Der Artikel zur Fischerei nimmt als feststehend:

> Die Fischerey, Fisch-Recht, ist zwar vor alten Zeiten einem jeden frey und erlaubt gewesen, es haben aber doch dieselbe nachgehends, eben wie die Jagd und das Vogelfangen, die grossen Herren sich zugeeignet, und die Flüsse sind unter die regalien gezählt worden.

Daraus, dass die großen Herren sich der Sachen, „die dem Volck sonst eigenthümlich waren, teilhafftig gemacht" haben, wird jedoch nur eine Fischereiordnungs-Kompetenz abgeleitet. Das Fischrecht könne ansonsten nur durch Verjährung erworben werden, indem die Untertanen zu einem entsprechenden Verbot eine undenkliche Zeit stillgeschwiegen, also nicht widersprochen haben. Ihre Rechtfertigung findet die Zuständigkeit Fischereiordnungen zu erlassen darin, dass die Landesfürsten in denjenigen Sachen, die „dem allgemeinen Völcker-Recht nach" einem jeden erlaubt sind, ein Ziel setzen können. „Es wird die Fisch-Gerechtigkeit auf diese Art nicht

---

[113] Zedler, Lexicon, Art. Forst-Recht, Bd. 9, 1734, 1531-1539, hier 1531.
[114] Ebd., Art. Wild-Bahn, Bd. 56, 1748, 723-728.
[115] Ebd., Art. Jagt, Bd. 14, 1735, 150-154.

denen Unterthanen entzogen, sondern nur modificiret, daß sie derselben nicht missbrauchen." Denn ein Landesfürst, der Regalien besitzt, könne dennoch die Rechte der Untertanen nicht unterbrechen. Was der Landesherr nun verordnen kann, ist be-scheiden: Dass auf gemeinen Wassern diejenigen nicht fischen dürfen, die kein Eigentum in dem Dorf oder in der Stadt haben, „weil die Fische aus solchen Gemein-Wassern vor gemeinschafftliche Nutzungen gehalten werden"; dass in den Gemeindegewässern nur zu bestimmten Zeiten im Jahr das Fischen erlaubt wird und auch nur an bestimmten Tagen der Woche.[116]

Der Artikel über den Wildbann geht am weitesten, wenn er es für außer Streit hält, dass nach den göttlichen, natürlichen und kaiserlichen Rechten jedem Menschen freistehe zu jagen, sogar auf fremdem Grund und Boden, „anerwogen die wilden Thiere, so lange sie sich in ihrer natürlichen Freyheit befinden, niemanden zugehören". Von der Realität gibt er allerdings andere Beschreibungen.[117]

Diese Begründungen spielen in die umstrittene Frage, ob ein Wilderer am Leben gestraft werden dürfe, hinein. Das Wild, argumentieren einige Rechtslehrer, das noch in seiner natürlichen Freiheit umhergehe, sei in niemandes, mithin auch nicht in des Wildbann-Herrn Eigentum, folglich daran kein Diebstahl begangen werden könne. Sie ziehen den Sachsenspiegel heran, in dem es hieß: „Da Gott den Menschen schuff, da gab er ihme Gewalt über Fisch und Vögel und über alle wilde Thiere, darum haben wir es Urkund von Gott, daß Niemand sein Leben an diesen Thieren verwürcken kan." Ebenso im Schwabenspiegel. „Dem sey aber wie ihm wolle," kommentiert Zedler, „so ist doch gewiß, daß nach heutiger Gewohnheit in Deutschland das Wildpretschiessen und verkauffen für ein malefizisches Verbrechen geachtet werde, folglich, befindenden Dingen und Umständen nach, zuweilen auch mit dem Leben abgestrafft werden könne." Und zwar nicht wegen des geschossenen Wildes, sondern wegen Missachtung des obrigkeitlichen Verbots.[118]

---

[116] Ebd., Art. Fischerey, Bd. 9, 1734, 1003-1011. Nach der sächsischen Fischordnung von 1596, 1657 und 1711 bestätigt, besaßen das Recht in wilden Wassern zu fischen entweder einzelne Personen oder ganze Kommunen oder Gerichtsherrschaften oder, besonders in größeren Flüssen, der Landesherr. Wo ganzen Kommunen die Nutzung der Bäche und Fischwasser zustand, durfte dieses Recht nicht von allen zugleich, sondern nur der Reihe nach und in der vorgeschriebenen Ordnung ausgeübt werden. Auch konnten nur begüterte Personen, nicht aber Häusler und Tagelöhner, daran teilnehmen: Gnädigst-privilegirtes Leipziger Intelligenz-Blatt, in Frag- und Anzeigen, vor Stadt- und Land-Wirthe, zum Besten des Nahrungs-Standes, Leipzig, 18.5.1771, 247-249.

[117] Zedler, Lexicon, Art. Wild-Bann, Bd. 56, 1748, 729-758, hier 730.

[118] Ebd., Art. Wilderer, Bd. 56, 838-848. Unterstützung von Wilderern durch den gemeinen Mann: Eine Bauernrotte aus St. Märgen im Schwarzwald hatte 1737 versucht die Auslieferung einiger in Kirchzarten festgesetzter Wilderer an die Fürstenbergische Regierung durch gewaltsame Befreiung zu verhindern. Dieser Landfriedensbruch wurde je nach Tatbeitrag mit zwei bis vier Monaten „ad operas publicas" bestraft: Schott, Spruch, 243, Nr. 254.

Die pragmatische Wende, die in diesen Artikeln vollzogen wird, erhält im Artikel zum Eigentum ihre rechtsphilosophische Begründung. Während Pufendorf meint, die Menschen hätten nach der Einführung des Eigentums ihre stillschweigende Einwilligung gegeben, dass sich ein jeder derjenigen Dinge, die noch nicht unter das Eigentum gefasst worden sind, anmaßen könne; wendet Zedler dagegen ein, dieses habe zwar im Stande der natürlichen Freiheit seine gute Richtigkeit. Es sei aber kein Zweifel, dass die ursprüngliche Art Eigentum zu erlangen nicht nur bei der ersten Einführung des Eigentums stattgefunden hat, sondern auch jetzt noch nicht außer Kraft sei. Im Stande der weltlichen Reiche habe nicht jeder das Recht alle, in einem Reiche sich scheinbar herrenlos befindenden Güter sich anzumaßen. Vielmehr seien solche Güter der obersten Herrschaft unterworfen und könne diese über deren Aneignung Bestimmungen treffen.[119]

Hauptkennzeichen der Mitberechtigungen an den Allmenden im 18. Jahrhundert war die grundherrliche Mitnutzung an der Allmendweide - das gab es schon im Mittelalter - und das landesherrschaftliche Aufsichtsrecht über die Gemeindewaldungen, ohne Beeinträchtigung der Nutzung des Eigentums - das war nicht eben viel.

Die Reichweite landesherrlicher Ordnungen war begrenzt. Auch noch in der Frühen Neuzeit waren die Quellen des Rechts: das alte Herkommen, das gerichtliche Urteil (das Recht eher schuf, als dass es Normen anwandte), der Vertrag und das Privileg.[120] Der Landesherr konnte die Rechtsgewohnheiten, das ius commune, zwar reformieren, aufheben konnte er sie nicht. Neben das Recht trat die Policey. Landesherrliche Policeyordnungen waren, so Willoweit, nicht Recht, sondern eben „Ordnung", Verhaltensregulativ, gegen das bei Zuwiderhandlung Strafsanktionen angedroht wurden. Die Landesherren unternahmen es zwar im Wege policeylicher Maßnahmen die alten Rechte zu unterlaufen und auszuhöhlen. Grundsätzlich aber konnten sie über das Recht nur insoweit disponieren, als die Rechte der Untertanen nicht verletzt wurden.[121] Der Landesstaat vermochte die alten, verschiedenartigen Rechtsbeziehungen zwischen Herrscher und Untertanen zu überlagern, doch nicht einzuebnen. Die vielleicht wichtigste Eigentümlichkeit des frühneuzeitlichen Territorialstaatsrechts bestand in seinem Unvermögen, einmal existierende Rechte faktisch zu beseitigen oder aus dem Kanon des überlieferten Rechtsguts auszuscheiden. Der Landesherr musste im Zweifelsfall sein Recht im Einzelnen durch konkrete Gerechtsame nachweisen - ganz wie im Spätmittelalter. Das unübersichtliche Gefüge herkömmlicher Rechte konnte kein absolutistischer Staat als Ganzes aufheben.[122]

---

[119] Zedler, Lexicon, Art. Dominium, Bd. 7, 1734, 1215-1225, hier 1219.

[120] Dietmar Willoweit, Deutsche Verfassungsgeschichte vom Frankenreich bis zur Teilung Deutschlands. ein Studienbuch, 2., durchges. Aufl., München 1992, 2 f.

[121] Ders., Struktur und Funktion intermediärer Gewalten im Ancien Régime, in: Gesellschaftliche Strukturen als Verfassungsproblem. Intermediäre Gewalten, Assoziationen, Öffentliche Körperschaften im 18. und 19. Jahrhundert, Berlin 1978, 17-20.

[122] Ders., Rechtsgrundlagen, 249; ders., Verfassungsgeschichte, 110, 154.

Im letzten Viertel des 18. Jahrhunderts kam scharfe Kritik an der Policey-aufsicht vom liberalen Standpunkt her auf. Huenlin gibt die Kritik sowohl an der bäuerlichen Waldweide wie an der landesherrlichen Forstschutzpolitik wieder. Ein Tier, das nur einen Taler wert ist, könne oft für mehr als 30 Taler Schaden im Wald anrichten. An die andere Adresse gerichtet, werden die Verbote oder Einschränkungen des Holzverkaufs zu dem Zweck dem Holzmangel vorzubeugen als der Erfahrung nach untaugliches Mittel bezeichnet. Dadurch seien die Waldbesitzer von der Verbesserung der Holzkultur eher abgehalten, als ermuntert worden, Auslagen für den Wald zu machen. So veröteten viele Plätze in den schönsten Waldungen. Würde der Holzverkauf freigegeben werden, so bekämen die Eigentümer Mut, mit größerem Fleiß und Aufwand eine Aufforstung der Gehölze zu betreiben. Auch der Landmann hätte, da der Privateigentümer ihm das Ausroden der zurückgebliebenen Stöcke und Stümpfe überlassen würde, dabei einen Verdienst.[123]

Die „Deutsche Encyclopädie" bezieht diese Kritik auch auf die Aufsicht über den Allmendwald. Sie räumt zwar ein, dass die Kommunwaldungen als Eigentum einer ganzen Stadt- oder Dorfgemeinde, „so wie alles Privateigenthum", der obersten Gewalt des Staates untergeordnet seien, wie weit jedoch die Aufsicht gehe, darüber sei man sich bisher noch nicht einig geworden. „Bey allen Regierungs-anstalten muß die Heiligkeit des Eigenthumsrechts, als unveränderliche Basis angenommen, und durch keinerley Vorwand, er mag auch Namen haben wie er wolle, davon abgewichen werden." Daher müsse auch die Aufsicht des Regenten über die Kommunwaldungen auf eine Art ausgeübt werden, die sich mit der Heiligkeit des Eigentumsrechts vertrage. „Klarer hinlänglicher Unterricht", wie die Waldungen zu behandeln seien, damit die Gemeinden ihren Holzbedarf stets in ausreichender Menge decken könnten, vollständiger Schutz für die Gemeinden in der freiesten Wahrnehmung ihres Eigentumsrechts und für die einzelnen Gemeindegenossen in der freiesten Inanspruchnahme ihrer Nutzungsrechte, das seien die wesentlichen Aufgaben der oberherrlichen Aufsicht des Regenten über die Allmendwaldungen. Das Holz auszeichnen, die Holzabgaben, das Recht Gebote zur Verhütung von Waldschäden und zur Hegung der Wälder zu erlassen, das Recht die Waldfrevel zu strafen und die Bußen einzuziehen - dies alles den Gemeinden zu entziehen und den herrschaftlichen Forstbedienten aufzutragen

> sind offenbare Eingriffe in die Eigenthums- und Verwaltungsrechte der Gemeinden, und können in keinem andern Falle statt finden, als wenn die Gemeinden ganz unfähig sind, ihre Waldwirthschaft selbst zu besorgen, oder wenn sie sich evidente Mißbräuche zu Schulden kommen lassen.

So wenig der Staat seinen Untertanen vorschreiben könne, Nutzen aus ihrem Privateigentum nur nach jedesmaliger Anfrage und in Gegenwart eines Staatsbediensteten ziehen zu können, so wenig könne er das Eigentumsrecht der Gemeinden über ihre

---

[123] David Huenlin, Neue und vollständige Staats- und Erdbeschreibung des Schwäbischen Kreises, Bd. 1, 1780, 219 f.

Allmendwaldungen so weit einschränken, dass sie dieses nur nach besonderen Anfragen bei den Forstbediensteten oder in ihrer Anwesenheit „und unter mancherley unnötigen Kosten ausüben dürfen."[124]

Der Ausdruck „Heiligkeit des Eigentums" deutet bereits auf die Vorstellung einer Unbeschränktheit hin[125], doch mehr noch reflektiert der Artikel die Zweifelhaftigkeit der Konstruktion der Forstobrigkeit und die nicht neue Kritik daran.

Gemeinde

Der Forschung ist seit längerem klar, dass der Absolutismus seine Ansprüche gegenüber den Ständen nur unvollkommen durchzusetzen vermocht hat. Von daher wäre zu erwarten, dass es im Verhältnis zu den Gemeinden nicht viel anders gewesen sein wird. Dennoch wird in der Geschichtsschreibung vielfach die Ausschaltung der Gemeinde als intermediärer Institution zwischen Landesherrn und Untertan als Tatsache genommen, nicht zuletzt unter dem Eindruck, den Gerhard Oestreichs Sozialdisziplinierungs-These gemacht hat.[126]

Die modernen Klassiker der Landgemeindeforschung machten da ganz andere Beobachtungen. Nach Franz Steinbach sind die Nachbarschaftsgemeinden in dieser Epoche wenig in ihrer Eigenständigkeit angefochten und gefährdet gewesen. Wohl wurden sie in zunehmendem Maße auch für staatliche Zwecke in Anspruch genommen, aber ihre eigenen Angelegenheiten hätten sie trotzdem auch weiterhin mit großer Selbstständigkeit wahrnehmen können. „Es ist ein Irrtum, aus der seltenen Erwähnung eigener kommunaler Aufgaben in den Sammlungen von Gesetzen und Verordnungen, aus der Betonung staatlicher Auftragsangelegenheiten der Gemeindevorsteher irgend einen Schluss auf das Schicksal der kommunalen Selbstverwaltung nach der Richtung zu ziehen, dass sie durch ein Übermaß staatlicher Aufsicht und staatlicher Funktionen erdrückt worden wäre. Der Schwerpunkt der Kommunalverwaltung lag in der mündlichen Verhandlung der Gemeindeversammlung. Nur die

---

[124] Deutsche Encyclopädie oder Allgemeines Real-Wörterbuch aller Künste und Wissenschaften, Bd. 1, Frankfurt am Mayn 1778, Art. Allmentwald, 371. Sie wurde herausgegeben von Professoren der Gießener Akademie der Wissenschaften: Uwe Decker, Die Deutsche Encyklopädie (1778-1807), in: Das achtzehnte Jahrhundert 14 (1990), 147-151.

[125] Der Ausdruck wird zur gleichen Zeit gebraucht bei Johann Georg Krünitz, Oeconomische Encyclopädie, Bd. 10, Berlin 1777, Art. Eigenthum, 353-357, hier 356: „Es ist gewiß, daß unter allen Rechten der Bürger keines heiliger ist, als das Recht des Eigenthums; ja, es ist gewissermaßen noch mehr daran gelegen, als an der Freyheit selbst". Doch schon Zedler, Lexicon, Bd. 8, 1734, 514, definierte: „Eigenthum, ist ein Recht, mit einer Sache frey und ungehindert disponiren, und alles thun zu können, was die Gesetze nicht ausdrücklich verbieten."

[126] Gerhard Oestreich, Strukturprobleme des europäischen Absolutismus, in: Ders., Geist und Gestalt des frühmodernen Staates. Ausgewählte Aufsätze, Berlin 1969, 188-193.

wichtigsten Entscheidungen wurden protokolliert. Die meisten derartigen Aufzeichnungen sind außerdem infolge schlechter Aufbewahrung verlorengegangen."[127]

Karl Siegfried Bader beobachtet ein recht reges kommunales Bewusstsein auf dem Lande auch im 18. Jahrhundert. „Allerdings darf man es in der Gesetzgebung des absolutistischen Staates selbst nicht suchen."[128] In Süddeutschland wählte die Dorfgemeinde weiterhin ihre Organe, während der Herrschaft allenfalls ein Bestätigungsrecht zukam. Meist sei die Landesherrschaft gar nicht stark genug gewesen um alles nach ihren Wünschen zu ordnen, die Verordnungen blieben häufig Papier. Nicht zuletzt ist Baders Befund von Wichtigkeit, dass die staatsrechtliche Literatur mit der Subsumtion der Dorfgemeinde unter den Begriff der *universitas* sie nicht nur der Aufsicht des *princeps* unterstellte, sondern auch eine Reihe von Rechtsqualitäten anerkannte: das Recht sich zu versammeln und Beschlüsse mit Verbindlichkeit für alle Mitglieder zu fassen, Ordnungen, Gebot und Verbot zu erlassen, Vertreter zu wählen, die für sie handeln; das Recht Güter zu erwerben, zu verwalten und zu verkaufen; die Qualität Prozesse zu führen und verklagt werden zu können.[129]

Rudolf Endres stellt innerhalb Frankens territorial unterschiedliche Zugriffe der landesherrlichen Obrigkeiten auf die Autonomie der Gemeinden fest. Während im Hochstift Würzburg die Gemeinde zur untersten Verwaltungsebene des absolutistischen Staats herabgedrückt werden sollte, blieb im benachbarten Hochstift Bamberg nach Ausweis der Dorfordnungen ihre Autonomie bis zum Ende des Alten Reichs gewahrt. Ein Altdorfer Professor definierte 1786 die obrigkeitliche Dorf- und Gemeindeherrschaft als das Recht Gemeindeordnungen zu erlassen, Gebote und Verbote in Gemeindesachen ergehen zu lassen, die Gemeindeämter, wie Schulzen und Gemeindehirten, zu bestellen; das Zusammenrufen der Gemeinde, die Abhörung der Gemeinderechnungen; die Benutzung der Gemeindehölzer und die Holzzuteilung, das Eicheln lesen und andere Gemeindenutzungen zu regeln und in strittigen Fällen zu entscheiden, zur Unterhaltung der Gassen, Wege und Stege Gemeindefronen auszuschreiben und zur Bestreitung der gemeinen Ausgaben Gemeindeumlagen zu machen und anderes mehr. Doch er fügte an: „in manchen Orten ist sie der Dorfgemeinde überlassen und wird durch die Vierer ausgeübt; in manchem Dorf, insonderheit in solchen, welche nur einen Eigenherrn haben, ist sie mit der Vogteylichkeit verbunden."[130] Proklamiert wird eine umfassende Gemeindeobrigkeit des Landesherrn, was aber noch nichts darüber aussagt, wie sie tatsächlich ausgeübt wurde.

„Wenn einige Ideologen und allzu eifrig im Fürstendienste beflissene Juristen alles Eigenrecht der Gemeinden leugneten, so steht dem gegenüber," warnt Stein-

---

[127] Steinbach, Grundlagen, 547.
[128] Bader, Naturrecht, 14.
[129] Ebd., 12-16.
[130] Endres, Wandel, 220 f.; ders., Stadt- und Landgemeinde in Franken, in: Peter Blickle (Hg.), Landgemeinde und Stadtgemeinde in Mitteleuropa. Ein struktureller Vergleich, München 1991, 115.

bach, „daß die Gemeinden leidenschaftlich gegen diese Auffassung protestiert und die Abwehr der bürokratischen Bevormundung durchgehalten haben."[131]

Der Vorgang stellt sich in den RKG-Prozessen so dar, dass, wenn eine Herrschaft Verordnungen erließ oder Anordnungen traf, in denen sie über die Rechte der Gemeinde hinwegging, diese daraufhin gegen ihre Herrschaft klagte oder von der Herrschaft, die ihre Verordnungen nicht durchsetzen konnte, verklagt wurde. Als Kläger bzw. Beklagte wurden tituliert „Bauermeister und Gemeinde", „Schultheiß und Gemeinde", auch „Schultheiß und Einwohner der Gemeinde", „sämtliche Vorsteher und Untertanen des Amts". Hieraus geht nicht nur hervor, dass keine Differenz zwischen den Gemeindemitgliedern und den Gemeindeorganen zu bemerken ist, sondern auch dass, wie eh und je, die Gemeinde in institutionalisierter Form der Herrschaft in der Vertretung der Angelegenheiten des Dorfes gegenübertrat.

Cramer erläutert selbst die gerichtlich anerkannten Regelungen: Dass die klagende Dorfgemeinschaft „als eine Gemeinde jederzeit angesehen werden muß, so lange sie nicht ausdrücklich erklären, daß sie als einzelne Personen zu handeln gedencken, ist ein ausgemachter Satz". Da nun gemeinschaftliche Sachen von einem gemeinsamen Sachwalter vertreten werden müssen, ist für die Bestellung des Syndikus eine rechtliche Ordnung vorgeschrieben. Es sei unumgänglich erfordert, a) die Zusammenberufung aller und jeder Mitglieder einer Gemeinde dergestalt, dass das Übergehen eines einzigen den ganzen Vorgang null und nichtig macht; b) die Anwesenheit von mindestens zwei Dritteln derselben an einem öffentlichen Ort; schließlich c) die Bewilligung durch die Versammelten nach der Mehrheit der Stimmen.[132] Wenn die Gemeinde den Klageweg beschritt, hatte der Herr zunächst einmal das Gegenteil dessen erreicht, was er beabsichtigte, statt der Ausschaltung der Gemeinde die Aktivierung der Institution.

In dem Zusammenhang, in dem Cramer dies darlegt, in der Streitsache der Bauerschaft Anten gegen das Stift Börstel[133], „verdienet einige Aufmercksamkeit" der folgende Vorgang. Am 11. November 1701 hatten 18 Männer und Witwen der Gemeinde Anten sich vor einem Notar zur Klage beim RKG zu allen Kosten bei Verpfändung ihrer Güter verbunden. Am 5. März 1705 widerriefen sieben von ihnen ihre Beteiligung an dem Gerichtsverfahren. Alle sieben waren sog. Erbmänner, also Bauern, „welche mit liegenden Gründen so wohl versehen sind, daß sie denen Köther oder Kothsassen, die dergleichen nicht haben, entgegen gesetzet werden." Das Stift beantragte sogleich die Einstellung des Prozesses und erläuterte: Im Osnabrück-

---

[131] Steinbach, Ursprung, 594.

[132] Cramer, Nebenstunden, Teil 54, 75-81. Sailer, Untertanenprozesse, 36. Das Prozesssyndikat besaß Finanzhoheit, d.h. das Recht von seinen Mitgliedern Prozessbeiträge einzutreiben: Werner Troßbach, Bauernbewegungen in deutschen Kleinterritorien zwischen 1648 und 1789, in: Winfried Schulze (Hg.), Aufstände, Revolten, Prozesse. Beiträge zu bäuerlichen Widerstandsbewegungen im frühneuzeitlichen Europa, Stuttgart 1983, 250 f. Ein anschauliches Beispiel der Einberufung des Prozesssyndikats der Eingesessenen der Reichsgrafschaft Kerpen-Lommersum 1789 bei Gabel, Widersetzlichkeit, 279.

[133] S.o. S. 242.

ischen bestanden die Markgenossen aus Erbleuten, halben Erbleuten und Köttern. Die Geschäfte der Mark wurden vom Holzgrafen, der in der Berger Mark der Bischof selbst war, nebst den ganzen und halben Erbleuten besorgt. Da nun die Erbleute den Prozess abgesagt hatten, könnten die Kötter ihn nicht fortführen, nicht einmal einen Prokurator bestellen. Es gehe aus den Dokumenten aber hervor, so Cramer, „daß die Erbmänner nachhero umgesattelt, und wieder denen Köthern sich zugesellet haben."

Die Situation war offenbar schwierig, da nur noch die Frage des Schaftriftweges der Annahme des von der Osnabrückischen Regierung aufgestellten Vergleichs im Wege stand und daher von den fünf Bauerschaften des Kirchspiels Berge nur eine, nämlich Anten, ihre Zustimmung verweigerte und auch innerhalb dieser Gemeinde die Schaftrift vor allem für die Kötter von vitalem Interesse war. Es ist nicht verwunderlich, wenn die Bauern sich langsam fragten, ob sie sich unter diesen Umständen weiterhin an dem sich hinziehenden RKG-Prozess „zu allen Kosten" beteiligen sollten. Dennoch ließ sich die Solidarität wiederherstellen. Schon im Jahr 1700 hatte die Osnabrückische Regierung erleben müssen, dass bei dem Versuch ihres Vogts mit 13 Schützen vier Kötter verhaften zu wollen, nicht nur diese sich zur Wehr setzten, sondern das ganze Dorf zusammenlief und sie aus ihren Händen riss. - Der Prozess wurde erst 1764 entschieden und negativ für die Eingesessenen der Bauerschaft Anten. - Nicht immer waren die Belastungen für den Zusammenhalt der Gemeinde, die aus der sozialen Differenzierung im Dorf resultierten, so stark und in der Regel haben die Gemeinden sie ertragen.

Den Versuch, herrschaftliche Beamte am besten gleich aus dem Dorf fernzuhalten, stellt anscheinend das Ansinnen der Gemeinde Ringsheim im Elsass dar.[134] Der Amtsschreiber beim Stift-Straßburgischen Amt Ettenheim, Joseph Chomas, hatte ein adeliges Gut in der Ringsheimer Markung gekauft, woraufhin die Kommune Ringsheim „die Marcklosung angesprochen". Die Marklosung war das Recht der Gemeindemitglieder auf ein Grundstück innerhalb der Markung, das an einen Auswärtigen verkauft werden sollte, ein Vorkaufsrecht geltend zu machen.[135] Der Anspruch scheiterte daran, dass das adelige Gut „wohl in Territorio gelegen, aber nicht de Territorio ist".

Bestätigte das RKG die Unabhängigkeit der Gemeinden, so musste es doch Vorkehrungen treffen, wenn sie Aktivitäten entwickleten, die auf einen Umsturz gerichtet schienen. So wurde 1768 den Untertanen von Hohenzollern-Hechingen im Zusammenhang mit dem Jagdfronprozess verboten[136] „ohne obrigkeitliches Vorwissen und Erlaubniß" weder Gemeinde- noch „sogenannte Landes-Versammlungen" oder andere Zusammenkünfte abzuhalten, noch weniger „sich zusammen zu verbinden". Cramer betont, dass die Verordnung den Untertanen keineswegs die zur Fort-

---

[134] Cramer, Nebenstunden, Teil 36, 7-14.
[135] Hermann Fischer, Schwäbisches Wörterbuch, Bd. 4, Tübingen 1914, 1480; F. Wernli, Marklosung, in: HRG, Bd. 3, 320-324.
[136] Cramer, Nebenstunden, Teil 104, 496-501.

setzung des Prozesses nötigen Zusammenkünfte verbiete, sondern allein, „daß diese Leute nach ihrem Gutfinden eine sogenannte Landschafft sollten formiren". 1770 ergänzte das RKG, wenn die Untertanen beabsichtigten „durch einen oder zwey Deputirten von jeder Gemeinde zusammen zu tretten", um sich zu beratschlagen, ihnen dieses nach Anzeige bei der fürstlichen Regierung und deren Erlaubnis gestattet sei.

Was von einer solchen Landschaft zu erwarten wäre, hatte Cramer bereits zuvor als „merckwürdiges Beyspiel" in einer Dokumentation der Hohenzollerischen Rebellion von 1618/19 vor Augen geführt.[137] Zur Einschüchterung der Gehorsamen waren von den Rebellen Drohungen sie umzubringen ausgestoßen worden und solche Drohungen mit Streichen und Schlägen an unterschiedlichen Personen „mit der That selben exequiret" worden; was der Fürst so auffasste, dass die Rebellen damit in die gräfliche Jurisdiktion eingriffen, „des Bestraffens und andern Obrigkeitlichen Gewalts sich angemaßt" hätten. Die von der Herrschaft besoldeten Diener wurden ihrer Dienste entsetzt, indem ihrem Vieh „Wunn, Waid und Wasser verbotten" wurde. Dies war im Unterschied zu obigen Sanktionen der Ausschluss aus der Gemeinschaft, so dass die Betroffenen den Ort zu verlassen gezwungen waren, und hatte den Zweck die herrschaftliche Gewalt zu verdrängen. Denn nun musste beim Ausschuss der Rebellen, „gleichsam als wäre derselbe ihr Obrigkeit", Bescheid geholt werden; „ja unter ihnen selbsten ein neuen in der Grafschafft Zollern unerhörten Stand (welchen sie die Landschafft genennt)" aufgeworfen wurde. Sie ließen untereinander ein Verbot ergehen, dass keiner der Herrschaft Gebot und Verbot achten und sich daran halten sollte.

War die Gemeinde im 18. Jahrhundert durchaus nicht geschwächt und die Landesobrigkeit in Allmendsachen auf eine Aufsichts- und Ordnungskompetenz beim Wald beschränkt, so will Cramer mit seiner überaus ausführlichen Darstellung des Schiffenberger Urholzstreits, bei dem der Deutschordenskommende eine über fünfzigjährige Rechtsvereitelung gelang[138], anprangern, wie die Mächtigen und Gewandten Mittel und Wege fanden ihre Ansprüche durchzusetzen. Dies war ebenfalls eine Realität des 18. Jahrhunderts. Die „Wald-Despotie" des Grafen von Wied-Neuwied ist ein anderes eindrucksvolles Beispiel dafür.[139]

Jedenfalls waren die Allmenden im 18. Jahrhundert zwischen Bauern und Herren stark umstritten. Von 35 Prozessen berichtet Cramer in 19 Jahren, auf wenigen Seiten oder über mehrere Kapitel, andere Beispiele des bäuerlich-herrschaftlichen Verhältnisses kommen nur vereinzelt vor.[140] Krünitz klagt 1795 über die

---

[137] Ebd., Teil 77, 35-53.
[138] S.o. S. 264-266.
[139] Troßbach, Schatten; siehe bes. ebd., 321 zur Kritik an der Forsthoheit.
[140] Eine Übersicht gibt Bader, Studien 2, 422 f., Anm. 130; sechs Fronstreitigkeiten stellt Cramer dar: Sailer, Untertanenprozesse, 177; Wald- und Weideprozesse vor dem RKG erreichten laut Sailer, ebd., 20 f., 25 f., 144 f., in der 2. Hälfte des 18. Jahrhunderts ihren Höhepunkt.

„Prozeß-Sucht" der Bauern, Prozesse um Nutzungsrechte seien die „unglücklichsten und verderblichsten" und die „gemeinsten", d.h. am weitesten verbreitet.

Allein für Paderborn/Corvey und den späteren Kreis Wiedenbrück sind nach dem Bestandsverzeichnis des Staatsarchiv Münster im 18. Jahrhundert 29 RKG-Prozesse um Holz- und Weiderechte nachgewiesen. Davon entsprangen acht Prozesse innergemeindlichen Konflikten, die anderen wurden mit den Herrschaften geführt. Bei den innergemeindlichen Konflikten klagten 1743 ein Meier gegen einen Kötter wegen Holzdiebstahls, 1758 eine Gemeinde gegen „Neuwohner" um die Hude, 1769 die Meier einer Gemeinde gegen die Halbmeier und Kötter um Holzrechte, 1771 eine Kleinstadt gegen einen Einwohner, der durch Rodung die Weide beeinträchtigte, 1788 eine Bauerschaft gegen einen Kaufmann, dessen Heuerling sie das Weiderecht absprach. Diese Konflikte waren Folge einer starken Neusiedlung auf Markenboden. Die Herrschaftskonflikte entstanden daraus, dass die Rittergüter im Paderbornischen im späten 18. Jahrhundert zu einer rationellen Holzwirtschaft und einer umfangreicheren Schafhaltung übergingen. 1796 kam es zwischen der Gemeinde Fürstenberg und dem Grafen von Westphalen nach einem sei 1785 geführten und infolge Zahlungsunfähigkeit der Gemeinde abgebrochenen Prozess vor dem RKG zu einem Vergleich über Weiderechte für Schafe. Der Gutsherr v. Haxthausen prozessierte 1792 vergeblich gegen einige Gemeinden, welche verlangten autonom über die Ansiedlung auf der Gemeinmark entscheiden zu können, die Haxthausens Servitute berührte. Er musste sich später, 1826, von der Mindener Regierung sagen lassen, dass die verlangte Autonomie „geltendes Kommunalrecht" sei.[141]

Das war die Spitze des berühmten Eisbergs. Denn dem RKG-Prozess gingen meistens ein oder zwei Instanzen voraus und nicht alle, vielmehr die wenigsten Prozesse gelangten bis zu den höchsten Reichsgerichten oder wurden so weit getrieben. Man muss von einer Vielzahl von Gerichtsverfahren ausgehen, in denen die Differenzen zwischen den Herrschaftsparteien ausgetragen wurden.[142]

J. G. Klingner, der im Stil der Rechtsgelehrten seiner Zeit unparteiisch und um objektive Maßstäbe bemüht, aufgrund von Gerichtsfällen hauptsächlich aus Sachsen die Dorf- und Bauernrechte aufzeichnete, wird bei diesem Thema ganz ungehalten:[143]

Es ist fast unglaublich, was für Trotz und Widersetzlichkeit oftermals beysammenhaltende Dorfs-Gemeinden, der blossen Trift halber, gegen ihre Ge-

---

[141] Josef Mooser, Gleichheit und Ungleichheit in der ländlichen Gemeinde. Sozialstruktur und Kommunalverfassung im östlichen Westfalen vom späten 18. bis in die Mitte des 19. Jahrhunderts, in: AfS 19 (1979), 238, 240 f.

[142] Siehe etwa die Sprüche der Freiburger Juristenfakultät zu Prozessen von Herrschaften mit Gemeinden: Schott, Spruch, Nr. 254 (1737: Wilderei), 294 (1756/57: jus compascendi), 368 (1790: Gemeindewald), 385 (1794: Schafe), 391 (1795: Wald und Weide), 417 (1812: Weiderecht), 422 (1816: Wald und Holzzehnt).

[143] Johann Gottlieb Klingner, Sammlungen zum Dorf- und Bauernrechte, Bd. 2, Leipzig 1750, 7.

richts-Obrigkeiten auszuüben sich anmassen, ja mit äusserster Hartnäckigkeit und offenbarer Besorgniß eines gefährlichen Tumults, ihrer obliegenden Schuldigkeit sich entziehen wollen, auch weder durch liebreiche Vorstellungen, noch Landesherrliche nachdrückliche Andeutungen sich bewegen lassen, ja wohl gar ihre Weiber zu gleicher Widerspenstigkeit anreitzen und selbige zu Hülfe nehmen.

Die bäuerliche Dickköpfigkeit gerade bei ihren Gemeinderechten fällt auf. Klingner beschreibt, wie die Gemeinden im vorgerichtlichen Bereich von ihrem Pfändungsrecht derart exzessiven Gebrauch machten, dass er den Gerichtsherren empfiehlt „den Landes-Herrn um mächtigen Schutz anzuflehen". Er schildert, wie drei Gemeinden gegen zwei einander nachfolgende Rittergutsbesitzer in Elsterwerda ungeachtet landesherrschaftlicher Anordnungen mit Abmähen von 40 und 140 Fuder Heu, Abtransport desselben, Auftrieb des Viehs auf die Wiesen, Pfändung von gutsherrlichen Pferden und Vieh von der Weide, ja selbst aus den Ställen, vorgingen.[144]

Die Allmenden hatten im epischen Gedächtnis des Volkes einen wichtigen Platz. Aus dem Thüringischen ist die Sage „Der Grenzgang des Schulzen" überliefert: Die Heubacher Männer waren ihrem Fürsten, als er vom Feind hart bedrängt wurde, beigesprungen und hatten geholfen das Kriegsglück zu wenden. Zum Lohn für die entschlossene Tat hielt der Fürst dem Dorf einen Wunsch frei. Der Heubacher Schulze sprach: 'Unsere Vorväter haben das Dorf einst gegründet, den Wald gerodet und so die Wiesen und Äcker geschaffen, die Euch und uns heute Nahrung geben. Damals, in der alten Zeit, war es das Recht unserer Vorfahren im Wald rings um das Dorf zu schlagen, Raubtiere zu schießen, Streu zu holen und Reisig zu sammeln. Später ist uns dieses Recht genommen worden; die Herren und die Klöster haben den Wald an sich gebracht. Seitdem müssen wir das Nötigste entbehren. Unsere Bitte ist: Gewährt uns eine Ortsflur mit Wald um das Ackerland.' Der Fürst fragte, wie viel die Heubacher beanspruchen wollten. Der Schulze entgegnete, sie wollten nur, was sie und ihre Familien zum Leben brauchten. Sie hätten genug an einer Flur, die ein Mensch in einigen Stunden umwandern könne. Als der Fürst zögerte, schlug der Schulze vor: 'Steckt mich wie einen Ritter in eine eiserne Wehr. So will ich loswandern und was ich in sieben Stunden umschreite, das soll die Dorfflur sein.' So geschah es, die Heubacher erhielten auf diese Weise ihre Allmende, wenn auch der Schulze die Strapaze nicht überlebte.[145]

Die Konflikthaftigkeit von Schäferei und Jagd hinterließ besondere Spuren im Gedächtnis. In einer nach Berufen und Ständen zusammengestellten Sammlung von Sagen aus dem Sächsischen finden sich Totschlagsgeschichten ungewöhnlich gehäuft bei Schäfern. Beispielsweise „Das Schäferkreuz zu Röhrsdorf": Die Herren der Burg Rabenstein hatten in alten Zeiten das Recht, ihre Schafherden auf die Wiesen der Röhrsdorfer Bauern zur Weide treiben zu lassen. Die Schäfer der Raben-

---

[144] Ebd., 289-291.
[145] Walter Nachtigall/Dietmar Werner (Hg.), Der pfiffige Bauer und andere Volkssagen um Stände und Berufe aus dem Thüringischen, Berlin 1989, 210-212.

steiner ließen ihre Herden oft auch auf die angrenzenden Felder der Bauern laufen und richteten dadurch großen Schaden an. Als eines Tages wieder ein Schäfer seine Herde in die Felder trieb, kam es zu einem heftigen Streit mit mehreren verbitterten Bauern, bei dem der Schäfer erschlagen wurde. Zur Sühne mussten die Bauern ein steinernes Kreuz am Ort der Tat, einem Feldweg nach Rabenstein, setzen. Die Leute nennen es das Schäferkreuz.[146] Förster und Jäger erscheinen als Spukgestalten, weil sie in ihrem Leben die Armen wegen Eicheln, Reisig, Laub sammeln unbarmherzig behandelt hatten.[147]

Im sächsischen Bauernaufstand von 1790, der sich an den Wildschäden entzündete, kursierte ein Gedicht, das ein gewisser Wolf in Niederposta, der durch Gelegenheitsreimereien zu Familienfesten einen Ruf als Poet hatte, auf Wunsch der Bauern angefertigt hatte.[148]

> Ihr Bauern hier im Sachsenland
> erlegt das Wild mit eig'ner Hand,
> Ihr tödtet Hirsche, Reh' und Schweine,
> Ein jeder spricht: die Jagd ist meine,
> Ihr waget Leben, Guth und Blut.
> Woher nehmt Ihr doch solchen Muth?
> (...)
> Gott, der des Menschen Würde kennt,
> Bey Adam dort uns alle nennt:
> Herrscht über Vieh in Feld und Wald!
> Ich schuf's zu euerm Unterhalt,
> Ihr mögt die Tiere schlachten und essen,
> Nur sollt Ihr meiner nicht vergessen!
> (...)

Freilich muss man die Bedrückungen in die richtige Relation setzen. Befragt man die von Cramer referierten Fälle daraufhin, welche der Herrschaftsparteien *proaktiv* agierte, versuchte ihren wirtschaftlichen Spielraum auf Kosten der anderen auszuweiten - unabhängig davon, wer am Ende Recht bekam -; so war in Weideangelegenheiten in sechs Fällen die Gemeinde in der Offensive, in fünf Fällen die Herrschaft. Bei der Allmendweide begegnet man ungeschminkten Versuchen der Gemeinden die Herrschaft zu verdrängen. Der Gipfel ist sicherlich die Unternehmung der Gemeinden Hündlingen und Iphlingen den Freiherrn von Kerpen der Wüstung Hersingen zu enteignen.[149] Anders ist es beim Wald. Hier stehen sechs

---

[146] Dies. (Hg.), Der böse Advokat und andere Volkssagen um Stände und Berufe aus dem Sächsischen, Berlin 1989, 55.
[147] Ebd., 84-91.
[148] Wolfgang Steinitz, Deutsche Volkslieder demokratischen Charakters aus sechs Jahrhunderten, Bd. 1, 2. Aufl., Berlin 1955, 99-101.
[149] S.o. S. 245 f.

Fällen gemeindlichen Vorgehens 14 herrschaftliche Offensiven gegenüber. Unter den gemeindlichen Vorstößen sind zwei städtische, wobei die Stadtgemeinden sehr ausgedehnte Holzrechte in Eigentumsrechte umzuwandeln versuchten. Es waren letzte Akte des Kampfes um die städtische Autonomie gegen die eingesessenen klösterlichen Grundherren.[150] Die landesherrlichen Ansprüche auf den Wald richteten sich in vielen Fällen nicht gegen die Bauern, sondern gegen den mediaten Adel. Da musste ein adliger Waldeigentümer, der für einen Großauftrag Holz schlagen ließ, erleben, dass der landesherrliche Förster die Bauern der am Wald mitberechtigten Gemeinde aufbot, den Holzfällern die Äxte wegzunehmen.[151]

Für das gemeindliche Vorgehen, vor allem bei der Allmendweide, ist der Begriff des *Widerstands*, mit dem die bäuerlichen Aktionen gemeinhin gefasst werden, nicht treffend. Denn es war eben kein reaktives Verhalten auf herrschaftliche Bedrückungen, vielmehr versuchten die Gemeinden eine Schwäche der Grundherrschaft, eine Unterstützung durch die Landesherrschaft auszunutzen, um die feudale Herrschaft zurückzudrängen und wirtschaftliche Vorteile zu erlangen. Es gibt nicht nur einen Klassenkampf von oben, sondern, was oft übersehen wird, auch einen von unten.

Das bäuerliche Vorgehen stellte eine Verfolgung wirtschaftlicher Interessen dar nicht anders, als es die Herrschaftsseite tat. Objektiv betrachtet wirkte es ökonomisch fortschrittlich. In vielen Fällen hatten Gemeinden im Dreißigjährigen Krieg und im Spanischen Erbfolgekrieg entstandene Wüstungen von Nachbardörfern als Weidegebiet übernommen. Während die Herrschaft die Wüstungen wiederzubesiedeln trachtete, verteidigten die Gemeinden ihre Weiderechte. Ebenso ließen Herrschaften oft Teile des Waldes roden und als Ackerland ausgeben, während die Gemeinden sich gegen die damit verbundene Schmälerung ihrer Holz- und Weiderechte sträubten. Die Ansetzung von Siedlern vermehrte die herrschaftlichen Grundzinsen. Während die Gemeinden versuchten den Zuzug von Häuslern zu erschweren, förderten die Landesherren ihn, besonders stark in der zweiten Hälfte des 18. Jahrhunderts. Die Dorfordnungen konnten den Armen, denen sie bisher die Mitbenutzung der Allmende eingeräumt hatten, oft nur noch das Sicheln und Stümpfeln auf den Rainen erlauben, die Landesherren jedoch dekretierten ihre gleichberechtigte Teilhabe.[152] An der Allmende wurde immer wieder geknabbert, so als sei sie immer noch Siedlungsreserve. Die übermäßige Ausdehnung des Ackerlandes zulasten der Viehhaltung, der daraus resultierende Düngermangel und die chronisch niedrigen Erträge aber waren das Grundproblem der Landwirtschaft in dieser Epoche. Eine Hebung der Viehzucht war die Voraussetzung einer Steigerung der Erträge beim Ackerbau.

---

[150] S.o. S. 259 f.
[151] S.o. S. 261 f.
[152] Endres, Wandel, 217-221.

Die Bauern nahmen landwirtschaftliche Innovationen vor, die sogleich auf system-
bedingte Hindernisse stießen. Die Bauern der Gemeinden Heiderdorf und Bupperich
verweigerten 1744 dem von Hagen, obwohl sie ihm den Kornzehnten einschließlich
den von Erbsen, Linsen und Hirse zugestanden, den Zehnt von den „Grundbieren",[153] weil er noch niemals gefordert und sie auch von sonstigem Gemüse noch
nie den Zehnt geleistet hätten. Von Hagen entgegnete, er habe, sobald er erfuhr, dass
die Kartoffeln aus den Hausgärten in den zehntbaren Boden versetzt wurden „und
zum Abbruch des grossen Zehenden gepflanzet würden", sogleich den Zehnt gefordert.[154] Cramer erläutert, der „Grundbieren-Saamen" sei als neue Frucht vor einiger
Zeit aus der Pfalz „ins Westerich" (Pfälzer Wald) gekommen. Dem von Hagen sei
zu glauben, dass die Bauern die Kartoffeln anfänglich zur Probe und um Saat-
kartoffeln zu ziehen in ihren Hausgärten gepflanzt hatten, bis sie nach einigen Jahren
ganze Äcker damit bestellen konnten. Das gleiche sei vorher im Trierischen und in
Nassau-Saarbrücken geschehen, wo die Bauern ebenfalls keinen Kartoffelzehnt
geben wollten. Der Erzbischof von Trier ließ 1737 ein Edikt publizieren, dass der
Kartoffelzehnt gegeben werden müsse. Die Nassau-Saarbrückischen, die ebenfalls
„auf dem Westerich" wohnten, wurden vom RKG dazu verurteilt.

Heidersdorf und Bupperich stellten sich danach auf den Standpunkt, die
Zehntknechte sollten selber die Kartoffeln ausmachen; doch der Zehntherr fürchtete,
auf dem betreffenden Ackerstück würde dann weniger gepflanzt.[155]

Bei dem zweiten Fall, den Cramer in dem Kapitel „Vom Grundbieren, oder
Cartoffel-Zehenden" abhandelt, verklagte das Domkapitel zu Speyer die Pfalz-Zwei-
brückische Gemeinde Birlenbach, der sie den Kartoffelzehnt in Bestand gegeben
hatte, bis 1749 die Gemeinde das Bestandgeld verweigerte mit der Begründung, dass
seit Menschengedenken im Bann Birlenbach niemals der Zehnte von den Kartoffeln
gegeben worden wäre. Die Klagen beim Zweibrückischen Amt Cleeburg, die Appellation an das Oberamt Bergzabern und an die Regierung in Zweibrücken waren
erfolglos, bis das RKG das Argument der Bauern mit dem Hinweis, dass die Kartoffeln eine neue Art von Früchten seien, die erst seit 25, höchstens 30 Jahren (also seit
etwa 1730) in der Gegend angepflanzt wurden, entkräftete.

Auch in den Auseinandersetzungen in Hohensolms ging es um die Kartoffeln. Dem Grafen war gleich nach seinem Regierungsantritt von den Zehntpächtern

---

[153] Cramer, Nebenstunden, Teil 12, 25-59; für das Folgende.

[154] Die beiden Gemeinden hatten zwischen 1719 und 1755 verschiedene Prozesse beim
RKG anhängig, gegen den Frhrn. v. Hagen außerdem wegen eines urbar gemachten Bru-
ches, gegen den Grafen v. Nassau und andere Adlige wegen Fischereirechten sowie gegen
den Frhrn. v. Hunoltstein wegen Gerichtskompetenzen: Bader, Studien 2, 422.

[155] Cramer, Nebenstunden, Teil 13, 79-86. Laut einem Attest des kurtrierischen Oberamt-
manns von 1752 ist der Kartoffelanbau 20 Jahre vorher in dieser Gegend aufgekommen:
ebd.

vorgebracht worden, dass die Untertanen des Oberamts „die zehendbare Flur und Brachfelder willkührlich und häuffig" mit Kraut, Kartoffeln, gelben und weißen Rüben und dergleichen Wurzel- und Gartengewächsen bepflanzten „und dadurch dem zeitherigen Praedial- und Frucht-Zehenden grossen Nachtheil und Abbruch thäten." 1751 wurde die Zehntabgabe davon in natura oder Geld angeordnet, wogegen Vorsteher und Untertanen des Oberamts (acht Gemeinden) vor dem RKG klagten. Cramer führt aus, es sei bekannt, dass die Untertanen „ihre Gemeine Wiesen und Gründe" für Geld verpachteten, dagegen in ihren Gärten und umzäunten Lagen Kraut, Rüben, Kartoffeln und anderes Gemüse zogen und dieses als Futter für das Vieh benutzten. Mit der Zeit hatten sie damit immer weiter in die zehntbaren Äcker ausgegriffen, inzwischen trieb der Bauer mit seinem Gemüse einen ordentlichen Handel und mästete mit den Kartoffeln sein Vieh.

> Und wer von dem Feldbau nur die mindeste Erfahrung hat, der weiß und muß bekennen, daß die Wurtzel-Gewächs den Acker mehr aussaugen, als die Früchte, worzu er eigentlich gewidmet ist, mithin muß derselbe nach sothaner Beartung entweder auf das folgende Jahr braach liegen, oder wann er ja besaamet wird so träget er doch kaum die halbe Frucht.

Cramer übernimmt hier die Argumentation des gräflichen Schriftsatzes.[156] Die Schilderung offenbart, dass die Bauern zur Stallhaltung des Viehs übergegangen waren, wodurch die Allmenden entbehrlich wurden. Die Rüben waren seit Ende der 1720er Jahre, die Kartoffeln seit etwa 1740 sowohl auf der Brache als auch im Sommer- und Winterfeld angebaut worden. Mit dem RKG-Urteil in Händen ließ der Graf nach der Möhren- und der Kartoffelernte 1758 die Amtsträger der Gemeinden als Anführer des Ungehorsams durch einen Landknecht mit sieben Musketieren auspfänden. 1761 kam es zu einem Vergleich, in dem die Gemeinden die Entrichtung des Wurzelzehnten zusagten gegen einen weitgehenden Erlass der seit 1751 ausstehenden Zehntzahlungen.

Die Deutschordens-Untertanen in Rolingen und Hündlingen brachten gegen den Anspruch des Freiherrn von Kerpen auf den Kartoffelzehnt als Argument vor,

> daß Grundbieren eine neue Species Fructum seyen, welche noch dazu in die Braach-Felder, die mit ausserordentlichem Fleiß, Thung und Kosten angebauet werden müsten, neuerlich gepflanzet werde, worauf die Decimatores, nachdem sie vorher den Zehenden von ermeldten Feldern allschon gezogen, zum zweytenmahl etwas zu verlangen, in keine Wege berechtiget seyn könnten,

zumal die Untertanen von Kohl, weißen und gelben Rüben, Obst etc. Zehnt zu geben nicht schuldig seien. Das RKG entschied, dass von einem Acker, der zweimal im

---

[156] Der Fall wird aufgrund der Akten referiert bei Bernhard Diestelkamp, Rechtsfälle aus dem Alten Reich. Denkwürdige Prozesse vor dem Reichskammergericht, München 1995, 117-125.

Jahr eingesät oder angepflanzt wurde, auch zweimal der Zehnt eingesammelt werden könne:

> Zu bewundern war hierbey, daß die Unterthanen behaupten wollen, als wenn die Brach-Felder durch Grundbieren zum künftigen Bau desto besser praeparirt würden, da das Gegentheil sonst statuiret wird, daß nehmlich der ordentliche Frucht-Zehende dadurch, daß die Brach-Felder nicht in Ruhe und liegen bleiben, mercklich geschwächet werde.

> Ein jeder begrifft gar leicht: daß wenn bey jenen Feldern, so nicht brach liegen, sondern ein Jahr in das andere gegen die vorige Gewohnheit angebauet werden, das Erdreich sich nicht setzen und fermentiren, somittelst in seiner vollen Krafft beartet werden kan, selbige von dem ehemaligen Ertrag nicht mehr seyn können, sondern daran ein nicht geringere Abbruch verspühret werden müsse.

Erbsen, Linsen, Kohl, Rüben, Bohnen, Wicken hatten die Bauern schon seit längerem im Brachfeld angebaut, allerdings üblicherweise immer nur in einem kleineren Teil der Brache. In der Pfalz wurden bereits Ende des 17. Jahrhunderts Kartoffeln angebaut, von dort strahlte im 18. Jahrhundert auch der Kleeanbau aus. In Pliengen (Württemberg) wurden 1701 im Feld Rüben gezogen.[157] In Gadenstedt bei Hildesheim ist 1724 von mit Erbsen und Bohnen bestellten Feldern die Rede.[158] Die Kartoffeln aber erfassten nach und nach die ganze Brache, gelegentlich wurden auch Kornfelder umgewidmet. 1733 beklagte sich die Gemeinde Nendingen in Oberschwaben, dass der Freiherr von Enzberg eine Kornabgabe von Kartoffelfeldern verlange.[159] Im Erzgebirge und im Vogtland wurde die Kartoffel um 1750 in so großen Mengen angebaut, dass der gemeine Mann bereits die Hälfte des Brotes durch sie ersetzen und sich bei Getreideteuerungen damit helfen konnte.[160] Die Gemeinde Saarwellingen in der Herrschaft Kriechingen teilte mit,[161] dass beim letzten Jahrgeding das Pflanzen von Flachs auf Ackerland verboten worden sei. Sämtliche Kriechingische Gemeinden führten Beschwerde, dass die Herrschaft von gelben und weißen Rüben, Kohl, Kartoffeln und Wicken auf dem Brachfeld den Zehnten verlange. Herrschaftlicherseits wurde entgegnet, es sei wahrheitswidrig, dass der Zehnt von Rüben, Kohl und dergleichen Gartengemüse gefordert werde, allerdings aber von Kartoffeln und Wicken, die auf den Zehntäckern im Brachfeld gepflanzt wurden. Das RKG ging davon aus, dass der Zehntherr „die Regul vor sich hat, was ein zehendbarer Acker träget, zehendbar seye, es mag Namen haben, wie es wolle." Zumal beim Anbau von Kartoffeln in so großer Menge wie gegenwärtig und dem sich weit erstreckenden Bebauen der Brachfelder.

---

[157] Bader, Studien 3, 202.
[158] S.o. S. 239.
[159] Zückert, Barockkultur, 94.
[160] Ennen/Janssen, Agrargeschichte, 230.
[161] Cramer, Nebenstunden, Teil 100, 55 u. 84-87.

Verständlich, dass sich die Bauern dagegen sträubten den Zehntherrn von den Früchten ihres Fleißes profitieren zu lassen. Die Zehntforderung wird sie jedoch kaum gehindert haben, wie gelegentlich in der Forschung angenommen wird, auf den Kartoffelanbau zu verzichten. Die Vorteile aufseiten der Bauern, vor allem für die Viehfütterung, waren zu groß, lediglich schmälerte der Zehnt den Nettoertrag. Eher scheint es so zu sein, dass die agrarischen Innovationen die Position der Bauern relativ verbesserten und die Agrarkonflikte eine neue Qualität erhielten, insofern es nicht mehr nur um die Verteilung einer wenig veränderten Agrarproduktion ging, sondern um die Möglichkeit Produktion und damit bäuerliches Einkommen nicht unbeträchtlich zu steigern.

Das RKG musste sich noch einmal mit dem Gegenstand beschäftigen, da die Gemeinde Niederrode dem Kaiserlichen Wahl- und Krönungsstift zu St. Bartholomäus in Frankfurt am Main den Kartoffelzehnt mit dem Argument verweigerte, er gehöre zum kleinen Zehnt wie Kraut und Rüben, den sie mit 2 fl 20 kr jährlich abgelöst habe.[162] Das Stift wies aber darauf hin, dass es in Niederrode den Erbsen- und Linsenzehnt einzog. Mit dem Kartoffeln wurden auch hier inzwischen ganze Felder angebaut. Das Stift klagte 1760 vor dem Landamt in Frankfurt.

Die Gemeinde bezog sich auf ihre mehr als 30-jährige Zehntfreiheit „und wollte behaupten, daß der Cartoffelbau zum Vortheil des Zehend-Herrns gereiche, weilen die Aecker andurch mehr gedünget würden." Die Kartoffeln würden nur auf „bösen" Äckern anstatt Kraut und Rüben gepflanzt. „Wollte man solche ohne zu düngen bauen, so würden die Äcker freylich entkräfftet, durch die Cartoffeln aber käme Dung darauf, und das Unkraut davon." Während das Stift sich sicher war, dass die Kartoffeln das Land auslaugten, schloss sich das Landamt dem Argument der Gemeinde an, der Kartoffelanbau sei zum Nutzen des Zehntherrn, was sich auch in den anderen Dorfschaften der Stadt beobachten lasse, und entschied auf Zehntfreiheit. Das RKG jedoch kassierte 1770 dieses Urteil. Cramer wiederholt seine Darlegungen: Wer im Feldbau nur die mindeste Erfahrung habe, der wisse, dass die Wurzelgewächse den Acker mehr auslaugten als das Getreide, „welches bey dem Cartoffelbau um so merkclicher werden muß, als solche nicht allein über der Erde starcke und dichte Stauden treiben, sondern auch in der Erden tief die Wurzeln schlagen, und die Cartoffeln ansetzen". Bliebe der Acker nicht ein Jahr brach liegen, könne er nicht die „die Fruchtbarkeit bringende Wilderung ziehen".

Nur wenig später riefen aufgeklärte Fürsten Landwirtschaftsgesellschaften ins Leben, deren nicht geringes Anliegen es sein sollte den Kartoffelanbau zu fördern, und erklärten Gelehrte den Bauern zum dummen Bauern, da es in seinen Schädel nicht hineinwolle, wie nützlich und ertragssteigernd der Anbau der Brache und wie günstig die bei den Hackfrüchten erforderliche gründliche Bearbeitung des Bodens für den nachfolgenden Getreideanbau sei.

---

[162] Ebd., Teil 109, 75-100.

Ergebnisse

Im 18. Jahrhundert waren die Allmendverhältnisse rechtlich so wie zum Beginn der Frühen Neuzeit. Die Allmendweide und besondere Gemeindewälder waren Gemeindeeigentum, der größte Teil des Waldes aber war in grundherrschaftlichem oder landesherrlichem Eigentum, mit jeweiligen Mitnutzungsrechten. Ein Versuch diese Eigentumsverhältnisse zu ändern, der noch in den Bauernkriegsbeschwerden angesprochen ist, wurde nicht mehr gemacht. Nun wurde von beiden Seiten, bei solchermaßen erstarrten Verhältnissen, Druck auf die Allmendareale ausgeübt. Dieser war u.a. motiviert dadurch, dass in der Depression des 17. Jahrhunderts und in der Erholungsphase der ersten Hälfte des 18. die Preise nonzerealer Produkte relativ günstig im Vergleich zu den Getreidepreisen standen.

Mangels merklichem agrartechnischen (oder -methodischen) Fortschritts basierte die bäuerliche Viehzucht nach wie vor auf der Allmendnutzung. Eine Ausweitung der Viehhaltung, die einen Einkommenszuwachs versprach, konnte hauptsächlich durch die Nutzung der Gemeindeweiden und der Waldweide geschehen. Sodann brachte der Holzverkauf einen willkommenen zusätzlichen Verdienst. Die bei der Abgaben-Grundherrschaft verhältnismäßig offenen Herrschaftsverhältnisse luden Bauern und Gemeinden ein ihren Autonomieradius noch zu erweitern.

Da nach dem Bauernkrieg die grundherrschaftlichen Abgaben fixiert worden waren, die Grundherrschaft versteinert war, musste auf der anderen Seite die Herrschaft, wollte sie ihre Einkünfte steigern, auf die unbestimmten Herrschaftsrechte und -ansprüche ausweichen.[163] Herrschaftliche Eigenwirtschaft kam in den Extensivzweigen der Landwirtschaft infrage, Vieh- und Waldwirtschaft. Die Viehwirtschaft, Schäferei, hier und da auch Rindviehzucht und Schweinemast, bot sich mehr dem grundherrlichen Betrieb, die Waldwirtschaft stärker der landesherrlichen Eigenregie an. Das deswegen, weil die herrschaftliche Viehhaltung auf die Mitnutzung der Allmendweide angewiesen war, die Zubehör zur Ackerleihe war. Und abgesehen von den Gemeindewäldern und den grundherrlichen Bannwäldern standen die großen Waldungen unter landesherrlicher Hoheit und sie boten sich zur großflächigen Ausbeute an. Sie waren das Feld der landesherrlichen Forstordnungen, durch die bäuerliche und grundherrliche Mitnutzungen zurückgedrängt werden sollten. Um deren Ansprüche in die Schranken weisen zu können, mussten sie weitest möglich auf ihre eigenen Bann- und Gemeindewälder verwiesen werden, die daher sparsam zu nutzen waren. So beanspruchte der Landesherr über diese ebenfalls ein Aufsichtsrecht.

Die konkurrierenden Nutzungen an Weide und Wald bargen ein erhebliches Konfliktpotential, weil die Einkommenschancen gerade hier gut waren, dagegen Bewirtschaftungsweisen und Rechtsverhältnisse in hohem Maße erstarrt. Die heftigen Konflikte, die es um diese beiden Gegenstände gegeben hatte, die Dauerthemen seit dem 16. Jahrhundert gewesen waren, wurden durch die Agrarreformen des 19.

---

[163] Zu den Bereichen, in denen im 18. Jahrhundert in Südwestdeutschland die Lasten erhöht wurden, siehe Zückert, Barockkultur, 187-241.

Jahrhunderts einer Entscheidung zugeführt. Die Vielzahl der Auseinandersetzungen um Allmendfragen, wie sie Cramer schildert, lassen sie als ein ständiges Element der Beunruhigung dieser Agrargesellschaft erscheinen. War an einem Ort endlich eine Entscheidung über Eigentum und Berechtigungen gefallen, ging der Streit am nächsten Ort weiter. Eine generelle Regelung war notwendig geworden. Die Gemeinheitsteilungs-Gesetzgebung stellt sich von daher nicht lediglich als komplementär zur Bauernbefreiung dar, um das Reformwerk vollständig zu machen, sondern hatte ihre eigene Dringlichkeit.

Diese Aussagen lassen sich für weite Teile des Alten Reiches treffen; die Großterritorien sind im RKG-Material nicht enthalten, was insbesondere für die gutsherrschaftliche Region misslich ist. Das dortige Wiederaufkommen der gutsherrlichen Eigenwirtschaft schuf ganz andere Bedingungen, die eine eigene Betrachtung erfordern.

Waren die Verhältnisse im Grundherrschaftsbereich starr, so doch keineswegs statisch. Wie offen die bäuerliche Wirtschaftsweise für Veränderungen war, zeigte sich, als die Innovationen im Hackfrüchte- und Futterpflanzenanbau im Zuge des 18. Jahrhunderts von Westen her vordrangen. Es waren die herrschaftlichen Rentenbezieher, denen der agrikulturelle Fortschritt Bange machte. Dem Prozess wurde förderlich, dass die unübersehbaren Ertragssteigerungen den Landesherren als Quelle höheren Steueraufkommens von den Kameralisten nahe gebracht wurden. Das weckte natürlich den fürstlichen Enthusiasmus, nun konnte alles nicht schnell genug gehen. Ungeduldig wurden die landwirtschaftlichen Produzenten als traditionsverhaftet angesehen, denen gesagt werden musste, wo es lang zu gehen habe.

Die Ungeduld der Reformer bringt Abel mit dem Satz zum Ausdruck: „Gemeinheitsteilungen stießen an die Schranken des 'alten Rechts'"[164]. Das ist richtig insofern, als die Gerichte das geltende Recht zu schützen hatten. Bei alledem war das alte Recht nichts Unveränderbares und daher waren auch Gemeinheitsteilungen, wie man an den Vereinödungen und Verkoppelungen sieht, jederzeit möglich - bei Konsens der Beteiligten. Aufgabe der landesherrlichen Policeygesetzgebung sollte es keineswegs sein in die Lokalrechte einzugreifen, sondern sie hatte eine Aufsichts- und Ordnungsrolle im Sinne der Förderung des Gemeinwohls. Bereits im Rahmen des gemeinen Rechts war der Schutz der Futterkräuter und Hackfrüchte möglich, konnten Gemeinheitsteilungen unterstützt werden. Überall aber, wo sie bestanden, bildeten feudale Weideservitute ein kaum zu überwindendes Hindernis für den in Gang zu setzenden agrarischen Prozess. Das überkommene Rechtsgefüge aber konnte kein absolutistischer Staat aufheben ohne die bestehende Gesellschaftsordnung zu revolutionieren.[165]

---

[164] Abel, Landwirtschaft, 517.
[165] Willoweit, Verfassungsgeschichte, 154.

5. Die Allmendproblematik in der deutschen Agrarreform-Diskussion 1750-1850

5.1 Die Agrarreform-Diskussion des 18. Jahrhunderts

Im Ancien régime war das ländliche Grundeigentum in zweifacher Weise gebunden, zum einen durch die adelig-bäuerliche Renten- und Herrschaftsbeziehung, zum andern durch die genossenschaftliche Wirtschaftsweise und gemeindliche Selbstverwaltung.[1] Entsprechend waren die liberalen Agrarreformer zu Beginn des 19. Jahrhunderts, die als Voraussetzung des landwirtschaftlichen Fortschritts die Herstellung des vollfreien Grundeigentums und das Avancieren des ländlichen Grundbesitzers zum Staatsbürger ansahen, vor die doppelte Aufgabe gestellt a) der Bauernbefreiung, also der Ablösung der Fronen, Natural- und Geldabgaben, leibherrlichen und gerichtsherrlichen Unterordnungen; und b) der Separation, also der Aufhebung der Gemengelage der Äcker, der Hutrechte auf den Brachfeldern und in den Wäldern, der Holzschlagrechte und der Aufteilung der Gemeindeweiden.[2]

Agrarkonjunktur und Strukturkrise

„Es hat vielleicht selten eine größere Kluft zwischen Theorie und Praxis gegeben als in der Landwirtschaft des 18. und in einem gewissen Maße des 19. Jahrhunderts", charakterisierte Slicher van Bath die Agrarreformdebatte zwischen 1750 und 1850. Überall in Europa stand die landwirtschaftliche Literatur in Blüte. „Der Einfallsreichtum der Autoren musste ihren Mangel an Land, Saatgut, Vieh und Geräten ausgleichen; nur mit Stift und Papier konnten sie ihre Theorien überprüfen." Selbst wenn Neuerungen in die Praxis umgesetzt wurden, waren es oft nur Experimente, von denen anschließend stolz in den Abhandlungen der Landwirtschaftsgesellschaften berichtet wurde. Nur weniges bewährte sich tatsächlich und kam allmählich in allgemeineren Gebrauch.[3] (Der Korrespondent des „Leipziger Intelligenz-Blatts", ein Reformanhänger, schrieb 1772, ihm sei „aus Erfahrung zu oft bekannt geworden, daß die meisten Wirthschaftsverbesserer in Schulden stecken; zuletzt sich in schlechtern Vermögensumständen befinden, als vor 10 bis 15 Jahren; und kurz, selten so

---

[1] Werner Conze, Quellen zur Geschichte der deutschen Bauernbefreiung, Göttingen 1957, Einführung, 13 f.
[2] Ders., Die Wirkungen der liberalen Agrarreformen auf die Volksordnung in Mitteleuropa im 19. Jahrhundert, in: VSWG 38 (1949), 3.
[3] Slicher van Bath, Agrarian History, 238 f.

gut stehen als die alten guten Wirthe".[4]) Der Historiker sollte daher keinesfalls, so Slicher van Bath, die alte Landwirtschaft durch die Brille der Reformer betrachten. Sie hielten sich selbst viel zu sehr für die Propheten der Aufklärung gegen Unwissenheit und Rückständigkeit, als dass sie imstande gewesen wären die Dinge zu sehen, wie sie wirklich waren.[5]

Beispielsweise betrachtet Slicher van Bath die in deutschen Agrargeschichten kolportierten Geschichten vom „Schwanzvieh" näher, nach denen aus Mangel an Winterfutter das Vieh im Frühjahr so schwach auf den Beinen war, dass es am Schwanz aus dem Stall auf die Weide hätte gezogen werden müssen.[6] Die Art, wie diese Geschichten erzählt werden, gebe aber zu verstehen, dass solche Zustände nicht als der normale Gang der Dinge auf den Bauernhöfen aufgefasst wurden, sondern als ziemlich außergewöhnlich. Wenn solche Erscheinungen wirklich auftraten, waren sie, so Slicher van Bath, Anzeichen einer mangelnden Balance zwischen der Viehhaltung und dem verfügbaren Angebot an Futter, wenn nämlich der Ackerbau stark erweitert und wenig Weide für das Vieh übrig gelassen wurde, wie es um 1800 der Fall war.

Dieses Ungleichgewicht, zeitgenössisch als „Ackergier" und „Ackersucht" benannt, war motiviert durch hohe Getreidepreise und im Verhältnis niedrige Preise für tierische Erzeugnisse. Der Wiesenkultur wurde daher weniger Aufmerksamkeit geschenkt, nur Weiden geringerer Qualität waren noch vorhanden, so dass das Vieh im Sommer nicht genug Futter fand und im Winter zu wenig Heu bekam. Der Viehstand schwand und war von schlechter Qualität. Der Mangel an Dung aber, der sich einstellte, führte dahin, dass sich die Bodenfruchtbarkeit erschöpfte und die Erträge sanken.[7] Dies waren genau die Erscheinungen, die die Agrarreformer der zweiten Hälfte des 18. Jahrhunderts anprangerten und der alten Landwirtschaft als Charaktereigenschaften anlasteten. Tatsächlich jedoch waren es Symptome einer krisenhaften Situation.

In der Tat neigte die alte Landwirtschaft dazu, das Wachstum der Bevölkerung durch die Ausdehnung des Getreideanbaus zulasten der Viehhaltung zu ermöglichen, wodurch aber das Gleichgewicht von Ackerbau und Viehzucht gestört wurde und infolgedessen der Düngermangel zu sinkenden Erträgen führte, was Produktionskrisen nach sich zog. Das war vor 1350 der Fall, erneut um 1600 und in der zweiten Hälfte des 18. Jahrhunderts. Beim Stand der landwirtschaftlichen Methoden waren solche Krisen unvermeidlich. Bereits im 16. Jahrhundert war es zu einer Modifikation des Krisenmechanismus durch die Getreideimporte aus den ostelbischen Gebieten gekommen, die außerdem eine agrarische Spezialisierung auf Gartenkulturen und Handelsgewächse begünstigten. Doch erst die Agrarrevolution um 1800 bot einen Ausweg aus dem Dilemma, und zwar durch den Futterpflanzenanbau. Jetzt

---

[4] Leipziger Intelligenz-Blatt, 28.3.1772, 169.
[5] Slicher van Bath, Agrarian History, 239 f.
[6] So auch Abel, Geschichte, 256; Slicher van Bath, Agrarian History, 297 f.
[7] Ebd., 232; zu Ackergier/Ackersucht Abel, Agrarkrisen, 206.

konnten die Schranken des Bevölkerungswachstums durchbrochen werden, die die alten Landwirtschaftsmethoden gesetzt hatten.[8]

Das Grundproblem der Landwirtschaft war die Düngung, betont Slicher van Bath. Vieh sei in der von ihm betrachteten Epoche überhaupt nur gehalten worden 1. als Zugvieh zur Bearbeitung des Bodens und, da das Zugvieh allein nicht genug Dung abwarf, 2. als Düngerlieferant, als der Kühe und Schafe dienten: der Ackerbauer „hält Vieh in erster Linie um des Dungs willen".[9]

Auch Wilhelm Abel vertritt die Ansicht, „der Landwirt", der die größeren Chancen im Getreideanbau sah, „wertete das Vieh" nur mehr im Hinblick auf die Zugleistung und die Düngerleistung. Er spricht für diese Epoche von der Stufe der Depekoration, des Viehabbaus. Das Vieh sei zum „notwendigen Übel" geworden. Wenn er F. B. Webers „Handbuch der größeren Viehzucht" von 1810 zitiert, in Ackerwirtschaften gewähre das Vieh keinen „wahren reinen Ertrag", oder Schwerz mit dem Satz, „daß das Vieh nie und unter keinen Umständen bei einer Ackerwirtschaft einen Vorteil, vielmehr immer Schaden bringt",[10] so kann das nicht für die gesamte Epoche gelten. Bezeichnenderweise kommt Abel in seiner Landwirtschaftsgeschichte auf die sog. Depekoration für die Zeit des hochmittelalterlichen Landesausbaus, das 16. und das 18. Jahrhundert zu sprechen[11], nicht für das Spätmittelalter oder das 17. Jahrhundert, als die Viehhaltung zunahm. Offensichtlich ist der Viehabbau mit der Getreidekonjunktur und dem Tiefstand der Preise für animalische Produkte verbunden.

Die Agrarkonjunktur des ausgehenden 18. Jahrhunderts trifft auf eine strukturell veränderte Landwirtschaft. Neben der Spezialisierung der Küsten- und Alpengebiete auf die Viehwirtschaft seit dem 16. Jahrhundert (sie spricht nicht gerade für eine Unattraktivität der tierischen Produktion) und des ostelbischen Raumes auf die Getreideerzeugung[12] hat es eine regionale Spezialisierung auf Sonderkulturen und im Zuge der Protoindustrialisierung auf Gewerbepflanzen gegeben. Allmählich weitete sich auch der Futterpflanzenanbau aus. Die Langsamkeit des Wandels ließ den relativen Rückstand um so stärker empfinden.

Privateigentum

J. Radkau/I. Schäfer beschreiben den in Gang zu setzenden agrarökonomischen Prozeß folgendermaßen:

> Es begann mit einer scheinbar nur geringfügigen Modifikation der traditionellen Dreifelderwirtschaft: Die Brache wurde durch den Anbau von Futter-

---

[8] Dazu Slicher van Bath, Agrarian History, 12-14, 18 u. 205.
[9] Ebd., 22, 282 (Zitat), 293.
[10] Abel, Agrarkrisen, 255 f.
[11] Ders., Geschichte, 45, 185, 250, 327.
[12] Ebd., 185, 251.

pflanzen (Klee, Lupine) ersetzt. Dieser Schritt löste jedoch in der Konsequenz eine Kettenreaktion aus. Alte kollektive Weiderechte auf der Brache mußten aufgehoben werden; die Bahn war frei für die volle Privatisierung der bäuerlichen Wirtschaft. Die Brache wurde zum Experimentierfeld für neue Nutzpflanzen. Der Anbau von hochwertigen Futterpflanzen ermöglichte in der Viehwirtschaft den Übergang zur Stallfütterung. Bisherige Weidegebiete konnten für den Ackerbau genutzt werden; der das ganze Jahr hindurch im Stall gesammelte Mist erhöhte die Masse der Düngemittel.

„Alle Neuerungen", fügen sie an, „griffen mit geradezu verblüffender Logik ineinander".[13] Dieser Logik zufolge führten landwirtschaftliche Innovationen zur Aufhebung der Allmendrechte und zur Einführung des Privateigentums. Wie stellte sich dies in der Agrarreformdiskussion dar?

Die Kritik an der alten Landwirtschaft in Deutschland brachte als erster J. H. G. von Justi zu Papier. 1754 veröffentlichte er eine „Untersuchung, ob die Eintheilung der Felder und die Huth- und Triftgerechtigkeit der Landwirthschaft vortheilhaft sey", 1755 „Anmerkungen von dem gerechten Verhältniß des Ackerbaues und der Viehzucht gegeneinander" und 1756 „Vorschlaege zur besseren Nutzung der gemeinen Triften und Weiden". Von der Verantwortlichkeit des Staates für die möglichst beste Nutzung des Bodens ausgehend lenkte er die Aufmerksamkeit auf die gemeinschaftlichen Triften und Weiden, da diese Flächen am schlechtesten genutzt würden.

> Man kann die allgemeine Anmerkung machen, daß alle diejenigen Teile von der Oberfläche eines Landes, die denen Gemeinden oder vielen Personen in Gemeinschaft zugehören, allemal viel weniger genutzt werden, als diejenigen Grundstücke, welche in dem besonderen Eigentum einer Privatperson sind. Niemand gibt sich die Mühe eine Sache zu verbessern und zu kultivieren, an deren Genuß so viele andere mit Teil haben; und indem ein jeder eilet etwas Nutzen von dieser gemeinschaftlichen Sache zu ziehen, so verursacht man eben dadurch, daß sie niemand recht zu nutzen kommt.

Eine kluge Landespolicey müsse darauf achten, dass möglichst viel Land in die Hände von Privatpersonen gelange. Justi forderte die Aufteilung unter die Gemeindemitglieder nach Proportion ihres Besitzes, um hierdurch den Wiesenbau und den Anbau von Futterkräutern zu fördern. Die Forderung nach Teilung der Gemeinheiten wurde in seine kameralistischen Hauptwerke „Staatswirtschaft" in der 2. Auflage von 1758 und „Grundfeste" von 1760 aufgenommen. Darin forderte er auch die Abschaffung der Gemengelage und die Zusammenlegung der Grundstücke nach dem Vorbild der englischen *enclosures*.[14]

---

[13] Radkau/Schäfer, Holz, 147.
[14] Nach Reiner Prass, Reformprogramm und bäuerliche Interessen. Die Auflösung der traditionellen Gemeindeökonomie im südlichen Niedersachsen, 1750-1883, Göttingen 1997, 30 f., 37.

Die gemeinschaftliche Ackerhütung war für Justi ein verderbliches Hindernis der Landwirtschaft, denn wegen ihr könne der Landmann seine Felder nicht so bestellen, wie es ihm sinnvoll erscheint, sondern müsse bei der Einsaat die Schläge beachten. Dadurch werde ihm unmöglich gemacht, das richtige Verhältnis zwischen Getreide und Futter herzustellen, also könne er den Viehstand nicht heben, die Düngermasse nicht steigern, die Felder nicht verbessern, „kurz, es sind ihm dadurch die Hände förmlich gebunden." Justi wandte sich gegen die lächerliche Ansicht, dass die Äcker der Brache bedürften: „Tragen die Gärten nicht unausgesetzt ihre herrlichen Früchte?" Dazu aber müssten die Äcker eine bessere Düngung erhalten, weshalb ein zweckmäßiges Verhältnis des Viehstands zur Ackerzahl herzustellen sei. Für das existierende Missverhältnis sei neben dem Hut- und Triftzwang verantwortlich, dass der Futterbau schlecht oder gar nicht betrieben werde, die Kultur der Wiesen nirgends schlechter als in Deutschland sei, weil sie nur von Walpurgis bis zur Heuernte gehegt sind, vorher und nachher das Vieh darauf geht, und man „über die Weiden erschrecken" müsse, zu deren geringster Verbesserung keiner die Hand rühre.[15]

Als Problem greift Justi das mangelhafte Verhältnis von Ackerbau und Viehzucht auf. Als Wurzel des Übels diagnostiziert er die gemeinschaftliche Hut und Trift. Landwirtschaftliche Verbesserungen erwartet er, so lange es diese gibt, keine, denn dem Landmann seien die Hände gebunden. Die Logik war also gerade die umgekehrte: ohne die Einführung des Privateigentums war kein landwirtschaftlicher Fortschritt denkbar.

Justi kritisierte nicht nur die Gemeinheiten, sondern auch dass in vielen Gegenden Deutschlands die Bauern nicht Eigentümer ihrer Güter seien, sowie die Frondienste.[16] Die vertikalen wie die horizontalen Bindungen des Eigentums waren zu beseitigen. Den Fürsten musste ein solches Programm als Mittel gepriesen werden die Staatseinnahmen infolge einer Steigerung der Produktivität zu erhöhen. Die Physiokraten lenkten, stärker noch als die Kameralisten, die Aufmerksamkeit auf die Landwirtschaft. Die bürgerlichen Ökonomen registrierten: wenn der überwiegende Teil der Bevölkerung seinen Erwerb auf dem Lande hatte, musste eine in die Fesseln des alten Systems geschlagene Landwirtschaft den Aufschwung der Volkswirtschaft als Ganzer unmöglich machen.

1783 erschien Johann Christian Schubarts Schrift mit dem programmatischen Titel „Hutung, Trift und Brache: die größten Gebrechen und die Pest der Landwirtschaft". Aber er ging schon sehr weit, wenn er damit auch die Triftrechte der Rittergüter meinte.

Neben Königsberg war Celle das bedeutendste Einfallstor der englischen Landwirtschaftslehre und Nationalökonomie in Deutschland.[17] Die Vorstellungen des hannoverschen Kurfürsten und englischen Königs Georg III. (1760-1820)

---

[15] Johann Gottlob von Justi, Über die Haupthindernisse für den landwirtschaftlichen Betrieb (1767), in: Conze, Quellen, 44-46.
[16] Ennen/Janssen, Agrargeschichte, 223.
[17] Conze, Quellen, 25.

(„Farmer George") und seiner Deutschen Kanzlei in London über die Einführung von Gemeinheitsteilungen stießen auf Ablehnung der Stände seiner „deutschen Provinzen". Die 1768 erlassene Verordnung zur Durchführung von Gemeinheitsteilungen erklärte diese zur Policeysache und entzog sie damit dem Einfluss der Stände. Die landesherrlichen Amtmänner wurden für die Teilungen zuständig. Sie hatten die vorhandenen Rechte und die ökonomische Bedeutung der Gemeinheiten zu untersuchen, etwaige Argumente gegen die Teilungen darzulegen und sie durch gütliche Einigung in die Wege zu leiten. Die Gemeinheitsteilungen wurden der Zuständigkeit der Gerichte und dem gerichtlichen Instanzenzug entzogen, damit langwierige und kostspielige Prozesse vermieden würden. Die Verordnung hatte kaum praktische Folgen.[18]

Um die ständischen Widerstände aufzuweichen, wurde 1764 die Gründung einer „Braunschweig-Lüneburgischen Landwirtschaftsgesellschaft" in Celle initiiert. (Nach der Thüringischen Landwirtschaftsgesellschaft zu Weissensee 1762 die älteste ihrer Art in Deutschland.[19]) Der Engere Ausschuss als Leitungsorgan der Gesellschaft wurde von einem fortschrittlich-adeligen und bürgerlichen Gesellschaftszirkel Celles gebildet. Die treibende Kraft der Landwirtschaftsgesellschaft, Jobst Anton von Hinüber, war Pächter des bereits seit mehreren Generationen von seiner Familie verwalteten Amtsguts Marienwerder bei Hannover und hatte sich auf mehreren Englandreisen Kenntnisse der englischen Landwirtschaft angeeignet. Der Landdrost Otto von Münchhausen vertrat in seinem „Hausvater", der 1764-77 erschien, die Ansicht, dass diejenigen die eigentlich guten Patrioten seien, „welche ein großes Vermögen zusammenbringen", viel Geld im Lande ausgäben, einer großen Zahl Menschen Unterhalt verschafften, den Ackerbau verbesserten und zum Aufkommen der Fabriken beitrügen.[20]

Die Gemeinheitsteilungen im Sinn, stellte sich der Celler Landwirtschaftsgesellschaft bald das Problem, das sie in einer Preisfrage 1777 formulierte, dass nämlich die Inhaber der Bauernhöfe wegen der Grundherrschaft kein wirkliches Eigentum hatten und folglich bei einer Aufhebung der Gemeinheiten den ihnen zufallenden Teil nicht verkaufen oder veräußern könnten; ob es daher nicht nötig sei, „behuf Beförderung der Absicht allgemeiner Gemeinheitsteilungen zuvörderst die gutsherrliche Verfassung der Bauergüter aufzuheben?" Und obwohl direkt die Frage angeschlossen wurde, wie dies „ohne Benachteiligung des Gutsherrn" zu bewirken sei, hielt sich die Gesellschaft in Celle im Folgenden von Fragen der Bauernbefreiung fern und suchte die Gemeinheitsteilungen ohne diese ins Werk zu setzen. Als der Preisträger von 1777, Amtmann Brandes aus Harburg, 1785 seine gemäßigte Kritik dahingehend präzisierte, dass die grundherrlichen Weideservitute nicht eigentlich zu

---

[18] Prass, Reformprogramm, 46 f.
[19] Abel, Geschichte, 289.
[20] Ludwig Deike, Die Celler Sozietät und Landwirtschaftsgesellschaft von 1764, in: Rudolf Vierhaus (Hg.), Deutsche patriotische und gemeinnützige Gesellschaften, München 1980, 161-178 u. 186 f.

den Gemeinheitsrechten gehörten, sondern feudalrechtlichen Ursprungs wären, lehnte die Landwirtschaftsgesellschaft den Druck seiner Schrift ab.[21]

Insbesondere widmeten sich die Mitglieder der Gesellschaft gerne „Versuchen" mit neuen Feldfrüchten und Anbau von Grünfutter, wozu man sog. „Kämpe" benötigte, außerhalb des Gemeinheitsareals liegende, eingefriedete Grundstücke, die nicht dem Hutungsrecht der Gemeinden und Gutswirtschaften unterstanden und wo man ungestört von eindringendem Vieh Rüben, Kartoffeln, Möhren und Klee anbauen konnte. Bereits 1765 wurden sog. Cantonsgesellschaften eingerichtet, die die Verbesserungsvorstellungen des Engeren Ausschusses ins Land hinaustragen sollten. Die ab 1768 herausgegebenen „Nachrichten über Verbesserung der Landwirtschaft und des Gewerbes" wurden unentgeltlich an die Pastoren verteilt, von denen man als Inhaber der Pfarrwirtschaften annahm, dass sie Verständnis für die Neuerungen hatten und sie an die Bauern weitergeben würden.

Die Bauern sollten über die Vorteile der Markenteilung, die Vorzüge des Fruchtwechsels und die, durch den damit steigenden Arbeitskräftebedarf bewirkte Verminderung der Dorfarmut aufgeklärt, ihnen sollten Kenntnisse über den Anbau von Zwischenfrüchten, Grünfutter und Gräsern sowie Kartoffeln vermittelt werden. Um den Kleeanbau zu fördern, teilte die Landwirtschaftsgesellschaft Kleesamen an die Landwirte aus. - Freilich ging die Aufklärung auch den umgekehrten Weg. Der Landrat von Ramdohr teilte in einem Aufsatz mit, dass er den Kleebau bei den Eingesessenen eines in seiner Nähe gelegenen Dorfes kennen gelernt habe. Schon vor der Gründung der Celler Gesellschaft baute man in den Dörfern an der Mittelweser Klee an. Um 1748 soll ein Samenhändler vom Niederrhein dort erschienen sein und den Bauern den Kleeanbau erklärt haben. Der Herr von Ramdohr hatte seine Kenntnisse wiederum von diesen Bauern.[22]

Aus der Celler Landwirtschaftsgesellschaft ging der Begründer der „rationellen Landwirtschaft", Albrecht Daniel Thaer, hervor. Seit 1778 als Stadtphysikus in Celle tätig, gehörte er ab 1784 dem Engeren Ausschuss an und betrieb seit 1787 vor den Toren der Stadt eine Musterwirtschaft von 110 Morgen Acker und 18 Morgen Wiesen. 1798 erschien der erste Band seines Werkes „Einleitung zur Kenntnis der Englischen Landwirtschaft", die er selbst nicht aus eigener Anschauung, sondern in der Bibliothek englischer Bücher Jobst Anton von Hinübers in Marienwerder erworben hatte. Er hatte einen entscheidenden Anteil an dem endlichen Zustandekommen der Gemeinheitsteilungsordnung für das Fürstentum Lüneburg von 1802. Sie war vorbildlich für die Gesetzgebung in Preußen, an der Thaer, 1804 nach Brandenburg übergesiedelt, mitwirkte.[23] Im § 1 seiner „Grundsätze der rationellen Landwirtschaft" formulierte Thaer 1809 das Kredo der kapitalistischen Landwirt-

---

[21] Werner Conze, Die liberalen Agrarreformen Hannovers im 19. Jahrhundert, Hannover 1947, 6; Prass, Reformprogramm, 35, 42 f.

[22] Deike, Celler Sozietät, 180-184. Ca. 1780 trieb ein Neusser Bürger Handel mit Kleesamen, wobei ein Jahresumsatz von 35 000 Pfund genannt wird! Der Kleeanbau dehnte sich um diese Zeit im Jülicher Land stark aus: Wisplinghoff, Neusser Raum, 172.

[23] Deike, Celler Sozietät, 181 f.; Conze, Hannover, 6-8; Conze, Quellen, 26.

schaft: die Landwirtschaft sei ein Gewerbe, „welches zum Zweck hat, durch Produktion (zuweilen auch durch fernere Bearbeitung) vegetabilischer und tierischer Substanzen Gewinn zu erzeugen oder Geld zu erwerben".[24]

Die Celler Landwirtschaftsgesellschaft war also, wie die meisten anderen Einrichtungen dieser Art, eine Gründung von oben, die die kameralistische Politik fördern sollte oder, wie in Baden-Durlach, von physiokratischen Ideen inspiriert war. Programmatisch war sie ein Versuch agrarische Modernisierung durch Gemeinheitsteilungen zu erreichen, ohne die grundherrschaftliche Verfassung anzurühren.

Es entstanden auch, auf privater Basis, landwirtschaftliche Reformzirkel bäuerlicher Mitglieder, beispielsweise 1793 im brandenburgischen Dorf Rüxleben, eine Stunde vom thüringischen Sondershausen entfernt. Ein Mitglied dieser Gesellschaft, Johann Ernst Semper, machte in seiner Schrift „Der Bauernfreund, enthaltend moralische ökonomische Grundsätze" 1796 als ihren Zweck bekannt, durch gemeinschaftliche Bemühungen die Verbesserung ihrer Landwirtschaft zu fördern, z.B. Verbesserung bei der Anpflanzung der Bäume oder fremder Holzarten, Heilkunst der Viehkrankheiten, Kenntnis fremder Futterkräuter, bessere Kenntnis des Ackerbaus, Düngers u. dgl. Die Existenz der Gesellschaft erregte Misstrauen, so dass Semper vor Gericht geladen wurde über die Verbindung Rede und Antwort zu stehen. Er erklärte, Mitglieder der Gesellschaft wären er, seine Söhne und einige Freunde, zusammen neun Personen. Sie würden alle Sonntagnachmittage zusammen den Thüringer Boten lesen und der Reihe nach müsse jeder eine Rede halten oder ablesen, in der er einen gemeinnützigen Gegenstand abhandelt, wodurch man seine ökonomischen Umstände verbessern könne. Jeder bringe alle Sonntage einen Groschen mit und nach einem Jahr und, wenn die Preise am günstigsten wären, würden sie von dem gesammelten Geld Früchte kaufen, um sich in der Not auszuhelfen. Der Professor Salzmann in Schnepfenthal wäre auch bei ihnen Mitglied und habe sie in diesem oder jenem unterrichtet.[25]

Als erste Zusammenfassung des Diskussionsstands kann der lange Artikel über die „Gemeinheiten und deren Aufhebung und Auseinandersetzung" von 1779 im Krünitz angesehen werden. Zuversichtlich verkündet er:[26]

> Nichts ist für die Wohlfahrt des Staates gefährlicher und schädlicher, als die Einschränkung des Eigenthums. Wo niemand freie Hand hat, den Gebrauch des Seinigen nach seinen Einsichten und Umständen einzurichten, da geht es in allen Gewerben träge und schläfrig her. Der allgemeinen Ordnung wegen, kann zwar das Eigenthum nicht gänzlich ohne alle Einschränkungen bleiben. Alle übrige Hindernisse aber, welche dem freyen Gebrauche desselben im Wege stehen, müssen weggeräumet werden, wenn das Land in blühendem

---

[24] Werner Conze, Vom „Pöbel" zum „Proletariat". Sozialgeschichtliche Voraussetzungen für den Sozialismus in Deutschland, in: VSWG 41 (1954), 342.

[25] National-Zeitung, 18.8.1796, 721 f.

[26] Krünitz, Encyclopädie 17, 1779, 139-288, hier 153.

Stande, und das Volk bey Muth, die obliegenden Geschäfte mit dem gehörigen Fleiße zu betreiben, erhalten werden soll.

Scharf werden die Gemeindefelder, -wiesen und -hutungen kritisiert, die den größten Misshandlungen ausgesetzt seien. Wegen des fehlenden Privatinteresses würden sie ausgemergelt, nicht gepflegt und die Gemeindewaldungen durch die Viehweide geschädigt. Die Weideplätze würden durch die Herden überdüngt, wird argumentiert und vorgerechnet, welch höheren Ertrag die Stallhaltung der Kühe und die Verwandlung der Weide in Wiesen hätte.

Krünitz geht in seinen Ausführungen darüber, auf welche Weise die Gemeinheitteilungen ins Werk zu setzen seien, vom Grundsatz der freiwilligen Übereinkunft aus. Er gibt den zu berufenden Kommissionen Fingerzeige, wie mit den sturen und widerstrebenden Bauern umzugehen sei. Nachdrücklich warnt er die Gutsherren davor die Teilungen dazu zu missbrauchen, sich Vorteile zu verschaffen.

Das Verfahren sei so zu gliedern, dass zunächst die verschiedenen, in einem Dorf begüterten Herrschaften getrennt, dann Obrigkeit und Untertanen auseinander gesetzt und schließlich die Gemeinschaft unter den Bauern aufgehoben wird. Was die Separation von Obrigkeit und Untertanen angeht, wird vorgeschlagen die Gemengelage der Äcker dahingehend aufzuheben, dass der Herrschaft das dritte Feld zugewiesen und die Bauern mit den vormals herrschaftlichen Stücken in den ersten beiden Feldern entschädigt werden. Von den Bauern wird erwartet, anschließend das Werk einer neuen Aufteilung dieser zwei Felder in wiederum drei vorzunehmen.

Schließlich sei die Gemeinheitsaufhebung, „wodurch alle einzelne Dorfseinwohner völlig auseinandergesetzt, und zum alleinigen Genuß ihres Eigentums gebracht werden, unter allen die vollkommenste". Es müsste der Flurzwang abgeschafft und die Streifen zusammengelegt werden, auch die Hutung würde aufgeteilt und jeder hätte Äcker, Wiesen und Weide zusammenliegend, so dass er sie einzäunen könne.[27]

> Sollte eine so glückliche Verfassung nicht sehr vieles zur Aufmunterung in dem ganzen Ackerbau beytragen, und derjenige, der in allem freye und ungebundene Hände hat, mit Lust und Vergnügen wirthschaften? Nur Schade ist es, daß eine solche Verfassung an den wenigsten Orten, in den schon vor Alters angebaueten Gegenden möglich zu machen steht. In den neu angelegten Colonien ist dieses zwar fast überall treulich beobachtet worden; allein, bey alten Dörfern, wo die Einwohner in einem engen Bezirke bey einander wohnen, findet solches gemeiniglich Hindernisse, welche fast unübersteiglich sind.

Denn bei dem Teilungswerk treten verschiedene Schwierigkeiten auf: Die Weiderechte auf den Äckern und Wiesen sind unproblematisch zu separieren, da jeder nur noch auf seinem Eigentum Kühe hüten darf; nicht möglich ist das bei der Schafhutung, die einen weiten Raum braucht, weshalb, sofern nicht genug Weide und

---

[27] Ebd., 280 f.

Wald vorhanden ist, die gemeinschaftliche Nutzung erhalten bleiben muss. Weiden sollen zu vollem Eigentum übertragen werden, einzelne Weideplätze jedoch nicht unter Gutsherren oder zwischen dem Gutsherrn und der Dorfgemeinde aufgeteilt werden, da dies Verbesserungen unmöglich mache; der Platz sollte also nur einer Seite zugeschlagen und die andere entschädigt werden. Hutungsplätze, die mit Holz bestanden sind, könnten kaum geteilt werden, da das Holz mindestens den dreifachen Wert der Hutung haben werde, bei einer Teilung von 3 : 1 das Weideareal aber so klein würde, dass sie niemals die Zustimmung der Weideberechtigten erhielte.

Ebenso wird es als am sinnvollsten angesehen die Gemeindewaldungen zu erhalten, statt sie unter die einzelnen Bauern aufzuteilen.[28]

> Da es indessen bey solchen gemeinschaftlichen Bauerwaldungen, wenn sie den Bauern zu ihrem freyen Gebrauche überlaßen werden, gemeiniglich bunt über Eck zu gehen pflegt: so ist es allerdings nötig, daß ihnen darunter von der Herrschaft eine forstmäßige Ordnung vorgeschrieben werde.

An anderer Stelle freilich meint Krünitz dazu:[29]

> Dem Herrn des Dorfs steht zwar, nach einigen Landesgesetzen, die Ober-aufsicht darüber allerdings zu; allein, oft hat derselbe in andern wichtigern Angelegenheiten mit seinen ungezogenen Bauern schon genug zu zanken, als daß er seine Verdrüßlichkeiten mit dieser Holzwirthschaft noch vermehren sollte. Man kann es ihm auch kaum verdenken, wenn er seine Ruhe vorzieht, und lieber den Bauern in ihrem Walde den Willen läßt, als sich der jetzt so leichten Möglichkeit, mit ihnen in Prozeß zu gerathen, aussetzt.

Viele Dörfer hatten ihre eigene Fischerei. Eine Aufteilung ist hier natürlich nicht denkbar. Krünitz empfiehlt den Gemeinden, um dem Ausfischen der Gewässer zu begegnen, den Fischfang zu verpachten und den Einwohnern ein Vorkaufsrecht auf die gefangenen Fische zu reservieren.[30]

Bei allem emphatischen Eintreten für das freie Eigentum hält Krünitz für praktisch umsetzbar nur die Trennung von herrschaftlichen und bäuerlichen Gütern. Die eigentliche Aufhebung der Gemeinheit an Äckern und Wiesen, an Weide, Wald und Gewässern wird nicht für möglich gehalten. Damit bleibt von den hehren Zielen vorderhand wenig übrig. Das Resultat dieses Procedere wäre, dass der Gutsherr zum vollen Eigentümer gemacht, sein Grund und Boden von den gemeindlichen Nutzun-gen befreit und die Voraussetzung für die moderne Gutswirtschaft geschaffen würde.

Dennoch wäre diese Separation von Gutswirtschaft und Dorfgenossenschaft auch für die Bauern, und vielleicht vor allem für sie, ein wichtiger Fortschritt gewe-sen. Denn sie befreite nicht nur das Gutsland von den Gemeinheitsrechten, sondern löste auch die Allmenden aus der herrschaftlichen Mitnutzung, die als Nutzungs-

---

[28] Ebd., 279.
[29] Krünitz, Encyclopädie 14, 1778, Art. Forstregal, 663.
[30] Ebd. 13, 1778, Art. Fisch-Fang, 696.

konkurrenz so konfliktträchtig war. Krünitz hat im Auge dem gutsherrlichen Eigentümer die Möglichkeit zu schaffen, die Anbau- und Viehhaltungsmethoden zu modernisieren. Aber diese „Generalteilung" hätte auch den Gemeinden die Chance geboten, dort, wo es sinnvoll und verbesserbar war, das Gemeineigentum zu erhalten, und dort, wo das genossenschaftliche Zusammenwirken umzugestalten und der individuelle Spielraum zu vergrößern war, dies in gemeindlicher Übereinkunft zu tun.

Selbst für einen Enthusiasten des Privateigentums wie Krünitz haben die Gemeinheiten wirtschaftlich vielfach Sinn gemacht. Die wesentlichen Einschränkungen, die er bei den Teilungen macht, lassen dies deutlich genug werden, nicht nur, was die Rücksicht auf die Schafhutung angeht, sondern auch die unvorteilhaften Parzellierungen von Weideplätzen bis hin zum Baumbestand. Wenn von mit Holz bestandenen Hutungsplätzen die Rede ist, die wegen dieser Mischnutzung nicht teilbar seien, so weist dies auf agrartechnische Aspekte hin, indem weder der Wald allein holzwirtschaftlich, sondern wesentlich auch weidewirtschaftlich genutzt wurde, noch die Weideareale von allen Holzbeständen gesäubert waren. In diesem „hölzernen Zeitalter" gab es viele verschiedene Verwendungsmöglichkeiten von Holzwuchs, der nach modernen Maßstäben ökonomisch uninteressant ist.[31]

Bevor er zu seiner wirtschaftlichen Kritik an den Gemeinheiten kommt, legt Krünitz die Funktion der Allmende für die Gemeinde als Vermögensgrundlage zur Wahrnehmung von Selbstverwaltungsaufgaben dar. Die Gemeinden haben verschiedene Einkünfte aus ihrem Besitz: von Gemeindewiesen, deren Heu verkauft wird; von Holz über dem Quantum der Gemeindemitglieder, das in die Stadt verkauft wird; aus Weidegeld, das manchmal erhoben wird, oder Geld für die Eichelmast; aus Kapital, das manche Gemeinde ausleihen kann und die Zinsen davon einnimmt. Nur was dann noch für nötige Ausgaben fehlt, kann durch eine Gemeindekollekte erhoben werden. Die Ausgaben dienen[32]

> zur Unterhaltung der Kirche, Pfarr-Schulen und Gemeindegebäude; zur Besoldung und Lohn des Schulzen und Gerichte, des Nachtwächters, des Gemeindedieners und der verschiedenen Viehhirten; zu Anschaffung und Unterhaltung des gemeinen Beschälers und Zuchtochsen; zu Unterhaltung und Reparierung der Wege und Brücken, wenn die Gemeinde, in Ermangelung eigenen Holzes, dieses dazu kaufen muß; zu Bezahlung der Interessen, wenn die Gemeinde Capitalien aufgenommen, oder der Prozeßkosten, wenn sie Prozesse zu führen hat; zu Anschaffung der gemeinen Feuerlöschgerätschaften u.a.m.

Die Auflösung der Gemeinheiten hatte also weitreichende Konsequenzen für die Gemeindeautonomie. Technisch gesehen konnten die Einnahmen ebenso durch eine

---

[31] Radkau/Schäfer, Holz, 19-27.
[32] Krünitz, Encyclopädie 17, 140-144, hier 143.

Steuer erzielt werden, doch sollte das die Tendenz fördern, die Gemeinden zur lediglich untersten Verwaltungsebene des Staates zu machen.

Die ökonomische Logik der Entwicklung führte von agrikulturellen Innovationen zur Umwälzung der Eigentumsordnung.

Die Agrarreform-Theoretiker des 18. Jahrhunderts verkündeten etwas anderes. Ihre Antwort auf den unzureichenden Produktivitätsstand der Landwirtschaft war die Propagierung des Privateigentums. Erst wenn das Privateigentum hergestellt wäre, hätten die Leute die Hände frei alles nach ihren Einsichten einzurichten. Der wirtschaftliche Aufschwung wäre die unausbleibliche Folge. Also gerade umgekehrt: die neuen Eigentumsverhältnisse sind nicht das Ergebnis wirtschaftlicher Veränderungen, sondern es muss die private Eigentumsordnung in die Welt gesetzt werden, damit sich der wirtschaftliche Fortschritt einstellen kann. Demgemäß stehen die Gemeinheitsteilungen am Anfang.

Was heißt das in der Praxis? Nicht der Futtermittelanbau auf dem Brachfeld macht Stallhaltung sinnvoll und die ausgedehnten Weiden überflüssig; sondern man will durch die Aufteilung der Allmendweiden den Bauern *dazu bringen*, dass er zur Stallhaltung übergeht. Schwerz störte sich daran, dass die Münsteraner Bauern viel Getreide an ihre Pferde verfütterten, und sah dagegen nur ein Mittel:[33]

> Dem Landmann vorschreiben, was er futtern soll und wie viel, geht freilich nicht an; nimmt man ihm aber durch die Theilung der Marken die Mittel, sein Vieh in die Wüste zu jagen, so wird er entweder sein Zug- und Nutzvieh auf dem Stalle füttern oder auf eigene cultivirte Weiden bedacht seyn müssen.

Dass er das dann auch tut, dass er das Wissen um Futterpflanzen und Anbaumethoden besitzt, dafür soll Aufklärung betrieben werden. Justus Claproth ging es mit seinem Musterentwurf einer Dorfordnung 1773 darum „die Bauern bis zum Range vernünftiger Menschen zu erheben" sowie durch Abschaffung des Brachfeldes, Aufhebung der Gemeinheiten, Anpflanzung von Futterkräutern und Anlegung neuer Bauernhöfe auf Ödland die Güterträge zu vermehren.[34]

Der Aufklärung sollte die Veröffentlichungstätigkeit der Celler Landwirtschaftsgesellschaft dienen. Zum Muster wurde Thaers populäre Schrift „Unterricht über den Kleebau und die Stallfütterung in Fragen und Antworten für den Lüneburgischen Landmann" von 1791. 1795 wurden in den „Braunschweigischen Anzeigen" Autoren gesucht, die kleine Hefte zum Unterricht des Landmanns verfassten. Diesmal lautete die Frage: „Worin bestehen die Vorzüge eines eingeschlossenen und gehegten Feldes, vor einem offenen, der gemeinschaftlichen Hut und Weide unterworfenen?" Diese sollte in Zusammenhang mit den Vorteilen des Fruchtwechsels und des Rübenbaus, „dieser besonders in England so bewährt gefundenen Wirth-

---

[33] Stefan Brakensiek, Agrarreform und ländliche Gesellschaft. Die Privatisierung der Marken in Nordwestdeutschland 1750-1850, Paderborn 1991, 351.
[34] Bader, Naturrecht, 35.

schaftsart", beantwortet werden. Es komme darauf an „die Sache dem gewöhnlichen Landmanne begreiflich und recht in die Augen fallend zu machen, damit dieser überzeugt von den großen Vortheilen, die er dann von seinem Acker ziehen kann, der Verkoppelung immer geneigter werde."[35]

Der Artikel „Kleebau" in der Deutschen Encyclopädie erklärt über lange Seiten die verschiedenen Kleesorten, die geeigneten Böden für ihren Anbau und die richtige Düngung. Keine andere Pflanze schien geeigneter dem Futtermangel abzuhelfen und damit das richtige Verhältnis von Ackerbau und Viehzucht zu schaffen: „Da der Landmann durch eine kluge Fütterung dieser Pflanze, mehr Vieh, größere und stärkere Ochsen, milchreichere Kühe, schöneres Zuchtvieh, mehr und bessern Mist erhält; so verbessert er dadurch seinen Getreidebau, seine ganze Wirthschaft, und vermehrt seine Einnahme." Der Klee eigne sich bestens zum Nebenanbau im Brachfeld und ließe eine bessere Winterfrucht als zuvor erwarten. Da die natürliche Benutzung der Brache die Weide für das Vieh ist, diese aber oft für einen, dem Ackerbau genügenden Viehstand nicht hinreicht, so könne der Mangel nicht besser als durch den Kleebau behoben werden. Die Propagandisten des Kleebaus malten sich aber viel grundsätzlichere politische Folgen aus. Die verbesserte Landwirtschaft macht den Landmann wohlhabender und setze ihn in den Stand seine Abgaben an den Staat ruhig, „und ohne sich wehe zu thun", zu entrichten. Dies aber binde „das Band der Vaterlandsliebe fester". Die Staatseinkünfte aus der Landwirtschaft und aus dem zunehmenden Handel mit ihren Produkten vergrößerten sich „ohne den Landmann in seiner Wirthschaft zu stöhren", „und ein Agriculturstaat hat in dieser, durch den Kleebau bewirkten, Verbesserung der Landwirthschaft das vorzüglichste Mittel, seiner durch den Krieg zerrütteten Staatsökonomie zu Hilfe zu kommen".[36] Hier verbindet sich wieder die Aufklärung mit der kameralistische Absicht.

Dass ein derartiges Vorgehen, erst einmal alles Weideland aufzuteilen, wenn nicht unmöglich war, wie Krünitz meinte, so doch schwerwiegende Probleme für die Mehrzahl der mittleren Bauern, von den kleinen zu schweigen, aufwarf, ist frühzeitig erkannt worden. Der Allmendartikel in der Deutschen Encyclopädie 1778 widmet sich der Diskussion darum.[37]

Diejenigen, die für die Beibehaltung der Allmenden einträten, gäben zu bedenken, dass die ärmsten Gemeindemitglieder gemeinhin ein Stück Vieh auf die Weide treiben können, wovon sie Milch bekommen und auch ein wenig Dünger, mit dem sie ein kleines Stück Land fruchtbar erhalten können. Diese Nutzungen bringen ihnen so viel ein, dass sie ihre Kuh den Winter über unterhalten können, schließlich auch von einem Kalb eine Einnahme zu erhoffen haben. Dieser notwendige Beitrag zum Lebensunterhalt ginge den armen Gemeindemitgliedern verloren, wenn die

---

[35] Braunschweigische Anzeigen, 15.7.1795, 1100-1102; ebenfalls in: Der Reichs-Anzeiger oder Allgemeines Intelligenz-Blatt zum Behufe der Justiz, der Polizey und der bürgerlichen Gewerbe im Deutschen Reiche, 27. Juli 1795, 1675-1677.
[36] Deutsche Encyclopädie 21, 1801, Art. Kleebau, 228-240, hier 232 f.
[37] Deutsche Encyclopädie 1, 1778, Art. Allmenten, 368-371.

Allmenden als Privateigentum unter die Gemeindegenossen verteilt werden. Zum anderen hätten die Gemeinden mit ihren Allmenden Mittel in Händen in Zeiten der Not auf diese Güter Geld aufzunehmen, um den Gemeindegenossen Hilfe zu leisten. Ferner seien die Allmenden das Band, das das besondere Interesse der einzelnen Gemeindegenossen mit dem gemeinen Interesse der ganzen Gemeinde verknüpfe, indem „die Gemeindsgenossen durch die Theilhabung an den Nutzungen der Allmenten untereinander selbst, und mit dem ganzen Gemeindskörper genauer und fester zu Aufrechterhaltung guter Ordnungen verbunden werden". Dadurch würde der Eigennutz und die Trennung der Gemüter, die die Folgen des gesonderten Privateigentums seien, in ihrem verderblichen Fortgang wenigstens zurückgehalten.

Dem entgegen waren die Befürworter der Allmendaufteilungen zu vollem Eigentum unter die Gemeindegenossen der Überzeugung, dass dadurch „ihr besonders Interesse, welches doch immer die Haupttriebfeder der menschlichen Thätigkeit ist, angereizet" würde, die Güter durch Anbau von Futterkräutern und anderen einträglichen Gewächsen zu einem weit höheren Produktionsertrag zu bringen.

Der Verfasser des Artikels, der in den Chor der Reformer einstimmt, beschreibt die zu erwartenden Schwierigkeiten: Nach der Aufhebung der Gemeindeweide und der Aufteilung der Allmende sollen die zugeteilten Stücke mit Klee oder anderen Futtergewächsen angebaut und das Vieh im Stall gehalten und gefüttert werden. Dafür muss nicht nur Saatgut, sondern im ersten Jahr, so lange es noch keine Ernte gegeben hat, notwendigerweise auch Futter gekauft werden. Dazu seien wohl die reichen Gemeindegenossen und auch die wohlhabenden der mittleren Klasse, gewiss aber nicht die Armen und der größte Teil der Mittelleute ohne sich Schulden aufzuladen imstande. Er befürchtet, dass ein großer Teil der Gemeindegenossen seinen Viehstand vermindern wird, um nicht Futter kaufen zu müssen. „Der arme und der Mittelmann" würde in diesem Fall aber auch Dung für die alten Felder einbüßen, während die Zuteilung neuer Stücke doch eigentlich eine größere Anzahl Vieh zu halten nötig mache. Der Autor fordert daher einen landwirtschaftlichen Hilfsfond, aus dem am Anfang den Armen und der unteren Klasse der Mittelleute die notwendigen Vorschüsse für Futter, Sämereien und zu den ersten Arbeiten vorgestreckt werden.

Wie sehr diese Probleme der Publizistik bewusst waren, wird bei Huenlin deutlich. Er zitiert den Einwurf der Landleute gegen die Aufteilung der Gemeinheiten, „man hätte hiezu nicht genugsame Düngung." Dass man dem wenig bemittelten und dem armen Landmann bei der Einführung des Anbaus von Klee und anderen Gewächsen Hilfe leiste, sei von äußerster Wichtigkeit, sonst entstünden durch solche Verfügungen, so unentbehrlich sie zum Aufschwung des Gemeinwesens sein mögen, die bittersten Klagen oder gar Empörungen. Die Ursachen dieser Klagen besonders vonseiten der Armen sind, so Huenlin, ganz begreiflich. Diese Leute haben ihre Rechnung auf das Austreiben des Viehs gemacht. Der Grund, warum sie sich insgemein so sehr gegen das Einhegen sträubten, sei, dass sie nicht den künftigen Nutzen, sondern nur den Verlust der Weide sehen. Man sehe nur zu, dass man das Vieh aus dem Stall bringt und keine neuen Ausgaben zu machen hat. Wird ihnen zum Anbau der eingehegten Grundstücke nicht unter die Arme gegriffen, so befänden sie sich in der Tat in verlegeneren Umständen als vorher. Notwendig müssten Mangel und Teuerung entstehen und die Armen könnten dann oft gar kein Vieh mehr halten, noch die angewiesenen Grundstücke anbauen und die übrigen würden ihnen dann auch verderben. Huenlin lobt daher die Hilfsmaßnahmen des Regenten der Baden-Durlachischen Lande bei der Aufhebung der Gemeinheiten.[38]

Sah man die Schwierigkeiten recht klar voraus, so folgerte daraus durchaus nicht für alle, auch nicht für die prominentesten Publizisten, eine soziale Einstellung. Der Physiokrat Johann August Schlettwein vertrat in seinen „Abhandlungen von den Gemeinheiten" 1764 die Ansicht, das Recht der Armen Vieh auf die Gemeinweide zu treiben, verführe sie nur zu Müßiggang, sie setzten zu viele Kinder in die Welt, fielen dem Staat zur Last. Wie sich bei den Verkoppelungen in Holstein zeige, könnten die Armen nach dem Verlust der Weiderechte diesen dadurch ausgleichen, dass sie einige Tage in der Woche bei den Bauern arbeiteten.[39] Denn die Gemeinheiten ermöglichten den Kleinbauern zum Ärger der landwirtschaftlichen Reformer, beispielsweise Schwerz, „weit mehr Vieh zu halten, als sie im Verhältnis zu ihrem übrigen Grundeigentum zu tun vermögen".[40]

Das Programm der Agrarreformer sah also in erster Linie eine neue Eigentumsordnung vor (selbstverständlich mit ökonomischen Zwecken), in zweiter Linie eine Reform der Landwirtschaft.

Landwirtschaftliche Innovationen

Wenn in der Literatur der Zeit immer wieder die Bauern angeklagt wurden, dass sie sich der Teilung und der Privatisierung der gemeinschaftlichen Rechte widersetzten, dann mag es verwundern zu erfahren - so Wilhelm Abel -, dass es Bauern waren, die als erste in Deutschland „den radikalsten aller Eingriffe in die überkommene Feld- und Flurverfassung durchführten." Er spielt auf die sog. Vereinödung im Allgäu an, d.i. die Zusammenlegung der Felder und die Aufteilung der Weiden, die auf Initiative der Bauern im 16. Jahrhundert eingesetzt hatte und in der zweiten Hälfte des 18. Jahrhunderts sehr um sich griff, indem 80 % aller Vereinödungen zwischen 1750 und 1825 stattfanden. Gesetzliche Regelungen folgten in Kempten erst 1791. In

---

[38] David Huenlin, Anmerkungen über die Geschichte der Reichsstädte vornehmlich der Schwäbischen... Als ein Beitrag zur allgemeinen Geschichte von Schwaben, Ulm 1775, 493-496.

[39] Clemens Zimmermann, Entwicklungshemmnisse im bäuerlichen Milieu: die Individualisierung der Allmenden und Gemeinheiten um 1780, in: Pierenkemper, Landwirtschaft, 103; Zimmermann betrachtet die Probleme des Interessenausgleichs zwischen Bauern und minderberechtigten Gemeindeeinwohnern.

[40] Mooser, Gleichheit, 241.

Norddeutschland hieß der vergleichbare Vorgang Verkoppelung, die die Bauern in Schleswig-Holstein mit von ihnen bezahlten Landvermessern ins Werk setzten.[41]

Die Koppelwirtschaft, eine geregelte Feldgraswirtschaft, bei der etwa drei Getreide- und vier Weidejahre miteinander abwechselten, war eine recht intensive Form des Getreidebaus, da der Dung der weidenden Tiere dem nachfolgenden Ackerbau zugute kam, statt auf der Allmendweide verloren zu gehen. Die holsteinische und die mecklenburgische Koppelwirtschaft erinnern an die englische Feldgraswirtschaft, wo Ackerbau und Schafhaltung in den Einhegungen abwechselten.[42]

In Oberschwaben erreichten die Vereinödungen zu Ausgang des 18. Jahrhunderts die Donau; selbstverständlich ging es auch bei ihnen nicht konfliktfrei ab. 1794 herrschte in Unterschneidheim Streit unter der Gemeindemitgliedern, deren einer Teil die Allmenden verteilen wollte, während der andere Teil auf Beibehaltung der Gemeinschaft bestand. Die Oetting-Spielbergische Ortsherrschaft erhielt von der Freiburger Juristenfakultät bestätigt, dass die Verteilung der Gemeingüter als Policey-Gegenstand anzusehen sei und sie den Streit entscheiden dürfe. 1796 verzichtete die Gemeinde Volkersheim (bei Biberach) nach Einführung der Stallfütterung auf ihr Mittriebsrecht bei der Gemeinde Rottenacker. 1798 hielten sich in der Gemeinde Reinstetten (Reichsstift Ochsenhausen) die Seldner gegenüber den Bauern und Öchslern bei der Verteilung der Viehweide für benachteiligt. Und 1799 fühlte sich die Gemeinde Schaan von der Gemeinde Vaduz (Fürstentum Liechtenstein) bei der Teilung der Gemeingüter übervorteilt.[43]

Die Einführung neuer Kulturpflanzen schritt voran, weit vor jeglicher Aufklärung des Landmannes und ohne Abhängigkeit von Gemeinheitsteilungen. Die Hungerjahre 1770/71 brachten dem Kartoffelanbau den Durchbruch. Die Kartoffel als Speise der Armen sollte das Ende der Hungerkrisen bringen, als arbeitsintensive Ackerpflanze schuf sie neue Beschäftigung und in das Brachfeld eingebracht erweiterte sie die landwirtschaftliche Nutzfläche und vergrößerte die Produktmenge. Huenlin spricht 1780 von dem in Schwaben „nunmehro so gemein gewordenen Kartoffelbau". Viele tausend arme Landleute ernährten sich von den Erdäpfeln, da den meisten das Brot zu teuer war um sich allein davon zu sättigen. Außerdem würde, wenn auch noch nicht so gemein geworden, Klee angebaut werden.[44] Die Kartoffel hat etwa den vierfachen Nährwert des Getreides je Kilogramm. Abel hält dem entgegen, dass der Roggenpreis zwischen 1780 und 1850 nur das Dreifache des Kartoffelpreises betrug; d.h. die Kartoffel war je Nährwerteinheit teurer als das Getreide. Was tatsächlich vor sich ging, war das Hinabsteigen auf eine tiefere Stufe der Ernährung: vom Fleischstandard des Spätmittelalters über den Getreidestandard der Frühen Neuzeit auf den Kartoffelstandard von Industrialisierung und Proto-

---

[41] Abel, Landwirtschaft, 516 f.

[42] Ders., Agrarkrisen, 114, 120.

[43] Schott, Spruch, 267, Nr. 384; 270, Nr. 400 u. 402. Roland Seeberg-Elverfeldt (Bearb.), Das Spitalarchiv Biberach an der Riß, Bd. 2, Karlsruhe 1960, 279, U 4320.

[44] Huenlin, Erdbeschreibung 1, 329 u. 389.

industrialisierung.[45] Ihre Einführung als Nahrungsmittel verdankt die Kartoffel der Tatsache, dass sie nur ein Drittel der Anbaufläche des Getreides benötigte und daher der Anbau den Armen auf ihren Parzellen adäquat war.

Daneben war, wie bekannt, die Kartoffel Schweinefutter. In Norddeutschland wurde ihr Anbau nicht zuletzt deshalb betrieben, weil man damit eine neue Grundlage für die Schweinemast fand, nachdem die Eichelerträge der stark durchforsteten Wälder - also der in Forst verwandelten und der bäuerlichen Nutzung immer weiter entzogenen Wälder - ständig geringer geworden waren.[46]

Zur gleichen Zeit kam der Kleeanbau immer mehr auf. Etwa 1740 fand er in die Börde bei Dortmund Eingang, siebzig Jahre später war er dort gebräuchlich.[47] 1777 verweigerte die Gemeinde Wallenhausen (Oberschwaben) dem Reichsstift Roggenburg den Kleezehnt, nachdem der Kleeanbau soeben aufgekommen war.[48] Eine kurtrierische Verordnung von 1778 nennt den Anbau von Klee und anderen Futterkräutern im Brachfeld, 1783 hatte der Kleebau in der Koblenzer und Mayener Gegend bereits weite Verbreitung gefunden.[49]

Die Besömmerung der Brache war am Niederrhein teilweise weit vorangeschritten. 1755 hieß es zu Kaarst, ein Drittel des Ackerlandes brach liegen zu lassen entspreche nicht dem Landesbrauch; von den dortigen 63 Morgen hätten zehn, höchstens zwölf unbebaut liegen dürfen (also die Hälfte des Brachfeldes). 1767 wurde der kölnischen Hofkammer berichtet, in Kempen und anderen Ämtern des Niedererzstifts seien keine Brachländereien üblich, es werde jedes Jahr alles besät.[50] In einer 1788 erschienenen Abhandlung hob J. A. J. von Franz den Anbau verschiedener Futterkräuter im Amt Kempen hervor, die Stallfütterung sei seit 20 Jahren eingeführt. Die Landwirte hielten auf diese Weise „sehr viel schönes Vieh, welches durch diese gute Pflege sehr viel herrliche Butter beibringt, die weit und breit bekannt und häufig ausgeführt wird."[51] In Bayern verboten Mandate 1762 die Besömmerung der Brache überall dort, wo seit alters Schäfereien bestanden.[52] Die erwähnte kurtrierische Verordnung von 1778 dagegen verbot den Viehtrieb in besömmerte Brachfelder. Bereits 1776 war der Auftrieb des Viehs auf die Wiesen nach dem 15. März durch landesherrliche Verordnung untersagt worden.[53]

Mit der Problematik des Kartoffel- und Kleezehnten und der Schafhutung auf dem Brachacker ist bereits angesprochen, dass von den Bauern eingeführte

[45] Abel, Geschichte, 345; ders., Stufen der Ernährung. Eine historische Skizze, Göttingen 1981, 38 f.
[46] Timm, Waldnutzung, 68 f.
[47] Brakensiek, Agrarreform, 369.
[48] Franz Tuscher, Das Reichsstift Roggenburg im 18. Jahrhundert, Weißenhorn 1976, 140.
[49] Volker Henn, Zur Lage der rheinischen Landwirtschaft im 16. bis 18. Jahrhundert, in: ZAA 21 (1973), 186.
[50] Wisplinghoff, Neusser Raum, 162.
[51] Krings, Wertung, 43 f.
[52] Ennen/Janssen, Agrargeschichte, 230.
[53] Henn, Rheinische Landwirtschaft, 185 f.

Verbesserungen in Widerspruch zu feudalherrlichen Ansprüchen geraten konnten. In einem Bericht der „National-Zeitung" hieß es, man habe die Beobachtung gemacht, dass Schafe sehr ungern auf frisch gedüngten Wiesen grasen. Der adlige Gutsbesitzer und Gerichtsherr zu Weilar (Rhön-Werra) hatte das unbestrittene Recht, die Wiesen seiner Untertanen zu den gewöhnlichen Zeiten mit seiner Schafherde behüten zu lassen. Die Einwohner dieses Dorfes bemühten sich seit einiger Zeit, diese Wiesen durch die Düngung zu verbessern. „Schon sahen die guten Leute mit freudigem Blick den schönen Wuchs ihrer Gräsereyen; schon durften sie für die Zukunft eine verbesserte Viehzucht und durch sie verbesserten Ackerbau und Wohlstand hoffen", als ihnen 1795 gerichtlich verboten wurde die Wiesen zu düngen, weil dadurch die herrschaftliche Schafhut beeinträchtigt werde. Die „National-Zeitung" warf die Rechtsfrage auf, ob sich eine Servitut so weit erstrecken könne, dass dadurch das Grundstück, auf dem sie haftet, verderben müsse.[54]

Darauf antwortete der Gutsherr von Boyneburg mit einer Richtigstellung. Die Gemeinde unterhielt ebenso wie die Herrschaft eine Schäferei und sie hatte eine Mithut-Gerechtigkeit auf den herrschaftlichen Wiesen, so wie umgekehrt auch. Vor etwa 40 Jahren fing der eine oder andere an, etwas Mist in Körben auf seinen Wiesenplatz zu tragen, bis seit einigen Jahren dieses Düngen allgemein wurde, während die Wiesenbewässerung vernachlässigt wurde. Und zwar fingen die Untertanen an dem Tage, da die herrschaftlichen Schafe auf die Wiesen geführt werden, zu düngen an und ließen den Mist so lange darauf liegen, bis die Hutzeit vorüber war. Ihre eigene Schafherde aber ließen die Untertanen nur auf den herrschaftlichen Wiesen grasen.[55]

Zum Jahr 1771 meldet Johann Jacob Moser:[56]

Endlich aber fangt man nunmehro hin und her, absonderlich in denen Oesterreichischen Erblanden, an, dise gemeinschafftliche Wayden aufzuheben, und das Feld unter die Interessenten auszutheilen, um selbiges anzubauen; wogegen alsdann Jeder, so Vieh hält, dasselbige von seinem eigenen füttern muß.

1768 hatte Maria Theresia die Aufteilung der Hutweiden angeordnet, damit sie in Acker und Weide umgewandelt würden, wodurch der Übergang zur Stallhaltung erreicht werden sollte; im gleichen Jahr war auf ihre Anregung die Agrikulturassocietät in Tirol gegründet worden.[57]

Wie wirkungsvoll war nun die Gemeinheitsteilungs-Gesetzgebung im 18. Jahrhundert? War sie den vorgefundenen Gegebenheiten angemessen oder ging sie daran vorbei? Im Folgenden sollen regionale Beispiele für die verschiedenen Formen

[54] National-Zeitung, 28.1.1796, 88 f.
[55] Ebd., 10.3.1796, 231.
[56] Johann Jacob Moser, Von der Teutschen Unterthanen Rechten und Pflichten, Frankfurt-Leipzig 1774, 493 sowie 243.
[57] Oberrauch, Tirol, 253.

der Gemeinheitsteilungen vorgeführt werden: Generalteilung, Spezialteilung und partielle Teilungen.

Im südlichen Teil des Kurfürstentums Hannover schritt die Besömmerung der Brache im Laufe des 18. Jahrhunderts weit voran. Die Calenberger Zehntordnung von 1709 verbot ausdrücklich mehr als ein Viertel der Brache zu bebauen. Angebaut wurden vor allem Hülsenfrüchte; Klee und andere Futterkräuter kamen erst gegen Ende des Jahrhunderts auf. Kartoffeln wurden ab den 1760ern von den Gärten in die Brachfelder verpflanzt und um 1800 in Gegenden mit schlechten Böden im Sommerfeld angebaut. Das gemeindliche Weideareal war im südlichen Niedersachsen nach einem Gutachten von 1785 aufgrund der ständigen Ausdehnung des Ackerlandes bereits stark zusammengeschrumpft. In einer Gemeinde machte 1752 das Gemeinheitsland nur 6,4 % der Flur aus, in einer anderen 1800 ein Siebtel der Ackerfläche. Dennoch war die Viehzucht nicht geringer als im nördlichen Teil des Kurfürstentums mit seinen großen Weideflächen - ein Ergebnis des Futterpflanzenanbaus.[58]

Anträge auf Gemeinheitsteilungen gemäß der Teilungsverordnung von 1768 wurden im südlichen Hannover in der Regel von den Landgemeinden gestellt, während sich die landesherrlichen Domänen ihnen widersetzten. Es waren Anträge auf Generalteilung, die auf eine Trennung von herrschaftlichen und gemeindlichen Gemeinheitsnutzungen zielten. Denn vor allem versuchten die Gemeinden die herrschaftliche Schafhutung von ihren Gemarkungen abzuschütteln und das neue Instrumentarium der Gemeinheitsteilung für diese, alten Zwecke zu nutzen. Bei den Domänenpächtern bissen sie damit auf Granit. Da die Verfahren auf gütlichen Vereinbarungen beruhten und nur im Ausnahmefall gerichtlich entschieden wurden, scheiterten solche Anträge.[59]

Spezialteilungen, also die generelle Aufhebung des genossenschaftlichen Weidegangs, die die Zielstellung der Verordnung von 1768 waren, lehnten die Gemeinden ab. Eine vollkommene Betriebsumstellung auf einen Streich, ohne dass sie eindeutig die wirtschaftlichen Vorteile absehen konnten, war ihnen zu riskant. Dagegen kam es zu einer Reihe von partiellen Teilungen, die als Fortsetzung der zunehmenden Kultivierung des Ödlandes anzusehen sind. Weideland wurde in Wiese umgewandelt oder als Gartenland zum Anbau von Kartoffeln, Kohl und Möhren ausgewiesen. Gemeinheitsteilungen schritten also durchaus voran, aber so, wie es

---

[58] Prass, Reformprogramm, 80-82, 90 f. Dass übrigens Allmendnutzung und Stallhaltung durchaus zusammengingen, geht aus Betriebsanschlägen für Bauernhaushalte im Dorf Hörde von 1766 hervor. Von dem Gras, das der Meier Borchers täglich dem Rindvieh im Stall zufütterte, konnte er im Jahr nur 30 Tracht vom eigenen Land gewinnen. „Die übrigen 335 Trächte muß die Magd auf den Angern und Triften, zwischen den Hecken und an den Feldern, zusammen suchen." Für die Versorgung der Pferde hatte sie außerdem täglich eine Tracht Gras im Wald zu schneiden: Reiner Prass, Verbotenes Weiden und Holzdiebstahl. Ländliche Forstfrevel am südlichen Harzrand im späten 18. und frühen 19. Jahrhundert, in: AfS 36 (1996), 51-83.
[59] Prass, Reformprogramm, 106 f., 112-122, 124.

sich wirtschaftlich anbot, und an Plätzen, die für eine Kultivierung geeignet schienen. Auch dies wurde von Herrschaftsseite nicht selten behindert. Bei den Weiderechtsstreitigkeiten, die im 18. Jahrhundert vor dem Amt zur Verhandlung kamen, spielten sich bei den traditionellen Konflikten 44 % innerhalb der Gemeinden oder zwischen Nachbargemeinden und 54 % zwischen Herrschaften und Gemeinden ab; dagegen waren Weidestreitigkeiten wegen Intensivierungen, wie Umbruch von Weideflächen oder Brachbesömmerung, in 83 % der Fälle solche zwischen Herrschaften und Gemeinden. So beklagte der Moringer Amtspächter 1792 die Besömmerungspraxis auf der Moringer Feldmark, bei der weder Maß noch Ziel herrsche und die die Schafweide schädige.[60]

Es ist zu beachten, dass die Innovationen im Ackerbau, ob es die Besömmerung zirka eines Drittels der Brache, ob es Teilkultivierungen des Ödlandes waren, mit der notwendigen Umstellung der Viehhaltung alle im Rahmen der Dorfgenossenschaft eingeführt wurden, d.h. konsensuell. Die Gemeinde war auch in dieser Hinsicht erstaunlich leistungsfähig. Damit verbundene Konflikte, deren Linie meist zwischen den sozialen Schichten im Dorf verlief, standen in der nach wie vor integrierten Dorfgemeinschaft unter dem Zwang zur Einigung.[61] Unzweifelhaft ist aber, dass mit dem Schwinden der Allmendweide und der Ackerweide, mit der dann nahe liegenden Konsolidierung der Ackerstücke und Aufhebung der Gemengelage, auch die Dorfgenossenschaft dahinschwinden und der Agrarindividualismus zum Durchbruch kommen würde.

Trotz der erheblichen Verdienste, die er etwa Friedrich II. zubilligt, geht es Abel entschieden zu weit Fürsten und Adel den Alleinverdienst an den Fortschritten zuzumessen, die im 18. und beginnenden 19. Jahrhundert in Brandenburg-Preußen und anderswo erzielt wurden, und verweist auf die Arbeiten des damaligen DDR-Historikers Hans-Heinrich Müller.[62] Müller will Schluss machen mit der Mär vom ostelbischen Rittergutsbesitzer als „praktischem Landwirt" und Träger des landwirtschaftlichen Fortschritts am Ende des friderizianischen Staates. Er weist nach, dass im Jahre 1776 in der Kurmark beinahe die Hälfte der adligen Gutsbesitzer gar nicht auf ihren Gütern „wohnte". Sie waren in der Armee oder im Staatsdienst tätig oder lebten am königlichen Hof.[63] Und auch nicht alle, die auf ihren Gütern wohnten,

---

[60] Ebd., 99, 102, 110, 128, 375.

[61] Ebd., 96, 107, 110 f.

[62] Abel, Landwirtschaft, 522.

[63] Hans-Heinrich Müller, Märkische Landwirtschaft vor den Agrarreformen von 1807. Entwicklungstendenzen des Ackerbaues in der zweiten Hälfte des 18. Jahrhunderts, Potsdam 1967, 108-111. - Vgl. auch Steins Beurteilung vom September 1808: „Der Adel im Preußischen ist der Nation lästig, weil er zahlreich, größtenteils arm und anspruchsvoll auf Gehälter, Ämter, Privilegien und Vorzüge jeder Art ist. Eine Folge seiner Armut ist Mangel an Bildung, Notwendigkeit, in unvollkommen eingerichteten Kadettenhäusern erzogen zu werden, Unfähigkeit zu den oberen Stellen, wozu man durch Dienstalter gelangt, oder Drängen des Brotes halber nach niedrigen, geringfügigen Stellen. Diese große Zahl halbgebildeter Menschen übt nun seine Anmaßungen zur großen Last seiner Mitbürger in

bewirtschafteten sie selbst. Die „Verwaltung" ihrer Güter bestand häufig nur in der Einnahme der Renten und der Ausübung der Gerichtsbarkeit; man hatte einen Verwalter. Wenigstens die Hälfte der Rittergüter sei verpachtet gewesen.

Die Verpachtung war von Friedrich Wilhelm I. zwischen 1717 und 1730 auf den Domänen eingeführt worden. Ein ganzes Amt, nicht mehr einzelne Domänenstücke, wurde an einen bürgerlichen Generalpächter mit allen Pertinenzien, Policey- und Jurisdiktionsrechten, Vorwerken und Bauerndörfern, mit allen Abgaben und Diensten, mit Mühlen, Brauereien, Brennereien, Ziegeleien, gegen Zahlung einer Pachtsumme und Stellung einer Kaution ausgegeben.[64] Der Generalpächter wiederum vergab die Vorwerke oder entfernteren Güter an Unterpächter. Das Zahlenverhältnis von Generalpächtern zu Unterpächtern und Verwaltern nahm von 1765 bis 1800 von etwa 1 : 5 nach 1 : 10 zu. Domänenpachten und verpachtete Rittergüter zusammengenommen, seien zwei Drittel bis drei Viertel der nichtbäuerlichen Güter in bürgerlicher Hand gewesen. Nicht gerechnet die bürgerlichen Rittergutsbesitzer, deren Zahl 1776 in der Kurmark offiziell 11 % ausmachte, tatsächlich jedoch höher war und stieg, nicht gerechnet die nobilitierten Bürger, die Rittergüter erwarben. Die Konjunktur des Getreides in den letzten Jahrzehnten des 18. Jahrhunderts veranlasste viele Bürger ihr Kapital, auch infolge unzureichender Anlagemöglichkeiten in der gewerblichen Produktion, in der Landwirtschaft anzulegen. Mitunter traten auch Bauern als Unterpächter und Verwalter auf oder ganze Gemeinden pachteten ihr Rittergut „in Bausch und Bogen". Der Adel, stets in Geldnöten, verpachtete gerne an den Meistbietenden.[65]

Diese vorwiegend bürgerlichen Pächter waren die Pioniere des landwirtschaftlichen Fortschritts. Zahlreiche Pachtanschläge wiesen die Teilbesömmerung der Brache mit Erbsen, Tabak, Wicken, Flachs und Hanf, Klee und Kartoffeln aus. Doch ebenso nutzten die Bauern im 18. Jahrhundert das Brachfeld für Erbsen, Rüben oder Tabak. Der Anbau von Klee wurde schon im Anhang zur Flecken-, Dorf- und Ackerordnung von 1702 beschrieben.[66] Auf den Kamekischen Gütern

---

ihrer doppelten Eigenschaft als Edelleute und Beamte aus." Erich Botzenhart/Walther Hubatsch (Hg.), Freiherr vom Stein. Briefe und amtliche Schriften, 10 Bde., Stuttgart 1957-74, Bd. 2/2, 853.

[64] Hans-Heinrich Müller, Domänen und Domänenpächter in Brandenburg-Preußen im 18. Jahrhundert, in: Otto Büsch/Wolfgang Neugebauer (Hg.), Moderne Preußische Geschichte 1648-1947, Bd. 1, Berlin-New York 1981, 317.

[65] Müller, Märkische Landwirtschaft, 112-131. Dieser Sichtweise schließt sich an David S. Landes, Die Industrialisierung in Japan und Europa. Ein Vergleich, in: Wolfram Fischer (Hg.), Wirtschafts- und sozialgeschichtliche Probleme der frühen Industrialisierung, Berlin 1968, 65 f. Weitere Belege für bäuerliche Vorwerkspachtung bei Lieselott Enders, Produktivkraftentwicklung und Marktverhalten. Die Agrarproduzenten der Uckermark im 18. Jh., in: JbWG 1990/3, 102 f.

[66] Ebd. 87-89. Christian Otto Mylius (Hg.), Corpus Constitutionum Marchicarum (CCM), Teil 5, Berlin-Halle 1740, Abt. 3, Kap. 1, Nr. 32, 227-246, hier 246 [Zitierweise im Folgenden: Mylius, CCM 5/3, Nr. 32, 246].

baute der Engländer Brown Rüben, Klee, Kartoffeln, Kohl und Tabak an und prakti-
zierte mit englischen Ackergeräten. Friedrich II. übertrug ihm das Amt Mühlenbeck
und 1771/72 sechs weitere Ämter, um auch dort die „englische Wirtschaft" einzuführen. Seit dieser Zeit breiteten sich Stallfütterung und Fruchtwechselwirtschaft auf
den Pachtgütern immer weiter aus. Wie das Generaldirektorium bemerkte, veran-
lassten die schweren Missernten von 1770/71 Bauern und Güter mehr Kohl und
Rüben zu pflanzen, um dem Futtermangel künftig vorzubeugen. Um die Jahrhundertwende begannen auch Adlige mit der fortschrittlichen Bewirtschaftung ihrer
Güter in Eigenregie.[67]

Es ist unsicher, welchen Umfang die agrarkulturellen Neuerungen vor der
Jahrhundertwende erreichten. Nach der Statistik der Aussaatmengen in der Mark
Brandenburg, die H.-H. Müller bietet, verzeichneten Weizen und Hafer zwischen
1778 und 1805 Zunahmen von 40 %. Da zwei Drittel der landwirtschaftlichen Nutzfläche von Bauern bewirtschaftet wurden, sind solche Zahlen nur erklärlich, wenn
die verbesserten Anbau- und Viehzuchtmethoden in größerem Ausmaß auch von den
Bauern angewendet worden sind.[68]

Bereits 1750 wies Friedrich der Große, vom englischen Vorbild angeregt,
das Generaldirektorium an in Erfahrung zu bringen, ob es nicht vorteilhafter sei, die
gemeinen Huten unter die Bauern zu verteilen, „weil fast nicht zu zweifeln, dass
dadurch an vielen Orthen ein considerables bey denen Weyden und Koppel-Huthen
menagiret und zu Acker und Wiesen vor neu anzusetzende Unterthanen cultivable
gemachet werden können würde." Die Peuplierung nach den Schlesischen Kriegen
war das leitende Interesse bei diesem Gedanken. Die Kriegs- und Domänenkammer
in Minden wurde angewiesen, dazu gutachtlich Stellung zu nehmen, und veranstaltete ihrerseits eine Umfrage unter den Landräten, Amtleuten und Forstbeamten, deren
Antworten entmutigend ausfielen.[69]

1763 erging das „Rescript an die Pommersche Regierung und das Cöslin-
sche Hofgericht, daß die Commun-Hutungen in Pommern cessiren sollen". Maßgeblich für die mittleren Provinzen wurde die 1769 erlassene „Verordnung, wornach zu
Beförderung des Ackerbaues (...) in Aufhebung derer gemeinschaftlichen und vermengten Hütungen (...) verfahren werden soll."[70] Danach sollte jeder einzelne Eigen-

---

[67] Müller, Märkische Landwirtschaft, 77, 115 u. 132.

[68] Ebd., 44 f. und 67.

[69] Brakensiek, Agrarreform, 46 f.

[70] Verordnung, wornach zu Beförderung des Ackerbaues, sonderlich auch zu Verbesserung des Wiesenwachses und Verstärckung des Vieh-Standes derer Bauern, Sr. Königl.
Majestät Intention in Aufhebung derer gemeinschaftlichen und vermengten Hütungen,
Vertheilung derer dazu liegen gebliebenen Brücher, überflüssigen Hütungen, Angern etc.
in Dero Königreich Preussen, der Chur- und Neu-Marck, denen Hertzog und Fürstenthü-
mern Magdeburg, Pommern und Halberstadt, von Dero Etats-Ministerio, denen Landes-
Collegiis und von denen zu Betreibung dieses Wercks, in jedem Creyß zu bestellenden
Commissarien, verfahren werden, und daß zu keiner Zeit hievon, zu Vermehrung derer
Landes- oder Domainen-Praestandorum einiger Anlaß genommen werden soll. De dato

tümer bzw. jedes Mitglied einer Dorf- oder Stadtgemeinde die Auseinandersetzung der gemeinschaftlichen Hütungen auf den Feldern oder die Teilung der gemeinschaftlichen Anger und Hütungsreviere bei den eingesetzten Kommissaren beantragen können. Sie hatten ihm, unter Beachtung aller Billigkeit gegen seine Mit-Interessenten, die möglichste Förderung seines Vorhabens zu erweisen und sollten Verbesserungen, „wenn auch nicht bey gantzen Gemeinden, doch allenfalls nur bey eintzelnen Bauernhöfen" zu bewirken suchen. Es wird grundsätzlich die „Bereitwilligkeit derer Interessenten" vorausgesetzt und gehofft, dass gelungene Versuche andere Bauern zur Nachahmung anregen werden. Würden freilich die Interessenten den Antrag von sich weisen, so sollten die Kommissare nicht locker lassen, nach Wegen für den Fortgang der Sache suchen und nötigenfalls höheren Orts das Weitere veranlassen.

Die Sache kam in den preußischen Landen vor allem deswegen nicht recht voran, weil die Aufteilung zu neuen Belastungen der geteilten Gemeinheiten führte, die, zumindest was die Domänen angeht, 1769 verboten wurden. Sie führte zu vielen Streitereien, so dass eine Cabinetts-Ordre von 1770 Anweisungen gab, wie „alle unnütze Prozesse zu verhüten" seien.[71] Die erste vollständige Verordnung über Gemeinheitsteilungen war das Reglement von 1771 für Schlesien. Hier werden die mit bestem Effekt erzielten Ergebnisse der Teilungen in England für Ackerbau und Viehzucht gerühmt und festgesetzt, dass alle Gemeinheiten und Beschränkungen der Grundstücke gänzlich aufgehoben werden sollten, auch gegen den Eigensinn und die Unwissenheit einiger Leute.[72] Die Grundsätze dieses Reglements gingen in das Corpus Juris Fridericianum 1781 ein. Zum Verfahrensrecht finden sich fast wortgleiche Bestimmungen in der Allgemeinen Gerichtsordnung 1793, zum materiellen Recht im Allgemeinen Landrecht 1794, mit dem sie nun für die ganze Monarchie Recht waren.[73]

Danach muss bei einer Teilung zwischen einer Gutsherrschaft und „der ganzen Dorfgemeine" zunächst durch Gutachten sachkundiger Landwirte begründet werden, dass dadurch die Landeskultur befördert und verbessert wird. Wenn aber nur ein Mitglied der Gemeinde den Antrag stellt, so muss es außerdem nachweisen, dass und wie die Teilung zum Vorteil sämtlicher Beteiligter geschehen könne. Wenn Dorfgemeinden sich mit der Gutsherrschaft auseinander setzen, so müssen beiden ihre Grundstücke in einer Folge angewiesen werden. Den Teilnehmern steht es frei, sich außergerichtlich in Güte auseinanderzusetzen oder in einem gerichtlichen Verfahren.[74] Eine Aufhebung einer Hütungsgerechtigkeit findet nur insoweit statt, als der Berechtigte seinen Viehstand, den er auf diese Hütung bringt, durch die ihm

---

Berlin, den 21ten October 1769, in: Novum Corpus Constitutionum Prussico-Brandenburgensium Praecipue Marchicarum, Bd. 4, Berlin 1771, Nr. 68, 6217-6228.

[71] Krünitz, Encyclopädie 17, 1779, Art. Gemeinheit, 156-159.

[72] Franz Christoph, Die ländlichen Gemeingüter (Allmenden) in Preußen, Jena 1906, 36 f.

[73] Abel, Landwirtschaft, 513; Brakensiek, Agrarreform, 63.

[74] Allgemeines Landrecht für die Preußischen Staaten von 1794, mit einer Einführung von Hans Hattenhauer, 3., erw. Aufl., Neuwied 1996, 1. Teil, 17. Titel, 4. Abschnitt, bes. §§ 311, 313-316, 347, 351, 359-360.

anzuweisende Entschädigung weiter zu unterhalten imstande ist. Die von den Dorfbewohnern mit Futterkräutern bestellten Stücke müssen von der Schafhutung verschont bleiben, doch dürfen die Bewohner das durch Provinzialgesetze, Verträge
oder hergebrachte Gewohnheiten bestimmte Maß der Bestellung nicht überschreiten.[75]

Die neuen Bodennutzungssysteme verlangten die Beseitigung der mit der
Dreifelderwirtschaft verbundenen Gemengelage und des Flurzwangs. Für Friedrich
II. war „alles, was man Gemeinheiten nennt, dem öffentlichen Wohle nachteilig".
Bereits 1754 ersuchte die Prignitzer Ritterschaft um die Entsendung einer Kommission zur Separation der Gutsländereien von der Gemeinschaft mit den Untertanen
zum Zweck der Verbesserung ihrer Wirtschaft und der Ansetzung fremder
Kolonisten.[76] In der Uckermark diente sie der Einführung der mecklenburgischen
Koppelwirtschaft.[77] Eine beschleunigte Separation zwischen Gutsherrschaften und
bäuerlichen Wirtschaften setzte nach der Verordnung von 1769 ein. Die Gutsherren
versuchten vielerorts die Teilungsgeschäfte zu ihrem Vorteil zu nutzen, ihre Güter zu
vergrößern und an besseres Land heranzukommen. Ein Reskript von 1774 verhinderte für die Folgezeit größere Missbräuche. Neben den Gutsherrschaften kam
die Separation auch einigen Lehnschulzen und Freibauern zugute.[78]

Im Oderbruch, Netze- und Warthebruch wurden nach dem Siebenjährigen
Krieg auch die bäuerlichen Kolonisten separiert. 1770 teilte die Gemeinde Haßleben
als erstes Dorf in der Uckermark aus eigenem Antrieb und ohne obrigkeitliche Hilfe
die gemeine Hütung von 150 Morgen unter die Bauern auf, von denen jeder seinen
Teil mit Graben und Hecken umgab und darauf Klee säte; weswegen der Gutsherr v.
Arnim auf Boitzenburg eine königliche Prämie für die Gemeinde beantragte. 1783
und 1804 beantragten einige Bauern in zwei Dörfern unweit Berlin die „spezielle
Separation".[79]

So sehr Friedrich II. die Gemeinheitsteilung förderte, versäumte er doch
nicht ständig zu ermahnen, dabei „jedennoch aber ganz vorzüglich auf die Konser-
vation der Schäfereien zu sehen". Zwar wurden die „wechselseitigen Servituten",
also der gegenseitige Viehtrieb auf die bäuerlichen bzw. Gutsfelder aufgehoben, die
Schäfereigerechtigkeit wurde aber nicht als gleichberechtigt mit dem gegenseitigen
Behütungsrecht angesehen. Die Gutsherren und Pächter bestanden in der über-
wiegenden Zahl der Fälle auf der Schaftrift auf dem Bauernland. Die Schafhaltung
war neben dem Getreideanbau die zweite Haupteinnahmequelle der herrschaftlichen
Güter. Nicht selten war die Schäferei für den Wert des Gutes ausschlaggebend.[80]

---

[75] Ebd., 22. Titel, §§ 141, 158, 161-162.
[76] Johannes Schultze, Die Prignitz. Aus der Geschichte einer märkischen Landschaft,
Köln-Graz 1956, 238.
[77] Enders, Produktivkraftentwicklung, 84 f.
[78] Müller, Märkische Landwirtschaft, 60-62.
[79] Enders, Produktivkraftentwicklung, 90; Müller, Märkische Landwirtschaft 63.
[80] Ebd., 63-65.

Benekendorf schilderte 1786, wie es fast überall üblich war, bei Frostwetter die Wintersaaten der untertänigen Bauern durch die Schafe abweiden zu lassen. „Die unersättliche Gierigkeit der Schäfer und deren fast natürlicher Haß gegen die Bauern" führten zu einem Kriegszustand zwischen beiden.[81] In der Tat widmete das Allgemeine Landrecht fünf Paragraphen dieser Praxis: Vor Weihnachten durften die Schafe nicht auf die junge Saat getrieben werden, nach Weihnachten auch nur bei hartem und trockenem Frost, nicht aber wenn die Saat mit Glatteis oder Reif belegt ist. Sobald der Boden durch die Sonne aufzutauen anfängt, müssen die Schafe von der Saathütung wegbleiben. Im Februar dürfen die Schafe nicht länger als zwei Stunden bei Tage auf den Saatfeldern geduldet werden.[82]

Auf den Domänen wurde die Ablösung der Schäfereigerechtigkeit durch einen Hütezins ermöglicht, ansonsten ihre Ausübung durch Gesetz beschränkt. So wurde den Domänenpächtern geboten, die Klee- oder andere Futterkräutersaat der Amtsgemeinden mit der Hütung zu verschonen. Auf Rittergütern kam es hin und wieder zu Ablösungen der Schafweiderechte, u.a. gegen Landabtretung. Ansonsten konnten Gutsbesitzer vor Gericht das Umpflügen der Stoppeläcker verhindern und ihre Schäfereigerechtigkeit durchsetzen. Es gab offensichtlich bewusste Widersetzlichkeiten von Bauern gegen die Schafhutung.[83]

Abgesehen von der Schafhutung wurde in Brandenburg bis 1800 die Separation von Gutsflächen und Bauernäckern vollzogen, während beim Bauernland Gemengelage und Flurzwang meistens fortbestanden - wie es Krünitz beschrieben hatte. Es war eine Separation „nur bis zur Bauerngemeinde".[84] Koselleck, der die Preußischen Reformen bereits auf das Allgemeine Landrecht zurückdatieren will, irrt, wenn er meint, dass die vor 1807 eingeleitete „Trennung der Domänengüter und Gemeindeländereien (...) außer den herrschaftlichen auch den genossenschaftlichen Verband zerstörte und damit der freien Eigentümergesellschaft die Bahn brach."[85] Der genossenschaftliche Verband bestand weiter und war erst ein Opfer der Umwälzungen des 19. Jahrhunderts.

H.-H. Müller aber hat mit den bürgerlichen Pächtern der Domänen und Rittergüter und den bürgerlichen Rittergutsbesitzern die Klasse identifiziert, die hinter den Preußischen Reformen ab 1807 stand. Theodor von Schön, der Verfasser des

[81] August Skalweit, Agrarpolitik, Berlin-Leipzig 1923, 99.

[82] Allgemeines Landrecht, 1. Teil, 22. Titel, §§ 164-168.

[83] Müller, Märkische Landwirtschaft, 160 f.

[84] Abel, Landwirtschaft, 517.

[85] Reinhart Koselleck, Preußen zwischen Reform und Revolution. Allgemeines Landrecht, Verwaltung und soziale Bewegung von 1791 bis 1848, 2., berichtigte Aufl., Stuttgart 1975, 141. Vgl. die Kritik daran von Hermann Conrad, Das Allgemeine Landrecht von 1794 als Grundgesetz des friderizianischen Staates, in: Otto Büsch/Wolfgang Neugebauer (Hg.), Moderne Preußische Geschichte 1648-1947. Eine Anthologie, Bd. 2, Berlin-New York 1981, 619: „völlig verfehlt und ohne wirkliche Kenntnis der verfassungsgeschichtlichen Grundlagen".

Oktoberedikts, war Sohn eines ostpreußischen Domänenpächters aus einer im 17. Jahrhundert geadelten Familie.[86]

Zu durchgreifenden Spezialteilungen von Dorfallmenden oder Markgenossenschaften kam es im 18. Jahrhundert dort, wo kommerzielle Anreize eine intensivere Bewirtschaftung der Wald- oder Weideareale anboten. Das war der Fall in den naturräumlich eine spezialisierte Viehzucht nahe legenden Alpen- und Küstengebieten. Aber auch in einer Mittelgebirgsregion wie dem Sauerland, in dem der Aufschwung des Eisengewerbes eine systematischere Auswertung der Holzvorkommen notwendig machte. Die Markgenossenschaften, zu denen die große Masse der Wälder gehörte, lösten sich zwischen der Mitte und dem Ende des 18. Jahrhunderts so gut wie alle auf, woraus kleine und mittlere Privatforsten hauptsächlich bäuerlichen Besitzes hervorgingen. Diese Teilungen „schlossen eher einen seit langem sich vollziehenden Prozess ab, als daß sie etwas Neues darstellten." Sie gingen ohne Dazwischentreten des Staates vonstatten.[87]

Schließlich kam es in den heimgewerblichen Textilgebieten zu Spezialteilungen, wo die anschwellende Masse der Arbeiter mit ihrer landwirtschaftlichen Selbstversorgung eine Übernutzung der Marken mit sich brachte. Im Bistum Osnabrück waren die ehemaligen Großmarken im Spätmittelalter unter die einzelnen Bauerschaften aufgeteilt worden und im 16. Jahrhundert war es zu einer Ausweisung von individuellen Holz- und Plaggenanteilen an einzelne Bauern und Adelshäuser gekommen. Im 18. Jahrhundert, zwischen 1715 und 1801, teilte man in 26 Verfahren praktisch alle Berg- und Bruchwaldungen in Privatgehölze, in denen die Viehhude gemeinschaftlich blieb. Im letzten Drittel des 18. Jahrhunderts trat insbesondere Justus Möser als leitender Osnabrückischer Politiker mit der Forderung nach Aufhebung der Weide in Heiden und Wäldern auf. Nach der Teilungsordnung von 1785 erhielten die Bauern Abfindungen entsprechend dem Umfang ihres Erbes als Vollerben, Halberben, Erbkötter oder Markkötter. „Die Gemeinheitsteilungen im Fürstbistum Osnabrück trugen so eher die Merkmale einer freiwilligen Selbstauflösung der Markgenossenschaften, nicht die eines Akts staatlichen Zwangs."[88] Durch sie sicherten sich die Bauern in einem Territorium, dessen Bevölkerung am Ende des 18. Jahrhunderts zu 90 % von heimgewerblicher Tätigkeit abhängig war, ihren Besitzstand.

Zum Experimentierfeld Preußens für Spezialteilungen wurde im 18. Jahrhundert die Grafschaft Ravensberg. Ebenso wie im osnabrückischen Nachbarterritorium hatte hier im 16. Jahrhundert eine Individualisierung des Markenbesitzes eingesetzt, indem das Frucht- und Schlagholz unter die Markgenossen aufgeteilt worden war; und auch in den Forsten hatten die Holz- und Mastungsberechtigten Parzellen zugewiesen bekommen, die sie in eigener Verantwortung in Schonung legten und mit Bäumen bepflanzten. Weide und Schweinemast blieben gemeinschaft-

---

[86] Ritter, Stein, 216.
[87] Brakensiek, Agrarreform, 364, 381-383, 387, 399.
[88] Ebd., 299-301, 304-308.

lich. Wegen der Peuplierungspolitik der Landesherren nach 1648 schrumpften die Markengründe zusehends und durch den starken Anstieg der Heuerlingspopulation im 18. Jahrhundert wurden die Marken stark übernutzt. Der deutlich abnehmende Wert der Markennutzung veranlasste die Bauern in die Teilungen, die die Besitztitel zum Maßstab nahmen, einzuwilligen.[89]

Friedrich II., der nach dem Ende des Siebenjährigen Krieges auf Gemeinheitsteilungen drängte, erreichte, dass in den Teilen Ravensbergs, in denen er Grundherr und Markenherr war, ab 1769 Markenteilungen eingeleitet wurden; ab 1782 auch in den Marken, in denen Adel und Stifte Markenherren waren, nachdem für sie vorteilhafte Teilungsgrundsätze erlassen worden waren.[90] Die Einschaltung der Staatsgewalt scheint den Markenteilungsprozess vor allem dahin gehend unterstützt zu haben, dass sie sich gegen die rebellierenden Kleinbauern wandte, die Markkötter und Brinksitzer in der Ravensbergischen Zentralregion wie auch die mittleren Bauern der Randgebiete, die sich mit Niederreißen von Einzäunungen und Abweiden eingesäter Neuländer gegen die Teilungskommissare und Landvermesser wehrten. Hauptgeschädigte waren die Heuerlinge, für deren Lebensunterhalt die Kuh in der Mark ausschlaggebend war. Sie machten in einer Vielzahl von Beschwerden und Eingaben auf ihr Schicksal aufmerksam, wählten Deputierte, letztlich alles vergebens.[91] Eine rigorose Anwendung des bürgerlichen Eigentumsbegriffs beraubte die Heuerlinge ihres gemeinwirtschaftlichen Rückhalts. Landwirtschaftlicher Fortschritt ist in dieser Region weder Ursache noch Folge der Allmendauflösung, da die Nachfrage nach Flachs offenbar im Rahmen der überkommenen Agrarstruktur zu befriedigen war.

Mit der in Ravensberg praktizierten Einleitung von Gemeinheitsteilungen von Amts wegen stand der preußische Staat einzig da. Die Osnabrückische Teilungsordnung von 1785 oder die Lüneburgische von 1802 machten die Hälfte der Nutzungsberechtigungen zur Voraussetzung eines Antrags. Dennoch setzten auch die preußischen Verfahren die Einstimmung zumindest der Abfindungsberechtigten voraus (eine Voraussetzung, die bei den Reformen des 19. Jahrhunderts nicht mehr verlangt war). Das zeigt der Vergleich mit dem Fürstentum Minden, wo die Teilungen im 18. Jahrhundert kaum vorankamen und das weit weniger protoindustriell und stärker mittelbäuerlich strukturiert war.[92]

---

[89] Ebd., 35, 38.
[90] Ebd., 26, 42, 47-50, 57-62, 108, 111, 114-116.
[91] Ebd., 65, 67-72, 91 f., 437.
[92] Ebd., 285, 287, 412.

5.2 Die Diskussion um die Gemeinheitsteilungen im 19. Jahrhundert

Bereits der deutschen Agrarreformdiskussion in der zweiten Hälfte des 18. Jahrhunderts war klar geworden, dass das karge Aussaat-Ernte-Verhältnis dem chronischen Düngermangel geschuldet war. An eine Hebung des Viehstandes war bei der mageren Weide auf Stoppel- und Brachfeldern, auf Gemeindehutungen und in Wäldern nicht zu denken. Erforderlich war der Anbau von Futterpflanzen, der eine längere Stallhaltung des Viehs und größeren Dunganfall ermöglichen würde. Besömmerung der Brache oder Fruchtwechselwirtschaft mussten aber Folgen für die ganze überkommene Wirtschafts- und Sozialordnung haben. Bei einer Futtermittelproduktion waren Hutungen auf Stoppel- und Brachfeldern entbehrlich, standen den neuen landwirtschaftlichen Methoden auch im Weg, Allmendweiden konnten kultiviert, die Forstwirtschaft von der Viehweide getrennt werden, kurz: der genossenschaftliche Charakter der agrarischen Produktion würde sich auflösen, Gemeineigentum in Privateigentum verwandelt werden.

In diesem Sinne wurden - und werden in der Geschichtswissenschaft - vor allem die preußischen Agrarreformen ab 1807 nachhaltig begrüßt, schufen sie doch, bei allen unerfreulichen Nebenwirkungen, die Voraussetzungen des landwirtschaftlichen Produktivitätsfortschritts. Endlich wurden durch eine „Revolution von oben" jene Hindernisse beseitigt, die alle Agrarreformbemühungen des 18. Jahrhunderts so mühsam und letztlich wenig durchschlagend gemacht hatten.

Besinnung auf das Gewordene

Dass die Französische Revolution und die von ihr bewirkten grundsätzlichen Veränderungen von nachhaltiger Bedeutung für die Allmendproblematik in Deutschland waren, zeigt die Schrift des August Freiherrn von Haxthausen „Ueber die Agrarverfassung in Norddeutschland und deren Conflicte in der gegenwärtigen Zeit". Haxthausen, der in Göttingen studiert und in Zusammenarbeit mit den Gebrüdern Grimm Volkslieder gesammelt hatte, war 1819 auf sein Familiengut Bökendorf im Paderbornischen zurückgekehrt um sich der Beschäftigung mit dem Thema zu widmen, dessen Ergebnis die genannte, 1829 veröffentlichte Schrift war. Sie machte auf den preußischen Kronprinzen einen so großen Eindruck, dass er Haxthausen beauftragte die verschiedenen Provinzen Preußens zu bereisen und entsprechende Untersuchungen vorzunehmen. Der Bericht über die ländliche Verfassung Ost- und Westpreußens erschien 1838. Bald wurde wiederum der russische Zar auf ihn aufmerksam und Haxthausen bereiste Russland und Transkaukasien zu Studien der ländlichen Verhältnisse dort.[93]

---

[93] Al. Reifferscheid, Haxthausen, August, in: ADB, Bd. 11, 1880, 119-121.

Haxthausens Schrift über das Fürstentum Paderborn[94] besticht durch ihre präzise Beschreibung der Agrarverfassung vor 1803, aus der seine anschließend vorgebrachten Vorschläge hergeleitet sind. Seine Darstellung kreist um zwei Fixpunkte: das gutsherrlich-bäuerliche Verhältnis und die Landgemeinde; die wiederum zeigt sich stark vom Gemeindeeigentum geprägt. Zunächst gibt Haxthausen eine Statistik der Landverteilung. Vom kultivierten Acker- und Wiesenland im Fürstentum Paderborn gehörte ein Fünftel den Gutswirtschaften. Die Hälfte des gesamten Bodens nahmen die Waldungen, Weiden und Heiden ein, wobei die Weiden, Driesche und Heiden (18 % des Areals) den Gemeinden zugerechnet wurden, der Wald- und Holzgrund (33 %) dem Landesherrn und den Gutsbesitzern, zu einem kleinen Teil den Städten (etwa ein Zehntel der Wälder) und den Landgemeinden (ein Achtel). „Das Verhältniß der Waldungen gegen die Dreische und Haiden ist aber nicht zu ermitteln, da mitten in den Waldungen oft große holzleere Flächen vorhanden, die heute entstanden, morgen vielleicht durch Anpflanzung, aus Haiden und Gemeinde-Hutungen, wieder Waldungen werden."[95]

Die Gemeinden hatten mit wenigen Ausnahmen Hutungs- und Holzungsgerechtsame in den Wäldern des Guts. Dazu gehörten das Recht freies Bauholz verlangen zu können sowie das Recht auf Lese- und Raffholz, häufig auch ausgedehntere Rechte z.B. auf unfruchtbares Holz, Unterholz, Fallholz, Laub sammeln, Lehm stechen etc. Schließlich gab es in einigen Orten die Berechtigung zu freiem Brandholz, meist auf eine bestimmte Menge festgesetzt. Weiterhin hatten die Gemeinden die Hut und Weide mit ihren Pferden, Rindern und Schweinen - diese mit Ausnahme der Mastzeit - in den Wäldern, sehr oft auch die Mithut auf den Weiden und Stoppeläckern des Guts. Dagegen war die Schaftriftgerechtigkeit als Vorrecht der Gutsherrschaft mit dem Gut verbunden. Wo das Gut in Meiergüter zerschlagen war, war sie an einzelne Meier oder auch an die Gemeinde gegen eine Rekognition (Triftgeld, Trifthämmel etc.) verliehen. Keine Dorfgemeinde hatte, wenn sie ihr nicht ausdrücklich verliehen worden war, eine eigene Schaftriftgerechtigkeit. Dort, wo das Gut das Vorrecht der Schaftrift behielt, also die Dorfbewohner keine eigene Herde halten durften, hatten sie jedoch das Recht ihre Schafe zu der Herde des Gutsherrn zu treiben und in den Pferch zu tun.[96]

Der Herr des Guts besaß die Gerichts-, Grund- und Gutsherrschaft über das Dorf, dessen Feldmark und die Hintersassen, „allein diese bildeten für sich zugleich eine selbständige Gemeinde, welche Rechte und Eigenthum besitzen konnte, und vorzüglich stets bestimmmte Rechte gegen jenen Gutsherrn besaß." Die Gemeindeverfassung beschreibt Haxthausen folgendermaßen. Die Gemeindeeinwohner unter-

---

[94] August Freiherr von Haxthausen, Ueber die Agrarverfassung in Norddeutschland und deren Conflicte in der gegenwärtigen Zeit. Ersten Theiles erster Band: Ueber die Agrarverfassung in den Fürstentümern Paderborn und Corvey und deren Conflicte in der gegenwärtigen Zeit nebst Vorschlägen, die den Grund und Boden belastenden Rechte und Verbindlichkeiten daselbst aufzulösen, Berlin 1829.
[95] Ebd., 6 f.
[96] Ebd., 59-65; auch im Folgenden.

schieden sich in Meier und Halbmeier, Großkötter und Kleinkötter sowie Brink-sitzer. Fast immer stand die Benutzung des Gemeindeeigentums allen Gemeindemit-gliedern gleichmäßig zu, jeder durfte auf die Weide das Vieh bringen, das er besaß, ohne dass die Zahl beschränkt war. Besaß die Gemeinde Holzungen, so erhielt meist jedes Haus gleich viel, zu den Holzungsgerechtsamen in den Waldungen des Guts-herrn waren alle gleichberechtigt. Auch die Gemeindedienste wurden, wenn möglich, gleichmäßig getragen oder, z.B. bei den Bauten von Kirchen, Schulen und Gemein-dehäusern, klassenweise, indem die Meier und Halbmeier die Fuhren, die Kötter und Brinksitzer die Handarbeiten übernahmen bzw. eine entsprechende Zahlung leisteten.

An der Spitze der Gemeinde standen zwei Vorsteher, die alle zwei Jahre, einer aus der Klasse der Meier und Halbmeier, der andere aus der Klasse der Kötter und Brinksitzer, gewählt wurden. Sie wurden durch sechs auf Lebenszeit gewählte Gemeindemitglieder kontrolliert, zu denen jedes Mal die beiden abgetretenen Vor-steher kamen. Ihnen legten sie vor versammelter Gemeinde nach dem Jahrgericht die Gemeinderechnung ab. Sie beriefen, nach vorheriger Anzeige beim Patrimonialge-richt, durch Glockenschlag die Gemeindeversammlung ein, wenn eine sofortige ge-meinschaftliche Beratung nötig war. Die Vorsteher straften die gegen das Gemeinde-interesse Verstoßenden „und eine Auflehnung gegen ihre Befehle war fast unerhört". Die ultimativen Drohungen, ihn von der Gemeinde auszuschließen, ihm das Herd-feuer auszugießen und einen Graben um sein Haus zu ziehen, „brachten den ver-wegensten Rebellen augenblicklich zur Vernunft."

Die Gemeindeausgaben betrafen Gemeindeschulden, die verzinst werden mussten, Prozesskosten, Reparaturen der kirchlichen und Gemeindehäuser, Feuer-löschgeräte, Hebammenkosten u.a. Die Einnahmen beschaffte die Gemeinde, wenn sie Waldeigentum hatte, aus dem Verkauf des Holzes in der Gemeinde anstelle der freien Verteilung. Fehlte dann noch etwas, konnten Schatzungen ausgeschrieben werden. Der Gutsherr oder sein Gericht hatten kein Recht sich in den Gemeinde-haushalt einzumischen. Nur wenn Gemeindemitglieder die Rechnungen vor seinem Gericht monierten, konnte er die Tätigkeit der Vorsteher untersuchen und sie bestra-fen. Im Übrigen vertrat er die Gemeinde gegen fremde Ansprüche, wenn sie ihn dazu aufforderte. Sein Gericht war nicht zuständig, sobald es darum ging Gemeindege-rechtsame gegen den Gutsherrn zu verteidigen. „Die Registraturen der Paderborni-schen Obergerichte sind voll von Acten über Huthungs- und Holzungs-Gerechtsame, ehemals gegebene oder prätendirte dann in Abgang gekommene Lasten und Abga-ben".

Die Bauern waren auch in der Ständeversammlung in Paderborn vertreten, die sich aus den Kurien des Domkapitels, der Ritter und der Städte zusammensetzte, „denn die meisten Städte waren fast nur als eine Elite der Dörfer anzusprechen." Von den 183 Ortschaften im Bistum Paderborn waren 23 mit städtischen Privilegien versehen und zum Landtag berechtigt. Von ihnen konnten kaum sechs wirklich als Städte bezeichnet werden, die übrigen waren weiter nichts als große Dörfer und ihre Einwohner waren in gutsherrlicher Abhängigkeit stehende Bauern. „Der Bauern-stand war demnach hier durch die Städte vollständig in allen seinen Interessen vertreten." Die dritte Kurie hatte hauptsächlich damit zu tun, dass der gemeinen Landschaft keine neuen Lasten aufgebürdet würden, an der Gesetzgebung hatte sie wenig, an Hoheitssachen gar keinen Anteil.[97]

In der wirtschaftlichen Zusammenarbeit der verschiedenen Gruppen im Dorf und in der gleichberechtigten Allmendnutzung sieht Haxthausen die Basis des Gemeindelebens. Die kleinen Kötter, die kein eigenes Zugvieh halten konnten, ließen das, was nicht mit der Hand getan werden konnte, von einem Großkötter oder Meier gegen Abgabe eines Teils der Ernte mitbearbeiten. Beide hatten ihren Vorteil dabei:[98]

> So greift ein Bauernhaushalt, eine Wirthschaft in die andere über, eine hat die andere nothwendig, eine vervollständiget die andere, und ein gemeinsames Interesse umschlingt sie alle, welches dann in der gemeinschaftlichen Dorfsverfassung endlich am höchsten gesteigert wird; denn alle haben gleichen Antheil am Gemeinde-Eigenthum und deren Gerechtsame, und sie halten hier augenblicklich zusammen und vergessen ihre heimlichen Streitigkeiten, sobald Gemeinde-Interessen gefährdet erscheinen.

Nun begannen in den achtziger Jahren des 18. Jahrhunderts „jene unruhigen Ideen sich zu verbreiten, welche das ganze Zeitalter bewegen." Vor allem das Verhältnis zwischen Gutsherrn und Bauern sei zuerst geistig, dann auch real untergraben worden. Dem Bauern sei eingeflüstert worden, er sei der eigentliche Eigentümer des Grund und Bodens, die Abgaben seien ihm aufgedrungen, die Gutsherrschaft usurpiert. So begannen die Prozesse vor dem Paderbornischen Obergericht um Getreidemaße, Dienste, Holzgerechtsame usw. „Jeder verlorne Proceß erbitterte, statt zu beruhigen, und alles gegenseitige Zutrauen, alle früheren Banden freundlichen Zusammenlebens zwischen Gutsherren und Hintersassen wurden schon damals in ihrer Wurzel angegriffen und aufgelöst."[99] (Haxthausen idyllisiert natürlich die alten Verhältnisse, man denke an die von Cramer referierten Konflikte im Bistum Paderborn.[100])

Bürger und Bauern hofften auf die Franzosen und begrüßten den Untergang der Paderborner Bischöfe durch den Reichsdeputationshauptschluss. Nachdem Paderborn zunächst an Preußen fiel, wurde es 1808 bis 1815 dem Königreich Westphalen eingegliedert. Die Gesetzgebung zur Aufhebung der Eigenbehörigkeit führte ab 1809 zu generellen Abgabeverweigerungen der Bauern, die aber von der westphälischen Justiz unterbunden wurden. Die Bauern leisteten daraufhin ihre gutsherrlichen Abgaben bis zum Frühjahr 1813 ruhig, „in den Kriegsjahren 1813 und 1814 hörte aber hierherum fast aller Rechtszustand auf." Nach der erneuten preußischen Inbesitznahme beging die Cabinettsordre vom 5. Mai 1815 die Dummheit alle

---

[97] Ebd., 13, 20 u. 197.
[98] Ebd., 192.
[99] Ebd., 199.
[100] Vgl. Cramer, Nebenstunden, Teile 66 und 117; s.o. S. 284.

nach westphälischen Gesetzen anhängigen Prozesse einzustellen und die gutsherrlichen Verhältnisse auf den aktuellen Besitzstand von 1815 vorläufig festzusetzen;
womit sanktioniert war, dass die Bauern nur die nicht strittigen Abgaben abführten.
Andere Bauern, die bisher ihre Abgaben noch geleistet hatten, blieben nun ebenfalls
in Rückstand und schlossen sich den prozessierenden an. So kam es, berichtet
Haxthausen, dass viele Gutsherren, die in westphälischer Zeit ungestört die Abgaben
erhoben hatten, in der Zeit von 1815 bis 1820, „von der sie mit Recht eine Verbesserung ihrer Verhältnisse erwarten mußten, um den Besitz aller ihrer Gefälle kamen."
Das Gesetz vom 25. September 1820, das das Regulierungsedikt auf die westlichen
Landesteile ausdehnte, beruhigte die Situation, da es einen rechtlichen Zustand
markierte.

> Dieses Gesetz, so wie die, mit demselben in Verbindung stehende, Constitu-
> irung der Generalcommission und der Gemeinheitsteilungsordnung vom 7ten
> Juni 1821 suchten die große Aufgabe zu lösen, die bisherige Agrar- und
> Landeskulturverfassung nach rechtlichen Prinzipien zu verwandeln und die
> mögliche Freiheit des Grund und Bodens allmählig herbeizuführen.

Doch vermochte man klare Verhältnisse erst dadurch zu schaffen, dass ein Gesetz
von 1825 den Stand von 1807 zur Rechtsgrundlage erklärte.[101]
    Am liebsten hätte Haxthausen alles so gehabt, wie es vor 1807 gewesen
war. Aber er erkannte, dass das gutsherrliche Verhältnis inzwischen zerrüttet war.
Und aus dieser Erkenntnis zieht er die Schlussfolgerung: daher „aber scheint die
Trennung des Eigenthums und der Realinteressen des Adels, von denen des Bauernstandes vorläufig das entscheidende Ziel zu sein, das die Weltgeschichte uns aufgestellt hat." Die „feindliche Stellung" von Adel und Bauern gegeneinander sei der
wunde Punkt, an dem die revolutionären Tendenzen angesetzt hatten. Sobald nun die
Ablösungen abgeschlossen seien, hätten die Gutsherren „keine von den Bauern
divergirenden Interessen mehr, sondern dieselben mit ihnen. Dieß stellt sie von selbst
an die Spitze des ländlichen stabilen Prinzips im Staate." Ihr eigener Grundbesitz
werde frei von jeder störenden Servitut. Auch die politische Stellung der Bauern
gewinne unendlich. Sie träten erst jetzt wirklich selbstständig in den Staatsverband

---

[101] Haxthausen, Agrarverfassung, 203 u. 220-223. - Das Gesetz von 1820 bestätigte außerdem die Aufhebung der Leibeigenschaft: Ernst Rudolph Huber, Deutsche Verfassungsgeschichte seit 1789, Bd. 1, Stuttgart 1957, 188, Anm. 1, u. 195. - Der Freiherr vom Stein
hatte in einer Denkschrift vom 20. August 1816 jedoch abgeraten, „diese unvollkommene
und höchst drückende" Agrarverfassung von 1807 „wieder herzustellen, nachdem sie
bereits seit fünf Jahren aufgehoben" war, zumal das preußische Regulierungsedikt vom 14.
September 1811 die bäuerlichen Verhältnisse „auf eine sehr willkürliche Art" aufgehoben
habe; „man würde bei einem zahlreichen und achtbaren Stand, dem Bauernstand, der die
Stärke des Staats ausmacht, einen tiefen und lebhaften Unwillen erregen, der um so gerechter wäre, da man drückende und verderbliche gutsherrliche Rechte wieder herstellte":
Botzenhart/Hubatsch, Stein, Bd. 5, 378.

ein, „und ihre Gemeindeverfassung kann sich kräftiger und eigenthümlicher aus-
bilden."[102]

Haxthausen formuliert die Einsicht in die Zerrüttung des grundherrlich-bäu-
erlichen Verhältnisses zu Anfang des 19. Jahrhunderts, die die Reformen notwendig
machte (eine Einsicht, zu der erst die neuere deutsche Geschichtsschreibung zu
kommen beginnt[103]). Sodann entwirft er die adlige politische Konzeption der Möglichkeiten eines ländlichen Konservatismus, die sich bis zur Revolution von 1848
durchsetzte. Eigentümlich für Haxthausen ist - darin ist er dem Freiherrn vom Stein
verwandt -, dass er nicht nur die adelig-bäuerliche Beziehung retten will, indem er
sie auf die neue Grundlage des Privateigentums stellt, sondern auch auf eine, nun
ungestörte, Weiterentwicklung der Landgemeinde hofft.

Auf der Grundlage seiner Beschreibung der alten Agrarverfassung entwickelt Haxthausen nun Vorschläge für eine Ablösung der Grundlasten. Die Abgaben
und Leistungen der Bauern bestanden in Zehnten, Diensten, Heuer (d.i. Pacht- oder
Zinskorn) und kleinen Abgaben. Ihnen gegenüber standen die Rechte der Bauern auf
dem Grundeigentum des Gutsherrn, nämlich die Hut- und Weidegerechtsame auf den
Äckern, Wiesen und in den Waldungen des Gutsherrn und die Holzungsgerechtsame.
Da diese Gerechtsame den Verpflichtungen korrespondierten „und daher einen Theil
des gutsherrlich-bäuerlichen nexus bilden", könnten die Gutsherren die Ablösung
dieser Gerechtsame ebenfalls verlangen.[104] Mit dieser Argumentation stellt Haxthausen eine Einheit von Ablösungs- und Gemeinheitstteilungsverfahren her, soweit es
die „Generalteilung" zwischen Grundherren und Bauern angeht.

Er empfiehlt 1. den Natruralzehnten mit einer Geldentschädigung abzulösen;
2. die Heuer durch eine Landabfindung abzulösen, wobei er schätzt, dass ein Siebtel
der bäuerlichen Grundstücke in die Hände der Gutsherren übergehen würden; und 3.
die Dienste und Dienstgelder sowie die vermischten kleinen Abgaben gegen sämtliche Hut-, Weide- und Holzungsgerechtsame der Bauern auf dem Grund der Gutsherren aufzuheben, jedoch die Schäfereigerechtigkeit auszuklammern.[105] Zum 3.
Punkt gibt er die folgenden Erläuterungen.

Die Dienste und Dienstgelder und die vermischten Abgaben bildeten keineswegs ein unbedeutendes Ablösekapital. „Es gehört bei den Huth- und Holzungs-Ge-
rechtsamen schon eine bedeutende intensive und extensive Ausdehnung dazu, um die
Höhe und den Werth eines solchen Capitals zu erreichen." Was nun auf der anderen
Seite die Weide und Beholzung angeht, seien an sich die Holzgerechtsame dem Wald
nicht schädlich. Wenn aber der Bauer *das Recht* auf eine bestimmte Holzversorgung
hat, so bleibe er nie dabei, sondern dehne sie immer weiter aus, „er verdirbt und
ruinirt das Holz, um es in die Cathegorie seiner Berechtigung zu bringen." Der

---

[102] Haxthausen, Agrarverfassung, 242 u. 248-250.

[103] Nach Hans-Ulrich Wehler, Deutsche Gesellschaftsgeschichte, Bd. 1, München 1987,
414, habe man die Bauernunruhen als Einflussfaktor für die preußischen Reformen lange
Zeit unterschätzt.

[104] Haxthausen, Agrarverfassung, 256.

[105] Ebd., 277 f.; vgl. ebd., 286.

Gutsherr müsse bald neben jeden Baum einen Förster stellen und daher könne die Holzkultivierung nicht gelingen, „denn die Bauern sehen in ihr nichts als eine folgenreiche Beschränkung ihrer Rechte" und arbeiteten ihr auf alle mögliche Weise entgegen. Nun sei Holz ein notwendiges Lebensbedürfnis, „man muß es entweder selbst haben, oder für Geld erhalten können." In einer so waldreichen Gegend wie dem Paderbornischen bestehe die Gefahr, dass es käuflich nicht zu haben sei, nicht. Daher könne von der Notwendigkeit dieser Berechtigungen für den Bauernhaushalt nicht die Rede sein. Er plädiert also für die Aufhebung der Holzgerechtsame, soweit es die unbestimmten Holzrechte angeht. Die quantifizierten Brennholzdeputate der Bauern sollten gesondert abgelöst werden, und zwar gegen Abtretung eines entsprechenden Waldteils.[106]

Ebenso plädiert er für die Aufhebung der Hutungsgerechtsame in den Wäldern für Rinder, Pferde und Schweine in der Absicht den Bauer zur Stallhaltung zu bewegen. Das könne aber nicht für die kleinen Leute, die weder Acker noch Wiesen besitzen, gelten. Zwar sei der Vorteil für die sich den ganzen Tag herumtreibende, sich nie richtig satt fressende Kuh nicht groß, doch werde sie immerhin von einem Tag zum anderen ernährt. Sie gibt der Familie die nötige Milch und etwas Butter. Würde diesen Leuten die Waldhutung genommen, müsste die Kuh abgeschafft werden und eine der Hauptnahrungsquellen fiele fort. Deswegen müsse ihnen in jedem Fall ein Stück Weide, und sei es gegen Entschädigung, zur gemeinsamen Benutzung oder zur Aufteilung zugewiesen werden.[107]

Was nun umgekehrt die Ablösung der gutsherrlichen Schafhutung von den Äckern der Bauern angeht, erscheine sie - so Haxthausen - nicht unbedingt zweckmäßig, denn sie würde ohne Zweifel die großen Gutswirtschaften „in einem ihrer Hauptzweige wesentlich derangiren".[108]

Nach diesem Vorschlag wären also die gegenseitigen Rechtsansprüche von Gutsherren und Bauern, einschließlich der Gemeinheiten und nur mit Ausnahme der gutsherrlichen Schafhutung, aufgelöst. Haxthausen geht auch kurz auf die bäuerliche Allmende ein:

> Einzelne Gemeinheitsteilungen, welche die Generalcommission zu Münster geleitet hat, sind, wie die Erfahrung gezeigt, ungemein verwickelt, schwierig und daher außerordentlich kostbar geworden, weshalb bisher nur an wenigen Orten von den Wohlthaten des Gesetzes über die Gemeinheitsheilung Gebrauch gemacht worden ist.

Er ist skeptisch hinsichtlich ihrer praktischen Sinnhaftigkeit. Wer die Behandlung solcher Schätzungen kenne, wisse, dass es eine Unmöglichkeit sei, z.B. eine Hutberechtigung richtig abzuschätzen; „und wozu sollen haarscharfe Vermessungen einer

---

[106] Ebd., 261 f. u. 279 f.
[107] Ebd., 280 f.
[108] Ebd., 260.

Huth dienen", deren Größe durch Holzfällung und Holzanwuchs und entsprechend wechselnde Weidenutzung sich jedes Jahr ändere?[109]

Fünfzig Jahre nach dem Artikel von Krünitz sah auch Haxthausen die Notwendigkeit einer Ablösung der gegenseitigen Weide- und Holzberechtigungen von Gutsherren und Bauern, während er ebenso wie Krünitz eine Aufhebung der Dorfallmende für nicht praktikabel hielt. Bei beiden steht die Kategorie des (Privat-) Eigentums im Mittelpunkt, bei Krünitz sind daran ökonomische Fortschrittserwartungen geknüpft, bei Haxthausen politische Perspektiven. Beide überlassen das Dorf dem Gang der Dinge, wobei Haxthausen wegen seiner Wertschätzung der Gemeinde wohl auch in Hinsicht auf die Ausgestaltung des Gemeindeeigentums nicht ohne Hoffnungen ist.

Bäuerlicher Landverlust

Im 18. Jahrhundert war es in Brandenburg-Preußen nur um die Separation der Ackerflächen, um die Aufhebung der Gemengelage von bäuerlichen und gutsherrlichen Äckern gegangen. Bereits dies zeitigte nicht nur wohltätige Folgen. Jacob Kraus, Professor der Kameralwissenschaften in Königsberg und Verkünder der Lehre von Adam Smith, beschrieb 1802, wie den „unfreien sogenannten kleinen Landleuten" Nahrung für ihr Vieh dadurch verloren ging, dass die Brache immer mehr vermindert „und oft jedes Gräschen, wäre es am Rande eines Grabens oder wo man es sonst ihnen überließ, für die Herrschaft eingesammelt wird". So vermehre sich gerade durch alles das, was den Wohlstand der Gutsherren zu vergrößern strebe, wie die Meliorationen, die hohen Produktenpreise und die steigenden Verkaufswerte der Güter, „die Bedrückung und Not der unfreien Leute."[110]

Von den Allmendweiden und den Holznutzungsrechten war bis zu diesem Zeitpunkt noch keine Rede gewesen. Die Reformer von 1807 aber, die als erstes die Leibeigenschaft beseitigten und den freien Bodengütermarkt schufen, hatten sie von vornherein mit im Auge. Der Freiherr vom Stein hatte als westfälischer Kammerpräsident in seinem Bericht an das Generaldirektorium von 1801, in dem er den schlechten Zustand der Landwirtschaft der starken Belastung des Landmanns zuschrieb[111], auch den Stand der Gemeinheitsteilungen dargestellt, die nach dem Edikt

---

[109] Ebd., 281 f.

[110] Christian Jacob Kraus, Gutachten über die Aufhebung der Privatuntertänigkeit in Ost- und Westpreußen, 1802, in: Conze, Quellen, 66-75, hier 74.

[111] Botzenhart/Hubatsch, Stein, Bd. 1, 506: „Hat der Landmann keine Empfänglichkeit für Verbesserungen, geschieht nichts zur Vermehrung und Ausbildung seiner Kenntnisse, wird ihm periodisch, bei jedem Todesfall des Hausvaters oder der Hausmutter, der größte Teil seines Anlage- und Betriebs-Kapitals genommen, ist sein Land mit Hude und Zehntgerechtigkeiten belastet, wird seine Zeit auf unentgeltliche, einem Dritten geleistete Dienste verwendet, so muß seine Lage ärmlich, der Ertrag des Bodens gering und der Viehstand

Friedrichs d. Gr. von 1769 auch in den westfälischen Gebieten durchzuführen waren. Von 844 000 Morgen urbaren Landes zählten 314 000 Morgen (also 37 %) zu den Gemeinheiten. Von diesen waren im Jahre 1801 erst 43 700 Morgen geteilt, das meiste davon in der Grafschaft Ravensberg, wo 37 700 Morgen geteilter Gemeinheiten 65 500 Morgen ungeteilte gegenüberstanden. Stein bemängelte den Fortschritt der Gemeinheitsteilungen als dem Zeitraum der verflossenen 30 Jahre nicht angemessen und kritisierte, dass auf die Umsetzung der Verordnungen kein hinreichender Grad an Energie und Beharrlichkeit verwandt worden sei. Dort, wo die Gemeinheitsteilungen durchgeführt wurden, zeigten sich bereits ihre wohltätigen Folgen in vermehrter Kultivierung und darin, dass der auf diese Art erlangte Wohlstand von den Bauern zum Freikauf aus der Eigenbehörigkeit benutzt wurde.[112]

In der Nassauer Denkschrift vom Juni 1807 legte Stein auch dar, wie er sich die Durchführung der Gemeinheitsteilungen vorstellte. Stein war sein Leben lang sehr beeindruckt von den Selbstverwaltungsinstitutionen, die er in Westfalen kennen gelernt hatte, und sie dienten ihm als Vorbild für den Entwurf einer Lokal-, Provinzial- bis hinauf zu einer Nationalrepräsentation für Preußen. In Ostfriesland und in Moers erschienen, wie er in der Nassauer Denkschrift bemerkt, sämtliche Grundeigentümer, Adelige und Deputierte der Bauern, auf den Kreis- und Landtagen. In Kleve-Mark war der Bauernstand vom Landtag ausgeschlossen, besuchte aber die Kreistage. Kleve-Mark war in Ämter eingeteilt, in denen „Amts- oder Erbentage" als Versammlungen aller Grundsteuerpflichtigen von einer gewissen Größe des Besitzes an, ohne Unterschied des Standes, tagten; die bäuerlichen Schöffen traten als Deputierte ihrer Bauerschaften auf und gaben ihre Stimmen als solche ab. Auf diesen Tagungen wurde nicht nur das von der Staatsregierung mit dem Landtag vereinbarte Steuersoll umgelegt, sondern es gab auch „kommunale Vermögen und Schulden, kommunale Steuerzuschläge, Ämterwahlen, Verwaltungstätigkeit der verschiedensten Art", die nach unten in den Kirchspieltagen und Bauerschaftsverwaltungen ihre Fortsetzung fanden.[113]

An Stelle der Bürokratie sollten derartige Versammlungen von Eigentümern in den Kreisen und aus Deputierten der Kreise zusammengesetzte Landtage die inneren Angelegenheiten einer Provinz verhandeln, als da wären „das Provinzial-Gesetzbuch, Milderung und Bestimmung der bäuerlichen Verfassung, innere Polizei, Unterrichts-, Armen-Anstalten, Landes-Verbesserungen durch Gemeinheits-Teilung, Abtrocknung, Wege, Wasserbau usw."[114] Entscheidend ist der Steinsche Ansatz, dass nicht die Bürokratie, sondern die provinzialen Selbstverwaltungsorgane die Gemeinheitsteilungen vornehmen sollten.

---

schwach und uneinträglich sein, und leider ist dies das Bild des größten Teils der Landwirtschaft im hiesigen Kammer-Departement."
[112] Ebd., 507-511.
[113] Ritter, Stein, 62.
[114] Botzenhart/Hubatsch, Stein, Bd. 2/1, 392 f.

Auch Stein hatte - wie später Haxthausen - die Vorstellung einer Einheit von Rentenablösungs- und Gemeinheitsteilungs-Verfahren. In einer Denkschrift über die Verleihung des Eigentumsrechts an die Immediatbauern vom 14. Juni 1808 übernahm er einen Plan des Staatsministers von Schroetter, der vorsah: dem Bauern wird das Eigentum an seinen Besitzungen verliehen, „statt eines Kaufpreises entsagt er den Unterstützungen an Remissionen und Freiholz zum Bau und Brand und der Waldweide", wodurch die Forsten von den Servituten befreit würden; Stein sieht hier eine zweijährige Weitergewährung für den Übergang vor. Die Dienste und Abgaben sind in 30 Jahren ablösbar. „Es wird bei der Verleihung des Eigentums zur Bedingung gemacht, sich binnen 10 Jahren aus der Gemeinheit zu setzen", und es erhielte jeder so viel an Fläche, dass der zukünftige Ertrag die bisherigen Nutzungen seines Hofes in der Gemeinheit erreiche.[115]

Die Schritte der preußischen Agrarreformen vom Oktoberedikt 1807 über das Regulierungsedikt von 1811, die Deklaration zum Regulierungsedikt 1816 bis zu Ablösungsordnung und Gemeinheitsteilungsgesetz, beide vom 7. Juni 1821, sind geläufig. Verglichen mit anderen deutschen Staaten war das Gesetzgebungsverfahren recht gedrängt und der Zusammenhang von Ablösung und Gemeinheitsteilung wurde gewahrt. Kritisiert wurden in der Forschung die Modalitäten und die Ergebnisse der Bauernbefreiung. Georg Friedrich Knapp hatte die Ursachen für das Landarbeiterproblem seiner Zeit in der Bestimmung des Regulierungsedikts erblickt, die eine Entschädigung der Gutsherren mit einem Drittel oder der Hälfte der bäuerlichen Besitzungen vorsah. Die Diskussion über den bäuerlichen Landverlust ist durch einen Aufsatz von Diedrich Saalfeld 1963 zum Abschluss gebracht worden.

Saalfeld berechnete, dass den Bauern infolge der Eigentums- und Dienstregulierungen nur 3 % an landwirtschaftlichen Nutzflächen (Äcker, Wiesen) verloren gingen. Anders war es bei der Gemeinheitsteilung. Für den Verzicht auf Weide-, Wald- und Wassernutzung erhielten die Bauern Landabfindungen aus der Gemeinheit.[116]

Diese Landzuteilung kann aber kaum als volles Entgelt für die aufgegebenen Nutzungsrechte auf der Gemeinheit angesehen werden. Denn insgesamt wurden rund 17 Mill. Morgen Land in die Separation einbezogen, als Entschädigung erhielten die Bauern daraus knapp 14 v.H. Wenn man unterstellt, daß analog der Besitzverteilung (48 v.H. Gutsländereien und 52 v.H. Bauern- und Kleinstellenbesitz) ähnliche Relationen für die Nutzung der Gemeinheiten abgeleitet werden können, so muß aus dieser Überlegung heraus gesagt werden, daß bei der Gemeinheitsteilung die Nutzungsrechte der Bauern gegenüber den Eigentumsrechten der Grundherren unterbewertet wurden.

---

[115] Ebd., Bd. 2/2, 753-759.
[116] Diedrich Saalfeld, Zur Frage des bäuerlichen Landverlustes im Zusammenhang mit den preußischen Agrarreformen, in: ZAA 11 (1963), 170.

Den Bauern gingen mit den Eigentumsregulierungen alle Ansprüche auf die Gemeinheit verloren. Diese Extensivflächen, deren Umfang etwa dem der Ackerfläche gleichkam, fielen weitgehend an die Gutswirtschaften. Sie dienten den Gutsbesitzern im Verlauf der industriellen Entwicklung im ausgehenden 19. Jahrhundert zum Ausbau ihrer Güter zu modernen landwirtschaftlichen Großbetrieben.[117]

Mit Saalfelds Resultaten hat sich das Problem des Landverlustes und damit der Pauperisierung auf die Gemeinheitsteilung verschoben. Die Büdner und Häusler, die kein Land in der Flur, sondern nur Gartenland im Dorf besaßen und in der Regel auf zusätzlichen Verdienst als Landarbeiter angewiesen waren, verloren das Mitweiderecht für ihre eine Kuh und das Kleinvieh sowie das Holzleserecht in den Wäldern. Damit wurde ihnen „eine genügende Viehhaltung, diesen Mittelpunkt der Arbeiterwirtschaft, oft geradezu unmöglich gemacht."[118] Sie verloren den Rückhalt einer eigenen wirtschaftlichen Existenz zu ihrem Tagelöhnerdasein. Es blieb ihnen allein Letzteres, das Verdingen auf dem Herrengut, sie waren proletarisiert. Charakteristische Folge war „ein abnorm niedriger Tagelohnsatz" und „andererseits die starke Neigung, im Wege der Feld- und Forstdieberei den aus der eigenen Wirtschaft nicht gedeckten Nahrungs- und Feuerungsbedarf zu decken".[119] Die Pauperisierten füllten nun die preußische Kriminalstatistik, die im Vormärz zu über 80 % Eigentumsdelikte verzeichnete, von denen wiederum mehr als vier Fünftel Holzdiebstähle waren, im Jahr 1850 in Preußen ohne die Rheinprovinz 265 000 Fälle. „Da Holz auch in den ärmsten Haushalten zum Heizen und Kochen unentbehrlich war", fehlte den Tätern weitgehend das Unrechtsbewusstsein, so dass es auch besonders häufig zu Widersetzlichkeiten gegen Ordnungshüter kam.[120]

Nicht richtig ist, wenn Koselleck meint, dass „die Bauern die unmittelbaren Gewinner der Gemeinheitsteilungen, und zwar auf Kosten der ländlichen Unterschicht" gewesen seien. Diese Behauptung ist um so erstaunlicher, als er wenige Seiten zuvor Saalfelds Zahlen nennt. Seine Darstellung wird reichlich schief, wenn Koselleck nun auch die sozialen Folgen den Bauern anlastet: „Die Bauern wahrten die größten Anrechte, als Weiden, Wiesen und Wälder der Dorfgemeinden verteilt wurden, und es verging kaum ein Jahr, da nicht die Behörden das daraus resultierende Elend der Kleinstelleninhaber meldeten." „Hier lag, wie die Behörden regelmäßig vermelden, die nie versiegende Quelle der ansteigenden Verbrechen: der alltäglichen Forstfrevel, die von den ihrer Gemeinheitsrechte Entblößten nicht als Unrecht begriffen werden konnten".[121]

Bemerkenswert ist weiterhin, dass Saalfeld die Kultivierung der den Gutswirtschaften zugefallenen Extensivflächen in die Zeit der Industrialisierung der Landwirtschaft verschiebt. Hartmut Harnisch, der die preußischen Agrarreformen

---

[117] Ebd., 170 f.

[118] Max Weber, Die Lage der Landarbeiter im ostelbischen Deutschland (1892), Tübingen 1984, 100.

[119] Ebd., 99.

[120] Reinhard Rürup, Deutschland im 19. Jahrhundert, 1815-1871, Göttingen 1984, 162 f.

[121] Koselleck, Preußen, 505; Bezug auf Saalfeld ebd., 498.

optimistisch beurteilt, hat die statistische Grundlage der Aussagen von Historikern über eine bedeutende Zunahme der Ackerfläche und der Ernteerträge bereits bis zur Jahrhundertmitte einer Kritik unterzogen. „Tatsächlich wissen wir eben leider nicht, wieviel Ackerland wirklich bestellt worden ist, und wir kennen nicht einmal die Zuwachsraten dabei. Daher lassen sich Erntemengen auch nicht annähernd schätzen."[122] Jedenfalls haben die Gutsherren, veranlasst durch die krisenhafte Entwicklung der Getreidepreise, ihre Schafhaltung beträchtlich ausgebaut. Während es 1816 in Preußen noch acht Millionen Schafe gab, lag ihre Zahl 1837 bei 17 Millionen. Preußen überrundete Spanien als größter Produzent von Wolle in Europa, von 2,5 Millionen Kilogramm 1820 nach 16 Millionen Kilogramm 1836, von der die meiste nach England exportiert wurde.[123] Sicher wird es in der ersten Hälfte des 19. Jahrhunderts eine Zunahme der Pflanzenproduktion gegeben haben, in erster Linie durch die Bebauung der Brache - darin stimmen die Agrarhistoriker überein -, die ehemaligen Allmendweiden aber, diese Schlussfolgerung drängen die Zahlen auf, wurden weiterhin als Weide benutzt, nun aber unter Ausschluss der Bauern als gutsherrliche Schafweidegründe.

Ein Beispiel für den Separationsvorgang und die Bewirtschaftungsweise sind die Güter derer von Bismarck. Ein amtlicher Bericht für das Oberpräsidium in Stettin aus den 1820er Jahren über den Fortgang der Regulierungen in Pommern fand es bemerkenswert, dass der Gutsbesitzer von Bismarck auf seinem Gut Kniephof den Getreideanbau und die Kuhhaltung auf den Eigenbedarf reduzierte und die übrigen Grundstücke nur zur Weide und zum Futteranbau benutzte. Ferdinand von Bismarck - der Vater Ottos - hatte damit, offenbar als einer der ersten, die Schlussfolgerung aus den, 1821 von ihm beklagten, schlechten Kornpreisen gezogen. Ein Bericht Bernhard von Bismarcks an seinen Bruder Otto von 1838 gibt ein gewandeltes Bild wieder. Jetzt ist die Rede von einer guten Ernte bei Roggen, bei Erbsen, Wicken, Grünfutter und Heu. „Mit spürbarem Stolz erwähnte er die Vermehrung der Schäferei um 300 Schafe." Es hat als Reaktion auf die in den dreißiger Jahren sich erholenden Getreidepreise eine Abkehr von der einseitigen Wollerzeugung gegeben. Die Schafzucht wurde aber nicht wieder reduziert, vielmehr noch erweitert, die Qualität durch Veredelung der Rassen erhöht.[124] Was stattgefunden hat, ist eine Erhöhung des allgemeinen agrarischen Produktionsniveaus, die sich in Futtermittelanbau, Wiesenverbesserung, Rassenveredelung ausdrückt, und bei Wiederaufnahme des Ackerbaus keine Verminderung der Schafhaltung, sondern sogar noch ihre Erweiterung möglich machte. (Von Landesausbau ist noch keine Rede.)

In Schönhausen in der Altmark war 1812 die sog. Vorseparation, also die Teilung der Gemeinheit zwischen Rittergutsbesitzern und Gemeinde, eingeleitet und

---

[122] Hartmut Harnisch, Die Agrarreformen in Preußen und ihr Einfluß auf das Wachstum der Wirtschaft, in: Pierenkemper, Landwirtschaft, 36.

[123] Slicher van Bath, Agrarian History, 324.

[124] Ernst Engelberg, Bismarck. Urpreuße und Reichsgründer, Bd. 1, Berlin 1985, 92 f. u. 164.

1818 vollzogen worden. Zwischen 1836 und 1846/47 erfolgte die spezielle Separation der Bauern und Kossäten untereinander. Sie hatten vor dieser Zeit eine verbesserte Dreifelderwirtschaft praktiziert, indem sie drei Viertel des Brachfelds mit Erbsen, Wicken, Klee, Kartoffeln u.a. bestellten. Es war genau geregelt gewesen, wann und wie nach eingebrachter Ernte die Pferde, Ochsen, Kühe, Kälber, Schafe und Gänse vom Gemeindehirten auf der Stoppelweide und den gemähten Wiesen gehütet wurden. Auf der Allmende hatten alle Dorfbewohner, ob Bauern, Kossäten oder Büdner, Weiderechte gehabt. Das Holz im Gemeindewald hatte die Gemeinde nach gefasstem Beschluss geschlagen und anteilsmäßig an die Berechtigten verteilt. „Nach Belieben der Gemeinde" waren die Reviere mit Kiefern besät, eine Zeit lang geschont und dann wieder behütet worden. Das Separations- und Dismembrationsverfahren, also der Austausch der verstreuten Parzellen und ihre Zusammenlegung und die Aufteilung der Gemeinheiten, geschah in Etappen und zog sich über ein Jahrzehnt hin.[125]

„Es ist kaum glaublich", zitiert Engelberg aus einem Reisebericht des Regierungsrats Haese der Jahre 1835/37, „welcher Widerwille noch unter den meisten bäuerlichen Wirten wider alles, was Gemeinheitsteilung heißt, herrscht." Diese Abneigung war einerseits auf die Schwierigkeiten der Umstellung vom Weiden auf die Stallfütterung zurückzuführen, andererseits auf die Streitigkeiten, die daraus zwischen Bauern, Kossäten und Büdnern und diesen mit den Gutsbesitzern entstanden. Otto von Bismarck, der sich im Juni 1846 in Schönhausen niedergelassen hatte, berichtete im März 1847 seiner Braut von einem jahrelang sich hinschleppenden Verfahren, von 41 übermütigen Bauern, von denen jeder einzelne erbitterten Hass gegen die anderen 40 gehegt habe, unzähligen Terminen, z.T. tumultuarischen, bei denen es nicht ohne Tätlichkeiten abging, Klagen bei allen möglichen Behörden. Bismarck brachte den Vergleich zustande. „Nach 4 stündiger Arbeit, bei der ich mit schmeichelnder Liebenswürdigkeit und klotziger Grobheit wechselte und selbst einigemal in effektiven Zorn geriet," hatte er die Unterschriften zusammen.[126]

Über das Ergebnis der Separation im Wirtschaftlichen ist aus Schönhausen bekannt, dass von den bedeutenden Eichen- und Kiefernwaldungen, die den Ort im 18. Jahrhundert noch umgeben hatten, in den 1850ern nichts mehr vorhanden war. Die Eichenwälder hatten die Gutsbesitzer zu Anfang des 19. Jahrhunderts abgeholzt; so verkaufte Ferdinand von Bismarck noch 1812 Eichenholz. Die Kiefern wurden nach Beendigung der speziellen Separation ausgerodet. Im Gesellschaftlichen wurde bemerkt, dass die Männer sich nicht mehr gemeinsam in der Schenke ihres Ritterguts trafen, sondern die in den vierziger Jahren entstandenen sechs Gastwirtschaften sozial getrennt besuchten, der neue Tanzsaal von den Bauern gemieden wurde. Auch versammelte man sich nicht mehr vollzählig beim Sonntagsgottesdienst.[127] Der Antagonismus auf dem Lande wandelte sich von einem zwischen Herrschaft und

---

[125] Ebd., 217 f.
[126] Ebd., 161 u. 219.
[127] Ebd., 213 u. 221 f.

Beherrschten zu einem zwischen Eigentümern und Nichteigentümern, was sich in der 1848er Revolution bemerkbar machen sollte.

Eine recht frühe Einbeziehung der Landwirtschaft in die Industrialisierung gab es im Zuckerrübenanbaugebiet der Magdeburger Börde. Die Separationen kamen hier zunächst verhältnismäßig langsam voran. Während in Preußen insgesamt, gemessen am Ergebnis von 1865, im Jahre 1838 bereits mehr als die Hälfte der betroffenen Flächen einem Separationsverfahren unterworfen gewesen waren[128], waren es in der Magdeburger Börde bis 1840 erst 32 %. Doch 1835 begann der Aufschwung der Zuckerindustrie und der Zuckerrübenanbau war der Antrieb eines raschen Fortgangs der Separation. Im Kreis Wanzleben waren 1840 erst 25 % der Nutzfläche separiert, 1848 bereits 73 %. Der „Rübenhunger" der Zuckerindustrie veranlaßte ein Steigen der Pacht- und Kaufpreise des Bodens. Während 1840 in den ostelbischen Getreidegebieten 48 Mark für den Hektar Ackerland bezahlt wurden, beliefen sich die Preise für Rübenacker in der Magdeburger Börde auf 236 bis 320 Mark, in der Nähe Magdeburgs kletterten sie in den folgenden Jahren bis auf 480 Mark. Es dürfte einleuchtend sein, daß dieser immense Preisanstieg für Bauern und Gutsbesitzer ein weit überzeugenderes Argument für die Notwendigkeit der Separation und rationellen Bodenbewirtschaftung bildete als alle gesetzlichen und aufklärerischen Maßnahmen.[129]

Kritik der Teilungsfolgen

Die publizistische Debatte um die Agrarreformen und die Frage der Allmendaufhebungen zwischen 1750 und 1850 hatte, gemessen an den Beständen der Herzog-August-Bibliothek in Wolfenbüttel, zwei zeitliche Schwerpunkte, einen zwischen 1785 und 1805, also im Umkreis der Französischen Revolution, den anderen zwischen 1820 und 1835, also in der Folge der preußischen Gemeinheitsteilungsordnung, als jeweils etwa ein Drittel aller recherchierten Titel erschienen.[130] Die Debatte in der zweiten Phase erhielt neue Impulse nach der französischen Julirevolution 1830, als man in Deutschland begann die Ergebnisse der inzwischen durchgeführten Gemeinheitsteilungen kritisch zu diskutieren.

Die Wirkungen der Julirevolution erreichten das Königreich Hannover in den ersten Tagen des Jahres 1831, in denen es zu mehreren Revolten kam. Am 25. Januar erschien eine Schrift des Celler Advokaten S. Ph. Gans „Über die Verarmung der Städte und des Landmanns" im Königreich Hannover, die bis März drei Auflagen hatte. Die schlechte gesamtwirtschaftliche Situation, die die städtischen Gewer-

---

[128] Harnisch, Agrarreformen, 38.

[129] Hans-Heinrich Müller, Landwirtschaft und Industrielle Revolution - Am Beispiel der Magdeburger Börde, in: Pierenkemper, Landwirtschaft, 48.

[130] Auswertung des chronologisch geordneten Sprachenkatalogs Deutsch in der Herzog August Bibliothek Wolfenbüttel; zu den landwirtschaftlichen Schriften in niedersächsischen Bibliotheken siehe Abel, Landwirtschaft, 512.

be stark in Mitleidenschaft zog, führte er auf die Verarmung auf dem Lande zurück, für die er wiederum, neben dem Anstieg der Steuerlast, hauptsächlich die Gemeinheitsteilungen verantwortlich machte. Durch sie habe der Landmann fast die Hälfte seines Besitzes und seiner „einträglichen Rechte" verloren, und zwar an Gutsbesitzer und Domänen.[131]

Die Gemeinheitsteilungen hatten - so Gans in einer Rückschau - im Fürstentum Lüneburg begonnen, lange bevor sie gesetzlich geregelt wurden. Sie kamen seinerzeit zustande „als Ergebnisse einer völlig freien Berathung und Entschließung der Gemeinheits-Interessenten über Zweckmäßigkeit und Nützlichkeit der Theilungen", und auf diese Weise förderten sie die Kultivierung des dazu geeigneten Landes. „Nur auf dem Boden der freien Entschliessung aber" traten solche günstigen Wirkungen ein. Das sei anders geworden, als sich die Regierung in die Gemeinheitsteilungen einmischte und Domänenverwaltung und Gutsbesitzer die großen Vorteile wahrzunehmen begannen, die sie sich dadurch verschaffen konnten.

Am 25. Juli 1802 wurde die Gemeinheitsteilungsordnung für das Fürstentum Lüneburg verkündet und später auf die übrigen hannoverschen Provinzen übertragen. Zwei Grundsätze dieses Gesetzes stellt Gans infrage, das Majoritätsprinzip und das Äquivalenzprinzip. Das Gesetz stelle es zwar dem freien Willen der Beteiligten anheim, ob sie eine Gemeinheit teilen wollten, aber nur der Form nach. Den „Eigensinn" der Landleute sich auf solche Pläne einzulassen, im Auge habend, beschränke es die Willensentscheidung, indem es einer Majorität das Recht gibt die Teilung zu beantragen. Ganz aufgehoben werde die freie Entschließung dadurch, dass Gutsbesitzern und Domäne das Recht verliehen wird, auf die Teilung zu dringen.

Das Gesetz basiert auf dem Grundsatz bei der Teilung einer Gemeinheit jedem Einzelnen Äquivalente seiner bisherigen Rechte an der Gemeinheit zuteil werden zu lassen. Davon könne aber nur die Rede sein, wenn „völlig freie Wahl" ein Äquivalent bestimme, ansonsten sei es nichts weiter als eine Abfindung. Hinweis darauf sei, dass die ganze Angelegenheit als „Landes-Oeconomie-Sache" den Verwaltungsbehörden übertragen und der Untersuchung durch ordentliche Gerichte entzogen wurde.

Im Fürstentum Lüneburg, das bekanntermaßen zum großen Teil aus Heidelandschaft besteht, seien Gemeinheitsteilungen, die den Ackerbau begünstigen, nur mit großer Vorsicht ins Werk zu setzen. Dabei gewinne nur, wer weiterhin über große Areale verfügt und so die wirtschaftlichen Vorteile dieser Landschaft nutzen kann - die Domäne und der Gutsbesitzer. Viele tausend kleine Bauern im Lüneburgischen und in den anderen Provinzen hätten allein von den Gemeinheiten gelebt, ihre küm-

---

[131] Salomon Philipp Gans, Ueber die Verarmung der Städte und des Landmanns und den Verfall der städtischen Gewerbe im nördlichen Deutschland, besonders im Königreiche Hannover. Versuch einer Darstellung der allgemeinen Hauptursachen dieser unglücklichen Erscheinungen und der Mittel zur Abhilfe derselben, Braunschweig 1831 [HAB]; für das Folgende ebd., 37-43. - Vgl. o. S. 300-302.

merlichen Äcker nur als Nebensache betrachtet und seien durch Vieh- und Schafzucht, Wolle, Wachs und Honig zu Wohlstand gekommen. Der große Bauer hätte
genug mit seinen Äckern und Wiesen zu tun gehabt und dem kleineren gerne die
Vorteile aus der Gemeinheit überlassen, dem Häusling die Kuh gegönnt, die er auf
die Allmende trieb. Alles dies hörte mit der Gemeinheitsteilung auf. Nach den von
Gans angeführten Zahlen fielen etwa 60 % der separierten Flächen, einschließlich
der Forsten, an die Domäne und die Gutsbesitzer. Das Übrige teilten die Bauern
unter sich, wobei die kleinen wiederum nur den zehnten Teil davon erhielten: „der
Häusling ist auf den Kürbisbau auf dem Dache seiner gemietheten Wohnung zurückgewiesen. Nun haben sie ihr Aeqivalent." Während der kleine Bauer oft eine
Strecke von zehn- bis zwölftausend Morgen als den Boden seiner Betätigungen
betrachten konnte, wurde er jetzt auf wenige Morgen ärmlichen Heidebodens
beschränkt. Die reichen Produkte des Landes, Hornvieh, Wolle, Wachs und Honig,
seien durch einige ärmliche Kornfelder ersetzt worden, die, nachdem der Eigentümer
seine Ersparnisse in ihre Urbarmachung gesteckt hatte, nur in der ersten Zeit Früchte
trugen, um dann zu immer während Brache verdammt zu sein. Die Not führte zu
einem starken Anstieg der Delikte, die Kriminalstatistik ergebe, dass drei Viertel
aller Verbrecher verarmte Landleute seien.

Was geschah nun mit dem an Gutsbesitzer und Domäne gefallenen Arealen?
Die Domäne habe neun Zehntel ihres Landzuwachses mit Gräben umziehen, in
Schläge einteilen lassen und zur Holzwirtschaft bestimmt und sie zusätzlich zu den
sich weithin erstreckenden Forsten, die früher schon der Domäne gehörten und in denen die früheren Berechtigungen der Landleute aufgehoben wurden, auf diese Weise
der „öffentlichen Betriebsamkeit" entzogen. Hinzu kam, dass die Bauern das Holz,
das auf den Gemeinheitsstücken stand, die sie als Abfindung erhielten, der Domäne
oder der Gutsherrschaft bezahlen mussten. Konnte der Bauer das Geld dafür nicht
auftreiben, musste er das Holz schlagen und verkaufen und hatte den Schaden des
Verlusts; vermochte er das Geld zu beschaffen, so hatte er das Holz, das ihm aber
nicht mehr Nutzen brachte, „den er nicht früher, als er gemeinschaftlich mit der
Domaine es benutzte, schon gehabt hätte."[132]

So werde, resümiert Gans, das Landvolk langsam dahinschwinden und nur
die Domänen und die Gutsbesitzer übrig bleiben, „vermehrt durch große Bauern, die
das große Loos bei Gemeinheits-Theilungen gezogen haben," und schon jetzt emsig
bemüht seien sich durch Ankäufe benachbarter Grundstücke auszudehnen und zu
Gutsbesitzern zu erheben. Die Verkoppelungen, also der Austausch und die Zusammenlegung der Grundstücke in eine Flur mit dem Gehöft mittendrin, die die Landes-
ökonomie-Kommissare in einem Zuge mit den Gemeinheitsteilungen durchführten,
sollten Vorteile für den Ackerbau bringen. Sie brachten aber auch große Nachteile:

> Diese bestehen in der Isolierung des Landmanns, in der Aufhebung des
> freundlichen nachbarlichen Verhältnisses und Ertödtung alles Gemeinsinns,

---

[132] Ebd., 52-58; auch für das Folgende.

und dadurch in der Erzeugung eines egoistischen, mürrischen Geistes, der dem Hannöverschen Landmann bisher völlig unbekannt war.

Diese Schrift von Gans[133], der seine Kenntnisse aus seiner Tätigkeit als Advokat bei Gemeinheitsteilungen hatte, löste eine publizistische Debatte aus. Im Februar 1831 antwortete der Präsident des Landes-Ökonomie-Kollegiums, das die Gemeinheitsteilungspläne zu genehmigen hatte, Baring. Zur Einordnung der Positionen ist es aufschlussreich, dass Baring bemerkt, schwierig sei es, „gemäßigte Schriften" wie diejenige des Advokaten Gans gründlich zu widerlegen.[134]

Dass der Wohlstand des Landmannes in den letzten Jahren gesunken sei, pflichtet Baring bei, wer werde dies in Abrede stellen. Allerdings führt er es auf die lange Okkupation und die ungünstige Konjunktur zurück.[135]

Dass die Gemeinheitsteilungsordnung den Beifall des Advokaten Gans nicht finden könne, hält Baring für ganz natürlich, da Advokaten an den Verhandlungen der Teilungssachen bei mündlichen Terminen nicht zugelassen sind und bei Gemeinheitsaufhebungen der Rechtsweg ausgeschlossen und der Gebrauch aller prozessualen Rechtsmittel abgeschnitten ist; da die Sachwalter mit harten Strafen bedroht werden, falls eine Gemeinheitsaufhebung mit ungebührlichen Verzögerungen durch einen Prozess aufgehalten wird. Baring greift hier das gängige Vorurteil gegen Advokaten auf, erhellend ist jedoch, dass eine gerichtliche Überprüfung der Verwaltungsentscheidungen versperrt war, auch ein juristischer Beistand bei den Erörterungen verwehrt wurde. Allerdings hatten die Gemeinden das gleiche Recht wie Gutsbesitzer und Domäne bei der Wahl der Schätzer sowie ein Widerspruchsrecht gegen die Entscheidung der Kommissare beim Landesökonomie-Kollegium. Dagegen könne man Fälle nennen, rühmt Baring die Tätigkeit der Kommissare, da Prozesse zwischen den sog. Großen und Kleinen in einer Gemeinde, die mit sehr hohem Kostenaufwand bis zu den höchsten Landes- und Reichsgerichten geführt worden sind, in einem Termin bei Kosten von ein paar Talern durch Vergleich beigelegt wurden; so dass, wo zuvor nur ein paar Gänse, Schweine oder Kälber weideten, bald eine reiche Ernte an Korn, Gartenfrüchten oder Heu eingebracht werden konnte.[136]

Eine Benachteiligung der Gemeinden gegenüber Domäne oder Gutsherren weist Baring zurück. Im Gegenteil würden die Anträge auf Gemeinheitsteilung weit

---

[133] Zu seiner Person vgl. Rudolf Eckart, Lexikon der Niedersächsischen Schriftsteller, Osterwieck/Harz 1891, 73.

[134] (Albrecht Friedrich Georg) Baring, Bemerkungen zu der Schrift des Herrn Advocaten Gans: Über die Verarmung der Städte und des Landmanns etc. in Beziehung auf Steuerzahlungen, Gemeinheitstheilungen und Verkoppelungen im Königreich Hannover, Hannover 1831 [HAB, auch die folgenden Schriften], 5.

[135] Ebd., 6. - Bemerkenswert ist, daß sich bereits zeitgenössisch eine konjunkturelle einer strukturellen Ursachenzuweisung entgegengesetzt findet, wobei die geschichtswissenschaftliche Diskussion bis heute geblieben ist. Vgl. Abel, Agrarkrisen, 234 f., der die Krise der Getreidepreise in den 1820er Jahren für den Ruin der mit Ablösungsrenten belasteten Bauern verantwortlich macht.

[136] Baring, Bemerkungen, 17-19.

häufiger von den Gemeinden gestellt werden. In den Gemeinden würden die großen Bauernhöfe keinen Vorteil aus der Teilung ziehen, durch den die kleinen in ihren Rechten und in ihrem Fortkommen benachteiligt würden. Aus den Akten gehe vielmehr hervor, dass die Kleinen in einer Gemeinde bei weitem häufiger auf eine spezielle Teilung dringen und sie es sind, die sich bei der Abstimmung mehrheitlich für die Teilung erklären. Bleiben sie in der Minderheit, so schließen sie sich zusammen und verlangen nach den Bestimmungen der Gemeinheitsteilungsordnung ihre partielle Abfindung. Ganz richtig ist Barings Einwand - obwohl er mit dem letzten Argument kollidiert -, die größeren Bauern im Lüneburgischen hätten sich vormals sehr wohl für die Gemeinheiten interessiert und sie nicht einfach den kleinen überlassen. Denn die Vieh- und Schafzucht wurde durch das Vermögen zur Winterfütterung mitbedingt, das die mit wenig Grundeigentum ausgestatteten Höfe nicht hatten. Überdies besaßen vielfach nur die größeren Höfe das Recht zur Schafweide auf der Gemeinheit, über das sie eifersüchtig wachten. Der tatsächliche Viehstand war die Grundlage der Entschädigung gemäß Gemeinheitsteilungsordnung.[137]

Dass aber „der Forstherr als Eigentümer" vom Forst einen größeren Raum erhalte als die Servitutberechtigten, liege in der Natur der Sache, „da das Eigenthum, ohne Eingriffe in dasselbe, nicht verändert werden kann." Wenn daher der Forsteigentümer die Weideberechtigten - „von einer wirklichen Gemeinheits-Theilung kann nicht die Rede seyn" - mit einem Teil des Forstgrundes abfindet, so sei er berechtigt sein Eigentum am Holz, das überall kein Gegenstand der Ablösung gewesen sei, wegzunehmen oder sich von der Gemeinde abkaufen zu lassen.[138]

Auf diese Rechtfertigungsschrift des Landesökonomierats reagierte S. Ph. Gans Mitte März mit einer Erwiderung. Er stellte zunächst richtig, dass die Prozesse, die bis zu den höchsten Instanzen geführt wurden, Markungsstreitigkeiten zwischen verschiedenen Gemeinden beträfen, während Prozesse wegen Grundstücksstreitigkeiten unter Bauern einer Gemeinde sehr selten seien. Die Abmarkungen zwischen Nachbargemeinden begrüßt Gans sehr, und in der Tat hätten die Kommissare diesbezüglich zur Prozessverminderung beigetragen.[139]

Seinen Hauptvorwurf gegen die Gemeinheitsteilungsverfahren fasst Gans dahin gehend zusammen, dass „lediglich und allein das politische, nicht aber das landwirthschaftliche Interesse" dabei erwogen worden sei. Dass Gemeinheitsteilungen wohltätige Folgen für den Landbau haben können, sei nie bezweifelt worden. Die Frage sei allein, ob eine durchgängige Verteilung des gemeinen Grund und Bodens zum Nutzen der Bevölkerung gereiche. Gemeinheitsteilungen sollten nur da stattfinden, wo das landwirtschaftliche Interesse sie gebietet, d.h. wo der Boden einer

---

[137] Ebd., 22-28.

[138] Ebd., 35-38.

[139] Salomon Philipp Gans, Erwiderung auf die von dem Herrn Ober-Steuer- und Landes-Oeconomie-Rath Baring herausgegebenen Bemerkungen zu meiner Schrift über die Verarmung der Städte und des Landmanns u.s.w. in Beziehung auf Steuerzahlungen, Gemeinheits-Theilungen und Verkoppelungen. Auch als Nachtrag zur obgenannten Schrift, Braunschweig 1831, 14. - Ebd., 18, die Zahlen über die Ergebnisse der Separationen.

besseren Kultur als bisher fähig ist, und nicht dort, wo nichts anderes damit erreicht wird, „als große schöne Weidebezirke in kleine, ihren Zweck nicht erfüllende Parcellen zu zerschneiden".[140]

Zu der Kontroverse zwischen Gans und Baring nahm im April eine Schrift von K. Reck Stellung, der seine eigenen Ansichten dazu hatte. Beispielsweise stand er auf dem Standpunkt, wenn dem kleinen Bauern im Fürstentum Lüneburg durch die Teilungen Erwerbsquellen aus der Gemeinheit abgeschnitten wurden und er dadurch in seiner Produktionskraft gestört ist, „so ist dieß allerdings sehr zu bejammern, allein das Rechtsprinzip ist nicht verletzt". Andererseits sollten Gemeinheitsteilungen nur in den Landstrichen stattfinden, die der Kultivierung und „des Privateigenthums überhaupt fähig sind". Auch solle man nicht teilen, was nur als Gemeindeweide zweckmäßig genutzt werden kann. „Das Meiste, was der Theilung fähig war, haben ja unsere Vorfahren schon längst getheilt, und uns ist ja nur eine geringe Nachlese übrig geblieben."[141]

Die Generalteilungen, die zwischen Domänen, Gütern und Dörfern vorgenommen wurden, begrüßt er, da sie die ewigen Kämpfe, die Fehden und verderblichen Prozesse in der Wurzel abschnitten. Auf die Spezialteilungen innerhalb der Dörfer aber seien nach Recks Einschätzung die kleinen Bauern noch begieriger als die großen „um irgend einen Flecken Landes zu bekommen, welchen sie den ihrigen nennen, oder mit ihrem kleinen Besitzthume vereinigen können; hungrig umlagern sie einen jeden größern Grundbesitz". Ganz Deutschland sei daher wegen der Gemeinheitsteilungen in Bewegung.[142]

In einer historischen Rückschau würdigt Reck die allgemeine Landesverordnung vom 22. November 1768, durch die mehrere Klippen beseitigt worden seien, an denen gewöhnlich Gemeinheitsteilungen zu scheitern pflegen, „wenn man keine andere Theilungsmaschine als das gemeine Recht hat". Zu den großen Verdiensten der Hannoverschen Administration unter Georg III. gehöre die teilweise Beschränkung der Weideservituten, die, als sich nach dem Siebenjährigen Krieg der Anbau der Futterpflanzen auszubreiten anfing, „ein wahrer Riegel gegen die bessere Kultur des Ackers" geworden waren. Die Lüneburgische Gemeinheitsteilungsordnung von 1802 wurde in den Jahren 1822 bis 1825 auf die anderen Landesteile übertragen.[143] Reck kritisiert, dass bei der Gesetzesberatung in der Lüneburgischen, in der Calenberg-Grubenhagenschen oder in der Hildesheimischen Landschaft einer der Hauptinteressenten ganz fehlte, nämlich die Bauern, die diesen Gegenstand ebenso gut wie die Ritterschaft zu würdigen wüssten und deren „erheblichste Verhältnisse

---

[140] Ebd., 20 f. u. 30-32.

[141] Karl Reck, Fragmentarische Betrachtungen über Gemeinheits-Theilungen, Verkoppelungen, Weideservituten und Schäfereigerechtigkeiten im nördlichen Deutschland, vorzüglich im Königreiche Hannover, nebst einigen politischen Seitenblicken, namentlich auf das Zwei-Cammern-System, veranlaßt durch die Gansische und Baringsche Schrift, Göttingen 1831, 32 u. 36.

[142] Ebd., 39-41.

[143] Ebd., 1, 4 u. 14.

dabey in Frage standen." Es habe sich seit der Reformation, vorzüglich durch die Presse, im deutschen Bauernstand „ein neues besonderes politisches Element erhoben, welches täglich mehr an geistiger Intelligenz und an Kraft des Vermögens wuchs." Die Intelligenz des Bauerns sei freilich „nur auf seinen Kreis beschränkt; allein bey dem Städter und dem Gutsbesitzer und selbst bey dem Gelehrten ist die Sache nicht viel anders".[144]

Reck legt nun offen, dass die Calenbergische, die Hildesheimische oder die Hoya-Diepholzische Gemeinheitsteilungsordnungen von 1824 der Lüneburgischen von 1802 weitgehend, auch wörtlich, gleichen - mit Ausnahme der Paragraphen 128 und 129, die neu eingeführt wurden. Sie betreffen die Aufhebung der Schafhutungen auf den Stoppel- und Brachfeldern: „in den Gegenden, wo die Schäfereien einen Hauptgegenstand der Revenüen des Guts oder Grundbesitzes ausmachen," heißt es dort, kann der Schäfereibesitzer gegen die Aufhebung der Schafhutung Einspruch erheben, wenn er nachweist, dass nach Aufhebung der Feldbehütung die Schäferei nicht im bisherigen Maße fortgesetzt werden kann. In jedem Fall muss für den Verlust der Hutung ein Weide-Äquivalent angewiesen werden, welches nicht nur die gleiche Stückzahl Schafe wie zuvor auf der gemeinen Weide ernähren kann, sondern auch in der Weidequalität der bisherigen gleich ist. Reck kommentiert, dass diese Bestimmungen in einer mindestens hundertjährigen Tradition stünden die Schafhaltung zu bevorzugen und die Besömmerung der Brache dadurch zu erschweren. Er formuliert: „denn wo Schafe sind, da ist auch in der Regel Gewalt", weil die Schafe fast ausschließlicher Besitz der Rent- und Klosterkammern, der Gutsbesitzer und allenfalls der Bürgermeister und Räte in den Städten unter Ausschluss der Bauern geworden seien.[145]

Ein Diskussionsbeitrag vom August 1831 bestreitet zwar eine Bevorzugung der Grundbesitzer und Domänen bei den Gemeinheitsteilungen, konstatiert aber doch, dass sie bedeutende Flächen als Privateigentum zugeteilt bekommen hatten, die sie in vielen Fällen auf lange Zeit hinaus gehörig zu benutzen nicht imstande seien. Auf der anderen Seite finde man jetzt viele Grundbesitzlose, die gerne einen Teil dieser Flächen in Bearbeitung nehmen würden. Der Verfasser schlägt eine Verpachtung vor.[146]

Sorge macht ihm das Problem der Feuerung. Er denkt an die jetzt Grundbesitzlosen, die gerne neue Flächen kultivieren würden. Bisher hatten sie ihren Feuerungsbedarf in den Gemein-Holzungen oder Mooren decken können. Durch deren Aufteilung könnte die Bedarfsdeckung schwierig oder zu teuer werden. Zu welcher

---

[144] Ebd., 43 u. 46.

[145] Ebd., 60-72.

[146] Bemerkungen über die Schrift des Herrn Advocaten S. P. Gans „über die Ursachen und Wirkungen der Verarmung der Städte und des Landmanns im nördlichen Deutschland und insbesondere im Königreich Hannover," mit einigen sich anknüpfenden Gedanken zur Beförderung allgemeiner Wohlfahrt, und insbesondere der Verbesserung des dermaligen gedrückten Zustandes zunächst in den Norddeutschen Staaten und namentlich im Königreich Hannover, Hannover 1831, 46.

Not aber und, als deren Folge, zu welchen Exzessen ein derartiger Mangel führen kann, hätte man im kalten Winter 1829/30 erlebt; „wir können es noch täglich da sehen, wo fortwährend für eine Anzahl der arbeitenden Classe Mangel daran herrscht." Unaufhörlichen Beunruhigungen, Entwendungen, ja offenen Beraubungen sei derjenige ausgesetzt, der dieses Produkt noch besitzt. Der Verfasser hält es daher für höchst ratsam, dort, wo Gemein-Forsten, Torfmoore oder anderer ungeteilter Grund noch übrig ist, diesen für den notwendigen Feuerungsbedarf zu erhalten. Zugleich könnte dadurch für die Zukunft ein Gemeindeeinkommen begründet werden, indem die Entnahme aus der noch erhaltenen Gemeinheit nicht ganz umsonst, sondern gegen eine mäßige Vergütung überlassen würde.[147]

In die politischen Diskussionen der Öffentlichkeit, die die Verhandlungen des Hannoverschen Landtages begleiteten, griff S. Ph. Gans mit der Herausgabe einer Zeitschrift ein, in der auch die Gemeinheitsteilungsdebatte fortgesetzt wurde. Es kamen praktizierende Landwirte zu Wort, die Gesetze und Verwaltungsmaßnahmen aus ihrer Erfahrung heraus bewerteten. Der Autor eines Artikels über die Lüneburgische Gemeinheitsteilungsordnung von 1802 stellt sich als Besitzer eines Guts vor, dessen z.T. kulturfähige Gemeinheiten bereits 18 Jahre zuvor geteilt worden sind und dessen Feldmark seit 15 Jahren zusammengelegt und von allen Weideservituten befreit ist, und er lobt die segensreichen Folgen dieser Maßnahmen für den Ackerbau. Allerdings ließe sich nicht in Abrede stellen, dass es besondere Lokalitäten und Verhältnisse gibt, wo die Aufhebung der Gemeinheiten für einen großen, und gerade den bedürftigsten, Teil der Interessenten sehr nachteilig werden müsse.[148]

Es sei etwa die Ansicht vertreten worden, dass die großen Heideräume, die die Dorfschaften im Lüneburgischen benutzen, das wirtschaftliche Bedürfnis der Untertanen weit übersteigen müssten und dass bei einer Teilung für die Grundherrschaft, welche in der Regel die Domäne ist, ein beträchtlicher Überschuss ermittelt werden könne. Die Domänenkammer strebe nun eifrig nach der Erlangung eines solchen vermuteten Überschusses. Die Bauern der Lüneburger Heide benötigten aber diese großen Flächen zur Schafweide, zur Bienenzucht und zum „Heid- und Plaggen-Hieb" für die Düngung der kargen Äcker. Für die Domäne hätten die dürren Heiden eigentlich gar keinen Wert. „Besetzt sie solche mit Anbauern, so vermehrt sie die Zahl der Bettler im Lande, für deren Unterhalt sie dann, wie billig, selbst zu sorgen hat."[149]

Der Autor zitiert den Grundsatz der Lüneburgischen Gemeinheitsteilungsordnung, jedem Gemeinheitsberechtigten ein Grundeigentum zuzuweisen, das der

---

[147] Ebd., 56 f. - Für Hannover nennt ein Bericht von 1832 jährlich mindestens 200 000 Forststrafen: Rürup, Deutschland, 163.

[148] Ueber die Theilung der Gemeinheiten und die Lüneburgische Gemeinheits-Theilungs-Ordnung vom Jahre 1802, in: Salomon Philipp Gans (Hg.), Verhandlungen über die öffentlichen Angelegenheiten des Königreichs Hannover und des Herzogthums Braunschweig, Bd. 1, Braunschweig 1831, 36-44.

[149] „Wenigstens haben sollte. - Anmerkung des Setzers", sagt eine Fußnote an dieser Stelle.

bisherigen Berechtigung „im Werthe möglichst gleich kommt", wofür ein „Theilungs-Maßstab" angegeben wird. Die Bestimmungen über den Teilungsmaßstab seien aber so unbestimmt, dass ihre Anwendung dem willkürlichen Ermessen der Behörde überlassen sei. Die Verordnung besagt am Schluss, dass die einzelnen Vorschriften dieses umfassenden Gesetzes, und darunter vorzüglich der Abschnitt über die Teilungsmaßstäbe, mancherlei Berichtigungen zu erwarten hätte. In den 30 Jahren seit Bestehen der Verordnung aber sei zur Vervollkommnung der gesetzlichen Vorschriften über die Teilungsmaßstäbe nichts geschehen. Bei der Bonitierung der Böden benennt der Autor grobe Fehlschätzungen und fordert dieses Geschäft in Zukunft einem unparteiischen, wissenschaftlich und praktisch gebildeten Landwirt zu übertragen, der mehrere der Lokalität kundige Bauern zu Rate zieht.

Zur Aufstellung des Teilungsplans seien vor allem gründliche landwirtschaftliche Kenntnisse erforderlich. Es komme dabei auf die zweckmäßige Anlegung der Wege, Viehtriften, Tränken und Entwässerungsgräben, um die richtige Wiesenbewässerung zu gewährleisten, an, auf die Ermittlung von Lagerstätten an Mergel, Lehm, Klei, Moder, Kalk, Gips und anderen mineralischen Düngungsmitteln und auf eine solche Einrichtung, dass diese Hilfsmittel möglichst allen Interessenten zuteil werden. Stattdessen werde bei der Ausarbeitung des Teilungsplans nur auf die Regelmäßigkeit der Koppeln gesehen „und auf den guten Effect, welchen solche etwa auf der, dem Landes-Oeconomie-Collegium vorzulegenden Charte hervorbringt".

Für Gans' zentralen Kritikpunkt, die Gemeinheitsteilungen würden von politischem Interesse, nicht aber von der landwirtschaftlichen Zweckmäßigkeit geleitet, werden in der Zeitschrift Belege beigebracht. Ein „Hannoverscher Landwirt" kritisiert die Teilung der Gemeindeweiden in ihren Folgen für die Weidewirtschaft. Nur größere Grundeigentümer, die ihre Abfindung in einem großen Komplex erhielten, könnten ohne Schwierigkeiten eine Koppelwirtschaft einführen; wiewohl die Domänen und Rittergüter, die die Gemeinheiten in der Regel wenig oder gar nicht genutzt hatten und dessen ungeachtet eine vollständige Abfindung erhielten, diese nach wie vor ungenutzt ließen. Bei Bauernhöfen mittlerer Größe stelle der geringe Umfang ihres Areals der Einführung der Koppelwirtschaft unüberwindliche Hindernisse in den Weg und so seien diese Wirtschaften durch die Aufhebung der Gemeindeweiden „unfehlbar zu Grunde gerichtet."[150]

Die Hindernisse bestünden in den Naturbedingungen, da die Gemeindeweide in einer Feldmark in der Regel von verschiedener Beschaffenheit ist, es neben trockenen Lagen mit dürren Gräsern feuchte Lagen mit saftigen Weidepflanzen gibt. Diese Verschiedenheit der Vegetation sei auf den Weiden geringerer Güte, „so wie die Gemeindeweiden" in der Regel sind, ein notwendiges Erfordernis, um dem Vieh je nach Witterung die jeweils zuträglichste Weidenahrung zu geben. Bei der Teilung ist es aber unmöglich den kleineren Interessenten von allen Bonitäten eine Koppel zuzuteilen, weshalb es begreiflich sei, warum der Landmann sich beklagt, in der Folge

---

[150] Beschwerden und Wünsche des Hannoverschen Landwirths. Erster Artikel. Die Verkoppelung, in: Gans, Verhandlungen, Bd. 2, 1832, 18-27.

der Teilung über keinen zureichenden Weideraum mehr zu verfügen. Es sei daher eine Tatsache, „daß eine gewöhnliche Gemeindeweide weit mehr Vieh, und solches weit besser ernähren kann, wenn solche in Gemeinschaft behütet wird, als dieselbe Weide, wenn sie, in eine beträchtliche Zahl kleiner Abtheilungen vertheilt, beweidet wird."

Will der Bauer vermeiden seinen Viehstand zu reduzieren, so muss er sich auf den Futterbau und die Stallfütterung verlegen. Wer allerdings glaube, man könne die Stallfütterung einführen, wo man wolle, sei im Irrtum, denn man benötige dafür zum Futterbau geeigneten Boden: „die Stallfütterung ist mit sicherem und nachhaltigem Erfolge nur auf kleefähigen Bodenarten ausführbar". In vielen Fällen würden also zweckmäßige Verbesserungen der Gemeindeweiden, besonders ihre ausreichende Entwässerung, sowie angemessene Weideregeln weit mehr das Wohl des Landbaus fördern als eine Teilung und Verkoppelung der ganzen Feldmark.

Plausibel machen kann der Autor seine Darlegungen für die Schafzucht. Das Schaf bedürfe unumgänglich einer Auswahl und Veränderung der Weide nach Jahreszeiten und sogar nach Tageswitterung. Während im Frühjahr die Gräser in feuchten Niederungen auch den Schafen gedeihlich, die Heiden aber noch nicht nährend seien, würde im Herbst bei feuchten Witterungen die niedrige Weide von den Schafen verschmäht, während die dürren Heiden zu dieser Zeit ihrer Gesundheit nicht schaden könnten. Daher brauchten Schafe unbedingt einen großen Weideraum. Zieht man noch in Betracht, dass eine der wichtigsten Vorteile der Schäferei, die Bedüngung des Ackers durch nächtlichen Hürdenschlag, „mit einem Häuflein Schafe nicht ausführbar ist", so sei es leicht begreiflich, dass die Gemeinheitsteilungen „die Schafzucht der kleineren Grundeigenthümer ganz vernichten".

Abschließend wird ein Beispiel von Gemeinheitsteilung geschildert: Bei diesem hat, den Wald angehend, die Domäne den besten Teil der Eichenforsten an sich zu ziehen das Glück gehabt. Die übrigen Eichen sind zur Bezahlung der Teilungskosten gefällt worden, so dass die Gemeinde jetzt keinen einzigen Eichbaum mehr hat. „Auch für den königlichen Förster ist eine große Wiese abgefallen: wofür eigentlich, ist mir gleichfalls unbekannt." Bei der Generalteilung der Gemeinschaftsheide hat die Domäne einen ungeheuer großen Teil bekommen. Die folgende Spezialteilung habe, abgesehen von den unnötigen Kosten, keinen Schaden angerichtet, „denn die Interessenten haben sich zur gemeinschaftlichen Behütung sofort wieder vereiniget." Unglücklicherweise fügte es sich aber so, dass die Ortschaft von der hochgelegenen, trockenen Heide gar nichts, sondern nur Sumpfheide bekommen hat. Die natürliche Folge ist gewesen, dass die Schafherde schon mehrere Male eingegangen ist und die Bauern, „welche nachgerade die Unmöglichkeit einsehen, in einem Sumpfe Schäferei zu treiben, sich nunmehr entschlossen haben, die vor Zeiten so einträglich gewesene Schafzucht ganz aufzugeben."

Einen wichtigen Beitrag zur Einordnung dieser Diskussion und zur Relevanz der Frage lieferte Carl Bertram Stüve, der in seiner Schrift „Über die gegenwärtige Lage des Königreichs Hannover" vom September 1831 auf die Kontroverse über die Gemeinheitsteilungen einging. Der notwendige Verwaltungsgang beim Landesökonomie-Kollegium einesteils, die Beschränkungen, die in den Gesetzen zum Vorteil des großen Eigentums vorgenommen werden, anderenteils stünden einem Fortschritt der Teilungen und der Förderung des Ackerbaus ungemein im Wege. Er merkt an, dass unleugbar „die untersten Classen" durch die Gemeinheitsteilungen vielfach litten, man diese Nachteile aber ungeheuer übertrieben habe. „Fast noch größeres Bedürfniß als Gemeinheitstheilung" sei für die südlichen Landesteile eine Feldordnung, eine Beschränkung der „unglücklichen Weiderechte", die Sicherung des Anbaus der Brache vorzüglich mit Futterkräutern, „ohne den die Gemeinheitstheilungen hier eher verderblich würden", meint Stüve mit Bezug auf die Schrift von Reck. Wie sehr daran gelegen ist, gehe daraus hervor, dass der Deputierte des Calenberg-Grubenhagenschen freien Bauernstandes, der in diesem Jahr zum ersten Mal auf dem (im März einberufenen) Landtag erschien, „von fast allen Dorfschaften der Fürstenthümer Göttingen und Grubenhagen gleichmäßig beauftragt war, dieses dringende Bedürfniß zur Sprache zu bringen." Dass die Ablösbarkeit der Gefälle, die Abschaffung der „gehässigen" Lasten des Leibeigentums, der verderblichen Zehnten, der schädlichen Dienste fast gar nicht erwogen wurde und diesbezügliche Anträge in der Ständekammer die laueste Behandlung fanden, „ist nicht minder wahr."[151]

Nach Stüves Darlegungen wurden im Königreich Hannover die Gemeinheitsteilungen betrieben, ohne die Weiderechte auf den Brachfeldern zu beseitigen; wurden die Allmenden aufgehoben, nicht aber die Feudallasten. Das hieß die Entwicklung auf den Kopf stellen. Ein Antrag Stüves auf „Befreiung des Grundeigenthums durch Ablösung von Zehnten, Diensten, gutsherrlichen und Meyergefällen, durch Aufhebung der aus dem Leibeigenthum herrührenden Lasten" war in der Ständeversammlung 1829 von der zweiten Kammer zwar mit großer Mehrheit angenommen, von der ersten Kammer jedoch abgewiesen worden.[152]

Die Konzeption der Hannoverschen Landesökonomiepolitik, beginnend schon 1764, war dahin ausgerichtet eine Reform der Landwirtschaft mit dem Instrument der Gemeinheitsteilungen zu erreichen, ohne das Feudalsystem anzutasten. Aber selbst die Aufhebung der Gemeinheiten fand dort ihre Schranken, wo wirtschaftliche Vorteile der Gutsherren berührt waren. So stellt sich die Hannoversche Gemeinheitsteilungspolitik als nichts anderes als eine Aufteilung unverteilten Landes unter Begünstigung von Gutsherrschaft und Domäne dar, oder - wenn man so will - als ein Mittel der Grundbesitzumverteilung. Die durch den Impuls der Julirevolution angestoßene Bewegung aber setzte in Hannover das Ablösungsgesetz vom 10. November 1831 durch, das Stüves Handschrift trug.[153]

Eine solche Verkehrung der Entwicklung verbunden mit mechanischer Aufteilung des Gemeindelandes war in Deutschland eher die Regel als die Ausnahme. In Bayern wurde 1803 ein Gesetz zur Umwandlung der Allmenden in Sondereigentum

---

[151] Carl Stüve, Ueber die gegenwärtige Lage des Königreichs Hannover. Ein Versuch Ansichten aufzuklären, Jena 1832, 81 f.
[152] G. Stüve, Stüve, Johann Karl Bertram, in: ADB, Bd. 37, 1894, 87.
[153] Ebd.

erlassen, noch vor der Aufhebung der persönlichen Unfreiheit 1808 und weit vor der Ablösung der Scharwerke und übrigen Grundlasten und Abgaben auf den Domänen 1825. Die Aufteilung wurde als das beste Mittel gerühmt „anstatt regelloser Viehzucht blühende Felder zu schaffen und den Wohlstand von Tausenden zu begründen". Die Durchführung stieß jedoch auf Widerstand, es kam zu Bauernaufständen dagegen. Da die Dreifelderwirtschaft bestehen blieb, kein Futterbau eingeführt wurde, wurde nur die Getreideanaufläche erweitert. Die Viehzucht ging in den ersten drei Jahrzehnten des 19. Jahrhunderts erheblich zurück. 1812-15 wurden bereits mancherlei Einschränkungen erlassen und 1834, nachdem anfangs eine Aufteilung auf Antrag eines Einzelnen erfolgte, diese nun von einem Gemeindebeschluss mit ¾-Mehrheit abhängig gemacht und von einer staatlichen Genehmigung, die fast durchgehend verweigert wurde. Die Aufteilung wurde gestoppt, die Regierung war nunmehr bestrebt eine verbesserte Kultur der ungeteilt gebliebenen Gemeindeländer zu erreichen.[154]

In Württemberg gab nach mehreren untauglichen Versuchen, die zum Umbrechen unfruchtbarer Böden, deren Kultivierung wieder aufgegeben werden musste, und zur Waldverwüstung, nachdem durch die Allmendaufhebung die gemeindliche Aufsicht entfallen war, geführt hatten, die Regierung 1821 alle Allmendteilungspläne auf und überließ sie der Initiative der Gemeinden.[155] Die Entscheidung kam aufgrund eines Berichts des Innenministeriums an den König zustande, in dem eine Begutachtung der Allmendverhältnisse im Lande vorgenommen wurde:[156] Dasjenige, was

an ganz ungebauten Allmanden vorhanden ist, kann z.T. gar nicht urbar gemacht werden, weil solches entweder in ganz steilen, nicht kulturfähigen Bergen oder aus Steinbrüchen, aus Leimen-, Sand- und Kiesgruben besteht oder an den Ufern der Flüsse gelegen ist und durch Überschwemmungen öfters verwüstet wird. Aber auch diese Plätze werden benützt und gewähren nicht selten den Gemeinden einen bedeutenden Ertrag (...)

Wo aber noch kulturfähige Allmanden vorhanden sind, da haben dieselbe eine andere, den individuellen Bedürfnissen der einzelnen Gemeinden angemessene Bestimmung: Sie werden zu Tuchbleichen, zu Röstung des Hanfs und Flachses auf trockenem Wege, zu Kelter- und Zimmerplätzen, zur Weide für Schafe, Schweine und Gänse benützt, und diese Plätze sind gewöhnlich noch entweder mit Obst- oder mit Waldbäumen besetzt. Überall, wo die Gemeinden Schäfereien besitzen, sind zur Weide derselben Allmandfelder unentbehrlich.

---

[154] Josef Kulischer, Allgemeine Wirtschaftsgeschichte des Mittelalters und der Neuzeit, Bd. 2, Berlin 1954, 435 u. 438 f.

[155] Wolfgang v. Hippel, Die Bauernbefreiung im Königreich Württemberg, Boppard am Rhein 1977, Bd. 1, 561-569.

[156] Ebd., Bd. 2, 666 f. u. 671.

Der Bericht plädiert wegen des hohen Werts der Schafzucht, der durch eine Kulti-vierung keineswegs erreicht würde, für den Erhalt der Allmenden und verweist auf den Nutzen des Schafdungs. Sofern sie nicht für die Schafweide unentbehrlich sind, würden die Gemeinden die Allmenden als Äcker oder Wiesen nutzen, die aber nicht unter der Bürgerschaft verteilt, sondern auf Rechnung der Gemeindekasse verpachtet sind. Auf die eine oder die andere Art bringen sie den Gemeindekassen bedeutende Einnahmen. Der Berichterstatter spricht sich hier gegen die Gewährung von Gesuchen auf Allmendverteilung aus, „weil das Gemeindeigentum zunächst dazu bestimmt ist, daß von seinem Ertrage die Ausgaben der Gemeindekasse bestritten werden," und die der Gemeindekasse entgehenden Einnahmen nicht durch Steuerum-lagen gedeckt werden dürfen.

Diese im Bericht angesprochene Umwandlung der Allmende durch Ausbau der Feldflur in das Gemeindeland bezeichnet Conze als „eigenwüchsige Agrar-reform", die unmittelbar aus der Tradition der alten Agrarverfassung entwickelt worden war.[157] Ob sie „aus dem Zwang der Übervölkerung" entstand, ist noch die Frage, jedenfalls kam sie den Landarmen zugute, die einen gleich großen Anteil wie die Bauern erhielten. Interessant ist doch hier, dass eine Ödlandkultivierung und da-durch eine Ernährung einer größeren Bevölkerung möglich war, was nur eine Folge gesteigerter landwirtschaftlicher Produktivität sein konnte.

In den unter napoleonische Herrschaft gestellten Gebieten Westdeutschlands war zwar die Bauernbefreiung in Gang gesetzt, die Gemeinheitsteilung aber - ent-sprechend der Abwehr der französischen Bauern in der Revolution gegen die Auf-teilung der Gemeindeländer[158] - auf gesetzgeberischem Wege nicht betrieben worden. Vielmehr entstanden in der französischen Zeit im Rheinland zahlreiche ökonomische Vereine, die der Leitung einer „Gesellschaft nützlicher Untersuchungen" in Trier un-terstellt wurden, welche von der französischen Regierung finanziell unterstützt wur-de. Die Gesellschaft und die ihr angeschlossenen Vereine übten ihre Tätigkeit auch nach 1815 weiter aus, und die preußischen Minister Altenstein, Bülow und Schuck-mann, die 1817 das Rheinland bereisten, lobten die entstandenen Musterwirtschaften und ihren Einfluss auf die Verbesserung der Agrikultur und setzten sich deswegen beim preußischen König für die Weiterzahlung der jährlichen Unterstützung ein.[159]

Im selben Jahr, als man in Württemberg die Allmendaufteilungen stoppte, war die preußische Gemeinheitsteilungsordnung erlassen worden. Im Königreich Hannover wurde die Osnabrücker Markenteilungsordnung von 1785 im Jahre 1822 erneuert, mit katastrophalen Folgen für die dabei leer ausgehenden Heuerleute[160], und 1824/25 die Lüneburgische Gemeinheitsteilungsordnung auf die südlichen Landesteile übertragen mit den erwähnten Ausnahmen für die Gutsschäfereien.

---

[157] Conze, Wirkungen, 16.
[158] Bloch, Individualisme agraire; Kulischer, Wirtschaftsgeschichte 2, 431 f.
[159] Karl Obermann, Deutschland von 1815 bis 1849. Von der Gründung des Deutschen Bundes bis zur bürgerlich-demokratischen Revolution, 3., überarb. Aufl., Berlin 1967, 56.
[160] Conze, Hannover, 7 f. u. 14.

Ebenfalls 1825 zog das „Rheinische Conversations-Lexicon" bereits eine kritische Bilanz. Es schließt sich dem verbreiteten Urteil an, dass sich die Gemeindeweiden gewöhnlich im elendsten Zustand befänden, weil jeder sie möglichst stark benutzen, aber keiner etwas auf ihre Erhaltung und Verbesserung verwenden will. So vorteilhaft daher die Aufteilung der Weiden im Allgemeinen für die Ackerkultur zu sein scheine, „so hat es doch keinen Zweifel, daß die Verminderung dieser Viehweiden dem Ackerertrag bei sonst unverändertem Wirthschaftssystem geschadet habe." Jeder brach seinen erhaltenen Anteil um und erntete, bis die natürliche Kraft des Bodens erschöpft war. Der erweiterte Ackerbau hätte eine größere Menge Dünger verlangt, aber dieser hatte sich in dem Maße verringert, wie die Weide verloren ging. Je mehr der Ackerbau ausgedehnt wurde, desto tiefer sank der Ertrag. Es sei sehr bedenklich eine Gemeindeweide zu teilen, ohne damit die Aufhebung der Servitute und eine auf Stallfütterung gegründete Wirtschaftsweise zu verbinden. Kann dies nicht geschehen, so sei es für den Wohlstand der Gemeinden ohne Zweifel besser die Gemeindeweiden beizubehalten und Maßnahmen zu ergreifen, durch die die Weidekultur gefördert wird.[161]

Der liberale Rotteck-Welcker ist erwartungsgemäß aus Prinzip dem Gemeineigentum abgeneigt:

> Man würde sich vergebens bemühen, aus allgemeinen vernunftrechtlichen Grundsätzen beweisen zu wollen, daß irgend eine Gemeinschaft in der Welt ewig dauern müsse, vielmehr ist die Auflösung derselben bei allen politischen wie bürgerlichen Einrichtungen ein so nothwendiges Bedürfniß, daß wir ohne sie das Grundprincip der letzten, Selbständigkeit der Person, aufopfern müßten.

Nicht anders als Cramer unterscheidet der Rotteck-Welcker 1838 als Rechtstitel, auf denen die gemeinschaftlichen Benutzungen beruhen, das Eigentum und die Dienstbarkeit, als Nutzungsberechtigung auf einem fremden Grundstück. Ebenfalls erwartungsgemäß wird zu Letzterer als Erklärung kritisch angemerkt, die Berechtigten seien vielfach ursprünglich Eigentümer oder Miteigentümer der Waldungen gewesen, den jetzigen Besitzern sei es aber gelungen sich das Eigentum der gemeinschaftlichen Grundstücke anzumaßen und den Miteigentümer zum Servitutberechtigten herabzustufen. „Besonders da, wo Gemeinden Holzberechtigte sind, das Eigentum der Waldung aber einem größeren Gute oder dem Domanium zusteht, läßt sich jener Ursprung oft noch mit historischer Gewißheit nachweisen."[162]

So vorteilhaft und notwendig alle Generalteilungen, also die Absonderung der größeren Güter vom Komplex der kleineren Haushaltungen, angesehen werden,

---

[161] Rheinisches Conversations-Lexicon oder encyclopädisches Handwörterbuch für gebildete Stände, Bd. 5, Köln-Bonn 1825, 527 f., Art. Gemeineweide.
[162] Carl von Rotteck/Carl Welcker (Hg.), Staats-Lexikon oder Encyclopädie der Staatswissenschaften, Bd. 6, Altona 1838, 459-468, Art. Gemeinheitstheilungen (Steinacker).

so sehr wird Vorsicht in Bezug auf Spezialteilungen empfohlen, da die gemeinschaft-liche Nutzung durch die kleineren Grundbesitzer sehr oft von Vorteil sei:

> Die Zerstückelung und Vertheilung eines Grundstückes, welches seiner Na-tur nach nur in seiner Gesammtheit allen einzelnen Interessenten den höch-sten Nutzen gewährt, unter viele kleine landwirthschaftliche Haushaltungen muß nämlich die nachtheilige Folge haben, daß nach der Theilung der Vortheil jedes Interessenten, mithin auch die Summe des Nutzungswerthes der einzelnen Theilstücke sich vermindert.

Als Beispiel wird angeführt, wo durch die Zerstückelung und Abholzung eines Gemeindewaldes ein Holzmangel herbeigeführt wird.

Schließlich wird gefordert beim Teilungsgeschäft den Interessenten die frei-este Rechtsvertretung zu gestatten, und wird jede willkürliche Beschränkung durch die Behörden unzulässig genannt. Gerade in diesem Punkt seien die meisten der bisher erschienenen Gemeinheitsteilungsordnungen (Hannover, Preußen, Sachsen, Braunschweig) noch sehr mangelhaft. „Nach der mit dem Systeme des Viel- und Alleinregierens eng verbundenen Ansicht unser älteren und neueren Staatskünstler" hat man den Interessenten gewöhnlich verboten sich des Beistands von Advokaten bei den Teilungsverhandlungen zu bedienen.

Unangetastete Servitute

Und die Bauern? Wie standen sie zu den landwirtschaftlichen Reformen? Sie sind zuletzt bei Cramer zu Wort gekommen, als sie um die Mitte des 18. Jahrhunderts ihren Grundherren und den Gerichten klarzumachen versuchten, dass der Kartoffel-anbau die Bodenfruchtbarkeit keineswegs herabsetze, sondern erhöhe. In der Revo-lution von 1848 meldeten sie sich lautstark zu Wort.

Eine im Mai 1848 gedruckte Petition von 37 fränkischen Landgemeinden, versehen mit 1100 Unterschriften, an den bayerischen König über die Ablösungs-gesetzgebung des Landtags bat um die unentgeltliche Aufhebung der Feudallasten. Werden die Gülten, Zehnten und anderen gutsherrlichen Gefälle nicht abgeschafft, „hört auch der gutsherrliche Verband und mit ihm die steten Reibungen, die immer sich erneuernden Bedrückungen nie auf." Begrüßt wird die Aufhebung der Fronen, jedoch die unentgeltliche Aufhebung der bereits fixierten Frongelder angemahnt.[163]

Einen großen Raum nehmen Waldnutzung, Weideservitute und andere mit der Allmende verbundene Fragen ein. Nachdem sie eingangs bemerkten, dass sie vorzüglich auf den Holzhandel nach den Main- und Rheingegenden angewiesen sind, der ganz daniederliege, kritisieren die Bauern die staatliche Forstaufsicht vom libe-

---

[163] Die Ablösung der Feudallasten in Bayern. Dargestellt in zwei Petitionen. Gedruckt im Mai 1848, 14-43 [HAB]. - Die Gemeinden liegen im Dreieck zwischen Kronach, Kulm-bach und Lichtenfels.

ralen Standpunkt aus. Während zugegeben wird, dass die Forsten der Gemeinden, kirchlichen und anderen Stiftungen unter der Aufsicht der Staatsforstbehörden bleiben müssten, wird gefordert die Waldungen „einzelner Staatsbürger" keiner das Eigentum beschränkenden Staatsaufsicht zu unterwerfen. Immer noch wurde die alte policeystaatliche Bevormundung praktiziert, nach der der einzelne Waldeigentümer sich vom Forstbeamten die jeweiligen Bäume, die er schlagen wollte, bezeichnen lassen musste.

In der Regel waren in dieser Gegend die Wälder im Besitz des Staates und der Gutsherren. Früher wurde an die Grundholden Holz und Streu abgegeben, „jetzt geschieht es nicht mehr." Die Landbewohner müssen Holz und Streu, wenn sie dessen nicht ganz entbehren wollten, zu hohen Preisen kaufen. Die Grundholden fordern ein jährliches, dem Besitz entsprechendes Quantum Holz und Streu gegen eine billige Taxe beziehen zu können.

Unter der Forderung nach Abschaffung der Handlöhne kritisieren sie besonders, die Gutsherren trieben „von den freien Gemeindegründen Handlohn ein, wenn diese vertheilt wurden und belasteten sie noch mit anderen Abgaben." Wenn Einwohner freie Gemeindegründe erwarben um sie mit Häusern zu bebauen, so erteilte das Patrimonialgericht nicht eher die Bauerlaubnis, bis der Einwohner unterschrieb, dass er 10 % Handlohn „von einem solchen freien Grunde" sowie vom Haus entrichte, und zwar in jedem Besitzveränderungsfall, ebenso den Todfall, und außerdem 2 fl Erbzins jährlich zahle.

An vorderer Stelle ihrer Petition befassen sich die Gemeinden mit der Jagd- und Weidegerechtigkeit. An dem vorliegenden Entwurf eines Jagdgesetzes bemängeln sie - außer dass mit der Jagd auch die Fischerei freigegeben werden solle -, dass die Weiderechte nur mit Bedingungen eingeschränkt werden. Diese Weiderechte, namentlich die Schafhutgerechtsame, seien in der Gegend meist in den Händen der Gutsherren, die dadurch in stete Streitigkeiten mit den Gemeindemitgliedern kämen, wodurch das Gemeindevermögen dezimiert wird. Häufig würden sie zur bloßen Gelderwerbsquelle, indem die Gutsherren ihre ausgedehnten Weiderechte an Dritte verpachteten. Das landwirtschaftliche Interesse erfordere die gutsherrlichen Weide- und Schafhutgerechtsame gänzlich und ohne Entschädigung aufzuheben.

Schon das bestehende Privatrecht - differenziert die Petition - verlange, dass der Servitutberechtigte seine Befugnis nicht bis zur Behinderung des Eigentümers ausdehne. Schon jetzt müsste die Stoppelweide bis zur völligen Räumung des Feldes verschoben werden, müsste sie entfallen, wenn der Eigentümer seine Äcker stürzen will und wenn die nach der gewöhnlichen Erntezeit auf dem Feld befindlichen Handels- oder Futterkräuter zu schützen sind. Ebenso ließe sich eine Beschränkung der Wiesenweide auf trockenem Grund nur auf die Herbst- und Winterzeit aufgrund des allgemeinen Rechts wohl verlangen.

„Allein dieß sind nur theilwise Mittel." Solle dem Ackerbau wirklich geholfen werden, so müssten die für ihn so schädlichen Weidegerechtsame ganz abgeschafft werden. Denn erst dann könnten Brachbebauung, Futteranbau und Fruchtwechsel eingeführt werden „und in Sicherheit gedeihen." Und dass die Beseitigung der Weideservitute für die bäuerliche Viehzucht sehr vorteilhaft ist, sei klar. Es wird noch einmal im Einzelnen erläutert:

Die Frühlingsweide auf den Wiesen, wenn sie bis in die warme Jahreszeit oder auch nur bis zum 1. Mai fortdauert, verursacht einen beträchtlichen Verlust am Graswuchs. Die Herbstweide steht Verbesserungen im Wege, durch die es möglich wird, die Wiesen öfter zu mähen. Auf feuchten Wiesen ist das Weiden von größerem Vieh wegen des Eintretens von Nachteil.

Die Weide auf Feldern verhindert einen kunstmäßigen Futterbau. Denn ohne häufigeren Futterbau ist keine Verbesserung der Landwirthschaft möglich. Dieser aber sowie die Auswahl desjenigen Fruchtwechsels, welcher unter gegebenen Umständen die Grundstücke zu dem höchsten Ertrage bringt, erfordert unbedingte Befreiung von der Weide.

Ergebnisse

Gemeinheitsteilungen zuerst - dieses Programm wurde vom Beginn des 19. Jahrhunderts an ausgeführt. Die feudale und die genossenschaftliche Bindung des bäuerlichen Besitzes, die wechselseitigen Berechtigungen und die gemeindlichen Nutzungen wurden aufgehoben, der Bauer erhielt sein Land zu privatem Eigentum mit voller Verfügungsgewalt. Möglich wurde dies durch die neue Qualität der Gesetzgebung im 19. Jahrhundert.[164] Nicht durch *Vergleich*, also durch freie Übereinkunft und gegebenenfalls richterlichen Schiedsspruch, wurden die Eigentumsansprüche neu geordnet, sondern diese Neuordnung wurde dekretiert und als Policeymaterie auf dem Verwaltungswege durchgeführt. Der Rechtsweg war ausgeschlossen.

Die Agrarreformtheoretiker - das ist im Krünitz ebenso wie im Rotteck-Welcker nachzulesen - waren prinzipielle Anhänger des Privateigentums und prinzipielle Gegner des Gemeineigentums. In ihren Voten zur praktischen Umsetzung der Gemeinheitsteilungen hatten sie die Generalteilungen befürwortet und für dringend geboten gehalten, also die Separation der Gemeinheiten zwischen Herrschaft und Gemeinde und zwischen benachbarten Gemeinden; nicht zuletzt um damit die Quelle zahlloser Streitigkeiten zu verstopfen, sodann aber um die Gutswirtschaften von den gemeindlichen Nutzungsrechten zu entlasten. Auf den separierten Äckern des Gutes sollten nun moderne Anbaumethoden realisiert werden können. Den Spezialteilungen standen sie skeptisch gegenüber. Die Aufhebung der Allmenden, wodurch der einzelne Dorfbewohner zum alleinigen Genuss seines Eigentums komme, sei die vollkommenste Gemeinheitsteilung; nur leider sei sie kaum durchführbar, schrieb Krünitz. Die an der Umsetzung der Spezialteilungen festhielten, forderten dringend Hilfsmaßnahmen auch für die mittleren Bauern zur Bewältigung der Umstellungs-

---

[164] Diese Veränderung vom preußischen Allgemeinen Landrecht zum Oktoberedikt arbeitet heraus Conrad, Landrecht.

probleme. Dies ist der durchgehende Tenor, der, als die Agrarreformen anliefen und die Allmenden aufgehoben wurden, sich als Kritik am Teilungswerk äußerte. Am grundsätzlichen Plädoyer für die vollständige Durchsetzung des Privateigentums wurden deswegen keine Abstriche gemacht.

Die Gemeinheitsteilungs-Gesetzgebung des 19. Jahrhunderts nahm die Intentionen der Agrarreformer zur Richtschnur. Das Programm wurde vollständig übernommen, Generalteilungen, Spezialteilungen und Flurbereinigung in einem Zuge. Nachdem es in Süddeutschland bereits gescheitert war, wurde es in Nord- und Ostdeutschland Dorf für Dorf von den Gemeinheitsteilungs-Kommissionen durchgeführt.

Dabei war natürlich die Frage: wer bekommt was und wie viel? Auf den ersten Blick waren die Teilungsmaßstäbe klar. Bei Generalteilungen: wer bisher schon Eigentumstitel hatte, bekam den Grund und Boden, wer servitutberechtigt war, wurde abgefunden. Dabei galt in der Regel, dass die Grundherren Eigentümer des Waldes waren, die Gemeinden Eigentümer der Weiden. Bei Spezialteilungen: Das Gemeindeland wurde unter die Gemeindemitglieder aufgeteilt, und zwar entsprechend der Viehzahl, die der einzelne bisher auszutreiben berechtigt war. Nichtmitglieder der Gemeinde hatten im Prinzip keine Abfindungsansprüche. Auf den zweiten Blick war es etwas komplizierter. Wie sollten die Servitute wertmäßig im Verhältnis zum Bodeneigentum veranschlagt werden? Die Gemeinden wurden für ihre Holz- und Waldweideberechtigungen mit einem Teil des Waldbodens entschädigt; die auf diesem Entschädigungsland stehenden Bäume aber galten nach wie vor als das Eigentum des Gutsherrn und mussten ihm abgekauft werden. Bei den Allmendaufteilungen gingen die Gemeinde-Nichtmitglieder im Extremfall, wie in Ravensberg und im Osnabrückischen, leer aus oder sie erhielten eine Mindestzuweisung an Land, um sie für ihre bisherigen Marginalnutzungen zu entschädigen.

Die Rechtsansprüche waren also das eine, wie sie bewertet wurden, das andere. De facto ging es wie eh und je um zwei Themen: Schafe und Holz. Die Grundherren als Waldeigentümer erreichten endlich, was sie seit dem 16. Jahrhundert angestrebt hatten: den Wald der reinen Holzwirtschaft widmen, ihn ohne Rücksicht auf bäuerliche Holzversorgungs- und Waldweideansprüche kommerziell auswerten zu können. Das entsprechende Bestreben der Bauern, endlich unbeeinträchtigt von der gutsherrlichen Schaftrift die Allmendweide und die unbebauten Felder der eigenen Viehwirtschaft widmen zu können, wurde freilich enttäuscht. Die Schaftriftgerechtsame wurden von der Separation ausgenommen.

Die Gemeinheitsteilungen führten in Norddeutschland zu einer Umverteilung des Bodens zugunsten der Gutsherren und der Domäne. Da drängt sich natürlich die Frage auf, warum die Bauern das mit sich machen ließen. Jahrhundertelang hatten sie sich mit den Grundherren um Weide und Wald gestritten, um sich nun so ohne weiteres das alles wegnehmen zu lassen. Einige Erklärungsversuche sind möglich: Zunächst einmal haben die Beteiligten die Folgen der Maßnahmen nicht unbedingt absehen können, die Aussicht, Areale zu voller Verfügbarkeit übereignet zu bekommen, konnte viel versprechend sein. Die größeren Bauern gewannen sicherlich durch die Allmendteilung, mussten sie sich doch nicht mehr den Viehauftriebsbeschränkungen der Gemeinde unterwerfen und erhielten relativ große Flächen, mit denen sich etwas anfangen ließ. Für die Dorfarmen war die Möglichkeit zu ein wenig eigenem Land in der Flur zu kommen verlockend.

Das erklärt aber noch nicht, warum sich die Dorfgemeinschaft bei den Generalteilungen so übervorteilen ließ. Dort, wo Generalteilungen und Spezialteilungen in einem Zug durchgeführt wurden, war es den Gutsherren möglich innerdörfliche Differenzen auszunutzen. Der fehlende Rechtsbeistand und der verbaute Klageweg taten ein Übriges, so dass ein Machtwort des patriarchalischen Gutsherrn auf der Gemeindeversammlung eine Mehrheit für den Teilungsplan zustande brachte. Nicht zu vergessen ist aber, dass die Allmendaufhebung in Süddeutschland schweren Schiffbruch erlitt. Die Differenz zwischen der Agrargesellschaft Niederdeutschlands auf der einen und Oberdeutschlands auf der anderen Seite bestand aber darin, dass, besonders im Südwesten, die grundherrliche Stellung stärker zurückgenommen war und die Gemeinde eine traditionelle Stärke hatte, was im Norden und erst recht in Ostdeutschland nicht so ausgeprägt war. Der verfestigte Gegensatz zur Gemeinde machte es dem Grundherrn schwer, auch nur die nicht allmendberechtigten Häusler auf seine Seite zu ziehen.

Die Separationen versperrten den Bauern den Zugang zum Wald. Die fundamentale Bedeutung des Waldes für die bäuerliche Wirtschaft, des Holzes als Baumaterial, Werkstoff und Energieträger, ist hinreichend betont worden. Das „hölzerne Zeitalter" war Mitte des 19. Jahrhunderts noch nicht zu Ende.[165] Die Bauern wurden expressis verbis auf den Markt verwiesen um ihren Holzbedarf zu decken, sie sollten den Gutsherren das Holz abkaufen, anstatt es gratis oder zu einer mäßigen Taxe zugeteilt zu bekommen. Der kleinbäuerlichen und unterbäuerlichen Schicht - das war den Reformern bewusst - stand dieser Weg nicht offen. Die von den Separationen ausgenommenen gutsherrlichen Schaftriftrechte, die sich nicht nur über das Ödland erstreckten, sondern auch auf die unbebauten Felder, behinderten die Bebauung der Brache und den Anbau von Zwischenfrüchten, also exakt das, was mit der Agrarreform intendiert gewesen war.

Der Übergang der Ödlandflächen in die Hände der Gutsherren brachte auf mittlere Sicht keinen agrikulturellen Fortschritt, wurden sie doch keineswegs dem Ackerbau gewidmet, sondern wie bisher der Schafzucht und der Holzwirtschaft. Für die Bauern waren die Allmendaufteilungen - das Rheinische Conversationslexikon brachte die Kritik auf den Punkt - ohne Übergang zur Stallfütterung eher schädlich als nützlich und eine bessere Pflege der Weiden hätte mehr Effekt gehabt. Dass die Bauern durch die Allmendteilungen zur Stallfütterung gebracht worden wären, kann höchstens für die größeren und den oberen Teil der mittleren Wirtschaften - so die Kategorisierung der Deutschen Encyclopädie - gelten. Denn dies erforderte Investitionen in Saatgut für die Futterpflanzen und in Stallungen, Zugvieh und Ackergeräte

---

[165] Radau/Schäfer, Holz.

sowie mehr Arbeitskraft für die arbeitsintensiven Hackfrüchte.[166] Die Mehrzahl der Bauern hatte die Mittel dazu nicht - es sei denn, sie hatten bereits vor dem Erscheinen der Gemeinheitsteilungs-Kommissare mit dem Futterpflanzenbau angefangen und die Brachweide in genossenschaftlichem Konsens eingeschränkt, so dass eine längst im Fluss befindliche Veränderung ihre Fortsetzung finden konnte.

Die bis in die Mitte des 19. Jahrhunderts annehmbaren Produktivitätsfortschritte der Landwirtschaft werden durch den Anbau der Brachfelder erzielt worden sein, die Aufteilung der Allmendweiden hatte jedenfalls keine positiven Effekte für die Bauernwirtschaften. Diese Wirkung der Gemeinheitsteilungs-Gesetzgebung auf die mittlere Bauernschaft wird in der Geschichtswissenschaft, von Ausnahmen abgesehen[167], nicht hinterfragt. Ganz im Mittelpunkt der Aufmerksamkeit stehen die Folgen für die klein- und unterbäuerliche Schicht, der Pauperismus, vor dem das 19. Jahrhundert so erschrak.

Werner Sombart hat hinsichtlich der Entstehung des ländlichen Proletariats der Aufteilung der Gemeindeländereien einen zentralen Stellenwert gegeben: Durch die Auflösung der Dorfgemeinschaften sei die Grundlage erschüttert worden, auf der das Dasein der kleinsten Bauernwirtschaften geruht hatte. Die große Zahl dieser Wirtschaften habe sich dadurch zu erhalten vermocht, dass sie erstens Anteilsrechte am Gemeindebesitz und zahlreiche Nutzungsrechte gemeindlichen Charakters genossen, zweitens Nebenerwerb in gewerblicher Tätigkeit fanden und Saisonarbeit auf größeren Bauern- und Gutswirtschaften verrichteten. Die Agrargesetzgebung habe in allen Ländern gleicherweise die Herausbildung der einzelnen Guts- und Bauernwirtschaften zum Ziel gehabt. „Um dieses Ziel zu erreichen, mußten die alten Gemeindeländer aufgeteilt, mußten die zahllosen Nutzungsrechte, die die kleinbäuerlichen Wirte an dem Besitze der Größeren gehabt hatten, beseitigt werden." In großgrundbesitzlichen Gebieten viel stärker als in kleinbäuerlichen, ganz gewiss aber überall von mehr oder weniger großem Einfluss auf die Proletarisierung der Kleinbauern und ländlichen Arbeiter sei „diese Auflösung des alten Dorfverbandes - denn er ist es doch im Grunde, den wir in jedem einzelnen der erwähnten Anteil- oder Nutzungsrechte wiedererkennen - gewesen."[168]

Derlei Einschätzungen erscheinen in der deutschen Geschichtsforschung, allerdings werden sie nicht so kontrovers ausgetragen, wie in der englischen, die seit jeher die Einhegungen in das Zentrum der Erörterungen über die Entstehung des Landproletariats stellte. Das liegt daran, dass die Forschungsdiskussion in Deutsch-

---

[166] Roman Sandgruber, Die Landwirtschaft als Nachfragefaktor in den Anfängen der Industrialisierung. Das Beispiel Österreich, in: Pierenkemper, Landwirtschaft, 85.

[167] Etwa Huber, Verfassungsgeschichte 1, 197, der bemerkt, es habe Wirtschaftsformen gegeben, „bei denen die gemeinsame Nutzung einer größeren Fläche auch für den Einzelnen günstiger war als die ausschließliche Nutzung eines ihm allodifizierten Teilstücks, so vor allem bei der Weide- und Waldwirtschaft."

[168] Werner Sombart, Der moderne Kapitalismus. Historisch-systematische Darstellung des gesamteuropäischen Wirtschaftslebens von seinen Anfängen bis zur Gegenwart, Bd. 3/1, München-Leipzig 1928, 331 f.; zahlreiche Beispiele ebd., 333 f.

land ganz mit der These Knapps beschäftigt war, der Ruin der Kleinbauern sei auf die Abtretung von Ackerland im Zuge der Regulierungen zurückzuführen gewesen. Seit dem Aufsatz von Diedrich Saalfeld wäre der Weg eigentlich frei den Sombartschen Ansatz wieder aufzugreifen.[169]

In der gegenwärtigen deutschen Geschichtsschreibung wird die Verarmung der Kleinbauern bedauernd als soziale Kosten einer ansonsten gelungenen Modernisierung beklagt.[170] Am interessantesten daran ist die Würdigung, die die Marginalnutzungen an der Allmende für den Erhalt der unterbäuerlichen Schicht durchgängig in den Darstellungen der deutschen Agrarreformen erfahren. Im merkwürdigen Gegensatz dazu ist sich die agrargeschichtliche Forschung über die Frühe Neuzeit weithin in der negativen Beurteilung der Dorfgemeinde einig, dass nämlich ein Dorfpatriziat die Gemeindeämter monopolisiert hätte und die Vollbauern die anwachsende unterbäuerliche Bevölkerung vom Genuss der Ressourcen der Gemeinde, in die ihr Aufnahme und Stimmrecht verwehrt wurde, ausgeschlossen und an der Allmende keinen Anteil eingeräumt habe. Die sozialgeschichtliche Forschung zum 19. Jahrhundert ist da in ihren Einsichten insofern weiter, als sie in der Situation des Umbruchs das alte Dorf als einen in sich greifenden ökonomischen Mechanismus erkannt hat, in dem den Häuslern durch Nebenerwerb und Teilhabe an der Allmende der Unterhalt gesichert war. Die fortschreitende soziale und ökonomische Differenzierung der Dorfbevölkerung vom 16. bis zum 18. Jahrhundert war, solange die innerdörflichen ökonomischen Beziehungen funktionierten, auch in den Gemeindeverband integrierbar. Unbestreitbar gab es vor allem in der zweiten Hälfte des 18. Jahrhunderts schon mancherlei Auflösungserscheinungen, doch erst die Separationen spalteten das Dorf in zwei Lager, die sich auch ständisch voneinander absetzten.

Nüchtern stellte Werner Conze fest, dass die verarmten Kleinbauern der aufkommenden Industrie als Arbeiter zur Verfügung standen. Oder wie D. S. Landes bemerkte: „niemand ist je der Auffassung gewesen, daß soziale Gerechtigkeit eine notwendige Bedingung für wirtschaftliches Wachstum ist."[171] Nur ist trotz sozialer Ungerechtigkeit von wirtschaftlichem Wachstum in der Agrarreformperiode nicht viel zu spüren. Die Industrie aber hatte erst im letzten Drittel des 19. Jahrhunderts die nötige Aufnahmekapazität für Arbeitskräfte. Erst für diese Zeit ist auch eine Kultivierung der Extensivflächen als Ackerland anzusetzen.

So wird man als Ergebnis der Gemeinheitsteilungen im Zusammenhang der Agrarreformen vor allem bezeichnen müssen, was auch mit ihnen intendiert gewesen war, nämlich die Schaffung einer neuen Eigentumsordnung. Diese neue Eigentumsordnung brachte einerseits den Bauern und Gutsbesitzer als Privateigentümer hervor, andererseits den depossedierten Kleinbauern als ländlichen Arbeiter. Ohne diesen

---

[169] S.o. S. 331 f.
[170] Etwa Wehler, Gesellschaftsgeschichte 2, 162.
[171] Landes, Japan, 71, Anm. 71. - Laut Conze, Wirkungen, 24, wanderte die „überschüssige Bevölkerung" des preußischen Ostens „seit der Mitte des Jahrhunderts und vermehrt nach der Reichsgründung" in die westdeutsche Industrie ab.

Umbruch der Eigentumsverhältnisse auf dem Lande hätten aber die Voraussetzungen für die Industrialisierung gefehlt.

Die Kritik am „preußischen Weg" in der Landwirtschaft bezieht sich jedoch keineswegs auf den Großgrundbesitz und die Beschäftigung von Landarbeitern. Sie bezieht sich auf die Aufrechterhaltung feudalistischer Autoritätsverhältnisse, etwa der Patrimonialgerichtsbarkeit, auf die „Pseudodemokratisierung der Rittergutsbesitzerklasse", die in der deutschen Geschichte so fatale Folgen hatte.[172]

Betriebsgrößen zu schaffen, die wirtschaftliche Effizienz versprachen, sowie die Regelung der Landeskulturangelegenheiten in die Hände der Grundeigentümer zu legen, war die Absicht des Freiherrn vom Stein. Dazu sollte der preußische Adel in eine produktive Klasse verwandelt und ein freier, auf privates Eigentum gegründeter, wirtschaftlich gesunder Bauernstand geschaffen werden. Keineswegs wollte er eine allgemeine Grundbesitzzersplitterung zulassen, noch denjenigen Adligen eine Überlebenschance geben, die ihre Güter herunterwirtschafteten. Leistungsfähige Guts- und Bauernwirtschaften waren das Reformziel. Für die Gemeinheitsteilungen zur Hebung der Landeskultur trat er frühzeitig ein, sie sind stets ein Bestandteil seiner Reformvorstellungen gewesen. Sie sahen Übergangsregelungen vor, die den Bauern die Umstellung auf die neue Wirtschaftsweise erleichtern sollten. Bevorzugungen der Gutsherren oder gar Übervorteilungen der Bauern bei der Gemeinheitsteilung waren selbstverständlich ausgeschlossen. Die Bewahrung und Ermunterung des Gemeinschaftsgeistes sah der Freiherr vom Stein dabei keineswegs als etwas den wirtschaftlichen Reformen Sachfremdes an. Ganz im Gegenteil, hier setzte er die Priorität. Den Aufschwung der Wirtschaftstätigkeit hielt er nur für möglich, wenn ein Geist der Eigenverantwortung sowohl in individueller wie in Hinsicht auf die Gemeinschaft, ob Gemeinde, Provinz oder Nation, Einzug hielt. Daher waren auch die Durchführung der Gemeinheitsteilungen und der anderen Landeskulturmaßnahmen in die Verantwortung der Gemeindeselbstverwaltungen und der Provinziallandtage gelegt.

Hatten die Allmenden nach der Umwälzung der Anbau- und Viehhaltungsmethoden eine Zukunft? Nach der Aufhebung der landwirtschaftlichen Genossenschaft war die Allmende - das war die allgemeine Tendenz im 18. Jahrhundert und im 19. der in Südwestdeutschland eingeschlagene Weg - in Gemeindevermögen umzuwidmen. Dies ging die Gemeindewälder an, die nichtkultivierten Teile der Allmendweide und das sonstige Ödland, aus denen Gemeindeeinkünfte zur Bewältigung der öffentlichen Aufgaben zu erzielen waren, die weiter zunahmen. Die Gemeinden konnten auf diese Weise ihre Selbstständigkeit wahren und vermeiden, bei ausschließlich auf Steuererhebung gegründeten öffentlichen Haushalten zur lediglich untersten Ebene der Staatsverwaltung herabgestuft zu werden - also am Gängelband der Bürokratie geführt zu werden, wie Stein es befürchtete.

---

[172] Hans Rosenberg, Die Pseudodemokratisierung der Rittergutsbesitzerklasse, in: Ders., Probleme der deutschen Sozialgeschichte, Frankfurt am Main 1969, 7-49.

Aber die Konzeptionen eines Freiherrn vom Stein oder eines Haxthausen waren nicht gefragt. Die Gemeinheitsteilungen erschütterten die Grundlagen des sozialen Gebäudes, das auf Gemeinschaft aufgebaut war, und zurück blieb - so Hobsbawm - „eine Einsamkeit, die Freiheit hieß."[173]

---

[173] Eric Hobsbawm, Europäische Revolutionen, Zürich 1962, 308.

6. Separationen in brandenburgischen Dörfern

Die konkrete Durchführung der preußischen Gemeinheitsteilungen soll eine Fallstudie beleuchten. Im Erlass des Regulierungs- und des Landeskulturedikts am 14.9. 1811 einerseits, der Ablösungs- und der Gemeinheitsteilungsordnung am 7.6.1821 andererseits kam der Dualismus in Agrarverfassung und Allmendverhältnissen Preußens zum Ausdruck, dessen Entstehung in Hinsicht auf die Allmenden einleitend nachgegangen wird. Exemplarisch werden fünf benachbarte Dörfer zwischen Berlin und Potsdam - Zehlendorf, Dahlem, Schönow, Stolpe und Klein-Glienicke - untersucht.[1]

6.1 Allmenden in Brandenburg bis ca. 1800

Bis zum Dreißigjährigen Krieg

Die Urkunde über den Verkauf Zehlendorfs 1242 von den brandenburgischen Markgrafen an Kloster Lehnin ist hinsichtlich der Allmende instruktiv.[2] Der Verkauf datiert 20-25 Jahre nach der Anlage des Dorfes.[3] Die Bestimmungen der Urkunde betreffen neben dem hohen Kaufpreis von 300 Mark das Zubehör des Dorfes, welches umfasse das slawische Dorf Slatdorp, die beiden Seen Schlachtensee und Nikolassee und den Wald bei dem Dorf, der bis an den Wannsee gehe. Sodann werden ausdrücklich alle Freiheiten bestätigt, die die Bauern des Dorfes unter den Markgrafen an Holzung, Weide und anderen Dingen gehabt hatten.[4] Da Lokationsurkunden für brandenburgische Dörfer fehlen, ist dieses Dokument bemerkenswert. Denn darin wurde nicht nur festgehalten, dass dem Dorf ein beträchtlicher Wald bei-

---

[1] Diese Dörfer lagen auf dem Gebiet des Berliner Verwaltungsbezirks Zehlendorf, wie er 1920-2000 bestand.

[2] Über die Allmende im Kontext der brandenburgischen Landgemeinde Hartmut Zückert, Die brandenburgische Landgemeinde bis zum 30jährigen Krieg, ihre Organe und Kompetenzen, in: Heinrich R. Schmidt/André Holenstein/Andreas Würgler (Hg.), Gemeinde, Reformation und Widerstand. Festschrift für Peter Blickle zum 60. Geburtstag, Tübingen 1998, 25-42.

[3] Adriaan von Müller, Zur hochmittelalterlichen Besiedlung des Teltow (Brandenburg). Stand eines mehrjährigen archäologisch-siedlungsgeschichtlichen Forschungsprogrammes, in: Walter Schlesinger (Hg.), Die deutsche Ostsiedlung des Mittelalters als Problem der europäischen Geschichte, Sigmaringen 1975, 325.

[4] Text bei Friedrich Dehmlow, Die Verkaufsurkunde für Berlin-Zehlendorf vom Jahre 1242 und das Dorfordnungsbuch von 1686, in: JbBrandLG 19 (1968), 102-107. Überliefert im „Gemeine Dorfordnungs-Buch" von 1686, das sich jetzt beim Heimatverein Zehlendorf befindet.

gegeben war, sondern wurden auch die Allmendrechte der Bauern ausdrücklich hervorgehoben. Im Schossregister von 1450/51 werden von 72 Dörfern des Teltow in fünf Orten Schäfer und in zwölf Orten Hirten genannt, darunter der Hirte von Zehlendorf.[5] Zehlendorf gehörte zu den Dörfern mit einer großen Allmende.

Die Gemeinde in der mittelalterlichen Mark Brandenburg war ein vermögensrechtlicher Verband, indem sie Grundstückskäufe tätigte, Erbpachtverträge schloss oder Nutzungen abtrat[6], als solcher hatte sie Gemeindeeigentum. 1287 versicherten die Markgrafen der Gemeinde Röddelin, was an Holzung, Grasung, Rohrung und Wiesen in den Grenzen des Dorfes lag, sollte sie für alle Zeiten besitzen; 1288 desgleichen für Hardenbeck. Die Markgrafen verkauften 1298 dem Dorf Blindow (Uckermark) „et civibus eiusdem" den Blindowischen See mit aller Nutzung und Fischerei zu erblichem Lehen.[7] Laut Landbuch des Klosters Zinna von 1480 besaßen seine Dorfschaften im Jüterboger Land meist eigene Waldungen, in denen sie Holz schlugen, weniger diejenigen in den Klosterbesitzungen auf dem Barnim. Noch Ende des 16. Jahrhunderts war in Dörfern des Amtes Gramzow-Seehausen in der Uckermark Gemeindeeigentum an Holzungen unbestritten: In Gollmitz hatte von Kerkow 1581 in die *Gemeindefreiheit* hineingerodet. Die Gemeinde Fredersdorf überließ Stücke ihrer „Freyheitt" Kossäten gegen eine Nutzungsgebühr, die zum Besten der Gemeinde verwendet werden sollte.[8]

1516 erließ Abt Valentin von Lehnin eine Holzordnung für Zehlendorf.[9] Die Veranlassung gab eine Supplikation der Kossäten Zehlendorfs an den Lehniner Hofmeister in Mühlenbeck, nachdem „Gezänke und Widerwillen" zwischen ihnen und den Hüfnern vorgefallen waren wegen der Holzung in einem Teil der Heide nahe der Havel, „die Quast" genannt, mit ihren Eichenbeständen. Der Abt sprach von ihr als „der Herren Heide und Holzung" und „unser sonderlich und eigen Holze", das Schulze und Hüfnern nur „aus Gunst" überlassen sei; das entsprach nicht der Wahrheit, hatten doch die Markgrafen den Zehlendorfer Bauern 1242 ihre Nutzungsrechte

[5] Ernst Fidicin (Hg.), Kaiser Karl's IV. Landbuch der Mark Brandenburg, Berlin 1856, 273.

[6] Klaus Schwarz, Bäuerliche 'cives' in Brandenburg und benachbarten Territorien. Zur Terminologie verfassungs- und siedlungsgeschichtlicher Quellen Nord- und Mitteldeutschlands, in: BlldtLG 99 (1963), 121.

[7] Adolph Friedrich Riedel (Hg.), Codex diplomaticus Brandenburgensis, Berlin 1838 ff., 1. Hauptteil, 21. Bd., S. 100 f., Nr. 17 [Zitierweise im Folgenden: Riedel, CDB A 21, 100 f., Nr. 17]; Schwarz, cives, 108.

[8] Riedel, CDB A 12, 263, Nr. 1; ebd. A 21, 6, Nr. 8; Willy Hoppe, Kloster Zinna. Ein Beitrag zur Geschichte des ostdeutschen Koloniallandes und des Cistersienserordens, München-Leipzig 1914, 145; Lieselott Enders, Die Uckermark. Geschichte einer kurmärkischen Landschaft vom 12. bis zum 18. Jahrhundert, Weimar 1992, 66, 209, 211.

[9] HVZ Gemeine-Dorfordnungs-Buch 1686. Drucke bei Paul Kunzendorf, Zehlendorf einst und jetzt. Geschichtliches und Erlebtes, Zehlendorf 1906, 39 f.; und Ernst Ferdinand Schäde, Geschichte des Dorfes Zehlendorf, hg. v. Hermann F. W. Kuhlow/Kurt Trumpa, Berlin 1984, 40 f.; zur Datierung Jürgen Wetzel, Zehlendorf, Berlin 1988, 38.

in der Heide verbrieft. Diese obrigkeitliche Akzentuierung hatte jedoch materiell keine Konsequenzen, die Holzordnung war ein Richtspruch im Streit um die Quast, regelte die Nutzungsanteile der beiden Gruppen im Dorf sowie Waldschutzfragen.

Der Abt entschied, dass „die Quast" dem Schulzen und den Hüfnern allein mit aller Gerechtigkeit und Gebrauch bleiben sollte. Sie könnten sie nach ihrer Notdurft nutzen, ohne Erlaubnis der Herren zu Lehnin aber nichts daraus verkaufen. Wenn ein Kossät in Zehlendorf bauen wollte, hatte er Herren, Schulzen und Hüfner zu bitten, die ihn aus Gunst Eichenschwellen schlagen lassen sollten. Das gleiche galt für den Pfarrer. Wurde ein Fremder ohne Willen und Erlaubnis in der „Quast" angetroffen, so musste er demjenigen, der ihn ertappte, sei es Schulze, Hüfner, Kossät oder Pfarrer, 4 Schillinge Pfandgeld geben und als Strafe den Herren 1 Viertel Bier, dem Schulzen und den Hüfnern 1 Taler in Bier. Die Gemeinde hatte also eine Bußkompetenz in der Heide. Das Pfandrecht wurde individuell ausgeübt von dem, der den Frevler antraf. Hier ist nur der Fall geregelt, dass ein Fremder frevelte. Denn damit kam automatisch die Herrschaft ins Spiel, die die Gemeinde gegenüber anderen Herrschaften und deren Untertanen vertrat. Demnach büßte Verstöße von Dorfbewohnern die Gemeinde allein.

Die beiden anderen Teile der Heide, Mittelbusch und Behrenheide, sollten Schulze und Hüfner, Kossäten und Pfarrer einträchtig nutzen. Wenn sie „gekafelt" wurden, bekamen der Schulze und die Vierhüfner vier Kafeln, der Pfarrer und die großen Kossäten zwei Kafeln und die kleinen Kossäten eine Kafel. Des Pfarrers Kafeln kamen demjenigen zu, der die Pfarrhufen beackerte. Wegen der Verwüstung der Gehölze wurde untersagt Eichenplanken für Zäune zu verwenden, vielmehr sollten Stöcke und Reisig genommen werden.

Die Holzordnung des Lehniner Abts macht deutlich, dass die Gemeinde ihre Allmendangelegenheiten gewöhnlich selbst regelte und dass sie die Bußgewalt hatte die Regeln durchzusetzen. Erst als die Differenzen zwischen den beiden rechtlich unterschiedlichen Gruppen unüberbrückbar waren, wurde eine Klärung der Berechtigungen durch die Gerichtsherrschaft notwendig. Die Holzordnung engte die Gemeindeselbstverwaltung in keiner Weise ein. Vielmehr schuf der Richtspruch eine neue Rechtsgrundlage, auf der die Selbstverwaltung wieder funktionieren konnte.

Die Regelungskompetenz für die Allmende ergab sich aus dem Nachbarrecht. Eine Urkunde, mit der der Markgraf 1317 dem Kloster Himmelpfort vier Hufen im Dorf Storkow (Uckermark) schenkte, bestimmte, es solle an das Gemeinderecht („ad queque civilia ville predicte consueta") gebunden sein und daher sein Vieh in der Gemeindeherde weiden lassen.[10] Schulze und Gemeinde zu Göricke (Prignitz) beschlossen 1566 „einhellig und wilkorlich", gegen die Verwüstung ihrer Gemeindeholzung mit Strafe einer Tonne Bier vorzugehen.[11] Des Kanzlers Lampert Diestelmeier Entwurf einer Landesordnung sah vor, dass von einem Bauernhof, auch wenn

---

[10] Riedel, CDB A 13, 18, Nr. 10; Schwarz, cives, 109, 121.
[11] Lieselott Enders, Die Landgemeinde in Brandenburg - Grundzüge ihrer Funktion und Wirkungsweise vom 13. bis zum 18. Jahrhundert, in: BlldtLG 129 (1993), 222 f.

ein Adliger ihn auskaufte, das Vieh vor den gemeinen Hirten zu treiben, Pfarrer, Küster, Schmied, Hirten und Schweinehirten nach der Anzahl seiner Hufen und seines Viehs mit zu entlohnen waren, wie es an allen Orten gebräuchlich sei, und auch sonst mit Zäunen und Graben das Bauernrecht, wie von anderen Einwohnern des Dorfes auch, für seinen Teil zu halten sei. So war auch die Rechtsprechung, und die Gemeinden konnten vor Gericht ihre Gutsherren darauf verpflichten.[12]

Im Vogtding der Vogtei Metzdorf hatten die Schulzen der 14 dazugehörigen Dörfer zu rügen, was ihnen von den Bauern angezeigt worden war. Die von Bartenslebensche Vogtdingsordnung von 1472 bestimmte im 5. Artikel: wer Weiden abschlägt, soll im Vogtding gerügt werden, wer es sieht und nicht rügt, der „soll brechen gegen die Bauern eine Tunne Bers, und gegen uns zween Tunnen Bers". Haxthausen kommentiert, dass dieser Artikel, wie auch der 8., 10. und 12., die Selbstständigkeit der altmärkischen Gemeinden gegenüber dem Gerichtsherrn zeige. In allem nämlich, wo das Gemeindeinteresse im Spiel war, erhielt sie ein Drittel der Gerichtsstrafen, während in anderen Sachen die Strafen allein dem Gerichtsherrn zufielen. Denn die Weiden standen auf dem Gemeindeanger, jedes Gemeindemitglied hatte das Recht eine bestimmte Anzahl Weidenbäume zu nutzen.[13]

Andere Gemeinden, die keine Gemeinheide ihr Eigen nannten, hatten Nutzungsrechte im herrschaftlichen Forst, die zu entgelten waren. Stolpe zahlte 1450 für „eine Heide gen Potsdam gehort" 1 ½ Stück und für eine „Zeidelheide" (Wildbienenzucht) 6 Groschen. Der Schoss von den kleinen Ackerhufen war im Vergleich dazu gering. Laut Erbregister des Amtes Potsdam von 1589 hatten die Stolper Anrecht auf Bau- und Brennholz von der Heide auf den Stolpeschen Bergen und die Fischereigerechtigkeit auf dem großen Griebnitzsee sowie zwei kleineren Seen.[14] Seit der slawischen Zeit waren Fischfang und Waldnutzung die Hauptnahrungsquellen der Stolper.

Bauern und Gemeinden hatten Fischfangrechte. Die Nutzung der Seen auf der Dorffeldmark sicherten die Markgrafen 1293 den „cives" des Dorfes Flemsdorf (Uckermark) zu. Im Landbuch werden Seen als Besitz der „villani" in fünf Dörfern der Uckermark ausgewiesen.[15] Nach dem Erbregister der Herrschaft Löcknitz von 1591 war den Bauern die Fischerei in kleinen Gewässern eingeräumt, doch nicht mit

---

[12] L. Korn, Geschichte der Bäuerlichen Rechtsverhältnisse in der Mark Brandenburg von der Zeit der deutschen Colonisation bis zur Regierung des Königs Friedrich I. (1700), in: Zeitschrift für Rechtsgeschichte 11 (1873), 25 f., 31.

[13] August Freihr. v. Haxthausen, Die patrimoniale Gesetzgebung der Altmark. Ein Beitrag zum Provinzial-Recht, in: Jahrbücher für die Preußische Gesetzgebung, Rechtswissenschaft und Rechtsverwaltung 39 (1832), 8-12.

[14] Fidicin, Landbuch, 262; Ernst Fidicin, Geschichte des Kreises Teltow und der in demselben belegenen Städte, Rittergüter, Dörfer etc., Berlin 1857, 135; Lieselott Enders (Bearb.), Historisches Ortslexikon für Brandenburg, Teil 4: Teltow, Weimar 1976, 334.

[15] Lieselott Enders, Siedlung und Herrschaft in Grenzgebieten der Mark und Pommerns seit der zweiten Hälfte des 12. bis zum Beginn des 14. Jh. am Beispiel der Uckermark, in: JbWG 1987/2, 94 mit Anm. 137.

dem Kahn.[16] Auch Bauern des Klosters Zinna im Jüterboger Land hatten, neben den Schulzen, Fischereirechte in zwei Seen sowie in einem Altarm der Elbe, Barnimer Bauern konnten gegen Zins fischen. Ein Jagdrecht, soweit es zum Schutz der Äcker notwendig war, stand diesen Bauernschaften zu; die Jänickendorfer Bauern sollten Spieße haben, „umb der wilden schwein und des fluchtigen wildes willen".[17]

1484 wurden die von Spiel mit Dahlem belehnt zu gleichem Recht - wie es ausdrücklich heißt -, zu dem es ihre Vorbesitzer, die von Milow, innegehabt hatten, und zwar: das oberste und niederste Gericht, See, Fischereien, Holz, Äcker, Wiesen, Fenne, Werder und Grasung. Nach dieser Formulierung scheint, wie F. Holtze bemerkt, das Ackerbauerndorf Dahlem „ein von Fischern bewohntes Wasser- und Wiesendorf zu sein". Die von Spiel übernahmen eine ausgebildete Gutsherrschaft, wo-bei, nach dem Schossregister 1480, 20 der 52 Hufen zum Gutshof gehörten.[18] Alle und jede Areale innerhalb der Gemarkung und die Nutzungen an ihnen, die als Allmenden infrage kamen, hielt die Gutsherrschaft in Eigentum.

Die Allmende war früh umstritten. Die Gemeinde wird erstmals als Gegen-über der Herrschaft bezeichnet, als 1344 der Schulze und „ander alle gebur gemen-like und sunderlike" des Dorfes Klein-Kreuz mit dem Brandenburger Domkapitel um eine Viehweide stritten. Im Konflikt um zwei Werder in der Elbe sicherte die Stadt Tangermünde 1375 Schultheiß und „Geburen" des wendischen Dorfes Calbeu einen der Werder zu ewigem Nutzen zu.[19]

Mit der Durchsetzung der Gutsherrschaft nahmen neben den Auseinander-setzungen um die Fronen auch die um die Allmende eine besondere Schärfe an. Die von Blankenburg zu Hildebrandshagen wollten 1558 den Untertanen ihrer Vettern in Wolfshagen „mit buchsen und andern mördlichen wehren" das Fischen im Fürsten-werderschen See verbieten und prügelten den Schulzen von Göhren zu Tode.[20] Spek-takulär war der bewaffnete Aufstand der Bauern des Ländchens Friesack 1579 ge-gen Hartwig von Bredow, der mit Gewalt ungemessene Fronen durchsetzen wollte, die Bauern aber auch durch seine intensive Vieh- und Weidewirtschaft belastete.[21] Als Joachim v. Gartow zu Berkow 1596/97 auf Bauernland eine Schäferei errichte-

---

[16] Werner Lippert, Geschichte der 110 Bauerndörfer in der nördlichen Uckermark. Ein Beitrag zur Wirtschafts- und Sozialgeschichte der Mark Brandenburg, Köln-Wien 1968, 93.

[17] Hoppe, Zinna, 41-43, 146, 149-151.

[18] Riedel, CDB A 7, 376; Friedrich Holtze, Dahlem bei Berlin bis zur Reformation, in: Erforschtes und Erlebtes aus dem alten Berlin, Berlin 1917, 80, 86 f.; Fidicin, Teltow, 77; ders., Landbuch, 267 f.

[19] Riedel, CDB A 13, 22, Nr. 16; ebd. A 8, 255, Nr. 230; ebd. A 16, 19, Nr. 26; Enders, Landgemeinde, 206 f.

[20] Enders, Uckermark, 300.

[21] Hartmut Harnisch, Klassenkämpfe der Bauern in der Mark Brandenburg zwischen früh-bürgerlicher Revolution und Dreißigjährigem Krieg, in: JbRegG 5 (1975), 142-172; Peter Michael Hahn, Struktur und Funktion des brandenburgischen Adels im 16. Jahrhundert, Berlin 1979, 105-107.

Bei den Streitpunkten sind zu unterscheiden zum einen die Allmendnutzungsrechte. Etwa wenn die Gemeinde Bentwisch (Prignitz) zwischen 1555 und 1624 um die Nutzung von Wiesen nahe der Elbe prozessierte und nachteilige Abschiede „verächtlich in den Windt" schlug trotz Inhaftierung ihrer Wortführer in der Berliner Hausvogtei. Oder wenn Schulze und Gemeinde zu Lütkenwisch 1585 im Streit um die Hütung auf einem Werder an der Elbe ins Nachbardorf einfielen, wobei der Vogt des dortigen Gutsherrn erschossen wurde. Oft ging es um wüste Feldmarken, deren Beweidung die Gemeinden nicht wieder aufgeben wollten. Zum anderen versuchten Gutsherren Allmendeigentum anzutasten. 1603 entschied das Kammergericht zugunsten der Gemeinde Rieben (bei Potsdam) gegen von Flans, dass „den leutten der selbe ort mit Holzung, Hutung, Trifft und anderer Gerechtigkeit zuständig, die Flans aber daran mehr nicht als was ihnen wegen der ausgekaufften Bauerhöffe undt den Pfarrhöfen pro rata zukombt, berechtigt". 1617 bestritt der Herr von Arnim der Gemeinde Lanke (bei Bernau) das Recht zum Verkauf von Holz aus dem Gemeindeforst, das als Kriterium für das Eigentum zu gelten hat.[22]

Im 17./18. Jahrhundert

Die vom Amtsschreiber des kurfürstlichen Amtes Mühlenhof (zu dem Zehlendorf seit der Reformation gehörte), Christoph Herberger, am 11. Oktober 1665 in Zehlendorf erlassene „Gemeine Dorf Ordnungk"[23] traf, neben vielem anderem, Bestimmungen für den Gemeindedienst an der inneren Allmende.[24] „Wann die Pauer-Klocke geläutet wird", weil „in der Nachbarschaft etwas zu bauen, zu beßern und zu verrichten" ist an Zäunen, Torwegen, Hecken, Feldgräben, bei der Ausbesserung der Brunnen, Wege und Stege, soll sich jeder Untertan oder seine Hausfrau persönlich einstellen, „auf daß nicht in der Herrschaft oder des gantzen Dorfes Gemeine Sachen etwas versäumet" werde. Wer ausbleibt oder untüchtiges Gesinde schickt, soll „auf zwey Groschen eingeschnitten werden" und den Schaden „der Herrschaft und Dorfe" bezahlen. Diese zwei Groschen waren die Gemeindebuße[25]; die herrschaftlichen Strafen waren deutlich höher.

Michael Hahn, Struktur und Funktion des brandenburgischen Adels im 16. Jahrhundert, Berlin 1979, 105-107 mit Anm. 567.
[22] Hartmut Harnisch, Gemeindeeigentum und Gemeindefinanzen im Spätfeudalismus. Problemstellungen und Untersuchungen zur Stellung der Landgemeinde, in: JbRegG 8 (1981), 153 f.
[23] HVZ Gemeine-Dorfordnungs-Buch 1686; Druck bei Kunzendorf, Zehlendorf, 41-60.
[24] Über die Allmende im weiteren Kontext der brandenburgischen Gemeinde Hartmut Zückert, Gemeindeleben in brandenburgischen Amtsdörfern des 17./18. Jahrhunderts, in: Thomas Rudert/Hartmut Zückert (Hg.), Gemeindeleben. Dörfer und kleine Städte im östlichen Deutschland (16.-18. Jahrhundert), Köln 2001, 141-179.
[25] Zwei Groschen war um 1700 der Wert eines Huhns oder von 20 Eiern: Joachim Sack, Die Herrschaft Stavenow, Köln-Graz 1959, 94.

Für die Allmendweide wird bestimmt: „Wenn die Pauern in der Gemeine Hütung hüten wollen, soll allezeit einer von den Nachbahren mit dabey sein". Das Hüten wird von den Nachbarn der Reihe nach übernommen. Wer ohne Wissen der Nachbarn hütet, oder wenn der Nachbar, an dem die Reihe ist, nicht zur Stelle ist, der ist der Herrschaft mit ½ Taler Strafe verfallen. Niemand von den Bauern darf in die Koppel treiben und hüten, ehe es „von der Herrschaft verlaubett". Wenn jemand in eines anderen Wiesen, Acker oder zwischen dem Korn, „da keine Gemeinde-Hütung ist", das Gras wegschneiden „oder zu Schaden hüten wirdt", soll er demjenigen, dem der Schaden zugefügt wird, 1 Taler geben und demjenigen, der ihn antrifft, „einen Orthß-Pfandtgeldt"; die Strafe muss der Dienstherr des Täters zahlen, der es seinem Dienstboten vom Lohn abziehen kann. Ochsen sollen nicht zwischen dem Korn gehütet oder aber angepflockt und nicht von Kindern gehütet werden.

Vom Hirten, der in der Gemeindeordnung durchaus erwähnt wird, ist hier keine Rede. Die Nachbarn übernahmen im Reihedienst die Hütung auf den abgeernteten Wiesen und Äckern, was ihren genossenschaftlichen Charakter sehr schön hervortreten lässt. Wegen der Gemengelage der Felder war eine nachbarliche Aufsicht zur Verhinderung einseitiger Vorteilsnahme notwendig. Daher das Verbot ohne die Nachbarn zu hüten. Kaum noch angedeutet wird die Regelungskompetenz der Gemeindeorgane. Entweder liegen hier Vorstellungen ausgeprägter Gutsherrschaft zugrunde, in der die Allmende Gutsland war, was für Zehlendorf und die landesherrlichen Amtsdörfer im 17. Jahrhundert jedenfalls nicht zutreffend war,[26] oder sie war so selbstverständlich, dass sie nicht besonders erwähnt werden brauchte, die herrschaftliche Strafkompetenz dagegen sehr wohl.

Die Dorfordnung ist nicht auf Zehlendorf zugeschnitten, sie ist im gleichen Wortlaut für Lübars 1592 und für Niederschönhausen (beide heute in Berlin) offenbar ebenfalls am Ende des 16. Jahrhunderts erlassen worden. Ihr Kernbestand findet sich in der königlichen „Flecken-, Dorff- und Acker-Ordnung" von 1702, für die man die bekannte, verschiedenen Orts gültige Dorfordnung in weiten Passagen wortwörtlich übernahm und die Gültigkeit für sämtliche domaniale Dörfer hatte.[27]

In dieser Zeit ist eine Einschränkung der Allmendrechte Zehlendorfs durch die Herrschaft zu verzeichnen. Im Erbregister des Amtes Mühlenhof von 1591 waren neben der Holzung und Hütung in der Heide auch die Allmendrechte auf der Feldmark, die durchsetzt war mit Holzwuchs, mit Fennen und Pfuhlen, detailliert aufgeführt worden. Die Untertanen hatten die freie Holzung auf der Feldmark, die Gräserei und Hütung auf allen Fennen und zwischen zwei kleinen Seen sowie die Fischerei auf den Pfuhlen und den Fennen.[28]

Am 11. März 1664 ließ der Hauptmann der Ämter Mühlenhof und Mühlenbeck von Götze ein Amtsdekret an die ganze Gemeinde in Zehlendorf ergehen, dass

---

[26] Hartmut Zückert, Agrardualismus im Gutsherrschaftsgebiet. Untertänigkeitsverhältnisse in den Dörfern von Berlin-Zehlendorf, in: JbBrandLG 50 (1999), 113-135.
[27] Dehmlow, Verkaufsurkunde, 102; Mylius, CCM 5/3, Nr. 32, 227-246.
[28] Fidicin, Teltow, 145; Willy Spatz, Der Teltow, Teil 3, Berlin 1912, 207, 339.

der Karpfenpfuhl im Dorf (auf dem Anger) und der große Dreipfuhl in der Feldmark zwischen den Äckern des Schulzen von allen Einwohnern geschont und gehegt werden sollten. Als aber im nächsten Sommer diese beiden Pfuhle zum guten Teil austrockneten, wurden die Karpfen heimlich abgefischt, wie der Schulze dem Amt meldete. Bei dem am 26. September 1665 in Zehlendorf gehaltenen Dingetag wies der Amtsschreiber Christoph Herberger den Schulzen an, die Pfuhle wieder mit Karpfen zu besetzen; der Gemeinde wurde nochmals allen Ernstes befohlen das Gebot und Verbot des Hauptmanns zu befolgen, das Fischen in diesen beiden Pfuhlen zu unterlassen und die Karpfen zu schonen. Wenn jemand dagegen verstieße, sollte er das Zeug einbüßen und vom Amt mit einer Gefängnisstrafe bedacht werden, ersatzweise eine Geldstrafe zahlen.[29]

Die Gemeine-Dorf-Ordnung wurde 1686 in ein „Dorfordnungsbuch" eingetragen zusammen mit anderen wichtigen Dokumenten Zehlendorfs, die vom Zehlendorfer Pfarrer abgeschrieben worden waren. Der Anlass war, dass der kurfürstliche Heidereiter in Potsdam versuchte Zehlendorf den „Quast" zu nehmen. Mit den Dokumenten konnten die Zehlendorfer ihr Recht nachweisen. Ein Umritt bezeugte die Richtigkeit der Grenzen, die im Erbregister von 1591 beschrieben waren. Das Dorfordnungsbuch wurde vom Schulzen verwahrt.[30] Strittig war wahrscheinlich der Holzverkauf. In einem Register vom Beginn des 18. Jahrhunderts wurden Acker und Wiesenwuchs Zehlendorfs als ziemlich schlecht bezeichnet, Hütung und Viehzucht immerhin als mittelmäßig, „massen sie eine eigene Heide haben, daraus sie Bau- und Brennholz verkaufen können, auch öfters Mästung haben".[31]

1724 wurde begonnen im Auftrag des Königs Friedrich Wilhelm I. einen Parforcegarten bei Potsdam anzulegen, in dessen Mittelpunkt das Jagdschloss Stern liegt. Er erstreckte sich über die Stolpische, Zehlendorfische, Klein Machnowsche, Gütergotzsche, Schenkendorfische und Sputendorfische Heide.[32] Zur Abrundung des Reviers musste ein Austausch von Forstflächen stattfinden, bei dem der von Hake auf Klein-Machnow durch Gebiet der Zehlendorfischen Heide entschädigt wurde.[33] Dies ist das erste Mal, dass der König über das Gemeindeeigentum disponierte.

Die Behörden ließen beim Quast nicht nach. Anfang Oktober 1752 sprach der Schulze Hase Friedrich den Großen an, der auf halbem Weg zwischen Berlin und Potsdam bei Zehlendorf Station machte, dass der Landreiter ihnen das Holzeisen, mit dem sie die gefällten Bäume in ihrer Heide anzuschlagen berechtigt

[29] HVZ Gemeine-Dorfordnungs-Buch 1686.
[30] Dehmlow, Verkaufsurkunde, 102 f.
[31] Spatz, Teltow 3, 340.
[32] Gaby Huch (Hg.), Die Teltowgraphie des Johann Christian Jeckel, Köln 1993, 211. Einen kleinen Jagdstern auf der Klein-Machnower und Zehlendorfer Heide stellt dar: K. Klockhoff, Carte Topographique de Environs de Berlin, Potsdam & Spandow, 1780: Landesarchiv Berlin Acc. 1027,1; wiedergegeben in Hans-Jürgen Mielke, Historischer Atlas Berlin-Zehlendorf, Berlin 1992, 14.
[33] Hans Eugen Pappenheim, Fürstenstraßen aus der Zeit des Absolutismus im Dienste der Landesvermessung, in: Allgemeine Vermessungs-Nachrichten 49 (1937), 178.

waren, und das Geld vom Holzverkauf „mit Gewalt" abgenommen und nach Berlin gebracht habe. Der König wies die Kurmärkische Kriegs- und Domänenkammer, in deren Auftrag der Landreiter gehandelt hatte, zurecht, er habe oft genug erklärt, dass sie in Sachen, wo es auf die Rechte und Privilegien der Untertanen ankommt, „durchaus nicht vor ihren Kopf tun", sondern zuerst bei ihm Bescheid holen solle. Die Kammer vertrat offenbar den Standpunkt, dass die Gemeinde zum Holzverkauf nicht berechtigt war, wofür Eigentum an der Allmende Voraussetzung und das Holzeisen das Rechtszeichen war.[34] Mit ihrem prompt erfolgten Bericht war Friedrich II. nicht zufrieden, weil doch nichts so gewiss sei wie, dass der Wald „diesen Leuten gehört" und sie darüber Dokumente hätten. Daher sei es sein ernster Wille und Befehl, dass die Rechte der Gemeinde geschützt, ihr das Holzeisen und das Geld wieder zurückgegeben werden.[35] Bemerkenswerterweise erhielten die Zehlendorfer nach diesem Rüffel des Königs für seine Beamten erstmals ihr Eigentum an der Gemeinheide verbrieft, nachdem doch die Holzordnung Abt Valentins von 1516 den Holzverkauf untersagt hatte.

Die Einhaltung der Dorfordnung wurde vom Mühlenhofer Amtmann auf dem jährlichen „Dingetag" in Zehlendorf abgefragt. Am Dingetag vom 21. November 1759 kamen im „Schulzengericht" der Amtmann und sein Schreiber, der Pfarrer, der Inhaber des Lehnschulzengerichts, die zwölf Bauern und vier Kossäten zusammen.[36] Schulze und Schöffen gaben u.a. die Erklärung ab, dass die Schornsteine ordentlich gereinigt, die monatlichen Feuervisitationen durchgeführt wurden, die Feuerinstrumente in gutem Zustand, Leitern und Haken im Instrumentenhaus vorrätig seien, auch jeder Wirt seine eigenen Feuergerätschaften habe. Eine Feuerspritze hätten sie noch nicht anschaffen können, „obwohl dazu einiges Holz-Geld ausgesetzt worden". Sobald sie mit dem Kirchen- und Pfarrbau fertig wären, würden sie sich bemühen so viel Geld zusammenzubringen, wie erforderlich ist um auch ein Spritzenhaus zu bauen. Demnach gab es eine Gemeindekasse, die von Schulze und Schöffen verwaltet wurde. Der Holzverkauf aus der „Gemeinheide" diente dazu Gemeindeeinrichtungen zu finanzieren, den Kirchen- und Pfarrhausbau, eine Feuerspritze, ein Spritzenhaus und anderes. Das Gemeindeeigentum an der Heide war nicht nur die finanzielle Basis für diese Dinge, sondern auch dafür, dass sie in Eigenregie angeschafft und betrieben werden konnten, dass die Gemeindeversammlung selbst beriet und entschied, was, wann und auf welche Weise geschehen sollte.

Nachdem dem Amtmann Beschwerden gegen Nachbargemeinden oder den Staat vorgebracht worden waren, wurden innerdörfliche Differenzen behandelt. Der Küster Andreas Becker bat die Gemeinde, sie möchte ihm, da ihre Kinder bei ihm in die Schule gingen, doch etwas Holz spenden die Schulstube zu heizen. „Er wolle

---

[34] Vgl. Cramer, Nebenstunden, 33. Teil, 38-69; s.o. S. 250 f.
[35] Die Schreiben in BAZ Verm „Heide-Separation", Bl. 8-9.
[36] Otto Müller, Ein Dingetag in Zehlendorf zur Zeit Friedrichs des Großen, in: Teltower Kreiskalender 39 (1942), 83-85. Dingetagsprotokolle von Zehlendorf sind aus den Jahren 1755-1810 überliefert: LHAP, Pr. Br. Rep. 7 Nr. 1146-1147.

weder ein Muß daraus machen, noch der Gemeinde vorschreiben, was und wieviel sie ihm aus gutem Willen geben wollten". Die Gemeinde antwortete, sie „accepirt, daß der Küster zugestehen müsse, wie er das Holz zu berechtigt nicht befugt sey. Sie könnten sich zu nichts verstehen und wollten sich vorbehalten zu tun, was sie aus gutem Willen beschließen würden." Dem Küster wurde „bey diesen Umständen von Amtswegen angeraten, der Gemeinde ein gutes Wort zu verleihen." Was also innerhalb der Gemeinde nicht zu regeln war, konnte der Betreffende dem Amtmann vorbringen. Der Amtmann hatte aber im konkreten Fall keine Eingriffsmöglichkeit, da der Beschwerdeführer keinen Rechtsanspruch nachweisen konnte. Selbstverständlich ließen die Bauern ihre Kinder in der Schule nicht frieren. Die förmliche Ausdrucksweise hatte ihren Grund darin, keine Rechtsansprüche aufkommen zu lassen. Die Gemeinde beharrte darauf ihren Beschlüssen vorzubehalten, was an Brennholz dem Küster zur Verfügung gestellt wurde.

Immer darauf aus die Sandschollen der Mark zu kultivieren, kam Friedrich II. auf einer Fahrt zwischen seinen Residenzen in den Sinn, auf einem Fleck bei Zehlendorf eine Kolonie zu gründen, „Neu-Zehlendorf". Sechs Büdnerstellen wuden angelegt, auf denen ausländische Soldaten, die in der preußischen Armee gedient hatten, angesiedelt wurden.[37] Die Hütung war in der ganzen Kolonie gemeinschaftlich. Ansonsten aber waren die Kolonisten auf den Forst angewiesen. Jeder hatte in der Spandauer Heide (Grunewald) die Sommerweide mit drei Kühen, zwei Ochsen, einem Kalb und ein bis zwei Schweinen mit Ausnahme der Mastzeit. Er war berechtigt, an bestimmten Tagen das Raff- und Leseholz zu seinem Bedarf zu sammeln, das Bau- und Reparaturholz musste er bezahlen.[38]

Für das 240 Morgen große Gelände als Teil der Zehlendorfer Gemeinheide wurde die Gemeinde mit 1000 Talern entschädigt. Die Zehlendorfer gaben sich allerdings mit dieser Entschädigung nicht zufrieden, sie protestierten bei der Domänenkammer. Friedrich II. aber hielt dafür, sie behielten noch so viel Land, dass sie genug zu tun hätten dieses gehörig zu kultivieren. Mit der verheißenen Summe sollten sie sich begnügen.[39]

Zweimal griff Friedrich aufgeklärt-absolutistisch in das überkommene Recht ein, das erste Mal, indem er aus Gründen des Bauernschutzes der Gemeinde das von ihr beanspruchte Eigentumsrecht an der Gemeinheide zusprach; das andere Mal, indem er um der Peuplierung willen die Gemeinde eines Siebtels ihrer Heide enteignete.

---

[37] BAZ Verm 23, 10.2.1781 (Abschrift von 1908); Druck bei: Louis Schneider, Die Hubertshäuser bei Neu-Zehlendorf (Düppel), in: Mitteilungen des Vereins für die Geschichte Potsdams 3 (1867), 181-183. Vgl. Wetzel, Zehlendorf, 45 f.; Rudolph Stadelmann, Preussens Könige in ihrer Thätigkeit für die Landeskultur, 2. Teil: Friedrich der Grosse, Leipzig 1882, 167, 419 (Nr. 305), 433 (Nr. 325).
[38] BAZ Verm 23, 19.6.1806.
[39] Schneider, Hubertshäuser.

Doch die Zehlendorfer machten etwas daraus, indem sie die 1000 Taler anscheinend dazu anlegten ihre Wiesen zu dränieren.[40] Das war eine bedeutende Verbesserungsmaßnahme, erlaubte doch erst sie die volle Nutzung der großen Wiesengelände und war der größere Heugewinn eine wesentliche Bedingung der Hebung des Viehstandes. Sie zeigt, dass der Kapitalmangel die Bauern gewöhnlich daran hinderte größere landwirtschaftliche Verbesserungen vorzunehmen.

Die Ökonomie des Zehlendorf benachbarten Stolpe beruhte im Geringsten auf dem Ackerbau in den kleinen Blockgewannen, sondern, wie das Erbregister des Amtes Potsdam 1589 ausweist, auf der Waldnutzung in dem die Gemarkung umgebenden Potsdamer Forst und der Fischerei auf dem großen Griebnitzsee sowie zwei kleineren Seen; im Wesentlichen also Allmendnutzungen. Das Erbregister von 1700 aber bezeichnet den Griebnitzsee als eingehegt und an das Amt gezogen. Übrig blieb die Fischerei auf den kleinen Stölpchensee und Pohlesee mit kleinem Zeug. Doch es wurde seitens des Amtes für Ausgleich für den Verlust dieser alten Erwerbsquelle gesorgt, indem die Amtsschäferei von Drewitz nach Stolpe verlegt und die Herde von 500 Schafen der Gemeinde in Pacht gegeben wurde. Der ehemalige Lehnschulzenhof wurde zum Amtsvorwerk und Schäfereihof.[41] Weiterhin verstanden es die Stolper, nach einem Bericht von 1740, von dem Aufschwung der *Teltower Rübchen* zu profitieren, indem sie selbst welche zogen, auch wenn die Qualität der Teltower nicht ganz erreicht wurde.[42]

Am 15. Dezember 1764 erschien die ganze Gemeinde Stolpe bestehend aus zehn Kossäten, darunter dem Setzschulzen und den zwei Schöppen, vor der Kurmärkischen Kriegs- und Domänenkammer in Potsdam. Sie boten „einer vor alle und alle vor einen" an die Amtsschäferei, die sie seit Längerem in Zeitpacht hatten, für 220 Taler jährlich in Erbpacht zu nehmen. Das Schäfereivorwerk mit Gehöft und Inventar und den dazugehörigen Äckern, Wiesen, der Hutung und Weide wollten die zehn Kossäten zu gleichen Teilen unter sich aufteilen dergestalt, dass die Anteile von den Kossätengütern unzertrennlich seien. Weiterhin beantragten sie, ihre erblichen Lassstellen in erbliches Eigentum zu übernehmen unter der Voraussetzung, dass ihnen Hof und Hofwehr geschenkt würden. Das freie Bauholz, das ihnen als Lassiten, nicht mehr jedoch als Eigentümern zustand, wollten sie mit einem Drittel der Forst-

---

[40] Das entnehme ich dem Datum der „Kopie von einem Teile der durch den Kondukteur Ewart im Jahre 1782 aufgenommenen Charte der Zehlendorfschen Forst, Amts Mühlenhof, wovon die Gemeinde in Zehlendorf das Urbild besitzt; zum Behuf der darin befindlichen und zu entwässernden alten Teiche und Wiesen angefertigt im Jahre 1783 durch Lehmann": Karte 2; Karte 1 „Plan von demjenigen Teile der Zehlendorfschen Feldmark, Amts Mühlenhof, von 125 Morgen 46 Qu. Ruten, welcher beständig der Ueberschwemmung ausgesetzt ist; nebst bemerktem neuen Abzugsgraben, um das Waßer in die Beck bei Teltow zu leiten", 1 : 5000; GStA XI. HA, F 1345.
[41] Enders, Teltow, 334; Fidicin, Teltow, 81, 135; Spatz, Teltow 3, 277.
[42] C. Schmidt/Siegfried Braun, Teltower Rübchen, in: Richard Nordhausen, Unsere märkische Heimat. Streifzüge durch Berlin und Brandenburg, 3., neubearb. Aufl., Leipzig 1929, 204-206.

taxe nebst Stammgeld bezahlen.[43] Die Gemeinde wollte also ihre Besitzrechte an der Schäferei, dem Haupterwerbszweig des Dorfes, der von der Gemeinde als Korporation betrieben wurde, stärken. Nicht nur sollte im gleichen Zug das Amtsvorwerk ausgelöscht, sondern konsequenterweise auch das Besitzrecht an den Höfen zu einem Erbzinsrecht angehoben werden.

Der Antrag wurde genehmigt. Die Weideberechtigung wurde dahingehend festgelegt, dass die Stolpesche Feldmark selbst und der Potsdamer Forst mit allem Vieh, die angrenzenden Spandauer und Teltower Forste nur mit Schafen und Pferden, die Neuendorfische Feldmark an zwei Tagen in der Woche sowie der Drewitzer Mittelbusch mit Rindvieh behütet werden durfte.[44]

Die Allmende der Stolper bestand im Unterschied zu Zehlendorf hauptsächlich in der Forstnutzung, die entgolten werden musste. Stolpe hatte die Hütung im Forst auf dem Glienicker Werder mit Klein-Glienicke „im Gemenge", und zwar nach einer Gerichtsentscheidung 1796 Stolpe zu vier Fünfteln und Klein-Glienicke zu einem Fünftel. Stolpe war bis 1854 berechtigt bis zu 49 Stück Rindvieh, 33 Pferde, 75 Schweine und 890 Schafe zu hüten. Als Prinz Carl von Preußen in der ersten Hälfte des 19. Jahrhunderts den Teil des Werders bei Klein-Glienicke in eine Schlösser- und Parklandschaft verwandelte, musste die Gemeinde Stolpe für die Abtretung ihrer Hütungsrechte auf diesen Flächen entschädigt werden, u.a. durch Landzuweisung aus dem Forst in der Nähe ihres Dorfes.[45]

Innerhalb ihrer kleinen Gemarkung besaß die Gemeinde ein Heideareal als Allmende. Als 1791 die Chaussee von Berlin nach Potsdam gebaut und die Straße nicht mehr durch Stolpe, sondern über eine Brücke am Wannsee geführt wurde, wollte der Stolper Gastwirt Stimming seinen Krug an die Brücke verlegen. Die Gemeinde gab dem Gastwirt von ihrer Heide vier Morgen Land an der Brücke hütungs- und nutzungsfrei. Als Gegenleistung musste Stimming seinen zehntel Anteil an dem von der Gemeinde gepachteten Amtsvorwerk von 3 ½ Morgen an die übrigen neun Kossäten abtreten.[46] Die Gemeinde konnte also ihr Heideland veräußern, hatte Eigentum an ihrer Allmende.

Die Bedeutung der Allmendnutzung sowohl bei dem wohlsituierten Zehlendorf mit seiner großen Gemeinheide wie auch bei der Kossätengemeinde Stolpe, die auf die Forstnutzung angewiesen war, war also nicht gering. Ähnlich wie Stolpe

---

[43] Georg Brasch, Das Wannseebuch, Berlin-Wannsee 1926, 33-35. - Nach einer königlichen Deklaration von 1729 erhielten die Erbbesitzer in den königlichen Dörfern das benötigte Bau- und Reparaturholz gegen Bezahlung eines Drittels der Holztaxe, während es Nichterblichen frei zustand: Lieselott Enders, Bauern und Feudalherrschaft der Uckermark im absolutistischen Staat, in: JbGFeud 13 (1989), 252.

[44] Wagener, Das Plateau von Stolpe und Kohlhasenbrück, in: Mitteilungen des Vereins für die Geschichte Potsdams 3 (1867), 452-457.

[45] Michael Seiler, Zwischen Pfaueninsel und Glienicke. Geschichte einer Landschaftsgestaltung, in: JbBrandLG 43 (1992), 81, 88-92, 95, 100.

[46] Julius Haeckel, Die Anfänge der Berlin-Potsdamer Eisenbahn, in: Mitteilungen des Vereins für die Geschichte Potsdams NF 6 (1932), 320.

hatte auch das Amtsdorf Schönow nur wenig Buschland innerhalb seiner Gemarkung und war im Übrigen zu Bau-, Reparatur- und Brennholz im Spandauer Forst gegen Ableistung von Forstdiensten berechtigt. Diese Forstdienste bestanden für die sieben Bauern und den einen Kossäten im Pflügen von sieben Morgen und Eggen von 14 Morgen Acker (sog. Forstdienstacker im Spandauer Forst) sowie im Harken von 15 Scheffeln Kienäpfeln. Diese Dienste wurden 1805 durch einen Vertrag der Kurmärkischen Regierung in Potsdam mit den Bauern und Kossäten von Schönow in eine Gelabgabe umgewandelt, für die „einer für alle und alle für einen zu haften" hatten.[47]

Hatten also diese Gemeinden Allmendeigentum in großem oder geringem Umfang, im letzten Fall zusätzlich Forstnutzungsrechte, so war die Allmende in den benachbarten Gutsdörfern Eigentum des Gutes: In der Büdnerkolonie Klein-Glienicke waren laut der Erbverschreibungen „für die Benutzung der Gemeinde-Hütung jährlich 12 Groschen zu bezahlen". Eine Kuh wurde als eiserner Bestand gestellt, Schafe, Gänse und Schweine durften nicht gehalten werden. Freiholz zur Reparatur gab es nicht, ebensowenig zur Umzäunung. „Raff- und Leseholz im Forste ist gestattet."[48]

In Dahlem besaß der Rittersitz im 18. Jahrhundert die Schäfereigerechtigkeit und 1300 Morgen Holz. An zentraler Stelle zwischen dem Gutshof und der den Dorfanger kreuzenden Straße ist im 18. Jahrhundert ein Schäfereihof in der Form eines zum Dorfanger geöffneten Dreiseithofes entstanden.[49] Die Holzung stand dem Rittergutsbesitzer zu. „Gemeinde Holzungen" gab es laut Urbar von 1787 nicht. Die Untertanen waren nur befugt Raff- und Leseholz zu holen und erhielten außerdem nach Maßgabe des Urbars das erforderliche Bauholz. Die Hütung war auf der ganzen Feldmark zwischen Herrschaft und Gemeinde gemeinsam.[50]

„Die Gutsherrschaft hat allhier keine Waldungen. Einige Untertanen von Haverland haben indes eine geschlossene Holzung", heißt es 1786 im Urbar dieses Dorfs in der Prignitz.[51]

Über „Freiheit an Holze" sagt das Hauptbuch des Zinnaer Amtsschreibers Hertzberg von 1642 zum Dorf Felgentreu: „An Holzung haben diese Leute ein Gehege neben dem Amtsbusche". In ihrem Gehege kaveln sie alle Jahre, wobei einer so viel wie der andere, ob Hüfner oder Kossät, erhält. Genauso ist es im benachbarten Mehlsdorf, das zwei Gehege von Elsenholz hat. Darüber hinaus dürfen sie das dürre Holz in der Heide wie auch im Busch holen. Ihre Viehhütung haben die Leute

---

[47] BAZ Verm 22.

[48] Louis Schneider, Das Kurfürstliche Jagdschloss zu Glineke, in: Mitteilungen des Vereins für die Geschichte Potsdams 1 (1864), 19 f.

[49] Enders, Teltow, 44; Helmut Engel, Zehlendorf - Region zwischen Berlin und Potsdam, in: 6. Tag für Denkmalpflege in Berlin-Zehlendorf. Dokumentation, Berlin 1992, 53.

[50] GStA X. HA Pr. Br. Rep. 2 A (Kommissionss.) Nr. 422, Bl. 7, 48 u. 223.

[51] Ulrich Wille, Das Urbarium von Abbendorf und Haverland 1786. Ein Beitrag zur bäuerlichen Rechtslage im 18. Jahrhundert, Goslar 1938, 51.

sowohl im Mehlsdorfer als auch im Felgentreuischen Gehege, müssen diese jedoch, wenn Holz gefällt wird, drei Jahre schonen, damit das junge Holz wieder aufwachsen kann. Mit den Dörfern Zinna und Pechüle haben sie „Koppelweide" (gemeinsame Weide) und können auch in der Amtsheide hüten, wo sie wollen.[52] Sehr genau wird zwischen dem Gemeindeeigentum und den gemeindlichen Nutzungsrechten an Amtsbusch und -heide unterschieden.

Das Berliner Kämmereidorf Lichtenberg hatte eine „Gemeine Hütung" - „Bauer-Busch genannt" -, die größtenteils guter Wiesengrund war, außerdem einen „Upstall" (Nachtweide) wie auch eine Gemeindewiese, die der Schulze für die Winterausfütterung des Gemeindebullen nutzte.[53] Im Unterschied zu Hohenfinow besaß das Nachbardorf Tornow (im Oderbruch) 1816 eine Bauernheide von 85 Morgen. In Tornow gab es neben Lassiten auch Eigentumsbauern und -kossäten, die von der Ansiedlung hugenottischer Kolonisten stammten und niemals Naturaldienste geleistet hatten.[54] Die Bauern des (offenbar neu angelegten) adligen Dorfes Friedrichswerder erhielten 1775 zu ihren gekauften je zehn Morgen Acker alle Holz- und Hütungsflecken innerhalb der Gemarkungsgrenzen „zu ihrer freien Disposition (...) auf immer und ewig" überlassen und die Festsetzung der Holzungstage dem Gemeindebeschluss vorbehalten; die Pflicht zu einem Tag Hofdienste wöchentlich wurde als Gegenleistung dieser Eigentumsverleihung aufgefasst. Außerdem durften sie im Vorwerkswald Leseholz holen.[55]

Im Gemeindewald von Radewege, einem Kommunaldorf der Altstadt Brandenburg, gab es freie Mast: „Zur Mastzeit, wo Mastung ist, jaget einer so viel als der ander hinein in die Mast, der Coßät so viel als der Schulze." In herrschaftlichen Wäldern mussten für die Schweinemast Abgaben entrichtet werden, in Geld oder Hafer, so von den Bauern des Klosters Heiligengrabe (Prignitz). In Kolrep jedoch hatte jeder Hüfner das Recht, bei Vollmast von seinen Schweinen vier, jeder Kossät zwei abgabenfrei einzutreiben; 1696 erwarb die Gemeinde aufgrund eines alten Vorkaufsrechts die gesamte Mast gegen eine jährliche Abgabe von drei Talern.[56] Mit

---

[52] Erich Sturtevant, Chronik der märkischen Dörfer Felgentreu und Mehlsdorf. Ein Gedenkbuch an über 700 Jahre deutschen Bauernlebens, Jüterbog 1940, 16, 19 f., 26.

[53] Emil Unger, Geschichte Lichtenbergs bis zur Erlangung der Stadtrechte, Berlin 1910, 74 f., 96.

[54] Siegfried Passow, Ein märkischer Rittersitz. Aus der Orts- und Familien-Chronik eines Dorfes, Bd. 1, Eberswalde 1907, 275.

[55] Bernhard Hinz, Die Schöppenbücher der Mark Brandenburg, besonders des Kreises Züllichau-Schwiebus, Berlin 1964, 131-133; das Besitzrecht sei im Züllichau-Schwiebuser Gebiet im Allgemeinen als günstig zu bezeichnen, ebd., 80.

[56] Fritz Schröer, Das Havelland im Dreißigjährigen Krieg. Ein Beitrag zur Geschichte der Mark Brandenburg, Köln-Graz 1966, 208; Johannes Simon, Kloster Heiligengrabe. Von der Gründung bis zur Einführung der Reformation 1287-1549, in: Jahrbuch für Brandenburgische Kirchengeschichte 24 (1929), 87. Die Gemeinde Kolrep hatte auch die Befugnis, bestimmtes Nutzholz bei Bedarf ohne „Einrede" des Klosters anzuweisen: Enders, Landgemeinde, 233.

der Bauernheide waren nicht nur Weide und Holz Allmendeigentum, sondern auch eine darin befindliche Sand- und Kiesgrube, wie bei Dorf Zinna, oder ein Torfstich, von dem die Gemeinde Schmölln (Amt Löcknitz) Torf an arme Leute im Dorf verkaufte.[57]

Die Belege stammen aus Dörfern der Prignitz, wo Erbzinsrecht an den Hofstellen vorherrschte, aus Kolonistensiedlungen, die ebenfalls Erbzinsrecht erhielten, oder aus Amts- und Kämmereidörfern. Harnisch hat darauf hingewiesen, dass die Rechtsqualität des Gemeindebesitzes und die bäuerlichen Besitzrechte miteinander korrespondierten. Das gilt für Gemeindeeigentum, wenn der Herr von Winterfeld auf Freyenstein 1791 der Gemeinde Niemerlang (Prignitz) das Recht auf den Verkauf von Holz für 800 Taler bestritt mit dem Argument, sie seien Lassiten, wogegen die Bauern Eigentum (d.h. Erbzinsrecht) an ihren Höfen behaupteten.[58]

Und es gilt für Nutzungsrechte, die mit den Ackerstellen erblich verliehen worden sind, so als Friedrich Joachim von Kleist einen Prozess gegen die Gemeinde Dargardt (Prignitz), die eine von ihm im Dargardter Forst angelegte große Schonung wieder herausgerissen hatte, durch drei Instanzen verlor. Er hatte übersehen, dass diese Mecklenburgischen Kolonisten zwar Dienste wie die Bauern der anderen Dörfer leisteten, bei ihrer Ansiedlung 1753 jedoch Erbzinsbriefe erhalten hatten, die keine Erbuntertänigkeit begründeten. Demnach hatte die Herrschaft auch nicht das Recht ihr verbrieftes Weiderecht im Forst irgendwie einzuzuengen.[59]

Wenn das Besitzrecht an den Hofstellen zum Lassrecht herabgedrückt wurde, ließ sich auch Gemeindeeigentum nicht mehr aufrechterhalten, galt die gesamte Gemarkung, ob Äcker oder Wiesen, Weide oder Wald, als Eigentum des Gutsherrn. Ebenso konnten Nutzungsrechte bei Lassbesitz jederzeit wieder entzogen werden. Lassiten hatten nur Nutzungsrechte im gutsherrlichen Wald, also die Viehhutung, Grasschnitt für das Winterfutter, Streu holen, Raff- und Leseholz und Kien sammeln unter Aufsicht der Gutsherrschaft.

Es sind die gleichen Kategorien von Dörfern - Zugehörigkeit zu Domänenämtern und Städten oder mit Erbzinsrecht -, die Ausnahmen von der Regel machen, dass der Gutsherrschaft die Schäfereigerechtigkeit auf der gesamten Gemarkung zukam. Die Bauern und Kossäten des Berliner Kämmereidorfes Rixdorf konnten nach Proportion ihrer Äcker Schafe halten, wiewohl das Dorf nur Weidegerechtigkeiten auf Berliner Wiesen, der Köllnischen Heide und im königlichen Köpenicker Forst hatte. In den Dörfern des Klosters Heiligengrabe wurde laut Erbregister von 1723

---

[57] Erich Sturtevant, Chronik von Dorf Zinna. 750 Jahre deutschen Bauernlebens, Jüterbog 1938, 139; Hartmut Harnisch, Die Landgemeinde in der Herrschaftsstruktur des feudalabsolutistischen Staates. Dargestellt am Beispiel von Brandenburg-Preußen, in: JbGFeud 13 (1989), 225 f.; weitere Beispiele für Gemeindeheiden in Domänenämtern ebd.

[58] Harnisch, Gemeindeeigentum, 151, 154. In der Tat hatte die Herrschaft nach dem Erbregister von 1618 beim Holzverkauf nur ein policeyliches Aufsichtsrecht gegen Holzverwüstung: Hermann Silckenstaedt, Aus Freyensteins vergangenen Tagen. Nach alten Aufzeichnungen dargestellt, Pritzwalk 1921, 132, 134.

[59] Sack, Stavenow, 41 f.

der Lämmerzehnt erhoben, zwei Dörfer lieferten Weidehammel ab. Von den sieben Dörfern der Herrschaft Stavenow mussten nur zwei es zulassen, dass die Schafe des Gutes auf ihren Feldern weideten, über ein drittes heißt es: „Schäferei wollen die Bauern nicht passieren lassen. Weil aber jetzt (1649) die meisten Höfe wüst sind, können sie der Obrigkeit nicht wehren, anstatt derselben so viel Schafe zu halten und durch einen Kostknecht hüten zu lassen."[60]

In diesen Dörfern hatten die Bauern gelegentlich Fischrechte, so die Untertanen von Abbendorf und Haverland in der alten Elbe zusammen mit der Herrschaft, nicht mit Netz oder Reusen, sondern nur mit Handkäschern, während in der neuen Elbe nur die Herrschaft fischen durfte. Oder die Pfälzer Kolonisten, die auf dem Vorwerk Schmargendorf (Amt Chorin) angesetzt wurden, wobei sie das Vorwerk „erb- und eigentümlich" mit allen Gebäuden samt Inventar, Gärten, Äckern, Wiesen und Hütungen einschließlich der Rohrung und der Sommerfischerei erhielten. Die Radeweger waren befugt „mit Hamen und Waden in der See zu fischen, soweit sie immer in die See hinein kommen können," die Fischgeräte nach einem Muster, das im Rathaus von Alt-Brandenburg angebracht war. Ein städtischer Wasservogt war in Radewege in ein für ihn gebautes Haus gesetzt worden, um die Fischgeräte in den Dörfern am See zu beaufsichtigen. Verstöße wurden vom Rat gestraft.[61]

Die Weide auf fremden Feldmarken musste entgolten werden, vorzugsweise mit Fronarbeit. Als Dargardt noch wüst gewesen war, mussten die Bauern zweier benachbarter Dörfer für die Weide jeder einen Tag pflügen, einen Tag dammen, einen Tag Heu mähen und einen Tag Heu zusammenbringen. In der gleichen Weise „zahlten" die Stavenower Bauern für die Weide auf Nachbarfeldmarken.[62]

Die „Rechte und Pflichten der Radeweger Bauern" von 1622 geben die Selbstregelungsbefugnis der Gemeinde an ihrem Eigentum an: „Aus dem Eicheberg wird kein Holtz oder Eichbaum abgehauen, es were denn Sache, was der Wind nieder reißet, das wird gekabelt; Pütt und Thorweg Stielen, item Wassertröge werden daraus aus der Not genommen und wird der Gemeine dafür die Gebühr gegeben."[63] Andreas Joachim von Kleist stellte, nachdem er 1717 die Herrschaft Stavenow erworben hatte, in Verhandlungen mit den anderen Gutsherren Weideordnungen für die einzelnen Dörfer auf, in denen die genaue Zahl des von den Voll-, Dreiviertel- usw. -hüfnern, den Kossäten und Kätnern aufzutreibenden Pferde und Ochsen, Kühe, Schafe und Gänse festgelegt wurde. Für Premslin hieß es, dass die Waldweide für das Zugvieh geschont werden musste und im Frühjahr erst nach der Freigabe durch den Schulzen und dann nur des Nachts, „wenn alle da sind", genutzt werden durfte. Als Buße bei einem Verstoß wurde eine viertel Tonne, im Wieder-

[60] Eugen Brode, Geschichte Rixdorfs, Rixdorf 1899, 103, 122; Simon, Heiligengrabe, 86; Sack, Stavenow, 84.
[61] Wille, Urbarium, 51; Herbert Paech, Amt Chorin. Geschichte, Verwaltung und wirtschaftliche Grundlagen, Diss. phil. Berlin 1936, 34; Schröer, Havelland, 221 f.
[62] Sack, Stavenow, 86 f.
[63] Schröer, Havelland, 218.

holungsfall eine halbe Tonne Bier festgesetzt. Sack nimmt als sicher an, dass die Bauern dieses Bier tranken. Das hieße, dass sie die Bußgewalt hatten.[64]

Im Schöppenbuch der Gemeinde Ulbersdorf (Züllichau-Schwiebus) gibt ein Eintrag von 1660 an, wie viele Schafe, Zugtiere und Kühe ein Hüfner, Halbhüfner und Gärtner in der Gemeindeherde halten durfte, welche Bußen an das Amt und an das Gericht fällig wurden, wenn mehr gehalten oder im Feld gegrast wurden. Am Schluss der kurzen Weideordnung vermerkt der Gutsherr Christian Pannitz: „Wann ich dann hierüber von Schultz, Ältesten und der ganzen Gemeinde angesprochen und un... gehorl. gebeten worden, hierin zu consentiren, als hab ichs der Billigkeit gemäß befunden, und solches mit meiner Hand Unterschrift bekräftigt." Es ist eine von der Gemeinde aufgestellte Ordnung, die sie lediglich von der Herrschaft bestätigen ließ. Das Schöppenbuch von Lugau enthält ein mit „allseitiger Einwilligung" getroffenes „Abkommen" von 1782, die ein Jahr zuvor eingeführten Neuerungen wegen des Triebs, der Hegeweide und der Stoppelweide, „daß ein jeder auf dem Seinigen bleiben soll", die zu Irrungen „unter der Gemeine" und unaufhörlichen Klagen bei der Herrschaft geführt hatten, wieder aufzuheben, das „von der Hochwürdigen Herrschaft einer- und von der Gemeine andererseits unterzeichnet worden".[65] (Eine gescheiterte Separation offenbar.)

Das *Allgemeine Landrecht*[66] erkannte der Dorfgemeinde Korporationsrechte zu, gab ihr also als Rechtssubjekt die Fähigkeit Eigentum zu besitzen. Als Korporation wurde die Dorfgemeinde durch die Gemeindeversammlung vertreten. Beschlüsse über das Gemeindevermögen von größerer Bedeutung bedurften der Genehmigung der Gerichtsobrigkeit, konnten ohne erheblichen Grund jedoch nicht versagt werden. Dem Schulzen oblag zusammen mit den Schöppen die Vermögensverwaltung, worüber er der Gemeinde Rechnung legen musste. Einerseits verstand das ALR als eigentliches Gemeindevermögen nur das Eigentum an Hirtenhäusern, Schmieden, Brunnen, Wegen usw. Andererseits nahm es ein Gemeindegliedervermögen an Weide und Wald an, womit Anschlussfähigkeit an eine gewünschte Gemeinheitsteilung gewonnen war. In Verletzung dieser Kategorisierung gestand es auch den Dorfeinwohnern, die nicht Gemeindeglieder waren, ihr gewohntes Mitbenutzungsrecht zur Hütung des Kleinviehs und für Raff- und Leseholz zu.

Die Instandhaltung der gemeindlichen Gebäude und Liegenschaften, die Hegung der Nachtkoppeln und Viehtriften, die Räumung der Dorf- und gemeinen Feldgräben, die Versorgung der Hirten und anderer Gemeindebediensteten, die Unterhaltung des Zuchtbullen und -ebers unterlagen dem Nachbarrecht. Die gemeindliche Gerichtsbarkeit erstreckte sich auf Übertretungen der inneren Dorfpolicey, ihre Un-

---

[64] Sack, Stavenow, 96; Karl S. Kramer, Bußen vertrinken, in: HRG, Bd. 1, 578.

[65] Hinz, Schöppenbücher, 131, 133 f.; Lugau gehörte dem Kloster Paradies, hatte Erbzinsrecht und gemessene Fronen: ebd., 22, 73, 80, 178.

[66] Allgemeines Landrecht, II. Teil, 7. Titel, §§ 18-37 u. 46-86; Friedrich Keil, Die Landgemeinde in den östlichen Provinzen Preußens und die Versuche, eine Landgemeindeordnung zu schaffen, Leipzig 1890, 60-62.

tersuchung und Entscheidung und die Verhängung von Bußen, die einen Taler nicht überschritten und die der Gemeindekasse zuflossen.

Die Hütung war Nachbarrecht in dem ursprünglichen Sinnne, dass jeder Nachbar der Reihe nach dafür zuständig war, eine Aufgabe, die dann meist den Minderjährigen zufiel. In Rixdorf wurde 1724, „weil darüber unter der rohen Jugend viel Schande betrieben würde", die Anstellung eines Pferde- und Ochsenhirten beschlossen. Die Gemeinde Niemerlang hatte im Sommer einen Pfänder, der auf die Felder achten und das Vieh abwehren musste, es sei denn die Nachbarn übernahmen diese Aufgabe im Reihedienst. In den Zinnaischen Dörfern blieben, wenn die Hüfner und Kossäten zusammen zur Fron erscheinen mussten, immer drei oder vier zu Hause, „welche das Vieh hüten helfen müssen, weil oftmals der Hirte alles nicht bestellen kann." Dorf Zinna beschäftigte zwei Hirten sowie einen Waldhüter für ihre Heide, dessen Haus neben dem zweiten Hirtenhaus, der Schmiede und dem Spritzenhaus am Dorfende lag.[67]

Neben den Hirtenhäusern waren des Öfteren auch die Schmieden Gemeindeeigentum. In Dorf Zinna gehörte die Schmiedewerkstatt den Hüfnern, das Wohnhaus dem Schmied, der von der Gemeinde angestellt wurde. Bei der jährlichen Abrechnung zu Neujahr spendete der Schmied den Bauern ein Fass „Schmiedebier". So wurde es auch in den Nachbardörfern von den „Laufschmieden", die nicht am Ort ansässig waren, gehalten. In Heinersdorf (Amt Schwedt) gab nicht nur der Schmied, sondern auch der Hirte bei der jährlichen „Miehtung" der Gemeinde eine Tonne Bier.[68] Die Bierspende dient hier der Bestätigung des Annahmeverhältnisses.

Die Errichtung und Unterhaltung der Schulgebäude war eigene Angelegenheit der Gemeinde. 1777 baute die Gemeinde Lichtenberg ein neues Schulhaus, dessen Versorgung mit Brennholz ihr oblag. Der Lehrer in Hohenschönhausen musste, wie er auf dem Dingetag 1740 klagte, dafür dem Knecht, der es besorgte, sechs Groschen und der Gemeinde eine Mahlzeit und eine halbe Tonne Bier geben;[69] dem Knecht als Lohn, der Gemeinde offenbar aber zur Bestätigung der Freiwilligkeit ihrer Zuwendung.

H. Harnisch hat das Gemeindeeigentum zum Indiz der Autonomie der Gemeinde genommen, das Fehlen von Gemeindevermögen in Gestalt von Allmenden und gemeindlichen Wirtschaftsbetrieben, wie Krügen, und damit den Mangel an Barmitteln und einem gemeindlichen Kassenwesen konstatiert, so dass in einem Vergleich mit anhaltinischen Dorfgemeinden die brandenburgische Schulzengemeinde stark abfiel. L. Enders hat demgegenüber mit einer Vielzahl von Belegen die Gemeinde in Brandenburg, auch hinsichtlich ihrer Allmende, als eine vollwertige nachweisen wollen.[70] Notwendig erscheint aber, die innere Differenzierung der Agrar-

---

[67] Brode, Rixdorf, 58; Silckenstaedt, Freyenstein, 132; Sturtevant, Zinna, 57, 137-139.

[68] Sturtevant, Zinna, 138; ders., Felgentreu, 146 f.; Enders, Uckermark, 400.

[69] Unger, Lichtenberg, 73; Gustav Berg, Hohenschönhausener Dingetage, in: Berliner Heimat 1957, 76.

[70] Harnisch, Gemeindeeigentum; Enders, Landgemeinde.

verfassung der Mark Brandenburg zu beachten[71], der entsprechend die Gemeinde um so mehr ihre Autonomie verlor, je stärker die Gutsherrschaft ihre Gewalt intensivierte. In bestimmten Kategorien von Dörfern - landesherrlichen Amts-, städtischen Kämmerei-, Kolonisten- und Gutsdörfern mit Erbzinsrecht im westlichen Brandenburg, auch in Gutsdörfern im Einzugsbereich Berlins -, die sich auf den gemeinsamen Nenner: gemäßigte Ausprägung der Gutsherrschaft bringen lassen, hatten sich auch im 17./18. Jahrhundert Allmendeigentum, Schafhütungs- und Fischfangrechte erhalten; überall dort, wo sich die Gutsherrschaft scharf ausprägte, gingen sie der Gemeinde verlustig, wurden die Allmenden zum Gutsland, blieben der Gemeinde lediglich Mitnutzungsrechte.

6.2 Teilseparationen aufgrund friderizianischer Verordnungen

Rittergut Dahlem

Als Friedrich Heinrich Graf von Podewils 1799 Dahlem und Schmargendorf kaufte, zog ein landwirtschaftlicher Reformer auf den Gutshof, der in seiner 1803 erschienenen Schrift „Wirtschafts-Erfahrungen in den Gütern Gusow und Platkow" rationales Wirtschaftsdenken mit einer konservativen gesellschaftspolitischen Konzeption verband. Er fasste den Plan die Dahlemer Bauern nach Schmargendorf umzusetzen, ihnen dort neue Höfe zuzuweisen und auf diese Weise die gesamte Dahlemer Gemarkung dem Rittergut zuzuschlagen. Dahlem sollte in einen reinen, „rationell" bewirtschafteten Gutsbetrieb verwandelt werden, den die alten und neuen Schmargendorfer mit Handdiensten zu bearbeiten hatten. Beabsichtigt war also Gutsland von Bauernland zu trennen, aber auch jedem Bauernhof einen in sich geschlossenen Teil der Ackerflur zuzuweisen. „Mit anderen Worten: Es sollte in Dahlem und Schmargendorf jene Separation und Verkoppelung durchgeführt werden, die im Zuge der Bauernbefreiung (...) auf den königlichen Domänen damals gerade stattfand".[72] An die Aufhebung der Gutsuntertänigkeit, die Abschaffung der Fronen, dachte Podewils nicht.

Der Graf richtete im Januar 1800 ein entsprechendes Gesuch nach Separation beider Güter von den bäuerlichen Fluren, um ihre „zweckmäßige Bewirtschaftung" möglich zu machen, an den König, der eine Kommission unter dem Vorsitz des Kammergerichtsrats Müller einsetzte mit dem Auftrag, in Verhandlungen mit den Interessenten die Aufteilung zu regeln. Diese waren der Graf Podewils, die Gemeinden Dahlem und Schmargendorf, außerdem das Domänenvorwerk Wilmersdorf,

---

[71] Zückert, Agrardualismus; zur Forschungslage ebd., 121, 133-135.

[72] Wolfgang Fritze, in: Dahlem-St. Annen. Zeiten eines Dorfes und seiner Kirche, Berlin 1989, 83; Felix Escher, Berlin und sein Umland. Zur Genese der Berliner Stadtlandschaft bis zum Beginn des 20. Jahrhunderts, Berlin 1985, 128 f.

das Schafhütungsrechte auf der Gemarkung hatte. Die Kommission ließ die beiden Parteien, nämlich die Bauern einerseits und den Gutsherrn andererseits, qualifizierte Personen wählen, die die Vermessung der Gemarkungen und die Bonitierung der Böden vorzunehmen hatten.[73]

Im folgenden Jahr legte dann Graf Podewils ein „Project zur Theilung der Dahlem und Schmargendorffschen Feldmarken" vor, das einen Plan für die Separation enthielt sowie detaillierte Bestimmungen über die Umwandlung der bisherigen bäuerlichen Spanndienste in Handdienste. Die Bauern erhoben, nachdem ihnen das Projekt vorgelesen worden war, sogleich entschiedenen Widerspruch. Der Protest der Bauern richtete sich 1. gegen die Umsetzung wegen des nicht zu ersetzenden Verlusts der Obstbäume in den Dahlemer Gärten, 2. gegen die Absicht des Grafen ihnen im Zuge der Separation neue Fluranteile von gleicher Größe zuzuteilen (Egalisierung) und 3. gegen den Umfang der behaupteten Leistungsverpflichtungen (also letztlich gegen den gesamten Plan).

Zum ersten hielt der Kommissar dafür, dass der Verlust der Obstbäume nur temporär sei und durch den Vorteil mehr als aufgewogen würde, dass sie durch die Umsetzung etwa ¼ Meile näher an Berlin kämen, „welches in Rücksicht des Absatzes der Producte und der Anfuhre des Düngers sehr erheblich ist". Zum zweiten Punkt unterstützte der Kammergerichtsrat Müller diesen Protest der Bauern mit der Feststellung, dass sie nach Ausweis des Dahlemer Urbars von 1787 als Lassbauern einen erblichen Nießbrauch an ihren Gütern hätten, der ihnen nicht entzogen werden könne. Sie hätten deshalb das Recht den Egalisierungsplan des Grafen zurückzuweisen und auf der Erhaltung der bisherigen Größe ihrer Güter zu bestehen. Zum dritten bestanden die Leistungsverpflichtungen der zwei Bauern mit jeder vier Hufen und der drei Kossäten mit jeder drei Hufen laut dem Urbar von 1787 darin, das zwei Drittel der gesamten Feldmark umfassende Gut mit drei Tagen, in der Erntezeit sechs Tagen, wöchentlichen Spann- und Handdiensten zu bewirtschaften.[74]

Podewils konnte seinen Plan nicht ohne einige Abstriche verwirklichen. Die Verhandlungen gestalteten sich schwierig und langwierig. Die Bauern trugen immer wieder Einwände und Wünsche vor, die eingehend erörtert wurden. Nach jeder Verhandlung wurde ein Protokoll aufgesetzt, das die Interessenten zu unterschreiben hatten. 1803 wurde der Abschluss eines Rezesses erreicht. Er stellte einen Vergleich dar, in dem sich die Bauern gegen erhebliche Zugeständnisse des Grafen, gegen seine Bereitschaft zur Übernahme aller durch die Umsetzung entstehenden Kosten mit der Umsetzung, der Egalisierung der Güter und der Umwandlung der Spanndienste in im Umfang etwas geringere Handdienste einverstanden erklärten.

Wenn Wolfgang Fritze mit einem gewissen Erstaunen registriert, „welch festen Begriff die Bauern von ihren Rechten und der Möglichkeit von deren Behauptung hatten", sieht er die Gründe darin, dass die brandenburgische Landes-

---

[73] Dahlem-St. Annen, 83-85.
[74] GStA X. HA Pr. Br. Rep. 2 A (Kommissionss.) Nr. 422, Bl. 30 f.

herrschaft allezeit daran festhielt, den der Patrimonialgerichtsbarkeit der Gutsherren unterworfenen erbuntertänigen Bauern ihren Stand vor den öffentlichen Gerichten zu erhalten.[75] Nicht ohne Interesse ist ein Promemoria, in dem die Gemeinde Schmargendorf nach Abschluss der Verhandlungen den Wunsch vortrug, dass „uns nach dieser Ausgleichung die Grund- oder Erbbriefe, welche alle diese unsere Gerechtigkeiten enthalten, in der Art gnädig expedieret werden, dass wir hinkünftig nicht weiter zurückgesetzt werden könnten". D.h. die Bauern fühlten sich von der Gutsherrschaft übervorteilt.

Die Umsetzung der Dahlemer Bauern nach Schmargendorf ist nach dem unerwarteten Tod des Grafen Podewils 1804 zwar erfolgt, doch ohne die im Rezess von 1803 vorgesehene Separation der Schmargendorfer Flur, die offenbar erst 1839 mit dem Antrag auf Regulierung der gutsherrlich-bäuerlichen Verhältnisse eingeleitet worden ist. Inzwischen kam das Gut an den preußischen Domänenfiskus.[76]

Nach dem 1856 abgeschlossenen Rezess wurden den Bauern in Schmargendorf ihre Höfe mit den dazugehörigen Gebäuden, der Hofwehr und den Äckern zu freiem Eigentum überschrieben. Die Frondienste wurden gegen Abtretung eines Drittels des Bauernlandes an das Gut aufgehoben. Die Hofwehr musste mit 563 Talern bezahlt werden. Die Bauern hatten auf sämtliche Leistungen der Gutsherrschaft, wie zum Beispiel auf freies Holz für Neu- und Reparaturbauten, zu verzichten. Die sich noch in Gemengelage befindlichen bäuerlichen Äcker wurden separiert. Die Schafhütungsrechte und die Weiderechte der Gemeinde im gutsherrschaftlichen Teil des Grunewalds wurden abgelöst. Die Kosten der Separation gingen vollständig, die der Regulierung zur Hälfte zu Lasten der Schmargendorfer (bzw. ehemaligen Dahlemer) Bauern, zur anderen Hälfte zu Lasten des Domänenfiskus.

Nach Aufhebung der Dienste der Bauern wurden sog. Instleute angesetzt. Sie waren vertraglich gebunden, oft für ein Jahr, auf dem Gut zu arbeiten und erhielten Bar- und Naturallohn (Deputat). Ihr Einkommen konnten sie durch die Bewirtschaftung eines kleinen, von der Gutsverwaltung überlassenen Stückes Land und durch Viehhaltung aufbessern. Während der Sommermonate kamen Tagelöhner hinzu. Das Gut produzierte Lebensmittel für den wachsenden Berliner Markt. Auf der in acht Binnen- und sechs Außenschläge aufgeteilten Wirtschaftsfläche wurden Getreide, Kartoffeln und Gemüse angebaut. Die Milcherzeugung wurde zum wichtigsten Wirtschaftsfaktor. Hinzu kam Schnaps aus der seit den 1820er Jahren betriebenen Brennerei.

Die Separation in Dahlem und Schmargendorf ist in zwei Schritten erfolgt. Als Erstes die Separation von Guts- und Bauernland, die in Brandenburg im letzten Drittel des 18. Jahrhunderts allgemein durchgeführt worden ist. Als Zweites die Separation der Bauernäcker voneinander, die in einem Zuge mit der Regulierung vorgenommen wurde. Bei der ersten Phase ist auffällig, dass trotz des schlechten Besitzrechtes, das die Umsetzung und die Egalisierung ermöglichte, dennoch der Guts-

---

[75] Dahlem-St. Annen, 83-85.
[76] Ebd., 87 f.

herr den Verhandlungsweg mit den Bauern gehen musste und seine Pläne nur durch Zugeständnisse an sie realisieren konnte.

Erbschulzengut Zehlendorf

Auch in Zehlendorf begann die Separation noch vor Beginn der Stein-Hardenbergischen Reformen. Der Chausseebau-Inspektor Reitz, der die Aufsicht über den Bau der Berlin-Potsdamer Chaussee in den Jahren 1790-95 führte und in der Nähe von Stolpe eine Ziegelei betrieb, kaufte 1793 das Erbschulzengut in Zehlendorf für 7000 Taler.[77] Damit erwarb er den größten der hiesigen Höfe.

Das Erbschulzengut hatte eine besondere Qualität gehabt, indem die Inhaber dieses Bauernguts erblich das Schulzenamt wahrnahmen. Es war nichtsdestoweniger veräußerlich gewesen. Der Berliner Stadtsekretär Schlicht erwarb, nachdem er 1754 das Krugut übernommen hatte, auch das Erbschulzengut; außerdem nahm Schlicht um 1760 für das Erbschulzengut den Schlachtensee, die Krumme Lanke und den Riemeistersee in Erbpacht.[78] Mit dem Erwerb durch einen Auswärtigen, der selbst kein Landwirt war, sondern das Bauerngut als Kapitalanlage nutzte und einen Pächter darauf setzte, wurde das Schulzenamt vom Erbschulzengut getrennt. Ein anderer Bauer der Gemeinde übte es als „Setzschulze" aus, der vom Erbschulzen für seine Amtstätigkeit entschädigt werden musste, da am Erbschulzengut dafür gedachte Einkünfte hafteten.

Reitz (der bei der Dahlemer Separation die Vermessungen geleitet hatte) beantragte die Separation. Die kurmärkische Regierung in Potsdam genehmigte am 9. Oktober 1806 den Antrag und beauftragte das Justizamt Mühlenhof mit der Durchführung.[79]

Das Amt bestellte den Regierungs-Kondukteur Ravache, der das Ackerland mit Genehmigung beider Teile, des Bauinspektors Reitz einerseits und der Gemeinde andererseits, vermessen sollte. Die Bonitierung führten der Amtmann Kickebusch aus Tiefensee, der Lehnschulze Walter aus Ahrensdorf und der Gerichtsschulze Margraff aus Lichterfelde durch. Sie nahmen eine Einteilung nach sieben Güteklassen vor:

1. Klasse: gutes Gerstland
2. Klasse: leichtes Gerstland
3. Klasse: gutes Haferland

---

[77] Schäde, Geschichte, 34.

[78] Ebd.

[79] BAZ Verm 9, Rezess vom 21.10.1810; nur das erste und letzte Blatt des Originalrezesses ist vorhanden, im Übrigen Abschrift von 1908. - Eine Abschrift des Rezesses in LHAP Pr. Br. Rep. 7 Nr. 1129 mit der Bemerkung: „ist das Original d. 27.8br c. dem Schulze Hansche remittiert worden." So auch in einer weiteren Abschrift BAZ Verm 35. - Hansche war 1821-1826/27 Schulze, s.u.

4. Klasse: leichtes Haferland
5. Klasse: dreijähriges Roggenland
6. Klasse: sechsjähriges Roggenland
7. Klasse: Land, welches zum Getreidebau untauglich und bloß zum Holzanwuchs brauchbar ist.

„Dreijähriges Roggenland" hieß, dass dieser Boden von so schlechter Qualität war, dass auf ihm nur jedes dritte Jahr Roggen angebaut werden konnte und er dazwischen zwei Jahre brach liegen blieb; „sechsjähriges Roggenland", dass es nur jedes sechste Jahr bebaut wurde und fünf Jahre brach lag. Das Verhältnis der Bodenklassen untereinander wurde so bestimmt, dass einem Morgen der ersten Klasse 1 ¼ Morgen der zweiten Klasse, 2 Morgen der dritten, 3 ½ Morgen der vierten, 7 Morgen der fünften, 15 Morgen der sechsten und 25 Morgen der siebten Klasse entsprachen.

Das Ackerland war in drei große Felder eingeteilt, in das Dahlemsche Feld, das Machnowsche Feld und das Lichterfeldsche Feld (benannt nach den angrenzenden Dörfern). Jeder der zwölf Bauern besaß 3 ½ Hufen Acker,[80] das Lehnschulzengericht fünf Hufen, die Pfarrei zwei Hufen, die der Krüger in Erbpacht, und die Kirche eine Hufe, die die Gemeinde in Erbpacht hatte, weil sie zu nichts als zu Holzwuchs brauchbar war. Daraus wurde nun für das Lehnschulzengut ein zusammen-

1. Der Bauer Gottfried Hansche hat in dem Separations-Tractus an das Lehnschulzengericht abgegeben
    in den Lehmkutenden 2 Stücke,
    in den Fischstallenden 1 Stück,
    in den Dahlem'schen Göhren 2 Stücke,
    in den Vierruthen einen Theil seiner beiden Stücke,
    in den Kirchenden einen Theil seiner 2 Stücke und
    in den Kurzenenden 1 St.,
welche zusammen auf die 1te Klaße reducirt = 9 Morgen 134 Quadrat-Ruthen enthält; dagegen hat derselbe erhalten

1) vom Block die Stücke No. 78 u. 125, auf die erste Klaße reducirt	3 M	91 QR,
2) die Göhren No. 82 von	-	132 QR,
3) aus den Sechstehalb Ruthen No. 69	1 M	141 QR,
4) von den 5 Hufen No. 110	3 M	6 QR,
5) das lange Kurze Ende No. 214	-	124 QR,
	9 M	134 QR

ebenfalls auf die erste Klasse reducirt, so daß er also ebensoviel erhalten wie abgegeben hat.

---

[80] Noch 1721 gab es sieben Vierhüfner und fünf Dreihüfner, bis 1758 hatte eine Egalisierung stattgefunden: Enders, Teltow, 365 f.

hängender Trakt im Dahlemer Feld herausgelöst. Es mussten Grundstücke ausgetauscht werden um die anderen Bauern zu entschädigen. Das sieht im Separationsrezess wie im vorstehenden Auszug aus.

In dieser Art geht es weiter für alle zwölf Bauern. Ihr Acker lag in den benannten Fluren („Kirchen-Enden, schmale Hof-Enden, kurze Enden, Vierruthen", etc.) in 125 Stücken. Sie erhielten jeweils ebenso viele Parzellen in den anderen Fluren, wie sie zuvor gehabt hatten. Bei der Flächenberechnung wurde die Bodengüte der ersten Klasse zum Maßstab genommen („reduziert").

Der Kondukteur Ravache fertigte 1806/07 eine Karte an, in die die Grenzen des separierten Ackers des Lehnschulzenguts eingetragen wurden. Diese Karte ist nicht erhalten. Aus der Grenzbeschreibung geht jedoch hervor, dass es unverändert das Areal ist, das in der großen, 1819 datierten Separationskarte als „Tractus des Gerichts Schulzen" bezeichnet wird.[81]

Auf diese Regelungen einigten sich die Beteiligten. Dabei war Reitz den Bauern entgegengekommen. „Sämtliche Interessenten sind von dem Nutzen dieser Separation überzeugt, weil das Lehnschulzengut durch selbige arrondirt wird und die Gemeine dadurch beßeren Acker erhält als abtritt." Die Bauern untereinander nahmen keine Separation vor, sondern ordneten das verbliebene Ackerland wiederum in drei Felder, die sie als „Gemeine" bewirtschafteten.

Der zweite Komplex der Separation betraf die Weide. Bauern und Kossäten hüteten ihr Vieh auf viererlei Weideland: erstens auf den Stoppel- und Brachfeldern, zweitens auf den Wiesen zwischen Heuernte und Frühjahr, drittens in der „Gemeineheide" und viertens in der königlichen Spandauischen Heide (Grunewald).

Die Wiesenhütung war problemlos zu separieren, die Wiesen lagen geteilt. Die Separation der Weide auf den Stoppel- und Brachfeldern war weniger einfach. Denn die vier Kossäten hatten zwar in der Feldmark keinen Ackerbesitz, waren jedoch auf den Stoppel- und Brachfeldern mit ihrem Vieh weideberechtigt ebenso wie in der Heide. Ein Kossät konnte halb so viel Vieh auftreiben wie ein Bauer. Die Kossäten mussten also einen Ersatz für den Verlust ihres Weideanteils auf dem separierten Acker des Bauinspektors erhalten. Als Äquivalent verzichtete Reitz auf seinen Anteil an dem gemeinschaftlich genutzten Holz, das sich zu beiden Seiten der Chaussee zwischen dem Dorf und Neu-Zehlendorf befand. Die Kossäten erklärten sich mit diesem Übereinkommen einverstanden.

Die Neueinteilung des Ackers wurde sofort vorgenommen, und bereits seit dem 1. Februar 1807 (nach nur vier Monaten) befand sich jeder Beteiligte im Besitz der ihm zugeteilten Ackerstücke. Am 24. Mai 1807 wurde die Verhandlung über die Separation der Weide in der Gemeinheide und im Grunewald geführt.[82]

---

[81] Vgl. die Grenzbeschreibung von 1823 in BAZ Verm 7. Die übrigen Eintragungen in der 1819 datierten Separationskarte gelten selbstverständlich nur für die späteren Veränderungen; siehe Tafel 3 vor S. 412.
[82] BAZ Verm „Heide-Separation", Bl. 11-13.

Die Dorfheide war 1782 von dem Kondukteur Ewert vermessen worden, der eine Karte von ihr aufnahm. Von dieser Karte sind nur Ausschnitte überliefert.[83] Nach dieser Vermessung war die Heide beinahe 1700 Morgen groß, nach Abzug der Landstraße, Wiesen, Seen und dergleichen 1542 Morgen 88 Quadratruten. Mit 13 Bauern und vier Kossäten - zwei Kossäten für einen Bauern gerechnet - war die Weide in 15 Teile zu teilen, was je Anteil 101 Morgen 11 Quadratruten ergab. Nach Forstgrundsätzen, wie es heißt, war anzunehmen, dass immer der sechste Teil einer Heide in Schonung lag. Unter Abzug eines Sechstels blieben je Anteil gut 85 Morgen.

Die Interessenten kamen überein, dass dem Reitz für seinen Anteil an der Weide ein Distrikt im Hinterbusch (Quast) zwischen Chaussee und Königsweg abgeteilt werden sollte. Hier durfte er alle Arten von Vieh hüten, und auch wenn er dies nicht tat, durfte kein Gemeindemitglied sein Vieh dort hineintreiben. Er musste sich einen eigenen Hirten halten und durfte „sich über den Gemeinhirten keine Disposition anmaßen". Wurde ein Teil dieses „privativen Hütungs Districts" in die Anlegung der Schonung einbezogen, musste die Gemeinde Reitz auf einer anderen Seite ein entsprechendes Weideareal anweisen.

Die Separation eines Teils der gemeinen Weide warf Probleme der Wege auf. Für das Vieh des Reitz war der Rest der Gemeinheide fortan gesperrt. Er war aber weiterhin auf die Viehtränke am Nikolassee angewiesen. Also räumte die Gemeinde ihm eine Viehtrift ein von einem Punkt an der Chaussee in der Nähe des „Mönchdammes" aus, damit sein Vieh über diesen Damm zum Nikolassee kommen konnte. Dafür wurde Reitz gut ein Morgen von seinem Weideanteil abgezogen, der nun genau 84 Morgen groß war.

Im Spandauer Forst, der königliches oder Staatseigentum war, war Zehlendorf noch im Jahr 1840 zur Hütung mit 48 Pferden und 100 Rindern berechtigt, allerdings mit Ausnahme der Mastzeit der Schweine. Von den Nachbargemeinden die Kolonie Neu-Zehlendorf mit 21 Rindern, Stolpe mit 500 Schafen, der adlige Hof und die Gemeinde zu Dahlem mit 20 Pferden, 60 Rindern und 500 Schafen; insgesamt elf Gemeinden, Adelshöfe und Vorwerke mit 99 Pferden, 565 Rindern und 4000 Schafen, ohne dass getrennte Hütungsbezirke vorhanden gewesen wären. Anfang des Jahrhunderts war die Zahl der Berechtigten und des Viehs noch höher gewesen. Der Grunewald wurde jedoch nur mäßig behütet, da die Berechtigten eigene Hütungsflächen besaßen, das Revier ihnen z.T. zu weit entlegen war, vor allem aber nur einen geringen Weideertrag gewährte. Denn der Grunewald war, nachdem die Könige die Eichen als Bauholz hatten schlagen lassen, durchweg mit Kiefern bestanden, die nur an wenigen Stellen mit Birken und einzelnen Eichen durchsprengt waren.[84]

Die Weide im Spandauer Forst wurde nicht separiert. Die Gemeinde verlangte zunächst zwar, dass Reitz sich zur Ausübung seines dortigen Hütungsrechts

---

[83] S.o. Anm. 39.
[84] Hans-Jürgen Mielke, Die kulturlandschaftliche Entwicklung des Grunewaldgebietes, Berlin 1971, 63, 66, 68-70, 216.

einen eigenen Hirten halten möge, damit er nicht über den Gemeindehirten verfügen könne und möglicherweise eine von ihm verursachte unzeitige und zu häufige Behütung des Forsts zu Nachteilen für die Gemeinde führen könnte. Reitz gab aber die ausdrückliche Erklärung ab, „daß er sich über den Hirten in der Spandauschen Heyde durchaus keine Disposition anmaßen, sondern der Gemeinde allein überlassen wolle, wann und wie lange in der Spandauischen Forst gehütet werden solle." Also blieb diese Hütung wie bisher gemeinschaftlich, der Hirte der Gemeinde musste das Vieh des Reitz als Erbschulzen unentgeltlich mithüten und ohne Lohn in den Grunewald mitnehmen.

Bei der Verhandlung waren neben dem Bauinspektor acht Bauern anwesend, unterschrieben wurde das Verhandlungsprotokoll von diesen (Gaebert signiert xxx) und drei Kossäten. Während der Verhandlungen, heißt es, hat sich noch der Bauer Christian Ludwig Asfalck eingefunden. Er hat zusammen mit den anderen Anwesenden das Protokoll bei der Verlesung genehmigt und fügte die Erläuterung an, dass die Trift vom Dorf zum privaten Hütungsbezirk des Reitz an der linken Seite der Chaussee entlanggehe, wo sie jetzt auch sei. Vor der Unterschrift hatte sich Asfalck wieder entfernt.

Der Separationsrezess wurde erst am 21. Oktober 1810 abgeschlossen. Zur Unterzeichnung fanden sich ein: „Der Herr Bau Inspektor Philipp Justus Christoph Reitz. Ferner die Gemeinen": der Schulze George Haupt, die beiden Gerichtsmänner, weitere acht Bauern, der Inhaber des Krugguts August Wilhelm Pasewaldt und die vier Kossäten, unter ihnen der Müller und der Schmied.[85] Für die Separation des Heideanteils des Bauinspektors Reitz, die auf seine Kosten gehen sollte, waren noch einige Einzelbestimmungen zu treffen:
- Auf den Fischstallenden nach dem See hinunter war ein Teil der Ackerstücke mit Kiefern bewachsen. Dieses Holz wurde von der Dorfgemeinschaft genutzt, genau wie das Holz aus der Heide. Es wurde nun in die Separation einbezogen, so dass Reitz das Holz auf seinem Ackerland abholzen konnte.
- Die Fenne und die Rohrung um und an Riemeistersee, Krummer Lanke und Schlachtensee, ebenfalls gemeinschaftlich genutzt, wurden entsprechend der festgesetzten Ackergrenzen separiert.
- Reitz bewilligte der Gemeinde entschädigungslos eine Schaftrift quer durch seine Fluren, die die alte Wegeführung unterbrachen.
- Das „Schulzengericht" war weiterhin verbunden, den Zuchtstier und den Zuchteber für die Gemeinde zu unterhalten, wogegen ihm der Dünger aus dem Hirtenstall, wenn es das Einstreustroh lieferte, zukam; diese uralte Verpflichtung des Schulzengerichts wurde jetzt nicht aufgehoben. Den Eber hatte der Erbschulze, den Bullen die Gemeinde anzuschaffen.
- Schließlich wurde vermerkt, dass das Recht der Wilmersdorfer Schäferei, die hiesigen Feldmarken wöchentlich zweimal mit ihren Schafen zu behüten, durch die Separation nicht berührt würde.

---

[85] Wie Anm. 79.

Der Vertrag wurde den Interessenten laut und deutlich vorgelesen, sie erklärten sämtlich keine Einwendungen zu haben und damit einverstanden zu sein. Er wurde von ihnen eigenhändig unterschrieben resp. unterkreuzt. Endlich wurde der Rezess mit den Akten und der Karte von der kurmärkischen Regierung genehmigt und vom Justizamt Mühlenhof in zwei Exemplaren für den Bauinspektor Reitz und die Gemeinde ausgefertigt.

Die Separation des Lehnschulzenguts war eine Teilseparation, indem seine Ländereien aus der Gemeinschaft herausgelöst wurden, die übrigen Bauern aber nach der Neueinteilung der Feldmark ihre Gemeinschaft untereinander in traditioneller Weise mit Dreifelderwirtschaft, Flurzwang und gemeinsamer Weide fortsetzten. Sie sahen offensichtlich keine Veranlassung sich den Maßnahmen des von außen kommenden landwirtschaftlichen Investors anzuschließen. Sie setzten ihre Gemeinschaft wie gewohnt fort. Der von außen Kommende blieb außen, separierte sich von der Dorfgemeinde, der er formal noch angehörte und für die er alte Verpflichtungen, die an dem Erbschulzengericht hafteten, noch wahrnehmen musste, an deren Wirtschaften und Leben er aber nicht teilnahm.

Dabei waren die Bauern offenbar landwirtschaftlichen Neuerungen keineswegs abgeneigt. Der Separations-Rezess vermerkt, dass die Gemeinde vom Besitzer des Lehnschulzenguts 50 Taler „als Entschädigung für die Sommerung" erhalten hat. Ein Feld wurde also - wenigstens teilweise - mit Futterpflanzen angebaut. Da nun durch die Separation der Gemeinde ein Teil der Brache für die Sommerung verloren ging, wurde sie dafür entschädigt.

Wenn auch das Separationsverfahren von der Behörde durchgeführt wurde, so musste sie doch bei jedem Schritt die Zustimmung aller Beteiligten einholen, des Antragstellers und der Gemeinde. Reitz musste durch ein gewisses Entgegenkommen das Einverständnis der Bauern gewinnen, ohne das die Separation nicht zustande gekommen wäre. Dennoch, es ging auf diesem Konsenswege, niemand sperrte sich prinzipiell gegen den Vorgang.

Ähnlich der vorangegangenen Separation von Guts- und Bauernland in Dahlem wurde das Erbschulzengut in Zehlendorf aus der Gemengelage herausgelöst. Diese Teilseparationen wurden auf der Grundlage friderizianischer Gemeinheitsteilungsverordnungen vorgenommen.

Übrigens ist im Rezess von einer Separation der Holznutzung in der Zehlendorfer Gemeinheide nirgends die Rede, der Holzschlag für Bau- und Brennholz wurde weiterhin für alle Dorfeinwohner einschließlich des Besitzers des Erbschulzenguts gemeinschaftlich geregelt.

Sieben Jahre vergingen, bis im Oktober 1817 der Gastwirt August Wilhelm Pasewaldt die Separation für seinen Grundbesitz beantragte.[86] Damit begann eine Phase der Separationen und der Ablösungen der gutsherrlichen Lasten in Zehlendorf und seinen Nachbarorten, die sich über viele Jahre fast ununterbrochen hinzog. Auch dieser zweite Akt der Separation in Zehlendorf begann, bevor mit der Gemeinheitsteilungs-Verordnung von 1821 das entsprechende Gesetz im Rahmen der Preußischen Reformen erging.

Den Krug, der laut Erbregister von 1591 mit einer Braustätte verbunden war und zu dem ein Bauerngut gehörte, befand sich seit Ende des Dreißigjährigen Kriegs in bürgerlichen Händen. 1674 heiratete der Teltower Bürger Elias Süßmilch ein, dessen Söhne in Berlin das Bürgerrecht erwarben und das Braugewerbe betrieben.[87] Der Zehlendorfer Krug wurde verpachtet. Im Zehlendorfer Kirchenbuch erscheint 1724 ein Christian Neumann als Krüger, 1751 Balthasar Haupt als Arrendator und Gastwirt, 1754 Gastwirt Huhn.[88] Die Inhaber des Zehlendorfer Kruges nutzten ihn als Mittel für weitergespannte gewerbliche Aktivitäten und zum Sprung in das städtische Gewerbe. 1752 übernahm Johann Peter Süßmilch, Propst an St. Petri in Cölln (auch Begründer der Demographie in Deutschland), den Krug. Als 1754 eine Journaliere, eine Schnellpost, zwischen Berlin und Potsdam eingerichtet werden sollte, übernahm Süßmilch ihren Betrieb, den er an seinen Krugpächter Huhn weiterverpachtete.[89] Noch im gleichen Jahr verkaufte er das Kruggut an den Berliner Stadtsekretär Johann Christian Schlicht und erwarb Schulzengehöft und Windmühle in Friedrichshagen. Schlicht behielt den Krugpächter, der auch die Journaliere weiterführte. Außerdem kaufte Schlicht das Zehlendorfer Lehnschulzengut und vereinigte damit die beiden größten Höfe des Dorfes in seiner Hand. 1759 nahm er auch den Pfarracker in Erbpacht.

1761 ging der Besitz an den ehemaligen Gutspächter Peter Pasewaldt aus Diedersdorf über. Nach seinem Tod 1803 ging der Krug an den ehemaligen Feldprediger Schmidt, dann verwaltete es der Küster Schäde als Vormund des Erben August Wilhelm Pasewaldt, der es 1811 für 10 000 Taler übernahm. Die Posthalterei war bis 1818 in Pasewaldts Haus zur Miete, außer der Brauerei wurde noch eine

---

[86] BAZ Verm 7, 23.9.1823 (Rezess); ein Fragment seines Antrags, das sich auf die Weide bezieht, in Verm „Heide-Separation", Bl. 4.

[87] Enders, Teltow, 365; Heinrich Banniza von Bazan, Der Zehlendorfer Krüger Elias Süßmilch, seine Sippe und seine Nachkommenschaft, in: Der Herold 2 (1941), 1-15.

[88] Paul Troschke, Hans Peter Süßmilch. Sein Leben und Wirken. Ein Rückblick in Zehlendorfs Vergangenheit. Berlin 1955, 14.

[89] Fritz Krüger, Johann Peter Süssmilch, Zeuge einer Epoche, in: Mitteilungen des Vereins für die Geschichte Berlin 64 (1968), 133-139; Julius Haeckel, Die Anfänge der Berlin-Potsdamer Eisenbahn, I. Potsdamer Verkehrsverhältnisse vor 1838, 1. Die Post im 18. Jahrhundert, in: Mitteilungen des Vereins für die Geschichte Potsdams NF 6 (1927), 34 ff.

Brennerei betrieben. Die Brennerei war damals in hohem Schwunge, erinnerte sich Karl Pasewaldt, ein jüngerer Bruder des Kruginhabers, „es wurde ununterbrochen Tag und Nacht gearbeitet mit Ablösung der Mannschaften".[90] 1819 konnte Pasewaldt das Hauptsche Bauerngut für 6000 Taler hinzuerwerben, das Haupt im Jahr zuvor für denselben Preis an einen gewissen Nauk aus Berlin verkauft hatte.[91]

Wie das Erbschulzengut diente das Kruggut schon im 18. Jahrhundert vor allem kommerziellen Interessen. Berliner Bürger, ein kapitalkräftiger Gutspächter nutzten den Krug als Basis weiter gehender gewerblicher und Handelsaktivitäten oder als Kapitalanlage zur Verpachtung. Nun geriet auch ein Bauerngut in den kommerziellen Sog. Seine Erwerbung vergrößerte Pasewaldts Gundbesitz beträchtlich. So war es folgerichtig, dass auch er seine Ländereien durch eine Separation zur rationellen Bewirtschaftung zusammenhaben wollte.

Dies machte eine Neueinteilung der Feldmark notwendig, mit der das Generalkommissariat für die Kurmark Brandenburg und Sachsen - das seit 1811 für die Regulierung der gutsherrlich-bäuerlichen Verhältnisse und seit 1816 zugleich für die Separationen zuständig war - den Regierungs-Kondukteur Emden beauftragte. Emden reiste zu den jeweiligen Terminen nach Zehlendorf, wo er mit seinem Gehilfen im Pasewaldtschen Haus Quartier nahm, blieb einen, manchmal zwei Tage, steckte das Gelände ab und fuhr dann nach Berlin zurück um die Berechnungen und Pläne auszuarbeiten. Im Winter ruhte seine Tätigkeit.[92]

Emden begann im April 1819 seine Arbeiten. Die Separation wurde diesmal mit etwas mehr Umsicht geplant insofern, als vorab einige Maßnahmen zur Verbesserung der landwirtschaftlichen Infrastruktur ergriffen wurden. Nicht zuletzt darin wurde ja der Sinn und Zweck der Separation gesehen, wie er in dem von Albrecht Thaer entworfenen Preußischen Landeskulturedikt von 1811 angegeben wurde. Vorgenommen wurde eine Verbreiterung und Begradigung des Machnowschen Weges, die Anlegung einer Viehtrift vom Dorf zur Spandauer Heide und zur Bauernheide; außerdem sollten zur Verbesserung der Schullehrerstelle und der vom Schullehrer unterhaltenen Baumschule zwei Morgen Acker mittlerer Güte separiert sowie drei Fünftel Kuhweide (das Weiderecht auf gut zwei Morgen Weideland) angewiesen werden. Das für diese Maßnahmen notwendige Land wurde bei der Neuverteilung des Bodens den einzelnen Bauern anteilsmäßig abgezogen.[93]

Zum anderen sollte das bisher gemeinschaftlich genutzte Land in der Feldmark aufgeteilt und den einzelnen Bauern Anteile zugeschlagen werden. Dieses Land lag in drei Fluren (Machnowsche Gehren, Machnowsche Enden, spitze Bergenden und Behrenecke-Heideenden) und war teilweise mit Holz bewachsen. Es wurde abgeholzt, das Holz in der Gemeinde meistbietend verkauft und der Boden aufgeteilt.

---

[90] Hummel, Denkwürdiges aus Alt-Zehlendorf, in: Mitteilungen des Vereins für die Geschichte Berlins 48 (1931), Heft 1, 24.

[91] Schäde, Geschichte, 35 f.

[92] Der Gang der Arbeiten und die Aufenthalte in Zehlendorf ab Juni 1819 gehen aus seiner Abrechnung der Auslagen und Gebühren hervor: BAZ Verm 3, 21.1.1822.

[93] BAZ Verm 3, Separationspläne 1819/20.

Nachdem diese Landabzüge und -zuweisungen berechnet waren, konnte zur Neuaufteilung der Feldmark geschritten werden. Die in den Plänen verzeichnete Bonitierung[94] gibt interessante Aufschlüsse. Gut die Hälfte des Bodens war 9-jähriges Roggenland, also Boden minderster Güte. Der größte Teil dieses Bodens (etwa ¾) lag im Behrenschen Feld (zu Schlachtensee und Krummer Lanke hin). Die Angaben nach der Separation des Krug- und Pfarrlandes sind die, dass im Behrenschen Feld 9-jähriges Roggenland einen Anteil von 86 % hatte. Im Machnowschen Feld war der Anteil des 9-jährigen Roggenlands 48 %, des Roggenlands aller Klassen (3-, 6- und 9-jähriges) 82 %. Der gute Boden lag im Lichterfeldschen und Dahlemschen Feld; Gerstland 1. Klasse, also bestes Ackerland, hatte einen Anteil von 46 %, Gerstland beider Klassen von 70 %. Wiesenland ist im Machnowschen Feld ausgewiesen. Jedes Bauerngut hatte hier acht bis neun Morgen Wiesen.[95] Jeder Bauer besaß im Durchschnitt 340 Morgen Ackerland, wenn auch über die Hälfte davon schlechter Boden war.

Am 20. Juni 1820 fuhr Emden nach Zehlendorf, steckte entsprechend den inzwischen ausgearbeiteten Plänen den Separationstrakt ab, erläuterte und wies ihn dem Gastwirt Pasewaldt an. Pasewaldt gehörten 1. das Kruggut, 2. das ehemals Hauptsche Bauerngut, 3. das Pfarrland in Erbpacht und 4. ein Zwölftel des von der Gemeinde gepachteten Kirchenlandes. Pasewaldt bekam einen Trakt an der Dahlemer Grenze zugeteilt und einen Streifen im Behrenschen Feld (Seeschlag) neben dem Gerichtsschulzentrakt. Dieser Streifen wird auch als „Pasewaldscher Neben- oder Sandplan" bezeichnet. Die Grenzen verliefen so, wie sie in der großen Separationskarte eingetragen sind; der Boden der Pfarre ist, weil es Pachtland war, besonders ausgewiesen, lag aber in einem Trakt mit dem des Kruges.[96] Im Entwurf des Separationsplans sieht das wie in der nachfolgenden Tabelle aus.

Acker- und Wiesen-Separationsplan des Gastwirth Pasewaldt.

Der Gastwirth Pasewaldt besitzet an Acker (Morgen)		Nauk.Gut	Summa	Derselbe erhält per Separationem
zusammen	332	326	658	593
Gerstland 1. Klasse	37	32	69	84
Gerstland 2. Klasse	17	15	32	9
Haferland 1. Klasse	16	13	29	13
Haferland 2. Klasse	15	23	39	58
Roggenland 3-jährig	27	30	57	68
Roggenland 6-jährig	47	41	88	149
Roggenland 9-jährig	163	158	321	208

[94] Die Güteklassen waren die gleichen wie im Rezess 1810, nur dass jetzt noch in 6-jähriges und 9-jähriges Roggenland unterschieden wurde.
[95] BAZ Verm 3, Separations-Pläne 1819/20; Verm 7, Rectificirte Separations-Pläne Juni 1820.
[96] BAZ Verm 7, Grenzbeschreibung 1823; siehe Tafel 3, vor S. 412.

Hinzu kam das Pfarrland von 182 Morgen und der Anteil am Kirchenland von 4 Morgen. Abgezogen wurde der Anteil zur Verbesserung der Schullehrerstelle und zur Anlegung der Triften.

Das übrige Land wurde unter die Bauern verteilt, die wiederum beschlossen in Gemeinschaft zu bleiben. Emden steckte am 3. und 4. Juli 1820 jedem das ihm zugeteilte Land an Ort und Stelle ab und wies es an. Jeder der zehn Bauern hatte einen fast gleich großen Ackerbesitz, zwischen 331 und 371 Morgen. Umgerechnet in Boden erster Güte betrug der Unterschied zwischen dem größten und dem kleinsten Ackerbesitz nur 7 %. Jeder Bauer erhielt möglichst gleich große Anteile.[97] Damit blieb die Bodenzersplitterung unter den Bauern bestehen. Ebenfalls gesondert ausgewiesen blieb das von der Gemeinde seit 1790 in Erbpacht gehaltene Kirchenland, knapp 28 Morgen 9-jähriges Roggenland, verteilt auf die drei Felder.

Auch der Kossät Haupt war an der Ackerseparation beteiligt und erhielt gut fünf Morgen Acker im Lichterfeldschen und Dahlemschen Feld. Normalerweise hatten die Kossäten keinen Acker in der Feldmark. Zum Hauptschen Kossätengut hatte aber früher ein wüster halber Kossätenhof, der neben dem Lehnschulzengut lag, gehört; dessen damaliger Besitzer, Stadtsekretär Schlicht, hatte es im Tausch gegen Ackerland erworben.[98]

Bereits im Juli 1820 zog Emden weiter zur Vermessung zweier Feldmarken bei Dahme.[99] Er reichte seine Rechnung der Gebühren und Auslagen ein. Bereits im September 1819 hatte die Gemeinde 372 Reichstaler als Separationskosten entrichtet, 300 Taler für Emden, 39 Taler für die Kettenzieher (Messkette) und 33 Taler für den Breitner Kreisschulzen Krüger. Die zweite Abrechnung Emdens belief sich auf 226 Taler. Es kamen aber noch weitere Kosten hinzu; als mit dem Vorgang Beschäftigte werden genannt der Ökonomie-Kommissar Gottgetreu und der Justizrat Beelitz; so belief sich die zweite Gesamtrechnung, die am 4. März 1822 gestellt wurde, auf 440 Taler. Diese Kosten wurden auf die Ackerwirte umgelegt, sodass auf jeden ein Beitrag von beim ersten Mal etwa 29 und beim zweiten 35 Taler zukam. Die Gemeinde bat im Juli um Stundung der Zahlung, die ihr bis 1. Oktober bewilligt wurde. Am 2. Oktober wurden 403 Taler eingezahlt, die übrigen 36 Taler später.[100] Die Separationskosten waren nicht unerheblich, über das Geld verfügten die Bauern erst nach dem Verkauf der Ernte. Es kam noch eine dritte Rechnung, nämlich für die Ausfertigung des Rezesses in drei Exemplaren für Pasewaldt, die Gemeinde und das Landratsamt; sie belief sich auf 126 Taler. Auch hier erbat die Gemeinde eine Stundung.[101] Insgesamt kostete die Separation der Krugländereien 939 Taler. Zu vermer-

---

[97] Ebd., Subrepartitions-Register, Juni 1820.
[98] Schäde, Geschichte, 38.
[99] Hummel, Denkwürdiges, 24.
[100] BAZ Verm 3, 8.1., 21.1., 12.7., 3.10.1822 sowie 21.2.1824.
[101] Ebd., 5.10.1823, 31.1. und 29.5.1824.

ken ist, dass die Separation zwar allein dem Antragsteller, Krugwirt Pasewaldt, zugute kam, die Kosten jedoch auf alle Ackerbesitzer verteilt wurden.

Der Separationsrezess wurde erst 1823 abgeschlossen, was mit vielen noch ausstehenden Regelungen zu tun hatte. Sie betrafen hauptsächlich den zweiten großen Komplex, die Separation der Weide und des Holzschlags. Pasewaldt hatte in seinem Separationsantrag eine Schilderung der Weideverhältnisse in Zehlendorf gegeben: Als Weide existierte

1. Die Spandauer Heide; hierin wurde täglich das Rindvieh gehütet, das nicht auf die Feldmark kam.
2. Die Ackerweide und die Herbst- und Frühjahrshütung auf den Wiesen; hierauf wurden ausschließlich das Spannvieh und die Schafe getrieben.
3. Das Ackerholz auf der Feldmark; es wurde mit Schafen betrieben.
4. Die Heide; ausschließlich das Spannvieh kam hierauf.

Die Weide im Spandauer Forst würde in Gemeinschaft bleiben, für die übrige Weide hatte Pasewaldt aber die Separation beantragt.[102]

Durch die Ackerseparation war die Gemeinde von der Stoppel- und Brachweide auf den Pasewaldtschen Äckern ausgeschlossen, setzte die gemeinschaftliche Weide auf ihren Feldern aber fort. Pasewaldt hatte Feldwiesen im Machnowschen Feld besessen, die mit Acker umgeben und durchschnitten waren. Hätte er diese Wiesen separieren wollen, wäre die Weide der in Gemeinschaft gebliebenen Bauern und Kossäten in diesem Feld behindert worden. Daher erklärte sich Pasewaldt einverstanden, auf diese Wiesen zu verzichten und sie gegen Gerstland 1. Klasse anschließend an seinen Separationstrakt auszutauschen. Den Kossäten leistete Pasewaldt für den Verlust ihrer Weiderechte auf dem separierten Acker eine Entschädigung in Ackerland.[103]

Eine Separation der Gemeinheide kam aber, anders als bei der Separation des Lehnschulzenguts 1810, nicht zustande. Der Separationsrezess sah vor, dass Pasewaldt sein Vieh anteilsmäßig auf die Heide treiben sollte, entweder mit einem eigenen Hirten oder weiterhin durch den Gemeindehirten. Die Viehzahlen wurden festgelegt: es durften a) insgesamt 1200 Schafe aufgetrieben werden (davon Pasewaldt 224, jeder Bauer 88, jeder Kossät 24 Stück); b) jedes Ackergut und die Pfarre sechs Pferde oder Ochsen, ein Kossät die Hälfte; statt eines Pferdes oder Ochsen konnten es auch zehn Schafe sein.

Am 28. Juni 1823 wurden die Bauern, Kossäten und sonstigen Interessenten zur gerichtlichen Verlautbarung des Rezesses zusammengerufen. Es wurde zunächst der Versuch gemacht die in Hütungsgemeinschaft verbliebenen Bauern und Kossäten zu einer festen Bestimmung zu bewegen, wie viel Vieh jeder einzelne Kossät im Vergleich zu einem Bauern auf die Ackerweide zu bringen berechtigt sein sollte, „es blieb dieser Versuch jedoch fruchtlos". Sie erklärten, dies setze eine Viehordnung

---

[102] BAZ Verm „Heide-Separation", Bl. 4.
[103] BAZ Verm 7, 28.6.1823 (Rezess).

voraus, die sie nicht eingehen wollten. Da sämtliche Ackergüter mit geringfügiger Abweichung die gleiche Fläche hätten, sollten der Einfachheit halber weiterhin alle Bauern die gleiche Viehzahl auf die Weide bringen können und ein Kossät halb so viel wie ein Bauer. Dabei blieb es. Anschließend wurde der Rezess-Entwurf sämtlichen Beteiligten langsam und deutlich vorgelesen.

Diese waren neben dem Gastwirt August Wilhelm Pasewaldt der Schulze Johann Gottfried Hansche und neun weitere Bauern, vier Kossäten, unter ihnen der Mühlenmeister Christian Friedrich Lorenz und der Schmiedemeister Johann Friedrich Schulze, der Küster und Schullehrer Ferdinand Schäde sowie der Prediger Johann Andreas Sachtleben, der die Rechte der Pfarre, Kirche und Schule dabei wahrnahm. In drei Fällen wurden die Ehefrauen mitaufgeführt, die die Eigentümerinnen der Höfe waren, in die die Männer eingeheiratet hatten. Sie hatten daher ihren Ehemännern für die Verhandlungen über die Separation Vollmacht zu erteilen; das hieß Vergleiche über Teilnehmungsrechte und vorkommende Streitigkeiten abschließen, die Vermessung, Bonitierung und die Karte sowie die Ausgleichungsgrundsätze monieren und gegebenenfalls anerkennen, evtl. Prozesse führen, den Rezess abschließen. An alles, was ihre Ehemänner in dieser Sache verhandeln würden, wollten sie sich halten, als wenn es von ihnen selbst verhandelt wäre.[104]

Im Rezess waren noch einige Einzelheiten zu den Gemeinschaftsrechten zu regeln:[105]
- Das Ackerholz betreffend, das bisher gemeinschaftlich genutzt war, wurde der Grund und Boden dem jeweiligen Besitzer zuerkannt, das darauf stehende Holz aber geschlagen und anteilsmäßig verteilt.
- Die Wiesen in der Heide sollten künftig nicht mehr beweidet werden.
- Die zu den beiden Hirtenhäusern gehörigen Grundstücke wurden nicht geteilt, da sie dem Kuhhirten, Heideläufer und Nachtwächter als Wohnung dienten; bei den bisherigen Beiträgen zu Bau und Reparatur sollte es bleiben. Pasewaldt hatte als Hirtenlohn jährlich 4 ½ Scheffel Roggen und zwei Metzen Erbsen zu entrichten.
- Ebenso blieb es bei der gemeinsamen Verpflichtung zur Unterhaltung der Brücken, des gemeinschaftlichen Abzugsgrabens und der öffentlichen Wege; dagegen waren die Feldwege nur von denen, deren Grundstücke daran stießen und die sie nutzten, auszubessern.

Nachdem mit der Separation des Lehnschulzenguts fünf und mit der der Pasewaldtschen Güter weitere neun von den fünfzig Hufen, die die Zehlendorfer Feldmark ausmachten, ausgeschieden waren, konnten die übrigen Bauern, die noch mehr als 70 % des Ackerlandes hielten, durchaus die Feldgemeinschaft fortführen. Wiewohl die wirtschaftliche Einheit der Gemeinde nun spürbar gestört war.

Ausgesprochen resistent zeigten sich die Bauern gegen eine Aufteilung der Heide. Beim Erbschulzengut hatte es eine Weideseparation gegeben, aber keine der Holznutzung. Pasewaldt erhielt entgegen seiner ursprünglichen Absicht auch keine

---

[104] Ebd., 18./19.4.1818, 17.5.1822.
[105] Wie Anm. 103.

Weideseparation in der Heide. Zu einer Bestimmung der Gesamtviehzahlen, die offenbar mit der bisherigen Behütung zugunsten des Schafauftriebs nicht übereinstimmte, hatte sich die Gemeinde verstehen müssen, lehnte eine detailliertere Weideordnung aber ab.

Ablösung der Schafhütung in Zehlendorf

Pasewaldt hatte in seinem Separationsantrag angekündigt die Aufhebung der Wilmersdorfer Schäferei zumindest für seinen Teil beantragen zu wollen, es sei denn die Gemeinde würde die Ablösung überhaupt beantragen.[106] Tatsächlich entschloss sich die Gemeinde bei einer Verhandlung über die Separation der Pasewaldtschen Güter am 18. April 1818 einen entsprechenden Antrag zu stellen. Am nächsten Tag erschienen neben dem Gastwirt Pasewaldt der derzeitige Schulze Ernst Ludwig Pasewald, der Gerichtsschöppe Friedrich Dubrow, der Gerichtsschöppe George Zinnow und der Bauer Astfalk und machten Ausführungen über die Schafweideverhältnisse:[107]

Das Gut Wilmersdorf, dem Baron von Eckardstein in Charlottenburg gehörig, hatte die Aufhütung mit seinen Schafen auf der Zehlendorfer Feldmark inkl. der bereits separierten Besitzungen des Schulzenguts, nicht jedoch auf der Heide. Und zwar an zwei Tagen in der Woche zu ungeschlossenen Zeiten, ausgenommen die von der Gemeinde auf der Brache und den Stoppelfeldern angelegten Koppeln für das Spannvieh. Da es ihnen an Spannviehweide mangele, seien sie gezwungen den besten und größten Teil ihres Brach- und des Winterstoppelfeldes für das Spannvieh auszustecken. Sodass für die Wilmersdorfer Schafe nur die Sommer- und die Brachfeldstoppeln zu behüten blieben, sofern das Feld mit Brachfrüchten bestellt wurde. Ihre eigenen Schafe würden ebenfalls auf diesen Feldern geweidet, die sie sonst nur auf der Heide hüten könnten. Da aber die Abwechslung der Weide besonders für die Schäferei sehr nützlich und notwendig sei, so folge daraus von selbst, dass sie die Ackerweide für ihre Schafe sehr stark benutzen müssten. Außerdem müsse tagtäglich ihre Schweine- und Gänseherde auf den Acker getrieben werden.

Der Umfang der Wilmersdorfer Schafhütung sei „auch aus dem Grunde von keinem großen Belang", da Wilmersdorf zur gleichen Zeit noch auf sechs anderen Feldmarken das Aufhütungsrecht ausübe, daher die Schafe nur selten hierher gekommen und nur wenige Tage im Jahr gehütet würden. Hinzu komme, dass die Feldmark Zehlendorf für Wilmersdorf am entlegensten wäre, und wenn die Schafe nicht über die dazwischen liegenden Feldmarken herübergehütet werden sollten, nichts weiter übrig bliebe, als sie fast eine Meile weit die Chaussee entlangzutreiben.

Sie baten, dem Baron von Eckardstein ihren Antrag mitzuteilen und eine Erklärung über die Entschädigungssumme anzufordern. Inzwischen waren noch wie-

---

[106] BAZ Verm „Heide-Separation", Bl. 4-5.
[107] BAZ Verm 38, 18.4. u. 19.4.1818.

tere fünf Bauern und zwei Kossäten erschienen, denen das Verhandlungsprotokoll vorgelesen wurde, das sie genehmigten.

In Wilmersdorf befand sich das Domänenvorwerk des Amtes Mühlenhof und der Sitz des Generalpächters. Dazu gehörte eine Schäferei, deren Herde den Weidegang über die Brachen der benachbarten Dörfer, auch Zehlendorfs, hatte.[108] Das Gut Wilmersdorf war an den Kammerherrn Baron von Eckardstein verpachtet, der die Rechte wahrnahm. Eingeleitet wurde eine Separation zwischen Gemeinde und Domäne. Denn der Grundgedanke der Separation war die Aufhebung fremder Weiderechte, gemeindlicher oder herrschaftlicher, auf Äckern und Wiesen, durch die die private Wirtschaftsfreiheit eingeschränkt wurde.

Bei dieser Gelegenheit wurden aber auch die übrigen Verpflichtungen, die die Zehlendorfer Bauern und Kossäten gegenüber dem Gut Wilmersdorf hatten, aufgehoben. Sie hatten eine bei Charlottenburg gelegene Wiese zu bearbeiten, das Gras zu mähen und zu heuen, die Bauern mussten mit ihren Fuhrwerken das Heu abfahren. Die vier Kossäten mussten gemeinsam zwei Tage im Jahr Schafe waschen oder scheren und zwei Tage während der Ernte in der Scheune arbeiten. Die Domäne Wilmersdorf war verpflichtet die Diensttuenden mit Essen und Trinken zu versorgen bzw. ihnen das Geld dafür zu geben.[109]

Die Gemeinde und der Baron von Eckardstein verabredeten folgenden Vertrag: Vom 1. Januar 1820 an wurde die Feldmark Zehlendorf von den Wilmersdorfer Schafen nicht mehr beweidet. Ab Johannis (24.6.) 1820 wurden die Dienste von den Bauern und Kossäten nicht mehr geleistet. Der Baron von Eckardstein verzichtete namens der Domäne Wilmersdorf „auf immer und ewige Zeiten" auf diese Rechte. Dagegen entrichtete die Gemeinde Zehlendorf jährlich 112 Taler an das Gut Wilmersdorf, davon der Krüger 18 Taler, jeder Bauer 7 Taler 12 Silbergroschen und jeder Kossät 3 Taler 21 Silbergroschen.

Am 4. April 1821 wurde der von der Regierung genehmigte Dienst- und Weideablösungsrezess ausgefertigt. Es wurde darauf hingewiesen, dass die Entschädigungszahlungen gemäß der Bestimmung des Landeskuluredikts vom 14.9.1811 durch Kapital abgelöst werden konnten, jedoch nur mit Genehmigung des Fiskus als Erbverpächter des Guts Wilmersdorf. Die Kosten des Verfahrens übernahmen der Baron und die Bauern und Kossäten je zur Hälfte. Johann Bernhard Freiherr von Eckardstein, die Bauern und Kossäten unterzeichneten den Rezess, die Bauern zugleich als Erbpächter des Kirchenlandes, Friedrich Zinnow und Güthling als Kirchenvorsteher, schließlich der Prediger Sachtleben.

Der Kommerzienrat Jean Beer, der 1814 das Lehnschulzengut dem Bauinspektor Reitz abgekauft hatte[110], trat dem Vertrag nicht bei, da die Schulzen-

---

[108] Friedrich Holtze, Das Amt Mühlenhof bis 1600, in: Schriften des Vereins für die Geschichte Berlins 30 (1893), 34 u. 36.
[109] HVZ Hütungs-Separation v. Eckardstein-Wilmersdorf gegen die Gemeinde Zehlendorf, 4.4.1821 (Rezess) (Ausfertigung von 1826); Abschrift von 1907 in BAZ Verm 38.
[110] Schäde, Geschichte, 34.

grundstücke bereits aus der Gemeinheit ausgeschieden waren. Die Domäne Wilmersdorf behielt sich ihre Rechte ihm gegenüber vor.

Bauholzordnung der Gemeinde Zehlendorf

Nachdem „die Dorfgerichte zu Zehlendorf" das Amt Mühlenhof unterrichtet hatten, versammelten sich am 28. November 1824 sämtliche Gemeindemitglieder in Anwesenheit des Rentbeamten Eyber und eines Protokollanten im „Setzschulzen-Gericht" in Zehlendorf. Ihnen wurde der Antrag des Dorfgerichts bekannt gemacht, dass es zur Erhaltung der Gemeinheide erforderlich sei für die Verabreichung von Bau- und Reparaturholz eine bestimmte Ordnung einzuführen.[111]

„Nachdem die Verhältniße genau erwogen", wurde auf Vorschlag des Gerichts beschlossen einen Normalanschlag von einem Bauernhof, bestehend aus einem Wohnhaus mit zwei Stuben, zwei Kammern, einer Küche und einem Keller, aus einer Scheune, einem großen und einem kleinen Stall, anfertigen zu lassen. Es wurden die genauen Maße jedes Gebäudes festgelegt. Das nach diesem Normalanschlag erforderliche Holz sollte bei einem Neubau jedem Mitglied aus der Gemeinheide verabreicht werden. Es müsse jedoch in der angegebenen Art gebaut werden und die Verwendung des verabreichten Holzes solle vom Dorfgericht überprüft werden. Ein Kossäte sollte bei Neubauten, ohne Rücksicht auf den Umfang seiner vorhandenen Wohn- und Wirtschaftsgebäude, die Hälfte erhalten. Reparaturholz würde jedem nach wie vor, wie er es brauchte, aus der Gemeinheide verabfolgt. Dieser Normalanschlag sollte von einem vereidigten Bausachverständigen angefertigt und zu den Akten des Rentamtes gelegt, „dem Dorfgerichte aber eine Abschrift zur Richtschnur mitgetheilt werden".

Alle bisher über die Verabreichung des Holzes gefassten Beschlüsse hoben die Gemeindemitglieder damit auf, dieser Beschluss sollte für sie und ihre Nachkommen so lange Gültigkeit behalten, „bis die Nothwendigkeit u. der Zustand unserer Heide einen anderen Beschluß nothwendig macht." Auch sollte dieser Beschluss auf die Verpflichtung des Fiskus ihnen Bau- und Reparaturholz aus dem königlichen Forst zu verabreichen, wenn ihre Heide dieses nicht mehr herzugeben vermochte, keinen Einfluss haben. Sie baten um Bestätigung des Beschlusses durch das Rentamt und darum, dem nicht anwesenden Erbschulzenguts-Besitzer Jean Beer davon Nachricht zu geben, der „im Allgemeinen gegen unseren Beschluß ernstlich gewiß nichts einwenden kann."

Als Problem kam zur Sprache, wie viel Holz jemandem verabreicht werden solle, der massiv bauen wolle, und „es waren hierüber die Stimmen getheilt." Hansche, Friedrich Dubrow, Busse und Kühne erklärten, sie hätten bereits massiv gebaut und es sei ihnen nicht mehr Holz verabreicht worden, als dabei erforderlich war. Sie würden einwilligen, dass einem jeden, der neu und massiv baut, das Holz

---

[111] BAZ Verm „Heide-Separation", Bl. 14-27.

ein für alle Mal verabreicht wird - wenn ihnen der Minderbetrag nachträglich angewiesen werde. Diese Meinung teilten die sämtlichen übrigen Gemeindemitglieder
nicht. Mit der Verabreichung des Holzes nach dem Normalanschlag beim Massiv-
bau ein für alle Mal waren sie einverstanden. Jedoch sollte denjenigen, die bereits im
Besitz massiver Häuser waren, nur dann Holz verabreicht werden, wenn sie neu
bauen mussten. Da sich beide Parteien hierüber nicht einig werden konnten, stellten
sie Entscheidung dem Rentamt anheim.

Als die Verhandlung bis hierher gediehen war, fand sich der Küster und
Schullehrer Schäde als Vormund der minderjährigen Kinder des verstorbenen Bauern Ernst Ludwig Pasewald ein. Ihm wurde das Verhandelte vorgelesen und er trat
namens seiner Mündel der Erklärung des Hansche, Dubrow, Busse und Kühne bei
mit der Bemerkung: „wenn seitens des Königl. Rentamtes der Beschluß der Mehrheit
bestätigt werden sollte", müsse er sich vorbehalten, den Ersatz des seinen Mündeln
bei einem Neubau zu wenig verabreichten Bauholzes „im Wege Rechtens zu ermitteln". Dem schlossen sich Hansche, Dubrow, Busse und Kühne an. Hiermit wurde
die Verhandlung geschlossen und das Protokoll von den Anwesenden unterschrieben.

Bereits am 7. Dezember hatte der Bauinspektor Sachs die Normalanschläge
angefertigt. Den Bedarf für den Bau eines massiven Wohnhauses veranschlagte er
um 30 % niedriger als bei einem Holzhaus. Am 14. Dezember wurden die Anschläge
den Gemeindemitgliedern vorgelegt und mit ihnen durchgegangen. Sie erkannten sie
als zweckmäßig und ganz ihrem Beschluss gemäß an. Sie legten fest, dass, wer massiv baut, nur nach dem besonders dafür gefertigten Anschlag Holz erhielt. Am 4. Januar 1825 erklärte sich auch Jean Beer mit den Beschlüssen der Gemeinde und den
Anschlägen einverstanden.

Dieser Vorgang gibt einige Aufschlüsse über das Gemeindeleben in Zehlendorf. Die Gemeinde beschloss eine Bauholzordnung um den Verbrauch zu begrenzen, damit keine zu großen Einschläge den Waldbestand gefährdeten, gab also auf
ihr Gemeindeeigentum sorgsam acht. Einen Vorschlag entwickelte der Gemeindevorstand, das „Dorfgericht" (bestehend aus dem Schulzen und den beiden Gerichts-
schöffen). Das Dorfgericht kontrollierte auch die Beachtung der Ordnung, hier die
Verwendung des Bauholzes. Die Gemeinde versammelte sich für solche Zwecke an
einem bestimmten Ort, im „Setzschulzengericht".

Die Verwendung des Gemeindevermögens unterlag der Selbstverwaltung der
Gemeinde, sie hatte die Kompetenz Ordnungen zu erlassen, frühere Beschlüsse
aufzuheben und neue zu fassen, wenn es ihr notwendig schien. Dem Amt Mühlenhof
kam lediglich ein Bestätigungsrecht zu. Nur im Falle der Uneinigkeit innerhalb der
Gemeinde wurde die Entscheidung dem Rentamt übertragen. Gegen dessen Beschluss konnten von Mitgliedern der Gemeinde Rechtsmittel eingelegt werden.
Beschlüsse der Gemeindeversammlung wurden anscheinend nicht mit einfacher
Mehrheit, sondern einmütig gefasst. Diese Einmütigkeit war natürlich nicht immer
gegeben. Die Gegensätze waren in dem fraglichen Punkt unüberbrückbar.

Am 17. Oktober 1823 wandte sich die Gemeinde Stolpe mit einer Eingabe an den König.[112] Sie berichtete, dass der Gastwirt Stimming an der Friedrich-Wilhelms-Brücke ihnen im Jahr 1822 „zumutete", ihm von ihrem „Heide-Acker" zehn Morgen nahe seiner Behausung zu einem geringen Preis abzutreten; worin sie, da sie mit ihrer Hütung schon sehr eingeschränkt seien, nicht einwilligen konnten. Als sie ihm dies versagt hatten, beantragte er bei der Obrigkeit, da er noch ein Kossätengut im Dorf besaß, sich von den anderen neun Kossäten zu separieren. „Da es nun Ewr Königliche Majestät allergnädigster Wille ist, daß ein jeder separieren kann, so konnten wir als rechtschaffene Unterthanen uns nicht dawider setzen"; aber sie behielten sich gegenüber der Obrigkeit vor, dass sie sich, da sie sich in sehr schlechten Umständen befänden, auf keine Kosten einlassen könnten.

Als nun die Vermessung und Bonitierung noch nicht ganz beendet war, schickte ihnen die Generalkommission schon eine Kostenrechnung über 51 Taler zu. Da wandten sie sich mit einer Bittschrift an die Kommission, sie doch wegen ihrer traurigen Umstände mit Kosten zu verschonen, und baten um eine Besichtigung ihrer Scheunen und Böden, die aber nicht geschah. Stattdessen wurden ihnen vier Kostenrechnungen in Höhe von insgesamt 205 Talern zugeschickt. Da sie nun gar nicht gewusst hätten, was sie anfangen sollten, da gar kein Bitten fruchtete und sie doch nicht imstande waren das Geld zu bezahlen, warteten sie weitere Verfügungen ab. Am 20. September 1823 wurden sie vom Kammergericht über eine Summe von 122 Talern mit Vollstreckung belegt. Sogleich wandten sie sich an das Gericht und schilderten ihre Armut. Das Kammergericht gab dies an die Kommission weiter, was aber auch nichts half, so dass sie am 16. Oktober 1823 vom Kammergericht die Pfändung erhielten.

Bei der Abschätzung ihrer armseligen Wirtschaften kamen aber noch nicht einmal die 122 Taler heraus. Sie hatten aber die königliche Schäferei in Erbpacht, die aus 500 Schafen bestand. Davon wurden 100 Hammel und 100 Mutterschafe in Beschlag genommen mit der Anmerkung, wenn sie nicht innerhalb von acht Tagen die 122 Taler an die Kommission bezahlten, diese 200 Schafe weggetrieben und verkauft würden. Da damit aber gerade die Hälfte der Kosten gedeckt war, die sie jetzt schon hatten, war ihre Schäferei, an der noch der Schäfer ein sechstel und der Gastwirt Stimming ein zehntel Anteil hatten, kaum hinlänglich für die 205 Taler, und die Separation war noch lange nicht zustande gebracht. „So würde uns am Ende all unser ganzes Vieh genommen werden, und wir würden unsern Acker gänzlich müssen wüste liegen lassen und mit unsern Familien noch in größerer Dürftigkeit gerathen."

Es wäre wohl ihr Wille die Kosten zu bezahlen; aber von ihrem wenigen und schlechten Acker bekämen sie nicht so viel Brot, wie sie für sich und ihre Familien brauchten, noch viel weniger das Futter für ihr Vieh, sondern sie müssten jedes Jahr

---

[112] GStA I. HA Rep. 87 B Nr. 5263.

Getreide beim Händler und auf dem Markt zukaufen. So baten sie den König sie zu erhören und bei der Generalkommission zu verfügen, dass ihnen die ganzen Separationskosten erlassen würden, damit sie mit ihren Familien nicht gänzlich ins Verderben gerieten.

Es liegen zwei Atteste bei. In dem einen bezeugt der Superintendent und Oberpfarrer zu St. Nicolai in Potsdam und Stolpe, Stöwe, dass in seiner kleinen Filialgemeinde Stolpe die neun Kossäten wenig Acker hätten und bei stets mühsamer Arbeit nur ein notdürftiges Auskommen erwerben könnten, nachdem sie die vieljährigen schweren Kriegsdrangsale mit Angst überstanden hätten, „daß sie daher außerordentliche drückende Lasten zu tragen nicht im Stande sind". In dem anderen bescheinigte Johann Gottfried Zetter aus Potsdam, dass die Gemeinde Stolpe in den Monaten März, April, Mai und Juni von ihm zirka drei Wispel Roggen, Erbsen und Gerste gekauft hatte.[113]

„Wenn die Kosten der Separation und der Ablösung der gutsherrlichen und bäuerlichen Verhältnisse mit so unerbittlicher Strenge beigetrieben werden", schrieb schon fünf Tage später König Friedrich Wilhelm III. seinen Staatsministern von Kircheisen und von Schuckmann, wie es nach der Darstellung der nur aus neun Kossäten bestehenden Gemeinde Stolpe hinsichtlich ihrer Separation mit dem Gastwirt Stimming der Fall ist, „so wird der Zweck der betreffenden Gesetze, welche den Untertanen zur Wohltat gereichen sollen, ganz verfehlt und ihnen vielmehr, gegen ihren Willen, eine neue, sehr bedeutende Last auferlegt." Er beauftragte sie daher im Allgemeinen dafür zu sorgen, dass bei der Einziehung der Separations- und Dienstablösungskosten nicht mit Härte verfahren werde. Im vorliegenden Einzelfall sei die entsprechende Verfügung zu treffen.[114]

Justizminister von Kircheisen wies das Kammergericht an den Verkauf der beschlagnahmten Schafe zu verhindern. Zugleich benachrichtigte er Graf Hardenberg (Sohn des verstorbenen Staatskanzlers), der von der Generalkommission einen Bericht über Hergang und Lage dieser Angelegenheit anforderte.[115]

Zunächst holte die Generalkommission eine Stellungnahme des mit der Stolpeschen Separationssache befassten Ökonomiekommissars Wiechel ein. Nach seiner „innigsten Überzeugung", schrieb Wiechel, könne er sein pflichtmäßiges Gutachten nur dahin abgeben: wenn die der Gemeinde gepfändeten 200 Schafe verkauft würden, „diese dadurch in ihrem ganzen wirthschaftlichen Zustande gestört und gewiß ruinirt würde". Denn die von ihr in Erbpacht besessene Schäferei sei die einzige Branche, die es ihr möglich mache ihre Geldabgaben zu decken. Durch den Verkauf würde sie darin gestört und nach seiner Überzeugung so weit zurückgebracht, dass es ihr unmöglich wäre diesen Verlust in zehn Jahren zu ersetzen, überdies noch das Brotkorn zu beschaffen und die Erntekosten einigermaßen zu bestreiten.[116]

---

[113] Ebd., 1.10. u. 12.10.1823.
[114] Ebd., 22.10.1823 (Abschrift).
[115] Ebd., 27.10., 30.10., 7.11.1823.
[116] Ebd., 16.1.1824.

Dem Bericht der Generalkommission für die Kurmark Brandenburg und Sachsen, unterzeichnet von ihrem Präsidium, gelang es nur mühsam ihr Verhalten als in Übereinstimmung mit der königlichen Verfügung darzustellen.[117] Sie bestätigte, dass der Gastwirt Stimming im Juni 1822 das Ausscheiden aus der Gemeinheit und die Zusammenlegung der zu seinem Kossätengut gehörenden Ländereien beantragt hatte; dass im November und Dezember 1822 der Feldmesser Mann, der Boniteur Krüger (Schulze von Marienfelde) und der Ökonomiekommissar Wiechel für Vermessung und Bonitierung und die Anfertigung der Karte an Auslagen und Gebühren 51 und 76 Taler abgerechnet hatten, die von den Kossäten zu gleichen Teilen eingefordert wurden; dass die Gemeinde sich für zu arm erklärte und den Antragsteller Stimming zur alleinigen Bezahlung der Kosten für verpflichtet hielt. Dem Verlangen, die Kosten dem Antragsteller allein zur Last zu legen, stand aber die ausdrückliche gesetzliche Vorschrift der Ausführungsordnung vom 7.6.1821 entgegen.

Die Generalkommission versicherte, dass sie auf jeden Fall geprüft hätte, ob die Angaben der Gemeinde über ihre Armut auf der Wahrheit beruhten und ob sich der Verkauf der Schafe ohne Ruin der Wirtschaften ausführen lasse. Daher erscheine ihr die sofort an den König eingereichte Beschwerde viel zu übereilt. Nach dem Gutachten des Ökonomiekommissars Wiechel hatte sie die vorläufige Stundung der Kosten verfügt. Wenn die Bittsteller bis zur Beendigung der Sache mit derselben „Willigkeit und Nachgiebigkeit, welche sie nach dem Zeugniß des Commissarius bis jetzt an den Tag gelegt haben," an der Ausführung der Separation mitwirkten, würde die Generalkommission beim Ministerium mit Bezugnahme auf die Verordnung vom 20.6.1817 für sie die Niederschlagung ihrer Kostenrückstände beantragen.

Genau auf der Spitze des Glienicker Werders, auf der an der Brücke der Stimmingsche Krug lag, an den anschließend er sein Land zusammengelegt haben wollte, lag die „Stolpesche Heide". Die Gemeinde benötigte sie als Viehweide, weswegen sie nicht bereit war einen Teil von ihr abzutreten. Die Kossäten standen einem wirtschaftlich ungleich potenteren Krugwirt gegenüber - wiederum war es ein solcher, der die Separation initiierte. Dem Separationsverfahren konnten sie sich nicht widersetzen, da es auf ein königliches Gesetz zurückging, und sie zeigten sich willig und nachgiebig dabei. Um so sturer waren sie beim Geld und meinten, Stimming, der die Separation beantragt hatte, solle auch die Kosten tragen. Das Verfahren der Kosteneintreibung durch die Generalkommission war unerbittlich. Bevor ihr ihre wichtigste Nahrungsquelle weggenommen wurde, wandte sich die Gemeinde mit einer Immediateingabe an den König. Mit ihr waren sie, was die Streichung ihrer Kostenzahlung angeht, erfolgreich.

Die Separation zwischen Stimming und den neun Kossäten wurde zum Herbst 1824 ausgeführt.[118] Auf der Stolper Separationskarte[119] erkennt man in der

---

[117] Ebd., 24.1.1824.

[118] BAZ Verm 40, Rezess vom 28.9.1841.

[119] II. Rein-Karte von der Feldmark Stolpe. Behufs der Separation angefertigt im Jahre 1822 und kopiert 1831 durch den Kgl. Conducteur Mann, restauriert im Jahre 1856 durch

grauen Grundzeichnung, dass Stimming, wie er es gewünscht hatte, auf der Heide nahe seinem Krug ein Areal von 111 Morgen zugewiesen bekam. Außerdem erhielt er im Großen Grund 18 Morgen Acker und bei Kohlhasenbrück 10 Morgen Wiesen. Die übrigen Kossäten wollten ihre Feld- und Hütungsgemeinschaft untereinander fortsetzen. Die Karte zeigt, dass Stolpe keine große zusammenhängende Feldmark hatte wie Zehlendorf, sondern eine Vielzahl kleiner Felder. Sie waren in eine Reihe von Streifen eingeteilt, so die Langen Enden in 29 Streifen, die Sangebuchten in 22, der Große Grund in zwei Schläge à 9 Streifen, die Wüste Mark in drei Felder à 24, 16 und 6 Streifen usw. Jeder Kossät besaß einen oder mehrere solcher Streifen.

Es folgten viele Streitigkeiten zwischen der Gemeinde und Stimming bzw. seinen Nachfolgern. So wurde erst im März 1840 der Anspruch der Stimmingschen Erben auf eine bei Kohlhasenbrück gelegene kleine Wiese von der Generalkommission abgewiesen. Daher konnte der Rezess erst 1841 abgefasst werden.

1840 beantragte der Schulze Johann Gottfried Schuchardt zunächst die Separation der Wiesen, kurz darauf die Teilung der Gemeinheide, 1845 schließlich die spezielle Separation der Ackerfeldmark. Jedoch verkauften in der folgenden Zeit Schuchardt und drei weitere Kossäten ihre Güter an den Königlichen Forstfiskus. So gab es, als die neuen Acker- und Heidegrundstücke den Beteiligten 1848 angewiesen wurden, nur noch 5 Kossäten in Stolpe nebst 14 weiteren Grundbesitzern, der Kirche und der Schule.[120]

Die neuen Verhältnisse sind auf der Separationskarte mit roten Linien eingezeichnet. Die im oder am Forst gelegenen Äcker (Alter Hof, Feldchen, Großer Grund, Lange Enden, Gapperluch Enden, Brand, Losung) sind an den Forstfiskus gefallen. Die fünf Kossäten erhielten in den Hempstücken, den Sangebuchten, den am Wannsee gelegenen Feldern (Wehrstücken, Kappenden, Backens Enden), der Wüsten Mark und im nördlichen und südlichen Teil der Heide je einen Block zugewiesen, außerdem Wiesenstücke. In den Hempstücken sind nahe am Dorf elf Streifen für die kleinen Grundbesitzer abgeteilt.

So ist es in Dahlem 1803, in Zehlendorf 1807 und 1820, in Stolpe 1824 zu Separationen gekommen, bei denen die Gutsherrschaft, das Erbschulzen- oder das Kruggut aus der Gemeinschaft ausschieden, während die übrigen Bauern die Feld- und Allmendgemeinschaft fortführten. Diese Teilseparationen waren durch friderizianische Policeygesetze ermöglicht, wobei im Zuge der Preußischen Reformen die verwaltungsmäßige Durchführung perfektioniert wurde. Ärgerlich war, dass die Kosten der Separation von denen mitgetragen werden mussten, die gar nicht an ihr teilhatten. Insgesamt ermöglichten sie aber jedem die Wirtschaftsweise zu praktizieren, die er bevorzugte, die individuelle oder weiter die kollektive.

---

den Kgl. Reg.-Geometer Lepel, ergänzt im Jahre 1880 durch Richter, Reg.-Geometer; kol. Z., 1: 4000, 122 x 90 cm: LAB Acc. 2870 Nr. 66; siehe Tafel 1 nach S. 406.
[120] BAZ Verm 24, Rezess vom 29.12.1855.

6.3 Spezielle Separationen nach der Gemeinheitsteilungs-Ordnung von 1821

Dienstregulierung für Zehlendorf

Die einzige von der Gemeinde beantragte Separation war die Generalteilung zwischen Zehlendorf und der Domäne 1820. Diese Art der Gemeindheitsteilung bot ihr die Möglichkeit herrschaftliche Belastungen loszuwerden. Mit der Ablösung der Wilmersdorfer Schafhütung auf den Äckern Zehlendorfs und der Fronarbeiten der Zehlendorfer Bauern und Kossäten in Wilmersdorf waren die letzten Naturallasten der Domänenherrschaft in Geldleistungen umgewandelt worden. Weitere Fronpflichten waren mit der Generalverpachtung der Ämter im Amt Mühlenhof 1722 mit einem Dienstgeld von zwölf Talern jährlich für die Bauern und sechs Talern für die Kossäten abgelöst worden. Nachdem die Zehlendorfer 1783 entsprechend einer königlichen Verordnung von 1777 die Verbesserung des Lassrechts an den Bauerngütern zu einem Erbrecht beantragt hatten, erhielten sie 1789 ihre Erbverschreibungen.[121] Die Zehlendorfer Bauern besaßen ihre Höfe zu Erbzins und entrichteten alle gutsherrlichen und staatlichen Lasten als Geldzahlungen.

Am 7. Juni 1821 wurde zusammen mit der Gemeinheitsteilungs- die Ablösungsordnung für die Bauern mit besseren Besitzrechten (Eigentums-, Erbzins-, Erbpachtrecht) erlassen. Der Domänenfiskus beantragte auch für Zehlendorf beim Generalkommissariat die „Regulierung des Dienstverhältnisses".[122]

Erste Verhandlungen gab es im April und Juli 1822 sowie im März 1823. Am 14. Mai 1823 legte die Regierung Vergleichsbedingungen vor, die die Gemeinde aber nicht akzeptierte. An dem Tag, als der Separationsrezess für das Krug- und Pfarrland abgeschlossen wurde, am 28. Juni 1823, machte die Gemeinde ihrerseits ein Angebot über ein Ablösungskapital, das die Regierung als zu gering ablehnte.[123]

Erneute Verhandlungen fanden am 9. Dezember 1823 in Zehlendorf statt.[124] Daran nahmen teil der Kriegsrat Brandhorst aus Berlin vonseiten des Amtes Mühlenhof, der Amtmann Degener für das Vorwerk Wilmersdorf anstelle des kürzlich verstorbenen Barons von Eckardstein und die Gemeinde Zehlendorf, deren Mitglieder mit Ausnahme der Witwe Pasewald und des Schmiedemeisters Schulze alle erschienen waren. Auf Aufforderung erklärte die Gemeinde, dass sie bereit sei ihre Dienste und Leistungen an das Domänenamt „in Land abzulösen, und daß sie sich hiebey unterwerfen müsse, wenn nicht bloß schlechter Acker zu Anlegung eines

---

[121] Escher, Umland, 69, 82; Wetzel, Zehlendorf, 44.

[122] Vgl. BAZ Verm 3, 26.4.1824.

[123] Vgl. BAZ Verm 3, 19.7.1823 u. 26.4.1824; Verm 10, 9.12.1823. - Die Kosten für die Termine mussten von der Gemeinde hälftig getragen werden, das waren 1823 21 Taler, 14 Taler und 12 Taler; von 1825 liegt eine Rechnung über 13 Taler vor: Verm 3, 19.7., 6.9., 6.11.1823 sowie 26.2., 23.4.1825.

[124] BAZ Verm 10.

Exercier Platzes, sondern daß das Entschädigungs-Land von allen Klassen des Ackers nach Verhältnis ihres Besitzstandes abgezweigt würde." D.h. die Bauern wollten eher Land abtreten, als das hohe Ablösungsgeld zahlen; sie waren enorm verstimmt. Die Kossäten hatten per se nur die Möglichkeit mit einer Geldrente abzulösen.

Das gegenseitige Leistungsverhältnis zwischen dem Domänenamt und den Bauern und Kossäten bestand nach den Angaben des Amtes grundsätzlich in Folgendem: Die Bauern und Kossäten hatten 1. bestimmte Frondienste zu verrichten; darüber hinaus waren sie 2. zu Baufuhren und -arbeiten verpflichtet. Im Gegenzug hatte 3. die Gemeinde eine Berechtigung auf Bau- und Brennholz im Grunewald; im Übrigen stellte 4. das Domänenamt den Bauern die Hofwehr und es gewährte 5. Remissionen bei Unglücksfällen an der Ernte oder an Vieh. Dieses Verhältnis auf Gegenseitigkeit sollte nun aufgelöst werden. Über den Umfang der jeweiligen Leistungen war man sich aber nicht einig.

Hinsichtlich des Wertes ihrer Berechtigungen stimmte die Gemeinde einvernehmlichen Lösungen rasch zu. Die Gemeinde räumte ein, normalerweise ihren Bedarf an Bau- und Brennholz (3.) aus ihrer Gemeinheide decken zu können. Nur bei Forstschäden wie Raupenfraß oder Forstbrand konnte sie genötigt sein ihr Bau- und Reparaturholz, ihr Raff- und Leseholz aus den königlichen Forsten zu nehmen. Man verständigte sich, den Wert dieser gegebenenfalls eintretenden Holzberechtigung durch den Forstinspektor Hart aus Köpenick und den Bauinspektor Eytelwein ermitteln zu lassen. Was die Remissionen (5.) angeht, überreichte Kriegsrat Brandhorst eine Aufstellung der gereichten Unterstützungen seit dem Jahr 1790 mit der Bemerkung, dass er weder in den Amts- noch in den Regierungsakten eine weitere Notiz über frühere Bewilligungen habe finden können. Die Gemeinde bestätigte die Aufstellung als richtig und bat einen 33-jährigen Durchschnitt zu ziehen und diesen als den jährlichen Betrag ihrer Remissionsberechtigung zu betrachten.

In den strittigen Punkten, die herrschaftlichen Ansprüche auf Hofdienste, Baudienste und Hofwehr betreffend, beantragte Kriegsrat Brandhorst einen Termin zur Aufnahme der Klage gegen die Gemeinde in Berlin. Die sämtlichen Gemeindemitglieder bevollmächtigten den Schulzen Hansche, den Gerichtsmann Gütling, den Gerichtsmann Friedrich Zinnow und den Kossäten und Mühlenmeister Lorenz, ihre Gerechtsame in diesem Rechtsstreit wahrzunehmen, sie bei den Terminen zu vertreten, verbindliche Erklärungen abzugeben, Eide zu leisten u.a.m.

Am 26. April 1824 reichte der Rentbeamte Eyber die Klage im Namen der Regierung ein. Sie wurde der Gemeinde schriftlich mitgeteilt. Am 30. Juni erschienen sämtliche Bauern und Kossäten Zehlendorfs im Rentamt Mühlenhof in Berlin, ihnen wurde die Klageschrift nochmals deutlich vorgelesen und sie gaben ihre Gegenstellungnahme ab. Zu den Klagepunkten wurde im Einzelnen ausgeführt:[125]

Die Regierung behauptete (1.), jeder Bauer sei verpflichtet das ganze Jahr hindurch wöchentlich zwei Tage Frondienste mit dem Gespann zu verrichten und je-

---

[125] BAZ Verm 3, 26.4.1824; Verm 10, 30.6. sowie 20.11.1824.

der Kossät wöchentlich zwei Tage Handdienste; darüber hinaus sollte der Bauer im Erntevierteljahr von Johannis bis Michaelis (24.6.-29.9.) einen weiteren Tag Handdienste leisten. Sie bezog sich dabei auf die Generalpacht-Anschläge von 1759-65 (betr. die Verpachtung des Amtes Mühlenhof), die Dienstregister von 1783-91 und die Erbverschreibungen von 1789.

Die Gemeinde behauptete nur zu Diensten der Art verpflichtet zu sein, wie sie das Mühlenhofsche Amts-Erbregister von 1591 vorschrieb, nach dem sie zur Bestellung von vier Hufen des Wilmersdorfer Vorwerks verpflichtet waren;[126] demnach könnten die Dienste nur in dem Umfang verlangt werden, der dazu erforderlich ist. „Seit unerdenklichen Zeiten" leisteten sie überdies die Dienste, ausgenommen derjenigen zu der Wilmersdorfer Wiese und der Schafschur, nicht ab, sondern entrichteten dafür ein Dienstgeld, jeder Bauer zwölf Taler, jeder Kossät sechs Taler jährlich, an die Amtskasse. Unbestritten war die Befugnis der Regierung, jederzeit anstatt des Dienstgeldes wieder die tatsächliche Ableistung der Dienste zu fordern. Strittig war der Umfang der Dienste. Es bestand eine Diskrepanz zwischen den Bestimmungen des alten Amts-Erbregisters von 1591 und den jüngeren Akten und es war die Frage, welche gültig waren.

Den Gemeindemitgliedern wurde vorgehalten, dass sie bei den ersten Terminen im April und Juli 1822 bereits die hohe Fronverpflichtung zugegeben hatten. Darauf erwiderten sie, sie seien dazu durch die Dienstregister verleitet worden und erst später sei ihnen das Amts-Erbregister von 1591 vorgelegt worden, aus dem sie den wahren Umfang ihrer Dienste kennen gelernt hätten. Frühere Erklärungen widerriefen sie. Die Generalpacht-Anschläge seien Urkunden, bei deren Aufnahme sie nicht zugezogen worden waren. Bei der Erteilung der Erbverschreibungen 1789 - als die bisherigen lassitischen Bauerngüter zu sog. Erbeigentum angehoben wurden - habe man ihnen das Amts-Erbregister von 1591 nicht vorgelegt. Dieses müsse aber als der Grundvertrag gelten. Sie hätten sich also bei der Eintragung der Diensttage in einem faktischen Irrtum befunden, was ihnen nicht zum Nachteil gereichen könne. Das Amts-Erbregister sei niemals ausdrücklich aufgehoben worden, was die Bestimmungen in den Erbverschreibungen annuliere.

Im Übrigen waren das Kruggut und die vier Kossätenhöfe schon vor 1789 seit langer Zeit Eigentum gewesen, hatten daher 1789 keine Erbverschreibungen erhalten. Die Bestimmung, dass das Dienstgeld jederzeit wieder in eine tatsächliche Leistung zurückverwandelt werden könne, träfe auf diese nicht zu.

Die Gemeinde gestand (2.) ein, zu Baufuhr- und Bauhanddiensten verpflichtet zu sein. Diese seien jedoch seit undenklichen Zeiten, auf jeden Fall seit 60 Jahren nicht mehr gefordert worden und auch die ältesten Personen in der Gemeinde könnten sich nicht daran erinnern, auf welche Weise sie geleistet wurden. Im Übrigen wären die Baudienste nur gemeinsam mit Lankwitz und Wilmersdorf zu leisten, mit denen zusammen sie ursprünglich zur Bearbeitung der sieben Wilmersdorfer Hufen verbunden waren. Diese Einlassung wurde dahingehend erweitert, dass eigentlich al-

---

[126] Diese Bestimmungen des Amtserbregisters von 1591 in Holtze, Mühlenhof, 34.

le elf zum Amt Mühlenhof gehörigen Gemeinden sich die Baudienste teilen müssten. Schließlich wurde moniert, dass dies nur die „notdürftigsten Wohngebäude" - wogegen „das Wohnhaus effective zu groß für das Wirtschaftsbedürfniß sey" - und nur die notwendigen Wirtschaftsgebäude angehen könne, nicht aber die Branntwein-brennerei, die ursprünglich nicht zum Gute gehört habe.

Sämtliche Wirte bestritten (4.) für Hofwehr und Hofwehrsaat aufkommen zu müssen. Der Anspruch richtete sich an die ehemals lassitischen elf Bauern. Laut den Amtsakten waren im Jahre 1718 jedem Bauern übergeben worden: zwei Pferde, zwei Kühe, ein Wagen mit Leitern, ein Pflug mit zwei Eisen, zwei Eggen, eine Holz-axt, ein Kessel mit Langhaken, eine Futterlade, eine Mistforke, eine Heuforke, eine Schippe, eine Säge und eine Sense, zusammen mit einem Wert von 72 Talern; außer-dem sieben Scheffel Roggen und sechs Scheffel Gerste. Von der Eigentumsüber-tragung 1789 war die Hofwehr ausgenommen gewesen und in königlichem Eigentum geblieben. Die Bauern behaupteten nun, ihnen sei die ganze Hofwehr, ausgenommen die beiden Kühe mit einem Wert von 20 Talern und die sieben Scheffel Wintersaat, bei der Invasion der Franzosen 1806 zerstört oder geraubt worden. Da die Hofwehr dem königlichen Fiskus gehöre, müsse dieser auch das Risiko tragen. Die Hofwehr sei also dem Fiskus und nicht ihnen verloren gegangen.

Nach Gegenüberstellung der Argumente und Gegenargumente formulierte der mit dem Verfahren betraute Kreis-Ökonomiekommissar Dr. Amelang einen Vergleichsvorschlag: Die Dienstverpflichtung wird nach der Quantität und Qualität der Dienste zu bestimmen sein, die zur Bearbeitung von vier Siebtel der ursprünglich zum Vorwerk Wilmersdorf gehörigen Ländereien erforderlich sind. Die Baudienste werden, unter Ausschluss der Brennerei, für die gegenwärtig bestehenden Wirtschaftsgebäude und für das halbe Wohnhaus ermittelt; diese, weil Wilmersdorf Sitz des Generalpächters ist, unter die Gemeinden, die zum Amt Mühlenhof gehören, verteilt und für den Zehlendorfer Anteil ein Jahresbetrag errechnet. Der ganze Wert der Hofwehr und der Hofwehrsaat, nach 14-jährigen Durchschnittspreisen berechnet, wird von den Bauern Zehlendorfs übernommen, muss aber nicht bar bezahlt, sondern kann mit 4%iger Verzinsung abgezahlt werden. Dieser Vorschlag des Kom-missars entsprach in den ersten zwei (und wichtigsten) Klagepunkten der Position der Gemeinde.

Die Stellungnahme des Justizkommissars Friedhelm vom Februar 1825 ging in die gleiche Richtung.[127] Zunächst bezeichnete er die Forderung des Amtes, auch vom Kruggut und von den Kossäten die seit unerdenklicher Zeit mit Geld beglichenen Dienste wieder tatsächlich zu verrichten, als „ungewöhnliches Verlangen". Er bezog sich auf eine Kabinettsordre vom 12.7.1800, nach der erbliche bäuerliche Eigentümer, wenn sie lange Jahre das Dienstgeld entrichtet haben und nicht mehr auf die Naturalleistung eingerichtet sind, gegen eine Veränderung geschützt werden sollten.

---

[127] BAZ Verm 10, Februar 1825.

Anders bei ehemals lassitischen Bauern in den Amtsdörfern, die infolge der Kabinettsordre vom 20.2.1777 zu erblichen Eigentümern erhoben worden waren, wobei jedoch ältere lassitische Verpflichtungen in den Erbverschreibungen ausdrücklich bestätigt wurden. Sie mussten sich der jederzeitigen Rückverwandlung des Dienstgeldes in eine Fronableistung fügen. Was Art und Umfang der Dienste angeht, so komme es in diesem Prozess, der die Ablösung der Dienste vorbereiten soll, auf den ersten erweislichen Ursprung dieser Pflichtigkeit an, also das Amts-Erbregister von 1591. Sobald die ursprüngliche Verbindlichkeit erhellt sei, müssten alle späteren Verabredungen ihr gemäß eingerichtet werden. „Unsere ganze Gesetzgebung ging schon lange vor den jüngsten Reformen dahin, die Dienste der Bauern zu erleichtern, nicht aber, wie hier doch nach dem Verlangen des Fisci eintreten würde, zu erschweren, und besonders fand dies auf den Königl. Amtsdörfern statt." Der Fiskus handelte bei der Abfassung der Erbverschreibungen gegen den guten Glauben, wenn er das Amts-Erbregister von 1591 ignorierte „und die Bauern nicht über den eigentlichen Umfang ihrer Dienstbarkeit landesväterlich belehrte, sondern, gerade der Allerhöchsten Intention zuwider, die Verhältnisse der Bauern verschlimmern wollte." Den zweiten Klagepunkt die Baudienste betreffend hatte der Fiskus nach der Beweisaufnahme fallen gelassen. Hinsichtlich der Hofwehr beantragte der Justizkommissar ebenfalls die Abweisung des klagenden Rentamtes.

Es vergingen 1 ¼ Jahr, bis am 24. Mai 1826 in der Klage des Rentamtes Mühlenhof gegen die Bauern und Kossäten Zehlendorfs die Entscheidung der Königlichen Generalkommission für die Kurmark Brandenburg und Sachsen, unterzeichnet von ihrem Präsidenten von Goldbeck, erging:[128] Die Bauernstellen-Besitzer inkl. des Kruggutes sind zu Spanndiensten an zwei, im Erntevierteljahr an drei Tagen wöchentlich, die Kossätenstellen-Besitzer zu zwei Handdiensttagen wöchentlich das ganze Jahr hindurch verbunden und haben die Gutsherrschaft dafür bei der Regulierung zu entschädigen. Als authentische und glaubwürdige Darstellung des bestandenen Verhältnisses werden die Erbverschreibungen von 1789 und die Amtspachtanschläge von 1759-65 angesehen, die Anführung des Amts-Erbregisters von 1591 als unerheblich bezeichnet. Hofwehrkühe und Hofwehrsaat haben die Bauern zum Taxwert zu vergüten, hinsichtlich des Rests aber jeder einzelne einen Eid abzulegen, dass er ihm durch Plünderung und Brand beim Einfall der Franzosen 1806 vernichtet worden ist. Der Verlust durch höhere Gewalt mache ihn, weil das gutsherrliche Verhältnis eine Erhaltungspflicht der Herrschaft involviert, zu einem Schaden des Gutsherrn.

Es sei noch einmal daran erinnert, worum es in diesem ganzen Verfahren ging: Um das gutsherrlich-bäuerliche Verhältnis aufzuheben, die bisherigen gegenseitigen Verpflichtungen und Leistungen abzulösen, war der Wert dieser Verpflichtungen zu berechnen. Der Schritt, das Verhältnis aufzulösen und den Bauern volles Eigentum zu geben, hätte klein sein können, da die Leistungen monetarisiert waren und die Bauern nach der Verleihung des Erbrechts 1789 faktisch Eigentum

---

[128] Ebd., publiziert am 18.7.1826.

genossen. Um aber die Ablösungssumme in die Höhe zu treiben, rollte das Rentamt das ganze alte Verpflichtungsverhältnis wieder auf. Es beanspruchte als Grundlage der Regulierung eine Fronleistung, wie sie bei Rittergutsherrschaften bestanden. Die Zehlendorfer waren natürlich nicht damit einverstanden ein hohes Ablösungskapital zu bezahlen, während ihr bisheriges Dienstgeld mäßig war. Der von der Generalkommission eingesetzte Ökonomie- und der Justizkommissar wollten dem Vorgehen des Fiskus nicht folgen und stellten sich weitgehend auf den Standpunkt der Gemeinde. Die Generalkommission selbst jedoch entschied gegen sie.

Doch war die Generalkommission, die das Urteil im Prozess zwischen der Regierung und der Gemeinde fällte, selbst keine unabhängige Instanz. Sie war von den staatlichen Zentralbehörden eingesetzt worden die Regulierungen und Gemeinheitsteilungen durchzuführen, war selbst Behörde, allerdings mit richterlicher Kompetenz ausgestattet. Sie entschied in eigener Sache. Das Prinzip der Gewaltenteilung galt nicht.

Gemarkung Schönow

Zu einem Termin am 3. Mai 1825, vormittags 10 Uhr im Schulzengericht, lud Ökonomiekommissar Wiechel sämtliche Mitglieder der Gemeinde Schönow „in der dortigen Separationssache" vor um die Neuvermessung der Feldmark einzuleiten.[129] Im Oktober wurde Wiechel von der Generalkommission verständigt, dass die Pfarre in Teltow die Ablösung des Zehnts, den sie von der Feldmark der Gemeinde Schönow bezog, beantragt hatte, und beauftragt diese gleichzeitig mit der Separation zu bearbeiten.[130] Auch für Schönow lief damit in den zwanziger Jahren der doppelte Prozess von Separation und Ablösung an.

Zu beiden Komplexen liegen Stellungnahmen der Gemeinde vor. Je nach Ausfall der Ernte war die Zehntmenge unterschiedlich groß, zur Ablösung sollte aber ein fester Satz bestimmt werden. Der Ökonomiekommissar kam bei seiner Berechnung auf 4 Wispel 12 Scheffel 12,28 Metzen Roggen. Das hielten die Zehntpflichtigen für zu viel. Die ermittelte Ablösungsrente habe aus dem Grunde diese „unerschwingliche Höhe" erreicht, wandten sie ein, weil ihre Äcker zu hoch eingeschätzt würden. Und das sei vor allem daher gekommen, dass ihre Vorfahren den Acker mit Dungfuhren aus Berlin zu großen Kosten - wozu sie selbst aber außerstande wären - in die höchstmögliche Kultur und dadurch in eine höhere Güteklasse gebracht hätten, als sie der Natur des Bodens nach gewesen wäre. Weiter führten sie an, dass fast jährlich auf ihren Feldern „zur ungeschlossenen Zeit" Truppenübungen stattfanden, wodurch sie viel verlören. Aus diesen Gründen boten sie ihrerseits eine Ablösungsrente von 3 Wispel 3 Scheffel Roggen an. Der Ökonomiekommissar sah sich, da Pfarrzehntregister nicht vorhanden waren, aus denen man

---

[129] BAZ Verm 18, 12.4.1825.
[130] BAZ Verm 19, 29.10.1825.

den Umfang des bisher entrichteten Zehnts ersehen könnte, außer Stande, sich über die Annehmbarkeit der angebotenen Rente auszulassen, und schlug ein Sachverständigengutachten vor.[131]

Nachdem sie im angelaufenen Separationsverfahren von Kommissar Wiechel eine Kostenrechnung über 14 Taler erhalten hatte, richtete die Gemeinde Schönow ein Bittschreiben an die Generalkommission: Der Mühlenmeister Lorenz aus Zehlendorf habe die Separation eingeleitet. Er sei ein reicher Mann, für den diese Rechnung zu bezahlen eine Kleinigkeit ist. Auch habe Lorenz vor der Separation freiwillig angeboten die Zahlung zu leisten. Die Gemeinde dagegen bestehe aus lauter armen Bauern, die kaum ihr dürftiges Auskommen hätten. „Wir sind alle einstimmig, indem wir alle hohen Sandacker besitzen, um der Weide für unser Vieh, welches uns den mehresten Nutzen bringt, nicht separieren zu wollen." Sollte dem nicht nachgekommen werden, sähen sie sich veranlasst wegen ihrer traurigen Lage um Niederschlagung der Kostenrechnung zu bitten. Falls ihre Dürftigkeit nicht berücksichtigt werden sollte, würden sie sich genötigt sehen dem König ihre widrige Lage zu schildern und ihn darauf aufmerksam zu machen, „wie uns Lorenz aus seinem Dorfe in unser Handthierung durch diese von ihm eingeleitete Separation stört".[132]

Die Generalkommission ging darauf jedoch nicht ein und am 30. Dezember erhielt die Gemeinde eine Zahlungsaufforderung mit Androhung der Vollstreckung. Inzwischen stellte der Regierungs-Konducteur Schwarz Karte, Vermessungs- und Bonitierungsregister fertig. Wiechel beraumte zur Erläuterung dieser Unterlagen, zur Anerkennung der Grenzen untereinander und mit den auswärtigen Feldnachbarn sowie zur Feststellung der Teilnehmungsrechte Termine auf den 24., 25., 26. und 27. Januar 1826 im Schulzengericht in Schönow an, zu denen die sämtlichen Gemeindemitglieder geladen wurden. Der Schulze sollte dann bereits jedem eine Aufzeichnung seines künftigen Landbesitzes aufgrund des Separationsplans aushändigen. Außerdem sollte die beantragte Pfarrzehntablösung eingeleitet werden.[133]

Am Tag des ersten Termins, am 24. Januar 1826, wandte sich die Gemeinde Schönow in einem Schreiben an König Friedrich Wilhelm mit Bitte um Unterstützung bei der Tilgung der Separationsgebühren:[134] Der Mühlenbesitzer Lorenz aus Zehlendorf, der vor ungefähr 19 Jahren (also 1807) ein Hufe vom Schönower Acker kaufte, hatte „die specielle Separation" eingeleitet. Die nur acht Mitglieder der Gemeinde besaßen 41 Ackerhufen in drei Feldern, also 123 Stücke, meistenteils Sandacker. Jeder von ihnen ohne Ausnahme sei arm und habe „zu kämpfen, die gewöhnlich obliegende Abgaben herbeizuschaffen," weshalb die Separationsgebühren für sie sehr hoch seien. Sollten sie diese ohne Hilfe tragen müssen, so wären sie fast alle

---

[131] BAZ Verm 19, undatiert, Fragment.
[132] BAZ Verm 18, undatiert.
[133] Ebd., 10.1.1826.
[134] GStA I. HA Rep. 87 Nr. 5263.

gezwungen ihre Wirtschaften mit Schulden zu belegen, und da sie ohnehin eine hohe Belastung hätten, werde dann mancher seine Wirtschaft aufgeben müssen.

„Zumal da die Separation unser Erachten bei den hohen Sandacker nicht anwendbar, sondern nachtheilig für uns sein werde", weswegen auch eine Separation, die „schon mal im Schwange war", fallen gelassen worden war. Weil durch eine Separation ihr „gemeinschaftliches Viehweiden" aufgehoben werde und sie die Schafzucht, die ihnen bisher den größten Nutzen gebracht hat, einstellen müssten, glaubten sie durch die Separation Schaden zu leiden. Da sie weiter nichts als den Acker, nur ganz unbedeutende Wiesen und Gebüsche besaßen, werde es ihnen nach Beendigung der Separation noch mehr an Futter für ihr Mast- und Arbeitsvieh fehlen. „Jedoch wir widerstehen durchaus nicht die Allerhöchsten Verordnungen, welche im Allgemeinen sehr gut sein," sondern wegen ihrer Armut, und da immer ein Posten der Kosten nach dem andern folge und sie bereits einige Beträge bezahlt hätten, baten sie nur die Zahlung der Separationsgebühren zu mäßigen.

Sie fügten an, dass ihr Feld, das zwischen Zehlendorf und Teltow lag und „einen ebenen Plan bildet", jedes Jahr zweimal, im Frühjahr und nach der Ernte, zu Manövern benutzt wird; da durch die Separation „das gemeinschaftliche Säen" aufgehoben werde, so werde in der Folge ihre Feldmark für die Truppenübungen nicht mehr geeignet sein. Da sie bei ihrer dürftigen Lage weitere Lasten zu tragen hätten, 40 Taler zu der Orgel in der Teltower Kirche, in die sie eingepfarrt waren, ferner Arbeitslohn zum Pfarrbau und zum Schulbau, der im Frühjahr anstehe, so könnten sie bei dem „jetzigen Marktpreis" und den laufenden Abgaben nicht umhin, nochmals „Unsern Theuern und Höchstgerechten Landesvater" um Ermäßigung der Separationsgebühren anzuflehen. Unterzeichnet vom jetzigen Schulzen Schmeltz und dem Gerichtsmann Wilke als Vorsteher der Gemeinde.

Wieder war es der kapitalkräftigste Grundbesitzer am Ort, der die Separation beantragte. Nach dem Rittergutsbesitzer in Dahlem, dem Erbschulzenguts-Besitzer und dem Krugwirt in Zehlendorf, dem Krugwirt in Stolpe nun der Müller Lorenz in Schönow. Oft gehörte auch der Antragsteller der Gemeinde entweder nicht an wie Graf Podewils, oder war ihr doch nicht voll zugehörig wie Chausseebauinspektor Reitz oder Krugwirt Stimming; der Zehlendorfer Müller Lorenz kam von außen und die Gemeinde Schönow fühlte sich von ihm in ihren Hantierungen gestört.

Noch deutlicher, als es die Stolper getan hatten, artikulierten die Schönower, dass sich hinter ihrem Begehren nach Ermäßigung der Separationskosten eine generelle Abneigung gegen die Separation verbarg. Die Schönower begründeten ihre Ablehnung mit landwirtschaftlichen Argumenten, und man muss ihre Einwände in dem Licht bewerten, dass die Intention der Landeskulturgesetzgebung gewesen war die Ertragslage der rückständigen Landwirtschaft zu verbessern. Nun führten die Schönower im Zusammenhang der Zehntablösung an, dass ihre Vorfahren durchaus allerhand getan hatten durch Dungankauf die Güte des Bodens zu verbessern. Andererseits aber - und das sind ihre Argumente gegen die Separation - bezogen sie bei den sandigen Äckern ihr Einkommen hauptsächlich aus der Viehzucht und insbesondere aus der Schafhaltung. Würden aber durch die Separation die Felder aufge-

Rein-Karte von der Feldmark Stolpe (1822)

Zweite Rein-Karte der im Teltower Kreis belegenen Feldmarke Schönow

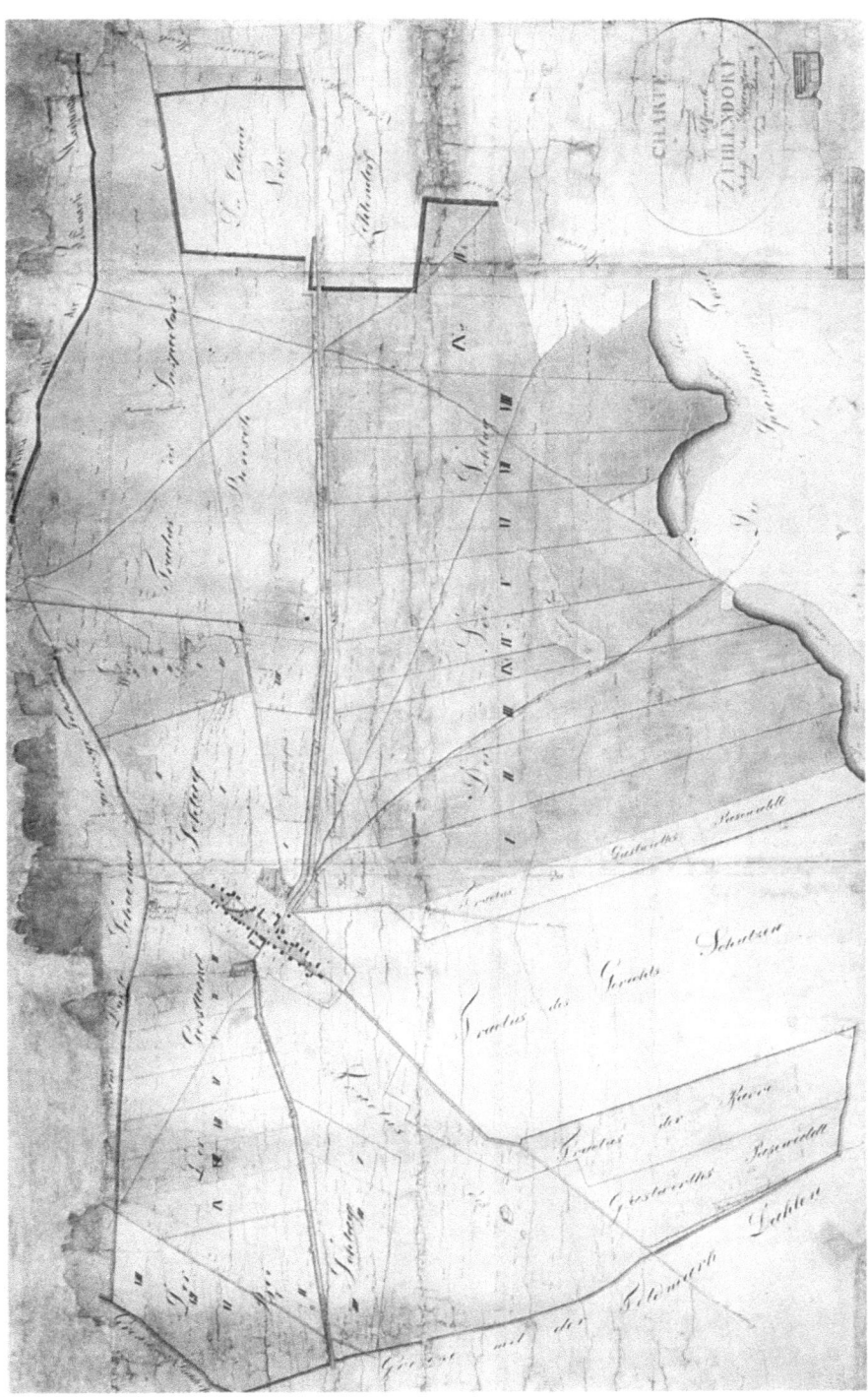

Charte von der Feldmark Zehlendorf (1819)

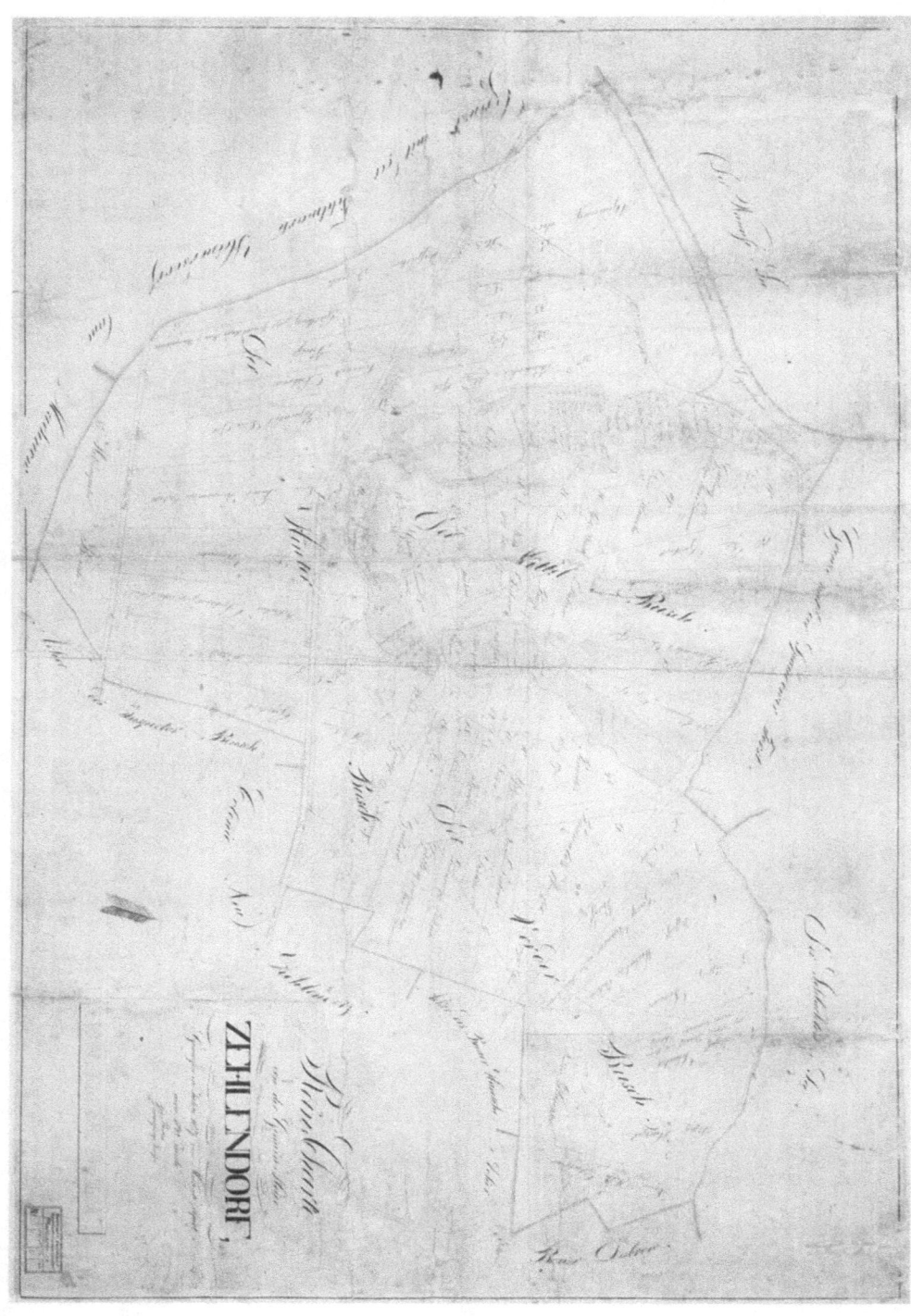

Rein Charte von der Gemein-Heide Zehlendorf (1827)

teilt, eingezäunt und individuell bewirtschaftet, so würde der Schaftrieb unmöglich, sie müssten die Schafe abschaffen und verlören ihre wichtigste Einkommensquelle. Sie verweisen am Schluss auf die Marktpreise und die waren in den zwanziger Jahren gekennzeichnet durch einen Preiseinbruch bei Getreide, so dass die Landwirte sich verstärkt auf die Schafhaltung verlegten, da Wolle gute Preise erzielte.[135] Die Schönower argumentieren also ausgesprochen ökonomisch rational. Auch marktwirtschaftlich war die Schönower Separation kontraproduktiv.

Die ganze Aufregung der Schönower entstand aber aus einer fundamentalen Neuerung gegenüber den bisherigen Separationen in den benachbarten Dörfern. Podewils, Reitz, Pasewaldt und Stimming separierten ihre Güter, während die Gemeinden ihre Feld- und Heidegemeinschaft aufrechterhielten. Diese Separationsverfahren wurden nach den alten Vorschriften, nach denen die Herauslösung eines Guts aus der Gemeinschaft, wenn keine erheblichen Einwände dagegen sprachen, zwar nicht verhindert werden konnte, aber die Modalitäten der Separation auf dem Wege des Konsenses zustande kommen mussten. Die Schönower sprachen an, dass auch bei ihnen schon einmal ein Separationsverfahren eingeleitet worden war, das aber wieder eingestellt wurde. Auch an anderer Stelle ist von einer „in früheren Jahren schwebenden Separation" die Rede, die offenbar von dem ehemaligen Rittergutsbesitzer Anselm beantragt worden war.[136]

Das Gemeinheitsteilungsgesetz von 1821 aber ging viel weiter: Es wollte die durchgehende Separation aller Bauerngüter in allen Dörfern erreichen. Wenn nun ein Grundbesitzer in einem Dorf die Separation beantragte, so mussten sich alle anderen ebenfalls separieren lassen, ob sie wollten oder nicht. Lorenz besaß eine von 44 Hufen in Schönow. Sein Antrag bewirkte nicht die Separation seiner einen Hufe, sondern die der ganzen Feldmark. Die Bauern wurden mit einem Verfahren überzogen, das sie nicht gewollt hatten, dessen Sinn sie nicht einsahen und das in ihren Augen nur schädliche Folgen für sie haben musste. Gleichwohl konnten sie sich dem Gesetz nicht widersetzen und richteten ihren Protest gegen die Kosten.

Nach einer Aufstellung über das Beitragsverhältnis der Bauern zu den Separationskosten umfasste die Schönower Feldmark 44 Hufen, von denen sieben Bauern je vier Hufen besaßen, ein Bauer zwei Hufen, der außerdem die Kirchenhufe in Erbpacht hatte, ein Ackerbürger aus Teltow eine Hufe, der Gutsbesitzer Anselm eine Hufe und der Müller Lorenz eine Hufe. Das Rittergut umfasste zehn Hufen; fünf Bauern hielten es zu gleichen Teilen in Erbpacht. Alles zusammengenommen hielten die acht Schönower Bauern jeder zwischen vier und sechs Hufen; hinzu kamen drei auswärtige Besitzer, die jeder eine Hufe besaßen. Die Hufen waren zwischen 13,5 und 16,5 Morgen groß.[137]

---

[135] Der Getreidepreis stand 1825 nur bei 28 % des Preises von 1817, gleichzeitig stiegen die Wollpreise kräftig: Abel, Agrarkrisen, 225-229.
[136] Vgl. BAZ Verm 18, 12.4.1825.
[137] Ebd., 16.11.1825 u. „Beitragsverhältnis", undatiert.

Es wurde eine Ertragsberechnung der verschiedenen Acker-, Wiesen- und Weideklassen angefertigt, die der Neuverteilung des Landes zugrunde gelegt werden sollte.[138] Diese gibt interessante Einblicke in Ackerbau und Viehzucht der alten Zeit. Der beste Boden in Schönow war Gerstland 2. Klasse, es folgte Haferland 1. und 2. Klasse, beim Roggenland unterschied man nicht nur 3-, 6- und 9-jähriges, sondern auch noch 12-jähriges. Der Acker wurde nach Angaben der Bauern im Dreifeldersystem bewirtschaftet, Gerstland und Haferland alle sechs Jahre regelmäßig durchgedüngt. In alle Äcker wurde im ersten Jahr Roggen eingesät, im zweiten Jahr je nachdem Gerste oder Hafer; in ein Drittel der Brachfläche Erbsen eingesät. Roggenland wurde nur mit Roggen angebaut und nicht gedüngt, sondern sollte sich in der unbebauten Zeit bis zum 3., 6., 9. oder 12. Jahr regenerieren.

Die Wiesen wurden „einschürig" genutzt, d.h. einmal gemäht. Sie lieferten unterschiedlich 12, 10, 8 oder 4 Zentner Heu pro Morgen. Vom 29. September bis zum 1. Juni des folgenden Jahres wurden sie beweidet. Der Weideertrag machte (so die Berechnung), wenn man die Vegetation im Jahresverlauf zur Richtlinie nahm, ein Viertel des Heuertrages aus.

Weideland stand in sechs Ertragsklassen zur Verfügung, je nachdem ob ein Stück Großvieh 6 Morgen brauchte, um genug Futter zu finden, oder 8, 10, 12, 15, 20 Morgen.

Berechnet wurde auch der Ertrag der Ackerweide. Und zwar wurde angenommen, dass zur Sommerweide einer Kuh an Weideland („Dreeschweide") erforderlich seien:

im Gerstland II. Klasse	4 Morgen
im Haferland I. Klasse	6 Morgen
im Haferland II. Klasse	9 Morgen
im 3-jährigen Roggenland	15 Morgen
im 6-jährigen Roggenland	20 Morgen
im 9-jährigen Roggenland	30 Morgen
im 12-jährigen Roggenland	45 Morgen

Dabei wurde der Futterertrag einer Kuhweide mit vier Scheffeln Roggen gleichgesetzt. Die Brachweide wurde im Wert halb so hoch angesetzt wie die Dreesche, die Winterstoppelweide mit einem Achtel, die Sommerstoppelweide mit einem Zehntel des Werts der Dreeschweide.[139]

Man ging davon aus, dass sich bei Gerstland 2. Klasse im Vergleich zur Aussaat ein 5½facher Ernteertrag ergab. Bei Haferland 1. Klasse ein 5facher Ernteertrag, bei Haferland 2. Klasse nur noch ein 3½facher Ertrag. Bei 6-jährigem Rog-

---

[138] Ebd., 1826, Fragment.

[139] Dreesche ist Ackerland, das zur Erholung mehrere Jahre unangebaut bleiben muss, in denen sein Grasbewuchs zur Weide dient: Heinrich Dittmaier, Esch und Driesch. Ein Beitrag zur agrargeschichtlichen Wortkunde, in: Aus Geschichte und Landeskunde. Forschungen und Darstellungen. Franz Steinbach zum 65. Geburtstag gewidmet, Bonn 1960, 704-726.

genland sank der Ertrag auf das 2½fache ab, bei 9-jährigem auf das Doppelte. Davon musste immer ein Anteil als Saatkorn zurückgelegt werden. Bei der Berechnung des Nettoertrags wurde außerdem berücksichtigt, dass ein Teil „zur Wirtschaft" ging (zum Eigenverbrauch und zum Verfüttern). Beim 5½fachen Ernteertrag auf Gerstland gingen ein Teil zum Saatkorn und zwei Teile zur Wirtschaft, blieben 3½ Teile Nettoertrag. Dieser sank natürlich mit abnehmender Bodengüte deutlich ab. Bei Haferland 2. Klasse mit einem 3½fachen Ernteertrag musste ein Teil als Saatkorn abgezogen werden, 1½ Teile gingen zur Wirtschaft, blieb als Nettoertrag gerade die Aussaatmenge.

Der Nettoertrag betrug im Vergleich zu Gerstland 2. Klasse bei Haferland 1. Klasse nur 63 %, bei Haferland 2. Klasse nur 33 %, sank bei 3-jährigem Roggenland auf 20 % und bei 6jährigem auf 11 % ab. Nun ist klar, dass bei mehrjährigem Roggenland der Weideertrag größer war als der Kornertrag. Der Ertrag der Stoppel- und Brachweide lag bei Gerstland und Haferland zwischen 8 und 11 % des Nettoertrags, bei 3-jährigem Roggenland war der Weideertrag bereits halb so hoch wie der Kornertrag, bei 6-jährigem Roggenland bereits deutlich höher. Bei diesen Ertragsverhältnissen lohnte sich bestenfalls noch der Anbau von 3-jährigem Roggenland, 6-, 9- und 12-jähriges Roggenland muss als unrentabel bezeichnet werden.

Eine Verbesserung der landwirtschaftlichen Anbaumethoden war dringend nötig um aus diesen dürftigen Verhältnissen herauszukommen. Man tat ja etwas, so durch den Anbau von einem Drittel der Brache mit Viehfutter. Das musste erweitert werden, um durch bessere Viehfütterung einen höheren Dunganfall zu bekommen, mit dem die Böden verbessert werden konnten. Auch fällt auf, dass die Wiesen einen Monat zu lange beweidet wurden, nämlich im Mai, wenn die Vegetation einsetzte. Man tat das vermutlich um das Zugvieh zu Beginn der Ackerbestellung zu kräftigen. Andererseits minderte man damit den Heuertrag. Vorderhand bei der schlechten Getreidekonjunktur war es sinnvoller auf die Schafzucht zu setzen, wie es allenthalben besonders die großen Grundbesitzer taten. Die Separation war den Bauern dabei hinderlich.

Die Bittschrift vom 24.1.1826 an den König wurde an das Innenministerium weitergeleitet. Dieses antwortete der Gemeinde Schönow am 2. Februar, dass es „von Ihrem Verhalten bey der bevorstehenden Auseinandersetzung abhängig bleiben muß, ob und welcher Erlaß an den Kosten Ihr rücksichtlich Ihrer vorgeblich dürftigen Umstände zu bewilligen sein werde." Hinsichtlich der inzwischen aufgelaufenen Kosten wurde die Generalkommission ermächtigt ihr billige Zahlungsfristen zu bewilligen.[140]

Am 13. März 1826 wurde dem Schulzen Zinnow und Konsorten zu Schönow die Kostenrechnung des Ökonomiekommissars Wiechel an Auslagen und Tagegeldern über 40 Taler zugestellt, von denen sie 35 Taler zu tragen und an die Kasse der Generalkommission in Berlin zu übersenden hatten, wobei ihnen ausnahmsweise

---

[140] BAZ Verm 18. - Abschrift GStA I. HA Rep. 87 Nr. 5263.

für die Hälfte des Betrages eine Zahlungsfrist bis zum 1.10. des Jahres und für die andere Hälfte bis zum 1.3.1827 eingeräumt wurde.

Im September 1830 bekam der Mühlenmeister Lorenz seinen Abfindungsplan zugewiesen, ein Jahr später erhielten die übrigen Beteiligten ihre Anteile. Die folgenden Streitigkeiten zogen sich so lange hin, dass der Separationsrezess erst 1850 abgeschlossen werden konnte.[141]

Inzwischen hatten sich neben Lorenz weitere Zehlendorfer in Schönow eingekauft, und zwar der Amtmann Scharffe mit einer Hufe und der Büdner Peter Pasewald, der acht Morgen Acker und sechs Morgen „Luch" erworben hatte. Das Rittergut war aufgeteilt worden. Der Hofzahnarzt Georg Daniel Albrecht erwarb einen Teil samt dem Gutshof, die anderen Teile Amtmann Scharffe, der Gastwirt Friedrich aus Neu-Zehlendorf, der Generalmajor Stein von Kamiensky aus Berlin und die Schönower Bauern Johann Friedrich Schmelz und Gottfried Haupt. Außerdem hatte der Direktor eines orthopädischen Instituts in Berlin, Adolph Friedrich Krüger, das Schönower Zweihüfnergut gekauft.

Die Separationskarte von 1850[142] zeigt, dass die sechs Bauern im östlichen Teil der Feldmark je ein Ackerstück zugewiesen bekamen. Ein zweites Stück erhielten sie im westlichen Feld, ein drittes in dem nordöstlich an der Zehlendorfer Grenze gelegenen kleineren Feld oder südlich des Dorfes. (Also je ein Ackerstück in drei Feldern.) Weiterhin bekam jeder ein Wiesenstück nordwestlich des Dorfes, ein Stück in dem Heidestreifen an der Machnower Grenze und einen Streifen im Wald rechts der Straße. Die Pfarre, der Kirchenpächter, Direktor Krüger und Hofzahnarzt Albrecht schließlich erhielten ihre Anteile links der Straße in Dorfnähe.

Die Zehlendorfer Grundbesitzer erhielten ihre Äcker praktischerweise an der Zehlendorfer Grenze, Lorenz gegenüber seiner Mühle, daneben der Büdner Pasewald und Amtmann Scharffe mit zwei Stücken sowie Stein von Kamiensky, der auch in Zehlendorf begütert war; der Neu-Zehlendorfer Friedrich bekam seinen Acker in der nordöstlichen Ecke der Schönower Gemarkung, möglichst nahe der Kolonie.

Feldmark Zehlendorf

Am 20.1.1826 kaufte der königliche Holzinspektor Friedrich Wilhelm Heinrich Bensch das vormals Ernst Ludwig Pasewaldsche Bauerngut in Zehlendorf von dessen Witwe für 6000 Taler.[143] Bensch trat als Erstes dem von der Gemeinde abgeschlossenen Rezess über die Aufhebung der Wilmersdorfer Schafhütung bei.

---

[141] BAZ Verm 18, 30.4.1850.

[142] Zweite Rein-Karte von der im Teltower Kreise belegenen Feldmark Schönow. Nach realisierter Separation auf Grund der Schwarzschen Karte de 1825 angefertigt im Jahre 1850 durch Mann, Regierungs-Kondukteur, 1 : 4000: LAB Acc. 3815 Nr. 82; siehe Tafel 2 nach S. 406.

[143] BAZ Verm 38, 18.3. sowie 14.10.1826.

Am 7. August 1826 wurde die Gemeinde zum Termin geladen, da der Kommerzienrat Beer und der Inspektor Bensch die Separation der zu ihren Gütern gehörigen Grundstücke beantragt hatten. Beer als Besitzer des Erbschulzenguts beantragte die Zusammenlegung der dazugehörigen Anteile an der Gemeinheide, Bensch die Separation und Zusammenlegung seiner Grundstücke an Acker, Wiesen und Wald.[144]

Was die Ackerseparation angeht, wurde verabredet die Karte, die der inzwischen verstorbene Kondukteur Emden 1819 bei der Separation des Erbbraukruges hatte anfertigen lassen, dem jetzigen Verfahren zugrunde zu legen, ebenso das dazugehörige Vermessungs- und Bonitierungsregister, das aber nicht vorhanden war und nach dem geforscht werden sollte.

Zu der künftigen Lage des zu separierenden Ackerplans machte Bensch den Vorschlag, dass ihm dieser an der Machnowschen Grenze zugeteilt werden solle, „worauf er geneigt sey, sämmtliche Kosten der Akkerseparation allein zu übernehmen." Doch die übrige Gemeinde wollte darauf nicht eingehen, sondern schlug einen Teil der Feldmark neben der Chaussee und dem Pasewaldtschen Separationstrakt vor. Damit war aber Bensch nicht einverstanden und die Festlegung wurde verschoben.

Außerdem wurde festgesetzt, dass der Schullehrer eine nach der Gemeinheitsteilungs-Ordnung erforderliche Abfindung erhalten sollte. Schließlich wurden die Nutzungsrechte an der Heide aufgenommen.

Am Schluss wurde den Versammelten das Verhandlungsprotokoll vorgelesen und wurden sie zur Unterschrift aufgefordert. Es unterschrieben Beer, Bensch, Pasewaldt und Schäde. „Die Gemeine verweigerte die Unterschrift". Man fragte, ob Zusätze oder Abänderungen am Protokoll vorgenommen werden sollten; das war aber nicht der Fall. „Sie beschwerte sich blos über die Abfindung des Schullehrers und darüber, daß die Regulirung ihrer Verhältniße noch nicht beendigt wäre, welche mit der Separation zusammen bearbeitet werden müsse." Dies wurde niedergeschrieben, aber die Gemeinde blieb weiterhin bei der Verweigerung der Unterschrift. Also hat der Schullehrer Schäde „als ihr zugeordneter Beistand" die Richtigkeit des Hergangs unterschriftlich bestätigt. Der Gemeinde wurde bekannt gemacht, dass das Protokoll trotz ihrer Weigerung damit beglaubigt sei.

Eigentlich war die Protokollunterschrift ein rein formaler Akt, die Gemeinde brachte mit ihrer sturen Reaktion ihre allgemeine Unzufriedenheit zum Ausdruck. Gerade drei Wochen vorher hatte sie das für sie sehr nachteilige Urteil der Generalkommission in der Fronablösung (Regulierung) erhalten und man war wohl entsprechend verschnupft. Unzufrieden war sie auch damit, dass ihr per Gemeinheitsteilungsgesetz eine Landabtretung an den Schullehrer verordnet wurde. Die Bauern waren zu Landabtretungen für Gemeinschaftszwecke durchaus bereit, hatten sie doch bei der Separation des Kruggutes freiwillig zwei Morgen Acker zur besseren Ausstattung der Schullehrerstelle abgegeben. Dass sie aber, nachdem diese Vorbe-

---

[144] BAZ Verm 23, 7.8.1826.

halte ins Protokoll aufgenommen waren und damit einer zukünftigen Erörterung vorbehalten blieben, weiterhin störrisch blieben, zeigt, dass ihnen die ganze Richtung nicht passte.

Gescheitert war Bensch zunächst mit dem Ansinnen seinen Separationstrakt an der Machnowschen Grenze zu erhalten. Er hatte 1820 bereits das Forsthaus Haidekrug und 1440 Morgen Wald, der ursprünglich den von Hake gehört hatte, für 30 500 Taler gekauft. Er hatte die Hütungsrechte der Vorbesitzer gegen Abtretung von 687 Morgen abgelöst, so dass er ihn zu alleinigem Eigentum einschließlich des Jagdrechtes, Fischereirechten im Großen und Kleinen Wannsee sowie der Patrimonialgerichtsbarkeit besaß.[145] Natürlich wollte er ein benachbartes Areal erhalten und er war, um das zu erreichen, auch bereit die Separationskosten zu übernehmen. Die Gemeinde bevorzugte eine Lage dort, wo sich auch schon die anderen Separationstrakte des Gerichtsschulzen und des Gastwirts Pasewaldt befanden, wollte wohl ihr eigenes Land in einer zusammenhängenden Fläche behalten.

Jedenfalls war das Verfahren eingeleitet. Ein Jahr später, im August 1827, legte der Regierungskondukteur Muscate ein Einteilungsregister der separierten Feldmark vor.[146] „Hierzu gehört die im Jahre 1827 copierte Karte", heißt es, also die nach den Angaben von Emden 1819 angefertigte Karte, die kopiert und in die die vorgesehene neue Lage der Äcker eingetragen wurde. Es ist die große Zehlendorfer Separationskarte.[147]

Aus ihr ist zu ersehen: zunächst einmal, dass Bensch doch seinen „Tractus" zwischen Machnower Grenze, Chaussee und der Kolonie Neu-Zehlendorf erhielt. Abgesehen von dem Tractus des Gerichtsschulzen, der Pfarre und dem des Gastwirts Pasewaldt ist die Feldmark in drei Schläge eingeteilt, Seeschlag, Gerstlandschlag, Beischlag sowie den Wiesenschlag. Im Wiesenschlag befanden sich, wie der Name sagt, die Wiesen, in den anderen drei Schlägen das Ackerland der Bauern. Jeder Schlag ist in mehrere Streifen eingeteilt. Jeder der neun Bauern erhielt in jedem Schlag einen Streifen.

Die Bauern beschlossen, dass das Los entscheiden sollte, welcher Streifen wem zufiel.[148] Beispielsweise erhielt Georg Busse im Gerstlandschlag den Streifen Nr. V, im Beischlag den Streifen Nr. IV, im Seeschlag Nr. VIII und im Wiesenschlag Nr. VIII.

Abweichend davon gab es im Beischlag nur acht Streifen; Friedrich Zinnow hatte hier kein Land. Im Seeschlag waren die Streifen IV und IX geteilt; dadurch sollte die unterschiedliche Bodengüte besser ausgeglichen und das mit Holz bestandene Ackerland besser verteilt werden. Im Wiesenschlag gab es ebenfalls nur acht

---

[145] Jürgen Wetzel, 125 Jahre Düppel. Vom Rittergut zum Ortsteil Zehlendorfs, in: Der Bär von Berlin. Jahrbuch des Vereins für die Geschichte Berlins 38/39 (1989/90), 147.

[146] BAZ Verm 3.

[147] Charte von der Feldmark Zehlendorf. Behufs der Separation speciell vermessen im Jahre 1819 durch Emden für Bontin, Kopie von 1827; kol. Hz., ca. 1 : 2500, 240 x 146 cm: LAB Kartenabteilung; siehe Tafel 3 nach S. 406 (mit Süd-Nord-Ausrichtung).

[148] BAZ Verm 3, Rezess vom 21.4.1828, § 11.

Streifen; denn durch die Schlageinteilung befand sich im Wiesenschlag auch Ackerland und im Streifen II des Gerstlandschlages auch Wiesenland.

Die Ackeranteile der einzelnen Bauern waren ihrem Werte, nicht der Fläche,
nach gleich. Sie waren bisher schon nur wenig von einander abgewichen und die
Bauern beschlossen die völlige Egalisierung.[149] Flächenmäßig waren die Ackerareale
der Bauern zwischen 258 und 349 Morgen groß, entsprechend der unterschiedlichen
Bodengüte. Johann Friedrich Gäbert, der insgesamt 258 Morgen erhielt, bekam 68
Morgen 9-jähriges Roggenland; Ludwig Gütling, der insgesamt 349 Morgen erhielt,
bekam 160 Morgen 9-jähriges Roggenland.

Die Bodengüte war folgendermaßen verteilt: Im Gerstlandschlag befand sich
hauptsächlich, wie der Name sagt, guter Ackerboden, und zwar Gerstland 1. Klasse
mit einem Anteil von 60 %, Gerstland 2. Klasse mit 20 %. Der Beischlag hatte
mittelguten Boden, und zwar Gerstland zu 40 %, Haferland zu 48 % und 3-jähriges
Roggenland zu 12 %. Der Seeschlag bestand fast nur aus Roggenland, von dem 9-
jähriges 85 % ausmachte. An Wiesen waren insgesamt 102 Morgen vorhanden, je
ein Drittel mit 2 Zentnern, 4 Zentnern und 6-10 Zentnern Heuertrag pro Morgen.
Jeder Bauer hatte 8-12 Morgen Wiesen, Bensch 16 Morgen.

Der Tractus des Inspektors Bensch umfasste 845 Morgen, war also bald
dreimal so groß wie ein durchschnittliches Bauerngut. Das lag an der schlechten Güte des von ihm übernommenen Ackers. Es war zu 94 % Roggenland, gut die Hälfte
bestand aus 9-jährigem Roggenland.

Auf der großen Separationskarte sind 1819 von Emden die Bonitäten eingetragen worden - außer auf dem Tractus des Gerichtsschulzen, der bereits 1807/10
separiert worden war. Man erkennt auf dem Tractus des Gastwirts Pasewaldt und
der Pfarre, dass sich in Dorfnähe Gerstland 1. Klasse befand, dahinter etwas Haferland und zum Grunewald hin Roggenland. Zehlendorf lag also inmitten guten Ackerlandes, während sich der schlechte Boden hinter dem Wiesenschlag und zu Schlachtensee, Krummer Lanke und Grunewald hin befand.

Die Kossäten erhielten Acker gesondert im Mühlenfeld bei der Mühle gelegen, jeder gut einen und Haupt gut fünf Morgen Acker. Hinzu kamen das Kirchenland und das gemeinschaftliche Land. Einschließlich Höfe, Gärten, Wege und
Chaussee war die Feldmark 3678 Morgen groß.

Auf den ersten Blick unterscheidet sich diese Separation nicht sehr von den
vorherigen Teilseparationen des Lehnschulzen und des Krügers. Bensch erhielt einen
besonderen, von den Äckern der Bauern abgetrennten Trakt zugewiesen. (Wobei es
den Bauern wohl doch nicht allzu schwer gefallen sein wird dem Inspektor die von
ihm gewünschte Lage zu überlassen, blieb ihnen doch der bessere Boden.) Die
Bauern teilten die übrige Feldmark wiederum in drei Felder, womit sie ihre gewohnte
Wirtschaftsweise fortsetzen konnten. Es gab jedoch wesentliche Veränderungen.

Jeder Bauer hatte in jedem der drei Felder nur noch einen Streifen, während
er bisher in jedem Feld ca. drei Ackerstücke besessen hatte. Die Zusammenlegung

---

[149] Genehmigung der Regierung: BAZ Verm 3, 4.10.1827.

ermöglichte eine Verminderung der Feldwege und sie ermöglichte das Hauptziel der Separation: die hutfreie Zusammenlegung, d.h. dass das Vieh auf dem Stoppel- und Brachacker nicht mehr gemeinschaftlich gehütet würde, sondern jeder sein Vieh nur noch auf seinem eigenen Acker weidete.

Zur Herbstbestellung im Jahr 1827 wurde die Separation durchgeführt. Der alte Besitzer erntete das Getreide von seinen Stücken ab und übernahm die neuen Bodenanteile um sie zur Wintersaat vorzubereiten. „Auch ist die Stoppelrüben-Saat ein nicht unbedeutender Zweig der Industrie in Zehlendorff“, heißt es im Separationsrezess, weswegen die Rübenernte (die später lag) jedem auf seinen alten Stücken noch gestattet wurde.[150] In Zehlendorf wurde also keineswegs Getreidemonokultur betrieben, der landwirtschaftliche Fortschritt in Gestalt des Hackfrüchteanbaus auf dem Stoppel- und Brachacker war bereits weit gediehen. „Der Akker wird in 3 Felder bewirthschaftet und in der Brache werden die sommerungsfähigen Klassen bestellt“, ist im Jahr zuvor vermerkt worden.[151] - Am 1. September ging bereits die Kostenrechnung für den Regierungskondukteur Muscate und den Ökonomiekommissions-Rat Groschke über 444 Taler ein, wovon die Gemeinde 400 Taler zu zahlen hatte, also jeder der neun Bauern etwa 44 Taler.[152]

Der „Zehlendorffer Special-Separations-Recess“ wurde einige Monate später, am 21. April 1828, abgeschlossen und unterzeichnet.[153] Beteiligte an der Separation waren der königliche Holzinspektor Friedrich Wilhelm Heinrich Bensch als Besitzer eines Bauernhofes, „die verehelichte Dubrow, Marie Elisabeth, geborene Gehrmann, welche ihren Ehemann, den Schulzen Friedrich Dubrow, bevollmächtigt hat“, desgleichen einer der beiden Gerichtsmänner, die sechs Geschwister Lietzmann als gemeinschaftliche Besitzer eines Bauernhofes, vertreten durch ihre Ehemänner bzw. Vormünder[154], sechs weitere Bauern und die vier Kossäten, die Kirche vertreten durch die zwölf Erbpächter ihrer Grundstücke, durch die Kirchenvorsteher Friedrich Zinnow und George Busse sowie den Prediger Sachtleben von Gütergotz, schließlich die Schule vertreten durch den Schullehrer Ernst Ferdinand Schäde.

Im Spezial-Separations-Rezess[155] heißt es einleitend, im Jahre 1826 habe der königliche Holzinspektor Bensch auf Separation der zu seinem Bauernhofe in Zehlendorf gehörigen Grundstücke angetragen, „welchem Antrage sogleich bei der Bekanntmachung desselben alle übrige Mitglieder der Kommunion beigetreten sind“. Das scheint so nicht ganz zu stimmen, wenn man an die Unterschriftsverweigerung vom August 1826 denkt. „Die Angelegenheit ist überall im Wege des Vergleichs ausgeführt“, heißt es weiter. Das bedeutet nicht, dass es keine Differenzen gegeben hat. So fällt auf, dass die Gemeinde entgegen dem anfänglichen Angebot Benschs, die Kosten des Verfahrens zu übernehmen, wenn er das von ihm gewünschte Land

---

[150] BAZ Verm 3, Rezess vom 21.4.1828, § 13.

[151] BAZ Verm 23, 7.8.1826 (wie Anm. 144).

[152] BAZ Verm 3, 1.9.1827; Rechnung beglichen am 15.12.1827.

[153] BAZ Verm 3.

[154] Vollmachten BAZ Verm 3, 6.7., 28.7., 26.8., 27.11.1827.

[155] Wie Anm. 148.

erhielte, nachher doch die Kosten trug. (§ 23) Dennoch wurde der Abfindungsplan des Inspektors Bensch „vergleichsweise festgesetzt". (§ 8) Man kann annehmen, dass der Ökonomiekommissar über die Einzelheiten der Separation die Zustimmung aller Seiten herbeigeführt haben wird. Am Schluss erkannten die Teilnehmer ausdrücklich an, dass der Rezess den stattgefundenen Verhandlungen und ihrer Willensmeinung gemäß abgefasst sei, „sie bezeigen damit wiederholt ihre ausdrückliche Zufriedenheit". (§ 24)

„Gegenstand der Separation ist die Aufhebung der gemeinschaftlichen Akker- und Meeschwiesen-Hütung und die Zusammenlegung dieser Grundstücke für jeden Interessenten, soweit es sich nach der Oertlichkeit thun läßt." (§ 2) Der Zweck des Ganzen ist hier deutlich ausgesprochen: Die Abschaffung der gemeinschaftlichen Hütung auf den Äckern und Wiesen nach der Ernte. Diese gemeinschaftliche Hütung hatte es nötig gemacht, dass sich die Gemeinde auf Saat- und Erntetermine verständigte, wodurch eine Vereinheitlichung in der Art der Bestellung bewirkt wurde. Dies sollte abgeschafft werden, damit jeder einzelne Bauer den Acker so bestellen konnte, wie es ihm vorschwebte, also auch mit anderen Produkten, die eine frühere oder spätere Erntezeit hatten. - Freilich hatte auch die Gemeinschaft einen landwirtschaftlichen Fortschritt zustande gebracht, wurde doch die Brache mit Rüben bestellt, und zwar in bedeutendem Umfang.

Jeder sollte sein Vieh also nur noch auf seinem eigenen Grund und Boden weiden. Damit das praktikabel war, durften die Ackerstücke nicht zu klein sein, mussten also - und das ist die zweite Bestimmung - möglichst weitgehend zusammengelegt sein. Diese Zusammenlegung war die eigentliche Operation, die vorgenommen werden musste. Sie setzte die Vermessung und Bonitierung voraus, damit am Ende jeder wertmäßig genauso viel hatte wie zuvor. Beschränkung für die Zusammenlegung war lediglich, wieweit sie nach der Örtlichkeit tunlich war. Sieht man sich das Ergebnis an, so hatten zwar der Lehnschulze, der Krüger und Bensch ihren Acker in einem Stück erhalten, nicht jedoch die Bauern, die die Zusammenlegung in drei Stücken erlangten, und zwar so, dass es wieder drei Gemeinschaftsfelder gab.

Sämtlichen Beteiligten wurden neue Bodenanteile angewiesen, „die sie sich gegenseitig zur privativen und ausschließlichen Benutzung übereignen". (§ 13) Hier wird neben der landwirtschaftlichen die wichtigste Intention der Separation angesprochen, die Schaffung von Privateigentum, das, sobald auch die Fronablösung durchgeführt war, vollkommen und ohne Beschränkungen sein würde.

Die gemeinschaftliche Hütung war laut Rezess abgeschafft, der Kuhhirte hatte nur noch das Weiden in der Gemeinheide und im Spandauer Forst. (§§ 19, 20) Die Kossäten wurden für den Verlust der Ackerweide mit Land entschädigt, jeder mit gut einem Morgen im Mühlenfeld. (§§ 4, 10)

Vor der Neueinteilung des Ackers waren einige Vorentscheidungen zu treffen. Die Schule, die bei der Separation der Pasewaldtschen Grundstücke bereits zwei Morgen Gartenland erhalten hatte, bekam doch noch einmal 1 ½ Morgen dazu. Außerdem durfte der Lehrer eine Kuh im Spandauer Forst weiden lassen, sein Recht der Hütung in der Gemeinheide fiel jedoch weg. (§§ 5, 6)

Einige Grundstücke bleiben gemeinschaftlich. So die Baumschule, eine Baustelle, die erforderlichenfalls zum Bau eines Hauses für einen Gemeindediener benutzt werden sollte, und ein Grundstück zwischen dem Weg nach Spandau und der Trift zum Spandauer Forst, das zur etwaigen Verlegung des Kirchhofes vorgehalten wurde. In dem Teil der Feldmark rechts und links der Chaussee nach Potsdam, nahe am Dorf, war der Boden „von sehr leichter Beschaffenheit", weswegen er gemeinschaftlich blieb. Auf diesem insgesamt 75 Morgen großen Stück sollte der Holzbestand erhalten werden, „damit hierdurch die Gegend verschönert" und die Chaussee vor dem Versanden bewahrt werde. Die Baumbepflanzung wurde entlang der Chaussee fortgesetzt, und auch Bensch erklärte entlang seinem Grundbesitz Anpflanzungen „zur Verschönerung des Weges" machen zu wollen.

Diese gemeinschaftlichen Grundstücke gehörten den neun Bauern ausschließlich. „Ueber die Kultur des Holzes sollen die Dorfgerichte und insbesondere der jedesmalige Schulze die obere Aufsicht führen, und es soll hierüber in den Gemeindeversammlungen berathen werden." Die Beteiligten waren verpflichtet den Anordnungen des Vorstandes unweigerlich Folge zu leisten, bei Meinungsverschiedenheiten sollte die Berufung an eine weitere Instanz und ein Prozessverfahren nicht zulässig sein. (§ 7) D.h. die Gemeinde entschied in diesen Dingen völlig autonom, mit Stimmenmehrheit, Schulze und Gericht waren die ausführenden Organe, ihren Anordnungen auf Grundlage der Gemeindebeschlüsse war nachzukommen. Die Gemeinde hatte sich als *Realgemeinde* auf neun Mitglieder vermindert, in den übrigen Gemeindeangelegenheiten gehörten ihr Beer, Pasewaldt und Bensch allerdings weiter an.

Der Kirchenacker wurde zweckmäßigerweise in die Nähe des Dorfes hinter das für den Kirchhof vorgesehene Grundstück gelegt. Die Nutzung stand den neun Bauern, Bensch und dem Schulzengutsbesitzer als Erbpächtern zu gleichen Anteilen zu. Pasewaldt hatte sich seinen Anteil 1823 an der Dahlemer Grenze anweisen lassen. Eine Aufteilung des Kirchenackers haben sich die Erbpächter „ausdrücklich verbeten, und wollen ihn wie bisher gemeinschaftlich bewirtschaften und nutzen." (§ 9)

Die übrige Feldmark wurde sodann gleichmäßig unter die neun Bauern aufgeteilt. (§ 12) Das Ackerholz war vom vormaligen Besitzer binnen vier Jahren wegzuschaffen. Die Fenne gehörten demjenigen, in dessen Acker sie lagen; Bensch erhielt 5 Morgen (Machnower Krummes Fenn), Hansche 13 Morgen und Gäbert 7 Morgen (Krummes Fenn), Gütling 3 Morgen (Vierling). Nur ein Fenn an der Krummen Lanke, am Ende des Seeschlages Nr. IV a, blieb als Hütungsplatz am Spandauer Forst gemeinschaftlich. Auch die Rohrung an der Krummen Lanke und dem Schlachtensee gehörte jedem Bauern, soweit sein Schlag daran grenzte (nur IVa, Bauer Gäbert, hatte keine Rohrung). (§ 18) Es wurden neue Feldwege angelegt, wie sie auf der Separationskarte zu erkennen sind, deren Unterhaltung den jeweiligen Anrainern oblag, ebenso die des Abzugsgrabens durch die Wiesen nach dem Machnowschen Busch. (§ 14)

Die Aufhebung der Feldgemeinschaft machte einige Sonderabmachungen notwendig. Nach der Begradigung des Weges nach Machnow war der alte Hohlweg den Bauern Gütling und Kühne in den Gerstlandschlägen I und II als Acker zugewiesen worden. Durch diesen Hohlweg floss indessen das Schneeschmelz- und das Regenwasser nach dem Dorfpfuhl ab und würde sonst hinter dem Dorf in die Gärten eindringen. Daher wurde festgesetzt, dass die Besitzer den Hohlweg zwar beackern, aber nicht einebnen dürften. (§ 15)

Pasewaldt (Hof Nr. I), Kühne (II), Bensch (III) sowie Gäbert (VII) hatten auf ihren Hofstellen im Dorf am Ende der Gärten Backöfen zu stehen. Das Reisig zur Befeuerung der Öfen wurde bisher entlang der Gartenzäune über die Feldmark angefahren und über den Zaun geworfen. Nun gestatteten die neuen Privateigentümer der angrenzenden Ackerstücke weiterhin die Anfuhr des Backreisigs, wenn das Feld nicht bestellt war oder wenn harter Frost die Überfahrt gestattete. (§ 16)

„Es wird häufig die Gelegenheit benutzt, zur Beförderung der Land-Kultur Dünger aus Berlin zu holen", heißt es; Pasewaldt und die verehelichte Dubrow vereinbarten gegenseitige Überfahrtrechte mit Dünger über ihre separierten Äcker an der Dahlemschen Grenze; die Wegeführung reichte hier offenbar nicht aus, da der Beischlag Nr. III der Dubrow „in zwei Abtheilungen bewirthschaftet wird". (§ 17) (Nach der Zusammenlegung nahm der Bauer also eine interne Unterteilung vor.)

Endlich waren bestimmte Gemeinschaftseinrichtungen nicht anders als traditionell weiterzuführen. Das Erbschulzengut war wie bisher verpflichtet den Bullen und den Eber zu unterhalten, wobei weiterhin der Eber vom Erbschulzengutsbesitzer, der Bulle von der ganzen Gemeinde angeschafft werden musste. (§ 21) Von den Hirtenhäusern mit dem dazugehörigen Garten wurde das eine vom Kuhhirten, das andere vom Heideläufer und Nachtwächter bewohnt, die beide Diener der ganzen Gemeinde waren. (§ 20)

Zusammenfassend kann gesagt werden, dass bei der Zehlendorfer speziellen Separation eine Lösung gefunden wurde, die die gemeindlichen Beschränkungen der Nutzung des Eigentums in Gestalt der Acker- und Wiesenbehütung aufhob und eine Grundstückszusammenlegung herbeiführte, andererseits aber durch die Einteilung der Feldmark eine Fortführung der traditionellen Wirtschaftsweise offenhielt. (Letzteres nur so lange, wie sich die neun Bauern einig waren.) Ein Kompromiss also, der den Vorschriften des Gemeinheitsteilungsgesetzes Genüge tat und dem Willen der Bauern entgegenkam.

Gemeinheide Zehlendorf

Beim Termin am 7. August 1826 ist, wie erwähnt, auch der Antrag des Besitzers des Erbschulzenguts, Beer, „auf Zusammenlegung der dazugehörigen Forstantheile an Holz und Hütung" aufgenommen worden.[156] Bei der Separation des Erbschulzenguts

---

[156] Wie Anm. 149.

1810 war allerdings dessen Hütung in der Gemeinheide bereits separiert und dafür ein 84 Morgen großes Areal zwischen Chaussee und Königsweg abgeteilt worden. Die Holznutzung des Erbschulzengutes war aber in gemeindlicher Regie geblieben. Diesmal sollte der Antrag eines Einzelnen ebenfalls nicht wieder nur die Separation seines Anteils nach sich ziehen, sondern die völlige Aufteilung der Gemeinheide.

Die Gemeinheide war - so die Aufnahme der Fakten bei diesem Termin - in Vorder-, Mittel- und Hinterbusch unterteilt, wobei alle Bauerngüter gleichen Anteil an Holzschlag und Weide hatten. Die Kossäten hatten am Hinterbusch oder Quast keinen Teil, im Vorder- und Mittelbusch konnte ein Kossät halb soviel Holz schlagen und Vieh weiden wie ein Bauer (ganz so, wie es die Holzordnung von 1516 festgelegt hatte). „Der Herr Pasewalk [!] nimmt als Erbpächter des Pfarrlandes auch ein Theilnehmungsrecht in der Gemeinheit an Holzung und an Hütung gleich einem Bauer in Anspruch, welches aber von den übrigen Interessenten bestritten wird." Pasewaldt behielt sich vor die Beweismittel zum nächsten Termin beizubringen.

Kommerzienrat Beer legte die von Ewert angefertigte Karte der Gemeinheide von 1782 vor, deren Richtigkeit und Brauchbarkeit wegen Beschädigungen jedoch bezweifelt wurde. Es war also eine neue Karte anzufertigen, die Gemeinheide neu zu vermessen und zu bonitieren. Die Holzbestände waren von Forstsachverständigen zu taxieren. Deren Auswahl überließen die Beteiligten der Kommission. Vorweg sollte sich jedoch jeder noch einmal mit dem nötigen Bau- und Reparaturholz zur Instandsetzung seiner Wirtschaftsgebäude versorgen können.

Nachdem die Ackerseparation durchgeführt war, wurde nun die Vermessung und Bonitierung der Heide in Angriff genommen. Die Vermessung durch den Kondukteur Muscate ergab eine Größe der Gemeinheide, abzüglich der darin gelegenen Wiesen, von 1579 Morgen[157] (also knapp halb so groß wie die Feldmark). Im November 1827 erhielt die Gemeinde eine Kostenrechnung für diese Arbeiten über 203 Taler, von denen der Schulze Dubrow bei den neun Bauern und vier Kossäten 145 Taler einzutreiben hatte.[158]

Ein Streitpunkt war jedoch offen geblieben. Der „Gasthofbesitzer und Chaussee-Einnehmer" Pasewaldt als Erbpächter des Pfarrackers hatte sich in weiteren Verhandlungen nicht mit der Gemeinde einigen können, welchen Teil an der Gemeinheide er für die Pfarrländereien zu beanspruchen hatte. Also setzte er sich mit der Regierung in Potsdam ins Benehmen, die am 18. November 1827 eine Klage gegen die Bauern- und Kossätengemeinde Zehlendorf bei der für die Separationen zuständigen Generalkommission, vor der auch der Ablösungsprozess stattgefunden hatte, einreichte.[159]

Die Klageschrift bezog sich auf den zwischen dem damaligen Prediger zu Gütergotz und Zehlendorf, Christian Ohm, und dem Vorbesitzer des Erbbraukruges, Stadtsekretär Johann Christian Schlicht, 1757 abgeschlossenen Erbzinskontrakt über

---

[157] BAZ Verm „Heide-Separation", Bl. 37 (10.4.1828); vgl. oben S. 382.
[158] BAZ Verm 3, 28.11.1827.
[159] BAZ Verm „Heide-Separation", Bl. 28-33.

die Pfarrländereien. Sie bestanden aus einem im Dorf neben dem Kirchhof gelegenen wüsten Pfarrhof, den in den drei Feldern gelegenen zwei Pfarrhufen, den „Graskaveln" und der „Holzkavel", die dem Pfarrer nach dem Zehlendorfer Heidebrief zustanden. Die Gemeindemitglieder hatten die Gemeinheide in der Art inne, dass sie die Nutzungen unter sich teilten („verkaveln").

Schon der Stadtsekretär Schlicht hatte 1759 gegen die Gemeinde wegen des Anteils der Pfarre an den Gemeindeholzungen geklagt. Das Urteil vom 1. August 1760 hatte gelautet, dass die Gemeinde verpflichtet wäre die in der Matrikel und in der Erbpachtverschreibung festgesetzte Holzkavel sowie das Holz, das der Pfarre nach Maßgabe des Heidebriefes zustand, ihr zukommen zu lassen. Mit dem Heidebrief war die Holzordnung von 1516 gemeint; in der Matrikel der Zehlendorfer Pfarre vom Jahr 1600 wurde unter den Einkünften der Pfarre „eine Kavel Holz gleich den Bauern" aufgeführt. Außerdem sah das Urteil von 1760 vor, dass die Gemeinde, wenn der Pfarrhof wieder aufgebaut werden sollte, das nötige Bau- und Gehegeholz dafür geben müsse.

Gegen das Urteil hatten, wie die Akten ergäben, beide Seiten appelliert, aber die Sache sei nicht fortgeführt worden, und es müsse daher angenommen werden, dass das Urteil Rechtskraft erlangt hätte. Schlicht verkaufte im Juni 1761 den Gasthof, einschließlich des Erbzinsrechtes an den Pfarrgrundstücken und der dazugehörigen Gerechtsame, an den Vater des jetzigen Inhabers Pasewaldt, welcher Besitz und Rechte erbte. Der Einwand der Gemeinde lautete auf „Verjährung durch Nichtgebrauch".

Pasewaldt - und mit ihm die Regierung - klagte, ihm für das Pfarrland ein Teilnahmerecht gleich einem Bauern, außerdem das zum Wiederaufbau des Pfarrhofes erforderliche Bau- und Gehegeholz zuzusprechen, schließlich ihm auch die Nutzungen, die ihm seit 1761 zugestanden hätten, zu erstatten.

Man kann sagen, die Regierung ging hier aufs Ganze; insbesondere ihr Verlangen, alles Holz, das für das Pfarrland in 66 Jahren hätte gegeben werden sollen, nachträglich erstattet zu bekommen, war für die Gemeinde starker Tobak. Der Anspruch, dass das Pfarrland einem Bauerngut gleichgesetzt werde, war fragwürdig. Ein Bauerngut hatte 3 ½ Hufen Acker, während die Pfarre nur zwei Hufen besaß. In der Holzordnung von 1516 waren dem Pfarrer geringere Holznutzungsrechte als einem Bauern zugemessen worden, nämlich wie den Kossäten nur in Mittel- und Vorderbusch, nicht im Hinterbusch.[160]

Der Gemeindevorstand wandte sich an das Rentamt Mühlenhof. Sie hätten der Pfarre seit undenklichen Jahren kein Holz gegeben und es befremde sie daher, dass sie es ihr jetzt zugestehen sollten. Da, wie es scheint, es in dieser Sache durch die Regierung zum Prozess kommen könne, „und wir nicht wissen, ob wir recht handeln, uns entgegenzustellen, auch keine Acten in Händen haben, die für uns sprechen"; so baten sie das Rentamt um schriftlichen Rat, wie sie sich zu verhalten hätten. Auch baten sie, wenn sich alte Akten anfinden sollten, die für sie sprächen,

---

[160] S.o. S. 360 u. 382.

ihnen diese abschriftlich zukommen zu lassen. Unterschrieben „die Dorfgerichte", Dubrow als Schulze sowie Zinnow und Busse als Schöffen.[161]

Das Rentamt legte dem Dorfgericht den Hergang dar und wies auf den möglichen Entschädigungsanspruch für die Vergangenheit hin; es schien „daher anräthlich, daß die Gemeine mit dem Erbpächter sich vergleiche." Allerdings wollten die Rentbeamten sich nicht zur Sache äußern, sondern überließen es der Gemeinde einen Rechtsgelehrten zu Rate zu ziehen. Abschriften der Justizakten besitze der Erbpächter Pasewaldt, bei dem sie die Gemeinde werde einsehen können; das Rentamt könne ihnen Abschriften vorderhand nicht zur Verfügung stellen.[162]

Der Schulze Dubrow wandte sich um Hilfe an J. Beer in Potsdam, den Besitzer des Erbschulzenguts. Beer schrieb, dass er in dieser Sache der Gemeinde beipflichte und rate es zum Prozess kommen zu lassen; es sei denn, Pasewaldt ginge einen günstigen Vergleich ein, „indem ein magerer Vergleich besser ist als ein fetter Prozeß". Er empfahl der Gemeinde den Justizrat von Tempelhoff als Rechtsvertreter. Die Gemeinde überlegte das gesamte „Oberholz" der Heide ohne den Grund und Boden zu verkaufen, was nach Schätzung Beers 90 000 Taler einbringen würde. Beer machte jedoch darauf aufmerksam, dass dies nicht geschehen könne, bevor die Sache mit Pasewaldt entschieden sei.[163] Beer, und auch Bensch, waren ebenso wie die Gemeinde von dem Anspruch Pasewaldts betroffen, standen also nach der Interessenlage auf ihrer Seite.

Zur Aufnahme der Klage lud der mit der Heideseparation beauftragte Ökonomiekommissions-Rat Groschke die Parteien - den Ökonomiekommissar Krause als Vertreter des Erbzinsherrn, also der Potsdamer Regierung, den Erbpächter des Pfarrackers Pasewaldt, Kommerzienrat Beer, Inspektor Bensch und die Gemeinde mit dem Schullehrer Schäde - auf den 17.3.1828 in Zehlendorf.[164] Da Beer wegen einer Reise nicht erscheinen konnte, wurde der Termin auf den 10. April verschoben.

Bei diesem gab Pasewaldt zu Protokoll,[165] dass die Gemeine Heide auf Antrag des Erbschulzengutsbesitzers Beer speziell separiert werde, „indem sich diesem Antrage alle übrige Mitglieder der Gemeine und Theilnehmer an der Heide angeschlossen haben." Er klagte auf einen Anteil der Pfarre an der Heide gleich einem Bauern „wegen des übrigen gleichen Grundbesitzes". Seine Begründung folge der der Regierung vom November 1827. Am Schluss merkte Pasewaldt noch an, dass er sich im Fall der Abweisung der Klage Regress an die Regierung vorbehielte und „keine Kosten des Verfahrens in irgendeiner Art tragen könne."

Die Gemeindemitglieder erschienen mit dem Justizrat Tempelhoff als Rechtsbeistand.[166] Sie bestritten, dass das Urteil von 1760 Rechtskraft erlangt hätte,

[161] LHAP Pr. Br. Rep. 7, Nr. 1143, 24.1.1828.

[162] Ebd., 6.2.1828.

[163] BAZ Verm „Heide-Separation", Bl. 35, 8.3.1828.

[164] Ebd., Bl. 34, 26.2.1828.

[165] Ebd., Bl. 37-45, 10.4.1828.

[166] Es war der Justizrat Tempelhoff, der nun die Akte die „Zehlendorfer Heide-Separation" betreffend anlegte, enthaltend Aktenstücke, die für das Lehnschulzengut zum Prozess des

da beide Parteien dagegen appelliert hatten, die Appellation aber nicht zur Entscheidung gekommen sei. Sie führten an, dass Pasewaldt ebenso wie die Vorbesitzer für die Pfarre niemals Ansprüche auf eine Teilnahme an der Heidenutzung erhoben hätten. Schließlich habe Pasewaldt im Separationsrezess für das Erbschulzengut 1810 selbst den bestehenden Rechtszustand in der Gemeinheide dahin gehend anerkannt, dass der Pfarre kein Teilnahmerecht darin zustehe, sondern nur den damals zwölf Bauern, vier Kossäten nebst dem Lehnschulzengut. Pasewaldt bemerkte dazu, dass er 1810 noch minderjährig gewesen sei, der Rezess daher nicht gegen ihn zeugen könne.

Tatsächlich war 1810, als das Lehnschulzengut neben seinem Acker auch seinen Weideanteil an der Gemeinheide separierte, zur Berechnung des ihm zustehenden Weideareals die Gesamtfläche der Heide durch 15 geteilt worden, und zwar für 13 Bauernhöfe einschließlich des Lehnschulzenguts und 4 Kossäten, die jeder den halben Anteil eines Bauern hatten. Von der Pfarre war keine Rede gewesen. Bei den Unterschriften befindet sich die des Willhelm Pasewaldt. Allerdings übernahm er das Kruggut offiziell erst 1811.[167]

Auf Antrag von Bensch forschte der Ökonomiekommissions-Rat Groschke nach, ob nicht doch Appellationsakten im Prozess Schlicht gegen die Gemeinde vorhanden wären, freilich vergeblich.[168] Aber auch die existierenden Akten zu bekommen, erwies sich als schwierig. J. Beer ersuchte das Rentamt Mühlenhof dem Justizrat Tempelhoff aus Berlin als Rechtsvertreter der Gemeinde Zehlendorf die beim Amt vorhandenen alten Akten vorzulegen. Dieses antwortete, die Gerichtsakten seien an die Regierung eingereicht und dem Vernehmen nach dem Ökonomiekommissar Krause überlassen worden; das Rentamt könne deshalb keine Akten vorlegen. Das war am 24.4.1828. Am 13. September des Jahres erst sandte das Rentamt die Prozessakte von 1760 an Krause.[169] - Man kann nicht sagen, dass das Rentamt Mühlenhof, an das sich die Gemeinde als ihre Herrschaft mit der Bitte um Rat und Hilfe gewandt hatte, sie auch nur hinsichtlich des Zugangs zu den Akten unterstützt hätte. Diese fanden sich in Händen des Prozessgegners, der Potsdamer Regierung.

Am 12. November 1828 kam es in Zehlendorf erneut zur Verhandlung.[170] An ihrem Ende signalisierten beide Parteien, dass sie in einen Vergleich einwilligen würden. Er lautete: 1. Die Gemeinde gestand dem Erbzinsbesitzer der Pfarrgrundstücke im Vorder- und Mittelbusch der Gemeinheide ein Teilnahmerecht gleich einem Bauern zu. 2. Dagegen verzichtete der Erbzinsbesitzer in der sog. Hinterheide auf alle Teilnahmerechte. 3. Der Kläger verzichtete auf alle Ansprüche aus der Vergangenheit. Als der Vergleich niedergeschrieben war, blieben nur Kommerzienrat

---

Johann Christian Schlicht gegen die Gemeinde Zehlendorf 1760 kopiert worden waren, also die Holzordnung von 1516 und die Schreiben Friedrichs II. von 1752: BAZ Verm „Heide-Separation", Vorblatt und Bl. 1.
[167] Vgl. BAZ Verm 9; s.o. S. 382 f.
[168] Ebd., Bl. 36, 15.4.1828.
[169] LHAP Pr. Br. Rep. 7 Nr. 1143, 20.4. und 13.9.1828.
[170] Ebd., 12.11.1828.

Beer, Inspektor Bensch, der Schulze Dubrow und der Schullehrer Schäde dabei, erklärten ihre Zustimmung und wollten „die Auseinandersetzung darnach mit den Klägern ausgeführt wißen". Nachträglich sind dem Vergleich noch beigetreten der Gerichtsmann Zinnow, ferner die Bauern Gaebert und Güttling, dann die Bauern George Zinnow und Wilhelm Dubrow, der Kossät George Haupt, schließlich der Gerichtsmann Busse sowie der Kossät und Schmiedemeister Schulze. Auf einer weiteren Verhandlung eine Woche später verweigerten den Beitritt zu diesem Vergleich die Bauern Kühne und Hansche sowie die Kossäten Mühlenmeister Lorenz und Michel. Der Prozess gegen diese vier wurde fortgesetzt.

Der Vergleich entsprach dem Heidebrief von 1516 insofern, als der Pfarre ein Nutzungsrecht im Vorder- und Mittelbusch, nicht aber im Hinterbusch zugebilligt wurde; jedoch wurde sie, wie in der Pfarrmatrikel 1600, einem Bauern statt einem Kossäten gleichgesetzt.

Es liegt eine Empfehlung der Generalkommission anlässlich, der Rücksendung der Akten, an die Regierung vor, den Vergleich zu ratifizieren, da sie ihn nur als vorteilhaft für die Pfarre erachten könne. Da die Pfarre seit länger denn Menschengedenken an der Heidenutzung nicht teilhatte und über die Fortsetzung des Prozesses von 1760 nichts zu ermitteln gewesen sei, „müßen wir den Vergleich um so annehmlicher für die Pfarre halten, als, nach rechtsverständiger Berathung, derselben im Wege Rechtens nicht so viel zugesprochen werden mögte".[171]

Die Gemeinde war unsicher und ließ sich auf einen für sie nicht vorteilhaften Kompromiss ein. Sofort waren dem Vergleich nur Beer, Bensch, der Schulze Dubrow und Schäde beigetreten, die anderen nur nach und nach. Zwei Bauern und zwei Kossäten ließen sich nicht darauf ein und prozessierten weiter.

Der Vergleich wurde 1830 durch Urteil der Generalkommission rechtskräftig. Doch die Misshelligkeiten gingen weiter. 1828 berechneten der königliche Forstmeister Roth den Holzertrag des Bodens und Ökonomierat Groschke den Weidewert. Die von Groschke berechneten Ausgleichssätze wurden aber nur von Bensch anerkannt, die übrigen Beteiligten fügten sich erst dem rechtskräftigen Erkenntnis der Generalkommission von 1831. Die Lagepläne wurden 1833 von den Beteiligten gebilligt, nicht von den Kossäten Lorenz und Michel; erst am 12.3.1836 wurden sie von der Generalkommission bestätigt. Am 4.6.1836 nahmen die Teilnehmer ihre Anteile in Besitz, am 2. Januar 1837 schließlich hörte die gemeinschaftliche Hütung auf. Der Rezess wurde gar erst im Oktober 1845 niedergeschrieben und im März 1846 von der Regierung bestätigt.[172]

Die Separationskarte der Zehlendorfer Gemeinheide[173] zeigt zunächst einmal die Lage von Vorder-, Mittel- und Hinterbusch. Der Mittelbusch lag in der Mitte des

---

[171] Ebd., 19.8.1829.
[172] BAZ Verm „Heide-Separation", Heide-Separations-Rezess vom 11. März 1846, §§ 1-4.
[173] Rein-Charte von der Gemein-Heide Zehlendorf, gemessen im Jahre 1827 durch Muscate, copirt anno 1842 durch Bontin, Vermessungs-Revisor: LAB Acc. 2870 Nr. 64; siehe Tafel 4 nach S. 406

Grabens von Nikolassee und Rehwiese. Der Hinterbusch erstreckte sich vom Wannsee südlich dieses Grabens, der Vorderbusch anschließend zum Schlachtensee hin. Jeder der neun Bauern erhielt im Vorder-, Mittel- und Hinterbusch jeweils einen gleich großen Anteil. Pasewaldts Anteile sind entsprechend größer. Die Kossäten wurden im Vorderbusch am Schlachtensee abgefunden. Bensch bekam seinen Anteil geschlossen im Hinterbusch. Die Lagen grenzten, wenn es sich ergab, an die Ackerstücke der jeweiligen Besitzer. Die Sanddüne des Wannseeufers blieb gemeinschaftliches Eigentum. Die Senke von Rehwiese und Nikolassee war Wiesenland. Es war in drei Abschnitte gegliedert, in denen jedem ein Wiesenstück gehörte.

Ergebnisse

1828 war mit dem Abschluss der Ackerseparation, dem Vergleich über die Heideseparation sowie der Ablösung der Fronlasten das wichtigste Kapitel der Separationen für Zehlendorf beendet. Mitte des Jahrhunderts waren die Separationen in den hiesigen Dörfern Zehlendorf, Schönow und Stolpe ausgeführt. Wie veränderten sich dadurch die Wirtschafts- und Besitzverhältnisse in den Dörfern?

Holzinspektor Bensch verlegte seinen Hof aus dem Dorf hinaus und baute auf seinem Separationstrakt einen Gutshof mit Herrenhaus, Wirtschaftsgebäuden und Tagelöhnerhäusern, 1838 richtete er eine Spiritusbrennerei ein. Das Ganze nannte er fortan „Vorwerk Neu-Zehlendorf". Bensch machte vor, welche Ergebnisse sich durch landwirtschaftliche Verbesserungen auch auf schlechtem Boden erzielen ließen. 1835 konnte er folgende Bilanz vorlegen:[174]

	vor der Separation	nach der Separation
Ernteerträge:		
Wintergetreide (Einschnitt)	340 Mandel	1200 Mandel
Kartoffeln	30 Wispel	300 Wispel
Erbsen (eingefahrene Fuhren)	8 Fuhren	56 Fuhren
Raps	-	6 Wispel
Viehbestand:		
Pferde	4	10
Kühe	8	56

Der Holzinspektor war ein Mann mit Geld, der in die Landwirtschaft investierte und seinen Besitz erweiterte. 1831 kaufte er den zum Lehnschulzengut gehörigen - 1810 separierten - Teil der Gemeinheide, zu dem 1836 bei der Heideseparation der Anteil

---

[174] Hartmut Harnisch, Kapitalistische Agrarreform und Industrielle Revolution. Agrarhistorische Untersuchungen über das ostelbische Preußen zwischen Spätfeudalismus und bürgerlich-demokratischer Revolution 1848/49 unter besonderer Berücksichtigung der Provinz Brandenburg, Weimar 1984, 229.

seines eigenen Gutes hinzukam. Haus und Garten im Dorf wurden an den Viktualienhändler Peter Pasewaldt verkauft, der wiederum einen Teil des Grundstücks an den Bäcker Bethge veräußerte. 1851 erwarb Bensch schließlich noch den Ackerplan des Bauern Busse im Seeschlag von 139 Morgen. Damit war Benschs Gut auf eine Größe von 2230 Morgen angewachsen.[175]

Das Lehnschulzengut erwarb nach dem Tode Kommerzienrats Beer 1836 der Pächter Andreas Wilhelm Scharfe für 25 000 Taler. Scharfe baute den Besitz aus. Im folgenden Jahr kaufte er den Kossätenhof im Dorf, der zur Schmiede gehörte, trennte die Schmiede ab, die er dem Schmiedemeister Eichelkraut veräußerte, und behielt das Grundstück. 1839 kaufte er Acker auf der Schönower Feldmark. Das Gut hatte eine Brennerei, besaß zwölf Zugochsen und mehr als 80 Kühe.

Das Kruggut, das 1827 eine große Wiese bei Spandau hinzubekam und endlich doch, neben seinem eigenen Anteil an der Heide, einen bedeutenden für die Erbpacht der Pfarre zugesprochen erhielt, ging nach dem Tod August Wilhelm Pasewaldts 1855 an seinen jüngsten Sohn für fast 70 000 Taler über; um seine Geschwister auszuzahlen, wurde für 21 000 Taler Holz verkauft.

Die großen Höfe in Zehlendorf, deren Besitzer kapitalkräftig waren, profitierten am meisten von den Separationen, die sie ja selbst in Gang gesetzt hatten.

Für die anderen Höfe machten sich Auswirkungen der Separationen nach dem Bau der Berlin-Potsdamer Eisenbahn 1838 mit Haltestelle in Zehlendorf bemerkbar. Für die Abtretung von Land zum Eisenbahnbau erhielten die davon betroffenen Wirte eine Geldentschädigung, „was denn von vielen dazu benutzt wurde, ihre Rente von den Gütern abzulösen."

Nun liest man in der Chronik des Lehrers Schäde viel von Grundstücksverkäufen und Baumaßnahmen. Bauer Busse baute 1836 ein Mietshaus an der Straße nach Potsdam. Als Busse 1849 starb, kaufte „ein Jude aus Potsdam" das Gut, der es parzellierte. „Dadurch sind viele kleine Besitzungen entstanden an der Chausse nach Potsdam und auf dem Guthe." Der Ackerplan im Seeschlag ging, wie gesagt, an Bensch. Der Bauer Gütling erwarb 1839 zwei Hufen Erbpachtsacker auf der Schönower Feldmark. Als 1842 sein Gehöft im Dorf abbrannte, baute er den Hof außerhalb des Dorfes wieder auf und verkaufte Hofstelle und Garten an seinen Nachbarn Gäbert. 1845 verkaufte er seinen Grundbesitz an den Generalmajor Stein von Kaminsky für 30 000 Taler. 1853 erwarb ein von Arnim den Besitz, der ihn 1855 an „den Juden Cohn" weiterveräußerte. Dieser parzellierte die Grundstücke und verkaufte sie als Bauland.

Diese Besitzverschiebungen waren erst durch Separation und Ablösung möglich geworden, durch die die Bauern ihren Grund und Boden als Privateigentum übertragen bekamen. Nun konnten sie ihn nach Belieben aufteilen, verkaufen, bebauen. Es sind die Anfänge einer Siedlungsentwicklung vom Bauerndorf zum Berliner Vorort, die durch Grunderwerb von Adligen und anderen Leuten mit Geld aus Berlin, durch jüdische Immobilienhändler aus Potsdam in Gang gesetzt wurde.

---

[175] Wetzel, Düppel, 148-150; im Folgenden Schäde, Geschichte, 12, 34-39.

Die friderizianische Policeygesetzgebung zur Gemeinheitsteilung ermöglichte es jedermann aus der Gemeinheit auszuscheiden. Dies nutzten fast durchgängig die Gutswirtschaften, teils alten Bestrebungen nach Aussonderung des Gutslandes folgend, teils durch die kommerzielle Entwicklung motiviert. Auch Erbschulzen- und Kruggüter, die seit jeher Erbzinsrecht hatten, machten davon Gebrauch. Sie verbanden Landwirtschaft mit ländlichem Gewerbe, Brauerei, Brennerei, Postfuhrwesen, kamen in bürgerliche Hände und gingen zur Pachtwirtschaft über. Hier wurde dominant marktorientiert produziert.

Auch die Bauern standen Separationen nicht ablehnend gegenüber: die Zehlendorfer stellten selbst den Antrag auf Ablösung der Wilmersdorfer Schafhütung. Auch die Übernahme der Schäferei durch die Gemeinde 1769 in Stolpe in Verbindung mit der Auflösung des Amtsvorwerks kann man da einordnen. Die Bauern wollten die Generalteilung zwischen Herrschaft und Gemeinde - die Spezialteilung der Bauern untereinander wollten sie nicht. Dabei sind in den hiesigen Bauerndörfern in der Umgebung Berlins an der Wende vom 18. zum 19. Jahrhundert durchweg landwirtschaftliche Verbesserungen zu registrieren: Trockenlegung der Wiesen in Zehlendorf 1783, Dungankauf aus Berlin in Schönow und Zehlendorf, Schafhaltung in Stolpe und Schönow, Obstanbau in Dahlem, Besömmerung der Brache mit Rüben in Stolpe und Zehlendorf, mit Erbsen in Schönow. Das alles geschah aber im Rahmen der traditionellen Wirtschaftsverfassung.

Doch schritt die Kommerzialisierung des landwirtschaftlichen Bodenbesitzes fort. Nach der Separation des Lehnschulzengutes und des Kruggutes waren bereits 30 % des Ackerlandes aus der Gemeinheit ausgeschieden, als 1826 der Holzinspektor Bensch einen Bauernhof in Zehlendorf kaufte und die spezielle Separation beantragte.

Mit der Preußischen Reformgesetzgebung änderte sich der Charakter der Separationen grundlegend, indem die ländlichen Grundbesitzer von Subjekten der agrarischen Veränderungen zu Objekten der Umstrukturierungen wurden. Die Gemeinheitsteilungen wurden ab 1821, wenn nicht gegen den Willen, so doch über die Köpfe der Bauern hinweg durchgeführt. Der Antrag Benschs und des Müllers Lorenz in Schönow bewirkten nicht mehr die Teilseparation ihres Landes, sondern die durchgehende Separation allen Bauernlandes. Sie war von den Bauern nicht gewollt, die Anträge kamen entweder von bürgerlichen Hofbesitzern oder vom Domänenfiskus. Die Bauern fügten sich mehr oder weniger widerstrebend.

Der bäuerliche Widerspruch machte sich äußerlich an der Art der Durchführung der Separationen fest. Erstens an den hohen Separationskosten, die offensichtlich von schlecht situierten Bauern wie in Schönow und Stolpe schwer bis gar nicht aufzubringen waren. Zweitens an den Übervorteilungen durch Herrschaft und Staat wie bei der, mit den Separationen synchron laufenden Fronablösung und bei der Heideseparation in Zehlendorf.

Im Kern sperrten sich die Bauern aber gegen die Aufhebung ihrer genossenschaftlichen Wirtschaftsweise. Die Schönower sprachen es deutlich aus, dass sie die ganze Separation an sich ablehnten. Auch die Zehlendorfer, auf der Eröffnungssitzung mit dem Antrag von Bensch konfrontiert, reagierten störrisch und verweigerten die Unterschrift unter das Protokoll. Tatsächlich kam es in Zehlendorf, Schönow und Stolpe nur zu einer Aufhebung der Hufenverfassung, indem die zwei, drei oder vier Flurstücke in jedem der Felder zusammengelegt, jedoch weiterhin drei Felder ausgewiesen wurden.

Noch ablehnender verhielten sich die Gemeinden, wenn die Heide geteilt werden sollte. Die Stolper weigerten sich dem Gastwirt Stimming Land von ihrer in der Tat geringen Gemeinheide abzutreten. Bei der Separation des Zehlendorfer Erbschulzenguts wurde zwar die Hütung, nicht jedoch der Holzbestand separiert, bei der Separation des Kruggutes kam eine Separation des Heideanteils weder für Holz noch für Weide zustande. Bei der speziellen Separation der Zehlendorfer Gemeinheide verwickelten sich die Potsdamer Regierung und die Gemeinde, schließlich noch ein Teil der Gemeinde in jahrelange Prozesse.

Allerdings trieben die Bauern in Schönow und Stolpe eine ausgesprochene Kargheitswirtschaft. Verbesserungen des Bodenanbaus taten hier dringend Not, eine Reform war unausweichlich. Als Erstes hätte allerdings abgeschafft werden müssen die Brachäcker in Schönow durch das Militär als Exerzierplatz zu missbrauchen. Vor allem aber hätte man den Schönowern die Chance nicht verwehren dürfen in Zeiten des Tiefstands der Getreidepreise ihre Situation durch die Ausweitung der Schafhaltung zu verbessern - aber dieses Privileg ließ man den Gutswirtschaften, die in dieser Zeit durchweg auf Wollproduktion umstellten.

Die durchgreifende Umsetzung der Preußischen Gemeinheitsteilungsordnung von 1821 von Dorf zu Dorf war nur durch das Abgehen vom Freiwilligkeitsprinzip und durch die Einschränkung der juristischen Überprüfbarkeit möglich. Hatte im 18. Jahrhundert das Prinzip gegolten, dass dem Antragsteller hinsichtlich der Separation a) seines eigenen Landes (Teilseparation) zu entsprechen war, sofern die Prüfung durch die Justizbehörde b) die Separationsfähigkeit des betreffenden Landes ergab, so wurden im 19. Jahrhundert neue Prinzipien festgesetzt:
- grundsätzlich wurde aller Boden mit geringen Ausnahmen als separationsfähig angesehen, da die Separation generell als notwendiger Fortschritt deklariert war;
- der Antrag eines Einzelnen zog die Separation aller nach sich;
- zur Teilung kam es nicht erst, nachdem sich alle Beteiligten geeinigt hatten, sondern die Separation wurde nach dem Plan der Kommission, noch vor Abschluss des Rezesses, umgehend durchgeführt, Widersprüche wurden nur am Detail zugelassen und anschließend geklärt;
- Prüfungsinstanz mit rechtsprechender Kompetenz war die Separationsbehörde selbst, eine unabhängige gerichtliche Überprüfungsmöglichkeit gab es nicht.

Die Preußischen Reformen waren vom Standpunkt der alten Rechtsordnung her ein Rechtsbruch, mithin eine „Revolution von oben".[176] Das Oktoberedikt 1807 beseitigte die ständische Ordnung und stellte die Rechtsgleichheit her. Im Weiteren

---

[176] Willoweit, Verfassungsgeschichte, 205.

ermöglichte der „Rechtsbruch" aber auch die Verwirklichung friderizianischer Bestrebungen, im Wege der Policeygesetzgebung die notwendige Einwilligung der Betroffenen aufgrund ihrer überkommenen Rechte beiseite zu schieben.

Der aufgeklärten Maxime, man müsse die dickköpfigen Bauern zu ihrem Glück zwingen, und der absolutistischen Maxime, langwieriges Prozessieren vor den ordentlichen Gerichten abzuschneiden, wurden vom bürokratischen Absolutismus Geltung verschafft.

Agrarrevolution, agrarischer Wandel, Revolution von oben. Wege zur Allmendaufhebung

An Formen, in denen die Umwandlung der Agrarstrukturen in Europa vonstatten ging, hat M. Boserup vier Typen unterschieden: den britischen, der kapitalistische Pächter und Lohnarbeiter hervorbrachte und durch die enclosures sowohl das Problem der Bodenzersplitterung wie auch der kommunalen Weiderechte löste; den östlichen Typ, bei dem im ostelbischen Deutschland nach Aufhebung der Untertänigkeit der gutswirtschaftliche Großbetrieb mit freien Lohnarbeitern weiter bestehen konnte, sich jedoch eine relativ extensive Art der Landwirtschaft mit Getreidemonokultur erhielt; den französischen Typ, der auch für Süddeutschland charakteristisch gewesen sei, mit selbstständigen Bauern auf kleinem Familienbesitz und wenig zusätzlicher Lohnarbeit, bei hoher Kontinuität der sozialen Struktur, so dass kein Anlass für die Beseitigung des gemeindlichen Weidelandes bestand; schließlich der Mittelmeer-Typ mit Teilpacht.[1]

Auffallend ist, dass dies in gewandelter Form eben die Agrarverfassungstypen sind, die vor 1800 in Europa zu unterscheiden sind. Boserup betont denn auch, die Umwandlung der Agrarstrukturen könne als Fortsetzung eines jahrhundertelangen Streits zwischen Grundherren und Bauern angesehen werden, in dem es um Klarheit und Exklusivität der Rechtsansprüche am Boden gegangen war. Dementsprechend gab es bei der Agrarreform „doch sehr abweichende Vorstellungen darüber, wer von den alten Konkurrenten das Land erhalten sollte."[2] Der Streit wurde in der Weise entschieden, dass dort, wo es Gutswirtschaften gab, der Großgrundbesitz sich in liberal-kapitalistischer (England) oder autoritär-kapitalistischer (Preußen) Gestalt durchsetzte, und dort, wo Abgaben-Grundherrschaft vorherrschte, der bäuerliche Kleinbetrieb den Gemeindeverband aufrechtzuerhalten wusste.

Hinsichtlich der Gemeinheitsteilungen wurde die Frage „Wer bekommt das Land?" entsprechend beantwortet. Im grundherrschaftlichen Teil Europas (französisch-süddeutscher Typ), wo die Bauern gute Besitzrechte an ihren Stellen und die Gemeinde faktisch Eigentum an der Allmende erlangt hatten, löste sich das Gemeindeeigentum in einem langwierigen Prozess bis zum Ende des 19. Jahrhunderts größtenteils auf und fiel den Bauern zu. In den gutswirtschaftlichen Teilen Europas (England und Ostelbien) mit herrschaftlicher Eigen- bzw. Pachtwirtschaft, wo die Gemeinländereien als Teil des Gutslandes mit Nutzungsrechten der Bauern gegolten

---

[1] Mogens Boserup, Agrarstruktur und take-off, in: Rudolf Braun u.a. (Hg.), Industrielle Revolution. Wirtschaftliche Aspekte, Köln-Berlin 1972, 314-319.
[2] Ebd., 319.

hatten, fielen sie in einem zügig durchgeführten Teilungsprozess überwiegend dem Gut zu. Wobei zu betonen ist, dass die englischen Einhegungen einem agrarwirtschaftlichen Bedürfnis folgten, während die Preußischen Reformen eine nachholende *Revolution von oben* waren.

In England fand im 18. Jahrhundert die zweite Phase der Agrarrevolution statt. Nachdem an der Wende vom 15. zum 16. Jahrhundert der Übergang zur spezialisierten Schafzucht die Einhegungsbewegung ausgelöst hatte, hatte der Übergang zum Futterpflanzenanbau im 18. Jahrhundert den umfassenden Einhegungsprozess zur Folge, in dem mit den *parliamentary enclosures* hauptsächlich zwischen 1760 und 1820 der größte Teil des Bodens erfasst wurde.[3] In beiden Phasen ist auf eine verbesserte Viehwirtschaft abgezielt und sind die extensive Allmendwirtschaft bzw. die genossenschaftlichen Beschränkungen der Weidewirtschaft attackiert worden. Die Erweiterung des Viehstandes löste das Dungproblem und damit die Frage der Erhöhung der Getreideerträge. In der ersten Phase war dies durch die Koppelwirtschaft gelungen, also die Weidedüngung des Ackerlandes, die um so effektiver war, als dem Schafdung der höchste Düngerwert zukommt.[4] In der zweiten Phase ermöglichte der Futterpflanzenanbau und seine Einpassung in eine Fruchtwechselwirtschaft eine längere Stallhaltung des Viehs und eine weitere Steigerung der Getreideerträge.

Ideologische Begleitmusik dieser Vorgänge war die Propagierung des Privateigentums als universellem Prinzip (Adam Smith, Wealth of Nations, 1776). Unter dieser Prämisse verlor die landarme Dorfbevölkerung ihre gewohnheitsmäßigen Allmendnutzungsrechte mit der Folge des „Verschwindens des kleinen Landbesitzers". Nichtsdestoweniger vollzogen die Einhegungen einen agrarökonomischen Prozess, bei dem infolge landwirtschaftlicher Innovationen die dominierenden ländlichen Produzenten, die die Mehrheit des Grundbesitzes hielten, die Privatisierung forderten.

Der Form nach den *parliamentary enclosures* nicht unähnlich waren die preußischen Gemeinheitsteilungen, die flächendeckend zwischen 1820 und 1850 durchgeführt wurden und auch vergleichbare soziale Folgen zeitigten. Slicher van Bath stellt die Ergebnisse und die Diskussionen der englischen Forschung folgendermaßen dar: Die Einhegungen wurden durch Parlamentsakt beschlossen. Wenn eine Anzahl Leute eines Bezirks - meist waren es große Landeigentümer - eine Eingabe an das Parlament um die Erlaubnis Land einzuhegen machten, wurde eine Kommission eingesetzt. In vielen Fällen machten die kleinen Landbesitzer den Kommissaren deutlich, dass sie gegen den Antrag waren, aber ihr Widerspruch hatte keine Wirkung, da diejenigen, die den Plan unterstützten, vielleicht 80 % des Bodens am Ort besaßen.

---

[3] Eric J. Hobsbawm, Industrie und Empire. Britische Wirtschaftsgeschichte seit 1750, Bd. 1, Frankfurt am Main 1977, 102.
[4] Wolfgang Jacobeit, Schafhaltung und Schäfer in Zentraleuropa bis zum Beginn des 20. Jahrhunderts, Berlin 1987, 21, 23.

In den zeitgenössischen Dokumenten, wie in den späteren Arbeiten der Historiker, gibt es Klagen, dass die Kommissare bei den Einhegungen nicht unparteiisch waren, die großen Grundbesitzer begünstigten und Druck auf die kleineren ausgeübt wurde. Die Vernichtung des kleinen Landbesitzes wird den Einhegungen zugeschrieben. Es wird angenommen, dass die kleinen Bauern und Kätner durch den Verlust der Gemeindeweiden von ihrem Land vertrieben wurden, auf die sie, um ihr Vieh zu füttern, fast vollständig angewiesen waren. Nach den Einhegungen hatten die Kleinbauern unzureichend Weideland für ihre Kühe, folglich mussten sie ihren Bestand verringern und hatten deswegen zu wenig Dünger für ihre Felder; die größeren Grundeigentümer, wird gesagt, litten weniger unter den Einhegungen, weil sie meistens eigene Wiesen hatten. Daher waren die kleinen Bauern gezwungen ihr Land ihren reicheren Nachbarn zu verkaufen und, von ihren Höfen vertrieben, genötigt Zuflucht zu einer Beschäftigung in der aufkommenden Industrie zu suchen.

Verschiedene Historiker haben nun dieses Bild als übertrieben hingestellt. Der Widerspruch der kleinen Landbesitzer gegen die Einhegungen war nicht allgemein, die Kommissare taten ihre Pflicht ziemlich gewissenhaft, die Zahl der Kleinbauern stieg zwischen 1793 und 1815 eher, als dass sie fiel, das ländliche Proletariat wurde nicht in die Industrie gezwungen, sondern ging aus freien Stücken, angezogen von den höheren Löhnen.[5]

Der Industriellen Revolution musste - diese These wird seit einiger Zeit in der Geschichtswissenschaft wieder diskutiert - eine Agrarrevolution vorausgehen. Allein schon deshalb, weil die Landwirtschaft die Überschüsse, die zur Ernährung eines stark ansteigenden Anteils nichtagrarer Bevölkerung notwendig waren, produzieren musste. Die neuen landwirtschaftlichen Methoden hätten diese Ertragssteigerungen gebracht und das Verschwinden der „quasi-kollektiven" Formen des Besitzes und der Arbeit bewirkt, zudem die Nachfrage nach gewerblichen Produkten gesteigert.[6]

In Deutschland begann im 18. Jahrhundert die holsteinisch-mecklenburgische Koppelwirtschaft sich in die nördlichen Teile Niedersachsens und Brandenburgs und die Vereinödung vom Allgäu in das südliche Oberschwaben auszudehnen. Vor allem aber breiteten sich Futterpflanzen- und Hackfrüchteanbau von der Westgrenze des Reiches her aus. Diese Bewegungen waren nicht stark genug eine Umwälzung der Agrarordnung anstoßen zu können, bewirkten vielmehr eine allmählich sich ausbreitende Modifikation der Verhältnisse und partielle Neugestaltungen.

Es ehrt Wilhelm Abel, dass er, nachdem er ausführlich und engagiert die landwirtschaftlichen Intensivierungen des 18. Jahrhunderts beschrieben hat, nüchtern genug ist zu konstatieren, der Produktionszuwachs sei vor allem durch die Flächen-

---

[5] Slicher van Bath, Agrarian History, 318 f.

[6] Paul Bairoch, Die Landwirtschaft und die Industrielle Revolution 1700-1914, in: Carlo M. Cipolla (Hg.), Europäische Wirtschaftsgeschichte, Bd. 3, Stuttgart-New York 1985, 297-332. - Für Preußen: Harnisch, Agrarreformen. - Landes, Japan, 106, zum Für und Wider einer agrarischen Revolution: „Kurzum, das Land brachte Menschen und Nahrung für die keimende industrielle Gesellschaft hervor. Braucht man mehr zu verlangen?"

ausweitung des Ackerbaus erzielt worden, was das volkswirtschaftliche Gewicht der Intensivierungen „als recht leicht erscheinen" ließe. Nur geht es nicht an als Beleg dafür Leopold Krugs „Statistik des preussischen Staates" von 1805 anzuführen, wonach auf Getreide noch 53 % des Geldwerts der Nahrungsmittelproduktion entfiel, auf andere pflanzliche Erzeugnisse 23 % und auf die tierischen Produkte nur 24 %.[7] Diese Werte sind stark geprägt durch das ostelbische Getreideanbaugebiet und repräsentieren kaum die Produktionsstruktur westlich der Elbe. Kennzeichnend für die zweite Hälfte des 18. Jahrhunderts scheint doch zu sein, dass während der Getreidekonjunktur, die sich in einer Flächenausdehnung auswirkte, Brachbesömmerung, Futterpflanzenanbau, Koppelwirtschaft sich deutlich stärker als noch im 16. Jahrhundert verbreiteten. Der Rindviehbestand wuchs in den westlichen Provinzen Preußens (die westelbischen sowie die Kurmark und Pommern) von der Mitte bis zum Ende des 18. Jahrhunderts von 736 000 auf 1 123 000 Stück; den internationalen Ochsenhandel des 16. Jahrhunderts gab es praktisch nicht mehr, Deutschland war um 1800 im wesentlichen „fleischautark".[8]

Offenbar fand im 18. stärker noch als im 16. Jahrhundert eine Modifikation des Mechanismus statt, dass mit wachsender Bevölkerung Getreide das Vieh verdrängte. Offenbar wurde zunehmend versucht die Steigerung der Getreideerzeugung durch Intensivierungen zu bewirken, auch bei Reduzierung der Weideflächen den Viehstand nicht zu vermindern, sondern im Gegenteil zu vergrößern. Noch dominierte die Flächenausweitung, das ist schon richtig, aber sie war nicht mehr allein kennzeichnend. Bei Abel ist alles viel zu sehr Konjunktur und Krise, Auf und Ab, die Strukturveränderungen werden davon verdeckt.

Immerhin hatten auch die Kameralisten die allmählichen, unspektakulären Veränderungen kaum zur Kenntnis genommen. In Unruhe versetzt durch die englische Agrarrevolution und den eklatanten Rückstand, in den die deutschen Staaten mit ihrer konservativen Agrar- und Gewerbeordnung demgegenüber gerieten, forderten sie die Kopie des englischen Vorbilds, eine Umwälzung der Eigentumsverhältnisse.

Die Bauern vermochten die partiellen Neuerungen durchaus im genossenschaftlichen Rahmen umzusetzen, was vorgängige innergemeindliche Auseinandersetzungen zwischen den Sozialgruppen nicht ausschloss. Sie hatten über Generalteilungen hinaus, die allerdings gewünscht wurden, da sie den Nebeneffekt einer weiteren Lockerung der feudalen Bindungen hatten, kein Interesse an durchgreifenden Teilungen. Es ist bezeichnend, dass die Bauern in der Französischen Revolution, wie auch in den folgenden deutschen Agrarreformen, auf die Herstellung des vollen Bodeneigentums bei Abschaffung der feudalen Herrschaftsrechte insistierten und zugleich eine Aufhebung der Allmende und eine Separierung des Ackerlandes ablehnten. Sie erstrebten gesicherte Eigentumsrechte am Hofland im genossenschaftlichen Verbund.

---

[7] Abel, Geschichte, 332 f.
[8] Ebd., 323 f.

In Frankreich hatte es bereits im 16. Jahrhundert mancherorts Bestrebungen zur Aufteilung der Gemeinheiten (communaux) gegeben, von denen den Grundherren ein Drittel, in manchen Fällen sogar zwei Drittel zufielen; dieses eingehegte Land war vielfach an großbäuerliche Pächter vergeben worden. Die Gesetzgebung war analog zu England gegen die Einhegungen gerichtet. In der zweiten Hälfte des 18. Jahrhunderts änderte der Staat unter Eindruck der günstigen Entwicklung in England seine Haltung und gestattete seit 1769 für verschiedene Provinzen die Aufteilung der Gemeinheiten. Ebenso wurde versucht das Hütungsrecht auf den Stoppelfeldern (vaine pâture) aufzuheben um die Separation der Äcker zu ermöglichen, zustande kam jedoch nur die Einschränkung der Weide auf Nachbargemarkungen (droit de parcours). In der Französischen Revolution erklärte die Gesetzgebende Versammlung - entsprechend der Aufhebung der seigneurialen Rechte - alle Rechtstitel für ungültig, kraft derer seit 1669 Gemeindeländereien in das Eigentum der Grundherren übergegangen waren. Sie wollte jedoch die Fälle legitimieren, in denen der Seigneur die Grundstücke nachweislich 40 Jahre lang ununterbrochen in seinem Besitz gehabt hatte, eine Bestimmung, die auf den Widerspruch der Bauernschaft hin am 10. Juni 1793 vom Konvent wieder aufgehoben wurde.[9]

Wurde einesteils durch den antifeudalen Impuls das Gemeindeeigentum gestärkt, so imponierten der Gesetzgebenden Versammlung andernteils die eingehegten, üppigen Felder Englands, die sie den verwahrlosten Gemeindeländereien Frankreichs gegenüberstellte. „Die Revolutionäre interessierten sich nicht für die Gemeindeländer oder die alten Gewohnheiten, die mit ihnen verbunden waren. Sie waren Verfechter der wirtschaftlichen Freiheit des einzelnen, das hieß Aufteilung des Gemeindelands."[10] In demselben Dekret vom 10.6.1793 wurde die Aufteilung der Gemeindeländer, mit Ausnahme der Wälder, entsprechend der Zahl der Gemeindemitglieder beschlossen, wofür die Beantragung durch ein Drittel der Gemeinde erforderlich war. In der Praxis kam dieses Gesetz nur in wenigen Gemeinden zur Ausführung, die Aufteilung führte zu zahlreichen Streitigkeiten. In den folgenden Jahren wurde das Gesetz abgeändert, die Aufteilung wurde verschiedenen Einschränkungen unterworfen, um später ganz eingestellt zu werden. Die Bodenkultur aber machte in Frankreich, nachdem „die feudalen Lasten abgeschafft worden waren, rapide Fortschritte, trotzdem das Gemeindeland und die Gemengelage erhalten blieben."[11]

Gesetzgeberische Anläufe zur Gemeinheitsteilung im westlichen Deutschland kurz nach 1800 scheiterten mit ihren verheerenden Folgen grandios. Nur in dem Maße, wie sich landwirtschaftliche Neuerungen nach und nach durchsetzten, konnte auch das Teilungswerk schrittweise bis zum Ende des 19. Jahrhunderts realisiert werden. Der allmähliche agrarische Wandel war bedingt durch die mittel- und kleinbäuerliche Betriebsstruktur, da in ihr die Akkumulations- und damit die Investitionsmöglichkeiten nur gering waren.

---

[9] Kulischer, Wirtschaftsgeschichte 2, 73-76, 431 f.
[10] Slicher van Bath, Agrarian History, 322.
[11] Kulischer, Wirtschaftsgeschichte 2, 432.

Stärker noch als im Mittelalter zog angesichts der ständigen Gefahr der Übernutzung ein weitgehender Ausschluss der zwar zur Wohn-, nicht aber zur Nutzungsgemeinde Gehörigen vom Allmendgenuss lang sich hinziehende, nicht selten erbitterte Auseinandersetzungen nach sich. Hier nun ergreift mancher Historiker gerne Partei. P. Fried hat in der Bindung der Allmendnutzung an den Umfang des Acker- und Wiesenbesitzes „große Nachteile" für die wenig Grund und Boden Besitzenden erblickt. Wonach hätte sie denn bemessen werden sollen, wenn nicht nach dem Grundbesitz? Nach Fried hatten am Ende des 18. Jahrhunderts auch die Leersöldner, die außer einem Haus keinerlei Grundbesitz hatten, ein beschränktes Nutzungsrecht an der Allmende, was ja wohl eine Durchbrechung des Besitzkriteriums zugunsten sozialer Aspekte anzeigt.[12] An anderer Stelle sieht er es als „soziale Härte und Unduldsamkeit" an, wenn sich die Bauern gegen die Verteilung der Gemeindeländereien an Söldner stemmten. Hier muss doch daran gedacht werden, dass die starke Vermehrung kleinbäuerlicher Stellen (1500 knapp 50 %, 1760 bereits 63 % sämtlicher Hofstellen im Landgericht Dachau) die Allmendressourcen für die bäuerlichen Betriebe zu gefährden drohte, die von der landesherrlichen Gesetzgebung unterstützt wurden. Zumal die Vermehrung zwischen 1500 und 1760 hier so gut wie ausschließlich als Ansiedlung von Tagwerkern in Adels- und Klosterhofmarken stattfand.[13]

Das Anwachsen der unterbäuerlichen Schicht hatte die Gemeinde und die gemeindliche Ökonomie, auch bei wachsenden Problemen, nicht gesprengt. Sehr plastisch stellt sich die Belastung des dörflichen Sozialgefüges in der von A. Suter mitgeteilten Besitzstruktur von Dörfern im Fürstbistum Basel in der Mitte des 18. Jahrhunderts dar.[14] Ca. 40 % laboureurs (Bauern) standen 14,5 % manouvriers, 10,5 % Professionisten und 24 % Landlose gegenüber. Während die landarmen manouvriers ihren Zuerwerb in Tagelöhnerarbeit auf den Bauernhöfen fanden und die Professionisten als Dorfhandwerker (Schmied, Sattler, Schneider, etc.), Heimarbeiter (Spinner, Weber, Töpfer) und Gemeindeangestellte (Barbier, Schulmeister, Hirte) die gewerbliche Ergänzung des landwirtschaftlichen Erwerbs bildeten, stellten die Landlosen die Dorfarmut dar. Zwar fanden auch sie gelegentlich Arbeit als Tagelöhner, Heimarbeiter oder Hirten, waren im Übrigen aber als Bettler auf die dörfliche Armenfürsorge angewiesen. Der Umstand, dass im 18. Jahrhundert die Nachfrage nach Handwerks- und Tagelöhnerarbeit auf dem Lande hinter dem Arbeitskräfteangebot zurückblieb, war der Grund ihrer Existenz.

Nachdem es im 17. Jahrhundert im Fürstbistum bezüglich der Allmendweiden überhaupt keine Nutzungsvorschriften gegeben hatte und bei der Holzzuteilung aus dem Gemeindewald alle Gemeindebürger gleich behandelt worden waren,

---

[12] Pankraz Fried, Herrschaftsgeschichte der altbayerischen Landgerichte Dachau und Kranzberg im Hoch- und Spätmittelalter sowie in der frühen Neuzeit, München 1962, 206.

[13] Ebd., 186-190, 213, 238.

[14] Andreas Suter, „Troublen" im Fürstbistum Basel (1726-1740). Eine Fallstudie zum bäuerlichen Widerstand im 18. Jahrhundert, Göttingen 1985, 93-98; für das Folgende.

wurde im 18. Jahrhundert angesichts des starken Bevölkerungswachstums die Teilhabe an den kollektiv genutzten Dorfressourcen an den Besitz gekoppelt. Für die Nutzung der Gemeindeweide galt fortan der Grundsatz der Winterfütterungskapazität; so konnte der Bauer ein größeres Quantum Bau- und Brennholz beanspruchen als ein Nichtbauer und durften an Ziegen, Schafen oder Schweinen die laboureurs fünf, die manouvriers drei und die Landlosen zwei Stück in den Gemeindewald zur Weide schicken. In der Folge kam es vor den Landvogteigerichten zu Prozessen, mit denen sich die unterbäuerliche Bevölkerung gegen die Privilegierung der Bauern wandte.

War der Ackerbesitz der Maßstab der Allmendnutzung, so wurde er doch nicht streng angewandt, wie sich bereits bei den Waldweidequoten zeigt. Auch in der Besitzstruktur fällt auf, dass die Professionisten gemessen an ihrem Ackerbesitz überproportional viel Wiesenland hatten, manouvriers und Professionisten vergleichsweise viele Hanfplätze und manouvriers, Professionisten und Landlose deutlich überproportional Kühe und anderes Vieh (alle Nichtbauern 6,6 % Ackerland, aber 22,6 % Kühe). Bei der integrierten dörflichen Erwerbsstruktur war die Notwendigkeit, dass die nichtbäuerliche Schicht mit ihrem geringen Ackerbesitz durch eine verhältnismäßig größere Viehhaltung ihre Existenz sicherte, maßgeblich für die Besitzverteilung und für die Allmendnutzung.

Am Ende erwiesen sich die geringfügigen und die Marginalnutzungen an der Allmende für die unterbäuerlichen Dorfeinwohner als bedeutsam, hing doch an ihnen nicht selten ihre Existenz. Folgerichtig beabsichtigte im Kernland der Realteilung und der Kleinlandwirtschaft, in Württemberg, die Gesetzgebung des 19. Jahrhunderts die Beibehaltung der Allmenden aus sozialpolitischen Gründen zur Versorgung der Dorfarmen.

Anders lagen die Dinge in den Kernregionen der Protoindustrie, wo die Heimarbeit nicht winterliche Nebenbeschäftigung der Kleinbauern, sondern Hauptbeschäftigung und die Landwirtschaft Nebenerwerb war. Hier explodierte die nichtagrarische Bevölkerung derart, dass das Anrecht auf eine Kuh auf dem Gemeinland kumulativ die Weideressourcen der Bauernwirtschaften bedrohte. Daher griffen die Bauern die staatlichen Reformangebote auf. Der nun erfolgende Ausschluss der landlosen Schicht, die ungeachtet ihrer faktischen Nutzungsgewohnheiten bei der Gemeinheitsteilung leer ausging, hatte katastrophale soziale Folgen.

Eben zur Zeit des Untergangs der alten Ordnung, in der napoleonischen Ära, als die ersten Reformgesetze Folgen zeigten, setzte gerade unter den entschiedenen Reformern ein Nachdenken darüber ein, was vom Alten bewahrenswert sei, wie das Neue am Gewordenen anknüpfen könne. Waren neben dem wirtschaftlichen Liberalismus auch die staatsbürgerlichen Freiheiten Programm der Reformer, so war die Frage, ob man nicht an Vorhandenem, an den Rudimenten alter Bürgerfreiheit und lokaler Selbstverwaltung anschließen könne. Denn die Kritik am Absolutismus beinhaltete die Erinnerung an vormals bestandene Freiheitsrechte. Die Preußische Städteordnung war davon ebenso inspiriert wie der badische Gemeindeliberalismus.

Ab der Mitte des 19. Jahrhunderts brach sich die Genossenschaftsidee auf dem Lande wieder Bahn.[15] Die alten Feldgenossenschaften waren dahin, aber Vertriebs- und Kreditgenossenschaften wurden initiiert. Ebenso wie die Produktionsgenossenschaften der alten Zeit mit dem geringen Stand der Produktionsmethoden verbunden gewesen waren, sind die modernen Genossenschaften an die geringe Konkurrenzfähigkeit der individualisierten Kleinwirtschaften am Markt gebunden gewesen.

Von den brandenburgisch-preußischen Gemeinheitsteilungsverordnungen machten vor 1800 in erster Linie die Gutswirtschaften, dann Lehnschulzen- und Krugwirtschaften Gebrauch. Es waren also nicht allein Generalteilungen der herrschaftlichen von der gemeindlichen Sphäre, sondern die marktorientierte Produktion war die Motivation, dass sich größere landwirtschaftliche Betriebe aus der Gemeinheit lösen wollten. Für die Masse der mittelbäuerlichen Betriebe, die selbstverständlich auch marktintegriert waren, deren durch die Arbeitsrente in hohem Maße abgeschöpfte Überschussproduktion aber vom Gutsherrn vermarktet wurde, kam das nicht in Frage. Um eine größere Marktfähigkeit zu erreichen, ein ausreichendes Betriebskapital anzusammeln, das ihnen die Einführung neuer landwirtschaftlicher Methoden ermöglicht und Gemeinheitsteilungen nahe gelegt hätte, wäre, wie Stein in seiner Mindener Zeit forderte, die Aufhebung der Leibeigenschafts- resp. Erbuntertänigkeitslasten und -beschränkungen notwendig gewesen. Stattdessen wurden in den Preußischen Reformen die schlechten Besitzrechte der Bauern und die staatliche Macht genutzt, um eine Begünstigung der Gutswirtschaft zulasten der Bauern und Kleinbauern beim Übergang in die Moderne durchzuboxen.

Die Gemeinheitsteilung war in Preußen nicht Konsequenz landwirtschaftlicher Veränderungen, die die Umwandlung der Eigentumsverhältnisse erfordert hätten; solchen landwirtschaftlichen Fortschritt gab es des Öfteren, keineswegs aber - dies zeigt die Krugsche Statistik allerdings[16] - auf breiter Front. Daraus folgten erhebliche Anpassungsschwierigkeiten der bäuerlichen Wirtschaften, von denen eine Vielzahl der kleineren nicht überlebte. Das kam den Großbetrieben zugute, die zu den Landabtretungen an Acker- und Allmendland im Zuge der Regulierungen, der Einziehung sog. nicht regulierungsfähiger Kleinbauernstellen sich auch noch die Opfer der Wirtschaftskonjunktur einverleiben konnten. Um Arbeitskräfte an ihre Großlandwirtschaften zu binden schufen die Gutsherren wiederum Instenstellen. (Daher ist die anhand von Betriebsgrößenstatistiken geführte Diskussion um den Verlust von Kleinstellen infolge der Agrarreformen, ja oder nein, müßig, wenn man nicht den Formwandel beachtet, nämlich die weitere Verschlechterung des Status eines Kleinbauern mit schlechten Besitzrechten zum Landarbeiter mit Nutzungsrechten an Parzellen des Gutslandes.)

---

[15] Lütge, Agrarverfassung, 202.
[16] Wie Anm. 7.

Rabiat wurde mit den Expropriierten umgesprungen, denen die marginalen Allmendnutzungen entzogen, vor allem die Wälder gesperrt und die in die Sozialkriminalität gestoßen wurden.

Die Aneignung des Gemeindelandes durch die Gutswirtschaften wird für England wie für Preußen als historische Ungerechtigkeit beklagt. Sie erscheint gemildert dadurch, dass diese beiden Länder als Modelle des agrarökonomischen Fortschritts gelten. Nun hat das Konzept der „angepassten Technologie", das vor einigen Jahren auch auf die europäische Wirtschaftsgeschichte angewandt worden ist, die Vorstellung eines modellhaften Industrialisierungs- oder Modernisierungsweges infrage gestellt und herausgearbeitet, dass die einzelnen Staaten und Regionen ihre je eigenen, den historischen Voraussetzungen gemäßen Entwicklungswege eingeschlagen haben und zu keinen schlechteren Ergebnissen gelangt sind als die klassischen Industrieländer und -regionen (die heute eher als die „alten" bezeichnet werden).[17] Allerdings hatten wohl unzweifelhaft England für Europa und Preußen für Deutschland in der Agrar- wie in der Industriellen Revolution eine Schrittmacherrolle.

Die preußische Landwirtschaft, die nicht zuletzt durch die Aneignung der Gemeindeländereien zur Großflächen-Landwirtschaft wurde, hatte gegenüber der französisch-süddeutschen Kleinbetriebs-Landwirtschaft, bei der dem Fortbestand der Allmende neben anderem eine soziale Funktion zugewiesen wurde, den Vorteil, dass sie Überschüsse produzierte, und zwar nicht wenige. Schon in der Zeit, als von einem Kultivierungsfortschritt der angeeigneten Weideländer keine Rede sein konnte, stieg Preußen zum weltgrößten Schafwollexporteur auf. Die Großlandwirtschaft bot, selbst extensiv betrieben, bedeutende Kapitalakkumulationsmöglichkeiten.

Im Zuge der englischen Einhegungen verschwand nicht nur der ländliche Kleinbesitzer, sondern der Bauer als Typ. An ihre Stelle traten der Landarbeiter und der Pächter. Mit dem Bauern verschwand auch die Landgemeinde. Der Pächter war individueller Landwirt, der sich von der Genossenschaft gelöst hatte, er war nicht lokal, sondern national orientiert. Durch die parlamentarische Entwicklung sicherte er seine individuelle Freiheit im staatlichen Rahmen. Er war der „free-born Englishman".

Im Südwesten des Deutschen Reiches wussten die Bauern ihre Selbstständigkeit und die gemeindliche Selbstverwaltung zu wahren. Sie war die politische Basis für den Gemeindeliberalismus und die plebiszitäre Kantonsdemokratie. Ebenso aber wie die ostelbische Großlandwirtschaft eine Schrittmacherrolle in der deutschen Agrarentwicklung des 19. Jahrhunderts übernahm, ebenso wenig konnte der süddeutsche Liberalismus dem preußischen Junkerkonservativismus politisch standhalten.

Neben den altbekannten Quellen „junkerlichen Landraubs" hat die Einziehung der Gemeinheiten - das ist seit Saalfeld klar - einen lange nicht wahrgenomme-

---

[17] Vgl. Joachim Radkau, Technik in Deutschland. Vom 18. Jahrhundert bis zur Gegenwart, Frankfurt am Main 1989, 25-29.

nen bedeutenden Beitrag zur Schaffung der modernen Größenordnung ostelbischen Großgrundbesitzes geleistet. Doch das gesellschaftliche Ergebnis war gegenüber England ein völlig anderes, dort die parlamentarische Demokratisierung, hier die „Pseudodemokratisierung der Rittergutsbesitzerklasse".

Zweck der Agrarreformen war die Beseitigung der horizontalen, genossenschaftlichen und der vertikalen, feudalen Bindungen des Bauern gewesen, seine Emanzipation zum freien Staatsbürger. Fatal am preußischen Weg war aber nicht so sehr, dass der Bauer bei der Landregulierung und der Allmendnutzungsentschädigung schwer benachteiligt wurde; dabei erging es dem englischen in letzterer Hinsicht nicht unbedingt viel besser. Schwer wog die Perpetuierung der Untertänigkeit ostelbischer Provenienz in die Moderne. Wenn allerdings die Junkerwirtschaft nicht durch die umfangreichen Landeinziehungen zum Großgrundbesitz expandiert wäre, hätten die Junker ihr reaktionäres Gewicht nicht derart in die Waagschale staatlicher Entwicklung werfen können.

Die unterschiedlichen Grade der kommerziellen Durchdringung der ländlichen Gesellschaft als Ganzer bestimmten die verschiedenen Wege zur Auflösung der Genossenschaften und zur Aufhebung der Allmenden.

Abkürzungen

ADB	Allgemeine Deutsche Biographie
AfS	Archiv für Sozialgeschichte
BAZ Verm	Vermessungsamt Zehlendorf, Separationsakten
BlldtLG	Blätter für deutsche Landesgeschichte
d	Pfennig, penny
EconHR	Econonomic History Review
EHR	The English Historical Review
fl	Gulden
GG	Geschichte und Gesellschaft
HAB	Herzog August Bibliothek Wolfenbüttel
HRG	Erler/Kaufmann, Handwörterbuch zur deutschen Rechtsgeschichte
HZ	Historische Zeitschrift
JbBrandLG	Jahrbuch für brandenburgische Landesgeschichte
JbFränkLF	Jahrbuch für fränkische Landesforschung
JbGFeud	Jahrbuch für Geschichte des Feudalismus
JbKölnG	Jahrbuch des Kölnischen Geschichtsvereins
JbRegG	Jahrbuch für Regionalgeschichte
JbWG	Jahrbuch für Wirtschaftsgeschichte
£	Pfund Sterling
lb h	Pfund Heller
P&P	Past and Present
RhVjbll	Rheinische Vierteljahresblätter
RKG	Reichskammergericht
RP	Ratsprotokolle
s	shilling
ß h	Schilling Heller
VSWG	Vierteljahrschrift für Sozial- und Wirtschaftsgeschichte
ZWLG	Zeitschrift für Württembergische Landesgeschichte
ZAA	Zeitschrift für Agrargeschichte und Agrarsoziologie

Archivalien

Bayerisches Hauptstaatsarchiv München (HStAM)

Klosterliteralien Memmingen Kreuzherren 1: Kopialbuch
MA 8501: Landwirtschaftliche Verhältnisse in und um Memmingen ca. 1805
Pfalz-Neuburg. Beziehungen zu Stiftern, Urk. 928, 929
Pfalz-Neuburg. Klöster und Pfarreien, Urk. 482
RKG 2544

Bayerisches Staatsarchiv Augsburg (StAA)

Klosterakten Hl. Geist Memmingen 8: Dickenreishausen 1430-1756
Kloster Donauwörth Heilig Kreuz, Akten 1
Kloster Kaisheim Lit. 14
KL Kaisheim 173: Kopialbuch
KU Kaisheim 1311, 1342, 1345

Stadtarchiv Memmingen (StaAMM)

Schubladen:
1/2	Beziehungen zu Kaiser und Reich
92/1	Memmingerberg (Weistum)
266/2	Reisliste
372/1	Jagd

Foliobände (Fol. Bde.):
1	Ämterbuch 1448-1558
4	Ämterbuch 1450-1482
562	Ratsprotokolle 1512-1525

Stiftungsarchiv Memmingen (StiAMM)

Schubladen:
9/7	Kloster St. Elisabeth gegen die Bauernschaft in Bronnen
28/2	Der Schönwald zum Hetzels
36/2	Dickenreishausen Bestandbriefe
37/8	Dickenreishausen Vertrags- und Urteilsbriefe
43/4	Fischen in Eisenburgischen Wassern
61/1	Steinheim (Badstube)
64/5	Sontheim
74/3	Bronnen Trieb und Tratt
75/1	Bronnen Bestandbriefe
75/3	Bronnen Gerichtshandel, den Tannschoren betr.
76/8	Fronhart Bestandbiefe

77/1 Priemen Bestandbriefe
77/4 Markungen, Trieb und Tratt zu Hitzenhofen und Priemen
82/1-8 Woringen Einöden
84/1 Verträge über die Jagd im Booser Hart

Foliobände:
41 Kopialbuch Holzgünz
47 Kopialbuch Steinheim
48 Kopialbuch Bronnen
51 Kopialbuch Woringen
56 a Denkbuch des Unterhospitals 1466-1512
57 Denkbuch des Unterhospitals 1518-1535

Stadtbibliothek Memmingen (StaBMM)

2,62 Verzeichnis der Mitglieder der Gesellschaft zum Goldenen Löwen
15,118 Diss. Johannes Wilhelm von Sayler von Pfersheim, 1753

Nordrhein-Westfälisches Hauptstaatsarchiv Düsseldorf (HStAD)

Brauweiler Urkunden 121 a
Jülich-Berg I 1356
Kleve-Mark Urkunden 301
Oranien-Moers Akten 59

Geheimes Staatsarchiv Preußischer Kulturbesitz, Berlin (GStA)

I. HA Rep. 87 B Nr. 5263: Gemeinheitsteilungen Kurmark
X. HA Pr. Br. Rep. 2 A (Kommissionss.) Nr. 422: Aufhebung der Gemeinheit zu
    Dahlem 1800
XI. HA F 1345 Charte der Zehlendorfschen Forst 1783

Brandenburgisches Landeshauptarchiv Potsdam (LHAP)

Pr.Br. Rep. 7 Amt Mühlenhof
Nr. 1129: Separationsrezess von Zehlendorf 1810
Nr. 1143: Kavelholz aus der Gemeinheide Zehlendorf 1826
Nr. 1149: Prozess um die Gemeinheide 1827-1840
Nr. 1146-1147 Dingetage zu Zehlendorf 1755-1819

Landesarchiv Berlin (LAB)

Kartenabt.: Charte von der Feldmark Zehlendorf. Behufs der Separation vermessen,
    1827
Acc. 2870 Nr. 64: Rein-Charte von der Gemein-Heide Zehlendorf, gemessen im
    Jahre 1827

Acc. 2870 Nr. 66: II. Rein-Karte von der Feldmark Stolpe, 1822
Acc. 3815 Nr. 82: Zweite Rein-Karte von der Feldmark Schönow, 1825

Bezirksamt Steglitz-Zehlendorf von Berlin (BAZ)

Vermessungsamt: Separationsakten Zehlendorf

Heimatverein für den Bezirk Zehlendorf e.V. (1886) mit Museum und Archiv (HVZ)

Gemeine-Dorfordnungs-Buch 1686
Hütungs-Separation v. Eckardstein-Wilmersdorf gegen die Gemeinde Zehlendorf

Literatur

Wilhelm Abel, *Agrarkrisen* und Agrarkonjunktur. Eine Geschichte der Land- und Ernährungswirtschaft Mitteleuropas seit dem hohen Mittelalter, 3., neubearb. u. erweit. Aufl., Hamburg-Berlin 1978

-, Die *Wüstungen* des ausgehenden Mittelalter (Quellen und Forschungen zur Agrargeschichte 1), 3., neubearb. Aufl., Stuttgart 1976

-, *Geschichte* der deutschen Landwirtschaft vom frühen Mittelalter bis zum 19. Jahrhundert (Deutsche Agrargeschichte 2), 3., neubearb. Aufl., Stuttgart 1978

-, *Landwirtschaft* 1350-1500; Landwirtschaft 1648-1800, in: Hermann Aubin/Wolfgang Zorn (Hg.), Handbuch der deutschen Wirtschafts- und Sozialgeschichte, Bd. 1, Stuttgart 1971, S. 300-333, 495-530

-, *Strukturen* und Krisen der spätmittelalterlichen Wirtschaft (Quellen und Forschungen zur Agrargeschichte 32), Stuttgart-New York 1980

-, Stufen der Ernährung. Eine historische Skizze, Göttingen 1981

Die Ablösung der Feudallasten in Bayern. Dargestellt in zwei Petitionen. Gedruckt im Mai 1848 (o. O.)

Allgemeines Landrecht für die Preußischen Staaten von 1794, mit einer Einführung von Hans Hattenhauer, 3., erw. Aufl., Neuwied 1996

Hermann Aubin (Hg.), Die *Weistümer* des Kurfürstentums Köln, 2 Bde. (Die Weistümer der Rheinprovinz 2), Bonn 1913/14

-, Vier Holzordnungen des *Chorbusches*, in: Beiträge zur Geschichte des Niederrheins 25 (1912), S. 199-217

-, *Agrargeschichte*, in: Ders. u.a., Geschichte des Rheinlandes von der älteren Zeit bis zur Gegenwart, Bd. 2, Bonn 1922, S. 115-148

Karl Siegfried Bader, Das mittelalterliche Dorf als Friedens- und Rechtsbereich. *Studien* zur Rechtsgeschichte des mittelalterlichen Dorfes 1, 3., unveränd. Aufl., Köln-Wien 1981

-, Dorfgenossenschaft und Dorfgemeinde. *Studien* zur Rechtsgeschichte des mittelalterlichen Dorfes 2, Weimar 1962

-, Rechtsformen und Schichten der Liegenschaftsnutzung im mittelalterlichen Dorf. *Studien* zur Rechtsgeschichte des mittelalterlichen Dorfes 3, Wien-Köln-Graz 1973

-, Dorf und Dorfgemeinde im Zeitalter von *Naturrecht* und Aufklärung, in: Wilhelm Wegener (Hg.), Festschrift für Karl Gottfried Hugelmann, Bd. 1, Aalen 1959, S. 1-36; wieder in: Ders., Ausgewählte Schriften zur Rechts- und Landesgeschichte, Bd. 2, Sigmaringen 1984, S. 69-104

-, Johann Ulrich (Freih. v.) Cramer. Jurist und Cameralist 1706-1772, in: Ders., Ausgewählte Schriften zur Rechts- und Landesgeschichte, Bd. 2, Sigmaringen 1984, S. 494-518; zuerst in: Lebensbilder aus Schwaben und Franken 10 (1966), S. 38-60

Paul Bairoch, Die Landwirtschaft und die Industrielle Revolution 1700-1914, in: Carlo M. Cipolla (Hg.), Europäische Wirtschaftsgeschichte (The Fontana Economic History of Europe), Bd. 3, Stuttgart-New York 1985, S. 297-332

Alan R. H. Baker/Robin A. Butlin (eds.), Studies of Field Systems in the British Isles, Cambridge 1973

(Albrecht Friedrich Georg) Baring, Bemerkungen zu der Schrift des Herrn Advocaten Gans: Über die Verarmung der Städte und des Landmanns etc. in Beziehung auf Steuerzahlungen, Gemeinheitstheilungen und Verkoppelungen im Königreich Hannover, Hannover 1831

Franz Ludwig Baumann (Hg.), *Akten* zur Geschichte des deutschen Bauernkrieges aus Oberschwaben, Freiburg i. Br. 1877

-, Geschichte des *Allgäus*, Bd. 2, Kempten 1889

Heinrich Banniza von Bazan, Der Zehlendorfer Krüger Elias Süßmilch, seine Sippe und seine Nachkommenschaft, in: Der Herold 2 (1941), 1-15

Georg von Below, Die *landständische Verfassung* von Jülich und Berg, Düsseldorf 1885-91 (Ndr. Aalen 1965)

Bemerkungen über die Schrift des Herrn Advocaten S. P. Gans „über die Ursachen und Wirkungen der Verarmung der Städte und des Landmanns im nördlichen Deutschland und insbesondere im Königreich Hannover," mit einigen sich anknüpfenden Gedanken zur Beförderung allgemeiner Wohlfahrt, und insbesondere der Verbesserung des dermaligen gedrückten Zustandes zunächst in den Norddeutschen Staaten und namentlich im Königreich Hannover, Hannover 1831

Maurice W. Beresford, The Deserted Villages of *Warwickshire*, in: Birmingham Archaeological Society. Transactions 66 (1945/46), S. 49-106

-, The *Lost Villages* of England, 6th impr., London 1969

-, A Review of Historical Research (to 1968), in: Ders./John G. Hurst (eds.), Deserted Medieval Villages, Guildford 1971, S. 3-75

Gustav Berg, Hohenschönhausener Dingetage, in: Berliner Heimat 1957, S. 74-80

Jean R. Birrell, The *Forest Economy* of the Honour of Tutbury in the Fourteenth and Fifteenth Centuries, in: University of Birmingham Historical Journal 8 (1962), S. 114-134

-, Medieval Agriculture, in: The Victoria History of the Counties of England. A History of the County of Staffordshire, vol. 6, Oxford 1979, S. 1-48

-, *Common Rights* in the Medieval Forest: Disputes and Conflicts in the Thirteenth Century, in: P&P 117 (1987), S. 22-49

Peter Blickle, Memmingen (Historischer Atlas von Bayern. Teil Schwaben 4), München 1967

-, Landschaften im Alten Reich. Die staatliche Funktion des gemeinen Mannes in Oberdeutschland, München 1973

-, Zur Territorialpolitik der oberschwäbischen Reichsstädte, in: Erich Maschke/Jürgen Sydow (Hg.), Stadt und Umland (Veröffentlichungen der Kommission für geschichtliche Landeskunde in Baden-Württemberg, Reihe B, 82), Stuttgart 1974, S. 54-71

-, Die Revolution von 1525, 3., erweit. Aufl., München 1993

-, Nochmals zur Entstehung der Zwölf Artikel im Bauernkrieg, in: Ders. (Hg.), Bauer, Reich und Reformation. Festschrift für Günther Franz zum 80. Geburtstag, Stuttgart 1982, S. 286-308; Ndr. in: Ders., Studien, S. 133-153

-, Der Kommunalismus als Gestaltungsprinzip zwischen Mittelalter und Moderne, in: Nicolai Bernard/Quirinus Reichen (Hg.), Gesellschaft und Gesellschaften. Festschrift zum 65. Geburtstag von Ulrich Im Hof, Bern 1982, 95-113; Ndr. in: Ders., Studien, 69-82

-, *Wem* gehörte der Wald? Konflikte zwischen Bauern und Obrigkeiten um Nutzungs- und Eigentumsansprüche, in: ZWLG 45 (1986), S. 167-178; Ndr. in: Ders., Studien, 37-48

-, Unruhen in der ständischen Gesellschaft 1300-1800 (Enzyklopädie deutscher Geschichte 1), München 1988

-, *Studien* zur geschichtlichen Bedeutung des deutschen Bauernstandes (Quellen und Forschungen zur Agrargeschichte 35), Stuttgart-New York 1989

Renate Blickle, Hausnotdurft. Ein Fundamentalrecht in der altständischen Ordnung Bayerns, in: Günter Birtsch (Hg.), Grund- und Freiheitsrechte von der ständischen zur spätbürgerlichen Gesellschaft, Göttingen 1987, S. 42-64

Marc Bloch, La lutte pour l'*individualisme agraire* dans la France du XVIIIe siècle, in: Annales d'histoire économique et sociale 2 (1930), S. 329-381 und 511-556

Erik Boettcher, Genossenschaften. I: Begriff und Aufgaben, in: Handwörterbuch der Wirtschaftswissenschaft (HdWW), Bd. 3, Stuttgart 1981, S. 540-556

Mogens Boserup, Agrarstruktur und take-off, in: Rudolf Braun u.a. (Hg.), Industrielle Revolution. Wirtschaftliche Aspekte (Neue Wissenschaftliche Bibliothek 50), Köln-Berlin 1972, S. 309-330

Karl Bosl, Eine Geschichte der deutschen Landgemeinde, in: ZAA 9 (1961), 129-142

Erich Botzenhart/Walther Hubatsch (Hg.), Freiherr vom *Stein*. Briefe und amtliche Schriften, 10 Bde., Stuttgart 1957-1974

Stefan Brakensiek, *Agrarreform* und ländliche Gesellschaft. Die Privatisierung der Marken in Nordwestdeutschland 1750-1850 (Forschungen zur Regionalgeschichte 1), Paderborn 1991

Georg Brasch, Das Wannseebuch, Berlin-Wannsee 1926 (Ndr. 1984)

Ernst Brasse, Urkunden und Regesten zur Geschichte der Stadt und Abtei Gladbach, 1. Teil, Mönchengladbach 1914

Braunschweigische Anzeigen, 1795

Anna-Dorothee v. den Brincken, Das Stift Mariengraden zu Köln (Urkunden und Akten 1059-1817), 2 Teile (Mitteilungen aus dem Stadtarchiv von Köln 57/58), Köln 1969

Eugen Brode, Geschichte *Rixdorfs*, Rixdorf 1899

G. Buchda, Kummer, in: HRG, Bd. 2, 1978, 1257-1263

Franz Xaver Buchner, Archivinventare der katholischen Pfarreien in der Diözese Eichstätt, München-Leipzig 1918

Leonard M. Cantor, The Medieval Parks of South *Staffordshire*, in: Birmingham Archaeological Society. Transactions and Proceedings 80 (1962), S. 1-9

-, The Medieval Parks of *Leicestershire*, in: The Leicestershire Archaeological and Historical Society. Transactions 46 (1970/71), S. 9-24

John Chapman, The Chronology of English Enclosure, in: EconHR, 2nd ser., 37 (1984), S. 557-559

A. C. Chibnall, Sherington. Fiefs and Fields of a Buckinghamshire Village, Cambridge 1965

Franz Christoph, Die ländlichen Gemeingüter (Allmenden) in Preußen (Abhandlungen des staatswissenschaftlichen Seminars zu Jena 3/2), Jena 1906

Collections for a History of Staffordshire (ed. by The William Salt Archaeological Society), London 1885

Hermann Conrad, Deutsche *Rechtsgeschichte*. Ein Lehrbuch, Bd. 1, 1. Aufl., Karlsruhe 1954; 2., neubearb. Aufl., 1962

-, Das Allgemeine Landrecht von 1794 als Grundgesetz des friderizianischen Staates, in: Otto Büsch/Wolfgang Neugebauer (Hg.), Moderne Preußische Geschichte 1648-1947. Eine Anthologie, Bd. 2, Berlin-New York 1981, S. 598-621

Werner Conze, Die liberalen Agrarreformen *Hannover*s im 19. Jahrhundert (Agrarwissenschaftliche Vortragsreihe 2), Hannover 1947

-, Die *Wirkungen* der liberalen Agrarreformen auf die Volksordnung in Mitteleuropa im 19. Jahrhundert, in: VSWG 38 (1949), S. 2-43

-, Vom „Pöbel" zum „Proletariat". Sozialgeschichtliche Voraussetzungen für den Sozialismus in Deutschland, in: VSWG 41 (1954), S. 333-364

-, *Quellen* zur Geschichte der deutschen Bauernbefreiung (Quellensammlung zur Kulturgeschichte, hg. von Wilhelm Treue, Bd. 12), Göttingen 1957

Johann Ulrich von Cramer, Wetzlarische *Nebenstunden*, 128 Teile, Ulm 1755-1773

Wilhelm Crecelius, Oberhessisches Wörterbuch, 1897-1899 (Ndr. Wiesbaden 1966)

Dahlem-St. Annen. Zeiten eines Dorfes und seiner Kirche (Dahlemer Materialien 2. Schriftenreihe der Domäne Dahlem, hg. v. Karl-Robert Schütze), Berlin 1989

Uwe Decker, Die Deutsche Encyklopädie (1778-1807), in: Das achtzehnte Jahrhundert 14 (1990), 147-151

Friedrich Dehmlow, Die *Verkaufsurkunde* für Berlin-Zehlendorf vom Jahre 1242 und das Dorfordnungsbuch von 1686, in: JbBrandLG 19 (1968), S. 102-107

Ludwig Deike, Die Celler Sozietät und Landwirtschaftsgesellschaft von 1764, in: Rudolf Vierhaus (Hg.), Deutsche patriotische und gemeinnützige Gesellschaften (Wolfenbütteler Forschungen 8), München 1980, S. 161-194

Deutsche Encyclopädie oder Allgemeines Real-Wörterbuch aller Künste und Wissenschaften, Bd. 1, Frankfurt am Mayn 1778

Bernhard Diestelkamp, Rechtsfälle aus dem Alten Reich. Denkwürdige Prozesse vor dem Reichskammergericht, München 1995

Heinrich Dittmaier, Esch und Driesch. Ein Beitrag zur agrargeschichtlichen Wortkunde, in: Aus Geschichte und Landeskunde. Forschungen und Darstellungen. Franz Steinbach zum 65. Geburtstag gewidmet, Bonn 1960, S. 704-726

Mary Dormer-Harris, Laurence Saunders, Citizen of Coventry, in: EHR 9 (1894), S. 633-651

-, Life in an Old English Town. A History of Coventry from the Earliest Times Compiled from Official Records, London 1898

-, Social and Economic History, in: The Victoria History of the Counties of England. A History of the County of Warwickshire, vol. 2, London 1908, S. 137-182

Christopher C. Dyer, A Redistribution of Incomes in Fifteenth-Century England?, in: P&P 39 (1968), S. 11-33

-, A Small Landowner in the Fifteenth Century, in: Midland History 1 (1972), no. 3, 1-14

-, Lords and Peasants in a *Changing Society*. The Estates of the Bishopric of Worcester, 680-1540, Cambridge 1980

-, *Warwickshire Farming* 1349 - c. 1520. Preparations for Agricultural Revolution (Dugdale Society Occasional Papers No. 27), Oxford 1981

-, *Deserted* Medieval *Villages* in the West Midlands, in: EconHR 2nd ser. 35 (1982), S. 19-34

-, *Power and Conflict* in the Medieval English Village, in: Della Hooke (ed.), Medieval Villages. A Review of Current Work (Oxford University Committee of Archaeology. Monograph No. 5), Oxford 1985, S. 27-32

-, *Documentary Evidence*: Problems and Enquiries, in: Grenville Astill/Annie Grant (eds.), The Countryside of Medieval England, Oxford 1988, S. 12-35

David Dymond, The Norfolk *Landscape* (The Making of the English Landscape, ed. by W. G. Hoskins and Roy Millward), London 1985

Hans Wilhelm Eckardt, Herrschaftliche Jagd, bäuerliche Not und bürgerliche Kritik. Zur Geschichte der fürstlichen und adeligen Jagdprivilegien vornehmlich im südwestdeutschen Raum (Veröffentlichungen des Max-Planck-Instituts für Geschichte 48), Göttingen 1976

Rudolf Eckart, Lexikon der Niedersächsischen Schriftsteller, Osterwieck/ Harz 1891

Raimund Eirich, Memmingens Wirtschaft und *Patriziat* von 1347 bis 1551. Eine wirtschafts- und sozialgeschichtliche Untersuchung über das Memminger Patriziat während der Zunftverfassung, Weißenhorn 1971

Frank Emery, The Oxfordshire *Landscape* (The Making of the English Landscape, ed. by W. G. Hoskins), London 1974

Lieselott Enders (Bearb.), Historisches Ortslexikon für Brandenburg. Teil 4: *Teltow*, Weimar 1976

-, Siedlung und Herrschaft in Grenzgebieten der Mark und Pommerns seit der zweiten Hälfte des 12. bis zum Beginn des 14. Jh. am Beispiel der Uckermark, in: JbWG 1987/2, S. 73-130

-, Bauern und Feudalherrschaft der Uckermark im absolutistischen Staat, in: JbGFeud 13 (1989), S. 247-283

-, Produktivkraftentwicklung und Marktverhalten. Die Agrarproduzenten der Uckermark im 18. Jh., in: JbWG 1990/3, S. 81-105

-, Die Uckermark. Geschichte einer kurmärkischen Landschaft vom 12. bis zum 18. Jahrhundert, Weimar 1992

-, Die *Landgemeinde* in Brandenburg - Grundzüge ihrer Funktion und Wirkungsweise vom 13. bis zum 18. Jahrhundert, in: BlldtLG 129 (1993), S. 195-256

Rudolf Endres, Sozialer *Wandel* in Franken und Bayern auf der Grundlage der Dorfordnungen, in: Ernst Hinrichs/Günter Wiegelmann (Hg.), Sozialer und kultureller Wandel in der ländlichen Welt des 18. Jahrhunderts (Wolfenbütteler Forschungen 9), Wolfenbüttel 1982, S. 211-227

-, Stadt- und Landgemeinde in Franken, in: Peter Blickle (Hg.), Landgemeinde und Stadtgemeinde in Mitteleuropa. Ein struktureller Vergleich (HZ Beih. 13), München 1991, S. 101-117

Helmut Engel, Zehlendorf - Region zwischen Berlin und Potsdam, in: 6. Tag für Denkmalpflege in Berlin-Zehlendorf. Dokumentation, hg. v. der Senatsverwaltung für Stadtentwicklung und Umweltschutz, Berlin 1992, S. 35-65

Ernst Engelberg, Bismarck. Urpreuße und Reichsgründer, Bd. 1, Berlin 1985

Edith Ennen, *Kölner Wirtschaft* im Früh- und Hochmittelalter, in: Hermann Kellenbenz (Hg.), Zwei Jahrtausende Kölner Wirtschaft, Bd. 1, Köln 1975, S. 87-215

- /Walter Janssen, Deutsche *Agrargeschichte*. Vom Neolithikum bis zur Schwelle des Industriezeitalters (Wissenschaftliche Paperbacks Sozial- und Wirtschaftsgeschichte 12), Wiesbaden 1979

- /Klaus Fink (Hg.), Soziale und wirtschaftliche *Bindungen* im Mittelalter am Niederrhein (Klever Archiv 3), Kleve 1981

Siegfried Epperlein, *Waldnutzung*, Waldstreitigkeiten und Waldschutz in Deutschland im hohen Mittelalter, 2. Hälfte 11. Jahrhundert bis ausgehendes 14. Jahrhundert (VSWG Beih. 109), Stuttgart 1993

Adalbert Erler/Ekkehard Kaufmann (Hg.), Handwörterbuch zur deutschen Rechtsgeschichte (HRG), 5 Bde., Berlin 1971-1998

Hans Eschenlohr, Die Anfänge einer geordneten Forstwirtschaft im Hoheitsgebiet der freien Reichsstadt Memmingen, in: Forstwissenschaftliches Centralblatt 1921, S. 297-319

-, Von ehemaligen Memminger *Wäldern*, in: Memminger Geschichtsblätter 16 (1930), S. 9-20

Felix Escher, Berlin und sein Umland. Zur Genese der Berliner Stadtlandschaft bis zum Beginn des 20. Jahrhunderts, Berlin 1985

Alan Everitt, Farm Labourers, in: The Agrarian History of England and Wales, vol. 4 (1500-1640), ed. by J. Thirsk, Cambridge 1967, S. 396-465

Rosamond Faith, The class-struggle in fourteenth-century England, in: Raphael Samuel (ed.), People's History and Socialist Theory (History Workshop Series), London 1981, S. 50-60

-, The '*Great Rumor*' of 1377 and Peasant Ideology, in: R. H. Hilton/T. H. Aston (eds.), The English Rising of 1381 (Past and Present Publications), Cambridge 1984, S. 43-73

George F. Farnham, *Leicestershire* Medieval Village *Notes*, vol. 2 und 5, Leicester 1931

Ernst Fidicin (Hg.), Kaiser Karl's IV. Landbuch der Mark Brandenburg, Berlin 1856

-, Geschichte des Kreises *Teltow* und der in demselben belegenen Städte, Rittergüter, Dörfer etc., Berlin 1857 (Ndr. Berlin-New York 1974)

Hermann Fischer, Schwäbisches Wörterbuch, 6 Bde., Tübingen 1904-1924

Günter Franz (Hg.), Quellen zur Geschichte des Bauernkrieges (Ausgewählte Quellen zur deutschen Geschichte der Neuzeit. Freiherr vom Stein-Gedächtnisausgabe, 2), München 1963

- (Hg.), *Quellen* zur Geschichte des deutschen Bauernstandes im Mittelalter (Ausgewählte Quellen zur deutschen Geschichte des Mittelalters. Freiherr vom Stein-Gedächtnisausgabe, 31), Darmstadt 1967

Pankraz Fried, Herrschaftsgeschichte der altbayerischen Landgerichte Dachau und Kranzberg im Hoch- und Spätmittelalter sowie in der frühen Neuzeit (Studien zur bayerischen Verfassungs- und Sozialgeschichte 1), München 1962

Helmut Gabel, „Daß ihr künftig von aller *Widersetzlichkeit*, Aufruhr und Zusammenrottierung gänzlich abstehet." Deutsche Untertanen und das Reichskammergericht, in: Scheurmann, Frieden, S. 273-280

-, Ländliche Gesellschaft und lokale Verfassungsentwicklungen zwischen Maas und Niederrhein im 17. und 18. Jahrhundert, in: Jan Peters (Hg.), Gutsherrschaft als soziales Modell. Vergleichende Betrachtungen zur Funktionsweise frühneuzeitlicher Agrargesellschaften (HZ Beih. 18), München 1995, S. 241-259

Salomon Philipp Gans, Ueber die Verarmung der Städte und des Landmanns und den Verfall der städtischen Gewerbe im nördlichen Deutschland, besonders im Königreiche Hannover. Versuch einer Darstellung der allgemeinen Hauptursachen dieser unglücklichen Erscheinungen und der Mittel zur Abhilfe derselben, Braunschweig 1831

-, Erwiderung auf die von dem Herrn Ober-Steuer- und Landes-Oeconomie-Rath Baring herausgegebenen Bemerkungen zu meiner Schrift über die Verarmung der Städte und des Landmanns u.s.w. in Beziehung auf Steuerzahlungen, Gemeinheits-Theilungen und Verkoppelungen. Auch als Nachtrag zur obgenannten Schrift, Braunschweig 1831

- (Hg.), Verhandlungen über die öffentlichen Angelegenheiten des Königreichs Hannover und des Herzogthums Braunschweig, Bde. 1-2, Braunschweig 1831-1832

Suso Gartner, Kloster Schwarzach (Rheinmünster), in: Wolfgang Müller (Hg.), Die Klöster der Ortenau (Die Ortenau 58), Offenburg 1978, S. 263-341

Edwin Francis Gay, Zur Geschichte der Einhegungen in England, Phil. Diss. Berlin 1902

Charles Montgomery Gray, *Copyhold*, Equity, and the Common Law (Harvard Historical Monographs 53), Cambridge (Massachusetts) 1963

Hermann Grees, Ländliche Unterschichten und ländliche Siedlung in Ostschwaben (Tübinger Geographische Studien 58), Tübingen 1975

Jacob Grimm, Deutsche Rechtsaltertümer, Bd. 1, 4. Aufl., Leipzig 1899 (Ndr. Darmstadt 1994)

J. Groß, Ein altes *Dorfrecht* aus dem Allgäu, in: Allgäuer Geschichtsfreund 4 (1891), S. 49-60

Aaron J. Gurjewitsch, Das Individuum im europäischen Mittelalter, München 1994

Julius Haeckel, Die Anfänge der Berlin-Potsdamer Eisenbahn, I. Potsdamer Verkehrsverhältnisse vor 1838, 1. Die Post im 18. Jahrhundert, in: Mitteilungen des Vereins für die Geschichte Potsdams NF 6 (1927), S. 20-43

Chr. Hafke, Jagd- und Fischereirecht, in: HRG, Bd. 2, 1972, Sp. 281-288

Peter Michael Hahn, Struktur und Funktion des brandenburgischen Adels im 16. Jahrhundert, Berlin 1979

Hartmut Harnisch, Klassenkämpfe der Bauern in der Mark Brandenburg zwischen frühbürgerlicher Revolution und Dreißigjährigem Krieg, in: JbRegG 5 (1975), S. 142-172

-, *Gemeindeeigentum* und Gemeindefinanzen im Spätfeudalismus. Problemstellungen und Untersuchungen zur Stellung der Landgemeinde, in: JbRegG 8 (1981), S. 126-174

-, Kapitalistische Agrarreform und Industrielle Revolution. Agrarhistorische Untersuchungen über das ostelbische Preußen zwischen Spätfeudalismus und bürgerlich-demokratischer Revolution 1848/49 unter besonderer Berücksichtigung der Provinz Brandenburg, Weimar 1984

-, Die *Agrarreformen* in Preußen und ihr Einfluß auf das Wachstum der Wirtschaft, in: Pierenkemper, Landwirtschaft, S. 27-40

-, Die Landgemeinde in der *Herrschaftsstruktur* des feudalabsolutistischen Staates. Dargestellt am Beispiel von Brandenburg-Preußen, in: JbGFeud 13 (1989), S. 201-245

Karl Hasel, Die Entwicklung von Waldeigentum und Waldnutzung im späten Mittelalter als Ursache für die Entstehung des Bauernkrieges, in: Allgemeine Forst- und Jagdzeitung 138 (1967), 141-150

August Freiherr von Haxthausen, Ueber die *Agrarverfassung* in Norddeutschland und deren Conflicte in der gegenwärtigen Zeit. Ersten Theiles erster Band: Ueber die Agrarverfassung in den Fürstentümern Paderborn und Corvey und deren Conflicte in der gegenwärtigen Zeit nebst Vorschlägen, die den Grund und Boden belastenden Rechte und Verbindlichkeiten daselbst aufzulösen, Berlin 1829

-, Die patrimoniale Gesetzgebung der Altmark. Ein Beitrag zum Provinzial-Recht, in: Jahrbücher für die Preußische Gesetzgebung, Rechtswissenschaft und Rechtsverwaltung 39 (1832), S. 3-110

Hermann Heimpel, *Fischerei* und Bauernkrieg, in: Peter Clasen/Peter Scheibert (Hg.), Festschrift Percy Ernst Schramm, Bd. 1, Wiesbaden 1964, 353-372

Volker Henn, Zur Lage der *rheinischen Landwirtschaft* im 16. bis 18. Jahrhundert, in: ZAA 21 (1973), S. 173-188

Konrad Heresbach, Vier Bücher über *Landwirtschaft* (Rei Rusticae Libri Quatuor), Bd. 1: Vom Landbau. Nachdruck der lateinischen Originalausgabe Köln 1570 mit deutscher Übersetzung und kritischem Quellennachweis von Helmut Dreitzel, hg. v. Wilhelm Abel, Meisenheim 1970

Rodney H. Hilton, The Economic Development of some *Leicestershire Estates* in the 14th & 15th Centuries (Oxford Historical Series 17), London 1947

-, *Kibworth Harcourt*: A Merton College Manor in the Thirteenth and Fourteenth Centuries, in: W. G. Hoskins (ed.), Studies in Leicestershire Agrarian History, Leicester 1949, S. 17-40

-, Winchcombe Abbey and the Manor of Sherborne, in: H. P. R. Finberg (ed.), Gloucestershire Studies, Leicester 1957, S. 89-113

-, Y eut-il une *crise général* de la féodalité?, in: Annales E.S.C. 6 (1951), S. 23-30

-, Kapitalismus - Was soll das bedeuten?, in: Paul Sweezy u.a., Der Übergang vom Feudalismus zum Kapitalismus. Aus dem Englischen von Hans-Günter Holl und Hans Medick, Frankfurt am Main 1984, S. 195-213

- /H. Fagan, Der englische *Bauernaufstand* von 1381, Berlin 1953

-, Medieval Agrarian History, in: The Victoria History of the Counties of England. A History of Leicestershire, ed. by W. G. Hoskins, vol. 2, London 1954, S. 145-198

-, A Study in the *Pre-history* of English Enclosure in the Fifteenth Century, in: Ders., The English Peasantry in the Later Middle Ages. The Ford Lectures for 1973 and Related Studies, Oxford 1975, S. 161-173

-, *Old enclosures* in the West Midlands: a hypothesis about their late medieval developement, in: Géographie et Histoire Agraires, Annales de l'Est, Memoire no. 21 (Nancy 1959), S. 272-283

-, A Medieval Society. The West Midlands at the End of the Thirteenth Century, Cambridge 1983 (1st ed. 1966)

- /P. A. Rahtz, Upton, Gloucestershire, 1959-1964, in: Transactions of the Bristol and Gloucestershire Archaeological Society 85 (1966), S. 70-146

-, A Rare Evesham Abbey Estate Document, in: Vale of Evesham Historical Society. Research Papers 2 (1969), S. 5-10

-, Towns in English Feudal Society, in: Urban History Yearbook 1982, S. 7-13

Bernhard Hinz, Die *Schöppenbücher* der Mark Brandenburg, besonders des Kreises Züllichau-Schwiebus, Berlin 1964

Wolfgang v. Hippel, Die Bauernbefreiung im Königreich Württemberg, 2 Bde., Boppard am Rhein 1977

Eric Hobsbawm, Europäische Revolutionen, Zürich 1962

-, Industrie und Empire. Britische Wirtschaftsgeschichte seit 1750, Bd. 1, Frankfurt am Main 1977

Felix von Hornstein, Wald und Mensch. Theorie und Praxis der Waldgeschichte, untersucht und dargestellt am Beispiel des Alpenvorlandes Deutschlands, Österreichs und der Schweiz, 2. durchgesehene u. erweiterte Aufl., Ravensburg 1958

Friedrich Holtze, Das Amt *Mühlenhof* bis 1600, in: Schriften des Vereins für die Geschichte Berlins 30 (1893), S. 19-39

-, Dahlem bei Berlin bis zur Reformation, in: Erforschtes und Erlebtes aus dem alten Berlin (Schriften des Vereins für die Geschichte Berlins 50), Berlin 1917

Willy Hoppe, Kloster Zinna. Ein Beitrag zur Geschichte des ostdeutschen Kolonial-landes und des Cistersienserordens, München, Leipzig 1914

William G. Hoskins, Economic History, in: The Victoria History of the Counties of England. A History of Wiltshire, ed. by Elizabeth Critall, vol. 6, London 1959, S. 1-6

- /Laurence Dudley Stamp, The Common Lands of England & Wales, London-Glasgow 1963

Barbara Huber, Die Symbolik des Widerstandes. Studie zu den symbolischen Äußerungen der bäuerlichen Widerstandsbewegungen der Frühen Neuzeit im oberdeutschen und schweizerischen Raum unter Berücksichtigung zeitgenössischer Illustrationen, Lizentiatsarbeit Bern 1988

Ernst Rudolph Huber, Deutsche *Verfassungsgeschichte* seit 1789, Bd. 1, Stuttgart 1957

Gaby Huch (Hg.), Die Teltowgraphie des Johann Christian Jeckel (Veröffentlichungen aus den Archiven Preußischer Kulturbesitz 36), Köln-Weimar-Wien 1993

David Huenlin, Anmerkungen über die Geschichte der Reichsstädte vornehmlich der Schwäbischen. Als ein Beitrag zur allgemeinen Geschichte von Schwaben, Ulm 1775

-, Neue und vollständige Staats- und Erdbeschreibung des Schwäbischen Kreises, Bd. 1, 1780

Hummel, *Denkwürdiges* aus Alt-Zehlendorf, in: Mitteilungen des Vereins für die Geschichte Berlins 48 (1931), Heft 1, S. 18-25

Theodor Ilgen, Die *Landzölle* im Herzogtum Berg, in: Zeitschrift des Bergischen Geschichtsvereins NF 38 (1905), S. 227-323

-, Zum *Siedlungswesen* im Klevischen, in: Westdeutsche Zeitschrift für Geschichte und Kunst 29 (1910), S. 1-82

-, Die *Grundlagen* der mittelalterlichen Wirtschaftsverfassung am Niederrhein, in: Westdeutsche Zeitschrift für Geschichte und Kunst 32 (1913), S. 1-132.

-, Herzogtum *Kleve*, I. Ämter und Gerichte. Entstehung der Ämterverfassung und Entwicklung des Gerichtswesens vom 12. bis ins 16. Jahrhundert (Quellen zur inneren Geschichte der rheinischen Territorien), 2 Bde., Bonn 1921/1925

Franz Irsigler, *Kölner Wirtschaft* im Spätmittelalter, in: Hermann Kellenbenz (Hg.), Zwei Jahrtausende Kölner Wirtschaft, Bd. 1, Köln 1975, S. 217-319

-, Urbanisierung und sozialer Wandel in Nordwesteuropa im 11. bis 14. Jahrhundert, in: Gerhard Dilcher/Norbert Horn (Hg.), Sozialwissenschaften im Studium des Rechts, Bd. 4, München 1978, S. 109-123

-, Die wirtschaftliche *Stellung* der Stadt Köln im 14. und 15. Jahrhundert. Strukturanalyse einer spätmittelalterlichen Exportgewerbe- und Fernhandelsstadt (VSWG Beiheft 65), Wiesbaden 1979

-, Stadt und Umland im Spätmittelalter: Zur zentralitätsfördernden Kraft von Fernhandel und Exportgewerbe, in: Emil Meynen (Hg.), Zentralität als Problem der mittelalterlichen Stadtgeschichtsforschung (Städteforschung A 8), Köln-Wien 1979, S. 1-14

-, Zum Kölner *Viehhandel* und Viehmarkt im Spätmittelalter, in: Ekkehard Westermann (Hg.), Internationaler Ochsenhandel (1350-1750). Akten des 7th International Economic History Congress Edinburgh 1978 (Beiträge zur Wirtschaftsgeschichte 9), Stuttgart 1979, S. 219-234

-, *Intensivwirtschaft*, Sonderkulturen und Gartenbau als Elemente der Kulturlandschaftsgestaltung in den Rheinlanden (13.-16. Jahrhundert), in: Annalisa Guarducci (ed.), Agricoltura e trasformazione dell'ambiente. Secoli XIII-XVIII (Atti della 11. settimana die studio, 25.-30. April 1979), Prato 1984, S. 719-747; wieder unter dem Titel: Die Gestaltung der Kulturlandschaft am Niederrhein unter dem Einfluß städtischer Wirtschaft, in: Hermann Kellenbenz (Hg.), Wirtschaftsentwicklung und Umweltbeeinflussung (14.-20. Jahrhundert) (Beiträge zur Wirtschafts- und Sozialgeschichte 20), Wiesbaden 1982, S. 173-195

-, Die Wirtschaftsführung der Burggrafen von *Drachenfels* im Spätmittelalter, in: Bonner Geschichtsblätter 34 (1982), S. 86-116

-, Die Auflösung der Villikationsverfassung und der Übergang zum *Zeitpachtsystem* im Nahbereich niederrheinischer Städte während des 13./14. Jahrhunderts, in: Hans Patze (Hg.), Die Grundherrschaft im späten Mittelalter (Vorträge und Forschungen 27), Sigmaringen 1983, S. 295- 311

-, Köln *extra muros*: 14.-18. Jahrhundert, in: Siedlungsforschung. Archäologie-Geschichte-Geographie 1 (1983), S. 137-149

Wolfgang Jacobeit, Beiträge zu einer Volkskunde des Schäfers, in: Rheinisch-Westfälische Zeitschrift für Volkskunde 1 (1954), S. 150-161

-, Schafhaltung und Schäfer in Zentraleuropa bis zum Beginn des 20. Jahrhunderts, 2., bearb. Aufl., Berlin 1987

Hans Jänichen, *Markung* und Allmende und die mittelalterlichen Wüstungsvorgänge im nördlichen Schwaben, in: Mayer, Landgemeinde, Bd. 1, S. 163-222; wieder in: Ders., Beiträge zur Wirtschaftsgeschichte des schwäbischen Dorfes (Veröffentlichungen der Kommission für geschichtliche Landeskunde in Baden-Württemberg, Reihe B, 69), Stuttgart 1970, S. 157-217

Wilhelm Janssen, Niederrheinische Territorialbildung. Voraussetzungen, Wege, Probleme, in: Ennen/Fink, Bindungen, S. 95-113

-, *Zisterziensische Wirtschaftsführung* am Niederrhein: Das Kloster Kamp und seine Grangien im 12.-13. Jahrhundert, in: Walter Janssen/Dietrich Lohrmann (Hg.), Villa-Curtis-Grangia. Landwirtschaft zwischen Loire und Rhein von der Römerzeit zum Hochmittelalter (Beihefte der Francia 11), München 1983, S. 205-221

Ingrid Joester (Bearb.), Urkundenbuch der Abtei Steinfeld (Publikationen der Gesellschaft für rheinische Geschichtskunde 60), Köln-Bonn 1976

Walter Kaemmerer, Urkundenbuch der Stadt *Düren* 748-1500 (Beiträge zur Geschichte des Dürener Landes 12-14), 2 Bde., Düren 1971-1978

Friedrich Keil, Die Landgemeinde in den östlichen Provinzen Preußens und die Versuche, eine Landgemeindeordnung zu schaffen, Leipzig 1890

Hermann Kellenbenz, *Wirtschaftsgeschichte Kölns* im 16. und beginnenden 17. Jahrhundert, in: Ders. (Hg.), Zwei Jahrtausende Kölner Wirtschaft, Bd. 1, Köln 1975, S. 321-427

Eric Kerridge, The Agricultural Revolution, London 1967

-, Agrarian Problems in the Sixteenth Century and After, London 1969

Ann J. Kettle, *Agriculture* 1500 to 1793, in: The Victoria History of the Counties of England. A History of the County of Staffordshire, vol. 6, Oxford 1979, S. 1-48

Hermann Keussen, Urkundenbuch der Stadt *Krefeld* und der alten Grafschaft *Mörs*, Bd. 1, Krefeld 1938

Rudolf Kieß, Die Rolle der *Forsten* im Aufbau des württembergischen Territoriums bis ins 16. Jahrhundert (Veröffentlichungen der Kommission für geschichtliche Landeskunde in Baden-Württemberg B 2), Stuttgart 1958

-, Zur Frage der Freien Pürsch, in: ZWLG 22 (1963), 57-90

Rolf Kießling, Die *Stadt* und ihr Land. Umlandpolitik, Bürgerbesitz und Wirtschaftsgefüge in Ostschwaben vom 14. bis ins 16. Jahrhundert (Städteforschung A 29), Köln-Wien 1989

Philip L. Kintner, Memmingens „*Ausgetretene*". Eine vergessene Nachwirkung des Bauernkrieges 1525-1527, in: Memminger Geschichtsblätter 1969, S. 5-40

Johann Gottlieb Klingner, Sammlungen zum Dorf- und Bauernrechte, Bd. 2, Leipzig 1750 (Ndr. Leipzig 1969)

Johann Knebel, Die *Chronik* des Klosters Kaisheim (1531), hg. v. Franz Hüttner (Bibliothek des Litterarischen Vereins in Stuttgart 226), Tübingen 1902

L. Korn, Geschichte der Bäuerlichen Rechtsverhältnisse in der Mark Brandenburg von der Zeit der deutschen Colonisation bis zur Regierung des Königs Friedrich I. (1700), in: Zeitschrift für Rechtsgeschichte 11 (1873), S. 1-44

Udo Kornblum, Das Weiterleben der Genossenschaft, in: Gerhard Dilcher/ Bernhard Diestelkamp (Hg.), Recht, Gericht, Genossenschaft und Policey. Studien zu Grundbegriffen der germanistischen Rechtstheorie. Symposion für Adalbert Erler, Berlin 1986, 168-176

Reinhart Koselleck, *Preußen* zwischen Reform und Revolution. Allgemeines Landrecht, Verwaltung und soziale Bewegung von 1791 bis 1848, 2., berichtigte Aufl., Stuttgart 1975

Wilhelm Kraft, Gau Sualafeld und Grafschaft *Graisbach*, in: JbFränkLF 13 (1953), S. 85-127

Karl S. Kramer, Bußen vertrinken, in: HRG, Bd. 1, 1964, Sp. 578

-, Grundriß einer rechtlichen Volkskunde, Göttingen 1974

Edgar Krausen, Die Klöster des Zisterzienserordens in Bayern (Bayerische Heimatforschung 7), München 1953

Wilfried Krings, *Wertung* und Umwertung von Allmenden im Rhein-Maas-Gebiet vom Spätmittelalter bis zur Mitte des 19. Jahrhunderts. Eine historisch-sozialgeographische Studie (Maaslandse Monographieen), Assen 1976

Barbara Kroemer, Die Einführung der *Reformation* in Memmingen. Über die Bedeutung ihrer sozialen, wirtschaftlichen und politischen Faktoren (Memminger Geschichtsblätter 1980), Memmingen 1981

Karl Kroeschell, Deutsche *Rechtsgeschichte* 2 (1250-1650), Reinbek 1973

Fritz Krüger, Johann Peter Süssmilch, Zeuge einer Epoche, in: Mitteilungen des Vereins für die Geschichte Berlin 64 (1968), 133-139

Johann Georg Krünitz, Oeconomische *Encyclopädie*, 132 Bde., Berlin 1773-1822

Dieter Kudorfer, Nördlingen (Historischer Atlas von Bayern, Teil Schwaben 8), München 1974

Josef Kulischer, Allgemeine *Wirtschaftsgeschichte* des Mittelalters und der Neuzeit, Bd. 2, Berlin 1954

Paul Kunzendorf, *Zehlendorf* einst und jetzt. Geschichtliches und Erlebtes, Berlin-Zehlendorf 1906

David S. Landes, Die Industrialisierung in *Japan* und Europa. Ein Vergleich, in: Wolfram Fischer (Hg.), Wirtschafts- und sozialgeschichtliche Probleme der frühen Industrialisierung, Berlin 1968, S. 29-117

Friedrich Lau, Neuss (Quellen zur Rechts- und Wirtschaftsgeschichte der rheinischen Städte. Kurkölnische Städte 1), Bonn 1911

Gnädigst-privilegirtes *Leipziger Intelligenz-Blatt*, in Frag- und Anzeigen, vor Stadt- und Land-Wirthe, zum Besten des Nahrungs-Standes, Leipzig 1771-1772

Werner Lippert, Geschichte der 110 Bauerndörfer in der nördlichen Uckermark. Ein Beitrag zur Wirtschafts- und Sozialgeschichte der Mark Brandenburg (Mitteldeutsche Forschungen 57), Köln-Wien 1968

Friedrich Lütge, Geschichte der deutschen *Agrarverfassung* vom frühen Mittelalter bis zum 19. Jahrhundert (Deutsche Agrargeschichte 3), 2., verbess. u. stark erweit. Aufl., Stuttgart 1967

Hans Maier, Die ältere deutsche Staats- und Verwaltungslehre (Polizeiwissenschaft). Ein Beitrag zur Geschichte der politischen Wissenschaft in Deutschland (Politica 13), Neuwied-Berlin 1966

Roger B. Manning, Village Revolts. Social Protest and Popular Disturbances in England, 1509-1640, Oxford 1988

Theodor Mayer (Hg.), Die Anfänge der *Landgemeinde* und ihr Wesen, 2 Bde. (Vorträge und Forschungen 7-8), Sigmaringen 1964

Ludwig Mayr, Die freie *Birsch* von Memmingen, gen. Booser Hart, in: Memminger Geschichtsblätter 3 (1914), S. 25-29, 33-39, 41-46, 57-58

Julius Miedel, Ein altes *Weistum* von Berg und Hart, in: Memminger Geschichtsblätter 16 (1930), S. 20-22 u. 32

Hans-Jürgen Mielke, Die kulturlandschaftliche Entwicklung des Grunewaldgebietes (Abhandlungen des 1. Geographischen Instituts der Freien Universität Berlin 18), Berlin 1971

-, Historischer Atlas Berlin-Zehlendorf, Berlin 1992

Josef Mooser, *Gleichheit* und Ungleichheit in der ländlichen Gemeinde. Sozialstruktur und Kommunalverfassung im östlichen Westfalen vom späten 18. bis in die Mitte des 19. Jahrhunderts, in: AfS 19 (1979), S. 231-262

Thomas Morus, Utopia, übersetzt von Gerhard Ritter, Stuttgart 1964

Johann Jacob Moser, Von der Teutschen Unterthanen Rechten und Pflichten (Neues Teutsches Staatsrecht 17), Frankfurt-Leipzig 1774 (Ndr. Osnabrück 1967)

Adriaan von Müller, Zur hochmittelalterlichen Besiedlung des Teltow (Brandenburg). Stand eines mehrjährigen archäologisch-siedlungsgeschichtlichen Forschungsprogrammes, in: Walter Schlesinger (Hg.), Die deutsche Ostsiedlung des Mittelalters als Problem der europäischen Geschichte (Vorträge und Forschungen 18), Sigmaringen 1975, S. 311-332

Hans-Heinrich Müller, Domänen und *Domänenpächter* in Brandenburg-Preußen im 18. Jahrhundert, in: Otto Büsch/Wolfgang Neugebauer (Hg.), Moderne Preußische Geschichte 1648-1947 (Veröffentlichungen der Historischen Kommission zu Berlin 52), Bd. 1, Berlin-New York 1981, S. 316-359; zuerst in: JbWG 1965/4, S. 152-192

-, *Märkische Landwirtschaft* vor den Agrarreformen von 1807. Entwicklungstendenzen des Ackerbaues in der zweiten Hälfte des 18. Jahrhunderts (Veröffentlichungen des Bezirksheimatmuseums Potsdam 13), Potsdam 1967

-, Landwirtschaft und Industrielle Revolution - Am Beispiel der Magdeburger Börde, in: Pierenkemper, Landwirtschaft, S. 45-57

Otto Müller, Ein Dingetag in Zehlendorf zur Zeit Friedrichs des Großen, in: Teltower Kreiskalender 39 (1942), S. 83-85

Christian Otto Mylius (Hg.), Corpus Constitutionum Marchicarum (*CCM*), Teil 5, Berlin-Halle 1740

Walter Nachtigall/Dietmar Werner (Hg.), Der pfiffige Bauer und andere Volkssagen um Stände und Berufe aus dem Thüringischen, Berlin 1989

-/- (Hg.), Der böse Advokat und andere Volkssagen um Stände und Berufe aus dem Sächsischen, Berlin 1989

National-Zeitung der Teutschen, Gotha 1796

Werner Freiherr von Negri, Die Waldgenossen des Waldes Havert im Jahre 1277, in: Zeitschrift des Aachener Geschichtsvereins 58 (1937), S. 149-163

A. F. H. Niemeyer, Social and Economic History, in: The Victoria History of the Counties of England. A History of the County of Hertfordshire, vol. 4, London 1914, S. 173-232

Hans Nolte, Der Teltow und seine männliche Bevölkerung nach dem Dreißigjährigen Kriege. Auf Grund des „Landreiterberichtes" von 1652 zusammengestellt, in: Heimat und Ferne. Beilage zum Teltower Kreisblatt 1934, Nr. 17, 18, 21, 22, und 1935, Nr. 13

Novum Corpus Constitutionum Prussico-Brandenburgensium Praecipue Marchicarum, Bd. 4, Berlin 1771

Karl Obermann, Deutschland von 1815 bis 1849. Von der Gründung des Deutschen Bundes bis zur bürgerlich-demokratischen Revolution (Lehrbuch der deutschen Geschichte. Beiträge, 6), 3., überarb. Aufl., Berlin 1967

Heinrich Oberrauch, *Tirols* Wald und Waidwerk. Ein Beitrag zur Forst- und Jagdgeschichte (Schlern-Schriften 88), Innsbruck 1952

Friedrich Wilhelm Oediger (Hg.), Grafschaft *Kleve*, 2. Das Einkünfteverzeichnis des Grafen Dietrich IX. von 1319 (Quellen zur inneren Geschichte der rheinischen Territorien), 2 Teile, Düsseldorf 1982

Gerhard Oestreich, Strukturprobleme des europäischen Absolutismus, in: Ders., Geist und Gestalt des frühmodernen Staates. Ausgewählte Aufsätze, Berlin 1969, S. 179-197

Herbert Paech, Amt *Chorin*. Geschichte, Verwaltung und wirtschaftliche Grundlagen, Diss. phil. Berlin 1936

D. O. Pam, The Fight for Common Rights in Enfield and Edmonton, 1400-1600, in: Edmonton Hundred Historical Society, Occasional Papers, New Series 27 (1974)

Hans Eugen Pappenheim, Fürstenstraßen aus der Zeit des Absolutismus im Dienste der Landesvermessung, in: Allgemeine Vermessungs-Nachrichten 49 (1937), S. 178-180

L. A. Parker, The Agrarian Revolution at Cotesbach, 1501-1612, in: W. G. Hoskins (ed.), Studies in Leicestershire Agrarian History, Leicester 1949, S. 41-76

Siegfried Passow, Ein märkischer Rittersitz. Aus der Orts- und Familien-Chronik eines Dorfes, Bd. 1, Eberswalde 1907

Franz Petri, Das *Bergische Land* in der älteren deutschen Siedlungs- und Wirtschaftsgeschichte, in: Ders., Zur Geschichte und Landeskunde der Rheinlande, Westfalens und ihrer westeuropäischen Nachbarländer. Aufsätze und Vorträge aus vier Jahrzehnten, Bonn 1973, S. 852-868

-, Zeitalter der Glaubenskämpfe (1500-1648), in: Ders./Georg Droege (Hg.), Rheinische Geschichte, Bd. 2, Düsseldorf 1976, 1-217

Gerhard Pfeiffer, *Ludwigstadt* im Bauernkrieg, in: Jürgen Schneider (Hg.), Wirtschaftskräfte und Wirtschaftswege. Festschrift für Hermann Kellenbenz (Beiträge zur Wirtschaftsgeschichte 4), Bd. 1, Stuttgart 1978, S. 493-506

Charles Phythian-Adams, Desolation of a City, Coventry and the Urban Crisis of the Late Middle Ages (Past and Present Publications), Cambridge 1979

Toni Pierenkemper (Hg.), *Landwirtschaft* und industrielle Entwicklung. Zur ökonomischen Bedeutung von Bauernbefreiung und Agrarrevolution, Stuttgart 1989

M. M. Postan, Medieval Agrarian Society in its Prime: England, in: The Cambridge Economic History of Europe, vol. 1, 2nd ed., Cambridge 1966, S. 549-632

-, The *Medieval Economy* and Society. An Economic History of Britain in the Middle Ages (The Pelican Economic History of Britain 1), Harmondsworth 1975 (1. Aufl. London 1972)

M. R. Postgate, Field Systems of East Anglia, in: Baker/Butlin, Field Systems, S. 281-324

Reiner Prass, *Reformprogramm* und bäuerliche Interessen. Die Auflösung der traditionellen Gemeindeökonomie im südlichen Niedersachsen, 1750-1883 (Veröffentlichungen des Max-Planck-Instituts für Geschichte 132), Göttingen 1997

-, Verbotenes Weiden und Holzdiebstahl. Ländliche Forstfrevel am südlichen Harzrand im späten 18. und frühen 19. Jahrhundert, in: AfS 36 (1996), S. 51-83

Rudolf Quietzsch, Der Kampf der Bauern um Triftgerechtigkeit in Thüringen und Sachsen um 1525, in: Hermann Strobach (Hg.), Der arm man 1525. Volkskundliche Studien (Akademie der Wissenschaften der DDR. Veröffentlichungen zur Volkskunde und Kulturgeschichte 59), Berlin 1975, S. 52-78

Oliver Rackham, Ancient Woodland, its history, vegetation and uses in England, London 1980

Joachim Radkau, *Holzverknappung* und Krisenbewußtsein im 18. Jahrhundert, in: GG 9 (1983), S. 513-543

- /Ingrid Schäfer, *Holz*. Ein Naturstoff in der Technikgeschichte (Deutsches Museum. Kulturgeschichte der Naturwissenschaften und der Technik), Reinbek 1987

-, Technik in Deutschland. Vom 18. Jahrhundert bis zur Gegenwart, Frankfurt am Main 1989

Zvi Razi, The Struggles between the Abbots of *Halesowen* and their Tenants in the Thirteenth and Fourteenth Centuries, in: T. H. Aston u.a. (eds.), Social Relations and Ideas. Essays in Honour of R. H. Hilton, Cambridge 1983, S. 151-167

Karl Reck, Fragmentarische Betrachtungen über Gemeinheits-Theilungen, Verkoppelungen, Weideservituten und Schäfereigerechtigkeiten im nördlichen Deutschland, vorzüglich im Königreiche Hannover, nebst einigen politischen Seitenblicken, namentlich auf das Zwei-Cammern-System, veranlaßt durch die Gansische und Baringsche Schrift, Göttingen 1831

Der Reichs-Anzeiger oder Allgemeines Intelligenz-Blatt zum Behufe der Justiz, der Polizey und der bürgerlichen Gewerbe im Deutschen Reiche, 1795

Al. Reifferscheid, Haxthausen, August, in: ADB, Bd. 11, 1880 (Ndr. Berlin 1969), S. 119-121

Christian Reinicke, Agrarkonjunktur und technisch-organisatorische Innovationen auf dem Agrarsektor im Spiegel niederrheinischer Pachtverträge 1200-1600 (Rheinisches Archiv 123), Köln-Wien 1989

Rheinisches Conversations-Lexicon oder encyclopädisches Handwörterbuch für gebildete Stände, Bd. 5, Köln-Bonn 1825

Adolph Friedrich Riedel (Hg.), Codex diplomaticus Brandenburgensis, Berlin 1838 ff.

Gerhard Ritter, Freiherr vom *Stein*. Eine politische Biographie, Frankfurt am Main 1983

David Roden, *Field Systems* of the Chiltern Hills and their Environs, in: Baker/Butlin, Field Systems, S. 325-376

Josef Roeßner, Baierfeld, Gundelfingen 1990

R. B. Rose, The Common Lands, in: The Victoria History of the Counties of England. A History of the County of Warwickshire, vol. 8, London 1969, S. 199-207

Hans Rosenberg, Die Pseudodemokratisierung der Rittergutsbesitzerklasse, in: Ders., Probleme der deutschen Sozialgeschichte, Frankfurt am Main 1969, S. 7-49; zuerst in: Zur Geschichte und Problematik der Demokratie. Festgabe für Hans Herzfeld, Berlin 1958

Hermann Rothert, Westfälische Geschichte, Bd. 1, Gütersloh 1949

Carl von Rotteck/Carl Welcker (Hg.), Staats-Lexikon oder Encyclopädie der Staatswissenschaften, Bd. 6, Altona 1838

H. Rubner, Forst, in: HRG, Bd. 1, 1971, Sp. 1168-1180

Reinhard Rürup, *Deutschland* im 19. Jahrhundert, 1815-1871 (Deutsche Geschichte 8), Göttingen 1984

Diedrich Saalfeld, Zur Frage des bäuerlichen Landverlustes im Zusammenhang mit den preußischen Agrarreformen, in: ZAA 11 (1963), S. 163-171

Saarbrücker Arbeitsgruppe, Huldigungseid und Herrschaftstruktur im Hattgau (Elsaß), in: Jahrbuch für westdeutsche Landesgeschichte 6 (1980), 117-155

Joachim Sack, Die Herrschaft *Stavenow* (Mitteldeutsche Forschungen 18), Köln-Graz 1959

Rita Sailer, *Untertanenprozesse* vor dem Reichskammergericht. Rechtsschutz gegen die Obrigkeit in der zweiten Hälfte des 18. Jahrhunderts (Quellen und Forschungen zur Höchsten Gerichtsbarkeit im Alten Reich 33), Köln-Weimar-Wien 1999

L. F. Salzmann, Industries: Textile, in: The Victoria History of the Counties of England. A History of the County of Hertfordshire, vol. 4, London 1914, S. 248-251

Roman Sandgruber, Die Landwirtschaft als Nachfragefaktor in den Anfängen der Industrialisierung. Das Beispiel Österreich, in: Pierenkemper, Landwirtschaft, S. 79-93

Ernst Ferdinand Schäde, Geschichte des Dorfes Zehlendorf, hg. v. Hermann F. W. Kuhlow/Kurt Trumpa (Zehlendorfer Chronik. Schriftenreihe des Heimatvereins für den Bezirk Zehlendorf, 4), Berlin 1984

Dieter Scheler, Zur dörflichen Sozialstruktur am Niederrhein im späten Mittelalter, in: Tel Aviver Jahrbuch für deutsche Geschichte 22 (1993), S. 231-252

Ingrid Scheurmann (Hg.), *Frieden* durch Recht. Das Reichskammergericht von 1495 bis 1806, Mainz 1994

J. Andreas Schmeller, Bayerisches Wörterbuch, Bd. 1, München 1872

C. Schmidt/Siegfried Braun, Teltower Rübchen, in: Richard Nordhausen, Unsere märkische Heimat. Streifzüge durch Berlin und Brandenburg, 3., neubearb. Aufl., Leipzig 1929, 204-206; zuerst in: Teltower Kreiskalender 1905

Louis Schneider, Das Kurfürstliche Jagdschloss zu Glineke, in: Mitteilungen des Vereins für die Geschichte Potsdams 1 (1864), S. 1-30

-, Die *Hubertshäuser* bei Neu-Zehlendorf (Düppel), in: Mitteilungen des Vereins für die Geschichte Potsdams 3 (1867), S. 181-183

Clausdieter Schott, Rat und *Spruch* der Juristenfakultät Freiburg i. Br. (Beiträge zur Freiburger Wissenschafts- und Universitätsgeschichte 30), Freiburg im Breisgau 1965

Fritz Schröer, Das *Havelland* im Dreißigjährigen Krieg. Ein Beitrag zur Geschichte der Mark Brandenburg, Köln-Graz 1966

Johannes Schultze, Die Prignitz. Aus der Geschichte einer märkischen Landschaft (Mitteldeutsche Forschungen 8), Köln-Graz 1956

Hans K. Schulze, Grundstrukturen der Verfassung im Mittelalter, Bd. 1, Stuttgart 1985

Winfried Schulze, Bäuerlicher Widerstand und feudale Herrschaft in der frühen Neuzeit, Stuttgart-Bad Cannstatt 1980

Beryl Schumer, The Evolution of *Wychwood* to 1400. Pioneers, Frontiers and Forests (University of Leicester. Department of English Local History, Occasional Papers, 3rd ser., 6), Leicester 1984

Dieter Schwab, Eigentum, in: Otto Brunner/Werner Conze/Reinhart Koselleck (Hg.), Geschichtliche Grundbegriffe. Historisches Lexikon zur politisch-sozialen Sprache in Deutschland, Bd. 2, Stuttgart 1975, S. 65-115

Klaus Schwarz, Bäuerliche 'cives' in Brandenburg und benachbarten Territorien. Zur Terminologie verfassungs- und siedlungsgeschichtlicher Quellen Nord- und Mitteldeutschlands, in: BlldtLG 99 (1963), S. 103-134

Ricenda Scott, Medieval Agriculture, in: The Victoria History of the Counties of England. A History of Wiltshire, ed. by Elizabeth Critall, vol. 4, London 1959, S. 7-42

Roland Seeberg-Elverfeldt (Bearb.), Das Spitalarchiv Biberach an der Riß (Inventare der nichtstaatlichen Archive in Baden-Württemberg 6), Bd. 2, Karlsruhe 1960

Michael Seiler, Zwischen Pfaueninsel und Glienicke. Geschichte einer Landschaftsgestaltung, in: JbBrandLG 43 (1992), S. 68-107

Hermann Silckenstaedt, Aus *Freyensteins* vergangenen Tagen. Nach alten Aufzeichnungen dargestellt, Pritzwalk 1921

Johannes Simon, Kloster *Heiligengrabe*. Von der Gründung bis zur Einführung der Reformation 1287-1549, in: Jahrbuch für Brandenburgische Kirchengeschichte 24 (1929), S. 3-136

August Skalweit, Agrarpolitik (Handbuch der Wirtschafts- und Sozialwissenschaften 17), Berlin-Leipzig 1923

Victor Skipp, Medieval *Yardley*. The origin and growth of a West Midland community, Chichester 1970

B. H. Slicher van Bath, The *Agrarian History* of Western Europe A. D. 500-1850, London 1963

Werner Sombart, Der moderne Kapitalismus. Historisch-systematische Darstellung des gesamteuropäischen Wirtschaftslebens von seinen Anfängen bis zur Gegenwart, Bd. 3/1, München-Leipzig 1928

Willy Spatz, Der Teltow. Geschichte der Ortschaften des Kreises Teltow, 3. Teil, Berlin 1912

Rudolph Stadelmann, Preussens Könige in ihrer Thätigkeit für die Landeskultur, 2. Teil: Friedrich der Grosse (Publicationen aus den K. Preussischen Staatsarchiven 11), Leipzig 1882

Paul Stamper, *Woods* and Parks, in: Grenville Astill/Annie Grant (eds.), The Countryside of Medieval England, Oxford 1988, S. 128-148

Franz Steinbach, Beiträge zur *Bergischen Agrargeschichte*. Vererbung und Mobilität des ländlichen Grundbesitzes im Bergischen Hügelland, in: Franz Petri/Georg Droege (Hg.), Collectanea Franz Steinbach, Bonn 1967, S. 355-393

-, Die *rheinischen Agrarverhältnisse*, in: Collectanea, S. 409-433

-, Geschichtliche *Grundlagen* der kommunalen Selbstverwaltung in Deutschland, in: Collectanea, S. 487-555

-, *Ursprung* und Wesen der Landgemeinde nach rheinischen Quellen, in: Collectanea, S. 559-594; außerdem in: Mayer, Landgemeinde, Bd. 1, S. 245-288; Erstdruck durch: Arbeitsgemeinschaft für Forschung des Landes Nordrhein-Westfalen. Geisteswissenschaften, Heft 87, Köln-Opladen 1960

Wolfgang Steinitz, Deutsche Volkslieder demokratischen Charakters aus sechs Jahrhunderten, Bd. 1 (Deutsche Akademie der Wissenschaften zu Berlin. Veröffentlichung des Instituts für deutsche Volkskunde 4/1), 2. Aufl., Berlin 1955

H. Stradal, Genossenschaft, in: HRG, Bd. 1, 1971, 1522-1527

Carl Stüve, Ueber die gegenwärtige Lage des Königreichs Hannover. Ein Versuch Ansichten aufzuklären, Jena 1832

G. Stüve, Stüve, Johann Karl Bertram, in: ADB, Bd. 37, 1894 (Ndr. Berlin 1971), S. 84-94

Erich Sturtevant, Chronik von Dorf *Zinna*. 750 Jahre deutschen Bauernlebens, Jüterbog 1938

-, Chronik der märkischen Dörfer *Felgentreu* und Mehlsdorf. Ein Gedenkbuch an über 700 Jahre deutschen Bauernlebens, Jüterbog 1940

Andreas Suter, „Troublen" im Fürstbistum Basel (1726-1740). Eine Fallstudie zum bäuerlichen Widerstand im 18. Jahrhundert (Veröffentlichungen des Max-Planck-Instituts für Geschichte 79), Göttingen 1985

L. Ellis Taverner, The *Common Lands* of Hampshire, London 1957

Joan Thirsk, Tudor Enclosures, in: Dies., The rural economy of England. Collected essays, London 1984, S. 65-83

-, *Enclosure*, in: Encyclopaedia Britannica, vol. 8, Chicago 1964, S. 361-363

-, The Common Fields, in: Dies., The rural economy of England. Collected essays, London 1984, S. 35-57

-, *Enclosing* and Engrossing, in: The Agrarian History of England and Wales, vol. 4 (1500-1640), ed. by J. Thirsk, Cambridge 1967, S. 200-255

-, *Field Systems* of the East Midlands, in: Baker/Butlin, Field Systems, S. 232-280

Albrecht Timm, Die *Waldnutzung* in Nordwestdeutschland im Spiegel der Weistümer. Einleitende Untersuchungen über die Umgestaltung des Stadt-Land-Verhältnisses im Spätmittelalter, Köln 1960

G. M. Trevelyan, Kultur- und *Sozialgeschichte* Englands, Hamburg 1948

Paul Troschke, Hans Peter Süßmilch. Sein Leben und Wirken. Ein Rückblick in Zehlendorfs Vergangenheit. Berlin 1955

Werner Troßbach, Bauernbewegungen in deutschen Kleinterritorien zwischen 1648 und 1789, in: Winfried Schulze (Hg.), Aufstände, Revolten, Prozesse. Beiträge zu bäuerlichen Widerstandsbewegungen im frühneuzeitlichen Europa, Stuttgart 1983, S. 233-260

-, Der *Schatten* der Aufklärung. Bauern, Bürger und Illuminaten in der Grafschaft Wied-Neuwied, Fulda 1991

Franz Tuscher, Das Reichsstift Roggenburg im 18. Jahrhundert, Weißenhorn 1976

Claudia Ulbrich, *Oberschwaben* und Württemberg, in: Horst Buszello/Peter Blickle/ Rudolf Endres (Hg.), Der deutsche Bauernkrieg, Paderborn 1984, S. 97-133

-, Traditionale Bindung, revolutionäre Erfahrung und soziokultureller Wandel. Denting 1790-1796, in: Karl Otmar von Aretin/Karl Härter (Hg.), Revolution und konservatives Beharren. Das alte Reich und die Französische Revolution, Mainz 1990, S. 111-130

Emil Unger, Geschichte Lichtenbergs bis zur Erlangung der Stadtrechte, Berlin 1910

Jakob Friedrich Unold, *Geschichte* der Stadt Memmingen, Memmingen 1826

Wagener, Das Plateau von Stolpe und Kohlhasenbrück, in: Mitteilungen des Vereins für die Geschichte Potsdams 3 (1867), S. 452-457

Max Weber, Die Lage der Landarbeiter im ostelbischen Deutschland (1892) (Max Weber Gesamtausgabe, Abt. I, Bd. 3), Tübingen 1984

Hans-Ulrich Wehler, Deutsche *Gesellschaftsgeschichte*, Bde. 1-2, München 1987

Dietmar Wehrenberg, Die *wechselseitigen Beziehungen* zwischen Allmendrechten und Gemeinfronverpflichtungen vornehmlich in Oberdeutschland (Veröffentlichungen der Kommission für geschichtliche Landeskunde in Baden-Württemberg, Reihe B, Bd. 54), Stuttgart 1969

Karl Weimann, Die Mark- und *Walderbengenossenschaften* des Niederrheins (Untersuchungen zur Deutschen Staats- und Rechtsgeschichte, hg. v. Otto v. Gierke, 106), Breslau 1911

Jürgen Weitzel, Der Kampf um die Appellation ans Reichskammergericht. Zur politischen Geschichte der Rechtsmittel in Deutschland (Quellen und Forschungen zur höchsten Gerichtsbarkeit im Alten Reich 4), Köln-Wien 1976

-, Damian Ferdinand Haas (1723-1805) - ein Wetzlarer Prokuratorenleben (Schriftenreihe der Gesellschaft für Reichskammergerichtsforschung 18), Wetzlar 1996

D. Werkmüller, Taiding, in: HRG, Bd. 5, 1998, 113-114

F. Wernli, Marklosung, in: HRG, Bd. 3, 1984, 320-324

Jürgen Wetzel, *Zehlendorf* (Geschichte der Berliner Verwaltungsbezirke 12), Berlin 1988

-, 125 Jahre *Düppel*. Vom Rittergut zum Ortsteil Zehlendorfs, in: Der Bär von Berlin. Jahrbuch des Vereins für die Geschichte Berlins 38/39 (1989/90), S. 147-162

Günter Wiegelmann, Innovationszentren in der ländlichen Sachkultur Mitteleuropas, in: Dieter Harmening u.a. (Hg.), Volkskultur und Geschichte. Festgabe für Josef Dünninger zum 65. Geburtstag, Berlin 1970, S. 120-136

Ulrich Wille, Das *Urbarium* von Abbendorf und Haverland 1786. Ein Beitrag zur bäuerlichen Rechtslage im 18. Jahrhundert, Goslar 1938

Dietmar Willoweit, *Rechtsgrundlagen* der Territorialgewalt. Landesobrigkeit, Herrschaftsrechte und Territorium in der Rechtswissenschaft der Neuzeit (Forschungen zur deutschen Rechtsgeschichte 11), Köln-Wien 1975

-, Struktur und Funktion intermediärer Gewalten im Ancien Régime, in: Gesellschaftliche Strukturen als Verfassungsproblem. Intermediäre Gewalten, Assoziationen, Öffentliche Körperschaften im 18. und 19. Jahrhundert (Der Staat, Beih. 2), Berlin 1978, 9-27

-, Deutsche *Verfassungsgeschichte* vom Frankenreich bis zur Teilung Deutschlands. Ein Studienbuch, 2., durchges. Aufl., München 1992

Angus J. L. Winchester, *Landscape* and Society in Medieval Cumbria, Edinburgh 1987

Erich Wisplinghoff, Die Kellnereirechnungen des Amtes Godesberg aus den Jahren 1381-1386, in: Bonner Geschichtsblätter 15 (1961), S. 181-268

-, Urkunden und Quellen zur Geschichte von Stadt und Abtei *Siegburg*, Bd. 1: 1065-1399, Siegburg 1964

-, Beiträge zur Wirtschafts- und Besitzgeschichte der Benediktinerabtei Siegburg, in: RhVjbll 33 (1969), S. 78-138

-, Untersuchungen zur Wirtschafts- und Besitzgeschichte der Benediktinerabtei Brauweiler, in: JbKölnG 43 (1971), S. 131-191

-, Wirtschaft und Gesellschaft am Niederrhein. Dokumente aus 9 Jahrhunderten (Veröffentlichungen der staatlichen Archive des Landes Nordrhein-Westfalen D 4), Düsseldorf 1974

-, Geschichte der Stadt *Neuss* von den mittelalterlichen Anfängen bis zum Jahre 1794, Neuss 1975

-, Brauweiler, in: Rhaban Haacke (Bearb.), Die Benediktinerklöster in Nordrhein-Westfalen (Germania Benedictina 8), St. Ottilien 1980, S. 216-231

-, Zur Lage der Landwirtschaft und der bäuerlichen Bevölkerung im *Klever Land* während des späten Mittelalters, in: Ennen/Fink, Bindungen, S. 37-54

-, Untersuchungen zur Lage der Landwirtschaft im *Neusser Raum* während der frühen Neuzeit, in: RhVjbll 47 (1983), S. 144-179

J. R. Wordie, The Chronology of English Enclosure 1500-1914, in: EconHR 2nd ser. 36 (1983), S. 483-505

Johann Heinrich Zedler, Grosses vollständiges Universal-*Lexicon* Aller Wissenschaften und Künste, 64 Bde., Leipzig-Halle 1732-1750 (Ndr. Graz 1961-1964)

Maria Zelzer, Geschichte der Stadt Donauwörth, Bd. 1, 2. Aufl., Donauwörth 1979

Clemens Zimmermann, Entwicklungshemmnisse im bäuerlichen Milieu: die Individualisierung der Allmenden und Gemeinheiten um 1780, in: Pierenkemper, Landwirtschaft, S. 99-112

Hartmut Zückert, Die sozialen Grundlagen der *Barockkultur* in Süddeutschland (Quellen und Forschungen zur Agrargeschichte 33), Stuttgart-New York 1988

-, Die brandenburgische Landgemeinde bis zum 30jährigen Krieg, ihre Organe und Kompetenzen, in: Heinrich R. Schmidt/André Holenstein/Andreas Würgler (Hg.), Gemeinde, Reformation und Widerstand. Festschrift für Peter Blickle zum 60. Geburtstag, Tübingen 1998, S. 25-42

-, *Agrardualismus* im Gutsherrschaftsgebiet. Untertänigkeitsverhältnisse in den Dörfern von Berlin-Zehlendorf, in: JbBrandLG 50 (1999), S. 113-135

-, Gemeindeleben in brandenburgischen Amtsdörfern des 17./18. Jahrhunderts, in: Thomas Rudert/Hartmut Zückert (Hg.), Gemeindeleben. Dörfer und kleine Städte im östlichen Deutschland (16.-18. Jahrhundert) (Potsdamer Studien zur Geschichte der ländlichen Gesellschaft 1), Köln-Weimar-Wien 2001, S. 141-179

Quellen und Forschungen zur Agrargeschichte

Herausgegeben von
Peter Blickle, David Sabean und Clemens Zimmermann

Band 48 • Himl
Die 'armben Leüte' und die Macht
Die Untertanen der südböhmischen
Herrschaft Český Krumlov/Krumau im
Spannungsfeld zwischen Gemeinde,
Obrigkeit und Kirche (1680-1781)
2003. X/376 S., geb.
€ 58,- / sFr 99,-
(ISBN 3-8282-0227-6)

Band 46 • Rheinheimer
Die Dorfordnungen im Herzogtum Schleswig
Dorf und Obrigkeit in der Frühen Neuzeit.
Bd. 1: Einführung.
XIV, 347 S., 39 Abb., 47 Tab., 1 Faltkarte.
Bd. 2: Edition.
1998. XVIII, 1017 S., geb.
zus. € 77,-/sFr 132,-
(das Werk wird nur geschlossen abgegeben)
(ISBN 3-8282-0088-5)

Band 45 • Albert
Der gemeine Mann vor dem geistlichen Richter
Kirchliche Rechtsprechung in den
Diözesen Basel, Chur und Konstanz vor
der Reformation
1998. XII, 368 S., 59 Tab., geb.
€ 58,- /sFr 99,50
(ISBN 3-8282-0086-9)

Band 44 • Troßbach/Zimmermann
Agrargeschichte
(vergriffen)

Band 43 • v. Below/Breit
Wald – von der Gottesgabe zum Privateigentum
Gerichtliche Konflikte zwischen
Landesherren und Untertanen um den
Wald in der frühen Neuzeit
1998. XII, 361 S., geb.
€ 62,- /sFr 106,60
(ISBN 3-8282-0079-6)

Band 42 • Blickle/Holenstein
Agrarverfassungsverträge
Eine Dokumentation zum Wandel in den
Beziehungen zwischen Herrschaften und
Bauern am Ende des Mittelalters.
1996. IX, 192 S., geb.
€ 39,50 /sFr 69,90
(ISBN 3-8282-0007-9)

Band 41 • Schmidt
Dorf und Religion
Reformierte Sittenzucht in Berner
Landgemeinden der Frühen Neuzeit.
1995. XVI, 425 S., 87 Abb., 25 Tab., incl.
3,5"-Datendiskette, geb.
€ 66,- /sFr 113,50
(ISBN 3-8282-5391-1)

Band 40 • Fuhrmann
Kirche und Dorf
Religiöse Bedürfnisse und kirchliche
Stiftung auf dem Lande vor der
Reformation.
1995. VIII, 506 S., geb.
€ 66,- / sFr 113,50
(ISBN 3-8282-5366-0)

 Lucius & Lucius

Quellen und Forschungen zur Agrargeschichte

Herausgegeben von
Peter Blickle, David Sabean und Clemens Zimmermann

Band 39 • Čechura
Die Struktur der Grundherrschaften im mittelalterlichen Böhmen
Unter besonderer Berücksichtigung der Klosterherrschaften.
1994. XII, 162 S., 5 Karten, 17 Tab., geb.
€ 42,- /sFr 74,20
(ISBN 3-8282-5359-8)

Band 38 • Cordes
Stuben und Stubengesellschaften
Zur dörflichen und kleinstädtischen Verfassungsgeschichte am Oberrhein und in der Nordschweiz.
1993. XIV, 345 S., 25 Abb., 4 Karten, geb.
€ 49,-/sFr 86,30
(ISBN 3-8282-5358-X)

Band 37 • Maisch
Notdürftiger Unterhalt und gehörige Schranken
Lebensbedingungen und Lebensstile in württembergischen Dörfern der frühen Neuzeit.
1992. IV, 518 S., 105 Abb., 182 Tab., geb.
€ 66,- /sFr 113,50
(ISBN 3-8282-5353-9)

Band 36 • Holenstein
Die Huldigung der Untertanen
Rechtskultur und Herrschaftsordnung 800–1800.
1991. X, 543 S., 10 Abb., geb.
€ 62,- /sFr 106,50
(ISBN 3-8282-5338-5)

Band 35 • Blickle
Studien zur geschichtlichen Bedeutung des deutschen Bauernstandes
1989. X, 235 S., 3 Abb., 1 Tab., geb.
€ 34,- /sFr 60,30
(ISBN 3-8282-5323-7)

Band 34 • Hinsberger
Die Weistümer des Klosters St. Mathias in Trier
Studien zur Entwicklung des ländlichen Rechts im frühmodernen Territorialstaat.
1989. XIV, 256 S., 54 Tab., 1 Karte, geb.
€ 52,-/sFr 89,-
(ISBN 3-8282-5322-9)

Band 33 • Zückert
Die sozialen Grundlagen der Barockkultur in Süddeutschland
1988. X, 354 S., 19 Abb., 21 Tab., geb.
€ 59,- /sFr 101,-
(ISBN 3-8252-5315-6)

 Lucius & Lucius

MIX

Papier | Fördert
gute Waldnutzung

FSC® C083411

Zeitfracht Medien GmbH
Ferdinand-Jühlke-Straße 7
99095 Erfurt, Deutschland
produktsicherheit@kolibri360.de